Jahrbuch

der

Hafenbautechnischen Gesellschaft

Jahrbuch

der

Hafenbautechnischen Gesellschaft

Neunzehnter Band

1941—1949

Mit 6 Bildnissen
124 Abbildungen im Text
und auf 4 Tafeln.

Springer-Verlag Berlin Heidelberg GmbH
1951

ISBN 978-3-642-45818-7   ISBN 978-3-642-45817-0 (eBook)
DOI 10.1007/978-3-642-45817-0

Inhaltsverzeichnis.

Verzeichnisse.

Ehrenmitglieder.

Am 30. Mai 1942 wurde

Herrn Ministerialdirektor Eckhardt

aus Anlaß seines 70. Geburtstages in Würdigung der großen Verdienste auf dem Gebiet des Marinehafen-baues und um den Aufbau und die Entwicklung der HTG von ihrer Gründung an, die Ehrenmitgliedschaft der Gesellschaft verliehen.

Am 23. Januar 1944 wurde

Herrn 1. Baudirektor i. R. Bunnies

aus Anlaß seines 70. Geburtstages in Anerkennung seiner großen Verdienste um den Ausbau des Hafens Hamburg und die Entwicklung der HTG, insbesondere die Herausgabe der Jahrbücher, die Ehrenmitglied-schaft der Gesellschaft verliehen.

Alfred Eckhardt

Geheimer Baurat Professor Dr.-Ing. e. h.
George de Thierry †.

Am 1. Dezember 1942 ist George de Thierry, knapp drei Wochen vor seinem 80. Geburtstage, von uns gegangen. Alle Liebe und Verehrung für diesen charaktervollen Altmeister des Verkehrswasserbaues, alle Ehrungen, die ihm anläßlich seines 80. Geburtstages erwiesen werden sollten, müssen wir nun in dem treuen Gedenken an ihn zusammenfassen. de Thierry hat ein selten langes, schaffensreiches Leben hinter sich gelassen und wurde mit vielen Auszeichnungen des In- und Auslandes bedacht. Jedoch ist sein Leben auch von harten Schicksalsschlägen in der eigenen Familie begleitet gewesen.

Alle seine Handlungen waren von tiefer Güte überstrahlt. Keiner, der mit ihm zusammenkam, konnte sich dem Zauber seiner Persönlichkeit entziehen. Seine Interessen erstreckten sich nicht nur auf rein technische Probleme, sondern griffen weit in das Gebiet der Literatur, Kunst und Geschichte hinüber.

Gemeinsam mit den Herren Generaldirektor Dr.-Ing. e. h. Kauermann und dem späteren Oberbaudirektor Dr.-Ing. e. h. Wendemuth rief de Thierry im April 1914 eine größere Anzahl von Fachvertretern an den Technischen Hochschulen, bei Reichs-, Staats- und Gemeindebehörden sowie bei Schiffahrt, Handel und Industrie zur Gründung der Hafenbautechnischen Gesellschaft auf. Auf der Gründungsversammlung am 22. Mai 1914 wurde

er in den Vorstand gewählt. Er legte sein Amt als Vorsitzender erst im Jahre 1934 nieder. Schon im Jahre 1924 ernannte ihn die Gesellschaft anläßlich ihres 10jährigen Bestehens zu ihrem ersten Ehrenmitglied. Bei seinem Ausscheiden aus dem Vorstand wurde er zum Ehrenvorsitzenden der Gesellschaft berufen und hat in dieser Eigenschaft auch noch die letzte Hauptversammlung anläßlich des 25jährigen Bestehens der Gesellschaft im Jahre 1939 geleitet.

de Thierry wurde am 17. Dezember 1862 in Genua als Sohn des britischen Vizekonsuls geboren und beherrschte von Hause aus die englische, italienische, deutsche und französische Sprache. Nachdem er seine Jugendzeit in Genua verbracht hatte, kam er 1875 in ein Internat nach England und anschließend in die Schweiz nach Zürich und St. Gallen, wo er 1880 das Reifezeugnis erhielt. Er besuchte dann die Eidgenössische Technische Hochschule in Zürich und kam 1881 durch das anschließende Studium an der Technischen Hochschule in Dresden, wo er im Herbst 1886 das Diplomexamen bestand, nach Deutschland, das er dann beruflich nicht mehr verließ. Er wurde an Oberbaudirektor Ludwig Franzius, Bremen, empfohlen und konnte bald unter dessen Leitung an dem für die damalige Zeit maßgebenden technischen Werk der Unterweser-Korrektion mitarbeiten. Zunächst war de Thierry vom 1. Dezember 1886 bis 30. April 1887 beim Hafenbauamt Bremen mit dem Bau des Freihafens beschäftigt. Am 1. Mai 1887 kam er als Hilfsingenieur an das Zentralbüro der

Unterweser-Korrektion in Bremen. Vom 1. Juni 1887 bis 28. Februar 1891 hatte er seinen dienstlichen Wohnsitz im Büro Brake der Unterweser-Korrektion. Ab 1890 arbeitete er als Streckeningenieur. Am 1. März 1891 wurde er in dieser Eigenschaft nach Vegesack versetzt und genau ein Jahr darauf ins Zentralbüro der Unterweser-Korrektion nach Bremen. Er erhielt die Leitung des Büros und wurde am 21. Mai 1895 zum Abteilungsbaumeister ernannt. Am 1. November 1896 schied er aus der Unterweser-Korrektion aus und wurde zum Assistenten des Oberbaudirektors ernannt. Bald darauf, im Jahre 1897, wurde de Thierry durch Erwerb der Bremer Staatsangehörigkeit Reichsdeutscher. Am 16. Juli 1903 betraute man ihn nach dem Tode von Franzius als Bauinspektor mit der kommissarischen Bauleitung der Unterweser-Korrektion. Am 1. September 1903 wurde er Baurat. Er schied jedoch schon am 31. Oktober 1903 aus den Diensten des Bremischen Staates aus, weil er einen Ruf als Ordentlicher Professor an den Lehrstuhl für Wasserbau I der Technischen Hochschule Berlin erhalten hatte. Er hatte sein Lehramt bis zum Jahre 1931 inne. Es entsprach seiner menschlichen Größe, daß er nicht länger, als er es für notwendig hielt, seine Professur ausübte und sich alsdann aus seinen vielen Ehrenämtern zurückzog, sobald er auch hier seine Aufgabe für erfüllt ansah. Trotzdem blieb er der wissenschaftlichen Arbeit bis kurz vor seinem Tode treu. Er widmete sich seinen Studien, behütet von seiner Gattin in seinem schönen Heim inmitten des großen Gartens in Berlin-Schlachtensee. Hier ließ er die letzten zehn Jahre seines arbeitsreichen Lebens in vollster Harmonie mit den Seinen und den Freunden seines Hauses ausklingen.

Innerhalb seiner akademischen Tätigkeit war de Thierry während des ersten Weltkrieges 1915/16 Rektor der Technischen Hochschule Berlin. Die Technische Hochschule dankte ihm hierfür dadurch, daß sie ihn im Jahre 1930 zum Ehrenbürger ernannte, nachdem ihm die Technische Hochschule Karlsruhe bereits 1922 die Würde eines Dr.-Ing. e. h. verliehen hatte. Während seiner Lehrtätigkeit an der Technischen Hochschule Berlin las er ein Kolleg „Gründungen und Schleusenbau", ein Kolleg über „Kanalbau", über „Praktische Hydraulik" und über „See- und Hafenbau".

Die schriftstellerische Tätigkeit de Thierrys war sehr fruchtbar. Dabei lag es ihm mehr, seine persönlichen Erfahrungen in einzelnen kurz gefaßten Aufsätzen zu veröffentlichen, als größere Buchveröffentlichungen abzufassen.

In diesem Zusammenhang sei besonders seiner Gutachten gedacht. Unter diesen seien erwähnt seine Tätigkeit als Berater der deutschen Regierung bei den Verhandlungen in Algeciras 1906, seine Zugehörigkeit zur Scheldekommission, der er im Jahre 1907 beitrat, seine Teilnahme an den Londoner Verhandlungen über die Verlängerung der damals nur bis zum Taurus fertiggestellten Bagdadbahn im Jahre 1908 und seine Arbeiten bei der technischen Kommission für den Hafenbau in Tanger, bei der er im Frühjahr 1914 zum deutschen Vertreter ernannt wurde. Von 1900 bis 1914 gehörte de Thierry der Internationalen Kommission der Suezkanal-Gesellschaft an. Im Jahre 1921/22 vertrat er Deutschland bei der Alliierten Kommission für die Grenzziehung zwischen Danzig und Polen an der unteren Weichsel und bei Verhandlungen über Schiffsabtretungen sowie über die Internationalisierung der deutschen Ströme. Besonders muß sein Einsatz bei den Verhandlungen anerkannt werden, die er als deutscher Vertreter bei der Grenzziehung an der Weichsel führte. Das Ausland holte de Thierry zur Beurteilung türkischer Hafenfragen im Jahre 1926 und zu einem Gutachten über die Setzungen im Gebäude des Internationalen Gerichtshofes in Kairo im Jahre 1933. Weiter war er als Gutachter bei der Überschwemmung des Hochrheins in Liechtenstein im Jahre 1928, der Verstärkung der Columbuskaje in Bremen und bei den Arbeiten zur Erhaltung des Strandes von Norderney tätig.

Durch seine Sprachkenntnisse und die Kraft seiner Persönlichkeit wurde de Thierry in der Zeit vor dem ersten Weltkriege immer mehr zum Vertreter Deutschlands auf internationalen Kongressen. Es bleibt für die Teilnehmer an diesen Veranstaltungen ein Erlebnis, mit welcher Eleganz und Sicherheit er das deutsche technische Wissen vertrat und den deutschen Interessen Geltung verschaffte. Die großen internationalen Kongresse für Schiffahrt und Wasserkräfte waren seine Hauptarbeitsgebiete. Schon 1905 wurde er Mitglied des Ständigen Ausschusses des Internationalen Verbandes der Schiffahrtskongresse, 1912 nahm er als Regierungsvertreter an dem XII. Internationalen Schiffahrtskongreß in Philadelphia teil und wurde zum Sekretär dieses Kongresses berufen. 1931 war er in Venedig der offizielle Delegierte Deutschlands. Er gehörte ferner der Internationalen Weltkraftkonferenz an, und zwar von 1926 bis 1935 als zweiter Vorsitzender des Deutschen nationalen Komitees. 1931 wurde er stellvertretender Vorsitzender der Internationalen Talsperrenkommission bei der Weltkraftkonferenz. Im Rahmen der Arbeiten des Ständigen Verbandes der Internationalen Schiffahrtskongresse machte sich de Thierry besonders verdient durch seine Mitarbeit an den technischen Wörterbüchern, die dieser Verband in vorbildlicher Weise herausgibt. Abgesehen davon sorgte er für eine einwandfreie Übersetzung der in deutscher, englischer und französischer Sprache erscheinenden Berichte der einzelnen Schiffahrtskongresse. Im Zusammenhang mit seiner international anerkannten Stellung wurde er 1927 zu einer Vortragsreise nach den Vereinigten Staaten eingeladen, um dort für die Einführung des Versuchswesens im Wasserbau zu werben. Schon vorher hatte er gemeinsam mit dem Amerikaner Freemann, der 1924 zu einem Besuch in Deutschland weilte, ein grundlegendes Werk über die Wasserbaulaboratorien Europas herausgegeben. Mit weitem Blick brachte er in dem Schlußwort des Standardwerkes seine Auffassung über die Auswirkung dieser Veröffentlichung dahin zum Ausdruck, daß positive praktische Ergebnisse nur durch ein enges Zusammenarbeiten der Wasserbaulaboratorien möglich seien. Dieser Vorschlag de Thierrys führte dann endgültig auf dem Internationalen Schiffahrtskongreß 1935 in Brüssel zu dem Erfolg, daß hier der Internationale Verband der Wasserbauversuchsanstalten unter der Führung Deutschlands gegründet wurde.

Die Tätigkeit de Thierrys auf dem Gebiete des Kongreßwesens erstreckte sich aber auch auf die nationalen deutschen Verbände. Abgesehen von seiner führenden Stellung in der Hafenbautechnischen Gesellschaft, der er sich von allen technischen Vereinen am meisten verbunden fühlte, war er seit 1924 zweiter und von 1926 bis 1934 erster Vorsitzender des deutschen Verbandes technisch-wissenschaftlicher Vereine. Im Jahre 1920 gründete er die Deutsche Gesellschaft für Bauingenieurwesen und führte sie, bis sie später in der Deutschen Gesellschaft für Bauwesen aufging.

Er widmete sich außerdem eingehend den großen Verkehrsfragen der Binnenschiffahrt und übernahm 1918 den stellvertretenden Vorsitz des Zentralvereins für deutsche Binnenschiffahrt, von dem er im Jahre 1934 zum Ehrenmitglied ernannt wurde. Von 1927 bis 1929 hatte er den stellvertretenden Vorsitz im Verein Deutscher Ingenieure inne, der ihn 1931 zum Ehrenmitglied ernannte.

Von den zahlreichen Ehrungen, die de Thierry in Deutschland und im Ausland während seines Lebens erhielt, seien nur erwähnt, daß die Institution of Civil Engineers in London ihm im Jahre 1899 die goldene Telford-Medaille verlieh, und daß ihn 1922 die große holländische Ingenieurvereinigung, das Königliche Institut für Ingenieure, zum Ehrenmitgliede ernannte. Auf der Weltausstellung in Paris erhielt er im Jahre 1900 die Silberne Mitarbeiter-Medaille. Für seine Beteiligung an einem in Gemeinschaft mit Oberbaudirektor Franzius erstatteten Gutachten über die Korrektion der Schelde erhielt er 1897 das Kreuz des königlich-belgischen Leopoldordens und im Jahre 1906 für seine weitere Tätigkeit in dieser Angelegenheit das Offizierskreuz des belgischen Leopoldordens. In Deutschland wurden ihm der Preußische Rote-Adler-Orden, der Preußische Kronenorden und das Verdienstkreuz für Kriegshilfe für die Bearbeitung der ausländischen Presseangelegenheiten im stellvertretenden Generalstab während des Weltkrieges verliehen. Am 20. Dezember 1911 erhielt er den Titel Geheimer Baurat.

Wir Mitglieder der Hafenbautechnischen Gesellschaft aber wollen das Letzte noch geben, was zu geben bleibt: die Treue des Gedenkens und unseren Dank, daß er fast zwei Menschenalter hindurch in so großer Form das Gebiet des Wasser- und Hafenbaues vertreten und unser Ansehen im In- und Ausland vermehrt hat.

Geheimer Baurat Professor Dr.-Ing. e. h.
Friedrich Wilhelm Otto Schulze †.

Nach kurzem Krankenlager verstarb am 7. Juni 1941 in Danzig-Langfuhr unser Ehrenmitglied, der verdienstvolle Hochschulprofessor Geheimer Baurat Dr.-Ing. e. h. F. W. Otto Schulze. Er schloß die Augen für immer, bevor er erkennen konnte, daß die alte Stadt Danzig, die er über alles geliebt hat, dem Untergang geweiht war.

Am 13. August 1868 in Wriezen an der Oder geboren, bezog er nach bestandener Reifeprüfung die Technische Hochschule in Berlin, um sich dem Studium der Bauingenieurwissenschaften zu widmen. Im Jahre 1891 bestand er die Regierungsbauführer-Prüfung mit Auszeichnung. Er wurde dann in der preußischen Wasserbau-Verwaltung beschäftigt. 1896 erhielt er im Schinkel-Wettbewerb den ersten Preis und den Staatspreis. Im gleichen Jahre wurde er nach bestandener zweiter Staatsprüfung zum Regierungsbaumeister ernannt. Als solcher war er bei den Wasserbauämtern Stettin und Swinemünde mit Hafen- und Seebauten beschäftigt. Bereits im Jahre 1902 wurde er auf Grund seiner umfassenden Kenntnisse als Hilfsarbeiter in das Ministerium der öffentlichen Arbeiten nach Berlin berufen. Anfang 1904 wurde er zum Wasserbauinspektor ernannt. Noch im Herbst des gleichen Jahres erhielt er seine Berufung als ordentlicher Professor auf den Lehrstuhl für Wasserbau und

Grundbau an der neu gegründeten Technischen Hochschule zu Danzig.

Nach diesem glänzenden Aufstieg fand er in Danzig ein Betätigungsfeld, das ihn voll befriedigte. Hier konnte er seine Geistesgaben zu voller Entfaltung bringen, denn F. W. Otto Schulze war der geborene Hochschullehrer. Er verstand es, durch klare Vortragsweise bei seinen zahlreichen Hörern die Liebe und Begeisterung für die großen Aufgaben seines Lehrfaches, des See- und Hafenbaues, des Kanal- und Schleusenbaues sowie des Grundbaues zu wecken und zu fördern und ihnen eine sichere Grundlage für ihren späteren Beruf zu vermitteln. Der Verstorbene war aber nicht nur ein hervorragender Lehrer, sondern ebensosehr ein aufrichtiger Freund der akademischen Jugend, die den festen und

offenen Charakter und das immer freundliche Wesen dieses vortrefflichen und hilfsbereiten Mannes und Meisters seines Faches sehr rasch erkannte und ihm stets in tiefer Liebe und Verehrung zugetan war. Es ist zum großen Teil sein persönliches Verdienst, daß den Studierenden der Technischen Hochschule Danzig die Studienzeit in unvergeßlich guter Erinnerung geblieben ist.

Während seiner Tätigkeit als Hochschullehrer arbeitete F. W. Otto Schulze an seinem dreibändigen Werk über „Seehafenbau", das er in den Jahren 1911, 1913 und 1935 bei Wilh. Ernst und Sohn, Berlin, erscheinen ließ. Das Werk, das sich durch klare Gliederung, gründliche und umfassende Darstellung des Stoffes und flüssige Sprache auszeichnet, hat in Fachkreisen die beste Aufnahme gefunden und den Namen des Verfassers weit über Deutschlands Grenzen hinaus bekannt gemacht. 1936 konnte er den zweiten Band seines Werkes in zweiter Auflage herausgeben. Ferner arbeitete er mit am „Handbuch für Stahlbeton", dem Werk von Tolkmitt über „Bauleitung und Bauführung" sowie an Luegers „Lexikon der gesamten Technik". Daneben stammen zahlreiche Aufsätze in Fachzeitschriften aus seiner gewandten Feder.

Auch der Bau, die Ausrüstung und erste Betreuung der Wasserbauversuchsanstalt auf dem Gelände der Danziger Hochschule sind das Werk des Verstorbenen.

Mehrere Studienreisen führten ihn in das Ausland, so nach Italien, Ungarn, Ägypten und den Balkanländern. Ferner nahm er an den internationalen Schiffahrtskongressen in Mailand, Petersburg und Philadelphia teil. Bei den internationalen Hafenwettbewerben in Helsingborg und Trelleborg wurden seine Entwürfe angekauft. Mit zahlreichen ausländischen Fachkollegen stand F. W. Otto Schulze in regem Gedankenaustausch.

Neben seiner umfangreichen beruflichen Lehr- und Forschertätigkeit stellte F. W. Otto Schulze seine reichen Kenntnisse und Erfahrungen auch jederzeit bereitwillig in den Dienst der Allgemeinheit, insbesondere der Stadtgemeinde und der ehemaligen Freien Stadt Danzig. Viele Jahre gehörte er der Stadtverordnetenversammlung und verschiedenen Fachausschüssen an. Während der Abtrennung Danzigs vom Reich war er in den Jahren 1924 und 1925 parlamentarischer Senator der Danziger Landesregierung.

In den Jahren 1919 bis 1923 leitete F. W. Otto Schulze als Rektor die Geschicke der Technischen Hochschule in Danzig, und gerade in dieser Zeit leistete er ihr große Dienste. Es waren die Jahre schweren Ringens um die Erhaltung der Hochschule. Vorbildlich meisterte er hier seine Aufgabe durch seinen weitschauenden Blick und sein schnelles entschlossenes Handeln. Er gründete damals die „Gesellschaft der Freunde der Technischen Hochschule Danzig", die dann bald der bedeutendsten, aber kostspieligen Bildungsstätte des kleinen Freistaates stärkste Unterstützung zuteil werden lassen konnte. Daneben rief er die „Deutsche Studentenschaft der Technischen Hochschule Danzig" ins Leben, mit deren Hilfe es möglich wurde, dem Hochschulbetrieb einen neuen Aufschwung zu sichern. Durch diese und andere kluge Maßnahmen gelang es ihm, die stark gefährdete Danziger Hochschule als Bildungsstätte für deutsche Wissenschaft und Technik unversehrt durch die politischen und wirtschaftlichen Wirrnisse jener Zeiten zu steuern.

In der Hafenbautechnischen Gesellschaft, deren Mitbegründer F. W. Otto Schulze war, hat er stets rege mitgearbeitet und fast nie auf einer der großen Hauptversammlungen gefehlt. Die Gesellschaft hat ihn in Anerkennung der von ihm bewirkten Förderung ihrer Ziele zu ihrem Ehrenmitgliede ernannt. Auch der Berliner Architekten- und Ingenieur-Verein ehrte ihn durch Ernennung zum Ehrenmitglied.

Am 1. Oktober 1937 wurde F. W. Otto Schulze in seinem 70. Lebensjahre von seinen Verpflichtungen als Hochschullehrer entbunden. Die Studentenschaft bereitete ihm eine unvergeßliche Abschiedsfeier, bei der sie in eindrucksvoller Weise ihre tiefe Verehrung für den väterlichen Freund zum Ausdruck brachte. Sein unermüdlicher Fleiß aber ließ ihn auch jetzt noch nicht ruhen. So schrieb er auf Wunsch der Studentenschaft unter anderem die Geschichte der Danziger Technischen Hochschule. Dieses Werk konnte er wenige Tage vor seinem leider viel zu frühen Tode noch vollenden.

Bei den großen Verdiensten des Verstorbenen konnten Anerkennungen und Ehrungen aller Art nicht ausbleiben. Von den vielen Auszeichnungen, die ihm zuteil wurden, seien nur genannt die Verleihung des Roten-Adler-Ordens IV. Klasse im Jahre 1908 sowie verschiedener Kriegsorden im ersten Weltkriege, ferner die Verleihung des Charakters als Geheimer Regierungsrat im Jahre 1917 und der Würde eines Dr.-Ing. e. h. durch die Technische Hochschule Berlin im Jahre 1924.

Um den Verlust dieses hervorragenden Menschen und allzeit bewährten Lehrers der Jugend, der in glücklicher Ehe mit einer Schwester der Dichterin Ricarda Huch verheiratet war, trauert mit seinen Kindern ein großer Kreis von Freunden, Kollegen, früheren Schülern und Bekannten, die ihrem unvergeßlichen F. W. Otto Schulze ein ehrendes Andenken bewahren werden. Zu diesem Kreise darf sich auch die Hafenbautechnische Gesellschaft zählen.

Geheimer Rat Professor Dr.-Ing. e. h. Dr. rer. techn. e. h. Hubert Engels †.

Dr.-Ing. e. h., Dr. rer. techn. e. h. Hubert Engels, weiland ordentlicher Professor für Wasserbau an der Technischen Hochschule Dresden, ist kurz nach Kriegsende, am 29. Oktober 1945, im 92. Jahre seines Lebens, im Hause seiner Tochter in Jena, betreut von seiner Gattin und tief betrauert von zahlreichen dankbaren Schülern und Freunden heimgegangen.

Er ist am 25. Januar 1854 in Mühlheim an der Ruhr geboren, dort zur Schule gegangen und hat nach längerer praktischer Tätigkeit auf verschiedenen Großbaustellen in der Nähe seiner Vaterstadt an der früheren Bauakademie in Berlin, der späteren Technischen Hochschule Charlottenburg, und an der Technischen Hochschule München Bauingenieur-Wissenschaften studiert. Nach dem Abschluß seiner beruflichen Ausbildung ist er im Jahre 1877 in den preußischen Staatsdienst getreten und hat als Regierungsbauführer unter G. Franzius beim Ausbau des Kieler Hafens Dockanlagen und Kaimauern und darauf die Regulierung der Häfen in Spandau mit dem Bau einer Hilfsschleuse in Oranienburg bearbeitet. Dies ist die Grundlage für seine ganze berufliche Entwicklung gewesen. Er wurde Regierungsbaumeister und bearbeitete als solcher unter L. Franzius in Bremen die Regulierung der unteren Weser und bei der Rhein-Strombauverwaltung den Winterhafen in Düsseldorf. Im Jahre 1882 an die Regierung Königsberg berufen, übernahm er den Ausbau der Häfen in Pillau und Memel und Arbeiten am Elbing-Oberländischen Kanal. Hieran schlossen sich in den Jahren 1884 bis 1887 Entwurf und Bauleitung für die Straßenbrücke über die Norderelbe in Hamburg.

Diese bautechnischen Erfolge haben im Jahre 1887 zur Berufung auf den Lehrstuhl für Wasserbau der Technischen Hochschule Braunschweig geführt. Seine Tätigkeit ist hier nur von kurzer Dauer gewesen, da er bereits am 1. Oktober 1890 einem Ruf der sächsischen Unterrichtsverwaltung folgte. um den Lehrstuhl für Wasserbau der Technischen Hochschule Dresden als ordentlicher Professor zu übernehmen. Diese Berufung ist für die Bauingenieurabteilung von entscheidender Bedeutung gewesen.

Hubert Engels hat hier als erfolgreicher Ingenieur und als erfahrener Wasserbauer mit hohen wissenschaftlichen Zielen die Aufgabe gefunden, der er seine ganze Kraft, seinen tiefen Drang nach wissenschaftlicher Erkenntnis und sein großes Können bis zu seiner Emeritierung im Jahre 1924 gewidmet hat. Er hat in dieser Zeit, gestützt auf sein Ansehen als Gelehrter, wesentlich zur Organisation der Technischen Hochschule, vor allem aber zum Ausbau der Bauingenieurabteilung beigetragen. Daher ist auch sein Rat bei der Gründung der Technischen Hochschulen in Danzig und Breslau gehört und sehr beachtet worden.

Die enge Verbundenheit mit der Dresdner Technischen Hochschule ist für ihn auch die Veranlassung gewesen, im Jahre 1900 die Berufung als ordentlicher Professor für Wasserbau an die neugegründete

Technische Hochschule in Danzig abzulehnen. Er ist der Dresdner TH. auch treu geblieben, als die Freie Hansestadt Hamburg ihm im Jahre 1901 die Leitung ihrer Hafen- und Wasserbauten angetragen hat. Sein internationaler Ruf als Wasserbauer ist aber wohl am besten zum Ausdruck gekommen, als er noch nach seiner Emeritierung im Jahre 1924 gebeten wurde, die chinesische Regierung bei der Regulierung der großen Flüsse des Landes zu beraten.

Hubert Engels ist ein hervorragender Lehrer und Redner gewesen, der die große Kunst besaß, sich in seinen Vorträgen auf das Wesentliche zu beschränken, den technisch-wissenschaftlichen Inhalt eines Problems hervorzuheben und die Studenten im freien Vortrag für die wissenschaftliche Durchdringung konkreter technischer Aufgaben zu begeistern. Daher haben ihn alle seine Schüler verehrt und sich seine Einstellung zu technischen Leistungen als bleibenden Gewinn für ihre künftige berufliche Tätigkeit zu eigen gemacht. Der Name Hubert Engels wird von keinem alten Studenten der Bauingenieurabteilung vergessen werden, der die TH. Dresden in den Jahren von 1890 bis 1923 besucht hat. Das ist am besten bei der Feier seines 70. Geburtstages zum Ausdruck gekommen, die er im Kreise zahlreicher alter Dresdner Studenten aus aller Welt in seltener geistiger und körperlicher Frische erleben konnte.

Hubert Engels ist in der technischen Fachwelt vor allem durch seine wissenschaftlichen Arbeiten für den Wasserbau bekannt geworden. Er hat als erster die Bedeutung des Versuchs für die Entwicklung des Wasserbaues erkannt. Die ersten Arbeiten aus dem Jahre 1897 sind in der alten Schiffsbautechnischen Versuchsanstalt in Dresden-Übigau entstanden und im darauffolgenden Jahre mit einem Flußbaulaboratorium an der Technischen Hochschule am Bismarckplatz fortgesetzt worden. Es ist im Jahre 1913 in eine für diese Zeit mustergültige Anstalt, in die Neubauten der Technischen Hochschule übergesiedelt. Hubert Engels hat hier auf zahlreichen Gebieten des Wasserbaues gearbeitet, vor allem aber zunächst die Wege und die Methoden gesucht und die Einrichtungen geschaffen, die zu den Erfolgen seiner Arbeit geführt haben. Dies sind im besonderen die Versuche zum Schutz von Strompfeilerfundamenten gegen Unterspülung (1894), die Untersuchung über den Seitendruck der Erde auf Fundamentkörper (1896), Modellversuche über den Einfluß der Form und Größe des Kanalquerschnitts auf den Schiffswiderstand (1900), Untersuchung über die Wirkung der Strömung auf sandigem Boden unter dem Einfluß von Querbauten, Untersuchung über die Bettausbildung gerader oder schwach gekrümmter Flußstrecken mit beweglicher Sohle (1905), Versuche über die Aufschlickung der Mündung des Kaiser-Wilhelm-Kanals bei Brunsbüttel (1906), Schleppversuche mit Kanalkahnmodellen in unbegrenztem Wasser, Versuche über Streichwehre usw. Seine wissenschaftlichen Erfahrungen sind in einem großen zweibändigen Handbuch des Wasserbaues zusammengefaßt, dessen erste Auflage 1915 und dessen dritte Auflage 1926 erschienen ist. Wesentlich ist auch sein Beitrag über den Wasserbau in den früheren Ausgaben des im Springer-Verlag erschienenen Taschenbuchs für Bauingenieure.

Das Lebensbild von Hubert Engels würde nicht vollständig sein, wenn man nicht des allzeit gütigen, für das Wohl seiner Schüler treubesorgten Menschen gedenken wollte. In dem Sohn Westfalens und der Rheinlande verband sich hoher sittlicher Ernst und Hingabe an seinen Beruf mit einer seltenen persönlichen Liebenswürdigkeit und einem nie versagenden Frohsinn. Ein glückliches Familienleben und die Liebe zur Musik haben immer wieder dazu beigetragen, die Sorgen des Alltags und die bitteren Stunden seines Lebens zu überwinden. Alle seine Schüler und Freunde, die das Glück gehabt haben, ihm in seinem persönlichen und beruflichen Leben in irgendeiner Form näherzutreten, werden das Bild dieses großen Ingenieurs, dieses begeisterten Lehrers und dieses aufrechten deutschen Menschen immer im Herzen tragen.

Staatssekretär Gustav Koenigs †.

Bei einem Luftangriff auf Potsdam wurde Staatssekretär i. R. Gustav Koenigs im April 1945 durch einen Splitter in die Schläfe verletzt. Infolge dieser Verletzung starb Gustav Koenigs an Gehirnblutung am 15. April 1945.

Staatssekretär Koenigs entstammte einer alten Beamtenfamilie. Er wurde am 21. Dezember 1882 in Düsseldorf geboren. Nach Abschluß seiner Schulausbildung auf einem humanistischen Gymnasium und der Vollendung seiner juristischen und staatswissenschaftlichen Studien trat er, gestützt auf glänzende Examensprädikate, in den Vorbereitungsdienst der preußischen staatlichen Verwaltung. Er war im Jahre 1909 zunächst als Regierungsassessor, später als Regierungsrat bei den Landratsämtern Blumental/Hann. und Düsseldorf und als Landrat in Nauen, sowie als Regierungsrat bei der Regierung in Düsseldorf tätig. Von hier aus wurde Koenigs mit 37 Jahren am 16. April 1920 als Geheimer Regierungsrat in das Preußische Ministerium der öffentlichen Arbeiten Berlin berufen. Nach Überführung dieser preußischen Zentralbehörde in das neu gegründete Reichsverkehrsministerium übernahm Koenigs als Ministerialdirigent die Verkehrsabteilung. Beim Aufbau dieser Abteilung hat Koenigs sein hervorragendes Organisationstalent unter Beweis gestellt. Am 1. Jan. 1932

wurde Koenigs Staatssekretär des Reichsverkehrsministeriums. In dieser Eigenschaft konnte er seine besonderen Fähigkeiten zur größten Entfaltung bringen. U. a. fällt in diese Zeit das Gesetz über den organischen Aufbau des Verkehrs von 1935, das er in unendlicher Kleinarbeit im Sinne der Verkehrstreibenden zur Annahme bringen konnte. Er hatte es hierbei verstanden, die politischen Einflüsse, insbesondere der Arbeitsfront, durch geschickte Verhandlungsführung abzuwehren.

Obwohl Staatssekretär Koenigs in seinem Amt nicht nur die Binnenschiffahrt und den Wasserstraßenbau, sondern auch den gesamten Verkehr zu Lande und in der Luft zu vertreten hatte, hat er doch stets eine besondere Vorliebe für die Binnenschiffahrt und den Wasserbau gezeigt. In der Frage der Koordinierung der verschiedenen Verkehrsträger hat er sich eifrig bemüht, eine Lösung zu finden; so ist die Bildung des Siebenundzwanziger-Ausschusses im vorläufigen Reichswirtschaftsrat zur Klärung der Frage Reichsbahn/Binnenschiffahrt seiner Initiative zu danken. Obwohl Nichttechniker, hat er an den Wasserstraßenbauten, insbesondere auch an den großen technischen Kunstbauten — wie Hebewerke — regstes Interesse gezeigt und bei den parlamentarischen Debatten im Reichstag entscheidenden Einfluß auf die Annahme der großen Kanalbauprojekte genommen. Daß die bedeutenden Wasserstraßenbauprojekte auch bei der damals schwierigen finanziellen Lage des Reiches nach dem ersten Weltkrieg so stark gefördert worden sind, ist ein Verdienst Gustav Koenigs. Er war auch ein großer Freund der Gemeinschaftsarbeit der privaten Verkehrsträger, die er in jeder Weise gefördert hat. Seine besondere Fürsorge galt auch der Privatschiffahrt. Bei allen größeren Veranstaltungen des Verkehrs, insbesondere aber der Binnenschiffahrt, war Koenigs persönlich anwesend und hat häufig zu den jeweils zur Erörterung stehenden Verkehrsfragen von hoher Warte aus das Wort genommen.

Neben seiner starken Beanspruchung durch sein hohes Amt im Reichsverkehrsministerium hat er noch die Zeit gefunden, durch tiefschürfende, wissenschaftliche Untersuchungen der verschiedenen Verkehrsprobleme und durch Vorträge die Verkehrswirtschaft maßgeblich zu beeinflussen. Für die internationale Zusammenarbeit der Binnenschiffahrt hat sich Koenigs mit großem Eifer eingesetzt und auch die Grundlage geschaffen für eine fruchtbare Zusammenarbeit mit den schiffahrttreibenden Nachbarländern in dem Verband der internationalen Schiffahrtskongresse. Auf dem letzten internationalen Schiffahrtskongreß in Brüssel 1938 — dem letzten vor dem Weltkriege, an dem Deutschland beteiligt war — hatte Koenigs die Führung der deutschen Delegation. Bei diesen internationalen Verhandlungen hat Koenigs durch seine große Sachkenntnis den Belangen der deutschen See- und Binnenschiffahrt hervorragend gedient, wobei ihm die Beherrschung der französischen Sprache besonders gute Dienste leistete. Nach dem Ausscheiden des Präsidenten des Verwaltungsrats der Deutschen Reichsbahn, v. Siemens, aus seinem Amt übernahm Koenigs die Präsidentschaft des Verwaltungsrates der Deutschen Reichsbahngesellschaft in Berlin. Auch hier hat Koenigs dank seiner großen Kenntnis des Verkehrswesens der Deutschen Reichsbahngesellschaft unschätzbare Dienste geleistet.

Anfang 1940 schied Koenigs als Staatssekretär aus dem aktiven Reichsdienst aus. Als Vorsitzender des Aufsichtsrates der HAPAG, des Germanischen Lloyd und führender Binnenschiffahrtsreedereien blieb Koenigs als großer Freund und Förderer der Verkehrsträger in engster Fühlung mit dem ihm so lieb gewordenen Verkehrswesen.

Nach der Besetzung Luxemburgs durch die deutschen Truppen wurde Koenigs zum Generalbevollmächtigten für das feindliche Vermögen in Luxemburg und Lothringen mit dem Sitz in Esch ernannt. Hier hat er sich durch seine verständnisvolle Zusammenarbeit mit den Ausländern große Verdienste erworben. Er genoß bei den Ausländern durch seine verbildliche Art und durch seine Objektivität großes Ansehen. Im Sommer 1944 wurde Koenigs, obwohl er politisch nie tätig war, im Zusammenhang mit der Affäre des 20. Juli bis Weihnachten 1944 zunächst in Berlin, später in Ravensbrück in Haft gehalten. Nach seiner Freilassung bei guten Freunden in Potsdam untergekommen, ereilte ihn hier das eingangs erwähnte tragische Geschick am 15. April 1945.

Die Persönlichkeit Gustav Koenigs' war für das deutsche Verkehrswesen einmalig. Seine Vorträge über das Verkehrswesen sind von einer Gedankenfülle und Tiefe und bilden eine Fundgrube für Untersuchungen über das Verkehrswesen. Für alle namhaften Zeitschriften des Verkehrs, insbesondere die „Zeitschrift für Binnenschiffahrt", hat Koenigs häufig die Feder ergriffen und sein Gedankengut damit der Nachwelt überliefert. Der Zentral-Verein für deutsche Binnenschiffahrt e. V., Berlin, ehrte Koenigs in Anerkennung seiner großen Verdienste um die deutsche Binnenschiffahrt durch Verleihen der Ehrenmitgliedschaft. Ihm zu Ehren erhielt das erste Typenschiff, das der technische Ausschuß des Zentralvereins für deutsche Binnenschiffahrt e. V., Minden i. W., nach dem zweiten Weltkriege entwickelte — ein Motorschiffstyp —, den Namen „Gustav Koenigs".

Eine Seite seines Wesens darf aber auch in diesem Nachruf nicht unerwähnt bleiben. Bei aller ernsthaften Arbeit und starken Anspannung, die das Amt des Staatssekretärs eines Reichsministeriums mit sich brachte, war Gustav Koenigs auch ein Freund der Geselligkeit. Bei einer guten Brasilzigarre und bei einem guten Tropfen Rheinwein, den er als Rheinländer besonders liebte, konnte er bei den großen Tagungen nach getaner Arbeit fröhlich plaudern und geistreiche Unterhaltung führen. Die Männer, die das Glück hatten, mit ihm diese schönen Stunden zu erleben, werden noch gerne daran zurückdenken.

In den Annalen der Geschichte des deutschen Verkehrs ist der Name Gustav Koenigs mit goldenen Lettern eingetragen; Koenigs, ein geistig begnadeter Mensch, wie er der Welt nur selten geschenkt wird!

Die Hafenbautechnische Gesellschaft 1941—1949.

Als in den Pfingsttagen des Jahres 1939 die Hafenbautechnische Gesellschaft ihre Tagung in Lübeck und Travemünde abhielt und anschließend auf Einladung dänischer Freunde und Fachkollegen nach Kopenhagen fuhr, als froh gestimmte Menschen in festlicher Freude das fünfundzwanzigjährige Bestehen der Gesellschaft feierten und in Ansprachen und Festreden die friedensmäßige Arbeit der Hafenfachleute Deutschlands und aller Welt betont wurde, standen zwar schon dunkle Wolken am politischen Horizont: keiner glaubte aber, daß nur wenige Monate später ein neuer Weltkrieg die Arbeit der Gesellschaft zum Stillstand bringen würde. Eine im November 1940 beabsichtigte Hauptversammlung in Berlin mußte bereits abgesagt werden, da zu viele Mitglieder durch unmittelbaren Kriegsdienst oder in Wahrnehmung kriegswirtschaftlicher Aufgaben unabkömmlich waren. Alle Pläne irgendwelcher Zusammenkünfte mußten bis Kriegsende zurückgestellt werden. Mit vielen Mühen gelang es noch, im Jahre 1941 den 18. Band der Hafenbautechnischen Jahrbücher in alter friedensmäßiger Ausführung herauszubringen. Ebenso wurden noch während des Krieges Manuskripte für den 19. Band gesammelt, ohne daß allerdings die Möglichkeit zum Druck bestand.

Aus dem Geschehen der Kriegsjahre sei hervorgehoben die Ernennung der Herren Ministerialdirektor Eckhardt und 1. Baudirektor Bunnies zu Ehrenmitgliedern, die jeweils am 70. Geburtstag der Genannten ausgesprochen wurde.

Leider haben die furchtbaren Folgen der Kriegs- und Nachkriegszeit die Hafenbautechnische Gesellschaft eines großen Teiles ihrer Mitglieder beraubt. Insbesondere beklagt sie den Tod ihres Ehrenvorsitzenden Geheimrat Prof. Dr. de Thierry und ihrer Ehrenmitglieder Staatssekretär Koenigs, Prof. Dr. F. W. Otto Schulze und Prof. Dr. Hubert Engels, deren Andenken sie stets in Ehren halten wird.

Als Anerkennung für die Arbeit, den Geist und den Ruf der Gesellschaft ist zu werten, daß sich während des Krieges die Zahl der Mitglieder, die bereits auf der Lübecker Tagung die beachtliche Höhe von 630 erreicht hatte, auf insgesamt 738 Mitglieder erhöht hatte.

Die Geschäftsstelle in Berlin brannte am Ende des Krieges restlos aus, wobei wertvolles Aktenmaterial der Gesellschaft verlorenging. Von den bei dem Springer-Verlag in Berlin bzw. außerhalb Berlins in doppelter Ausfertigung lagernden vollständigen Manuskripten des 19. Bandes konnte nur ein Teil gerettet werden.

Die Nachkriegsverhältnisse ließen es zunächst nicht zu, die Gesellschaft in ihrer alten Form wieder ins Leben zu rufen, politische Gründe bedingten Zurückhaltung. Der Zusammenhalt unter den alten Mitgliedern war jedoch groß genug, um immer wieder die Frage aufzuwerfen, wann die Gesellschaft ihre Tätigkeit wiederaufnehmen könne. So wurden schon im Laufe des Jahres 1947 verschiedene persönliche Gespräche geführt mit dem Ziel, einen Weg zu finden, die bewährte Tradition der Hafenbautechnischen Gesellschaft fortzuführen und sie erneut ins Leben zu rufen. Am 15. April 1948 fand die erste zwar noch unverbindliche, aber dennoch grundlegende Besprechung über die Wiedereröffnung der Gesellschaft statt. An dieser Besprechung nahmen teil: Prof. Dr.-Ing. Agatz, Baudirektor Mühlradt, Baudirektor Dr.-Ing. Bolle, Oberbaurat Wegner und Oberbaurat Lutz. Da die Gesellschaft im Vereinsregister in Hamburg eingetragen war, erschien es am günstigsten, auch von hier aus die Wiedereröffnung zu betreiben. Es wurde vereinbart, nachdem die allgemeinen Vorschriften über Vereinstätigkeiten eine Wiedereröffnung der Hafenbautechnischen Gesellschaft zuließen, diese erneut ins Leben zu rufen und als provisorischen Vorstand bis zur nächsten Hauptversammlung Prof. Dr.-Ing. Agatz als 1. Vorsitzenden, Oberstadtdirektor Dr. Nagel und Baudirektor Mühlradt als Stellvertreter, Direktor Krewinkel als Schatzmeister und Oberbaurat Wegner als Geschäftsführer namhaft zu machen. Gleichzeitig wurden die vor dem Kriege bestehenden Satzungen überholt und ein neuer Satzungsentwurf aufgestellt, der der nächsten Hauptversammlung zur Genehmigung vorgelegt werden sollte. Es war beabsichtigt, zunächst einen Aufruf an alle alten Mitglieder und an sonstige interessierte Kreise hinauszugeben und, sofern eine gewisse Beteiligung zu erwarten war, zu einer Tagung im Jahre 1949 nach Hamburg einzuladen.

Am 12. Juni 1948 erteilte die Kulturbehörde in Hamburg die Genehmigung zur Aufnahme der Tätigkeit der Hafenbautechnischen Gesellschaft. Durch die Währungsreform verzögerte sich jedoch die Herausgabe des ersten Rundschreibens, da keinerlei Geldmittel vorhanden waren. Erst als Ende 1948 drei Firmen, und zwar die Hanseatische Baugesellschaft in Hamburg, Gebrüder Goedhart in Lübeck und Julius Berger in Hamburg den namhaften Betrag von je DM 2000 für das erste Anlaufen der Gesellschaft zur Verfügung stellten, konnte die Werbung aufgenommen und das erste Rundschreiben im Dezember 1948 verschickt werden. Der Widerhall auf diesen Appell zur Wiedereröffnung der Hafenbautechnischen Gesellschaft war groß. Zahlreiche Zuschriften gingen bei der Geschäftsleitung ein, in denen die Freude über die Fortführung der Hafenbautechnischen Gesellschaft zum Ausdruck kam. Am 1. März 1949 hatten sich insgesamt bereits 224 Mitglieder angemeldet. Diese Zahl stieg am 1. Juli 1949 auf 274 und am 26. September 1949 auf 313.

Am 21. Januar 1949 trat der provisorische Vorstand zum erstenmal zu einer Vorstandssitzung in Bremen zusammen. Auf dieser Sitzung wurde beschlossen, im Jahre 1949 die erste Tagung der Hafenbautechnischen Gesellschaft in Hamburg abzuhalten. Der Umfang der Tagung wurde in wesentlichen Zügen festgelegt, außerdem sollte versucht werden, im Jahre 1950 den 19. Band der Hafenbautechnischen Jahrbücher herauszubringen.

Vom 29. September bis 1. Oktober 1949 fand dann in Hamburg die 18. ordentliche Hauptversammlung, die erste Tagung nach dem Kriege, statt. Über 400 Teilnehmer waren in Hamburg zusammengekommen. Die außerordentliche Anteilnahme bewies, welcher Beliebtheit die Hafenbautechnische Gesellschaft sich noch heute erfreut und wie groß das Interesse ist, das man ihrer Arbeit und ihrer Zielsetzung entgegenbringt. Auf der Mitgliederversammlung anläßlich dieser Tagung wurde die neue Satzung festgelegt und Herr Professor Dr.-Ing. Agatz, der langjährige Leiter der Hafenbautechnischen Gesellschaft vor dem Kriege, wiederum zum 1. Vorsitzenden der Gesellschaft gewählt. Zu weiteren Vorstandsmitgliedern wurden berufen:

Oberstadtdirektor Dr. Nagel, Neuß/Rhein

Baudirektor Mühlradt, Hamburg

Direktor Goedhart, Lübeck

Direktor Krewinkel, Düsseldorf

Hafendirektor Bumm, Duisburg

Präsident Linsenhoff, Frankfurt/Main

Direktor Amsinck, Hamburg

Direktor Hermann Tigler, Duisburg

Direktor Hartwig, Mannheim

Baudirektor Dr.-Ing. Bolle, Hamburg

Prof. Dr.-Ing. Dörnen, Dortmund.

Als Organ der Hafenbautechnischen Gesellschaft wurde die Schiffahrtszeitschrift „Hansa", die seit längerer Zeit wirtschaftliche und Verkehrsfragen der Häfen behandelt, bestimmt.

So wurde die Tätigkeit der Hafenbautechnischen Gesellschaft in altbewährter Form wiederaufgenommen. Es wurden folgende Arbeitsausschüsse gebildet:

Ausschuß für Hafenumschlagstechnik,

Ausschuß zur Vereinfachung und Vereinheitlichung der Berechnung und Gestaltung von Ufereinfassungen und der

Schriftleitungsausschuß, dem die Aufgabe gestellt wurde, den 19. Band der HTG-Jahrbücher baldmöglichst herauszubringen.

Die Werbung aller an Hafenfragen interessierten Kreise geht unermüdlich weiter, so daß zu hoffen ist, daß die aufwärtsstrebende Entwicklung der HTG sich fortsetzt zum Wohle und zur Förderung aller technischen, betrieblichen und wirtschaftlichen Hafenfragen. Hierzu möge auch der nunmehr im Druck vorliegende 19. Band der HTG-Jahrbücher beitragen.

Vorträge,

gehalten auf der 18. Hauptversammlung in Hamburg am 30. September 1949.

Die Bedeutung der deutschen Seehäfen.

Von Senator Dr. **Hermann Apelt,** Bremen.

Lassen Sie mich meinen Ausführungen ein zweifaches Motto vorsetzen, — das Wort des Alten Pindar: ἄριστον μεν ὕδωρ und ein Wort unseres Friedrich List: „Eine Nation ohne Schiffahrt ist ein Vogel ohne Flügel, ein Fisch ohne Flossen, ein zahnloser Löwe, ein Hirsch an der Krücke. ein Ritter mit hölzernem Schwert, ein Helot und Knecht der Menschheit."

Von der 510 Millionen Quadratkilometer umfassenden Oberfläche unserer Erdkugel entfällt nur ein knappes Drittel auf das feste Land, — das übrige auf das Meer.

Der Mensch gehört biologisch zu den Landgeschöpfen. Mit festen markigen Knochen steht er auf der wohlgegründeten dauernden Erde. Aber wir werden — wiederum biologisch — belehrt, daß des Menschen vormenschliche Urahnen einst dem Wasser entstiegen und sich dann erst zu Bewohnern und schließlich zu Herren des festen Landes entwickelten. Und ist es nicht, als hätte er diesen seinen Ursprung nicht vergessen? Als lebte unbewußt in seinem Blute eine Sehnsucht nach der feuchten Urheimat? — Durch Sage und Dichtung zieht sich die Überlieferung von der geheimnisvollen Anziehungskraft des Wassers, vielleicht am schönsten gestaltet in Goethes Ballade vom Fischer.

Aber lassen wir den Mythos beiseite, halten wir uns an die konkreten Vorgänge des Ganges der uns bekannten Geschichte des Menschengeschlechtes, — so gewiß wir sie unter sehr verschiedenen Aspekten betrachten können, so doch auch unter dem einer fortschreitenden Eroberung des Meeres durch den Menschen, einer Rückgewinnung seines urangestammten Elementes. Trotz Spenglers verächtlicher Ablehnung der herkömmlichen Einteilung der Geschichte in Altertum, Mittelalter und Neuzeit glaube ich, daß man — die abendländische Geschichte vom maritimen Standpunkt her gesehen — sehr wohl in Anlehnung an die alte Schuleinteilung unterscheiden kann:

1. die alte Zeit, als die Geschichte der Länder um das Mittelmeer, der man mit Knapp als erstes Kapitel die potamische Zeit, die Zeit der Stromlaufkulturen, an Nil und Euphrat voranschicken mag,

2. die mittlere Zeit, die man die europäische nennen kann, in der neben dem Mittelmeer die nordischen Meere in die Geschichte bestimmend eintreten,

3. die neue Zeit, die ich die planetarische nennen möchte, in der nunmehr die Schiffahrt sich der ganzen Erdkugel bemächtigt, und die wiederum in zwei Phasen zerfällt;

a) in die vorbereitende, die mit der Entdeckung Amerikas und des Seeweges nach Ostindien begann, die zuerst über die große zusammenhängende Ländermasse der drei alten Kontinente, Europa, Asien und Afrika, hinausgriff und die neuen Welten der beiden Amerika sowie Australiens mit den Südseeinseln in das europäische Bewußtsein einbezog und die, transozeanisch betrachtet, d. h. im Verhältnis der alten Welt zu den neuen Welten, auch als das koloniale Zeitalter bezeichnet werden könnte,

b) die zweite Phase, die eigentlich planetarische, in die wir eingetreten sind, wobei es nicht darauf ankommt, für den Beginn ein festes Datum festzulegen — vielmehr genügt es festzustellen, daß eine Reihe bedeutsamer Momente zusammenkam, um eine neue maritime Epoche heraufzuführen —, mag man die sich aus der technischen Entwicklung ergebende immer vollkommenere Überwindung der Entfernungen durch Dampfschiff, Motorschiff und neuerdings das den Unterschied zwischen Land und Seegrenzen aufhebende Flugzeug in den Vordergrund zu stellen — oder aber die Verbindung der Weltmeere durch Suezkanal und Panamakanal — oder die Unabhängigkeitserklärung der Vereinigten Staaten von Amerika. die für die Freiheit der Schiffahrt so entscheidende Folgen haben sollte. Sie ist vielleicht das bedeutsamste Ereignis der neueren Geschichte. Mit ihr begann die Entwicklung, die in der Loslösung der südamerikanischen Gebiete von den Mutterländern ihren Fortgang fand und in der wir mitten innestehen, d. h. die Entwicklung zum fortschreitenden Selbständigwerden der Kolonien — wir denken an Ostindien und Indonesien — und damit zum Ende der kolonialen Epoche.

1*

Wenn bis dahin das kleine Europa — geographisch eine bescheidene Halbinsel des großen eurasischen Kontinents — sich als Mittelpunkt und Maßstab der Welt fühlen mochte, wenn die weiten Gebiete nicht nur der neuen Welten, sondern auch des größten Teiles Afrikas und großer Teile Asiens zwar entdeckt und erschlossen waren, aber von den Europäern doch wesentlich nur als Objekte angesehen wurden, nicht als Subjekte der Geschichte, so ist es eben das Zeichen unserer Geschichtsepoche, daß die Gleichsetzung von europäischer Geschichte mit Weltgeschichte auch für das europäische Bewußtsein ihr Ende gefunden hat, daß wir, noch bevor wir die uns gestellte Aufgabe, zu guten Europäern zu werden, gelöst haben, uns vor die sehr viel größere Aufgabe gestellt sehen, uns zu guten Erdbürgern heranzubilden.

In diesem Sinne scheint es mir in der Tat begründet — und zwar allgemein, nicht nur vom maritimen Standpunkt aus —, von dem Eintritt in das planetarische Zeitalter der Menschengeschichte zu sprechen.

Dabei ist festzuhalten: Diese planetarische Epoche der Menschengeschichte wäre nicht möglich gewesen ohne die fortschreitende Beherrschung des Meeres durch die Menschen und ohne die fortschreitende Bedeutung des Meeres für den Menschen. Ohne die Kunst der Schiffahrt wäre die Menschengeschichte eine völlig andere.

Zwar findet der Mensch sich als Bewohner des festen Landes vor. Aber für ihn als das anpassungsfähigste aller höheren Geschöpfe (nicht zuletzt ist es diese Anpassungsfähigkeit, die ihn vor anderen Geschöpfen auszeichnet) gilt der Satz, daß das Wasser zwar trennt, aber zugleich verbindet — trennend nur so lange, bis der Mensch sich auf das Meer hinausgewagt hat —, verbindend in dem Maße, in dem es dem Menschen gelungen ist, die Entfernung zu überwinden. Denn wie Friedrich Ratzel sehr richtig sagt, das Trennende des Meeres beruht wesentlich auf der Entfernung, zu der nur etwa Stürme und Eisberge als gelegentliche Hindernisse hinzutreten.

Ist die Entfernung überwunden, so tritt alsbald das Verbindende ins Übergewicht gegen das Trennende, und, so paradox es scheinen mag, in dem Verhältnis, in dem die überwundene Entfernung zunimmt, wird das Trennende abnehmen.

Nicht nur, daß das feste Land in Gestalt von Bergketten oder wüsten Flächen Hindernisse bietet, die schwerer zu überwinden sind als selbst ein stürmisches Meer, eben dort, wo Grenzen ohne natürliche Hindernisse bestehen, kann ihre trennende Wirkung am stärksten sein, weil die unmittelbare Berührung am ehesten zu Gegensatz, Streitigkeit und Kriegen führt. Hart im Raum stoßen sich die Sachen und vor allem die Menschen selbst.

Solche den Landgrenzen eignende Nachteile können sich bei naher Nachbarschaft auch für die Seegrenzen ergeben. Wir brauchen bloß an das uns zunächstliegende Beispiel einer Mehrheit von Häfen zu denken, die sich im Wettbewerb um dasselbe Hinterland bemühen. Es liegt in der Natur der Dinge, daß sich zwischen den deutschen Nordseehäfen untereinander und wiederum zwischen ihnen und den Rheinmündungshäfen Gegensätze ergeben — eben weil sie einander nahe liegen. Schon im Verhältnis zu den transatlantischen Häfen Frankreichs wird der Gegensatz schwächer, um im Verhältnis zu den Häfen der iberischen Halbinsel nahezu ganz zu verschwinden. Im Verhältnis zu den Häfen Amerikas bleibt dann nur die verbindende Funktion bestehen.

Wollte man mit der biblischen Erzählung die nachsündflutliche Menschengeschichte bei Noah und seiner Arche beginnen lassen, so könnte man in der Tat sagen, die Geschichte habe mit dem ersten Schiff ihren Anfang genommen. Indessen werden wir uns bescheiden und es dahingestellt sein lassen, wann und wo der Mensch zuerst den kühnen Gedanken faßte, sich ein Fahrzeug zu bauen und sich auf das bewegliche Element zu wagen, erst zögernd an der Küste entlang, oder von Insel zu Insel, dann weiter und weiter ausgreifend bis zu des Columbus, des Vasco und Magalhães kühnen Fahrten.

Die Geschichte zeigt uns Beispiele schlechthin kontinentaler Völker und schlechthin maritimer Völker. Das reinste Beispiel der ersten Art sind die großen Mongolenreiche, deren ausgreifenden Eroberungstrieb das Abendland zu wiederholten Malen hat spüren müssen. Das reinste Beispiel der zweiten Art sind die Phönizier. Aber diese reinen Beispiele bilden die Ausnahme.

Wie trotz der zunehmenden Bedeutung des Meeres und der Schiffahrt, von der wir ausgingen, und trotz der reichen Gliederung der Küsten unseres Erdteiles, der Charakter der europäischen Geschichte bisher überwiegend ein kontinentaler war, so finden wir, daß auch die einzelnen Völker, wenngleich durch treffliche Küstenlage begünstigt, sich zunächst überwiegend kontinental verhalten und erst im weiteren Verlauf auf das Meer gehen und zur Seemacht werden.

Das gilt von den Römern, die erst durch den Zwang der punischen Kriege zur Seemacht wurden. Das gilt ebenso von den Engländern, die wir gewohnt sind, als das schiffahrttreibende Volk schlechthin anzusehen. Trotz ihrer Insellage haben sie sich erst verhältnismäßig spät — in entscheidendem Sinne erst seit den Tagen der Königin Elisabeth — als meerbefahrendes und meerbeherrschendes Volk hervorgetan.

Frankreich, zwischen zwei Meeren gelegen, hat doch — wennschon an seiner Nordküste ehedem die Veneter saßen, ein geborenes Seefahrervolk, wennschon die rühmlichste Entdeckungsfahrt des Altertums, die des Pytheas, ihren Ausgang von der Rhonemündung nahm und wennschon auch die neuere Entdeckungsgeschichte den Namen Cartiers nicht vergessen wird — dennoch immer das Schwergewicht auf dem Lande gesucht.

Auch für Spanien und Portugal, obschon auch vorher nicht ohne Seegeltung, beginnt doch die maritime Geschichte recht eigentlich erst mit Heinrich dem Seefahrer und Columbus.

Wie dem nun sei, unbestreitbar ist, daß das Meer einen immer steigenden Einfluß auf Wirtschaft und Politik der europäischen Völker gewann, und daß durchweg der Drang nach Teilhabe am Seeverkehr zunahm. Nicht nur, daß die Völker, die eigene Küsten besaßen, bestrebt waren, diese zu Basen der Schiffahrt zu machen — in immer steigendem Wettbewerb untereinander —, auch die, denen die eigene Küste versagt war, strebten zum Meere.

Rußland konnte in gewissem Sinne als Erbe der alten Mongolenreiche angesehen werden und als typisches Binnen- oder Kontinentalreich gelten. Und doch ist seine neuere Geschichte durchaus vom Drang nach dem Meere oder vielmehr den Meeren beherrscht — nach der Ostsee, nach dem transatlantischen Ozean, nach dem Weißen und dem Gelben Meer, nach dem Indischen Ozean und dem Mittelländischen Meer. Lange schien es, als sei Konstantinopel und die Meerengenfrage der eigentliche Angelpunkt russischer Politik. Das sogenannte Testament Peters des Großen, des Herrschers, der die Seemachtspolitik Rußlands einleitete, ist zwar als eine Fälschung nachgewiesen, aber die in ihm empfohlene, zu den Meeren weisende Politik ist diejenige, die tatsächlich von Rußland befolgt wurde.

Welche Rolle der Streit um die mazedonischen Häfen in den Balkankriegen gespielt hat, ist bekannt, nicht minder wie verhängnisvoll sich das Streben des nach dem ersten Weltkrieg neu erstandenen Polens nach Seegeltung ausgewirkt hat.

Schließlich sei an zwei Länder ohne eigene Küste erinnert und an ihre Bestrebungen, trotzdem an Meer und Seeschiffahrt teilzuhaben. Ich meine die Tschechoslowakei und die Schweiz, deren eine sich durch eine Freihafenzone im Hamburger Hafen die Verbindung mit dem Meere zu sichern suchte, deren andere, obwohl ohne eigenen Seehafen, doch mit Schiffen unter eigener Flagge das Meer befährt.

Werfen wir noch einen Blick auf Amerika, so haben dort alle Länder, sowohl Nord- wie Mittel- und Südamerika, teil an der Meeresküste mit zwei Ausnahmen, Paraguay, das aber durch seinen Strom mit dem Meer verbunden ist, und Bolivien, das seinen Küstenstrich 1884 an Chile abgeben mußte.

Wie aber steht es mit unserem eigenen, dem deutschen Volk und seinem Verhältnis zum Meer?

Die Zwiespältigkeit, die leider sooft in der deutschen Geschichte hervorgetreten ist — schon frühe zwischen Hermann und Marbod, später zwischen den Konfessionen, dann zwischen Österreich und Preußen —, sie zeigt sich auch in der maritimen Geschichte Deutschlands — hier zwar nicht im Sinne eines Gegeneinander, wohl aber eines sich kaum berührenden Nebeneinander.

Die Geschichte der deutschen Kaiser von Karl dem Großen bis zum Ende des Heiligen Römischen Reiches Deutscher Nation war eine ausgesprochen kontinentale Geschichte, nur etwa die Kreuzzüge machen eine Ausnahme. Und doch gehörte im hohen Mittelalter die Küste von der Schelde bis zur Eider und von der Schlei bis zur Düna zum Reich. Und so gehörte auch die Hanse mit ihrer in frühe Jahrhunderte zurückreichenden Geschichte zum Reich. Aber es war zwar nicht rechtlich, dennoch tatsächlich ein nahezu selbständiges Dasein, das sie führte. Die Kaiser hatten andere Sorgen und keine Zeit, sich um die Schiffahrt in den Nordmeeren zu bekümmern. „Soweit bekannt ist" — sagt Diedrich Schäfer in seinem Buch über die Deutsche Hanse (Seite 7) — „hat nie ein deutscher Kaiser oder König vor Wilhelm I. Nord- oder Ostsee gesehen, jedenfalls nie einer von ihnen eines dieser beiden Meere befahren."

Dabei übergeht Schäfer allerdings den Lanzenwurf Ottos des Großen am Ottensund und die Besuche Kaiser Heinrichs III. in Bremen 1048 und Kaiser Karls IV. in Lübeck 1375. Aber er kann sich rechtfertigen, indem der Ottensund weder zur eigentlichen Nord- noch zur eigentlichen Ostsee gehört und die beiden Kaiserbesuche nur zur Weser und zur Trave, aber nicht bis an die eigentliche Küste führten. Und schließlich — diese drei Begebenheiten bedeuten für eine Zeitspanne von 1000 Jahren wahrhaftig herzlich wenig.

Wenn so die Hanse wesentlich aus eigener Kraft lebte, wenn das Verständnis für Seehäfen und Seeschiffahrt im deutschen Binnenlande noch lange hinaus sehr gering blieb — mußten es sich die drei Hansestädte, die sich ihre Reichsunmittelbarkeit gewahrt hatten, doch noch im vorigen Jahrhundert gefallen lassen, daß man sie im Reiche als Babareskenstaaten bezeichnete und noch in Friedrich Ratzels unfreundlicher Wendung „reich, aber vaterlandslos"[1] klingt diese Auffassung nach —, die deutsche Küste mit ihrem Volkstum und ihrer Geschichte bildet deshalb nicht weniger einen nicht wegzudenkenden Teil des ganzen Deutschland. „Das mittelalterliche Deutschland auf dem Meer" nennt Diedrich Schäfer die Hanse.

Von der anderen Seite des Kanals her hat man uns den Beruf zur Seeschiffahrt absprechen wollen. Es ist rund 100 Jahre her, daß Lord Palmerston meinte: „Die Deutschen mögen den Boden pflügen, mit den Wolken segeln oder Luftschlösser bauen, aber nie seit Beginn der Zeiten hatten sie den Genius, das Weltmeer zu durchmessen oder die hohe See oder auch nur Küstengewässer zu durchfahren."

Und es ist in unserer frischen Erinnerung, mit welchen Argumenten sich kürzlich Capt. Coombs im Fairplay (diesmal lucus a non lucendo) gegen den Wiederaufbau einer deutschen Handelsflotte wandte.

Hier wird übersehen, daß die deutsche Hanse jahrhundertelang die führende Stellung im Seehandel

---

[1] Ratzel, Fr.: Das Meer als Quelle der Völkergröße. München: 1900, S. 46.

und in der Seeschiffahrt der Ost- und Nordsee innegehabt hatte, bevor noch England sich anschickte, seine ruhmvolle maritime Laufbahn anzutreten.

Hier wird verkannt, daß, wenn Deutschland von den großen Entdeckungsfahrten und den großen kolonialen Landnahmen ausgeschlossen blieb, dies seine Ursache nicht in dem mangelnden Beruf zur Seeschiffahrt, sondern in den politischen Verhältnissen hatte. Die große Zeit der auf sich selbst gestellten Seestädte war vorüber — in Italien wie in Deutschland —. Ohne den Rückhalt einer starken Nationalmacht konnten sie mit den neu aufsteigenden nationalen Seemächten in der Besitznahme der neuen Welten keinen erfolgreichen Wettbewerb aufnehmen. Das Versagen des Reiches machte den Verfall der Hanse unausweichlich.

Dennoch hat auch Deutschland seinen wertvollen Beitrag zu den Entdeckungen geleistet, und zwar ging dieser Beitrag vom deutschen Binnenlande aus. Die Nürnberger Mathematiker und Astronomen waren es, insbesondere Peurbach und Regiomontanus, die allererst die Grundlagen einer wissenschaftlichen Nautik schufen. Martin Behaim aber „knüpfte das Band zwischen der Sternkunde der Deutschen und der Nautik der Spanier und Portugiesen".

Weiterhin war es so, daß die Seemächte — Spanien, Portugal, England, Holland — die Hand auf alle Küsten und entdeckten Gebiete legten und sich den Seehandel mit ihren Kolonien selber vorbehielten. So blieb — wenngleich die völkerrechtliche Lehre vom mare liberum sich gegen die Herrschaftsansprüche Spaniens und Portugals allmählich durchsetzte, das Weltmeer dennoch tatsächlich vorerst ein geschlossenes Haus und die deutsche Schiffahrt, d. h. im wesentlichen die Schiffahrt der verbliebenen drei Hansestädte, auf die europäischen Gewässer beschränkt.

Mit dem Augenblick, in dem die Vereinigten Staaten ihre Unabhängigkeit erklärten und den Verkehr mit ihren Häfen den Schiffen aller Nationen freigaben, waren auch die Hanseaten zur Stelle. Von da an folgte eine stetig aufsteigende und nur von den napoleonischen Kriegen unterbrochene Entwicklung — in den ersten zwei Dritteln des Jahrhunderts noch wesentlich allein auf der Iniative und der eigenen Kraft der Hansestädte beruhend —, seit der Gründung des Norddeutschen Bundes und des Deutschen Reiches gestützt und gefördert durch das geeinte Deutschland.

Dabei ist es wichtig, daß der Übergang der deutschen Schiffahrt von der europäischen zur transozeanischen Fahrt zeitlich zusammenfiel mit dem Übergang von der ersten vorbereitenden zur zweiten endgültigen Phase des planetarischen Zeitalters im vorher charakterisierten Sinne. Lag es in der Natur der Dinge, daß die Befreiung der Schiffahrt von den Beschränkungen der kolonialen Zeit und weiterhin das Aufkommen des Dampfschiffes in hohem Maße belebend auf den Schiffahrtsverkehr wirken mußten, so ergab sich zugleich in Wechselwirkung zwischen der zunehmenden Industrialisierung der alten Welt und der sie teils bedingenden, teils durch sie bedingten Zunahme der Bevölkerung und in Wechselwirkung wiederum zwischen diesen beiden und den neuen technischen Möglichkeiten überseeischer Verfrachtung eine wesentliche Änderung im Seeverkehr nach Menge und nach Art.

Auch frühere Zeiten kannten Verhältnisse, in denen die Zufuhren von See her zu den lebensnotwendigen Erfordernissen gehörten, das Dasein ganzer Gemeinwesen von solchen Zufuhren abhängig war — wie Athen so konnte auch das spätere Rom nicht ohne das über See zugeführte Getreide bestehen —, das navigare necesse vivere non necesse war ein Mahnwort des Pompejus an die des Wetters wegen zögernde Mannschaft der für Rom bestimmten Getreideflotte. Ebenso war das schon früh industriell entwickelte und dicht bevölkerte Flandern in hohem Maße auf die von den Schiffen der Hanse vermittelten Getreidezufuhren aus der Ostsee und die Wollzufuhren aus England angewiesen. Überwiegend aber war der Seehandel der früheren Jahrhunderte ein Austausch von Luxus- und Genußgütern, der Menge nach beschränkt, hoch im Werte. Man denke, welche Rolle in der Hansezeit die Pelzwaren und das Bier spielten, in der holländischen Großzeit die Gewürze. Der Pfeffersack ist noch heute sprichwörtlich.

Nun aber kam die Entwicklung der Industrie und mit ihr die wachsende Dichte der Bevölkerung. Die früheren Agrarländer wurden in steigendem Maße zugleich Industrieländer — zuerst und am ausgesprochensten England —. Was sich schon früher in Flandern ereignet hatte, ereignete sich auch hier: da das eigene Land die von der Industrie benötigten Rohstoffe nicht oder nicht in der erforderlichen Menge liefern konnte, so mußten sie über See eingeführt werden, und, da für die dichtere Bevölkerung das eigene Land nicht mehr ausreichende Nahrung gab, so war man auf die Einfuhr von Getreide und anderen Nahrungsmitteln angewiesen. Dem kamen die Erzeugnisse der überseeischen Gebiete entgegen, wie wiederum diese zunächst noch rein agrarischen Gebiete einen starken Bedarf an Fabrikaten der Industrieländer hatten. So traten die Luxusgüter in die zweite Linie, und es ergab sich ein Massengutverkehr, wie er früheren Zeiten unbekannt gewesen und mit ihren Segelschiffen nicht hätte bewältigt werden können. Zugleich folgte daraus eine wechselseitige Abhängigkeit, die nun zum ersten Male in vollem Sinne des Wortes als weltwirtschaftlich angesprochen werden konnte.

Diese Entwicklung und der dadurch bedingte wachsende Anteil der Seeschiffahrt an dem Güteraustausch der Welt macht es verständlich, daß der Drang zur Teilhabe an diesem so wichtig gewordenen Verkehr immer stärker wurde und kein Volk davon ausgeschlossen sein wollte. Die eigenen Seehäfen auszubauen, wurde das Bestreben aller Nationen.

Mit der Bedeutung und Vielfalt der Verbindungen gewann zugleich die Beförderung der Reisenden, der Fahrgastverkehr, eine immer größere Bedeutung für die Schiffahrt und der Auswandererstrom aus dem dicht bevölkerten Europa nach dem noch dünn besiedelten Amerika bildete in den 100 Jahren, die dem ersten Weltkrieg vorausgingen, ein wesentliches Element des überseeischen Verkehrs.

Es war die Morgengabe, die die Hansestädte dem geeinten Deutschland zubrachten, daß sich hier auf der Grundlage jahrhundertelanger Überlieferung Warenmärkte von internationaler Bedeutung und eine Reederei von Weltgeltung entwickelt hatten, eine Reederei, die insbesondere im Ausbau des Liniendienstes und des Fahrgastverkehrs eine führende Stellung einnehmen sollte. Man vergesse nicht, daß die Gründung erst der Ocean Steam Navigation Co., dann der Hapag und des Norddeutschen Lloyd vor der Gründung des Norddeutschen Bundes und des Deutschen Reiches lagen.

Man hat es den Hanseaten zum Vorwurf gemacht, daß sie zu sehr Weltbürger gewesen seien und zu wenig Deutsche, daß sie den Schutz im Sichanschmiegen gesucht hätten; man hat ihnen verdacht, daß sie sich wehrten, die Zollfreiheit ihrer Stadtgebiete aufzugeben. Bei diesen Vorwürfen übersah man, daß, solange keine Macht hinter ihnen stand, ihnen gar nichts anderes übrig blieb, als sich den Regeln des Weltverkehrs, wie er sich im Verhältnis der großen Seemächte herausgebildet hatte, anzupassen, sich als ein nützliches, nicht als ein störendes Element im Welthandel zu erweisen. Gerade in unserer Lage sollte man den Hansestädten dankbar sein, daß sie damals bewiesen haben, man könne ein bedeutsames Glied im Welthandel und in der Weltschiffahrt sein, auch ohne eine militärische Macht hinter sich zu haben.

Wenn sie in der Frage des Zollausschlusses zögerten, so wollten sie gewiß ihren eigenen Vorteil wahren, aber sie meinten damit zugleich den Vorteil des Ganzen am besten wahren zu können. Sie wußten, was die Zollfreiheit ihres Gebietes für ihre Schiffahrt und ihren internationalen Warenhandel bedeuteten. Die Einrichtung der Freizonen in den Häfen brachte dann die Lösung.

Sucht man sich zu vergegenwärtigen, was die eigenen Seehäfen für ein Volk bedeuten, so treten naturgemäß die wirtschaftlichen Gesichtspunkte zuerst ins Blickfeld. Seeschiffahrt und Seehandel sind von jeher Quellen des Wohlstandes gewesen. Beide aber sind an den Besitz eigener Seehäfen gebunden. Die des eigenen Heimathafens entbehrenden Handelsschiffe der Schweiz wird man kaum als schlüssigen Gegenbeweis anführen können. Es ist ein aus einer Notlage heraus geborener Versuch, und es bleibt abzuwarten, ob er Bestand haben wird.

Je abhängiger aber ein Volk von überseeischer Einfuhr ist, um so wichtiger muß es ihm sein, einen möglichst großen Teil dieser Einfuhr auf eigenen Schiffen zu fahren, denn die Seefracht macht einen erheblichen Teil dessen aus, was die Ware kostet, und einen verhältnismäßig um sie größeren Teil, je geringwertiger die Ware ist. Die eigene Handelsflotte ist also für die Zahlungsbilanz eines Volkes von entscheidender Bedeutung.

Unsere deutsche Handelsflotte fuhr vor dem letzten Kriege etwa $\frac{1}{2}$ Miliarde in Devisen ein. Unter der Rubrik Dienstleistungen als unsichtbare Ausfuhr standen die Seefrachten an erster Stelle.

In dieselbe Rubrik, wenn auch in geringerer Größenklasse, gehören alle mit dem Hafenverkehr und dem Umschlag zusammenhängenden Verrichtungen — der Lotsendienst, der Schlepperdienst, Quarantäne- und Gesundheitsdienst —, dann der Umschlag selbst mit allen seinen Nebenbetrieben, vor allem die Leistungen der Tausende von Hafenarbeitern, dazu die Tallileute und Kontrolleure, die Wäger und Küper, neben den Stauereien die Lagerhalter, neben den Spediteuren die Schiffsmakler, ferner die Hafenschiffahrt, die Ausrüster, die Wirte und nicht zuletzt die durch die Hafengebühren abgegoltene Vorhaltung des Hafens selbst und seiner Einrichtungen.

Dazu kommt, daß die für den eigenen Bedarf im eigenen Seehafen eingebrachten Güter auch von eigenen Transportträgern, sei es Eisenbahn, Binnenschiff oder Kraftwagen, ins Binnenland weiterbefördert werden.

Vor allem dann — ein leistungsfähiger Markt von mehr als lokaler Bedeutung ist für die meisten überseeischen Waren nur möglich im Seehafen. Was solche leistungsfähigen Märkte für die Rohstoffversorgung der Industrie eines Landes bedeuten, wie vorteilhaft sie auf die Steuerkraft eines Gemeinwesens einwirken, dafür haben Hamburg und Bremen ein beredtes Zeugnis geliefert.

Neben Reederei und Handel tritt als drittes die Industrie, soweit sie entweder wie die Seeschiffswerften schlechthin seehafengebunden, oder wie Getreidemühlen, Ölmühlen, Ölraffinerien u. a. zum mindesten in den Seehäfen einen günstigen Standort finden.

Schließlich ist nicht zu vergessen, was der Ausbau der Häfen, der mit dem Ansteigen des Verkehrs und dem Wachsen der Schiffsgrößen immer anspruchsvollere Ausmaße annahm, was desgleichen die Belieferung der Werften mit ihrem vielseitigen Bedarf der binnenländischen Industrie an Aufträgen einbringen kann.

Deutschland ist in der glücklichen Lage, daß es leistungsfähige eigene Häfen besitzt, es ist zugleich in der schwierigen Lage, daß sich um die deutsche Ein- und Ausfuhr nicht nur die eigenen Häfen bemühen, sondern auch fremde Häfen — das natürliche Ergebnis des Umstandes, daß die Mündung unserer wichtigsten Binnenwasserstraße, des Rheins, jenseits unserer Grenze liegt.

Ich sage mit Bewußtsein das „natürliche" Ergebnis. Denn es liegt mir fern, zu bestreiten, daß die Natur, indem sie dem Rheinstrom seinen Lauf wies, auch dem Verkehr einen natürlichen Weg gewiesen hat, den auszuschalten, wider die Natur wäre.

Aber nicht minder wider die Natur wäre es, wenn ein Volk, das leistungsfähige eigene Seehäfen besitzt, diese zugunsten fremder Häfen preisgeben wollte. Steht auf der einen Seite die natürliche Einheit des Stromlaufes, so auf der anderen Seite die natürliche Einheit des Volkes und seiner Wirtschaft.

Wir haben uns vergegenwärtigt, was es für die Zahlungsbilanz, die Wirtschafts- und Steuerkraft eines Volkes ausmacht, wenn seine Ein- und Ausfuhr den Weg über eigene Seehäfen nimmt. Es liegt auf der Hand, daß man sich nicht so leidenschaftlich, wie es geschieht, um den Anteil am Seehafenumschlag der deutschen Ein- und Ausfuhr streiten würde, wenn nicht eben dieser Umschlag einen wertvollen Aktivposten in der Wirtschaftsbilanz darstellte. So wird man versuchen müssen, einen vernünftigen und gerechten Ausgleich zwischen den beiden „natürlichen" Ansprüchen zu finden.

Vor den Weltkriegen war, wenn auch bei scharfem, aber schließlich gesundem Wettbewerb, ein für alle Teile befriedigendes Gleichgewicht erreicht. Auch nach dem ersten, Deutschland so weit zurückwerfenden Weltkrieg hatte sich ein erträgliches Gleichgewicht allmählich wieder eingespielt, obwohl der verhältnismäßige Anteil der Rheinmündungshäfen an der deutschen Ein- und Ausfuhr nicht unerheblich gestiegen war, auch die deutsche Handelsflotte sich nur wieder auf den 5. Platz unter den seefahrenden Nationen emporgearbeitet hatte, gegen den 2. Platz vor dem Kriege. 1938 nahmen rd. $^2/_3$ der deutschen Ein- und Ausfuhr ihren Weg über die deutschen Nordseehäfen und die Rheinmündungshäfen. Von diesen insgesamt rd. 66 Mill. t entfiel je rd. die Hälfte auf die deutschen Seehäfen und auf die Rheinmündungshäfen.

Wie nun nach dem zweiten Weltkrieg!

Nur mit Erschütterung können wir nach der Ostsee blicken. Memel, Königsberg, Danzig, Stettin, sind uns genommen, Rostock und Wismar durch die Zonengrenze abgeschnitten. So blieben nur Lübeck, Kiel und Flensburg, in wie schwieriger Lage ist uns allen bekannt. Bei Lübeck ist es vor allem die Abschnürung von seinem Hinterland durch die Zonengrenzen.

Die Abschnürung von der russischen Zone ist auch für die Nordseehäfen eines der unheilvollsten Momente der Nachkriegszeit, in erster Linie für Hamburg, aber auch, wenngleich in sehr viel geringerem Maße, für Bremen, wobei namentlich an das Ausfuhrgut aus Sachsen und Thüringen zu denken ist.

Das zweite ist die Verstümmelung der westdeutschen Industrie durch Kriegszerstörungen, Verbote und nicht endenwollende Demontage.

Das dritte endlich ist der Verlust fast unserer gesamten Handelsflotte und daß noch immer eine wirksame Lockerung der uns auferlegten Baubeschränkungen ausgeblieben ist, so daß auch die Freistellung von den zunächst gezogenen räumlichen Grenzen ohne praktisches Ergebnis bleiben muß. Denn solange wir keine geeigneten Schiffe bauen dürfen, ist die Fahrterlaubnis ohne Bedeutung. Es ist mutatis mutandis derselbe Zustand wie zu der Zeit, als die Kolonialmächte, die sich die Welt geteilt hatten, sich den Schiffsverkehr mit den Kolonien selber vorbehielten.

Das Ergebnis der an erster und zweiter Stelle genannten Momente in Verbindung mit allen übrigen Kriegsfolgen hat dazu geführt, daß die deutsche überseeische Ein- und Ausfuhr über die eigenen Nordseehäfen und über die Rheinmündungshäfen auf etwa $\frac{1}{4}$ des Vorkriegsumfangs zurückgegangen ist. Die Zahl der Häfen aber ist dieselbe geblieben, die sich nun in die restliche Menge zu teilen haben.

Es ist unrichtig, daß, wie es vielfach hingestellt worden, die Rheinmündungshäfen bei der Wahl des Transportweges für die deutsche Ein- und Ausfuhr ausgeschaltet seien. Richtig ist, daß ihr verhältnismäßiger Anteil geringer ist als vor dem Kriege. Andererseits haben sie die ungekürzte Ein- und Ausfuhr ihrer eigenen Länder und fast den gesamten Transit nach den außerdeutschen Ländern Europas, von dem die deutschen Häfen durch die Dollarklausel so gut wie ausgeschlossen sind. So ist, über alles gerechnet, der Umschlag der Rheinmündungshäfen den Vorkriegszahlen wesentlich näher als der Umschlag der deutschen Nordseehäfen.

Man wird gerechterweise verstehen, daß Deutschland bemüht ist, seinen eigenen Seehäfen wenigstens soviel Verkehr zu erhalten, daß sie lebensfähig bleiben.

Dabei ist im Auge zu behalten:

a) von welch gesteigerter Bedeutung in unserer schweren Lage die uns verbliebenen restlichen Möglichkeiten unsichtbarer Ausfuhr in Gestalt von Dienstleistungen in unseren Häfen sind,

b) wie sehr wir darauf bedacht sein müssen, die uns verbliebenen Arbeits- und Verdienstmöglichkeiten nicht noch weiter zu schmälern — die in den eigenen Häfen liegenden Möglichkeiten der Beschäftigung und der Steuerkraft nicht ganz verschütten zu lassen, wobei es sich nicht nur um die Seehäfen selbst handelt, sondern zugleich um die inländischen Industrien, von denen Hafenbauten und Werften beliefert werden. Daß diese Industrien einigermaßen wieder zu Kräften kommen, ist nicht zuletzt auch eine Voraussetzung für die Wiederbelebung der deutschen Ausfuhr über die Rheinmündungshäfen,

c) vor allem aber — ohne leistungsfähige Seehäfen keine leistungsfähige eigene Handelsflotte — und wiederum ohne eigene Handelsflotte keine Möglichkeit, zu einer haltbaren Zahlungsbilanz und damit zu gesunden wirtschaftlichen Verhältnissen zu gelangen.

Die Wegnahme unserer östlichen ackerbauenden Provinzen, die Übervölkerung infolge des Einströmens der Millionen von Flüchtlingen und die Beschränkungen unserer Industrie haben uns in einem Maße von der überseeischen Einfuhr abhängig gemacht, wie es nahezu ohnegleichen in der Weltgeschichte ist. Unter diesen Umständen bedeutet das ausschließliche Angewiesensein auf fremde Schiffahrt im transatlantischen

Verkehr einen Tribut, den zu tragen unser verarmtes Volk auf die Dauer schlechthin nicht in der Lage ist. Man vergegenwärtige sich: etwa 25 vH der Devisen, die uns aus dem Marshal-Plan zugeteilt werden, müssen wir für Seefrachten aufwenden. Man vergegenwärtige sich ferner, wie viele Zehntausende von Seeleuten und Werftarbeitern es sind, um deren Beschäftigung und Brot es sich handelt.

Auch das Verhältnis zu den Rheinmündungshäfen kann nur dann wieder in ein erträgliches Gleichgewicht kommen, wenn die deutschen Seehäfen von den Beschränkungen ihrer Schiffahrt und ihres Handels befreit werden. Nur dies in Verbindung mindestens mit einer Lockerung des Abschlusses gegen die russische Zone und mit einem Schlußstrich unter die Abwrackung und Drosselung unserer Industrie kann eine Rückkehr zu natürlichen und gerechten Verhältnissen bewirken.

Die Hanseaten sind immer für Freiheit des Verkehrs eingetreten. Aber es muß eine allseitige Freiheit sein, nicht nur eine einseitige.

Befreit uns von unseren Fesseln, und wir werden gern auf Lenkung verzichten.

Selbst dann freilich werden die Startbedingungen sehr ungleich sein, da die andere Seite einen kaum einzuholenden Vorsprung hat.

Solange aber diese Beschränkungen bestehen, bleiben die deutschen Häfen schutzbedürftig und haben sie Anspruch auf Schutz.

Wir haben allen Anlaß, ja die Pflicht gegen uns selbst, das, was uns geblieben, zu erhalten und uns die Möglichkeit eines Wiederaufbaus von Handel und Handelsflotte — wenn auch in bescheidenen Grenzen — nicht zu nehmen.

Haben wir die Dinge vom wirtschaftlichen Standpunkt betrachtet, so ist dieser doch keineswegs der einzige, der in Betracht kommt, wenn von der Bedeutung der Seehäfen gehandelt werden soll.

Wir erinnern uns, was eingangs von den verbindenden Kräften des Meeres gesagt wurde. Das gilt nicht nur wirtschaftlich, sondern ebenso menschlich. In diesem Sinne gibt es — vom geistigen Austausch abgesehen — keine besseren Träger des Verständnisses und der Verständigung zwischen den Nationen als den Kaufmann und den Seemann, keine bessere Brücke als Überseehandel und Überseeschiffahrt.

Wie sich das Wirtschaftliche mit dem Menschlichen verschlingt, dafür braucht nur auf die tausendfältigen menschlichen Beziehungen hingewiesen zu werden, die zwischen den Hansestädten und den US. aus den ursprünglich wirtschaftlichen Beziehungen sich entwickelt haben.

Wie sagt der Dichter vom Kaufmann?

„Güter zu suchen geht er, doch an sein Schiff knüpfet das Gute sich an."

Neben dieses ins Politische hinüberweisende Moment tritt das charakterbildende. Es ist oft gesagt, besonders nachdrücklich von Hegel in seiner Geschichtsphilosophie, daß das Meer mit seinen Gefahren besondere und starke Menschen formt — darin, wie in so manchem anderem, ähnlich dem Hochgebirge mit seiner großartigen Einsamkeit, seinen schwindelnden Graten und seinen Lawinen. Es ist ein Unterschied, ob einer zu Hause sitzt, oder ob er sich den frischen Seewind um die Nase wehen läßt, fremde Länder und Völker kennenlernt und so aus der Enge der Heimat herauswächst. Das Schwinden des seemännischen Einschlags in unserem Volkstum wäre ein unersetzlicher Verlust.

Man hat die Seehäfen die Lungen eines Landes genannt. — Sehr richtig, denn durch die Seehäfen dringt die frische Seeluft hinein ins Land, und wir wollen sie nicht entbehren.

Der hohe Kommissar McCloy verglich in seiner Ansprache im Bremer Rathaus die Seehäfen mit dem Fenstern eines Hauses, — nun wohl, wir wollen keine blinden Fenster, sondern helle, weit offene, durch die Licht und Luft frei hereinströmt.

In Berliner Miethäusern alter Art fand sich ein verrufener Raum, man nannte ihn das Berliner Zimmer, der hatte keine eigenen Fenster, sondern erhielt Licht und Luft nur von dem Nebenraum. In solchem vom unmittelbaren Zutritt des Lichts und der Luft abgeschnittenen Raum würden wir leben, wenn wir unsere Seehäfen preisgeben und damit unsere Fenster schließen wollten.

Eine wahre Befriedung der Welt, ein brüderliches Verhältnis zwischen den Nationen ist nicht denkbar, solange das Volk der Mitte Europas als einziges von den allgemeinen Menschenrechten freien Handels und freier Schiffahrt ausgeschlossen bleibt.

Wie ich begann mit einem Worte Friedrich Lists, der wie kein anderer zugleich ein Weltbürger, ein Bewunderer Englands und Amerikas und doch durch und durch Deutscher war, so lassen Sie mich auch mit einem Worte Lists schließen:

„Die See", sagt er, „ist die Hochstraße des Erdballs. Die See ist der Tummelplatz der Kraft und des Unternehmungsgeistes für alle Völker und die Wiege ihrer Freiheit. Wer an der See keinen Teil hat, der ist ausgeschlossen von den guten Dingen und Ehren der Welt — der ist unseres lieben Herrgotts Stiefkind."

Verkehrswirtschaftliche Grundfragen der Binnenhäfen.

Von Oberstadtdirektor Dr. **Josef Nagel,** Neuß (Rhein),
Vorsitzender des Verbandes der Häfen des Rheins und der westlichen Wasserstraßen.

I. Technische und wirtschaftliche Entwicklung.

Die verkehrswirtschaftliche Situation der Binnenhäfen war in der Vergangenheit in weitem Ausmaße gekennzeichnet durch die Einfachheit der technischen Abwicklung aller Verkehrsvorgänge. Da im Mittelalter der Verkehr mit Vorliebe sich der natürlichen Flußläufe bediente, benutzte die Binnenschiffahrt für die Aufnahme und Abgabe ihrer Güter einfache, günstig gelegene Wasserumschlagstellen, die meistens nur von der politischen Seite beeinflußt wurden. Das hartnäckige Festhalten über lange Zeiträume an den mittelalterlichen Stapelrechten in den Häfen läßt historisch sowohl die Bedeutung der Binnenschiffahrt in der Vergangenheit als auch ihre Stellung nach der wirtschaftspolitischen Seite erkennen. Gerade hier zeigte sich auch schon frühzeitig ab, wie sehr die Binnenhäfen im Inneren des Landes auf die Wahrung ihrer Stellung gegenüber den Seehäfen bedacht waren. Als zu Beginn des 19. Jahrhunderts mit dem Kampf um den Wegfall der Stapelrechte Rotterdam bzw. die Niederlande die freie Rheinschiffahrt ins offene Meer durch Stapel- und Umladezwang beschränken wollte, da beanspruchte die alte Rhein- und Hansestadt Köln die Anerkennung als Seehafen. Die Niederlande mußten die Freiheit des Schiffahrtsverkehrs anerkennen und mit dieser allgemeinen Freiheit und Befreiung von jedem Zwang, heute würde man sagen mit der Aufhebung aller Lenkungsmaßnahmen, wurde die wirtschaftliche Stellung der Binnenhäfen an den Flußwasserstraßen, später auch an den künstlichen Wasserstraßen untermauert und die Grundlage ihrer Entwicklung geschaffen. Es ist immer wieder erforderlich, sich diese historische Entwicklung vor Augen zu halten und aus ihr zu lernen. Lenkungsmaßnahmen können in Notzeiten kurzfristig geduldet werden, sie sind im allgemeinen grundsätzlich abzulehnen, weil schon die Vergangenheit gerade in der Binnenschiffahrt und Hafenwirtschaft gelehrt hat, daß sie nur geeignet sind, eine Entwicklung ins Große und Weite zu behindern und was noch wesentlicher ist, Verkehrsbeteiligten Schaden und Nachteile zuzufügen.

Mit dem Eindringen der technischen Erfindungen und Errungenschaften in die Verkehrswirtschaft änderten sich die Aufgaben und die Möglichkeiten. Die Schiffahrt ist stets das expansive Verkehrsmittel, das unternehmerische, in seiner Betriebsführung beweglichere und unbürokratischer als die Schienenbahn. Die Schiffahrt denkt von Natur aus in größeren Räumen, ist wagemutiger und von jeher mit dem Kaufmann und Wirtschaftler enger verbunden. Der Schiffahrttreibende war ursprünglich vielfach auch der Warentreibende.

Die Binnenhäfen haben sich schon frühzeitig der allgemeinen technischen und organisatorischen Entwicklung anzupassen gewußt und die technischen Erfindungen in besonderem Ausmaße genützt. Das ist auch in der Gegenwart und der Zukunft notwendig. Gerade der Verkehr bedient sich schon frühzeitig aller Neuerungen und macht sie sich dienstbar. So müssen auch die Binnenhäfen alles daran setzen, ihre vielseitigen Anlagen zu modernisieren und sich den technischen und wirtschaftlichen Fortschritt dienstbar zu machen. Es gilt heute, in vielen Binnenhäfen große Teile der Anlagen zu modernisieren, angefangen bei den Kaimauern, Lagerhäusern, Erschließung von Lagerplätzen, den Kran- und Verladeanlagen, den Hafenbahnen mit all ihren technischen Einrichtungen, den Hafenstraßen und den verschiedenen zum Hafenbereich gehörenden Verkehrsmittel, wie Lokomotiven, Waggons, Lastkraftwagen, Hafenschleppern usw. Der Umschlag muß nach der technischen Seite beschleunigt werden, die Güter geschont, die Lagerung zweckmäßiger und verbessert werden. Es entstehen hier für den Wasserbau-, den Tiefbau- und Hochbautechniker, große Aufgaben, ebenso wie der Maschinen- und Elektroingenieur neue Wege seiner Arbeit beschreiten muß. Geistige Initiative und organisatorische Leistungen müssen zur Geltung kommen. In den Vereinigten Staaten verfügen aus ökonomischen Gründen größere Unternehmungen heute schon über eigene Transportingenieure.

II. Gegenwärtige Zusammenarbeit der Verkehrsträger in der Binnenhafenwirtschaft.

1. Schiene, Straße, Wasserweg.

Erst diese technischen und wirtschaftlichen Maßnahmen schaffen die organisatorischen Voraussetzungen für eine gute und bessere Zusammenarbeit der verschiedenen Verkehrsträger in der Binnenhafenwirtschaft. Als Grundbedingung muß aber von den Verkehrsträgern die Rücksichtnahme auf die eigenen Belange der Hafenwirtschaft gefordert werden. Die Binnenhäfen nehmen eine besondere Mittlerstellung gegenüber den einzelnen Verkehrsträgern ein, sie sind auf eine gute, gedeihliche Zusammenarbeit mit ihnen angewiesen und lassen sie sich auch angelegen sein. Während ursprünglich Wasser und Straße in einer engeren Verbindung standen, wurde im späteren Verlauf die Zusammenarbeit zwischen Wasserstraße und Schiene enger. Dieser letztere Umstand ist nicht immer von den Eisenbahnen erkannt worden, sie sahen zu sehr in der Wasserstraße und ihrer Schiffahrt den Konkurrenten. Erst nachdem durch die neuerliche Entwicklung im Verkehr mit der Wasserstraße und den Häfen der Güterkraftverkehr sich verstärkt einschaltet, erkennt auch die Eisenbahn ihre neue Lage und Stellung und versucht sich, wenn auch zögernd, den neu geschaffenen Verhältnissen anzupassen. Die Binnenhäfen möchten schon wegen ihrer vielfachen und weit ausgreifenden eigenen Bahnanlagen wünschen, daß die Zusammenarbeit mit den Eisenbahnen im Zu- und Ablaufverkehr eine bessere und rücksichtsvollere sei. Die Schienenbahn sollte erkennen, daß sie ihre monopolhafte Stellung in der Binnenhafenwirtschaft verloren und nicht mehr zurückgewinnen kann und daß sie nur durch eine engere Zusammenarbeit mit den Binnenhäfen gewinnen kann. Erkennt sie das nicht rechtzeitig und ist sie nicht gewillt, sich hierauf einzustellen, so verliert sie ein Verkehrsterrain, das sie niemals mehr zurückgewinnen wird. Die Schienenbahn erkennt dieses Problem auch nicht genügend unter dem Gesichtspunkte der Industriealisierung der Binnenhäfen und der sich hieraus ergebenden verkehrswirtschaftlichen Folgerungen. Hafenzulauf- und Hafenablauftarife neben der wirtschaftlichen Anerkennung der Leistungen der Binnenhäfen mit ihren Hafenbahnen zugunsten der Eisenbahn sollten sobald wie möglich geschaffen werden. Diese Maßnahmen würden der Eisenbahn ihre alte Verkehrsstellung in den Binnenhäfen wirtschaftlich zurückgewinnen und sie wieder festigen. Solange dies aber nicht der Fall ist, dürften die Binnenhäfen gezwungen sein, ihre Tarifpolitik im Verhältnis zur Eisenbahn zu modifizieren.

Der Lastkraftwagen hat in der Hafenwirtschaft seinen Verkehrsanteil nicht unwesentlich steigern können und die Binnenhäfen müssen nach der technischen Seite hin sich immer mehr auf ihn einstellen. Wenn die organisatorischen und technischen Voraussetzungen im Verkehrsablauf geschaffen sind, wird der Güterkraftverkehr in seiner Verbindung mit der Binnenschiffahrt eine unangreifbare Stellung erhalten. Diese Entwicklung verlangt von den Binnenhäfen beachtliche Investierungen, die tariflich aufgefangen werden müssen. In den Vereinigten Staaten von Amerika hat die Motorisierung zu einer Konkurrenz des Lastkraftwagens geführt, wie wir sie in diesem Umfange noch nicht kennen. Diese Entwicklung muß naturgemäß von der Kostenseite her ihren Niederschlag in der Hafentarifpolitik finden.

Dem Wettbewerb Eisenbahn — Kraftwagen wird im Augenblick, international betrachtet, allgemeines Interesse zugewandt. Auch die Binnenhafenwirtschaft ist an den Lösungsmethoden lebhaft interessiert, und zwar aus dem Gesichtspunkte des Güterverlustes auf den eigenen Hafenbahnen und dem Ausbau und der Unterhaltung der Hafen- und Ladestraßen. Der Internationale Eisenbahnverband (N. J. C.) — eine Organisation der Eisenbahnverwaltungen mit Sitz in Paris — hat zu einer befriedigenden Lösung der Wettbewerbsfrage folgende Thesen aufgestellt (vgl. Neue Züricher Zeitung Nr. 275 vom 7. 10. 1949, „Die Tätigkeit des Internationalen Eisenbahnverbands"):

„1. Die Abgrenzung der Arbeitsgebiete der beiden Verkehrsmittel darf nicht willkürlich reglementiert werden; sie muß sich aus einem natürlich geregelten Wettbewerb ergeben.

Die Reglementierung muß in der Folge zur Gleichstellung der Wettbewerbsbedingungen der beiden Verkehrsmittel führen. Wenn also die Eisenbahn den Verpflichtungen eines öffentlichen Dienstes unterworfen ist, so sind dem Straßenverkehr, soweit technisch möglich, die gleichen Verpflichtungen aufzuerlegen. Erachten die Behörden solche Verpflichtungen für unnötig, so soll der Eisenbahn wie dem Kraftwagen die volle Freiheit gelassen werden.

2. Es ist unmöglich, zwei Verkehrsmittel in Einklang zu bringen, wenn ihre Tarife nicht auf den Gestehungskosten basieren. Folglich müssen in Gebieten, in denen verschiedene Transportmittel in Konkurrenz stehen, die Tarife im allgemeinen so aufgebaut sein, daß das Unternehmen mit den geringeren Selbstkosten die vorteilhaftesten Tarife bietet.

Die Tarife beider Verkehrsmittel müssen außerdem den gleichen Genehmigungsbedingungen unterstellt werden. Selbstverständlich ist alles vorzukehren, damit die genehmigten Tarife auch im Straßenverkehr wie bei der Eisenbahn strikte angewendet werden.

3. Die Gestehungskosten, namentlich die Anlage- und Unterhaltungskosten der Fahrbahn, sind für beide Verkehrsträger nach gleichen Gesichtspunkten zu berechnen. Das gleiche gilt für Lasten jeglicher Art, die einem der beiden Verkehrsträger durch behördliche Anordnungen auferlegt sind, insbesondere auch für die Ermäßigung von Beförderungspreisen.

4. Die soziale Lage des Personals muß für beide Verkehrsträger möglichst übereinstimmen.

5. Die Bemühungen zur Erzielung von zufriedenstellenden Verbindungen zwischen beiden sich ergänzenden Transportmitteln sowohl im Güter- als auch im Personen- und Gepäckverkehr sollen fortgesetzt werden, damit der Kundschaft ein Höchstmaß von Bequemlichkeit und Erleichterungen geboten werden kann.

6. In kommerzieller Hinsicht sollen die privaten Transportunternehmen in der Regel nur einer Reglementierung unterworfen sein, wenn sie für Dritte transportieren. Sie müssen dann allen fiskalischen, juristischen und reglementarischen Verpflichtungen der öffentlichen Transportunternehmen unterstehen."

Der Punkt 6 läßt erkennen, daß für die in allen Ländern stark umstrittene Frage des „Werkverkehrs" noch kein Lösungsvorschlag unterbreitet wird.

2. Schiffahrt, Hafen.

Alle diese Fragen werfen in Verbindung mit der Zusammenarbeit der Binnenschiffahrt für die Häfen die Frage der weiteren Mechanisierung der Arbeit zu Rationalisierungsmethoden auf. So hat beispielsweise in den Vereinigten Staaten der Zwang mit einem Minimum von Menschen auszukommen und die Ökonomie des Güterumschlages trotz hoher Stundenlöhne der Hafenarbeiter zu wahren, zum Einsatz maschineller Einrichtungen geführt, die für uns überaus lehrreich sind. Staunend sehen wir an den Kaianlagen und an den Lagerhäusern ein fast menschenleeres Bild und eine Ladungsbewegung, die zu dem eingesetzten Menschenmaterial in keinem rechten Verhältnis zu stehen scheint. Wenn auch ein Betriebsvergleich zwischen den Binnenhäfen wegen des Unterschiedes der Bewirtschaftungen in den einzelnen Häfen sehr schwierig ist, so muß er doch gefördert und ausgebaut werden. Die Anfälligkeiten einzelner Hafenbetriebe liegen darin begründet, daß die Aufgaben zu einseitig nach der technischen, verkehrsorganisatorischen oder finanzwirtschaftlichen Seite betrachtet werden, wobei die Betriebsrechnung mit der Betriebsbeobachtung zu kurz kommt.

3. Binnenhäfen, Seehäfen.

Die Verkehrsbeschleunigung ist im Zusammenhang mit der Höhe der Frachtkosten und der eigentlichen Aufgaben der Binnenschiffahrt zu beachten. Hier sind die baulichen Maßnahmen und die Betriebsmaßnahmen in den Häfen zu erwähnen, Befeuerung der Wasserstraßen und Häfen, schiffbautechnische und maschinentechnische Überlegungen, Organisation des Arbeitseinsatzes von Personal und Anlagen, nicht zuletzt übernationale Vereinheitlichung solcher Maßnahmen in verschiedenen Staaten. Ferner ist von der Hafenseite die Entwicklungsrichtung im Binnenschiffahrtsverkehr, sowohl nach der technischen wie verkehrlichen Seite zu beobachten. Es sei beispielhaft auf den Selbstfahrerverkehr und den See- und Flußschiffsverkehr nach der technischen und verkehrsorganisatorischen Entwicklung hingewiesen.

Es darf allerdings nicht verkannt werden, daß die Stellung, die die Binnenhäfen einnehmen, neben dem wirtschaftlichen Potential des Hinterlandes und der verkehrsgeographischen Lage im wesentlichen abhängig ist von der Bedeutung, die der Binnenschiffahrt in ihren Gebieten zukommt. Die großen Vorteile, die die Schiffahrt als Verkehrsmittel aufzuweisen hat, bestehen in der Billigkeit, Massenhaftigkeit und auch Wendigkeit, und zwar um so mehr, weil sie von jeher in starkem Ausmaße international ausgerichtet war. Diese internationale Zusammenarbeit steht auch heute wieder im Vordergrunde der Erwägungen einer vernünftigen internationalen Wirtschafts- und Verkehrspolitik. So hat die Regierung der Vereinigten Staaten von Nordamerika bei verschiedenen Nachkriegskonferenzen einen Plan für die Internationalisierung der europäischen Binnenschiffahrt vorgelegt, einen Plan, der eine freie und unbehinderte Binnenschiffahrt vorsieht[1]. Die Durchführung des letzteren Vorschlages würde eine weitere internationale Verflechtung der Binnenhäfen an einem zusammenhängenden europäischen Wasserstraßennetz zur Folge haben.

Eine noch intensivere Zusammenarbeit zwischen Schiffahrt und Binnenhäfen ist von Nöten. Mit der notwendigen Lockerung der Verkehrslenkung wird zwar die Schwäche der deutschen Verkehrswirtschaft offenbar, sie wird sich vor allem in der Binnenschiffahrt bemerkbar machen. Sie kann wie die Binnenhäfen infolge der hohen Steuern und der anderen Sonderbelastungen, der Sonderaufwendungen für Wiederaufbau und Wiederingangsetzung, ferner infolge politischer und finanzieller Beschränkungen nicht mit anderen Verkehrsmitteln, vor allem nicht mit ausländischen konkurrieren. Wohl wird man versuchen müssen, Import und Export nach volkswirtschaftlichen und verkehrstechnischen Gesichtspunkten so über die deutschen, holländischen und belgischen Nordseehäfen zu lenken, daß den Interessen auf beiden Seiten Rechnung getragen wird. Die Situation der west- und süddeutschen Binnenhäfen muß hierbei eine Berücksichtigung finden, ihre Wiederaufbauarbeit und Wiedergesundung ist sonst gefährdet. Vor allem darf die Verkehrspolitik nicht zur Folge haben, daß die Industrialisierungsseite der westdeutschen Binnenhäfen und ihre gesamte Hafenwirtschaft durch nicht gerechtfertigte Maßnahmen, die insbesondere damit Entscheidungen von endgültiger Form schaffen, beeinträchtigt werden. Die geographische Situation der west- und süddeutschen Häfen darf nicht geändert werden. Deswegen ist es bei den Ausgleichsbestrebungen zwischen den Nordseehäfen und deutschen Binnenhäfen erforderlich, lediglich eine Zeitregelung zu treffen, von der der Stückgutverkehr nicht berührt wird, die Massengüter nach globalen Gesichtspunkten behandelt werden, vor allem aber die Lösung in einer Steigerung des Wirtschaftsvolumens von allen in- und ausländischen Beteiligten gesucht wird, die Existenzmöglichkeiten für alle See- und Binnenhäfen schafft.

Eine Normalisierung der deutschen, europäischen und außereuropäischen Wirtschaft, ein breiter Verkehrsstrom, wird dem Gesamtverkehr am meisten dienen. Die Entwicklung des innereuropäischen Handels, der freie Austausch der Währungen, Beseitigung der Handelsbarrieren, Zolltarifvereinfachungen, sollten zur Aufgabensetzung europäischer Wirtschafts- und Verkehrspolitik gehören, dann wird auch das Problem Rheinmündungshäfen und deutsche Nordseehäfen viel an seiner Schärfe und Schwere verlieren.

---

[1] Byrnes, J. F.: „In aller Offenheit". Verlag der Frankfurter Hefte, Frankfurt am Main, S. 97 und 110. (Titel der Originalausgabe: "Speaking Frankly", Verlag Harper and Brothers Publishers, New York and London.)

Es sei hier auch die Frage aufgeworfen, was zur engeren Zusammenarbeit zwischen den Seehäfen und den Binnenhäfen im Interesse der Ausweitung des Schiffsverkehrs, der stärkeren Beanspruchung der Hafenlagermöglichkeiten getan werden kann. Diese Bemühungen müssen auch von der organisatorischen und tariflichen Seite in enger Zusammenarbeit aller am See- und Binnenwasserverkehr interessierten Kreise unterstützt werden. Ich bin der Auffassung, daß in dieser Richtung zum Vorteile aller Beteiligten noch sehr viel getan werden könnte. Diese Bemühungen würden sich dann auch in technischer Richtung auswirken.

Die deutsche Hafenwirtschaft wird noch weitgehend von der augenblicklichen Lage der Binnenschiffahrt, wie auch der fehlenden deutschen Seeschiffahrt beeinflußt. Die Binnenschiffahrt wird in ihrer Entwicklung noch immer durch politische Tendenzen wie Entflechtung, Lenkung und Verstaatlichung beeindruckt. Bei der Entflechtung handelt es sich um einen neuzeitlichen Begriff und wirtschaftliche Maßnahmen, die ehedem aus Gründen der Beschäftigungssicherung getroffen wurden, wie die Kombination Binnenschiffahrt, Spedition, Umschlag und Lagerung werden mißverstanden. Die Binnenhafenwirtschaft wird in Deutschland durchweg von der öffentlichen Hand betrieben, sie hat sich in dieser Form bewährt, weil neben der Förderung der örtlichen Verkehrsinteressen, allgemeine örtliche auch kommunale Wirtschaftsbelange wahrzunehmen sind. Die Binnenschiffahrt aber in die öffentliche Hand zu überführen, müßte vom Standpunkte der Hafenwirtschaft abgelehnt werden. Ein solches Verkehrsmonopol würde naturgemäß in die Abhängigkeit des größten Verkehrstreibenden, der Eisenbahn, führen. Es würde dann der Widerspruch Entflechtung und Konzentration der Schiffahrtsbetriebe offenkundig. Daß die Binnenschiffahrt sich im übrigen — abgesehen von der glücklichen Eigenart der Partikulierschiffahrt — sich hierzu nicht eignet, sei am Rande vermerkt. Der Hinweis auf die Verhältnisse in England und den Vereinigten Staaten ist abwegig, weil dort, wirtschaftshistorisch betrachtet, ganz andere Grundlagen und Verhältnisse vorherrschend sind und die untergeordnete Bedeutung dieses Verkehrszweiges offenkundig ist.

Insbesondere der ständige Wechsel in den natürlichen Vorbedingungen dieses Verkehrszweiges spiegelt sich auch in der Binnenhafenwirtschaft wider. Hier müssen sich die einzelnen Hafenbetriebe weit mehr wie sonst in den öffentlichen Unternehmungen den wechselnden, jedesmal veränderten Wirtschafts- und Geschäftsverhältnissen anpassen und auf die Bedürfnisse der Verladerschaft der einzelnen Verkehrsträger Rücksicht nehmen.

III. Organisationsformen der Binnenhäfen.

1. Staats- oder Gemeindeverwaltung.

Bei der wirtschaftlichen Gestaltung der Binnenhäfen stehen heute die Organisationsformen im Vordergrunde von Überlegungen. Es muß im Interesse der Binnenhafenwirtschaft alles geschehen, um zur höchsten Leistungsfähigkeit und zur bestmöglichsten Rentabilität zu kommen. Die deutschen öffentlichen Binnenhäfen wurden durchweg von der gemeindlichen oder staatlichen Seite begründet und dann auch betrieben. Die private Wirtschaft interessierte sich aus verständlichen Gründen und hier vornehmlich die Schwerindustrie nur für werkseigene Häfen.

Der Staat und besonders die deutschen Gemeinden ließen sich schon frühzeitig die Belange des Verkehrs und die der Wasserwege angelegen sein. Auch hier machen sich die wirtschaftshistorischen Einflüsse bemerkbar, wie überhaupt seit der Hansezeit die Städte zur Förderung der Wirtschaft sich weitgehend in ihrem eigenen Interesse in solche Wirtschafts- und verkehrspolitische Förderungsmaßnahmen einschalteten und sie veranlaßten. Zollrechte und Stapelmaßnahmen erinnern an diese Entwicklung. Die Städte waren auch besonders dazu berufen, die Binnenhafenwirtschaft nach der handels- und industriewirtschaftlichen Seite, wozu auch die bankmäßige zu erwähnen ist, zu erweitern. Sie faßten ihre Aufgabe nie in engerem Sinne auf und schafften sich mit ihren Häfen wirtschaftliche Einflußgebiete. die der ganzen Stadt zugute kommen.

2. Hafenaufgaben in Verbindung zur Industrie- und Handelssiedlung.

So ist es zu verstehen, daß die Wirtschaftsführung der Binnenhäfen ursprünglich nach kameralistischen Gesichtspunkten ausgerichtet und die Form des Wirtschaftsbetriebes, die des Regiebetriebes war. Mit der Entwicklung der Hafenbetriebe, ihrem Ausbau, ihren neuen Aufgaben, wurde auch nach einer geeigneten Betriebsform gesucht, die die Gewähr gab, daß der Hafenbetrieb allen wirtschaftlichen und technischen Anforderungen nach Anpassungsfähigkeit und Wendigkeit gewachsen war. Der Regiebetrieb wurde zum „verselbständigten Regiebetrieb" auf Grund der Eigenbetriebsverordnung ausgebaut, eine Rechts- und Wirtschaftsform, die sich übrigens weitgehend bewährt hat mit ausgesprochen kaufmännischer Buchhaltungsform und selbständiger moderner Betriebsführung. Daneben wurden auch einzelne Hafenbetriebe in Gesellschaftsform wie Aktiengesellschaft und Gesellschaft mit beschränkter Haftung übergeführt. Es kommt aber, wenn man auf die wirtschaftliche Gestaltung abzielt, weniger auf die Wirtschafts- bzw. Rechtsform der Unternehmen an, als auf die Vollmachten, die einer Betriebsleitung eingeräumt werden.

Die wirtschaftlichen und technischen Aufgaben der einzelnen Binnenhäfen sind recht unterschiedlich und vielfach auch nur historisch zu erklären. Wir finden heute Hafenbetriebe, die nur Grundstücksverwaltungsstellen sind bis zu Hafenbetrieben, in denen eine Hafenwirtschaft im weitesten Sinne mit eigenen Verkehrsmitteln, wie Eisenbahnen, Güterkraftverkehre, Hafenschleppverkehre, Lagerungen in Lagerhäusern und auf Lagerplätzen, sogar Spedition betrieben wird, neben einer starken industriemäßigen Ansiedlung und der Förderung aller Aufgaben, die mit der letzteren verbunden sind. In der Verbindung von öffentlichem Hafenbetrieb und einer Industriesiedlungspolitik im Hafenbereich liegt eine besondere Entwicklungsstufe unserer heutigen Hafenwirtschaft. Aber gerade die Bereitstellung, Erschließung und Erfassung von Industriesiedlungsgelände erfordert eine besondere und wichtige Aufgabenstellung, bei der Standortsfaktoren verschiedenster Art beachtet werden müssen, um Fehlleitungen zu vermeiden.

Oberstes Ziel einer Hafenbetriebsführung muß in einer selbständigen Betriebsführung, gleich welcher Rechtsform, gesucht werden. Es muß nach ausgesprochen wirtschaftlichen Grundsätzen gehandelt werden, wenn Gemeinde und Staat vor Enttäuschungen und Verluste bewahrt bleiben wollen.

IV. Tarifgestaltung der Binnenhäfen.
(Grundsatz — Tarifgemeinschaften.)

Zum Schluß meiner Ausführungen möchte ich mich nun der für die Binnenhäfen zur Zeit so außerordentlich wichtigen Tarif- und Gebührenpolitik zuwenden. Die Tarifgestaltung der Binnenhäfen wurde von jeher sowohl bei den Staats- wie bei den Gemeindehäfen unter dem Gesichtspunkte der Wirtschafts- und Verkehrsförderung von den Hafeneignern betrachtet und behandelt. Daß auch die Bestimmungen der verschiedenen Stromakte und der Wassergesetzgebung eine grundsätzliche Rolle spielte, sei am Rande vermerkt. In den letztlich genannten Bestimmungen ist das Selbstkostenprinzip weitgehendst zum Schutze der Verkehrstreibenden festgelegt. Dieses Selbstkostenprinzip umschließt naturgemäß auch die Kosten der notwendigen hafenmäßigen Erweiterungen und der im Interesse der Verkehrsförderung erforderlichen technischen Verbesserungen. Es liegt diesem Prinzip der Sinn zu Grunde, die gesamten Anlagen voll einsatzfähig und technisch auf der Höhe zu halten, damit die Schiffahrt und die mit ihr im Verkehrsablauf zusammenarbeitenden Verkehrsmittel nicht behindert und in ihrer eigenen technischen Entwicklung nicht gehemmt werden.

Dieser Grundsatz ist wirtschaftspolitisch gesund, er sollte mit der Deckung der Betriebsausgaben zur Grundlage einer betriebswirtschaftlichen Hafenpolitik gemacht werden und von allen Hafentreibenden, sei es Staat oder Gemeinde, befolgt werden. Daß die Werkshäfen, die der privaten Hand gehören, hiernach verfahren, kann ohne weiteres angenommen werden. Es hat sich nun in der Vergangenheit leider gezeigt, daß aus vielfach vermeintlichen Konkurrenzgründen das Selbstkostenprinzip nicht immer zur Anwendung gebracht worden ist. Es haben hier vielfach historische Gründe eine Rolle gespielt, auch, was ich besonders betonen möchte, eine Verkennung der realen Möglichkeiten, als auch das Festhalten an eine gewisse staatliche oder gemeindliche Dotationswirtschaft, der eine innere Berechtigung fehlt und auf eine zu kameralistische Denkungsweise zurückgeht. Schon die finanzielle Lage von Staat und Gemeinde muß und wird dazu führen, daß diese Politik geändert wird und daß davon ausgegangen werden muß, die einzelnen Häfen finanz- und betriebswirtschaftlich auf gesunde Grundlagen zu stellen, damit sie auch in der Zukunft in die Lage versetzt werden, ihre vielseitigen Aufgaben zu erfüllen. Es ist nicht zu bestreiten, daß die bisherige Unsicherheit der Kostengestaltung die Betriebsführung der Binnenhäfen vielfach erschwerte, staatlichen und gemeindlichen Subventionen veranlaßte und eine vernünftige Investitionspolitik beeinträchtigte. Auch im Interesse einer sozialen Ordnung und Gerechtigkeit ist es notwendig, die Arbeitsleistungen gerecht zu entlohnen. Letzteres verlangt dann auch auskömmliche Einnahmen der öffentlichen Hafenbetriebe.

Was die Tarifgestaltungen in einzelnen Stromgebieten angeht, so hat es keinen Zweck mehr, sich an den Kern der Sache heranzutasten und Erfahrungen für die wirklichen Größenordnungen zu schaffen, sondern es muß im Interesse der Gesundung der öffentlichen Binnenhafenwirtschaft gehandelt werden. Das letztere wird auch das notwendige Verständnis in der privatwirtschaftlich oder marktwirtschaftlich ausgerichteten Wirtschaft, insbesondere der Binnenschiffahrt und der mit ihr zusammenarbeitenden Verkehrsmittel finden. Bei dauernden Betriebsverlusten verlieren die Hafenbetriebe ihre Elastizität und ihre Entwicklungsmöglichkeiten.

Die Finanzierung des Wiederaufbaues der Häfen wird noch lange Zeit große Sorge bringen. Mit unzulänglichen Mitteln kann nichts geschaffen werden, es würde vielmehr eine bedeutungsvolle Stunde verpaßt werden. Die Finanzierung der durch die Kriegsfolgen schwer geschädigten Binnenhäfen ist von außerordentlicher Tragweite und es wäre zu wünschen, daß die schon seit Jahren erfolgten Notrufe endlich von den verantwortlichen Stellen gehört würden. Ohne ein leistungsfähiges Verkehrssystem wird die deutsche Volkswirtschaft ihre Aufgaben nicht erfüllen können. Wie inzwischen der Energiewirtschaft, die vielfach mit der Erschließung und Nutzbarmachung von Wasserwegen in enger Verbindung steht, die erforderlichen Geldmittel bereitgestellt wurden, so müßten auch für die Verkehrswirtschaft und auch für die öffentlichen Binnenhäfen die notwendigen Kapitalien bereitgestellt werden.

Die Hafenwirtschaft muß bei der Tarif- und Gebührengestaltung im großen ganzen an dem verkehrsmäßig gesehenen gerechten sozialen Lastenausgleich festhalten. Der unterschiedlichen Belastungsfähigkeit der Beförderungsgüter ist durch eine Abstufung der Tarife und Gebühren nach dem Werte Rechnung zu tragen, so daß die Rang- wie auch die Größenordnung der Abstufung nicht schematisch nach dem Handelswert des Gutes, sondern auch nach volkswirtschaftlichen Gesichtspunkten erfolgt.

In der letzten Vergangenheit haben sich in einzelnen Stromgebieten die Hafentarifgemeinschaften bewährt. Sie führten nicht nur einen guten Erfahrungsaustausch herbei, sie schufen vielmehr ein Tarif- und Gebührensystem, das den sozialen und wirtschaftlichen Notwendigkeiten Rechnung trug. Der weitere Ausbau dieses Tarif- und Gebührensystems muß systematisch weiter fortgesetzt werden, um zu einer Gesundung der Binnenhafenwirtschaft zu kommen. Die Leistungslage der Binnenhäfen sollte weniger unter dem Gesichtspunkte des Tonnenumsatzes, als nach dem betriebswirtschaftlichen Ergebnis und die Unabhängigkeit von öffentlichen Dotationen betrachtet und beurteilt werden. Dies ist um so wichtiger, als sich die Konkurrenz der drei Hauptverkehrsträger verschärfen wird. Bei der Betrachtung der Hafenfragen unter diesen Gesichtspunkten wird auch die Gewährung ausreichender finanzieller Hilfe beim Wiederaufbau zu tragbaren Bedingungen erleichtert.

Die Binnenhafenwirtschaft muß es sich besonders angelegen sein lassen, Handel und Industrie bei der Ansiedlung zu fördern und diese Ansiedlung durch entsprechende Werbemethoden zu unterstützen. An der schnellen Gesundung und dem baldigen Wiederaufbau der Binnen- und Seeschiffahrt sind die Binnenhäfen stärkstens interessiert. Die deutsche Schiffsflagge muß wieder auf allen Wasserstraßen und Meeren zur friedlichen Zusammenarbeit mit allen Völkern erscheinen. Freiheit und Gleichberechtigung muß auch für deutsche Schiffe und Häfen gelten.

Die Neugestaltung der Stromakte, insbesondere der so bedeutungsvollen Rheinschiffahrtsakte, hat nicht nur unter technischen, sondern auch unter wirtschaftlichen Gesichtspunkten zu erfolgen.

Der Ausbau der deutschen Wasserstraßen und zwar nicht nur von Hochrhein, Main — Donau und Main — Neckar ist notwendig, im Interesse der Nordseehäfen und der Binnenhäfen liegt auch eine Verbesserung ihrer Verbindungswege zum Hinterland. Die weitere und engere Verknüpfung der europäischen Wasserstraßen, bei Schaffung der noch fehlenden Verbindungsstücke, verknüpft auch die europäischen Binnenhäfen in verstärktem Maße untereinander. Es war der Sinn der im Jahre 1937 vom Deutschen Städtetag ins Leben gerufenen Internationalen Binnenhafenkonferenz, durch organisatorische Bemühungen die Zusammenarbeit der europäischen Binnenhäfen zu fördern und einem wirtschaftlichen und technischen Gedankenaustausch eine Plattform zu schaffen. Durch einen lebendigen, regelmäßigen Gedankenaustausch könnte der Binnenschiffahrt und der Binnenhafenwirtschaft durch Verstärkung und Gewinnung von Verkehr ein großer Dienst erwiesen werden.

Die Schiffahrt ist wegen ihres internationalen Charakters stets ein starkes Instrument der internationalen Wirtschafts- und Handelspolitik gewesen, daher die Forderung leistungsfähiger See- und Binnenschiffe und leistungsfähiger See- und Binnenhäfen. Möge diese Erkenntnis Allgemeingut aller auf den wirtschaftlichen Fortschritt bedachten und verantwortlichen Stellen in Europa, insbesondere Westeuropa, werden.

Der Wiederaufbau der westlichen deutschen Seehäfen.[1]

Von Hafenbaudirektor Dipl.-Ing. **Ralph Lutz,** Bremen.

Bei einer Besichtigung der westlichen, deutschen Seehäfen kann man feststellen, daß vieles vom Kriegsende bis zur Währungsreform geleistet wurde, ohne daß es entsprechend dem Aufwand und im Interesse der Fachingenieure in der einschlägigen Literatur besprochen wurde. In den meisten Fällen war die Absicht hierzu vorhanden, jedoch war es den Herren Verlegern in diesen Zeiten nicht möglich, Fachzeitschriften in gebührendem Umfang herauszugeben. Es könnte für viele Fachleute daher von Interesse sein, zu hören, was in diesen Jahren in den Seehäfen der westlichen Besatzungszone geschaffen wurde, und nach welchen Gesichtspunkten und mit welcher Begründung die Baumaßnahmen durchgeführt wurden.

Bei allen Häfen kann man feststellen, daß ein Schutz der Handelshäfen gegen Kriegsereignisse durch entsprechende Planung nicht möglich ist. Beim Wiederaufbau kann nur eine Auflockerung der Anlagen untereinander soweit vorgenommen werden, wie sie den Verkehr im Hafen durch unnötige Wege für Lastenförderung nicht verteuert. Weiterhin sind durch Bomben viele Bauwerke geöffnet worden und außerdem hat die fortschreitende Entwicklung während des Krieges klargelegt, daß Bauwerke, die einem technischen Zweck dienen, nicht mehr für die Ewigkeit, sondern nur für ein Menschenalter gebaut werden sollten.

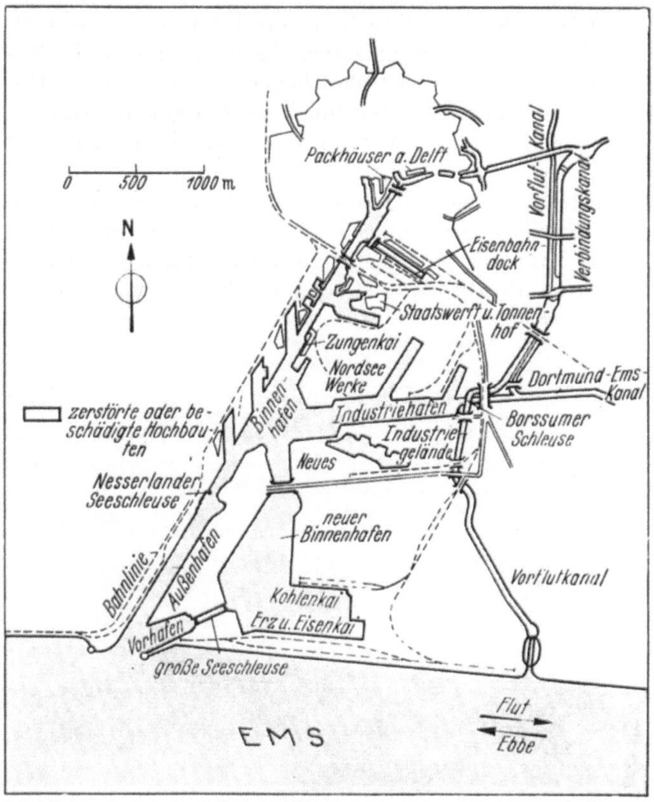

Zur Begründung dieser Feststellung sei an folgende Entwicklungen erinnert:

Im Tiefbau. Die Vergrößerung der Schiffsgefäße und hiervon abhängig die Tiefengestaltung der Kajen und außerdem die Berücksichtigung der Lebensdauer des Materials und der Konstruktionsverbindungen in ihrer Umgebung.

In der Umschlagstechnik. Antrieb der Krane vom handbewegten Kettenrad über den hydraulischen Antrieb zum Gleich- und Drehstrom.

Im Verkehrsbau. Die Entwicklung des Eisenbahnoberbaues von Form 6 zu 8 und S. 49 sowie die Verbreiterung der Straßen- und Ladeplätze durch die Entwicklung der Straßenfahrzeuge.

Bevor auf das Thema des Wiederaufbaues eingegangen wird, ist es von bleibendem Wert, in großen Zügen den Zustand der Häfen bei Kriegsende festzulegen und die Aufgabe, die die einzelnen Häfen in der Nachkriegszeit bautechnisch zu erfüllen haben, aufzuzeichnen. Zur Erleichterung der Besprechung seien die Häfen ihrer Nachkriegssituation entsprechend in Gruppen eingeteilt.

Man kann zusammenfassen:
Fast unzerstörte Anlagen
Kriegsbeschädigte Anlagen
Geschleifte Anlagen.

Abb. 1. Seehafen Emden.

Die technischen Arbeiten in den nächsten Jahren werden für die Gruppen folgendermaßen erfaßt werden können:

Die unzerstörten Häfen haben die Aufgabe, die in dem letzten Jahrzehnt unterlassene Unterhaltung nachzuholen und die technisch überholten Anlagen zu erneuern.

---

[1] Die im Vortrag gebrachten Bilder sind auf Veranlassung der Redaktion nur teilweise wiedergegeben.

Die kriegsbeschädigten Häfen haben die Anlagen dem dringendsten Verkehr entsprechend wieder zu errichten. Hierbei können sie Neuerungen des Land- und Wasserverkehrs, die Einfluß auf die Gestaltung haben, berücksichtigen, darüber hinaus sich auch verkehrsveränderten Verhältnissen anpassen.

Sehr hart ist das Schicksal der geschleiften und noch obendrein kriegszerstörten Hafenanlagen. Ich denke an die ehemaligen Kriegshäfen, die neben dem Wiederaufbau auch eine Strukturveränderung vom Kriegs- zum Handels- oder Industriehafen erfordern.

Um das Bild zu vervollständigen, sollen die Pläne der deutschen, westlichen Seehäfen nach dem Stand von 1945 gezeigt werden. Die Pläne stellen auf den Grundrissen des Jahres 1938 stark hervorgehoben die 1945 gebliebenen Anlagen dar.

Im Westen ist der erste Seehafen: **Emden** (Abb. 1). Die Hafenanlagen haben nicht die schweren Kriegsschäden wie die Stadt Emden, denn Schleusen und Bollwerke sind bis auf verhältnismäßig geringe Schäden erhalten geblieben. Lediglich Hochbauten, jedoch nicht die schweren Kranbrücken, sind vernichtet.

Erweiterungsprojekte liegen wie bei allen Häfen vor. Es erscheint jedoch müßig, in der augenblicklichen Zeit darüber zu sprechen. Die großen Planungen sind jedoch erforderlich, um Raumdispositionen auf lange Sicht treffen zu können.

Wenn von Emden gesprochen wird, ist es wichtig, auf den Lebenskampf Emdens gegenüber den Forderungen der Niederlande hinzuweisen.

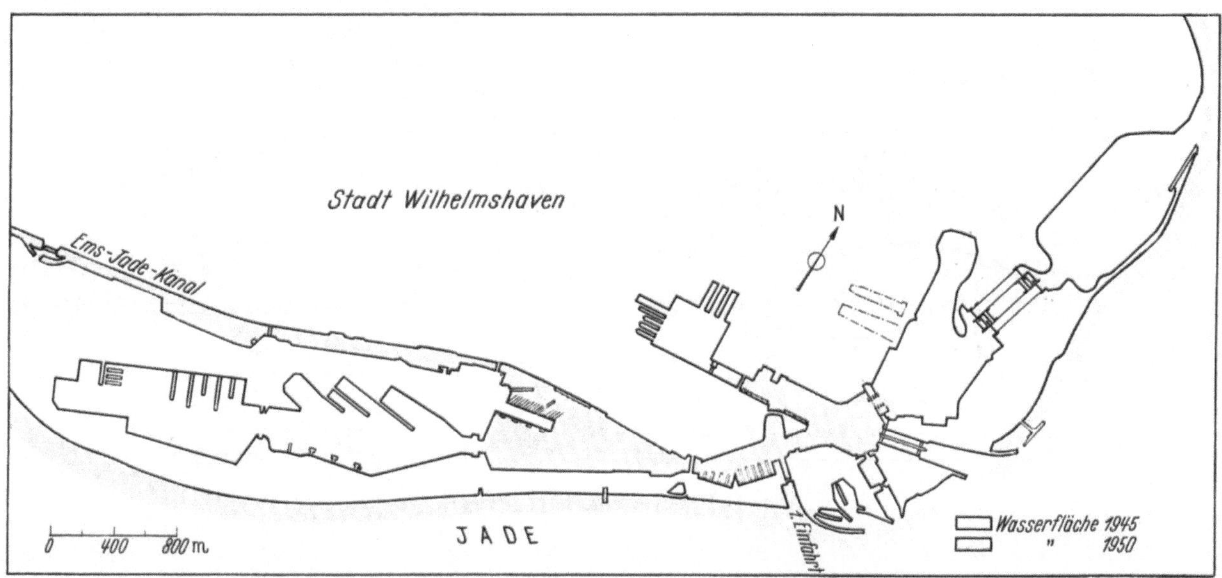

Abb. 2. Hafenanlagen Wilhelmshaven.

Gemessen an den allgemeinen Kriegsschäden in der Stadt haben die Hafenanlagen in **Wilhelmshaven** (Abb. 2), vor allem in schweren und auch in großen Abmessungen, den Krieg sehr gut überstanden. Die Schäden, die den Hafen betreffen, sind in der Nachkriegszeit entstanden. Es würde zu weit führen, die einzelnen Bauwerke, die zu den größten gehören, die von Ingenieuren errichtet wurden und nun der Zerstörung anheimgefallen sind bzw. anheimfallen werden, zu besprechen. Während alle anderen Häfen den Blick auf Erweiterungen richten, hat Wilhelmshaven das schwere Los getroffen, vorhandene Hafenanlagen aufgeben zu müssen. Der kommende Zustand, wie er auf Grund der alliierten Entscheidung vom Stand des Sommers 1949 sein wird, ist aus dem Bild ersichtlich. Die gedunkelten Flächen bedeuten das, was bleiben soll. Hierzu sollen noch ergänzend die nutzbaren Wasserflächen verschiedener Jahre genannt werden:

1936 245 ha. 1945 280 ha. 1950 80 ha.

Manchem Fachmann, der unter Aufgebot all' seiner wasserbautechnischen Kenntnisse hier mitarbeitete, wird es beim Anhören weh' zumute sein.

Am Weserstrom liegt die Gruppe der Weserhäfen: **Bremerhaven, Nordenham, Brake** und **Bremen.** In den stadtbremischen Hafenanlagen (Abb. 3) ist der wertvollste Teil — die schweren Tiefbauten — auf lange Strecken erhalten geblieben. Lediglich das, was über der Erde stand, wurde vernichtet.

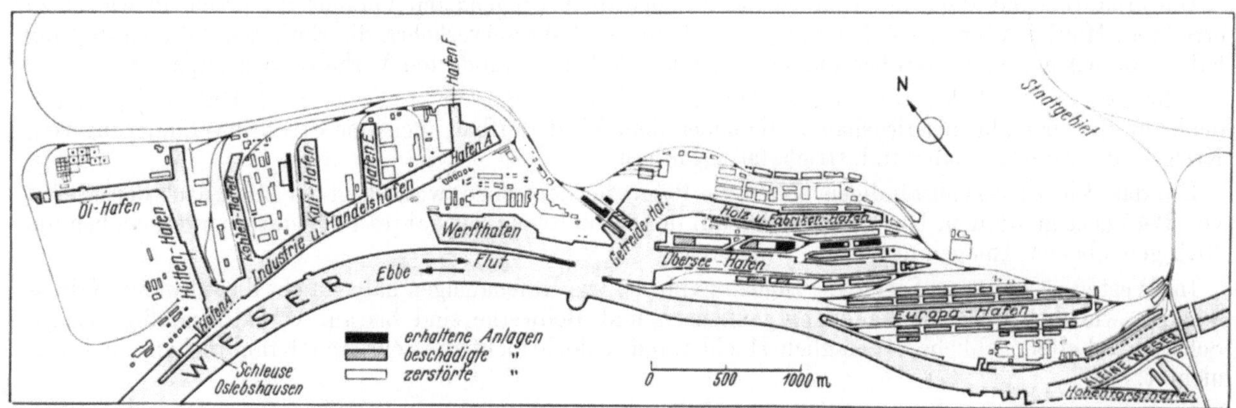

Abb. 3. Hafen Bremen (1945).

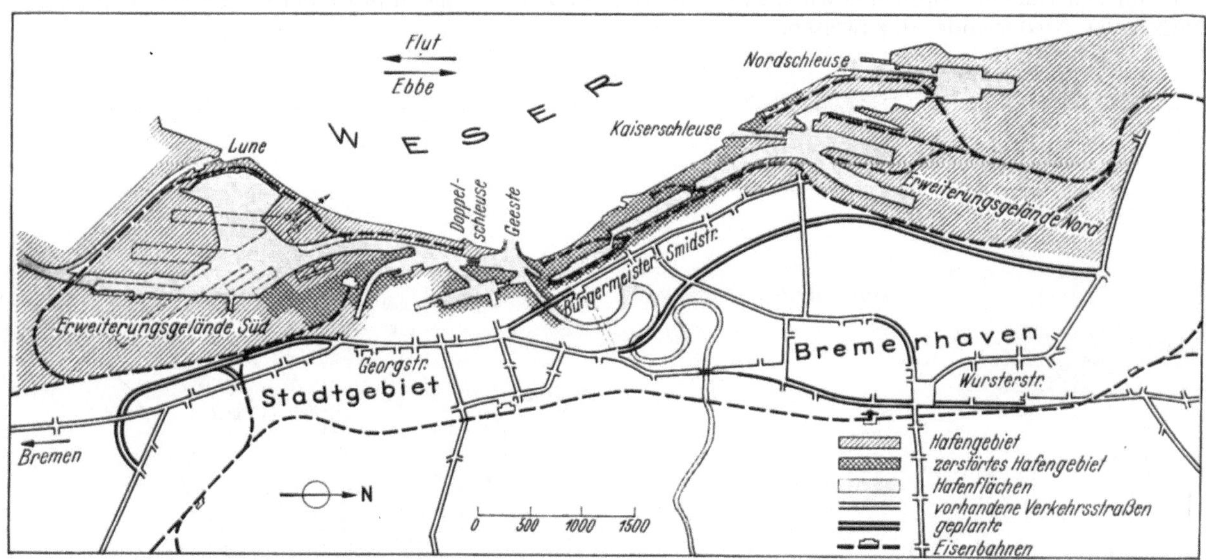

Abb. 4. Hafen Bremerhaven (1945).

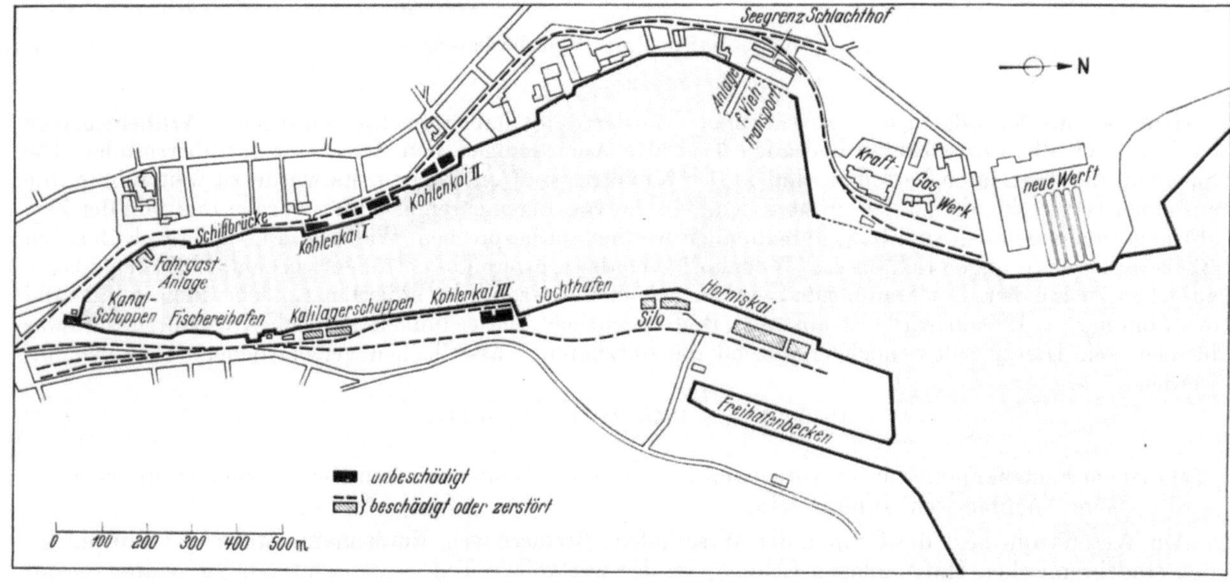

Abb. 5. Hafen Flensburg (1945).

Eigenartigerweise sind die Kriegsschäden im Hafenraum von Bremerhaven (Abb. 4), abgesehen von den Fischereihäfen[1], gegenüber den Schäden der Stadt Bremerhaven sehr gering. Die Hochbauten auf der Columbuskaje sind zwar durch Kriegseinwirkung zerstört, was jedoch gemessen am Ganzen unwesentlich ist. Die übrigen obenerwähnten Hafenanlagen an der Weser haben kaum Kriegsschäden erlitten. Sie können sich daher der Modernisierung ihrer Anlagen und dem Nachholen der in den letzten Jahren unterlassenen Unterhaltung widmen.

An der Elbe liegt die Hafengruppe[2]: **Cuxhaven, Altona, Harburg** und **Hamburg.** Die Hafenanlagen sind ebenso schwer getroffen wie die Stadtgebiete. Dank der großen Ausdehnung der Hafenanlagen war jedoch so viel geblieben, daß die Anlagen nach Räumung der Wasserfläche in der Nachkriegszeit entsprechend dem anlaufenden Verkehr genutzt werden konnten. Cuxhaven hat weniger Kriegsschäden zu verzeichnen. Jedoch müssen laufende Unterhaltungen nachgeholt und Modernisierungen durchgeführt werden.

Flensburg (Abb. 5) hat weniger Kriegsschäden, jedoch mehr Kriegsfolgeschäden, wie unterlassene Unterhaltung. In der Nachkriegszeit richtete eine Munitionsexplosion im Freihafenbecken, eine frühere Marineanlage, verhältnismäßig großen Schaden an. Über die Anlagen von Mürwik ist noch nicht verfügt.

Das Schicksal **Kiels** (Abb. 6) ist nicht ganz so schwer, wie das der Schwester an der Nordsee. Die bereits freigegebenen Anlagen sind im Bild hervorgehoben. Eine Entscheidung über die Zukunft der noch besetzten Anlagen liegt nicht vor. Kiel hat bisher alles aufgewandt, um die Schäden an den Bollwerken der freigegebenen Anlagen zu beseitigen.

Lübeck (Abb. 7) war in der glücklichen Lage, seine Kriegsschäden während des Krieges ausbessern zu können. Die Schäden konnten bereits vor 1945 beseitigt werden.

Nachdem die Häfen ganz allgemein in Erinnerung gebracht wurden, kann auf das Thema selbst eingegangen werden. Es umfaßt nicht nur die Wiederherstellung der einzelnen Elemente des Hafenbaues, sondern auch die Besprechung der Verkehrslage der Häfen nach 1945 und die technische Lösung der damit verbundenen Aufgaben.

Bedingt durch die unglückliche Zoneneinteilung änderte sich die Struktur mancher Häfen. Es ist so zu verstehen, daß ein Hafen, der früher hauptsächlich den Umschlag Seeschiff/Binnenschiff pflegte, heute dem Eisenbahn- und Kraftwagenverkehr sich nähern muß oder, daß ein Hafen, der bisher hauptsächlich das Seeschiff über Straßen und Schienen bediente, sich dem Binnenschiffsumschlag nähern muß.

Ein Beispiel für die stärkere Berücksichtigung des Eisenbahn- und Straßenverkehrs gegenüber dem früher vorherrschenden Binnenschiffsverkehr gibt Hamburg[3] an der Kaizunge zwischen Kaiser-Wilhelm- und Ellerholzhafen (Abb. 8). Zur Anpassung an die Schiffsgefäße mit großer Tiefgängigkeit muß die Wassertiefe vor der Kaje vergrößert werden. Man baute das neue Bollwerk soweit vor, daß auf der neu erstandenen Kajefläche Raum zur Unterbringung von zwei weiteren Kajegleisen und der Gleise für Vollportalkrane geschaffen wurde.

Die gegenteilige Entwicklung, stärkere Annäherung an den Binnenschiffsverkehr, ist in Bremen festzustellen. Ein Schiffsunfall in der Nachkriegszeit brachte die Kaje der öffentlichen Massengutumschlagsanlage in Bremen teilweise zum Einsturz. Der Querschnitt vor der Katastrophe war bei Schiffsbelegung: Binnenschiff — Seeschiff — Seedalben — Unterwasserböschung — Holzspundwand — Überwasserböschung — Kranbahn. Bei der Wiederherstellung wurde statt der bisherigen Holzspundwand, die die Aufgabe hatte, den Böschungsfuß zu halten, eine verankerte Stahlspundwand direkt vor der Kranbahn gerammt. Es entstanden so zwischen den vorhandenen Seeschiffsdalben und der Kranbahn Binnenschiffsliegeplätze, so daß jetzt Seeschiffe zweiseitig behandelt werden können.

Eine verwirklichte Planung aus Bremen berücksichtigt sowohl den Küsten- und Binnenschiffs- als auch den Schienen- und Straßenverkehr. Der Weserkai Bremen, wohl der älteste deutsche Eisenbahnhafen, wurde mit anschließendem Wohngebiet vollkommen zerstört. Erst im Jahre 1938 war entsprechend der Warenbehandlung im Zollausschlußgebiet im Hinterland der Kaje ein Stückgutverteilerschuppen mit Gleis- und Straßenanschluß errichtet worden. Daß der Wasseranschluß fehlte, wurde bald als Mangel empfunden. Da Totalzerstörung vorlag, konnte nach dem Verkehrsbedarf geplant werden. Unter Berücksichtigung aller Verkehrsteilnehmer wurde das Gelände neu verplant und eine Grundstücksbereinigung vorgenommen. In Zukunft wird der Stückgutverteilerschuppen kombiniert mit einem Kajeschuppen am Wasser stehen. Das ehemalige Wohngebiet wird mit Speditionsspeichern aller Arten bebaut.

Nicht so aufwendig wie die soeben beschriebene Anlage sind die Maßnahmen in Kiel. Dort schuf man Umschlagsgelände zwischen Jensenstraße und Eckmannsspeicher bestückt mit 5-t-Kranen. Unwichtige kleinere Bauwerke wurden beseitigt und die vor der Kaistraße liegenden Gleise neu geordnet. Aus der vorhandenen Kaimauer wurde ein Ausschnitt herausgestemmt, um dort das Fundament für die Kranbahn unterzubringen.

---

[1] Siehe Naumann: Neuere Gesichtspunkte für die Planung deutscher Fischereihäfen. Schiff und Hafen 1949.
[2] Siehe a) Mühlradt: Einführungsvortrag zur Hafenrundfahrt; b) Mühlradt: Der Wiederaufbau des Hamburger Hafens. Bauwelt 1946.
[3] Siehe a) A. Bolle: Die neuen Kaianlagen im Hamburger Hafen. Hansa 1949; b) A. Bolle: Gesichtspunkte für den Wiederaufbau von Seehäfen. VDI Zeitschrift 1948.

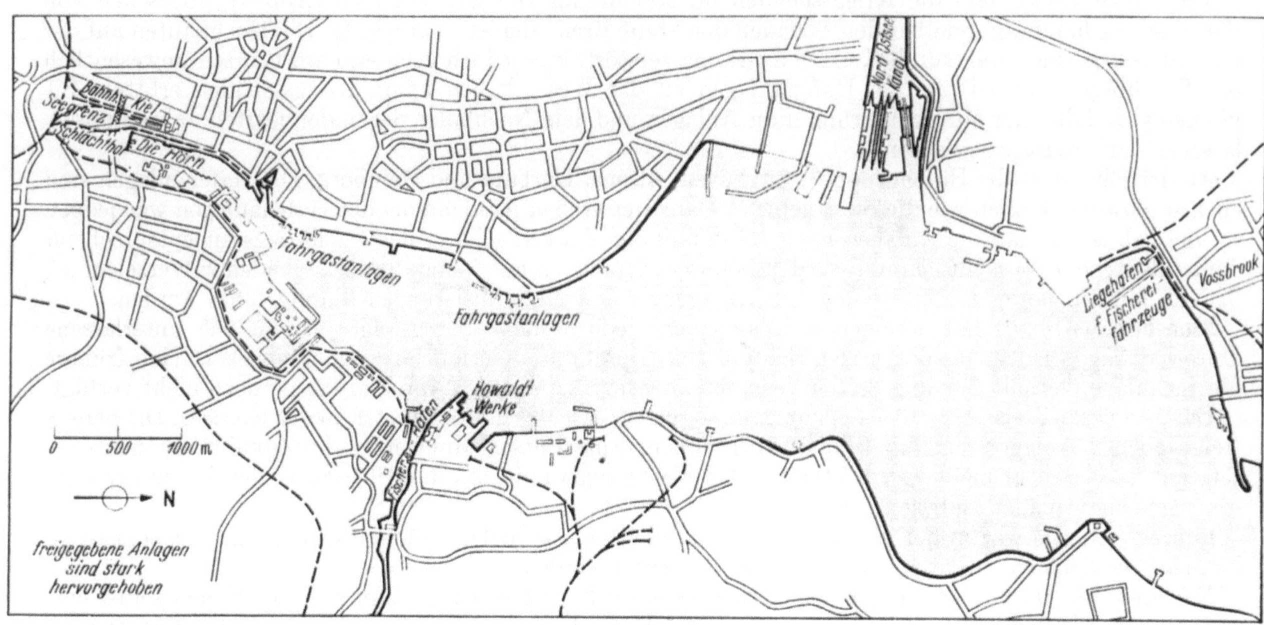

Abb. 6. Hafen Kiel (1949).

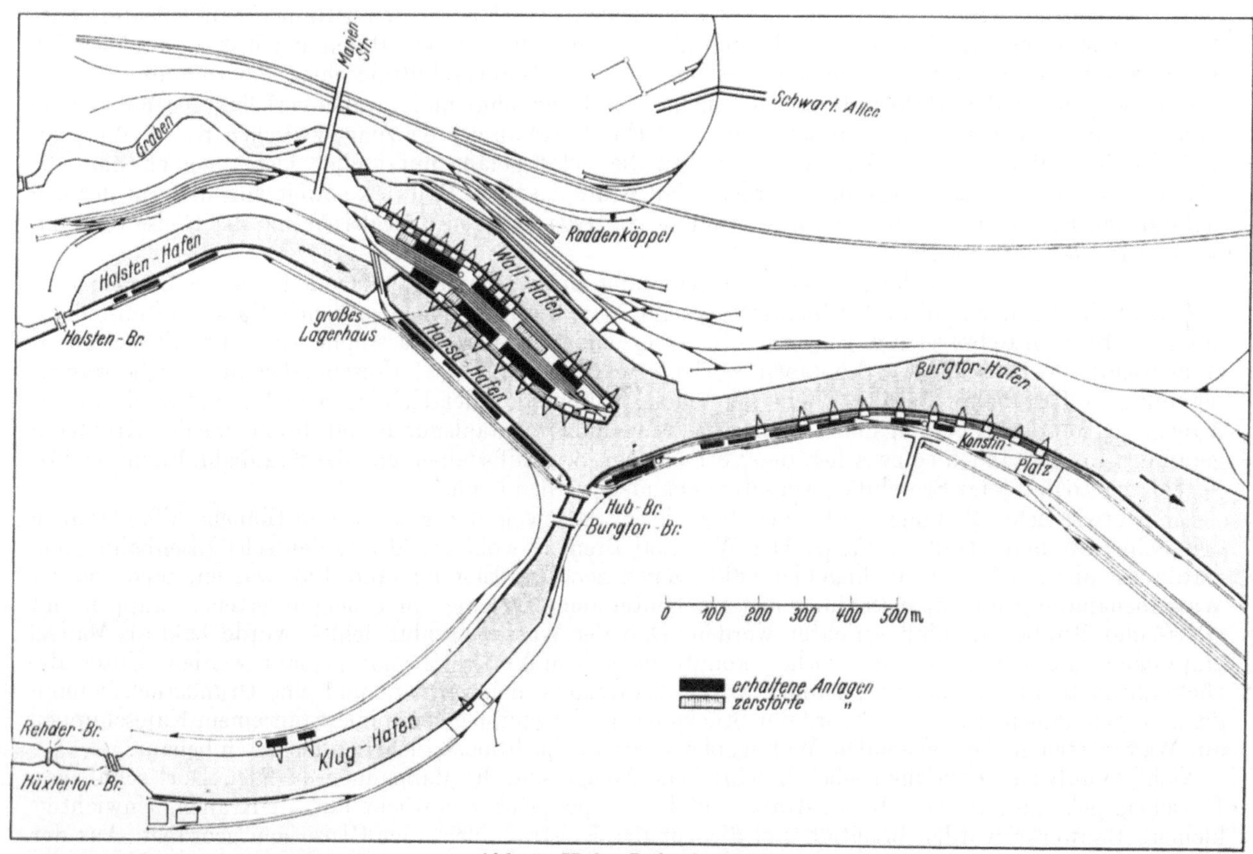

Abb. 7. Hafen Lübeck (1945).

Eine weitere Nutzbarmachung von Gelände am Wasser für Industriezwecke wird in Emden im südlichen Teil des Industriehafens — früher von der Marineleitung genutzt — betrieben. Das Gelände hat Gleisanschluß. Auf Veranlassung der Besatzungsmacht wurden die Versorgungsleitungen aus dem Bollwerk teils ausgebaut, teils unbrauchbar gemacht und die bereits begonnene Ausschachtung einer Trockendockgrube wieder geschlossen.

Es wurde gezeigt, daß die weiträumige Zerstörung die Möglichkeit bietet, Hafengelände neu aufzugliedern. Hierdurch ist die Gelegenheit gegeben, die Häfen den neuen Verkehrserfordernissen anzupassen. Diese Sachlage ist im Städtebau und Hafenbau gleich. Als nach Einführung der Feuerwaffen Stadtbefestigungen überflüssig wurden, ging man mit den Landeanlagen vom Flußufer zum geschützten Stadtgraben. Als die Schiffsabmessungen größer wurden, erweiterte man die Stadtgräben. Diese Entwicklung wurde abgeschlossen als die Stadtgräben wegen der anliegenden Bauwerke keine weitere Vertiefung ohne

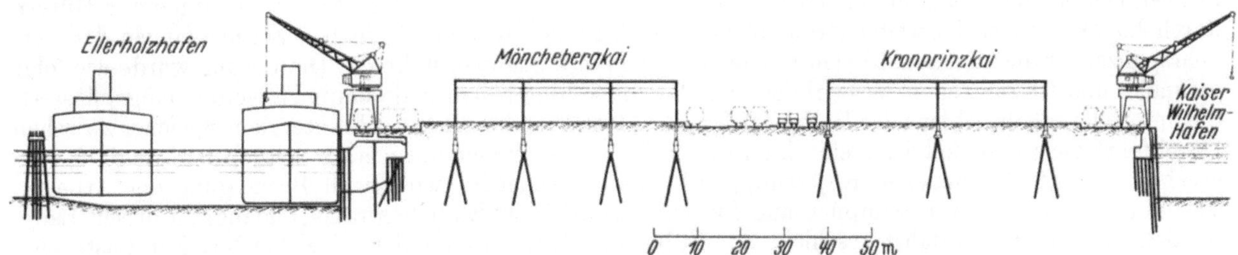

Abb. 8. Hamburg an der Kaizunge zwischen Kaiser-Wilhelm- und Ellerholzhafen.

Gefährdung der Bauwerke mehr zuließen. Das war um die Jahrhundertwende. Die dann gebauten Häfen wurden auf die damaligen Verkehrsmittel: Eisenbahn, mit den zeitgemäßen Bauvorschriften und dem allseitig beladbaren Pferdefuhrwerk bemessen. Die inzwischen entstandene Weiterentwicklung der Reichsbahnvorschriften und der Übergang vom Pferdefuhrwerk zum Lastwagen und weiter die Entwicklung des Karosseriebaues beim Lastwagen von der seitlichen Beladung zum Laden des Lastwagens von der Schmal-

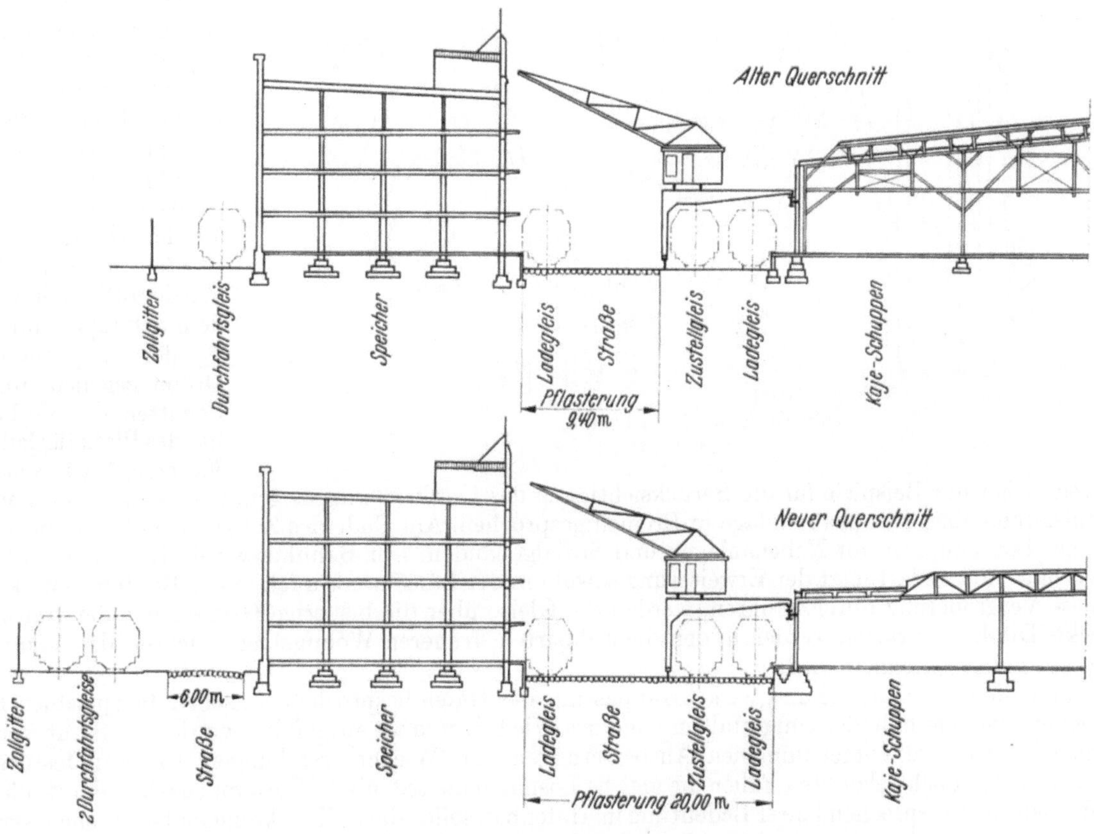

Abb. 9. Überseehafen Bremen.

seite ist bekannt. So unbedeutend diese Tatsachen erscheinen mögen, so wirken sie umwälzend auf einen Hafen. Dieser Verkehrsentwicklung wird jetzt in vielen Fällen Rechnung getragen. Sehr schwierig ist im Augenblick die Beurteilung der anteiligen Verkehrsträger am Gesamtverkehr. Man kann durch die verworrene Tarifgestaltung der Verkehrsträger, die bestimmt in absehbarer Zeit eine Neuordnung erfahren wird, schlecht den entsprechenden Anteil des einzelnen am Gesamten beurteilen. Bei Durchführung der

Planung ist man leider gerade im entscheidenen Augenblick der Festlegung der Abmessungen auf Schätzung der zu verteilenden Ladung angewiesen. Der Zwang, sofort aufbauen zu müssen, um nicht den Anschluß an den Weltverkehr zu verlieren, zwang zu Lösungen, die auf alle Fälle sämtlichen Verkehrsanfällen gerecht werden können. Dies sei durch ein Beispiel aus dem Überseehafen in Bremen unterbaut.

Betrachtet man den Querschnitt des Hafens hinter dem Kajeschuppen 13 (Abb. 9). Es waren dort zwei Gleise im Grünstreifen verlegt, überspannt von einem Halbportalkran, daneben die Verkehrsstraße zugleich Ladestraße mit einem eingepflasterten Gleis für den anliegenden Speicher XI, dahinter das Zubringergleis für die stromabliegenden Schuppen, sodann das Zollgitter. Bei starker Abnahme von Gütern durch Lastwagen an den weiter stromabliegenden Schuppen 15 und 17 ergaben Zeitmessungen der Verkehrspolizei für die ungefähr 1500 m Länge der Straße 1½ Stunden Fahrzeit. Die Lösung wurde wie folgt gefunden und ist zur Zeit in Verwirklichung. Die Gleise hinter dem Kajeschuppen werden eingepflastert, die untere Kranbahnschiene der Halbportalkrane in Pflasterhöhe gelegt und hinter dem Speicher zwischen Durchfahrtsgleis und Zollgitter eine Zufahrtsstraße zu den stromabliegenden Schuppen 15 und 17 vorgesehen. Die Straße zwischen Kajeschuppen 13 und Speicher XI wird nach Beendigung der Arbeiten sowohl als Ladestraße für Schuppen und Speicher als auch als Einbahnstraße (Zugang) zu diesen Ladebändern dienen. Die Abfahrt geschieht dann über die Straße hinter dem Speicher XI. Für Lastwagen wurden außerdem vor Kopf der Kajen des Überseehafens auf Kosten der ehemaligen Schuppenfläche Parkplätze geschaffen. Sie mußten übergroß angelegt werden, da sie zugleich Ladeplatz für die Kopfseite der Schuppen 13 und 14 sind.

Neben den Hafenbekken des Überseedienstes wurden auch kleinere Anlagen beim Wiederaufbau den heutigen Verkehrsverhältnissen entsprechend errichtet. So war ursprünglich die Umschlagsanlage an der Tiefer in Bremen direkt an der Hauptverkehrsstraße gelegen. Beim Wiederaufbau hat man dem Schuppen nur noch $\frac{1}{3}$ der ursprünglichen Größe gegeben, um im Schatten des Verkehrsbandes Platz für ladende Fahrzeuge zu schaffen.

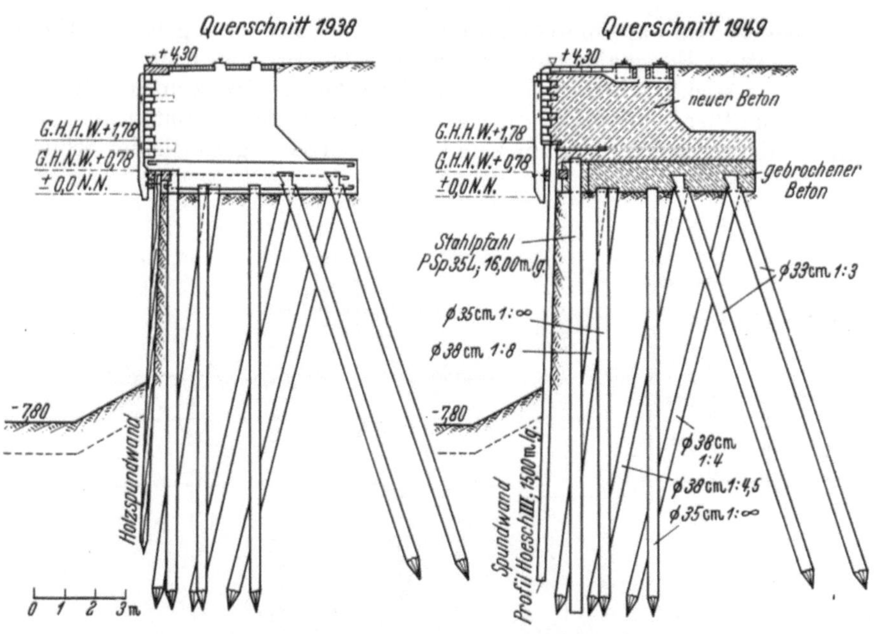

Abb. 10. Kalihafen Bremen.

Waren bisher nur Beispiele für die Berücksichtigung des Lastkraftwagens gebracht, so sei auch von der Modernisierung einer Eisenbahnanlage in Bremen gesprochen. Am Ende des Zollausschlußbahnhofs stand früher ein Lokschuppen mit Nebenanlagen und Sozialgebäuden. Der Bahnhof wurde Ende der achtziger Jahre erbaut und bedarf jetzt der Erweiterung sowohl in der Längen- als auch in der Breitenentwicklung. Um diese Vergrößerung durchzuführen, werden die Gleise über die bisherige Grundfläche der Bauwerke gestreckt. Die Ersatzbauten werden in dem benachbarten, früheren Wohngebiet errichtet, das zugunsten des Gesamthafens enteignet wird.

Nachdem die Umgestaltung und Verkehrsanpassung der Häfen besprochen ist, sollen die einzelnen Konstruktionen, die innerhalb der Umgestaltung und des Wiederaufbaues ausgeführt wurden, erwähnt werden.

Vergleicht man die vorgenommenen Ausbesserungen und Wiederherstellungen, so kann festgestellt werden, daß in ähnlich gelagerten Fällen die gleiche Lösung ohne technische Zusammenarbeit der Bauämter gefunden wurde. Entsprechend ihrer Bedeutung im Hafenbau sollen die Bollwerke zuerst besprochen werden.

In den Spundwänden Granatsplitteröffnungen durch Aufschweißen kleiner Stahllappen zu schließen, wie es Emden und Flensburg durchführte, war nicht aufwendig. Bei schweren Zerstörungen war größerer Einsatz notwendig. So war im Kalihafen Bremen (Abb. 10) eine massive Mauer auf einem Pfahlrost auf 25 m Länge herausgesprengt. Die Wiederherstellung wurde vorgenommen, nachdem man das Bauwerk freigelegt und die Trümmer soweit beseitigt hatte wie es erforderlich war, um die zerstörten Pfähle ersetzen zu können. Anschließend wurden die belassenen Trümmer der Fundamentplatte als verlorene Schalung für den Neubau benutzt.

Abgängige Bauwerke hatten Kiel und Flensburg zu ersetzen. Beide Häfen lösten die Aufgaben ähnlich. Als Beispiel sei die Kajestrecke 12 in Kiel besprochen (Abb. 11). Vor das vorhandene Bollwerk wurde eine Spundwand gerammt. Die Anker der Spundwand wurden durch die alte Mauer geführt und an der Erddruckseite der Mauer verankert. Das alte Bollwerk bildet einerseits somit die Ankerwand und andererseits dient es als Entlastungskörper gegen den Erddruck.

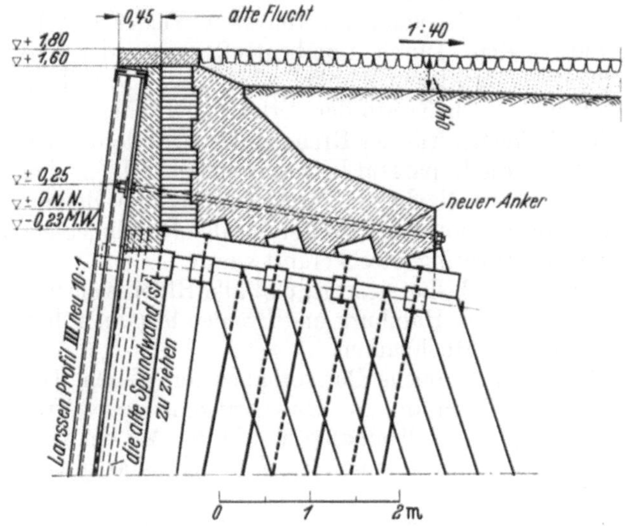

Die Erneuerung der Kaje vor dem Kraftwerk Flensburg stellt ein vollkommen neues Bauwerk mit eigenen Ankerplatten dar. Das alte Bauwerk blieb liegen und in einigem Abstand davor wurde eine neue Wand gerammt. Zur Einbringung der Ankerplatten wurde zwischen zwei Rammen ein Seil gespannt, ähnlich wie beim Kabelkran, an dem die Platten aufgehängt und am Seil hängend eingespült wurden. An der Platte waren zwei Spülschläuche angelegt. Mit drei Arbeitern benötigt man für den Arbeitsvorgang des Einbringens der Ankerplatten ungefähr eine halbe Stunde.

Neben Erneuerung und Schaffung größerer Wassertiefen vor den Kajen werden auch Kajeneubauten durchgeführt. Eine Kaje für das 26′-Schiff mit 50 cm Sicherheit unter dem Boden bei MNW und außerdem der Möglichkeit, die

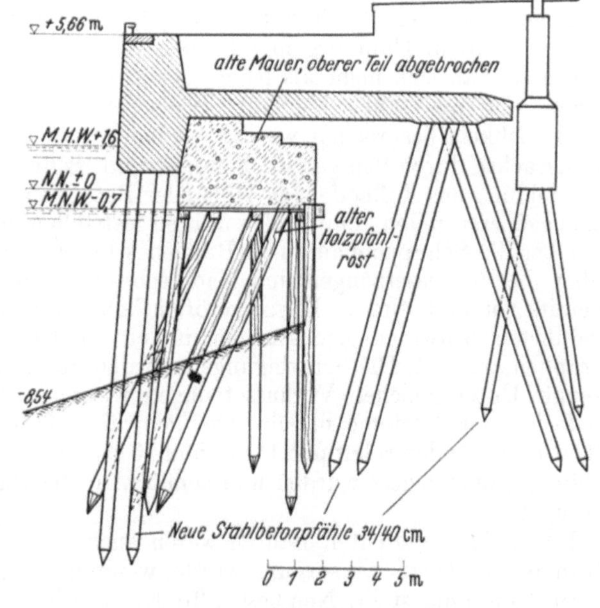

Abb. 11. Kajestrecke 12 im Kieler Hafen.

Wassertiefe für das 30′-Schiff vorzuhalten, wird z. Z. vor dem Kühlhaus in Bremen erstellt. Die Wand ist ein doppelt verankertes Larssen V Profil St 37 mit hinterbautem Kiesfilter auf der mittleren Niedrigwasserlinie. Es wäre auch möglich gewesen, Resista-Stahl Profil IV neu zu rammen. Bedingt durch leichteres Gewicht wäre sie konkurrenzfähig gewesen. Die Bauleitung hatte gegen die dünnwandige Konstruktion in Resista-Stahl wegen der starken Kaliabwässer in der Weser Bedenken. — Als Beweis der Aktivität kalihaltigen Wassers sei eine im Jahr 1921 gerammte Stahlspundwand vor dem Kalischuppen in Flensburg erwähnt. Die Wand hat Ausfressungen von 40 × 60 cm². Es muß jedoch betont werden, daß diese Wand aus normalem Stahl besteht.

Die Wand in Bremen wird in der Hauptlage mit 3¼″ Rundankern St 52 und Kabelankern gehalten. Es werden zahlreiche Meßinstrumente eingebaut, um das Spiel der Kräfte am Modell 1 : 1 zu ermitteln. Über das Ergebnis der Messungen wird zu gegebener Zeit berichtet und ein umfangreicher Bericht nach Fertigstellung des Bauwerks gegeben werden.

Auch in Hamburg (Abb. 12) und Altona mußten, wie bereits bei Besprechung der Modernisierung der Hafenanlagen erwähnt, Kajen überbaut und vorgeschuht werden. Obwohl es sich hier nicht um ausgesprochene Neubauten handelt, kommt diese Maßnahme einem Neubau gleich. Als eine der zahlreichen Baustellen sei die Roßkai in Hamburg erwähnt. Die vorhandene Konstruktion wurde überbaut und dient nur noch als Entlastung gegen den Erddruck. Ein selbständiger Bock hinter der alten Wand gerammt ist die Auflage für die Verankerung der neuen Wand[1].

Eine Konstruktion, die in der Literatur noch ausführlich besprochen werden wird, ist der Ersatzbau

Abb. 12.

für den zerstörten Pier „A" der Getreideanlage in Bremen. Die von allem bisher abweichende Konstruktion eines Pierbaues, ausgeführt als Brückenbauwerk, ist aus den Zeitverhältnissen zu beurteilen. Die Bauweise wurde gewählt, um kontingentpflichtigen Stahl zu sparen. Der Pier besteht aus sechs Brücken, die auf sieben Pfeilern ruhen. Die hierzu erforderlichen Profileisen, 1700 t, wurden aus einem benachbarten

---

[1] Siehe A. Bolle: Zit. S. 19.

U-Bootbunker ausgebaut. Um Erfahrungen für spätere Fälle zu sammeln, werden Setzungsmessungen der Pfeilerfundamente und des an der Pierwurzel stehenden Fundaments — des 56 m hohen Elevatorturmes — auf die Dauer von 10 Jahren durchgeführt werden.

Bei Betrachtung der gesamten Kriegsschäden kann mit Freude festgestellt werden, abgesehen von der Entmilitarisierung Wilhelmshavens, daß aufgetretene Schäden an Schleusenbauwerken verhältnismäßig gering sind. Es kann nur von zwei Wiederherstellungen berichtet werden, nämlich von Wilhelmshaven und Emden. Durch Bombentreffer war der Umlaufkanal der Borssumer Schleuse auf eine kurze Strecke zerschlagen. Ähnlich wie bei zerstörten Kajemauern, wurden die Trümmer als verlorene Schalung benutzt. Nach Ersatz der verlorenen Pfähle wurde der Umlaufkanal wiederhergestellt. Durch Schleifen der Torketten war der Drempel der 1. Einfahrt Wilhelmshavens im Laufe der Jahre abgescheuert. Finanziell war die Reparatur kein aufwendiges Objekt, jedoch die Art, wie man es machte, auffallend durch seine Einfachheit. Nachdem durch Taucher die Bodenprofilierung festgestellt war, benutzte man eine alte U-Boot-Sektion bei Erweiterung des Durchmessers als Aufsetzbrunnen, in dessem ausgepumpten Raum die Ausbesserung durchgeführt wurde.

Es wurde bisher gezeigt, daß alle Häfen sich in erster Linie mit der Instandsetzung der Landeanlagen beschäftigten. Hamburg und Bremen begannen bereits mit dem Wiederaufbau und der Erstellung hafengebundener Hochbauten.

Das umfangreiche Bauvorhaben auf diesem Gebiet ist wohl die Aufstockung der Getreideanlage in Bremen. Sie mußte zur Unterbringung neuer Transportbänder um 15 m erhöht werden. Vermessungstechnisch, baustellenmäßig und in der Art der Gründung der Aufstockung ist das Bauvorhaben überaus interessant. Im kommenden Jahr wird das gesamte Vorhaben in mehreren Fachzeitungen besprochen werden.

Weiterhin ist in Bremen das der Getreideanlage am Wendebecken gegenüberliegende Kühlhaus im ersten Bauabschnitt[1] fertiggestellt. Im Endausbau werden hier 16000 m² Kühlraumfläche zur Verfügung stehen.

Neben diesen Spezialspeichern hat Bremen noch einen Stückgutspeicher aufgeführt.

Das System der Konstruktion dieses Speichers wurde vom Hafenbauamt Bremen an mehreren teilweise zerstörten Speichern entwickelt. Der Speicher hat auf einer Seite Straßen- und auf der Gegenseite Gleisanschluß. Bestückt ist er mit je zwei Aufzügen für die Lagereinheit. Die Unterbringung weiterer Aufzüge im Bedarfsfall ist in der Konstruktion vorgesehen. Die tragenden Teile des Daches sind so ausgebildet, daß später gegebenenfalls Dachkrane aufgestellt werden können. Ausführliche Besprechungen der Grundrißgestaltung, Statik und Baustelleneinrichtung werden in den Fachzeitschriften nach Abschluß des Bauwerkes gebracht werden.

Bevor man den Wiederaufbau der Speicher verwirklichte, mußte der zerstörte Kajeschuppenraum ersetzt werden. Hamburg und Bremen hielten an ihren traditionellen Bauweisen fest. In beiden Häfen widmete man sich mehr als früher der Anordnung und Einrichtung von Betriebsgebäuden. Eigenartigerweise ging man auch hier verschiedene Wege. In Hamburg[2], dessen Schuppenbauten bereits in der Öffentlichkeit besprochen wurden, ordnete man das Betriebsgebäude in Schuppenmitte senkrecht zur Längsachse durch den ganzen Schuppen an. Sehr viel Aufmerksamkeit widmete man der konstruktiven Ausbildung des Fußbodens in Holz oder Beton verschiedener Formgebung, dessen geeignetste Konstruktion sich erst in den kommenden Jahren feststellen und erkennen lassen wird.

Über die Schuppenbauten in Bremen wurden bereits Veröffentlichungen gebracht. Eine Abhandlung über die Voraussetzungen und Nachrechnungen der für Bremen günstigen Schuppenabmessungen liegt bereits vor und wird in Kürze veröffentlicht werden. Interessant sind die an diesem Schuppen durchgeführten Schwingungsmessungen mit einem Schenk-Vitrometer, das nach dem Prinzip eines Seismographen arbeitet. Die Schwingungen wurden durch drei belastete, sich gleichmäßig bewegende Krane erzeugt. Unter gleichen Voraussetzungen wurden die Schuppen 15, 17, gleichfalls Stahlkonstruktionen, jedoch andere Systeme, in Schwingungen versetzt. Die berichtigte Anordnung der Gelenke in der tragenden Konstruktion der Schuppen 13, 14 und 16 sei erwähnt, durch die die auftretenden Schwingungen fast vollständig kompensiert wurden und somit wird die Dachhaut weniger durch die arbeitenden Krane beansprucht.

Für die neu erstellten Bauten waren auch umschlags- und elektrotechnische Aufgaben zu lösen. Die frühere Gleichstromversorgung wurde, wenn möglich, abgesehen von den vorhandenen Krananlagen, auf Drehstrom umgestellt. Neu beschaffte Krane erhielten bereits Drehstromausrüstung. Im Betrieb müssen aber Gleichstrom- und Drehstromkrane nebeneinander laufen. Dies wurde erreicht durch getrennte Stromzuführung mittels Stromschienen und Kabel.

Um die Arbeitsflächen unter den Halbportalkranen günstiger zu gestalten, wurde in Bremen[3] die rückwärtige breite Portalbrücke durch einen schmalen Sporn ersetzt. Das Portal läuft anstatt wie bisher auf

---

[1] Siehe Hauptversammlung des deutschen kältetechnischen Vereins in Cuxhaven am 26. 10. 1950.
[2] Siehe Bolle, A.: Zit. S. 19.
[3] Siehe Naß: Das Problem der Kajenkrane. Schiff und Hafen 1949.

vier, nur noch auf drei Rädern. Dadurch wurde das landseitige Aufnehmen und Absetzen der Lasten bei aufeinandergefahrenen Kranen und ebenso der Überblick für den Kranführer kaum noch behindert, während alle Vorteile des Halbportalkranes hinsichtlich der Bewegungsfreiheit des übrigen Kajeverkehrs gewahrt blieben. In Hamburg ging man vom Halbportalkran ab und wählte den Vollportalkran (s. Abb. 8). Man erreichte allseitig Last- und Absetzmöglichkeit. diesen Vorzug aber erkaufte man durch eine Überschneidung von Kran- und Eisenbahnschienen.

Nicht ganz so beachtenswert wie die Änderung der Kranportale ist der Übergang vom festmontierten zum verfahrbaren Getreideheber, wie sie auf den Pierbauten in Nordenham und an der Getreideanlage in Bremen Aufstellung fanden. Über die Fördertechnik und die Konstruktion dieser Anlage werden im kommenden Jahr Veröffentlichungen gebracht werden.

Neben dem praktischen Wiederaufbau rund um die Wasserflächen muß eine Leistung noch erwähnt werden, und zwar die Schiffsbergung. Die Aufgaben waren zahlreich und mannigfaltig. Es seien hier nur drei Schiffsbergungen erwähnt, die besonders hervorstechen. Zur Bergung der zahlreich versenkten Binnenschiffe im Eisenbahndock zu Emden entschloß man sich, das gesamte Hafenbecken auszupumpen. Hierzu dichtete man den Eingang zum Dock mit einem Nadelwehr ab. Bedenken gegen Einsturz der Uferbefestigung bestand nicht, da sie größtenteils schon durch Zerstörungen zu Böschungen ausgelaufen war. Nachdem das Becken ausgepumpt war, wurden die vorhandenen Wracks gedichtet und nach Öffnung des Nadelwehres mit einlaufendem Wasser geflutet. Schwieriger war die Bergung des 2042-BRT-Seeschiffes „Philipp Heinken" in Bremen. Das Schiff lag auf der Backbordseite vor Schuppen 13 im Überseehafen mit dem Schiffsboden direkt gegen die Kaje. Eine Ausbaggerung des Hafens, um Raum zum Abrutschen für den Schiffskörper zu schaffen, war nicht möglich, da die erhaltengebliebene Ufereinfassung nicht mehr standfest geblieben wäre. An Land wurden 12 schwere Winden aufgebaut, der Schiffskörper abgedichtet, ausgepumpt, beim Aufschwimmen durch den Seilwindenzug aufgerichtet und schwimmend abtransportiert.

Die Hebung des größten Schiffes, soweit bekannt geworden, wurde in Kiel durchgeführt. Hier war es möglich, das gekippte 22000-BRT-Wrack der „New York" in eine ausgebaggerte Grube zu ziehen und wieder aufzurichten.

Die Darlegung zeigt, welche Leistungen deutsche Ingenieure in einer Zeit vollbracht haben, in der Material- und Geldnot einander abwechselten. Auch unter normalen Verhältnissen hätten diese Werke die Beachtung der Fachwelt gefunden. Inmitten der zahllosen Schwierigkeiten und Hemmnisse, unter denen in den letzten Jahren schaffende Menschen in Deutschland zu leben und zu arbeiten hatten. sind diese Ergebnisse bleibende Dokumente eines ungebrochenen Willens, von dem auch in Zukunft die Lösung weiterer, schwieriger Aufgaben erwartet werden kann.

Neuere betriebstechnische und betriebswirtschaftliche Erfahrungen in deutschen Seehäfen.

Von Regierungsbaumeister a. D. **Otto H. Thiessen,**
Geschäftsführer der Emder Hafenumschlagsgesellschaft m. b. H., Emden.

Die Hafenbautechnische Gesellschaft hat sich in ihren Satzungen die Erörterung wissenschaftlicher und praktischer Fragen zur Aufgabe gemacht, die für den Bau, den Betrieb und die Benutzung der Häfen technisch und wirtschaftlich in Betracht kommen. Wenn wir von den wirtschaftlichen Angelegenheiten eines Hafens sprechen, so sind wir meist geneigt, den allgemeinen wirtschaftlichen Nutzen eines Hafens für die Stadt, für das Land oder für die Volkswirtschaft herauszustellen. Die Betrachtungen über die Wirtschaftlichkeit eines Hafens an sich treten oft in den Hintergrund. Und doch sollte sich jeder Hafeneigentümer ein klares Bild darüber zu schaffen versuchen, was ihn das Vorhalten eines Hafens tatsächlich kostet, d. h. was er für die Erhaltung der Substanz seines Hafens aufzuwenden hat und was ihn der Betrieb des Hafens und seiner Anlagen kostet oder ihm gegebenenfalls einbringt. Der Hafeneigentümer muß sich also ein Abrechnungswesen schaffen, das es ihm jederzeit ermöglicht, festzustellen, wo und in welcher Höhe die Kosten und Erträge anfallen.

Es erscheint mir daher zweckmäßig, in dem Kreise der Hafenbautechnischen Gesellschaft auch einmal die betriebliche Abrechnung der Häfen und insbesondere der Seehäfen zu erörtern und zur Debatte zu stellen. Gerade für den Techniker vermögen sich wichtige, ja geradezu umwälzende Erkenntnisse zu ergeben, wenn er genaue Vorstellungen über alle den Hafen beeinflussenden Kostenfaktoren nach neuzeitlichen Methoden erwirbt. Für den Hafenbetrieb besteht außerdem das Bedürfnis, jederzeit ganz genaue Unterlagen über die tatsächlichen Aufwendungen zu haben, die für die von ihm geforderten Leistungen entstehen. Der Betriebsleiter möchte zum mindesten wissen, welches Entgelt er für diese oder jene Leistung haben müßte, um rentabel zu arbeiten, selbst wenn er den verkehrs- und hafenpolitischen Forderungen oftmals Konzessionen machen muß, die ihn mit starkem Unbehagen erfüllen.

Das Verfahren, das ich Ihnen für die betriebliche Abrechnung der Seehäfen entwickeln will, ist für den Betriebswirtschaftler nichts Neues, bei Seehäfen aber meines Wissens nur einmal und bei Seehafenbetrieben nur vereinzelt angewandt. Da hier überwiegend Techniker anwesend sind, ich selbst dazu auch gehöre und daher annehme, daß viele Techniker den von mir erläuterten Fragen etwas fern stehen, bitte ich, entschuldigen zu wollen, wenn ich vielleicht manches sage, was einem Betriebswirtschaftler selbstverständlich ist und wenn ich nicht immer in seiner fachmännischen Ausdrucksweise spreche.

Bei den hier angestellten Betrachtungen ist davon auszugehen, daß die Häfen Versorgungsbetriebe sind, also nichts anderes als große Unternehmen. Das kommt bei kommunalen Häfen schon vielfach in den Eigenbetriebsordnungen zum Ausdruck, die die Häfen aus dem städtischen Haushalt herausnehmen. Ein Hafen bietet genau wie jedes andere Verkehrsunternehmen Leistungen gegen Entgelt an, Leistungen, die möglichst geringe Kosten verursachen und möglichst ausreichende Entgelte einbringen sollen. Es gilt daher, alle auftretenden Kosten nach ihren Arten genau zu erfassen, d. h. also, zunächst die Kostenarten festzustellen.

Es ist selbstverständlich, daß das nur mit einer kaufmännischen Buchführung möglich ist, einer Buchführung mit genauer Erfassung des Anlagevermögens mit seinen Zu- und Abgängen, seinen Abschreibungen usw., mit Bilanzen, Gewinn- und Verlustrechnung, mit einer guten Buchhaltungsstatistik, wir nennen sie Betriebsbuchhaltung, und mit einer Betriebsstatistik.

Die Kostenarten sind ordentliche Aufwendungen, wie sie in jedem Betrieb anfallen, mag es sich um eine Fabrik, ein Verkehrsunternehmen oder um einen Hafen handeln. In Abb. 1 sehen Sie die Kostenarten, wie sie in einem Betrieb üblich sind, in der ersten und zweiten Spalte dargestellt. In einer Buchhaltung mit modernem Kontenrahmen werden sie in der Kontenklasse IV aufgeführt.

Jetzt kommt es darauf an, daß diese Kostenarten dort, wo sie anfallen, nochmals festgehalten werden, d. h. die Kostenarten müssen auf dem richtigen Konto der Betriebsabrechnung untergebracht werden. Ich muß also überlegen, welche Kostenstellen den Hauptfertigungsstellen eines Produktionsbetriebes entsprechen. Den Umfang und die Zahl dieser Kostenstellen verschafft die Überlegung, welche Stellen eines Hafens den Benutzern etwas bieten oder liefern und dem Hafen Erträge einbringen.

Eine der wichtigsten Stellen sind die seeschiff- oder binnenschifftiefen Wasserflächen mit ihren Festmachevorrichtungen, Uferbefestigungen und sonstigen Anlagevorrichtungen. Diese Wasserflächen bieten der Schiffahrt gegen Entgelt sichere Liegeplätze. Eine ebenso wichtige Stelle des Hafens sind die Grundstücke, die Umschlagbetrieben, Industrien oder anderen Unternehmungen am schiffbaren Wasser durch Straßen aufgeschlossen und an Versorgungsleitungen angeschlossen gegen Zahlung von Pachten. Mieten, Erbpacht oder auch im Verkaufswege geliefert werden können. Eine weitere wichtige Stelle ist auch die Hafenbahn, die gegen Gebühren Waren. oder besser gesagt Bahnwagen. befördert, gleichviel wer diese Hafenbahn betreibt. Weitere Stellen können in dem Vorhalten des Hafenlotsdienstes, von Fähren und anderen gegen Entgelt bereitgestellten Betriebsanlagen bestehen. Viele Häfen erschöpfen sich bereits in diesen Aufgaben, die fast ausnahmslos der öffentlichen Hand vorbehalten sind. Für diese Stellen, die, wie bereits gesagt. die Erträge einbringen sollen. müssen hauptsächlich alle Kosten aufge-

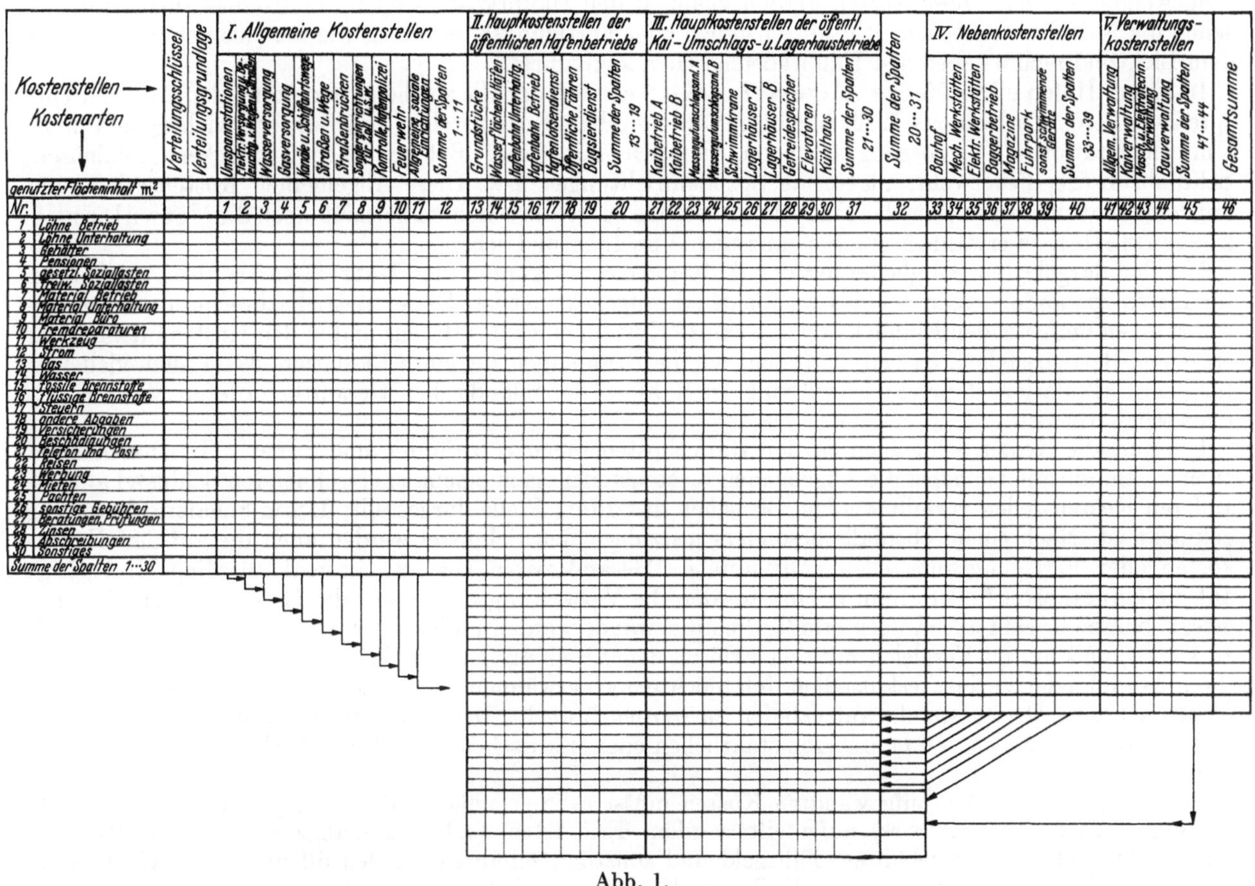

Abb. 1.

wendet werden, um einen öffentlichen Hafen vorhalten zu können. Ich nenne sie daher: Hauptkostenstellen des öffentlichen Hafenbetriebs. Auf diese Stellen müssen alle Kostenarten aufgeteilt werden.

Bei fast allen Seehäfen und bei vielen Binnenhäfen ziehen die Hafeneigentümer ihre Aufgaben weiter. Sie rüsten wesentliche Teile des Hafenufers oder des Hafengeländes mit eigenen Umschlaganlagen aus. z. B. mit Kaibetrieben, für die Kaimauern, Kaischuppen, Kräne und Nebenanlagen errichtet werden müssen, des weiteren mit Massengutumschlaganlagen, Lagerhäusern, Getreidespeichern oder sie beschaffen Schwimmkräne, schwimmende Elevatoren usw. Jede neue zusammenhängende Anlage bildet eine neue Stelle, deren Betrieb zwar möglichst viel Ertrag einbringen soll, aber wiederum auch die hauptsächlichsten Kosten im Gesamtunternehmen verursacht. Ich nenne sie daher: Hauptkostenstellen des öffentlichen Kaibetriebs. Auf diese Stellen sind alle im Umschlag- und Lagereibetrieb anfallenden Kostenarten aufzuteilen.

Mit diesen beiden Gruppen

a) den Hauptkostenstellen des öffentlichen Hafenbetriebs und
b) den Hauptkostenstellen des öffentlichen Kaibetriebs

ist das Gerippe für einen Kontenplan gegeben, den ein Seehafen für eine übersichtliche und klare Betriebsabrechnung braucht, das Gerippe für die Kontenklasse V eines neuzeitlichen Kontenrahmens. In Abb. 1 sind diese beiden Gruppen zwischen den stark ausgezogenen senkrechten Linien in der Mitte dargestellt

Links sehen Sie nochmals in Spalte 1 senkrecht untereinander die Kostenarten, die verteilt werden sollen. Den Hauptkostenstellen fließen, wie wir später sehen werden, vornehmlich die Erlöse zu.

Wie in jedem Unternehmen, gibt es auch in einem Hafen Kosten, die auf den Hauptkostenstellen nicht gleich untergebracht werden können, weil sie aus dem Vorhalten von Nebenbetrieben und allgemeinen Anlagen anwachsen. Diese Hilfs- und Nebenbetriebe sind die vorgehaltenen Werkstätten, z. B. Bauhof, Baggerei, Mechanische und Elektrische Werkstätten, Magazin, Fuhrpark usw. Erträge haben diese Betriebe im allgemeinen nicht. Die für das Vorhalten dieser Betriebe auflaufenden Kosten werden zunächst auf Hilfs- oder Nebenkostenstellen verbucht, die diesen Nebenbetrieben entsprechen. Es handelt sich wohlgemerkt nur um Aufwendungen für die Werkstätten selbst, z. B. für die eigene Unterhaltung der Werkstätten, für das Heizen der Werkstatträume. ihren eigenen Strom- und Wasserverbrauch usw. und für die Abschreibungen auf die Gebäude und Maschinen der Werkstätten, nicht aber für die Leistungen der Werkstätten, d. h. für Löhne, Material usw., die für die Unterhaltung eines Krans oder eines Schuppens aufgewendet werden. Diese Kosten werden vielmehr den Hauptkostenstellen unmittelbar angelastet. Sie sehen die Nebenkostenstellen, Hilfskostenstellen oder Fertigungshilfsstellen, wie man sie nennen will, auf dem Lichtbild rechts neben den Hauptkostenstellen angeführt.

In einem Hafen gibt es ferner Allgemeine Kostenstellen, die solchen vorzuhaltenden Anlagen entsprechen, deren Vorhandensein für alle bisher aufgezählten Kostenstellen und Betriebe wichtig sind, z. B. Umformerstationen, Versorgungsleitungen, Straßen mit ihren Beleuchtungen, Brücken, Schleusen, Schiffahrtswege, Feuerwehr, allgemeine Sozialeinrichtungen usw. Diese Allgemeinen Kostenstellen sind auf dem Lichtbild links neben den Hauptkostenstellen aufgeführt. Schließlich sind noch die Verwaltungskostenstellen zu erwähnen, die Sie ganz rechts im Lichtbild sehen.

Mit der dargelegten Aufgliederung der Aufwandskosten kommt der Betriebsabrechnungsbogen für Häfen zustande, dessen Schema im Lichtbild aufgezeichnet ist. Dieser Betriebsabrechnungsbogen gewährt einen umfassenden Einblick in das gesamte Kostengefüge des Hafens und in den Kostenaufwand der einzelnen Betriebsstellen. Er verschafft zugleich die Grundlagen für ein Kalkulation, wenn auch vielleicht für eine Kalkulation, deren Preisforderung im Rahmen der inländischen Gesamtbeförderungskosten oftmals scheitern wird.

Um nun alle Kosten schließlich bei den Hauptkostenstellen aufzuführen und deren Wirtschaftlichkeit zu erfassen, müssen zunächst die Allgemeinen Kostenstellen nach einem zu errechnenden Schlüssel auf alle anderen Kostenstellen verteilt werden. Sie sehen das durch Pfeile dargestellt, dessen Schaft rechtwinklig geknickt ist. Nach einem ebenfalls besonders festzulegenden Schlüssel werden auch die auf den Nebenkosten oder Fertigungshilfsstellen aufgelaufenen Gesamtkosten verteilt, diesmal allerdings lediglich auf die Hauptkostenstellen. Zum Schluß werden die Verwaltungskosten auf die Hauptkostenstellen umgelegt. Nunmehr sind alle Kosten erfaßt, die aufgewandt werden mußten, um die geforderten Leistungen zu bieten, und um im Vergleich mit den Erlösen den Abschluß der einzelnen Hauptbetriebsstellen, d. h. ihren Gewinn oder Verlust festzustellen. Ich möchte noch erwähnen, daß dieser Betriebsabrechnungsbogen nicht nach dem Gesichtspunkt aufzustellen zu werden braucht, wer den Betrieb bewirtschaftet, d. h. ob einzelne Betriebsstellen von besonderen staatlichen oder städtischen Betriebsgesellschaften bewirtschaftet werden.

Zum Vergleich mit den aufgewandten Kosten müssen die einzelnen Erlösarten (der Kontenklasse VII eines modernen Kontenplanes) aufgeteilt werden. Erlösarten sind: Hafenabgaben, Mieten, Pachten Hafenbahnfrachten, Lotsgebühren, Fährgeld und sonstige Gebühren für den öffentlichen Hafenbetrieb. sowie Kaigelder, Umschlaggebühren, Kailagergelder, Ein- und Auslagerungskosten, Lagergelder, Wiege- und Zählgebühren, Bearbeitungsgebühren und sonstige Gebühren.

Erlösarten		13	14	15	16	17	18	19	20	21	22	23	24	25	26	27	28	29	30	31	32
Lotsgebühren																					
Hafengebühren																					
Hafenbahngebühren																					
Mieten und Pachten																					
Fährgebühren																					
Schleppgebühren																					
Kaigebühren																					
Umschlaggebühren																					
Kailagergebühren																					
Lagergebühren																					
sonstige Gebühren																					
sonstige Erträge																					
Gesamterträge																					
Gesamtkosten aus II und III																					
Gewinn																					
Verlust																					

Abb. 2.

In Abb. 2 sehen Sie die Gegenüberstellung der Erlöse und des Aufwands der einzelnen Hauptkostenstellen, sowie die Gegenüberstellung der Gesamtaufwandssumme und der Gesamterlössumme. Die Differenz ergibt den jeweiligen Verlust oder Gewinn, sowie bei den Gesamtsummen den Gesamtverlust oder den Gesamtgewinn.

Es wird Sie interessieren, daß dieses Verfahren in Stettin bis zum Ende des Krieges bereits weitgehend entwickelt war. Ich möchte Sie auch mit den Ergebnissen vertraut machen, die ich allerdings nur aus dem Gedächtnis aufzählen kann, da die Unterlagen beim Zusammenbruch nicht mehr sichergestellt werden und trotz meiner Bemühungen auch nicht mehr beschafft werden konnten. Unter Berücksichtigung einer Abschreibungshöhe von nahezu 1,4 Mill. Mark, sowie der Fremdzinsen, traten Gewinne hauptsächlich bei folgenden Hauptkostenstellen des öffentlichen Kaibetriebs auf: Getreidespeicher, Massengutumschlaganlage, Kaibetrieb im Zollhafen, während die Kaibetriebe des Freihafens mit geringfügigem Verlust abschnitten. Bei den Hauptkostenstellen des öffentlichen Hafenbetriebs warfen die Grundstücke einen Gewinn ab. Hafenwasserflächen und Lotsbetrieb hatten geringe Verluste. während die Hafenbahn einen Zuschußbetrieb darstellte. dessen Verlust größer war als der gesamte übrige Reingewinn, ein bei allen Seehäfen bemerkenswerter Zustand, der die Reformbedürftigkeit der Anschlußverträge bezüglich der Anerkennung der Leistungen durch die Reichs- bzw. Bundesbahn beleuchtet.

Die Anschreibungen werden dann besonders interessant. wenn die hier global angedeuteten Hauptkostenstellen der Betriebsbuchhaltung noch weiter zergliedert werden. So können z. B. von den Wasserflächen Unterkonten für einzelne Hafenbecken gebildet werden, die wiederum in neue Unterkonten aufgeteilt sind, um die Aufwendungen für die Unterhaltungsarbeiten der eigentlichen Wasserfläche. d. h. für die Wassertiefe durch Baggerei, der Uferbefestigungen. der Dalben usw. im einzelnen zu ermitteln. Auch die Hauptkostenstellen eines Kaibetriebes bedürfen zweifellos einer weiteren Aufgliederung. Kaimauern sind, das möchte ich besonders betonen. ein Bestandteil des Umschlagebetriebs. denn eine Hafenverwaltung wird einem Umschlagunternehmen in der Regel nur Gelände mit einer Uferböschung zur Verfügung stellen.

Für den Betriebsleiter wird eine solche Aufgliederung im allgemeinen ausreichen. Der Ingenieur aber will Kenntnis von den Kosten für die Vorhaltung einzelner Bauwerke oder einzelner Maschinen erhalten, z. B. für die verschiedenen Arten der Uferbefestigung, der Dalben. Brücken. Kräne usw. Das kann in der Weise geschehen. daß für die größeren Anlagegegenstände eine besondere Kartei angelegt wird. in die jede Reparatur und — wenn möglich — auch die Betriebsaufwendungen eingetragen werden. Über Jahre hinaus ergeben sich dadurch unantastbare Wertmesser beim Vergleich von Einzelanlagen. die dem gleichen Zweck dienen.

Es mag vielleicht der Eindruck entstehen, als ob hierdurch ein ungeheurer Papierkrieg entfesselt wird. Dem ist aber keineswegs so. In Stettin brauchten beispielsweise bei der Umstellung von einer unzureichenden auf eine moderne Betriebsbuchhaltung keine zusätzlichen Arbeitskräfte eingestellt zu werden. Das Geheimnis liegt nur in der richtigen und logischen Kostenaufteilung. die letzten Endes die Gewissenhaftigkeit der Betriebsingenieure und ihrer Meister bei den Angaben über aufgewandte Löhne und verwendete Betriebsstoffe garantieren muß.

In Verbindung mit der Verkehrsstatistik. d. h. hier der Betriebsstatistik. lassen sich aber auch die genauen Kalkulationsunterlagen aus der Betriebsabrechnung gewinnen. In der Zahlentafel zeige ich Ihnen das Beispiel einer Kalkulation für ein spezielles Umschlaggut (hier Mehl). Kalkulatorische Pachten und Zinsen. sowie kalkulatorischer Unternehmergewinn sind dabei im Abrechnungsbogen von vornherein nicht

Zahlentafel. Kalkulation für ein Umschlaggut.

Gesamtkosten des Kaibetriebs A .... DM 800 000,

    Kailagergebühren .... DM 40 000,-

    Sonstige Gebühren .... DM 30 000,-

    Löhne und soziale Beiträge für Kaiarbeiter DM 250 000,- DM 320 000,-

    Aufwand bei 20 000 Kranstunden .... DM 480 000,

I. Kosten des Umschlags von Mehl direkt
in Bahnwagen

    Leistung: 96 t je Schicht

           1 Kranstunde $=$ 480 000 : 20 000   DM 24,-

           5 Kaiarbeiter, je DM 1,70 ....   DM 8,50   DM 32,50

           je t $= \dfrac{32{,}50 \cdot 8}{96}$ ....   DM 2,71

II. Kosten des Umschlags über Lager in Bahnwagen

    Leistung: auf Lager 120 t je Schicht
               ab Lager 96 t je Schicht

    a) Umschlag auf Lager

           1 Kranstunde .... DM 24,-

           6 Kaiarbeiter, je DM 1,70 .... DM 10,20   DM 34,20

           auf Lager je t $\dfrac{34{,}20 \cdot 8}{120}$ ....   DM 2,28

    b) Umschlag ab Lager in Bahnwagen

           8 Kaiarbeiter, je DM 1,70 .... DM 13,60

           ab Lager je t $\dfrac{13{,}60 \cdot 8}{96}$ ....   DM 1,13

           hierzu Umschlag auf Lager ....   DM 2,28

    c) Umschlag ab Seeschiff über Lager in Bahnwagen   DM 3,41

berücksichtigt. Es hat sich als praktisch erwiesen, die gesamten Aufwendungen eines Kaibetriebs auf die Kranbetriebsstunde abzustellen. Von den Gesamtaufwendungen werden aber zweckmäßig die Kaiarbeiter-löhne und solche Erträge abgezogen, für die keine unmittelbaren Aufwendungen gemacht zu werden brauchen oder für die nur ein direkter Lohnaufwand entsteht. Die Kosten einer Kranbetriebsstunde sind alsdann davon abhängig, ob die tatsächlich geleisteten Betriebsstunden oder eine für möglich erachtete Zahl von Betriebsstunden zugrunde gelegt werden. Im letzteren Fall müssen die erforderlich werdenden Mehr- oder Minderlöhne für Kranführer und die Mehr- oder Minderkosten für Betriebsmittel und Strom den nachgewiesenen Aufwendungen hinzugerechnet werden. Im vorliegenden Beispiel sind bei 16 Kränen je Kran jährlich 1250 Kranbetriebsstunden angenommen.

In meinen Ausführungen hoffe ich dargelegt zu haben, welche speziellen Kenntnisse aus dem soeben ge-schilderten Abrechnungs- und Kalkulationsverfahren in einem Hafenbetrieb für den Ingenieur und den Betriebsleiter gewonnen werden können. Bei einer eingehenden Beschäftigung mit den Aufwandsposten können sich jedoch auch einschneidende Änderungen in der Auffassung über die Planung von Hafen- und Umschlaganlagen herausstellen. Aus dem Beispiel der Kalkulation der Umschlagkosten, für die ein ent-sprechendes Entgelt eingenommen werden muß, wenn rentierlich gearbeitet werden soll, ist zu ersehen, daß die festen Kosten infolge des kapitalintensiven Charakters von Hafenanlagen im Vergleich zu den eigentlichen Fertigungslöhnen, d. h. den Löhnen für den Umschlag und die Bewegung des Gutes, außer-ordentlich hoch sind. Es fragt sich daher, ob die Verbilligung des Umschlags bzw. ob ein höherer Gewinn oder ein geringerer Verlust nicht dadurch zu erreichen sind, daß die festen Kosten gesenkt werden, ohne daß die Fertigungslöhne in gleichem Maße erhöht werden. Die Beschäftigung mit dieser Frage hat in Stettin zu Untersuchungen geführt, deren Ergebnis ich zwar nicht mehr rechnerisch nachweisen kann, aber weiterer Erörterungen in der Hafenbautechnischen Gesellschaft anheimstellen möchte. Der Anteil der festen Kosten an den den Umschlagsatz bestimmenden Kostenfaktoren sinkt naturgemäß bei einer höheren Zahl von Kranbetriebsstunden, d. h. bei höherer Ausnutzung der Anlagen, was wiederum gleich-bedeutend ist mit Mehrschichtenbetrieb. Welche Folgen würden sich für den Ausbau der Anlage und den Betrieb bei einem Mehrschichtenbetrieb ergeben ?

Die Abfertigung der ein- und ausgehenden Seeschiffe, d. h. der Umschlag der Güter am Kai und der Versand und Empfang der Güter über den Kaischuppen werden auf einen engen Raum zusammengedrängt, sei es nun, daß Schiffe am gleichen Platz fortlaufend löschen und laden, oder daß Schiffe am gleichen Platz fortlaufend hintereinander löschen und an einem anderen Platz hintereinander laden. Auf jeden Fall wird verlangt werden müssen, daß die kaigeldlagerfreien Fristen für das an- und auszuliefernde Gut angemessen sind.

Das bedeutet, daß die Kaischuppen größere Flächen als bisher haben müssen, demnach mit größerer Tiefe zu bauen sind und gegebenenfalls in zwei Stockwerken, z. B. mit Kellergeschoß und entsprechenden zahlreichen Rampenluken ausgeführt werden müssen. Auf den Rampen kann sich dabei eine starke Zu-sammenballung des Güterverkehrs ergeben. Eine Auflockerung ist aber durchaus möglich, wenn auf der Wasserseite zwischen den Kaigleisen noch eine besondere Rampe für den direkten Umschlag zwischen Bahnwagen und Schiff vorgesehen wird. Diese Rampe kann sehr schmal gehalten werden, da jeder Längs-verkehr mit Karren fortfällt. Ist der Kraftwagenverkehr sehr stark, so läßt sich auch auf der Landseite eine zweite Rampe parallel zum Schuppen anbringen, auf die die Güter allerdings mit landseitigen Kränen übergesetzt werden müßten.

Es leuchtet aber ohne weiteres ein, daß die festen Kosten stark fallen, wenn an Kaischuppenlänge nebst den dazugehörigen Kaimauern und Kränen gespart wird und dafür das weitaus geringere Mehr an festen Kosten für die größere Schuppentiefe und die zweigeschossige Bauweise in Kauf genommen wird (die festen Kosten sind überwiegend der Aufwand für Unterhaltung und Abschreibung). Der höhere Aufwand an Löhnen für längere Transportwege und etwaige vertikale Beförderungen mit Aufzügen, die entstehen-den höheren Schichtzuschläge und der höhere Aufwand für den Betrieb und eine ausreichende Beleuchtung spielen gegenüber der verbleibenden Ersparnis keine so sehr ins Gewicht fallende Rolle.

Es erhebt sich indes die Frage, ob ein ständiger Mehrschichtenbetrieb mit den Gebräuchen des Hafens und der Schiffahrt vereinbar ist. Am gleichen Kaiplatz müssen unter Umständen verschiedene Linien-dienste abgewickelt werden, das besagt, daß verschiedene Reedereien ihre Fahrpläne genau aufeinander abstimmen müssen. Nur bei Frachtdampfern, die nicht an pünktliche Abfahrtzeiten gebunden sind, könnten kurzfristige Wartezeiten in Kauf genommen werden, da die Gesamtdauer des Löschens oder Ladens nicht beeinträchtigt wird. Es kommt dann im wesentlichen auf die geschickte Disposition einer Kaiverwaltung an, um die Abfertigungszeiten des fahrplanmäßigen Liniendienstes und anderer Fracht-schiffe kontinuierlich zu gestalten.

Geht ein Schiff auf einen Warteplatz, so entstehen Verholkosten. Verholkosten sind um so geringer, je kürzer der Verholweg ist. Daher sollten die Hafenbecken stets so breit gebaut werden, daß in ihrer Mitte eine Dalbenreihe angeordnet werden kann, die auch für den Umschlag von Bord zu Bord zu benutzen ist. Die Mehrkosten für die breiteren Hafenbecken werden durch Verkürzung der Hafenbecken mehr als auf-gewogen.

Das Problem der Beschäftigung und Einteilung von Schauerleuten, Kaiarbeitern und Kranführern wird nur insoweit berührt, als die gleiche Zahl der tagesdurchschnittlich beschäftigten Arbeitskräfte nunmehr auf mehrere Schichten verteilt wird.

Gewisse Unbequemlichkeiten ergeben sich für die Speditionsfirmen, die sich nicht nur im Außendienst, sondern häufig im Büro der mehrschichtigen Arbeit anpassen müssen. Dagegen dürfte die rechtzeitige Übersendung von Dokumenten im europäischen Dienst bei der zunehmenden Ausdehnung des Luftpostnetzes nicht auf Schwierigkeiten stoßen. Die Zollverwaltung muß sich natürlich in ihren Dienstzeiten den Abfertigungszeiten der Seeschiffe anpassen.

Das angezogene Beispiel, das für Stettin überzeugend war und zu einer dementsprechenden Planung geführt hatte, kann, dessen bin ich mir bewußt, nicht ohne weiteres verallgemeinert werden. Es bedarf in jedem Einzelfall einer genauen Untersuchung, ob es sich lohnt, Millionen an Investierungen zu vermeiden und dafür andere Mehrkosten in Kauf zu nehmen, wenn der laufende Aufwand eines Hafens wesentlich verringert werden kann, ohne daß sich für die Hafenbenutzer zusätzliche Kosten ergeben, die ihm die Benutzung des Hafens vergrämen. Mir war es lediglich darum zu tun, nachzuweisen, das betriebswirtschaftliche Überlegungen nur mit Erfolg angestellt werden und die Planung maßgeblich beeinflussen können, wenn genaue Anschreibungen über den Kostenaufwand vorliegen.

Es erscheint mir daher empfehlenswert, wenn sich die deutschen Hafenverwaltungen — unabhängig von der Frage ihrer Betriebsform — dazu entschließen könnten, ihr Abrechnungswesen nach gleichartigen Gesichtspunkten zu entwickeln und die wirtschaftlichen Ergebnisse in Einzelfällen austauschen, ohne daß dabei die Abschlußgeheimnisse preisgegeben zu werden brauchen. Den Ingenieuren aber würden neue Wege geebnet, die geeignet sind, die Rationalisierung in den deutschen Seehäfen in gemeinsamer Arbeit zu fördern.

Umfang der Kriegszerstörungen in den Binnenhäfen und die Erfahrungen bei dem Wiederaufbau der Anlagen.

Von Hafendirektor Dipl.-Ing. **Hermann Bumm**, Duisburg.

Bevor ich zu Ihnen über mein Thema Umfang der Kriegszerstörungen in den Binnenhäfen und von den Erfahrungen beim Wiederaufbau derselben spreche, möchte ich die Tatsache voranstellen, daß die Bauwerke der Binnenhäfen im allgemeinen kleineren Umfanges als die entsprechenden Anlagen der Seehäfen sind. In erster Linie sind die Kaimauern, ganz abgesehen von der geringeren Wassertiefe, in ihrer Ausführung wesentlich einfacher, da meist eine leichte Brunnengründung auf tragfähigem Boden genügt. Schlickböden, die die in Seehäfen übliche Pfahl- oder Senkkastengründung erfordern, kommen in Binnenhäfen kaum vor. Auch alle anderen hafenbautechnischen Anlagen, die Krane, Gleisanlagen und insbesondere die Schuppen und Lagerhäuser, haben nicht die Ausdehnung wie in den Seehäfen. Ich bitte Sie daher, den bei den Binnenhäfen auftretenden Zahlengrößen einen anderen Maßstab zugrunde zu legen und das Gewicht dieser Zahlen nicht zu klein einzuschätzen.

Ich bringe Ihnen hier ein Schaubild (Abb. 1) über die Höhe der Kriegsschäden in den Binnenhäfen des Bundesgebietes. Der linke Balken stellt die Gesamtsumme dar, die 328,4 Mill. beträgt. Diese Zahl ist ermittelt aus allen Häfen des Bundesgebietes von einiger Bedeutung, insgesamt 53 Häfen. Die vom Staatshafen Mannheim angegebenen Kriegsschäden habe ich durch besondere Schraffur hervorgehoben. Sie betragen mit zusammen 167 Mill. über die Hälfte der Kriegsschäden in allen Binnenhäfen zusammen. Sie enthalten aber anscheinend auch die Kosten für die dort geplante

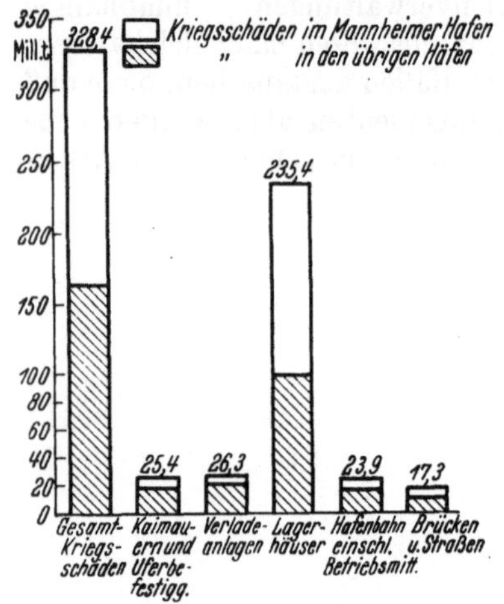

Abb. 1. Kriegsschäden in den Binnenhäfen der Westzonen in Mark.

weitgehende Erneuerung der Anlagen. Die Privathäfen der Zechen, Hüttenwerke und anderer Industriebetriebe sind nicht enthalten.

Die Zahlen enthalten nur die Schäden an den wasserbaulichen Anlagen, Brücken, den Hafenbahnanlagen und Lagerhäusern, aber nicht die Schäden an Industriebetrieben in den Häfen, wie Mühlen, Werften usw. Die Gesamtsumme von 328,4 Mill. setzt sich zusammen aus

25,4 Mill.	Kriegsschäden an den Kaimauern
26,3 „	„ „ „ „ Verladeanlagen
235,4 „	„ „ „ „ Lagerhäusern
23,9 „	„ „ „ „ Hafenbahnen
17,3 „	„ „ „ „ Brücken, sonstigen wasserbaulichen Anlagen sowie für die Beseitigung gesunkener Schiffe.

Die Schäden in den einzelnen Binnenhäfen sind außerordentlich unterschiedlich. Es gibt Häfen, die überhaupt keine Kriegsschäden aufzuweisen haben, wie Heilbronn oder Braunschweig, andere Häfen, die Schäden in erträglichem Ausmaß erlitten haben, wie Würzburg oder Düsseldorf und andere Häfen, die ganz außerordentlich große Schäden erlitten haben, wobei in erster Linie der Hafen von Mannheim zu nennen ist, der vollständig verwüstet wurde. Weiterhin haben große Schäden erlitten die Häfen Duisburg, Köln und Frankfurt.

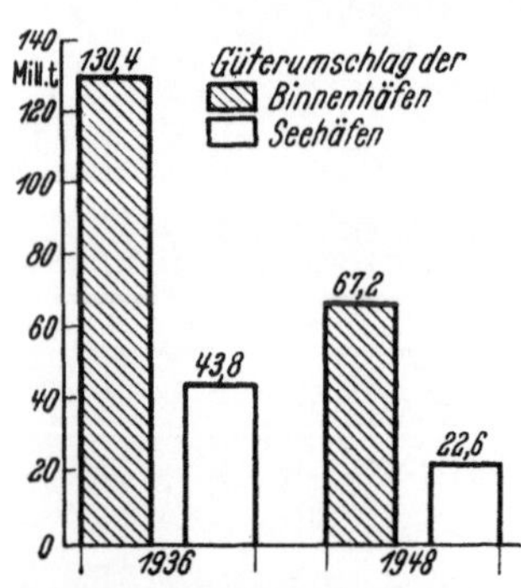

Abb. 2. Entwicklung des Güterumschlags der Binnen- und Seehäfen im Vereinigten Wirtschaftsgebiet.

Wenn auch die Zahlen der Binnenhäfen zu denjenigen der Seehäfen gering erscheinen, so haben sie doch ihre besondere Bedeutung, wenn man sie den Umschlagsleistungen der Seehäfen gegenüberstellt. Ich zeige Ihnen daher auf diesem Schaubild die Umschlagsleistungen der Häfen. Die Binnenhäfen des Vereinigten Wirtschaftsgebietes einschließlich der privaten Zechen- und Industriehäfen hatten im Jahre 1936 einen Gesamtumschlag von 130 Mill. t. die Seehäfen 44 Mill. t (Abb. 2).

1940 betrug der Umschlag in den Binnenhäfen 67 Mill. t, der Umschlag der Seehäfen 23 Mill. t. Der Güterumschlag der deutschen Binnenhäfen war also vor und nach dem Kriege ungefähr dreimal so groß wie in den Seehäfen. Allerdings ist hierbei zu berücksichtigen, daß die Binnenhäfen zum größeren Teil dem Umschlag von Massengut dienen, man kann hier 60% Massengut-Umschlag und rd. 40% Stückgut und andere hochwertige Güter annehmen, während bei den Seehäfen dieses Verhältnis mindestens umgekehrt ist. Das Verhältnis der Umschlagsleistungen bezeugt die volkswirtschaftliche Bedeutung der Binnenhäfen und die Wichtigkeit des Wiederaufbaues derselben.

Der Wiederaufbau der Binnenhäfen ist v o r d e r W ä h r u n g s r e f o r m, soweit dieses mit den zugewiesenen Baumaterialien möglich war, mit einem geldlichen Einsatz von rd. 30 Mill. RM so weit wieder vorangetrieben worden, daß der z. Z. anfallende Umschlag in allen Häfen reibungslos vonstatten gehen kann.

Das Schwergewicht beim Wiederaufbau der Binnenhäfen wird in Zukunft bei der Instandsetzung der Lagerhäuser liegen. Die zum größten Teil aus der Zeit der Erbauung der Häfen stammenden Gebäude waren in überwiegender Zahl als leichte Schuppen, größtenteils aus Mauerwerk errichtet, hatten überwiegend hölzerne Dächer und zum Teil auch hölzerne Zwischendecken. Diese sind dem Brand und Bombenangriffen restlos zum Opfer gefallen. Der Wiederaufbau dieser Anlagen war vor der Währungsreform nur sehr zögernd vorangegangen, da die hierfür benötigten Baumaterialien wie Ziegelsteine, Dacheindeckungsmaterial usw. gerade am knappsten waren.

Es sind daher im Mittel von der alten Lagerhausfläche in den kriegsbeschädigten Häfen erst 30—40 % wiederhergestellt worden. Hier wird also in Zukunft das Schwergewicht der Bauaufgaben in den Binnenhäfen liegen.

Die großen Getreidesilos, die vorwiegend in Eisenbeton errichtet waren, haben die Bombenangriffe verhältnismäßig gut überstanden und sind in den meisten Häfen bereits wiederhergestellt worden.

Dieses wäre im großen und ganzen über den Umfang der Kriegsschäden in den Binnenhäfen zu sagen.

Ich komme jetzt auf einige grundsätzliche Fragen beim Wiederaufbau der Häfen zu sprechen und möchte dann einige besondere Bauwerke, die zur Ausführung gekommen oder noch geplant sind, Ihnen zur Kenntnis bringen.

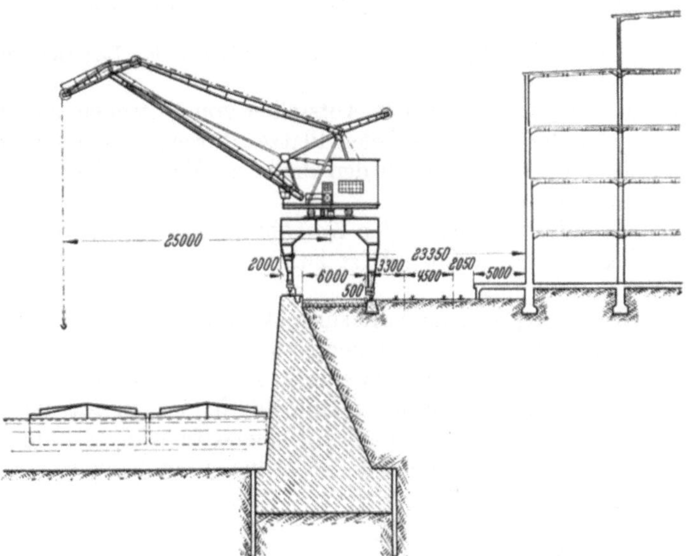

Abb. 3. Kaiausbildung mit Ladestraße direkt am Kai.

Die wichtigste Aufgabe der Binnenhäfen ist, wie ich schon sagte, der Wiederaufbau der Lagerhäuser. Besonders sorgfältige Untersuchungen sind hier erforderlich, da hier eine einmalige Gelegenheit gegeben ist, die Umschlaganlagen der Binnenhäfen modernen Verhältnissen anzupassen. Allerdings soll hier nicht verkannt werden, daß der für eine Modernisierung zur Verfügung stehende Raum häufig sehr knapp, zum Teil überhaupt nicht vorhanden ist. Die bei der Erbauung der Häfen gewählte Breite der Landzungen zwischen den einzelnen Hafenbecken entspricht nicht mehr den heutigen Anforderungen an den Verkehr. Die Abwicklung des ständig wachsenden Lastwagenverkehrs macht in den Binnenhäfen die größten Schwierigkeiten, genau wie in den Seehäfen.

Da die Ufermauern meist erhalten geblieben sind, muß man sich mit dieser Tatsache abfinden und die vorhandenen Landzungen so weit wie möglich den neuen Verkehrsbedingungen anpassen.

Bei fast allen Binnenhäfen sind zwischen den Kaimauern und Lagerschuppen wasserseitig nur zwei Gleise vorhanden. Eine besondere Straße an der Wasserseite fehlt fast in allen Häfen. Um dem Lastwagenverkehr einigermaßen gerecht zu werden, hat man bisher nur von der Möglichkeit Gebrauch machen können, die Gleise zwischen den Schienen auszupflastern. Dieses hat aber betrieblich außerordentliche Nachteile, in erster Linie für die Bedienung der Hafenbahn, da es immer Schwierigkeiten bereiten wird, während der Zustellung die Gleise von den Lastwagen zu räumen. Aber auch für die Unterhaltung der Gleise ist die Auspflasterung der Schienen nachteilig, und es müssen ständig die Rillenschienen gereinigt werden.

Wenn beim Neubau der Lagerhäuser daher irgendwie die Möglichkeit besteht, sollte man diese so weit zurücksetzen, daß man zwischen den Lagerhäusern und dem Kai eine Straße anordnen kann. Am zweckmäßigsten wird diese Straße direkt am Kai liegen, da die Lastwagen das Lagerhaus von der Landseite aus bedienen können. Die Kaistraße soll nur den direkten Umschlag vom Schiff auf den Lastwagen ermöglichen. Dieser Wechselverkehr muß in modernen Binnenhäfen unbedingt Berücksichtigung finden (Abb. 3).

Der Gefahr, daß Lastwagen über die Kaikante in das Hafenbecken abrutschen, kann man begegnen, indem man die wasserseitige Kranschiene um 50 cm anhebt, so daß eine feste Betonschwelle von ausreichender Höhe entsteht, in der auch die Stromzuführung untergebracht wird. Die landseitige Schiene des Krans muß in Straßenhöhe liegen bleiben, um die Durchfahrt zwischen den Lagerhäusern nicht zu behindern. Für die Breite der Straße genügen hier 6 m, da hier nur eine Überholungsspur erforderlich ist.

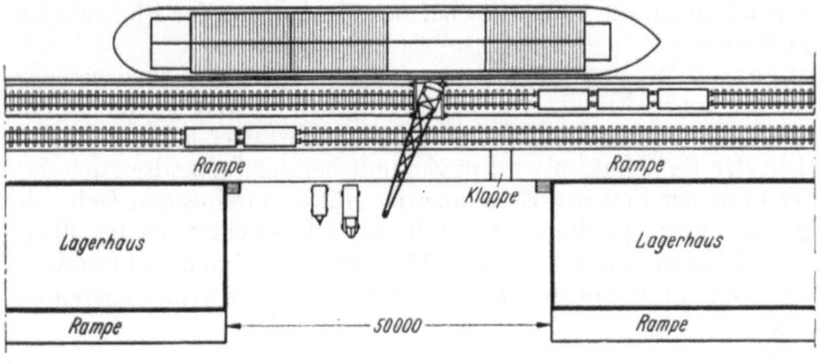

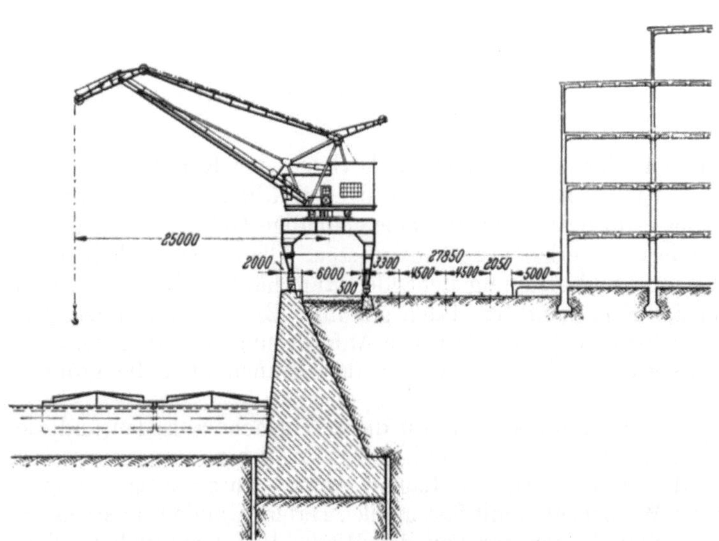

Abb. 4. Ladeplatz für Lastwagen zwischen den Lagerhäusern.

Wenn die Landzungen zu schmal sind, um die Straße wasserseitig einzufügen, kann man den Lastwagenumschlag zwischen die Lagerschuppen einfügen. Man muß dann zwischen den Lagerhäusern einen größeren Abstand von 30—50 m evtl. unter Fortfall eines Lagerhauses frei lassen (Abb. 4). Auf diesen Freiplätzen hat man ausreichend Raum, um den Lastwagenumschlag störungsfrei zu bewältigen. Um das Aufstellen von Pritschen zu vermeiden, kann man die Laderampe vor den Lagergebäuden längs des freien Platzes durchgehen lassen, auf der der Kran seine Last absetzt.

Es bestehen also je nach den örtlichen Verhältnissen drei Möglichkeiten für den direkten Umschlag Schiff — Lastwagen

1. besondere Straße an den Kaikanten, was ohne Zweifel die günstigste Lösung darstellt,

2. besondere Umschlagplätze zwischen den Lagerplätzen, was sich m. E. in den meisten Fällen durchführen lassen müßte,

3. als ausgesprochene Notlösung, Auspflasterung zwischen den Gleisen, wobei man erhebliche betriebliche Nachteile in Kauf nehmen muß.

Zu der Anordnung der Gleise an den Lagerschuppen möchte ich noch einiges ausführen. Auf der Landseite der Schuppen wird in den Binnenhäfen in den seltensten Fällen ein Gleis erforderlich sein, da die Bedienung durch die Bahn von der Wasserseite erfolgen kann. Die Landseite muß der Bedienung der Lastwagen vorbehalten bleiben, die sonst keine Möglichkeit haben, an den Verladerampen mit der Rückseite vorfahren zu können. Außerdem bringt die Anordnung den Vorteil einer scharfen Trennung zwischen Eisenbahn- und Lastwagenverkehr.

Bei starkem Stückgutverkehr dürften die bisher allgemein üblichen 2 Wassergleise den heutigen Verkehrsanforderungen nicht mehr genügen. Erwünscht wären 3 Wassergleise, und zwar

1 Gleis am Lagerhaus für den Umschlag zwischen Bahn und Lagerhaus,

1 Gleis für den direkten Umschlag Schiff — Bahn,

1 Gleis für das Zustellen.

Es ergibt sich damit eine Gesamtbreite zwischen Lagerhäusern und Kaikante von rd. 27 m. Diese Ausladung wird von modernen Wippkranen ohne weiteres erreicht, so daß kranseitig diese Anordnung möglich ist (Abb. 5).

Abb. 5. Kaiausbildung mit Ladestraße direkt am Kai.

Die Lagerhäuser selbst werden jetzt grundsätzlich in massiver Bauweise wiederhergestellt. Es sind hier die verschiedensten Bauweisen zur Ausführung gekommen, z. T. in Ortsbeton oder Fertigbetonteilen oder in Mauerwerk. Über die wirtschaftlichste Form der Ausführung läßt sich noch kein Urteil abgeben, da in fast allen Fällen die Gebäude vor der Währungsreform angefangen wurden, so daß Vergleichspreise nicht vorliegen. Auch dürften die Kosten örtlich sehr verschieden sein.

Als besonders bemerkenswert möchte ich den Bau der Lagerhäuser in Mannheim erwähnen, die man weitgehend unter Verwendung von Fertigbetonteilen hergestellt hat (Abb. 6). Die Fundamente und Stützen wurden wie bei anderen ähnlichen Bauwerken in Ortsbeton hergestellt, die Deckbalken und Decken in

Fertigbetonteilen. Es sind hier zunächst 3 Lagerhäuser von je 16000 qm Lagerfläche, bestehend aus 4 Stockwerken, errichtet worden. Sie sind je 170 m lang und 23 m breit. Hervorzuheben ist die Verwendung von fertigen Betonplatten mit Vorsatzbeton aus Porphyrsplitt als Schalung für die Wände. Der Zwischenraum wird mit Schüttbeton aus Trümmerschutt ausgefüllt. Die Fertigbetonplatten 40×70 cm werden jeweils nur in einer Lage verlegt und durch Winkeleisen mit Ankern und Riegeln gehalten. Sie lassen sich außerordentlich leicht durch Hilfsarbeiter verlegen. Die Außenwände sind 30—40 cm stark, ersparen in erheblichem Umfang Lohnkosten und bieten den Vorteil einer großen Wärmeisolierung, was für die heutige Aufbewahrung hochwertiger Güter von nicht zu unterschätzender Bedeutung ist. Die Plattenverkleidung, die nicht mehr verputzt, sondern nur verfugt wird und vor den zurückspringenden tragenden Säulen durchläuft, ergibt eine sehr gut wirkende haltbare Außenfläche. Bei den neuerdings zur Ausführung bestimmten Lagergebäuden ist man bei derselben Bauweise verblieben.

In Zukunft wird man besondere Rücksicht beim Bau von Lagerhäusern auf die Bedienung derselben nehmen müssen. Bisher ist es in Binnenhäfen üblich, die Güter ausschließlich mit Sackkarren oder Förderbändern in den Lagerhäusern zu bewegen.

Bei den Seehäfen hat sich schon weitgehend der Transport mit Elektrokarren durchgesetzt. In den Binnenhäfen ist dieses Verfahren noch sehr umstritten; besonders hemmend wirkt sich

Abb. 6. Bau der Lagerhäuser in Mannheim unter Verwendung von Fertigbetonteilen.

hier die hohe Zahl der Stützen in den Lagerhäusern aus, die den Elektrokarren-Verkehr außerordentlich behindern. Man müßte bei modernen Lagerhäusern, um sie der zukünftigen Entwicklung anzupassen, nach Möglichkeit die bisher übliche Stützenstellung von 4½ m auf ca. 8 m vergrößern. Ich bin mir darüber im klaren, daß die größere Stützweite in starkem Maße verteuernd wirkt, aber wenn man diesen Elektrokarren-Verkehr für die Zukunft ermöglichen will, muß man hierfür die Vorbedingungen schaffen. Bei den hohen Lohnkosten wird man immer mehr zu arbeitssparenden Methoden kommen müssen und hierzu gehört zweifellos der Elektrokarren, evtl. auch mit Stapelvorrichtung, wie er im Ausland weitgehend üblich ist. Auch die Rampenbreite muß man dieser Entwicklung anpassen. Mit der bisher üblichen Rampenbreite von ca. 2 m kommt man dann nicht mehr aus und muß sie auf 3 oder 5 m vergrößern.

Eine besonders glückliche Lösung hat man bei der Instandsetzung der durch Kriegseinwirkung beschädigten Speicher im Hafen von Rotterdam gefunden. Um die oberen Stockwerke des Speichers einwandfrei bedienen zu können, hat man jede zweite Etage um eine Rampenbreite zurückgesetzt. Sie sehen auf dem Bild an dem hinteren Speicher, daß man in jeder zweiten Etage eine Rampe auf der ganzen Gebäudebreite zur Verfügung hat, in dem jeweils darüber liegenden Stockwerk auf der halben Gebäudefront, so daß man jedes Stockwerk mit Elektrokarren im Kreisverkehr über die Rampen bedienen

Abb. 7.
Ruhrbrücke. Ersatzbogen aus der Hohenzollernbrücke in Köln.

kann. Die Krane können ihre Last direkt auf die Elektrokarren absetzen. Es entfällt bei dieser Arbeitsweise das Aufteilen der einzelnen vom Kran gehobenen Bunde und das Aufnehmen auf die Sackkarren.

Allerdings liegen in Rotterdam besonders günstige Verhältnisse vor, da dort die Speicher mit dem Giebel zur Wasserfront stehen, so daß verhältnismäßig wenig Lagerfläche verloren geht. Stehen die Speicher mit der Längsseite zur Wasserfront wie z. B. in Mannheim, so kann man in jeder Etage einen 10 m langen Streifen für eine Rampe aussparen. Der Verlust an Lagerraum, der in Mannheim vielleicht 5% der Lagerfläche betragen wird, läßt sich in Anbetracht der erheblichen Vorteile m. E. rechtfertigen.

Dieses wäre grundsätzlich bei der Wiederaufbauplanung und auch bei der Neuplanung von Binnenhäfen zu sagen. Der Wiederaufbau der wasserbaulichen Anlagen bietet im allgemeinen technisch wenig Neues. Soweit Kaimauern durch Bombentreffer beschädigt wurden, sind diese in der alten Form errichtet worden, wobei nur das alte Ziegelmauerwerk durch Beton ersetzt wurde.

Von einzelnen wiederhergestellten hafenbautechnischen Bauwerken ist vielleicht der Neubau einiger Brücken in den Duisburg-Ruhrorter Häfen bemerkenswert.

Etwas ungewöhnlich dürfte die Wiederherstellung der Brücke über die Ruhr sein. Weil vor der Währungsreform die erforderlichen Kontingente in Höhe von rd. 2000 t nicht zu erhalten waren, wurde ein Bogen der z. T. erhalten gebliebenen Hohenzollernbrücke in Köln mit 120 m Spannweite und 1800 t Stahlgewicht dort auseinandergenietet und an der Ruhr wieder aufgebaut (Abb. 7). Finanziell wäre die Wiederverwendung des Bogens damals kein Vorteil gewesen. Durch die Erhöhung der Stahlpreise im April 1948 haben sich die Verhältnisse aber wieder verschoben, so daß die Wiederverwendung des Kölner Brückenbogens schließlich doch billiger geworden ist. Die als Ersatz für die zu schwach gegründeten alten Pfeiler erforderlichen neuen Pfeiler wurden der Spannweite angepaßt und die Vorlandöffnungen durch Blechträger überbrückt. Die Konstruktion, ein Zweigelenkbogen mit Zugband, mußte an jedem zweiten Stoß auseinandergenommen werden.

Der Wiederaufbau bot technisch an sich nichts Neues. Die Nietlöcher des Zweigelenkbogens und des Zugbandes, also der tragenden Konstruktion, wurden auf den nächstgrößeren Nietdurchmesser aufgerieben. Die Nieten der Fahrbahntafel wurden im alten Durchmesser geschlagen. Die aus Gitterträgern bestehenden Portale und Windverbände wurden durch Vollwandprofile ersetzt. Die Brücke wurde im August 1949 dem Verkehr übergeben. Wenn man auch heute derartige Brücken anders konstruieren würde, so ist doch zu begrüßen, daß volkswirtschaftliche Werte hier ihre Wiederverwendung gefunden haben (Abb. 8).

Bei dieser Gelegenheit möchte ich eine Lanze für die ganz in Vergessenheit geratenen Zoreseisen brechen. Die 1908 verlegten Zoreseisen waren beim Aufbruch der Brücke in Köln tadellos erhalten. Es waren keinerlei Rostansatzstellen zu sehen, so daß wir uns entschlossen hatten, sie wieder zu verwenden, nicht etwa, weil sie einmal da waren, sondern weil sie uns technisch zweckmäßiger erschienen. Soweit die Fahrbahn, wie bei den neuen großen Rheinbrücken in Köln oder Bonn, nicht als tragendes Element hinzugezogen wird, scheint mir das Zoreseisen ganz

Abb. 8. Wiederhergestellte Ruhrbrücke.

erhebliche Vorteile zu bieten. Es ist verhältnismäßig leicht und garantiert eine einwandfreie Entwässerung des Fahrbetons unterhalb der Dichtung. An anderen Brücken, bei denen wir anläßlich der Demontage oder Wiederinstandsetzung die Fahrbahn aufgenommen haben, mußten wir immer wieder feststellen, daß die Fahrbahnisolierung verrottet war und undichte Stellen aufwies, so daß trotz aller Vorsichtsmaßregeln Wasser in den Unterbeton eingedrungen war, der zu Rostungen der jetzt üblichen geschlossenen Blechabdeckungen Anlaß gab. Die Abflußlöcher in den Buckelblechen waren häufig durch Bitumen verstopft und die Doppelwinkel bieten überhaupt keine Abflußmöglichkeit, so daß durch die Dichtung eingedrungenes Wasser auf den Blechabdeckungen stehenbleibt. Bei den Zoreseisen kann das Wasser dagegen an den Fugen durch Steinabdeckungen einwandfrei austreten, so daß Anrostungen nicht zu befürchten sind.

Für die Brückenisolierung haben wir Aluminiumbahnen gewählt, die aus einer 0,1 mm starken Aluminium-Folie mit fabrikmäßig hergestellter beiderseitiger 1 mm starker Bitumenschicht bestehen. Die Verlegung von Isolierbahnen mit Aluminium-Einlage erfolgt seit ca. 15—20 Jahren. Wenn sie noch nicht so allgemein eingeführt sind, so mag es daran liegen, daß sie häufig bei kriegswichtigen Bauten angewandt wurden und damit seinerzeit der Geheimhaltungspflicht anheim fielen. Beim Landesbauamt Stuttgart und bei der Wasserstraßendirektion Münster sind Aluminium-Isolierungen an Brücken, die vor 15 Jahren verlegt wurden, jetzt aufgenommen worden. Sie befanden sich im gleichen Zustand wie bei der Verlegung. Dagegen mußten wir bei der Aufnahme von Dichtungen aus Jutebahnen, die gleichfalls vor 15 Jahren verlegt wurden, feststellen, daß sie vollständig verrottet waren.

Die Aluminiumbahnen bieten den erheblichen Vorteil, daß der Dichtungsträger aus anorganischen Bestandteilen besteht, andererseits billiger als die bisher verwandte Blei- oder Kupferfolie ist. Das Material hat einen hohen Dehnungsmittelwert von ca. 16% und eine Biegefähigkeit um einen Stab von 3 cm ⌀ bei minus 8 Grad. Es eignet sich für Dichtungen jeder Art, besonders für Brückenisolierungen und Dacheindeckungen von Lagerhäusern. Da die Aluminiumbahnen verhältnismäßig weich und empfindlich gegen Beschädigung durch scharfkantige Teile, wie Werkzeuge usw. sind, wird zweckmäßig auf die Aluminiumbahn nur zum Schutz gegen Beschädigungen eine Pappe-Isolierung gelegt. Diese hat also nicht den Zweck einer Isolierung gegen Wasser, sondern soll nur die Aluminium-Folie während der Bauzeit gegen Beschädigungen schützen, da es erfahrungsgemäß meist nicht möglich ist, die gerade isolierten Flächen von den anderen auf der Brücke tätigen Handwerkern vollständig abzusperren.

Beim Neubau eines Pfeilers der Kaiserhafenbrücke ergab sich wahrscheinlich erstmalig die Gelegenheit, Unterwasser-Gußbeton im Trocknen wieder abzubauen. Die 1905 gebauten Pfeiler waren wegen zu schwacher Gründung 1936 verstärkt worden, indem man eine Spundwand im Abstand von 1,50 m um den Pfeiler gerammt und den Zwischenraum mit Unterwasser-Gußbeton ausgefüllt hat (Abb. 9). Anläßlich des Wiederaufbaues der zerstörten Brücke mußte der Pfeiler erneuert werden, da wegen der erheblichen Verbreiterung

der Brücke uns die Gründung des Pfeilers zu schwach erschien. Es wurde ein neuer Pfeiler innerhalb der stehengebliebenen Verstärkungsspundwände bis 1,5 m unter der zukünftigen Hafensohle gegründet. Hierzu mußte der alte Pfeiler abgebrochen werden. Beim Aufbruch erwies sich der Unterwasser-Gußbeton als außerordentlich hart und hatte infolge starken Zementzusatzes bläuliches Aussehen.

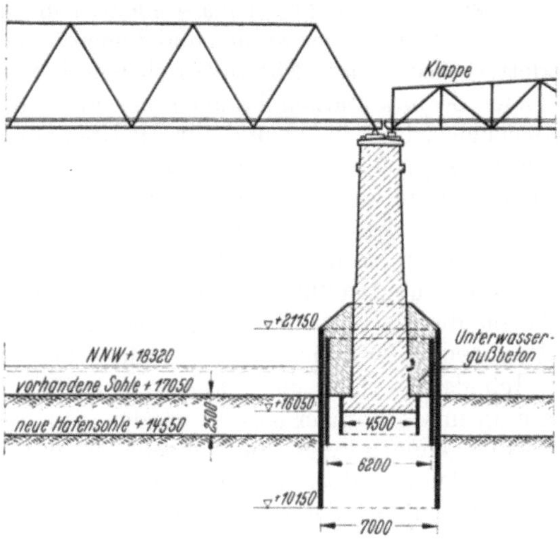

Es zeigten sich auch innerhalb des Betongefüges keine nennenswerten Ungleichmäßigkeiten. Mischung und Kornzusammensetzung waren gut. Er war in seiner Festigkeit unbedingt dem normalen Beton gleichzusetzen. Nur die Sohle des Unterwasser-Gußbetons war nicht einwandfrei. Trotz größter Sorgfalt beim Säubern der Sohle durch Taucher vor Einbringen des Unterwasser-Gußbetons fanden wir hier eine Schlickschicht vor. Darüber hinaus war keine gleichmäßige Sohlenfläche entstanden, sondern es hatten sich Hohlräume bis zu 1 m Durchmesser und etwa 15 cm Höhe gebildet. Wir konnten leider keine Erklärung finden, wodurch diese Hohlräume entstanden waren. Zur

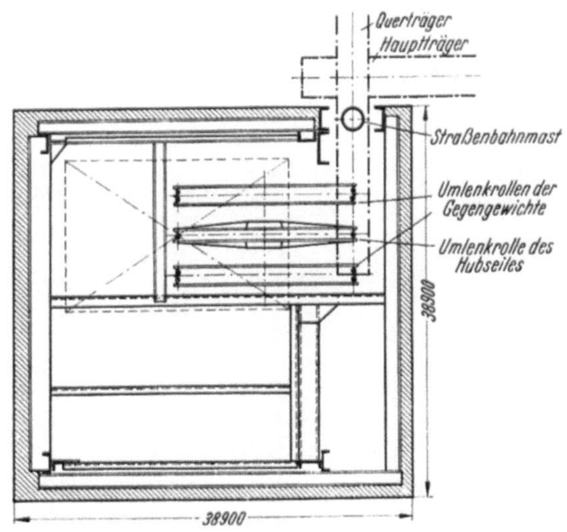

Abb. 9. Pfeilerverstärkung an der Kaiserhafenbrücke.

Abdichtung gegen die Betonierungsabschnitte und längs der Spundwände hatte man Jutesäcke mit Trockenmischung eingebracht. Der Beton in den Säcken war überhaupt nicht abgebunden und das trockene Gemisch vollständig erhalten geblieben. Die Jute war mit dem Unterwasser-Gußbeton keine Verbindung eingegangen. Infolge der Unebenheiten in der Sohle und der eingebrachten Jutesäcke hatte man somit keine glatte Gründungsfläche erzielt. Der Hauptzweck einer Verbreiterung der Auflagerfläche des Pfeilers war damit nicht erzielt, sondern man hatte nur einen Kragen erzeugt, der allerdings eine günstige Verlagerung des Schwerpunktes nach unten zur Folge hatte. Der Abbruch des alten Pfeilers hat sich somit als technisch richtig erwiesen.

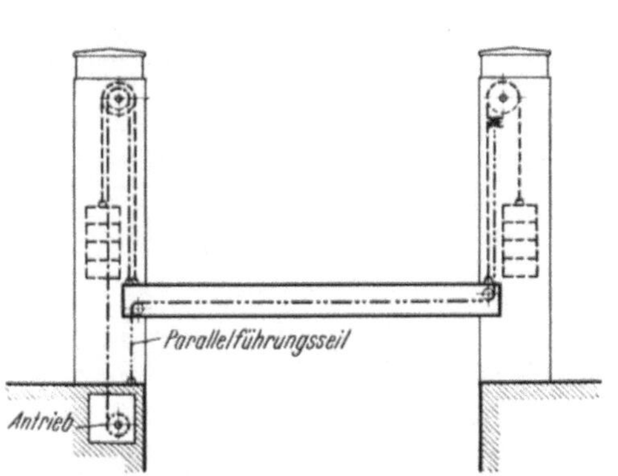

Abb. 10. Seilführung bei der Hubbrücke über den Duisburger Innenhafen.

Abb. 11.
Einführung des Endquerträgers.

In den Häfen sind häufig bewegliche Brücken erforderlich. Ich möchte daher noch zum Schluß über den Neubau einer beweglichen Brücke über den Duisburger Innenhafen berichten. Es handelt sich hier um eine Brücke von 16 m Spannweite und 22 m Breite.

An Stelle der aus dem vorigen Jahrhundert stammenden Klappbrücke wurde eine Hubbrücke mit Parallelseilführung zur Ausführung bestimmt. Diese Antriebsart ist meines Wissens in Deutschland noch nicht zur Ausführung gekommen, sondern bisher nur in Holland bei zwei Eisenbahnbrücken, und zwar in Rotterdam über den Königshafen und in Zutphen über die Jissel. Die Niederländische Eisenbahnverwaltung hat sich über die Betriebserfahrungen sehr günstig geäußert. Der Antrieb ist bei dieser Ausführung verblüffend einfach, da er nur einseitig angreift (Abb. 10). Die Fahrbahn wird auf der einen Seite wie üblich durch einen Elektromotor über eine Welle, die zu den beiden Hubtürmen geht, angehoben. Die andere Seite zieht sich an den beiden sog. Parallelseilen selber hoch. Der Antrieb erspart also die elektrische Welle mit ihren komplizierten Relaisschaltungen, Leonhardgetriebe, zahlreichen Motoren usw. Die Parallelseile führen von den Türmen der Antriebsseite über Umlenkrollen unter der Fahrbahn längs der Hauptträger zu den beiden Türmen der gegenüberliegenden nicht angetriebenen Seite und sind an beiden Enden fest verankert. Sie bewegen sich also nicht. Durch Heben der Brücke an der Antriebsseite muß das Parallelseil an dieser Seite länger werden und dementsprechend an der nicht angetriebenen Seite kürzer. Die Fahrbahn klettert also an der nicht angetriebenen Seite auf dem Parallelseil auf ihren Umlenkrollen hoch. Die in den beiden 35 mm starken Parallelseilen auftretenden Kräfte sind außerordentlich gering, da die Brücke in Gegengewichten hängt und nur das Übergewicht zum Schließen der Brücke, hier 15 t, aufzunehmen haben. Die Parallelseile haben eine Spannvorrichtung, so daß sie jederzeit nachgespannt werden können. Eine Schiefstellung der Brücke kann nicht eintreten.

Die Seile der Gegengewichte greifen an den Endquerträgern an, die in Schlitze in die Brückentürme hineingreifen, so daß von der Seilaufhängung und dem ganzen Antrieb von außen nichts zu sehen und vor Witterungseinflüssen geschützt ist (Abb. 11). Auf den Endquerträgern stehen auch innerhalb der Türme die Maste, die die Straßenbahnoberleitung halten, so daß Endportale nicht erforderlich sind. Diese Ausführung der Brücke wird ein sehr gefälliges Aussehen geben.

Ich glaube, Ihnen hiermit einen Überblick über den Wiederaufbau der Binnenhäfen mit den Problemen, die an uns Techniker gestellt werden, gegeben zu haben. Ich schließe meinen Vortrag mit dem Wunsch, daß es gelingen möge, die deutschen Binnenhäfen baldmöglichst auf einen technisch befriedigenden und rationellen Stand zu bringen, damit sie den an sie gestellten Ansprüchen der Verkehrstreibenden und ihren Aufgaben als Förderer der Binnenschiffahrt gerecht werden können.

Neuere Erfahrungen im Umschlagsbetrieb der Binnenhäfen.

Von Hafendirektor **Jakob Langfritz**, Karlsruhe.

Von neueren Erfahrungen im Umschlagsbetrieb der Binnenhäfen zu sprechen, mag z. Z. als ein kaum erfüllbares Vorhaben erscheinen, denn die hinter uns liegenden 10 Jahre waren wenig geeignet, Neuerungen zu erproben und sich mit Problemen zu befassen, die sich aus dem Bestreben einer Modernisierung und Rationalisierung des Umschlagsbetriebs ergeben. Während des Krieges bestand hierzu keine Möglichkeit, ja es konnten vielfach nicht einmal die Umschlagsanlagen ausreichend unterhalten werden. Es mußte aus den vorhandenen Anlagen das äußerste an Leistung herausgeholt werden, solange sie überhaupt Leistung hergaben. Der Raubbau, der damit getrieben wurde, ist in den Jahren nach dem Krieg in erschreckender Weise in Erscheinung getreten und zwingt die Häfen nunmehr zum Einsatz großer Mittel für Instandsetzungszwecke. Nach dem Kriege aber standen die Häfen, die durch die Kriegsfolgen durchweg schwer gelitten hatten, vor Wiederaufbauaufgaben größten Ausmaßes, die ihre finanziellen Kräfte nicht nur voll ausschöpften, sondern weit überschreiten. Wenn sich der Gesamtschaden, der durch den Krieg in den westdeutschen Binnenhäfen entstanden ist, nach den Feststellungen des Verbandes der Häfen des Rheins und der westlichen Wasserstraßen auf 105 Mill. DM beziffert, so zeigt diese Zahl allein schon Größe und Umfang des Aufgabengebiets, dem sich die Häfen nach Kriegsende gegenübersahen und zum weitaus größten Teil auch heute noch gegenübersehen. Daß unter solchen Umständen und angesichts der äußerst schwierigen Wirtschafts- und Materiallage auch in den Jahren nach dem Kriege kein Raum blieb, Erfahrungen zu sammeln über neuartige Umschlagsgeräte und Arbeitsmethoden, ist so offensichtlich, daß es keiner weiteren Erklärung bedarf.

Aus dieser Feststellung ergeben sich die Grenzen, die einer Erörterung der Frage nach neuen Erfahrungen im Umschlag der Binnenhäfen von vornherein gezogen sind. Es kann sich hier nach Lage der Verhältnisse nicht darum handeln, über grundlegende Neuerungen auf dem Gebiet der Umschlagstechnik zu berichten, denn solche Neuerungen sind in den letzten 10 Jahren in den deutschen und übrigens auch in den ausländischen Binnenhäfen nicht zu verzeichnen. Ich muß mich daher darauf beschränken, über gewisse Erkenntnisse zu sprechen, die sich aus der Praxis des Umschlagsbetriebs in den Binnenhäfen in den vergangenen Jahren ergeben haben und deren Auswertung mir für die künftige Entwicklung und Gestaltung neuzeitlicher Umschlagsanlagen von Bedeutung erscheint. Gerade der Umstand, daß heute viele Häfen vor der Notwendigkeit stehen, Anlagen, die durch den Krieg zerstört wurden, durch neue zu ersetzen, macht es notwendig, bei der Planung und Ausführung solcher Neuanlagen auf die Erkenntnisse Rücksicht zu nehmen, die aus den Verhältnissen der Vergangenheit gewonnen wurden.

Angesichts der fortschreitenden Motorisierung der Binnenschiffahrt ergibt sich für die Umschlagsbetriebe der Binnenhäfen die zwingende Forderung, ihre Umschlagsanlagen so auszugestalten, daß der Aufenthalt der Schiffe in den Häfen zum Laden und Löschen, der gerade bei schnellen Fahrzeugen einen hohen Anteil an der Gesamtreisedauer in Anspruch nimmt, auf das geringstmögliche Maß beschränkt wird. Die mechanischen Hilfsmittel des Umschlagbetriebs und die zu seiner Durchführung erforderlichen baulichen Anlagen müssen daher nicht nur in genügender Zahl zur Verfügung stehen, sondern sie müssen auch so leistungsfähig sein, daß sie dieser Forderung gerecht werden können.

Bei den mechanischen Hilfsmitteln des Umschlagsbetriebs stehen die Krane im Vordergrund, die in ihren altbewährten, dem jeweiligen Verwendungszweck angepaßten Ausführungen in den letzten 10 Jahren kaum Änderungen in ihrer Bauart erfahren haben. Wo es darauf ankommt, größere Freilagerflächen zu bedienen, wie dies bei Schüttgut meist der Fall ist, ist die Verladebrücke mit Drehkran oder Laufkatze das geeignetste Umschlagsgerät. Eine Verbesserung haben diese Verladebrücken in neuerer Zeit dadurch erfahren, daß sie mit Förderbändern ausgestattet werden, die das Umschlagsgut vom Kran aufnehmen, es horizontal weiterbefördern und dann an der gewünschten Stelle auf Lager oder Waggon abwerfen. Durch diese Kombination braucht der Kran auf der Brücke nicht zu verfahren, was eine erhebliche Beschleunigung und Verbilligung des Schüttgutumschlags ermöglicht.

Auf die Verladung von Massengut, insbesondere von Kohle von Waggon in Schiff mittels Kipper und Kübelwagen, soll — weil es sich um Spezialeinrichtungen handelt, die an bestimmte örtliche Gegebenheiten gebunden sind — wegen der Kürze der zur Verfügung stehenden Zeit hier nicht näher eingegangen werden.

Für den Stückgutumschlag hat sich der als Wippkran ausgestaltete Kaidrehkran sehr gut bewährt. Da sein Drehkreis bei eingezogenem Wippausleger sehr klein ist, können solche Krane auch bei großer Ausladung ohne gegenseitige Behinderung sehr massiert eingesetzt werden. Die Tragfähigkeit der Krane wird zweckmäßig auf 5 t bemessen, um eine möglichst vielseitige Verwendungsmöglichkeit zu gewährleisten. Die Krane sollen dabei für Stückgut und Greiferbetrieb eingerichtet sein. Der Hubmechanismus soll so gestaltet werden, daß bei kleiner Last mit erhöhter Hubgeschwindigkeit gearbeitet und damit die Spielzahl erhöht werden kann. Die Erhöhung der Hubgeschwindigkeit von normal 1 m/sek auf 2 m/sek ist aber nur dann von praktischer Bedeutung, wenn die Hubhöhe mindestens 6 m beträgt, was z. B. dann der Fall ist, wenn in die Obergeschosse einer Halle gearbeitet werden soll.

Ob diese Krane als Vollportal- oder als Halbportalkrane auszugestalten sind, ist eine Frage, die in der letzten Zeit lebhaft erörtert worden ist. Welcher Bauart der Vorzug zu geben ist, hängt in der Hauptsache von den meist gegebenen örtlichen Verhältnissen ab, d. h. von der Anordnung der Kaimauer, der Gleise, der Ladestraßen, Lagerhäuser und -plätze. Der Nachteil des Halbportalkrans liegt in der Beschattung, die das Halbportal auf Gleisen und in den Lagerhallen verursacht, was sich besonders bei massiertem Kraneinsatz nachteilig bemerkbar macht.

Der Vollportalkran aber macht in der Regel eine Durchkreuzung der Weichenstraßen der Ladegleise durch die innere Kranbahnschiene notwendig, was betriebstechnisch sehr unerwünscht ist. Ist eine genügende Kaibreite vorhanden, so daß der Raum zwischen den Kranschienen nicht mit Gleisen belegt zu werden braucht, sondern als Ladestraße für Kraftwagen verwendet werden kann, entfällt dieser Nachteil und dann ist der Vollportalkran dem Halbportalkran vorzuziehen. Wird aber die gesamte Kaibreite für Ladegleise benötigt, wie es in den Binnenhäfen meist der Fall ist, dann erscheint die Halbportalkonstruktion besser geeignet, zumal ja in den Binnenhäfen eine Zusammenziehung von mehr als 2 Kranen an einer Ladeluke im allgemeinen nicht nötig ist. Im übrigen kann die Beschattungswirkung der Halbportalkrane dadurch wesentlich herabgesetzt werden, daß das Portal möglichst schmal gehalten wird. In den Binnenhäfen bietet der Halbportalkran noch insoweit besondere Vorteile, als er die Bedienung der oberen Stockwerke der Lagerhäuser erleichtert, ein Umstand, auf den später noch näher eingegangen werden soll.

Allgemein darf zu der Frage der Krankonstruktion noch gesagt werden, daß sich der Kranbau vor einer zu weitgehenden Verfeinerung und Komplizierung hüten muß. Diese Notwendigkeit ergibt sich einmal aus der Forderung, die Preise der Krane in für die Häfen tragbaren Grenzen zu halten, zum anderen aber auch daraus, daß die elektrische Einrichtung nicht so kompliziert sein darf, daß für sie besondere Spezialisten vorgehalten werden müssen, was den Betrieb verteuert. Die Durchführung einer weitgehenden, möglichst alle Kranbaufirmen umfassende Normung wird am besten geeignet sein, unter voller Auswertung des technischen Fortschritts überzüchtete Konstruktionen zu vermeiden und eine Verbilligung im Kranbau herbeizuführen.

Neben den Kranen spielt im Schiffsumschlag der Binnenhäfen auch die Bandförderanlage eine nicht zu unterschätzende Rolle. Ihre Verwendung beschränkte sich bisher in der Hauptsache auf direkt verladende Industriebetriebe mit gleichartigem Umschlagsgut, das stets an der gleichen Stelle verladen wird. Im Hafenumschlag ist aber die Beweglichkeit des Umschlagsgeräts eine wichtige Vorbedingung für seinen wirtschaftlichen Einsatz. Außerdem führen ortsfeste Bandförderanlagen am Kai zu unerwünschten Behinderungen des Rangiergeschäftes und des Kraneinsatzes. Diese Nachteile werden durch eine Neukonstruktion vermieden, bei der die Bandförderanlage auf einem Plattformwagen

Abb. 1. Mobile Bandförderanlage auf einem Plattformwagen drehbar montiert.

fahrbar und drehbar montiert ist, so daß sie an jeder gewünschten, mit Gleisen belegten Stelle des Kais eingesetzt und bei Nichtgebrauch abgestellt werden kann und so keine Behinderung des Verkehrs darstellt.

Die Förderung der Güter erfolgt durch ein mit Rippen versehenes Plattenband, mit dem sowohl Sackgut wie auch Kartons und kleinere Kisten in kontinuierlichem Betrieb umgeschlagen werden können. Das Band ist verstellbar, so daß es in gewissen Grenzen den jeweiligen Wasserständen angepaßt werden kann. Bei sehr großen Wasserstandsdifferenzen ergeben sich allerdings Schwierigkeiten, da die Bandlänge mit Rücksicht auf die Standfestigkeit der Anlage gewisse Grenzen nicht übersteigen darf. Die maximale Förderleistung einer solchen Anlage wird bei Sackgut mit 120 t/Stunde angegeben, die praktisch erzielbare Durchschnittsleistung dürfte bei 60—70 t liegen, also wesentlich über der des Krans. Die Anlage erscheint geeignet, als zusätzliches Fördergerät in den Binnenhäfen Verwendung zu finden, zumal die Anschaffungskosten wesentlich niedriger sind als die für einen Kran.

Ein Spezialgebiet ist der Getreideumschlag. Er erfolgt durch pneumatische Förderer, durch Becherwerke oder im Greiferbetrieb mit Kran. Im Gegensatz zu den Seehäfen, wo so gut wie ausschließlich pneumatische Anlagen verwendet werden, hat sich in den Binnenhäfen, wo mit viel kleineren Transportgefäßen zu arbeiten ist, auch der Greiferumschlag sehr gut bewährt. Der Kran arbeitet dabei auf einem am Getreidespeicher angebrachten Trichter, wobei Stundenleistungen von 60—70 t erzielt werden. Der Kranbetrieb hat gegenüber dem pneumatischen Umschlag den Vorteil geringeren Stromverbrauchs, dem allerdings ein höherer Personaleinsatz im Schiff gegenübersteht. Der Hauptgrund, warum sich der Kranumschlag für Getreide in den Binnenhäfen so stark durchgesetzt hat, liegt aber darin, daß der Kran für jeden Umschlagzweck verwendet werden kann, während die pneumatische Anlage nur für Getreide verwendbar ist und deshalb meist nicht genügend ausgenützt werden kann, so daß die hohen Anschaffungskosten den Betrieb belasten.

Abb. 2. Mobile Bandförderanlage in Betrieb.

Die in der Anschaffung billigste Getreideumschlagsanlage ist das Becherwerk, mit dem ebenfalls Stundenleistungen von 60—70 t erzielt werden können. Sein Nachteil liegt darin, daß es einen sehr hohen Personaleinsatz im Schiff verlangt, da der Schiffselevator nicht beweglich ist und daher das Getreide, nachdem der natürliche Böschungswinkel des Ladeguts erreicht ist, dem Elevatorfuß zugeschaufelt werden muß. Hierfür sind erfahrungsgemäß 8 Mann im Schiffsraum nötig. Dieser hohe Personalaufwand verteuert den Elevatorbetrieb stark und hat dazu geführt, daß Becherwerke dieser Art trotz ihres recht niedrigen Anschaffungspreises und Stromverbrauchs in neuerer Zeit für die Binnenhäfen nur noch wenig gebaut wurden. Der Nachteil der hohen Lohnkosten läßt sich aber dadurch beseitigen, daß der Schiffselevator mit einer Kraftschaufel verbunden wird, wie sie bei der Entladung von Waggons seit langem im Gebrauch ist. Im Elevatorbetrieb wurde sie m. W. bisher in Deutschland nicht eingesetzt. Die Einrichtung besteht aus einem in Holz oder Leichtmetall ausgeführten Schild von etwa 80×120 cm Fläche, das durch Zugseile mit dem Elevatorfuß verbunden ist. Das Schild, das mit 2 Handgriffen versehen ist, wird von einem Arbeiter zurückgezogen und in das Getreide eingedrückt. Durch Betätigung eines Knopfschalters wird das Zugwerk eingeschaltet, wodurch das Schild gegen den Elevatorfuß gezogen wird. Ein Endausschalter schaltet das Zugwerk 1 m vor dem Elevatorfuß aus, worauf das Schild erneut zurückgezogen wird. Zwei solcher unabhängig von einander arbeitender Kraftschaufeln im Schiffsraum reichen aus, um eine ausreichende Beschickung des Schiffselevators sicherzustellen. Bei dieser Einrichtung ist es daher möglich, mit 2 Mann im Schiff etwa die gleiche Arbeitsleistung zu erzielen, wie bei einem Einsatz von 8 Mann im Handschaufelbetrieb. Dadurch gewinnt das Becherwerk im Getreideumschlag der Binnenhäfen erneut Bedeutung und kann hier als wirtschaftliche Form des Getreideumschlags bezeichnet werden. Im Hafen Karlsruhe ist vor kurzem eine solche Anlage eingebaut worden, die zu befriedigenden Ergebnissen geführt hat.

Abb. 3. Getreideelevator in Verbindung mit Kraftschaufel.

Im Gegensatz zu den Seehäfen, wo Umschlagsschuppen und Lagerspeicher räumlich getrennt sind, ist in den Binnenhäfen Umschlags- und Lagereibetrieb in einem meist mehrstöckigen Gebäude vereinigt, wobei die unteren mit dem Kran direkt erreichbaren Stockwerke als Umschlagsräume, die höhergelegenen als Lagerräume dienen. Diesem doppelten Zweck müssen die Werfthallen angepaßt sein, d. h. sie müssen so gestaltet sein, daß sie sowohl den Bedürfnissen des Umschlags, wie auch denen der Güterlagerung auf die bestmögliche Art entsprechen.

Die Tragfähigkeit der Hallenböden sollte dabei nicht unter 2 t je qm liegen, um eine gute Ausnützung der Lagerflächen zu ermöglichen.

Wichtig ist die richtige Bemessung der Rampenbreite. Auf der Wasserseite, wo der Kran die aus dem Schiff kommenden Güter absetzt und von wo aus sie auf Waggon oder Lastkraftwagen weiterbefördert werden, sollte sie nicht weniger als 3 m betragen, um eine Beförderung der Güter längs der Halle ohne gegenseitige Behinderung der einzelnen Ladekolonnen zu ermöglichen. Die landseitige Rampe kann dagegen schmäler gehalten werden, da hier die Fahrzeuge im allgemeinen direkt an die in Betracht kommenden Ladetore anfahren, so daß ein Transport längs der Rampe weniger in Frage kommt. Als zweckmäßig und ausreichend hat sich hier eine Breite von 1,50 m erwiesen.

Auch die Bedienung der oberen Geschosse sollte beim Umschlag von Schiff in die Halle und umgekehrt, soweit irgend möglich, direkt mit dem Kran erfolgen, da die Beförderung der Güter zwischen den einzelnen Stockwerken innerhalb der Hallen wesentlich höhere Aufwendungen erfordert. Bei einem modernen Voll- oder Halbportalwippkran liegt die Kranrolle mindestens 20 m über Schienenoberkante. Der Kran könnte daher seine Last an sich in allen Geschossen eines vierstöckigen Lagerhauses direkt in Geschoßhöhe absetzen oder aufnehmen. Es muß aber darauf geachtet werden, daß der Kranführer von seinem Arbeitsplatz aus die Fläche, auf die die Last abgesetzt werden soll, zu überschauen vermag. Liegt der Absetzpunkt mehr als 2 m über der Augenhöhe des Kranführers, so ist dies nicht mehr möglich und der Kranführer kann nicht mehr sicher arbeiten. Man beschränkt sich daher zweckmäßig darauf, neben dem Erdgeschoß das 1. und 2. Obergeschoß direkt mit dem Kran zu bedienen, während die Verbringung der Güter nach den höher gelegenen Geschossen durch ortsfeste Transportanlagen in den Lagerhäusern erfolgt.

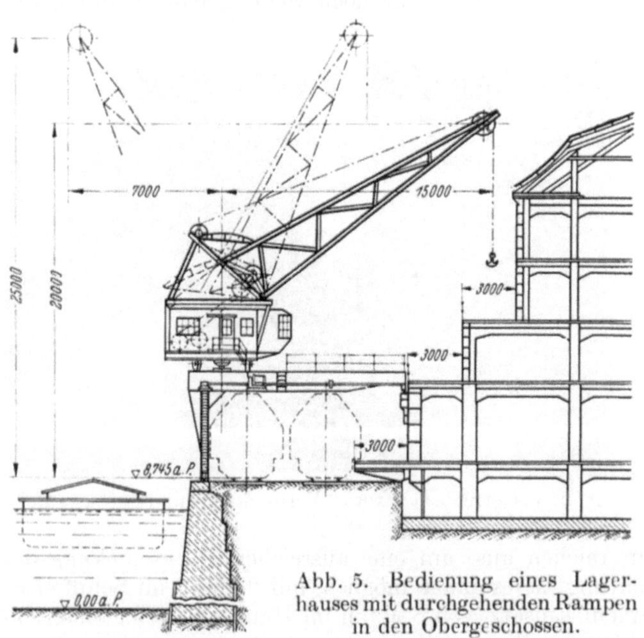

Abb. 4. Kraftschaufeln im Elevatorbetrieb in Endstellung.

Abb. 5. Bedienung eines Lagerhauses mit durchgehenden Rampen in den Obergeschossen.

Um die Last vom Kran direkt in den oberen Stockwerken absetzen und aufnehmen zu können, müssen vor den Ladetoren dieser Stockwerke Absetzbühnen vorhanden sein. Ausklappbare oder ausschiebbare Podeste sind hierfür nicht sehr geeignet, da ihre Benützung eine beträchtliche Gefahrenquelle für die Lademannschaft darstellt. Beim Vorhandensein von Halbportalkranen ergibt sich eine sehr zweckmäßige und betriebssichere Lösung dadurch, daß das Portal bodengleich mit dem 1. Obergeschoß gelagert wird, so daß die Last bei Bedienung dieses Geschosses auf dem Portalboden abgesetzt werden kann. Soll das 2. Obergeschoß bedient werden, so stellt man auf das Portal einen in Geschoßhöhe ausgeführten Bock, auf den die Last dann vor diesem Stockwerk in Bodenhöhe abgesetzt bzw. aufgenommen werden kann.

Die, vom Standpunkt des Umschlags aus gesehen, bequemste Lösung ist die Einrückung der oberen Stockwerke je um Rampenbreite, so daß auch diese Stockwerke mit einer durchgehenden Rampe versehen sind. Diese Einrichtung hat jedoch beträchtliche Verluste an Lagerraum zur Folge, der beispielsweise bei einem vierstöckigen Lagerhaus in der in Binnenhäfen üblichen Breite von etwa 24 m und einer Rampenbreite von 3 m 17,5% der Lagerfläche beträgt. Diese an sich umschlagstechnisch sehr erwünschte Bauweise wird daher auf Sonderfälle beschränkt bleiben müssen, in denen aus besonderen Gründen die umschlagstechnischen Vorteile so stark im Vordergrund stehen, daß der hohe Verlust an Lagerraum in Kauf genommen werden kann.

Was die Innenausstattung der Lagerhäuser anbelangt, so sind hier die Hallenböden von besonderer Wichtigkeit. Die Böden müssen der sehr starken Beanspruchung durch Fahrzeuge mit verhältnismäßig hohem Raddruck auf die Dauer standhalten, leichtes Fahren ermöglichen und bei jeder Witterung trocken sein. Am besten geeignet ist der Hartholzbelag, der bei genügender Stärke allen diesen Anforderungen voll entspricht. Er bleibt immer glatt, es entstehen keine Radeindrücke und Ausbröckelungen, er ist unempfindlich gegen Temperaturschwankungen, leicht reparierbar und stets trocken. Seiner allgemeinen Verwendung in Lagerhäusern steht jedoch der hohe Anschaffungspreis entgegen. Der Zementboden weist zwar bei Zusatz von Härtemitteln gleichfalls eine große Festigkeit auf, es kommt jedoch an den Verbindungsstellen leicht zu Abbröckelungen, die sich rasch ausbreiten und nicht leicht einwandfrei zu reparieren sind. Außerdem hat der Zementboden den Nachteil, daß er bei Temperaturschwankungen zu Feuchtigkeit neigt, wodurch insbesondere bei Sack- und Ballengut Schäden entstehen können. Es empfiehlt sich. bei Zementböden die eigentliche Lagerfläche mit Holzrösten auszustatten, so daß das Lagergut nicht direkt auf den Zementboden zu stehen kommt. Asphaltböden zeigen diesen Nachteil nicht. Sie sind trocken und als Lagerboden gut geeignet, für die Karrwege aber sind sie zu weich. Bei warmer Witterung drücken sich die Räder der Sackkarren und sonstigen Hallentransportmittel in den Boden ein. ja es entstehen sogar wellenförmige Verformungen des Belags, die das Befahren außerordentlich erschweren.

Abb. 6. Elektrisch betriebener Plattformhubwagen.

Das vom betriebswirtschaftlichen Standpunkt aus wichtigste Problem ist die Beförderung der Güter von der Rampe in die Halle und umgekehrt, sowie der Transport der Güter zwischen den Geschossen der Lagerhäuser. Diese Arbeit, die, was die Flurförderung anlangt, bis in die jüngste Zeit hinein in den Binnenhäfen fast ausschließlich Handarbeit war und es zum größten Teil noch heute ist, ist in den letzten Jahren im In- und Ausland Gegenstand sehr eingehender Überlegungen gewesen, die eine weitgehende Mechanisierung dieses Arbeitsgangs zum Ziel haben.

Als erstes mechanisches Hilfsmittel trat bei der Flurförderung der Elektrokarren auf, der sich in Industriegroßbetrieben, bei der Reichsbahn. bei der Post und an manchen anderen Stellen rasch Eingang und Anerkennung verschafft hat. Daß er in den Lagerhäusern der Binnenhäfen nur recht wenig Verwendung gefunden hat, ist wohl in erster Linie auf seinen großen Raumbedarf und seine für diese Verhältnisse unzureichende Wendigkeit zurückzuführen. Er benötigt breite Fahrwege. die in den Lagerhäusern der Binnenhäfen meist nicht zur Verfügung stehen, da der Lagerraum sonst nicht mehr in genügendem Umfang ausgenützt werden könnte. Der durch die Verwendung des Elektrokarrens infolge der Einsparung von Arbeitskräften erzielbare Vorteil wird durch den Verlust an Lagerraum mehr als aufgewogen, was um so schwerer wiegt, als in den meisten Binnenhäfen der Lagerraum knapp ist. Die Verwendung des Elektrokarrens in den Binnenhäfen beschränkt sich daher auf Sonderfälle, seine Einführung in größerem Umfang wird dagegen auch in der Zukunft nicht zu erwarten sein.

Für den Binnenhafenbetrieb wesentlich besser geeignet ist ein Elektrohubroller, der vor kurzem auf den Markt gekommen ist. Es handelt sich dabei um ein auf 3 Rädern laufendes Elektrofahrzeug von geringer Größe und äußerster Wendigkeit, das

Abb. 7. Elektrohubroller in Betrieb.

als Plattformhubwagen ausgebildet ist. Bei einer Länge von 2 m und einer Breite von 69 cm hat er einen Lenkungsbereich von 180° und einen Drehradius von nur 1,67 m. Er ermöglicht die Beförderung von 1½ t Last durch einen einzigen Mann bei einer Fahrgeschwindigkeit von 4—5 km in der Stunde. Das Fahrzeug rollt mittels elektrischem Vorderradantrieb unter die auf einem Hubtisch verladene Last und hebt sie elektrohydraulisch um 20 cm an. Durch Ziehen am Griff schaltet sich das Fahrwerk ein, und der Hubwagen läuft dann hinter dem vorausgehenden, körperlich in keiner Weise beanspruchten Mann her. Das Gut verbleibt auf dem Hubtisch, bis es die Halle wieder verläßt. Bei geeigneten Gütern kann der Hubtisch bereits im Schiff beladen und dann mit dem Kran direkt auf den Hubroller gesetzt werden, so daß das Ladegut auf seinem ganzen Weg vom Kran über die Halle bis zur Weiterverladung nur einmal abgeladen zu werden braucht. Eine weitere Ausgestaltung hat dieses Fahrzeug dadurch erhalten. daß es als Stapelroller ausgebildet wurde. Bei dieser Konstruktion läßt sich die Plattform auf eine Höhe von 1,80 m anheben, wodurch das Stapelgeschäft erheblich erleichtert wird.

Die Verwendung dieses Fahrzeugs wird in den Binnenhäfen nicht unerhebliche Personaleinsparungen ermöglichen. Da es durch seine geringen Abmessungen und seine außerordentliche Wendigkeit in der Halle nur wenig Raum beansprucht, erscheint es geeignet, den handgezogenen Rollwagen weitgehend zu ersetzen. Bei der Untersuchung über seine Wirtschaftlichkeit darf allerdings nicht übersehen werden, daß für die Beförderung und Lagerung der Güter eine große Zahl von Hubtischen vorgehalten werden muß, deren Vorhaltung einen beträchtlichen Aufwand erfordert.

Eine für die Hallenarbeit noch zweckmäßigere Konstruktion, die in Amerika und England große Beachtung findet, zeigt der „forklifttruck", zu deutsch Gabelstapler. Es handelt sich hier um kraftbetriebene Hallenfahrzeuge, die der horizontalen Flurförderung dienen, gleichzeitig aber imstande sind, die von ihnen aufgenommene Last 3—4 m hoch zu heben und so die Stapelarbeit wesentlich vereinfachen. Die Last, die auf einer doppelbödigen fußlosen Ladepritsche ruht, wird durch eine an dem Fahrzeug befindliche starke zweizinkige Gabel aufgenommen, die zwischen die beiden Pritschenböden eingeschoben wird. Die Güter werden bereits im Schiff auf die Pritschen geladen, die dann mit Kran auf der Rampe abgesetzt,

Abb. 8. Elektrisch betriebener Gabelstapler in Betrieb.

von den Gabelwagen aufgenommen, in die Halle gefahren und hier auf die erforderliche Stapelhöhe angehoben werden, wo sie dann mitsamt der Pritsche abgesetzt werden. Da die Verladepritschen keine Füße haben und die Gabel nach leichter Absenkung ohne Belastung aus der Pritsche herausgezogen werden kann, wird die Stapelarbeit durch diese Fahrzeuge außerordentlich beschleunigt und vereinfacht. Die Gabelstapler sind nur 2,34 m lang, 96 cm breit und sehr wendig, so daß sie sich auch in stark belegten Lagerhäusern mit engen Ladewegen verwenden lassen.

Wir haben uns bisher in der Hauptsache mit der horizontalen Förderung der Güter in den Hallen beschäftigt. Bei der Hallenarbeit spielt aber auch die vertikale Bewegung der Güter, d. h. ihr Verbringen nach dem oberen Stockwerk der Lagerhäuser und von dort — bei der Auslagerung — wieder nach unten, eine wichtige Rolle. Wenn auch angestrebt werden muß, die Schiffsgüter in möglichst großem Umfang gleich mit dem Kran nach den oberen Stockwerken der Lagerhäuser zu verbringen, so bleibt doch die Notwendigkeit bestehen, durch ortsfeste Förderanlagen in den Hallen eine rasche und wirtschaftliche Vertikalbeförderung zu ermöglichen.

Die Verschiedenartigkeit der in den Häfen zum Umschlag kommenden Güter ist auch hier bestimmend für die Art dieser Fördereinrichtungen. Während in Fabrikationsbetrieben mit gleichartigem Güteranfall Spezialanlagen mit hohen Förderleistungen eingesetzt werden können, kommen für die Lagerhäuser der Häfen nur solche Anlagen in Betracht, die Güter jeder Art, Form und Verpackung aufzunehmen vermögen. Im Vordergrund steht dabei nach wie vor der altbekannte Lastenaufzug, in den die beladenen Rollwagen oder sonstigen Flurförderungsmittel einfahren und dann nach dem gewünschten Lagerboden verbracht werden. Sein Platz muß so gewählt sein, daß sich möglichst kurze Karrwege ergeben. Außerdem muß er so gebaut sein, daß er von der Vorderund von der Rückseite her befahrbar ist, damit die eingefahrenen Flurförderungsmittel, ohne daß sie wenden müssen, aus den Aufzugkörben ausfahren können. Hinsichtlich der Tragfähigkeit kommt man in den Binnenhäfen im allgemeinen mit einer Leistung von 2 t bis 2,5 t aus, da ausgesprochene Schwergüter in der Regel nicht in den oberen Stockwerken gelagert werden.

Ein erheblicher Teil des Lagergutes der Binnenhäfen ist Sackgut. Für seine Vertikalförderung haben sich die in Form von Paternosteraufzügen ausgeführten Sackelevatoren gut bewährt, sie können zur Entlastung der Aufzüge vorteilhaft eingesetzt werden. Allerdings muß bei Benützung von Sackelevatoren die Last in der Halle von den Flurförderern abgeladen und nach Erreichung des Lagerbodens wieder auf solche aufgeladen werden, was einen erhöhten Personaleinsatz bedingt. Dieser wird aber wohl meist durch die Vorteile aufgewogen, die die kontinuierliche Arbeitsweise des Paternostersystems mit sich bringt.

Die Beförderung des Sackgutes nach unten bei der Auslagerung erfolgt am wirtschaftlichsten mit durch alle Stockwerke durchgehenden Wendelrutschen, wie sie von alters her in den Lagerhäusern der Häfen Verwendung finden.

Förderbänder und Schrägaufzüge sind in den Lagerhäusern der Binnenhäfen nur selten zu finden. Sie sind zu sehr auf gleichartige Güter abgestellt, so daß sie sich für den Umschlagsbetrieb mit seiner großen Mannigfaltigkeit weniger eignen.

Wenn ich abschließend das Ergebnis dieser aus der Praxis des Umschlagsbetriebs gewonnenen Erkenntnisse zusammenfasse, so darf ich sagen, daß die Möglichkeiten einer Rationalisierung und Modernisierung des Güterumschlags in den Binnenhäfen vor allem in der Beförderung der Güter zwischen der Rampe und der Umschlagshalle liegen. Die Mechanisierung dieses Arbeitsvorgangs durch den Einsatz geeigneter kraftbetriebener Flurfördermittel und Stapelgeräte ermöglicht ohne Zweifel eine Beschleunigung des Umschlags und eine beträchtliche Einsparung von Arbeitskräften. Über die Frage der Wirtschaftlichkeit einer solchen Mechanisierung läßt sich indessen mangels ausreichender Erfahrungen z. Z. noch kein abschließendes Urteil fällen.

Auch im Ausland ist man sich über diese Frage noch nicht völlig klar geworden. Die Beschaffung und Unterhaltung der mechanischen Hilfsmittel erfordert erhebliche Kapitalaufwendungen. In einer Zeit wie der jetzigen, die durch große Kapitalnot und eine zunehmende Arbeitslosigkeit gekennzeichnet ist, ist hier eine sehr sorgfältige, die Gesamtheit aller wirtschaftlichen und sozialen Auswirkungen umfassende Prüfung nötig, bevor einer grundsätzlichen Umstellung des Lade- und Stapelgeschäftes auf mechanische Hilfsmittel der vorerwähnten Art das Wort geredet werden kann. Bei der Mannigfaltigkeit der in den Binnenhäfen zum Umschlag gelangenden Güter wird sich immer nur ein Teil zur Bearbeitung mit solchen Fahrzeugen eignen, während für einen andern Teil auch weiterhin die Handarbeit wirtschaftlicher bleiben wird. Es kommt hinzu, daß der Umschlagsbetrieb als ausgesprochen rauher Betrieb wenig geeignet ist für eine sorgsame Betätigung kostspieliger Ladegeräte, die dabei leicht Gefahr laufen, durch Anstoßen und unzweckmäßige Bedienung Schäden zu erleiden, deren Beseitigung zeitraubend und teuer ist. Erst dann, wenn an Hand sehr eingehender Versuche einwandfrei festgestellt ist, daß die mechanischen Förder- und Stapelgeräte die auszuführenden Arbeiten wirklich auf die Dauer und im Blick auf die Gesamtheit der zu lösenden Umschlagsaufgaben billiger und besser auszuführen in der Lage sind als die bisher üblichen Methoden, kann der Einsatz solcher Hilfsmittel in den Binnenhäfen in größerem Umfang in Frage kommen. Auf jeden Fall müssen aber in den deutschen Binnenhäfen, ebenso wie dies z. Z. im Ausland geschieht, eingehende Versuche in dieser Hinsicht gemacht werden, um eigene Erfahrungen zu sammeln und die Wirtschaftlichkeit dieser Arbeitsmethoden zu erproben. Hierin liegt eine der wichtigsten Aufgaben, die die Binnenhäfen in der kommenden Zeit zu lösen haben.

Die Sicherung der Schiffahrt bei Nebelfahrten auf engen Gewässern.

Von Baurat Dr. **W. A. Krause,** Hamburg.

Noch vor wenigen Jahren hätte ein Schiff, das auf engem Fahrwasser in Nebel geriet, zu seiner Sicherung nur eine Maßnahme treffen können: den Anker fallen zu lassen und unter Abgabe der vorgeschriebenen Nebelsignale abzuwarten, bis bessere Sicht ihm die Weiterreise gestattete. An dieser Tatsache ändert auch die Einführung jener Hilfsmittel nichts, die als Nebelglocken oder Membranschallsender, letztere über bzw. unter Wasser, auf Land, auf Feuerschiffen oder als Heulbojen der Schiffsführung Anhaltspunkte für den jeweiligen Schiffsort geben sollen.

Erst die Anwendung der Funktechnik für die Navigation hat in den allerletzten Jahren hier einen gewissen Wandel vorbereitet. Insbesondere sind die während des Krieges entwickelten Verfahren zur Ortung von Flugzeugen und Schiffen, die in Deutschland unter dem Namen „Funkmeßtechnik", im Auslande unter „Radar" zusammengefaßt waren, nunmehr in den Dienst der zivilen Luftfahrt und Schiffahrt gestellt worden. Da die hierbei verwendeten elektrischen Wellen von einigen Zentimetern Wellenlänge im Gegensatz zu den optischen Lichtwellen den Nebel ungehindert durchdringen, während sie andererseits wie die Lichtwellen sich gradlinig ausbreiten und scheinwerferartig bündeln lassen, bieten sie die Möglichkeit, der Schiffsführung auch im Nebel eine ausreichende Navigationshilfe an Hand zu geben.

Es ist nicht die Aufgabe dieses Aufsatzes, über die an und für sich hochinteressanten technischen Einzelheiten dieser Verfahren zu unterrichten. Hierüber sind in letzter Zeit im Fachschrifttum mehrfach Aufsätze auch allgemeinverständlicher Art erschienen [1]. Es sei

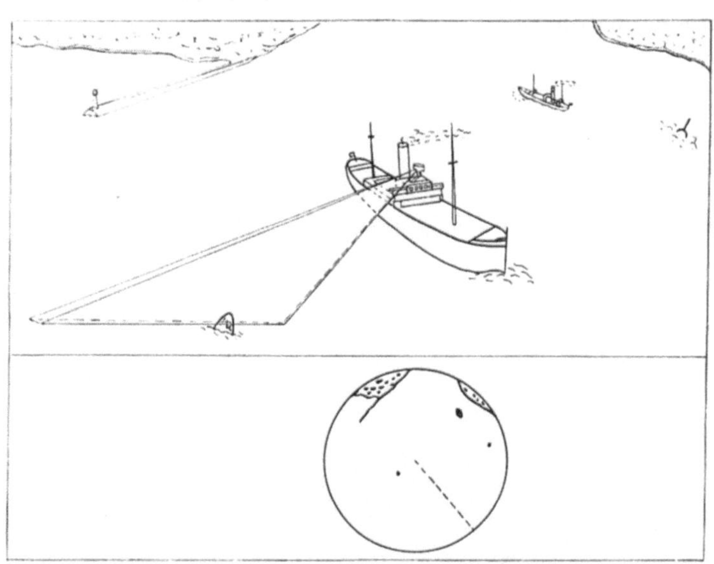

Abb. 1. Abtastung und Schirmbild (schematisch).

hier nur kurz das Grundsätzliche zur Darstellung gebracht. Als Vergleich dient dabei das bekannte Echolot. Bei diesem werden von einer Schallquelle Schallimpulse, also kurze akustische Wellenzüge, ausgestrahlt, und die Zeit vom Abgang eines Schallimpulses bis zum Eintreffen des am Meeresboden reflektierten Echos gemessen. Diese Zeitdauer ist dann das Maß für die Wassertiefe. In ähnlicher Weise gehört zu dem „elektrischen Sichtgerät", wie eine derartige Anlage hier genannt werden soll, eine Strahlungsquelle, die sogenannte Richtantenne, die meist oberhalb der Brücke frei von den Schiffsaufbauten drehbar angebracht ist (Abb. 1). Die von ihr ausgestrahlten, sehr kurzzeitigen Impulse (z. B. Impulsdauer 0,3 Mikrosekunden, Impulshäufigkeit 1000/sec) breiten sich als ein äußerst schmales Bündel von nur etwa 1—2 Grad Seitenbreite gradlinig mit Lichtgeschwindigkeit aus und treffen nun, wie in dem oberen Teil der Abbildung schematisch dargestellt ist, auf die Wasseroberfläche bzw. auf ihr befindliche Gegenstände, hier z. B. eine Spitztonne. Da die Antenne sich dreht — sie braucht zu einer Umdrehung etwa 2 Sekunden, — fallen die ausgesandten Impulse innerhalb der Reichweite des Gerätes auf die gesamte Umgebung rund um das Schiff. Sie erfassen damit in dem hier dargestellten Beispiel Uferstreifen, eine Mole, einen einkommenden Fischdampfer und eine zweite das Fahrwasser begrenzende Spierentonne. Bemerkt muß hierbei werden, daß die Reichweite des Gerätes der klareren Darstellung wegen stark verkürzt dargestellt ist, sie würde im gleichen Maßstabe wie das Bild weit über den Bildrand reichen.

Was entspricht nun dem Echo beim Echolot? Es ist ein entscheidend günstiger Umstand für das Verfahren, daß die Wasseroberfläche den elektrischen Strahl optisch, also spiegelnd, reflektiert, so daß der schräg einfallende Strahl nie zu seinem Ursprung, der Richtantenne, zurückgelangen kann. Anders ist es beim Auftreffen auf andere Gegenstände, Fahrzeuge, Tonnen, Uferlinien, Molen, Landeanlagen usw. Einmal wird es hierbei immer Teile geben, die senkrecht zur Strahlrichtung stehen, also diesen teilweise in sich selbst reflektieren, zum anderen haben diese Gegenstände auch eine diffuse, also nach allen Richtungen zerstreute Reflektion, von der ein Teil dann zu der Antenne zurückgelangen kann. So wird also in allen Fällen, in denen dem elektrischen Strahl sich andere Hindernisse als die ruhige Wasseroberfläche entgegenstellen, ein Teil der ausgestrahlten Energie in die Antenne zurückgelangen können. Da diese in den Pausen zwischen je zwei ausgestrahlten Sendeimpulsen als Empfangsantenne wirkt, nimmt sie diese Echozeichen auf, die über Empfänger und Verstärker dem eigentlichen Wiedergabegerät im Brückenraum des Schiffes zugeführt und dort sichtbar gemacht werden.

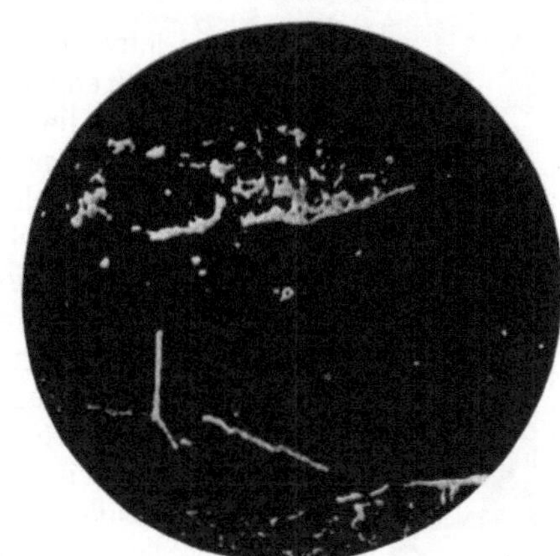

Abb. 2. Schirmbild.

Unter Auslassung aller Einzelheiten ist nun im unteren Teil der Abb. 1 das Ergebnis der komplizierten Apparatur, das sogenannte Schirmbild, dargestellt, bei dem aber schwarz und weiß zu vertauschen sind, da das Bild im Original aus hellen Linien auf dunklem Grund besteht. Man sieht, daß sich die Uferlinien und die Mole in einer kartenähnlichen Darstellung abzeichnen, während die Tonnen und der Fischdampfer sich nicht etwa formgetreu, sondern nur in einer Anzahl mehr oder weniger ausgedehnter Punkte darbieten. Der Schiffsort ist dabei immer der Mittelpunkt des Bildes, wobei die gestrichelte „Kurslinie" die jeweilige Fahrtrichtung des Schiffes angibt. Der Bildinhalt selbst wird sich beim Weiterfahren des Schiffes ständig ändern, das Ufer tritt zurück, gerät außer Reichweite, andere Fahrwasserzeichen oder Fahrzeuge markieren sich.

Die Abb. 2 gibt eine fotografische Wiedergabe eines solchen Schirmbildes [2], und man bemerkt sofort, daß das wirkliche Bild nicht mehr so leicht zu deuten ist, wie das einfache Schema der Abb. 1. Trotzdem kann man auch hier die relative Lage des Schiffes im Mittelpunkt des Bildes zu den Uferlinien und einer in das Wasser hineingebauten Pier oder Mole klar erkennen. Die augenblickliche Kursrichtung des Schiffes ist durch die helle Linie angegeben. Die hellen Punkte innerhalb des Fahrwassers können sowohl Fahrwasserbezeichnungen wie andere Fahrzeuge bedeuten, erst aus der Beobachtung des sich mit der Zeit verändernden Bildes zugleich mit dem Vergleich des betreffenden Seekartenausschnittes läßt sich hierüber Näheres aussagen. Die Originalgröße des Bildes beträgt etwa 25 cm im Durchmesser.

Es sei hier eine Bemerkung über die Leistungsfähigkeit neuzeitlicher Schiffsgeräte hinsichtlich der Unterscheidung nahe beieinander befindlicher Gegenstände (z. B. zwei dicht nebeneinander vor Anker gegangener Fahrzeuge) eingeschaltet. Das seitliche Unterscheidungsvermögen wird naturgemäß um so besser sein, je schmaler das von der Richtantenne ausgestrahlte Bündel ist. Dies ist eine Frage der verwendeten Wellenlänge und der Konstruktion der Richtantenne. Bei derzeit üblichen Geräten mit 3 cm Wellenlänge erreicht man in der Praxis etwa 2 Grad Seitenbündelung, was in einer Entfernung von 1 sm einem seitlichen Auflösungsvermögen von etwa 65 m entspricht. Für die Trennung von Gegenständen, die, vom Schiff aus gesehen, dicht hintereinander stehen, ist die Impulsdauer maßgebend, die bei 0,25

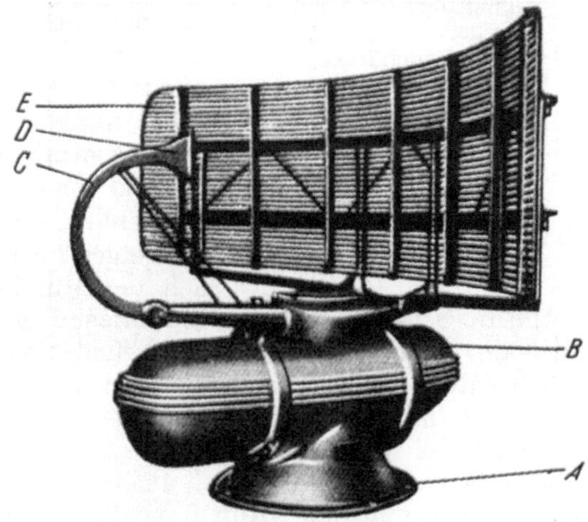

Abb. 3. Richtantenne.

A = Befestigungsflansch,
B = Antriebsmotor und Getriebe,
C = Hohlrohrleitung,
D = Hornstrahler zur Anregung der Dipolwand,
E = Drehbare Dipolwand (Richtstrahler).

Mikrosekunden eine Unterscheidungsmöglichkeit von in der Praxis etwa 40 m ergibt. Dies ist gleichzeitig die Mindestentfernung, von der ab überhaupt Gegenstände von der Schiffsanlage wahrgenommen werden können. Ferner sei darauf hingewiesen, daß durch Abschattung des Strahles durch Schiffsaufbauten, insbesondere Masten, schmale Winkelbereiche entstehen können, innerhalb derer das Sichtgerät „blind" ist, also irgendwelche Hindernisse nicht ausmachen kann.

Trotz dieser und noch mancher anderer Schwierigkeiten kann aber zusammenfassend gesagt werden, daß mit derartigen Anlagen, die auch bei dichtem Nebel das kartenähnliche Schirmbild in voller Klarheit liefern, der Schiffsführung beim Befahren enger Gewässer die Möglichkeit gegeben wird, ihren jeweiligen Schiffsort nicht nur aus dem Vergleich des Schirmbildes mit der betreffenden Seekarte zu schätzen, sondern auch nach Richtung und Entfernung laufend genauestens zu bestimmen. Gleichzeitig dient die Anlage als Kollisionsschutz, da sie jedes etwaige Hindernis und seine Lage relativ zum Schiff anzeigt.

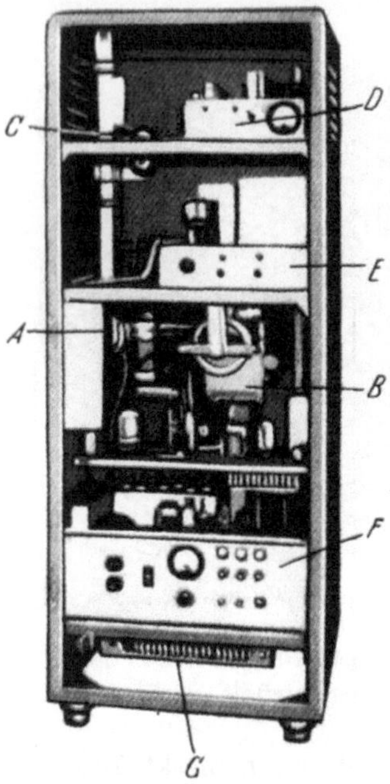

Als ein Beispiel für die verschiedenen Teile einer ausgeführten Anlage *[3]* zeigt Abb. 3 eine Richtantenne, die mit ihrem Gehäusefuß auf einem Bock oder Mast befestigt wird und in dem Gehäuse den Antriebsmotor zur Drehung der Antenne enthält. Die elektrische Strahlungsenergie wird durch Hohlrohrleitung und Hornstrahler zugeführt und regt die Dipolwand zur Ausstrahlung des engen Bündels an. In Abb. 4 sieht man eine geöffnete Geräteeinheit mit dem die Zentimeterwelle erzeugenden Magnetron, dem Impulsverstärker, der Eingangsstufe des Empfängers, dem Empfänger, der Stromversorgung und Überwachung. Abb. 5 gibt eine Aufsicht auf das meistens direkt im Kartenraum oder Brückenraum aufgestellte Wiedergabegerät mit dem Schirmbild und den Bedienungsknöpfen.

In dem ersten Teil dieses Aufsatzes wurde bisher nur von einem elektrischen Sichtgerät gesprochen, das auf dem Schiff selbst angebracht ist, also einer Bordanlage. Leider scheint diese bei dem derzeitigen Stand der Technik nach den bisherigen Erfahrungen doch nicht allein auszureichen, wenn es sich um einen sehr dichten Verkehr in engem Fahrwasser handelt, wie er bei Zufahrtsstraßen für bedeutende Seehäfen in Frage kommen kann. Der Grund hierfür liegt wohl unter anderem darin, daß das Bild bei der Menge der Markierungspunkte zu unübersichtlich wird und zu schwer zu deuten ist. Außerdem können bei Richtungsänderungen des Fahrwassers Hindernisse an Land dem Strahl die Sicht auf das nächste Fahrwasserstück versperren. Jedenfalls haben die Engländer für ihren Hafen Liverpool *[4]* den Weg gewählt, die Schiffahrt durch eine an Land aufgestellte Anlage, die im Prinzip der bisher geschilderten Schiffsanlage entspricht, zu unterstützen, wobei als unabwendbare Folge die Notwendigkeit einer radiotelefonischen Verbindung zwischen dieser Landstation und dem einzelnen Schiff zusätzlich auftritt.

Die Aufgabe ist hier die Überwachung des Schiffsverkehrs auf dem Seekanal von etwa 13 Seemeilen Länge, der, durch Tonnen gekennzeichnet, in Windungen über die Liverpooler Bucht nach der Mündung des Mersey führt (Abb. 6). Ostwärts schließen die Hafenanlagen an. In der Nähe der Einfahrt zum Gladstone-Dock befindet sich die Anlage mit der Richtantenne auf einem etwa 24 m hohen Turm. Da ein Rundsichtbild, mit der Station als Mittelpunkt, in diesem Falle unnötigerweise weite Landstrecken wiedergeben würde, hat man die Anlage so ausgeführt, daß auf vier nebeneinander befindlichen Bildschirmen die in der Abb. 6 strichpunktiert umrahmten Gebiete im Maßstabe von etwa 1 : 30 000 abgebildet werden. Man sieht, daß die einzelnen Gebiete hinsichtlich des Seekanals sich überdecken, so daß der Beobachter mit einem Blick den gesamten Verkehr innerhalb des Kanals umfassen kann. Ein besonderer Vorteil für ihn ist dabei, daß die Markierungen der ortsfesten Tonnen auf den vier Schirmbildern ihre Lage nie verändern, so daß sie in durchsichtige Folien, die auf dem Bildschirm liegen, eingezeichnet werden können und daher das Bild klarer wird, da es als unbekannt nur noch die Markierungen der Fahrzeuge enthält. Hierdurch findet gleichzeitig eine laufende Überwachung der Lage der Fahrwassertonnen statt, da ein Vertreiben einer derselben sich als Auswandern der Markierung auf dem Schirmbild kennzeichnen würde.

Die Wirkungsweise der Anlage als Navigationshilfe bei Nebel für die einkommenden und auslaufenden Schiffe ist nun die, daß von dieser Zentralstelle aus jedem Lotsen, die alle mit einem kleinen, tragbaren Radiotelefoniegerät ausgerüstet sind, zu jeder Zeit jede Aufklärung über den Verkehr im Kanal gegeben werden kann, die ihm das an Bord befindliche elektrische Sichtgerät aus den vorhin genannten Gründen

Abb. 4.
Sender und Empfänger.

A = Magnetron zur Erzeugung der Zentimeterwelle,
B = Impulsverstärker,
C = Eingangsstufe,
D = Empfänger,
E = Empfänger-Stromversorgung,
F = Sicherungen und Betriebsüberwachung,
G = Anschluß.

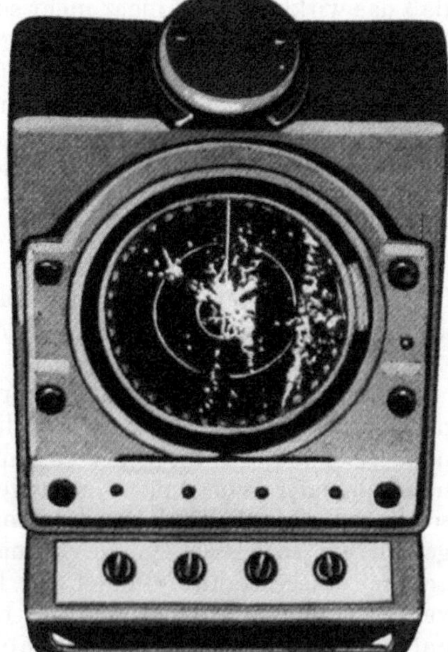

Abb. 5.
Wiedergabegerät mit Schirmbild.

nicht mehr ausreichend liefert. Insbesondere kann er über Ankerlieger, entgegenkommende oder überholenwollende Fahrzeuge unterrichtet werden, nicht nur, daß solche Fahrzeuge vorhanden sind, sondern auch, um welche Fahrzeuge es sich handelt, was für die von ihm zu treffenden Maßnahmen unter Umständen wichtig ist. Damit die Zentralstation diese Hilfe geben kann, ist es andererseits erforderlich, daß jeder Lotse beim Anbordgehen beim Feuerschiff bzw. im Hafen den Namen und Ort seines Schiffes meldet, ebenso beim Passieren ganz bestimmter Tonnen, die in der Abb. 6 als Meldestationen bezeichnet sind, sowie bei etwaigen Überholungen. So ist die Zentralstation, die alle diese Meldungen zusammen mit den Markierungen auf den Schirmbildern laufend in einer großen Karte im Maßstabe 1 : 10 000 verwertet, ständig in allen Einzelheiten über den Verkehr unterrichtet, was gleichzeitig einen lückenlosen Schiffsmeldedienst auch bei dichtem Nebel bedeutet.

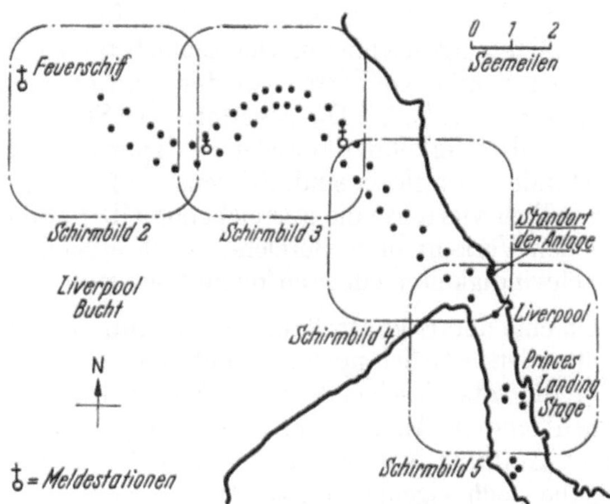

Abb. 6. Überwachung der Hafeneinfahrt Liverpool.

Wenn auch zugegeben werden muß, daß diese zusätzliche Navigationshilfe durch die Landanlage — denn auf das eigene Bordgerät kann das Schiff zu seiner Sicherheit nicht verzichten — verhältnismäßig teuer erkauft ist, so scheint sich diese Ausgabe, den bisherigen Berichten zufolge, im Falle Liverpool durchaus gelohnt zu haben, da seit der Inbetriebnahme der Anlage die dort in den Nebelmonaten erheblichen Liegezeiten stark zurückgegangen sind. Die Frage nach der Wirtschaftlichkeit einer derartigen Anlage dürfte in erster Linie von der Nebelhäufigkeit, der Verkehrsdichte und der Länge der zu überwachenden Strecke abhängen und ist für jeden Hafen neu zu stellen. Immerhin sind dem Beispiel Liverpools weitere Häfen gefolgt. So hat der amerikanische Hafen Long Beach in Kalifornien bei seinem Ausbau eine Landstation eingerichtet, als deren Zweck ausdrücklich die Unterstützung des Lotsenbootes beim Auffinden einkommender Fahrzeuge im Nebel bezeichnet wird, ferner die Hilfeleistung für den ebenfalls mit tragbarem Radiotelefoniegerät ausgerüsteten Lotsen beim Hereinführen der Fahrzeuge durch den äußeren Hafen zu ihrem Liegeplatz in dem inneren Hafen. Die Reichweite der Station, deren Richtantenne auf einem etwa 36 m hohen Turm montiert ist. beträgt etwa 30 sm. Eine ähnliche Anlage ist seit Ende 1949 auch im Hafen Baltimore in Betrieb.

Für die Tatsache, daß die Forderungen an derartige Anlagen von jedem Hafen nach seinen geographischen und verkehrsmäßigen Gegebenheiten neu zu stellen sind, ist der Hafen von Le Havre ein eindrucksvolles Beispiel. Die dort zuerst in Betrieb genommene Anlage von 3 Grad Seitenbündelung und einer Impulsdauer von 0,5 Mikrosekunden bei einer Wellenlänge von 10 cm ergab zwar eine gute Allgemeinübersicht über den laufenden Schiffsverkehr bei Nebel und ein einwandfreies Hinführen des Lotsendampfers zu den einlaufenden Schiffen. Die Anlage reichte aber technisch nicht aus, den Verkehr in der engen Fahrrinne zum Hafen aufrechtzuhalten, so daß nach diesen Erfahrungen eine verbesserte Anlage gebaut werden soll [5].

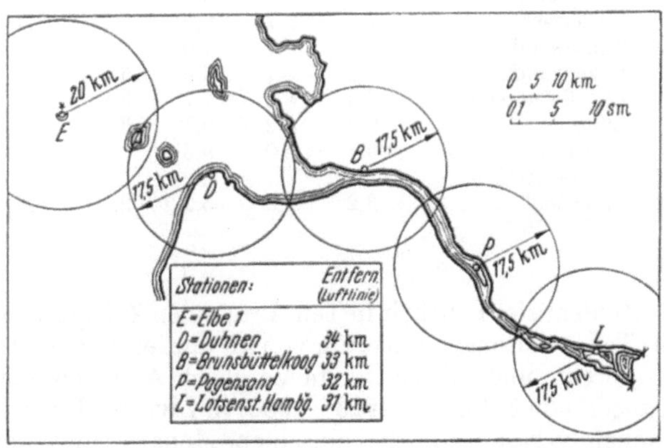

Abb. 7. Anordnung der Landstation an der Unterelbe.

Bei den bisher genannten Beispielen waren die Häfen in der günstigen Lage, mit einer einzigen Station den in Frage kommenden Bereich zu überwachen. Schwieriger ist es bei längeren und sich in der Richtung stark ändernden Wasserstraßen, wie sie sich für die an großen Flüssen landeinwärts liegenden Seehäfen ergeben. Hier muß eine Aufteilung in mehrere Stationen mit sich überlappenden Bereichen stattfinden, die sich den Verkehr gegenseitig übergeben. Planungen dieser Art liegen, soweit bei der Abfassung des Aufsatzes bekannt geworden ist, für den „Neuen Wasserweg" von Hoek van Holland nach Rotterdam vor. der bei einer Länge von rd. 14 sm mit 5—7 kleineren Stationen ausgerüstet werden soll, die also durchschnittlich nur 2—3 sm Abstand voneinander haben.

Ob eine derart dichte Besetzung mit Stationen unbedingt erforderlich ist, kann bestritten werden, denn wenn auch dabei infolge der kleineren erforderlichen Reichweite bei jeder einzelnen Station an Impulsleistung gespart werden kann, so bleibt doch der wesentliche Aufwand bestehen, das Auflösungsvermögen jeder Anlage bei dem gegebenen dichten Verkehr so hoch wie möglich zu treiben. Für Häfen wie Hamburg und Antwerpen würde eine derartige Planung jedenfalls zu einer untragbar hohen Zahl von Stationen führen. Für den erstgenannten Hafen sei hier in Abb. 7 ein Vorschlag des Verfassers wiedergegeben, mit einer möglichst geringen Zahl von Landstationen bei der Überwachung des gesamten Seeweges zwischen Elbe 1 und dem Hamburger Hafen auszukommen [6].

Maßgebend war dabei die Überlegung, für die Überwachung des Verkehrs auf dem Schirmbild keinen kleineren Maßstab als 1 : 25000, also Seekartenmaßstab, zu verwenden und andererseits jedes Gebiet, das von ein und derselben Landstation überwacht wird, der Übersichtlichkeit wegen nicht weiter zu unterteilen, als auf vier Bildschirme. Damit ergibt sich zwangsläufig bei einem technisch möglichen Schirmbilddurchmesser von 35—40 cm eine Reichweite für jede Station von etwa 35—40 km und damit die Lage der auf der Karte eingezeichneten vier Landstationen. Hierzu käme, wenn man zweckmäßigerweise die einkommenden Schiffe vor Erreichen des schwierigen Fahrwassers erfassen will, eine fünfte Station auf dem Feuerschiff „Elbe 1". Die Standorte der Stationen sind dabei so gewählt, daß sie einmal möglichst Brennpunkte des Verkehrs darstellen — Brunsbüttelkoog, Lotsenstation Hamburg —, zum anderen, daß ihre Abstände etwa gleich sind, drittens, daß sie ein nahezu gradliniges Stück des Fahrwassers umfassen und schließlich viertens eine ausreichende Überlappung gegeben ist. Jede Station ist für sich selbständig und hat den Verkehr ihres Bereiches an ihre Nachbarstationen weiterzugeben, was bei den relativ niedrigen Geschwindigkeiten einwandfrei zu lösen ist.

Ob eine derartige Großanlage, die immerhin etwa den fünffachen Aufwand der Liverpooler Anlage darstellt, wirtschaftlich noch zu rechtfertigen ist, bedarf genauer Untersuchung. Hierfür müßten Unterlagen über die tatsächlichen Verluste der Schiffahrt durch die bei Nebel erzwungenen Liegezeiten vorliegen. Einen ersten Anhalt kann ein Vergleich der Nebelhäufigkeit liefern, wie er vom Meteorologischen Amt für Nordwestdeutschland, Hamburg, Abt. Maritime Meteorologie — soweit ohne Quellenangabe nach eigenen Beobachtungsreihen — dem Verfasser dankenswerterweise zur Verfügung gestellt worden ist [7].

Zahlentafel 1. Durchschnittliche Zahl der Tage mit Nebel.

Beobachtungsort (Zeitraum)	Jan.	Febr.	März	April	Mai	Juni	Juli	Aug.	Sept.	Okt.	Nov.	Dez.	Jahr
A. Elbe 1 .... (1922—1934)	9	7	8	4	3	1	1	1	2	2	5	9	52
B. Altenbruch	8,1	6,0	8,5	4,4	1,7	0,7	1,0	2,4	2,6	4,8	6,2	8,9	55,3
Scheelenkuhlen...	8,5	5,2	5,9	3,1	1,7	1,1	1,7	3,1	4,2	5,4	6,1	8,0	54,0
Hollerwettern	7,5	5,1	6,6	2,8	2,3	1,3	2,4	3,4	3,7	5,5	6,1	8,0	54,7
Krautsand	6,7	5,7	7,0	2,9	2,4	1,7	2,1	3,6	3,4	5,6	6,3	8,4	55,8
Pagensand	7,5	5,7	7,6	3,3	1,8	1,3	2,5	3,4	3,2	5,4	5,6	7,6	54,9
Bützflethersand ..	7,4	5,6	7,7	3,5	2,1	1,0	2,3	4,2	3,3	5,5	5,6	6,5	54,7
Lühe...........	9,8	8,2	9,1	3,3	2,6	1,8	2,9	3,8	6,8	9,4	10,4	11,8	79,9
Tinsdal......... (1939—1948)	9,7	6,0	9,5	3,8	2,6	1,3	2,6	3,5	4,0	6,7	7,6	9,4	66,7
C. Liverpool .... (1923—1930)	3,2	6,8	5,2	2,4	1,8	0,0	0,8	0,8	3,2	2,2	3,4	5,4	35,2

Zahlentafel 1 enthält in Teil A für einen Zeitraum von 13 Jahren (1922—1934) Beobachtungen bei Elbe 1, in Teil B für einen Zeitraum von 10 Jahren (1939—1948) Beobachtungen auf verschiedenen Stationen der Unterelbe und in Teil C zum Vergleich Angaben aus „Pilot Westcoast of England 1933" über Beobachtungen von 8 Jahren (1923—1930) in Liverpool. Die Zahlen geben die durchschnittliche Zahl der Tage mit Nebel, verteilt auf die einzelnen Monate, und den Jahresdurchschnitt an. Unter Nebel ist hierbei die Bezeichnung „f" (foggy), also nautisch gefahrbringende Unsichtigkeit der Luft (meteorologisch bis Schlüsselzahl „4"), zu verstehen. Auffällig sind dabei die im Verhältnis zur Elbe niedrigen Zahlen von Liverpool. Aber auch eine zweite Quelle[1] kommt nur auf folgende Zahlen der Nebeltage für Liverpool: März—Mai 14, Juni—August 4, September—November 14, Dezember—Februar 15, also insgesamt 47 Nebeltage im Jahr.

Es scheint also, als ob diese Zahlen nur mit Vorsicht zu einem Vergleich herangezogen werden können, leider fehlen auch bei dem englischen Material Angaben über die tatsächliche Dauer der einzelnen Nebel, eine für die Beurteilung der Folgen für die Schiffahrt sehr entscheidende Größe. Für die vom Meteorologischen Amt für Nordwestdeutschland, Hamburg, Abt. Maritime Meteorologie durchgeführten Beobachtungen an der Unterelbe sind diese Zahlen erfaßt und für einen Beobachtungsort in Zahlentafel 2 zusammengestellt. Wie man sieht, kommen dabei doch schon beträchtliche Zeiten ununterbrochenen Nebels in Frage.

---

[1] Bilham: Climate of the British Isles, 1938, S. 274.

Zahlentafel 2. Beobachtungsort: Bützflethersand. Zeitraum: 1939—1948.

A. Größte Zahl der Tage mit Nebel im

Jan.	Febr.	März	April	Mai	Juni	Juli	Aug.	Sept.	Okt.	Nov.	Dez.
16	12	13	8	5	3	5	11	7	10	12	13

(Zum Vergleich: Elbe 1, 1922—1934)

Jan.	Febr.	März	April	Mai	Juni	Juli	Aug.	Sept.	Okt.	Nov.	Dez.
(15)	(17)	(24)	(8)	(9)	(3)	(2)	(2)	(6)	(5)	(10)	(14)

B. Durchschnittliche Zahl der Nebelstunden im

Jan.	Febr.	März	April	Mai	Juni	Juli	Aug.	Sept.	Okt.	Nov.	Dez.
57.6^h	33.6^h	52.0^h	15.8^h	8.3^h	3.9^h	8.7^h	15.5^h	15.0^h	38.8^h	42.4^h	62.7^h

C. Mittlere Dauer eines Nebelsfalles im

Jan.	Febr.	März	April	Mai	Juni	Juli	Aug.	Sept.	Okt.	Nov.	Dez.
8.2^h	5.3^h	6.9^h	4.8^h	3.8^h	3.0^h	3.8^h	3.7^h	4.4^h	6.6^h	7.7^h	9.5^h

D. Dauer des Einzelnebels.

Von 555 Nebelfällen der Jahre 1939—1948 hatten

```
172 Fälle eine Dauer        bis  3 Stunden
186   „      „     „   von  3— 6    „
130   „      „     „    „   6—12    „
 54   „      „     „    „  12—24    „
 10   „      „     „    „   1— 2 Tagen
```

```
1 Fall von 2 Tagen  6 h 25 m im März 1948
1  „    „  2   „    22 h 50 m  „  Jan. 1948
1  „    „  3   „    15 h 25 m  „  Nov. 1948
```

E. Nebelreichste Monate seit 1939.

```
März        1942 . . . . . . . . . . .  133.8 Nebelstunden
Dezember    1943 . . . . . . . . . . .  128.6      „
November    1948 . . . . . . . . . . .  111.7      „
Januar      1940 . . . . . . . . . . .  107.1      „
Januar      1945 . . . . . . . . . . .  106.4      „
Dezember    1944 . . . . . . . . . . .   95.6      „
November    1941 . . . . . . . . . . .   94.9      „
März        1940 . . . . . . . . . . .   86.1      „
Oktober     1947 . . . . . . . . . . .   83.0      „
Februar     1940 . . . . . . . . . . .   81.5      „
November    1943 . . . . . . . . . . .   81.1      „
März        1948 . . . . . . . . . . .   79.3      „
Januar      1948 . . . . . . . . . . .   75.3      „
```

Ist schon der Vergleich der Nebelhäufigkeitszahlen einigermaßen unsicher, so ist es noch schwieriger, aus den beobachteten Nebeldauern Rückschlüsse auf die tatsächliche kostenmäßige Belastung für die Schiffahrt durch den vom Nebel verursachten Aufenthalt zu ziehen. Für den Hafen Hamburg hat die Hafenbetriebsdirektion versucht, diese Zahlen zu errechnen, wobei die in Zahlentafel 2 unter B angegebene durchschnittliche Zahl der Nebelstunden in den einzelnen Monaten und der in den entsprechenden Monaten der Jahre 1949/50 statistisch erfaßte einkommende Schiffsverkehr, nach Größenklassen geordnet und mit verschiedenen geschätzten Tageskostensätzen eingesetzt, die Grundlagen der Errechnung bildeten.

Dabei ergibt sich für diese direkten Kosten der erlittenen Verzögerung durch Warten der Betrag von etwa 1,4 Millionen DM im Jahr, der aber noch beträchtlich ansteigen würde, wenn man die sehr schwer erfaßbare zusätzliche Belastung berücksichtigen würde, die eine durch Nebel verzögerte Ankunft oder verhinderte Ausreise im Hafen mit sich bringen. Diese eingerechnet, könnten sich die jährlichen Mehrkosten für die Schiffahrt wohl auf etwa 2 Millionen DM erhöhen, die sich zum größten Teil durch geeignete Anwendung der hier beschriebenen Technik vermeiden ließen.

Es darf außerdem bei unseren Betrachtungen nicht übersehen werden, daß die hier beschriebene Technik noch verhältnismäßig jung ist und daß daher bei Aufrechterhaltung der Forderungen noch Vereinfachungen im Aufbau erwartet werden können, die die Kosten für derartige Anlagen senken müssen. Auf jeden Fall ist es aber unsere Aufgabe, die Entwicklung auf diesem Gebiet aufmerksam zu verfolgen. Wünschenswert wäre es dabei, wenn wir schon jetzt in bescheidenem Rahmen, soweit es uns möglich ist, praktische Vorversuche leisten würden, wie in der Frage der radiotelefonischen Verbindung vom Lotsen zur Landstation, deren Lösung unmittelbar dem gegenwärtig mitunter durch Nebel beeinträchtigten Schiffsmeldedienst zugute käme.

Es besteht kein Zweifel, daß die Impulstechnik in ihrer Anwendung für die Schiffahrt berufen ist, die internationalen Anstrengungen zur Sicherung des menschlichen Lebens auf See, wozu in diesem Falle auch die Zufahrten der Seehäfen zu rechnen sind, einen wesentlichen Schritt weiterzubringen im Kampf gegen einen der schlimmsten Feinde der Schiffahrt, den Nebel. Hierbei werden die landfesten Anlagen zur Überwachung von Hafeneinfahrten eine besondere Rolle spielen. Es ist im Interesse der Sicherheit der eigenen und der fremden Schiffahrt in unseren Gewässern zu fordern, daß wir von diesem Arbeitsgebiet nicht ausgeschlossen bleiben, denn nur durch die Zusammenfassung der Erfahrungen aller Seefahrt treibenden Nationen kann die jeweils beste Lösung geschaffen werden.

Hinweise.

[1] Krause, W. A.: Elektrische Sichtgeräte als Hilfsmittel der Schiffsführung, Schiff und Hafen, 1949, Heft 3 und 4.

Kuntze, W.: Grundlagen der modernen Funknavigation, Hansa, 2. Jg. Nr. 9, 10 und 11.

Meckel, H.: Radar an Bord und Küste, Schiffahrts-Archiv, 1949, Heft 6 und 7.

Stanner, W.: Elektronenkarten, Das Elektron in Wissenschaft und Technik, 1948, Heft 10.

[2] Aus: International Meeting on Radio Aids to Marine Navigation, May 1946, Vol. II, Abb. 26.

[3] Die Abb. 3—5 entstammen der Zeitschrift „Das Elektron in Wissenschaft und Technik".

[4] „Harbour Supervision Radar", The Dock and Harbour Authority, Vol. XXIX, No. 334, August 1948.

[5] Schiffahrts-Archiv, 1. Jahrgang 1949, Nr. 4.

[6] Dieser Vorschlag entstand im April 1949 und wurde auf der Tagung der Hafenbautechnischen Gesellschaft im September 1949 vorgetragen.

[7] Die Auswertung der Messungen des Meteorologischen Amtes für Nordwestdeutschland, Hamburg, Abt. Maritime Meteorologie, und die Angaben über Liverpool verdanke ich dem dortigen Mitarbeiter Herrn Reg.-Rat Dr. Bullig.

Funktechnik und Seezeichen.

Von Oberregierungsbaurat **Gerhard Wiedemann**, Hamburg.

Neben den Bemühungen, die Schiffahrt durch Verbesserung der Hafenanlagen wirtschaftlicher zu gestalten, müssen auch Anstrengungen gemacht werden, durch besondere Maßnahmen die Zufahrten zu den Häfen und die Verkehrswege auf dem Wasser überhaupt in den Stand zu setzen, optimale Leistungen für die Verkehrsabwicklung zu erreichen.

Ein Mittel für Steigerung der Leistungsfähigkeit der Wasserstraßen auf See und auch im Binnenland sind die Seezeichen, denn es ist eine Eigenart dieses Verkehrsweges „Wasser", daß auf ihm eine Orientierung ohne besondere Hilfsmittel nicht möglich ist.

Es ist seine weitere Eigenart, daß das Schiff auch den Raum unter der Oberfläche des Weges benutzt, und daß die hier liegenden Hindernisse nicht ohne besondere Hilfe zu erkennen sind.

In beiden Fällen ein Hilfsmittel zu sein, ist die Aufgabe der Seezeichen.

Ihre technische Ausbildung, ihre Reichweite und ihre Betriebssicherheit ist eng verbunden mit dem Fortschritt der naturwissenschaftlichen Erkenntnisse und der technischen Fertigung.

So war, nachdem Tagessichtzeichen (Tonnen, Baken) schon lange bekannt waren, das vorige Jahrhundert vor allem gekennzeichnet durch die Entwicklung der Leuchtfeuer.

Durch die Fortschritte der optischen Industrie waren die Leuchten und durch die Beherrschung der Gas- und Elektrotechnik wurden die Lichtquellen so gefördert, daß um die Jahrhundertwende Sicherheit und Regelmäßigkeit der Schiffahrt in Küstennähe auch bei Nacht wesentlich erhöht waren.

Abb. 1 zeigt den Wirkungsbereich der Seezeichen in der Deutschen Bucht zu Anfang dieses Jahrhunderts. Die Küste war durch Tag- und Nachtsichtseezeichen für die Schiffahrt bezeichnet. Es blieb aber bei den alten Methoden

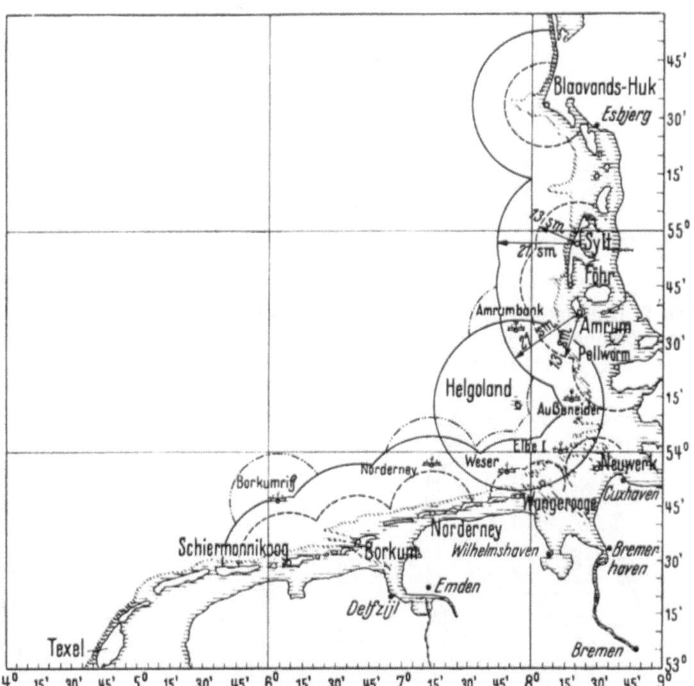

Abb. 1. Wirksamer Bereich der Leuchtfeuer in der Deutschen Bucht seit etwa 1914.

———— Ihre Tragweite bei sehr guter Sicht ($\sigma = 0{,}8$).

– – – – Ihre Tragweite bei mäßiger Sicht ($\sigma = 0{,}5$).

– · – · – Tragweite der Feuerschiffe bei sehr guter Sicht.

\\\\\\\\\\ 10 m Tiefenlinie.

der astronomischen Navigation in dem weiten Raum auf See und es blieb die Unsicherheit bei Nebel.

Das letztere ist besonders schwerwiegend im Küstengebiet, weil sich hier gerade der Verkehr ballt und weil an der Küste die meisten Schiffahrtshindernisse liegen.

Den Einfluß des Nebels kann man aus Abb. 1 ebenfalls erkennen, denn es sind hier dargestellt die Tragweiten der Leuchtfeuer bei sehr guter Sicht (Sichtwert $\sigma = 0{,}8$ [1], etwa entsprechend einer Tagessicht von 18 sm) und gestrichelt die beinahe auf die Hälfte reduzierten Tragweiten bei nur mäßiger Sicht (Sichtwert $\sigma = 0{,}5$, etwa entsprechend einer Tagessicht von 5 sm).

Die aus Tagessichtbeobachtungen der Deutschen Seewarte gewonnenen Kurven der Häufigkeit der Sichtverhältnisse (Abb. 2) ergeben, daß sehr gute Sicht (= große Tragweite in Abb. 1) in 50 vH der Zeit vorhanden ist [1], mäßige Sicht (= kleine Tragweite) dagegen in 90 v H.

Wenn die Sichtseezeichen danach, wenn auch mit Einschränkung, noch 90 vH der Zeit wirksam sind, ist es doch erklärlich, daß die Seezeichentechnik versuchte, weitere Verbesserungen zu finden.

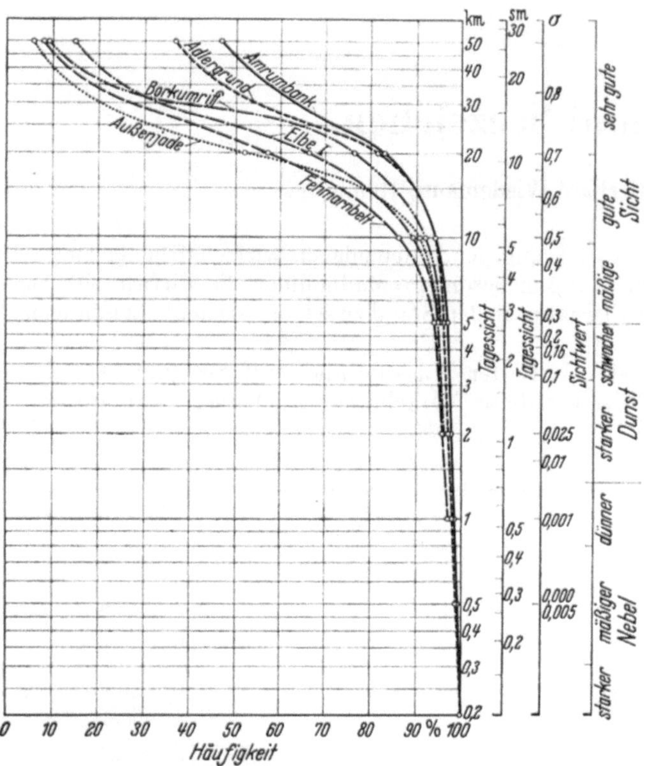

Abb. 2. Häufigkeit der Sichtverhältnisse aus Beobachtungen von Feuerschiffen in Ost- und Nordsee. Mittel aus Beobachtungen der Deutschen Seewarte 1930—35.

Abb. 3. Funkfeuer um die Nordsee. Stand 1939. 2—3 Funkfeuer sind zu einer Sendegruppe zusammengefaßt. Sie sind durch gleiche Schraffur kenntlich gemacht.

Die Akustik konnte mit ihren mechanischen Schwingungen keinen Ersatz für das Licht bieten. Schallsignale beschränkten sich daher auf unmittelbare Gefahrenwarnung im Bereich von 2—3 sm.

Erst das Bekanntwerden der Eigenschaften der elektrischen Welle gab dem Seezeichenwesen neuen Auftrieb.

1893 hatte Hertz sein Buch über elektrische Wellen herausgegeben und schon etwa 15 Jahre später tauchten die ersten praktischen Vorschläge für die Anwendung der Funktechnik im Seezeichendienst auf.

Die deutsche Seezeichenverwaltung baute die ersten Versuchssender 1908 am Müggelsee und im größeren Maßstab 1912 in Arcona auf Rügen auf [2, 3]. 1910/11 wurden in England und 1911/12 in Frankreich (Brest) Versuche eingeleitet.

Aber durch den ersten Weltkrieg wurden diese Arbeiten unterbrochen. So entstand erst praktisch um 1920 das erste funktechnische Seezeichen: das Funkfeuer.

Es wurde in enger Anlehnung an den bestehenden Leuchtfeuerdienst ausgebildet: ein rundstrahlender Sender mit bekanntem Standort, der Funksignale aussendet — etwa auf der 1000-m-Welle —, die von Bord mit Empfänger und Rahmenantenne angepeilt werden können, wie früher die Leuchtfeuer mit dem Auge und dem Peilaufsatz auf dem Kompaß.

Das System setzte sich schnell durch. Von etwa 26 Sendern im Jahre 1925 wuchs die Zahl auf rd. 300 im Jahre 1935 und etwa 540 im Jahre 1949.

Abb. 3 gibt eine Übersicht über die Verteilung der Funkfeuer um die Nordsee im Jahr 1939 [4].

Was war damals mit der Funktechnik erreicht?

1. Die Funkfeuer boten der Schiffahrt bis zu 100 sm, in einigen Fällen bis 200 sm die Möglichkeit, bei Nebel laufend, bei gutem Wetter stündlich ein- oder zweimal in Ergänzung und Erweiterung der alten optischen Dienste den Standort sicher und schnell festzustellen, und zwar

mit Genauigkeiten von 1°—2° und einem Zeitaufwand von 4—6 Minuten gegenüber 20—25 Minuten für eine astronomische Standortsbestimmung.

2. Es stand der Schiffahrt ein über die ganze Welt verbreitetes Netz von Funkfeuersendern zur Verfügung.

3. Der Dienst dieser Sender und die Art der Empfänger waren international geregelt, so daß jedes Schiff jeder Nation die Anlagen benutzen konnte.

4. Die für Funkfeuer gebrauchten Wellenlängen waren einem allgemeinen internationalen Verwendungsplan der Funkwellen eingegliedert, so daß Störfreiheit von anderen Sendern weitgehend gewährleistet war *[5]*.

Auf die letzten beiden Punkte muß besonders hingewiesen werden. Denn mit dem Eintritt der Funktechnik in das Seezeichenwesen ist es nicht mehr möglich, ohne internationale Vereinbarungen, d. h. in einem Land, geschweige denn, wie früher für die Betonnung in einem Flußgebiet, für sich allein Seezeichensysteme einzurichten, da die elektrischen Wellen über Ländergrenzen hinausgehen und auch die anderen Funkdienste, wie Telegraphie, Rundfunk oder drahtlose Telefonie betroffen sind.

Der zweite Weltkrieg hat diese Entwicklung und Ordnung der Funkfeuerdienste unterbrochen. Wieder trat eine Trennung der Kriegführenden ein, und so war es möglich, daß ganz neue Wege der Navigationshilfe gleichsam im Großversuch getrennt erprobt waren, als dieser Krieg beendet war.

Diese neuen Wege zeigten in zwei Richtungen:

1. Standortsbestimmung auch in größter Entfernung von der Küste.

2. Warnung vor Gefahren in unmittelbarer Nähe des Geräts bzw. Fahrzeugs.

Zu der ersten Gruppe gehören:

1. Das inzwischen unter dem Namen Consol bekannt gewordene deutsche Verfahren Elektra-Sonne, das auf die Richtwirkung von zwei oder drei Antennen aufgebaut ist und bei dem bestimmte Zeichen in bekannten Sektoren gesendet werden.

2. Das englische Decca-Verfahren, das die Phasendifferenz zweier Sender am Beobachtungsort ausnutzt und

3. Das amerikanische Loran-Verfahren, dem die Messung der Laufzeitdifferenz der Impulse von zwei Sendern zugrunde liegt.

Das englische Gee-Verfahren ist hiervon eine Abart.

Sämtliche Verfahren unterscheiden sich auch in Reichweite, Genauigkeit und verwendeter Wellenlänge (außer Consol brauchen sie alle besondere, für keinen anderen Zweck verwendbare Empfangsgeräte) wie folgt:

Consol: gleiche Wellenlänge wie Funkfeuer, d. h. um 1000 m herum, Reichweite 1000-1500 sm bei einer Genauigkeit von 0,2 bis 0,6° im Gegensatz zu 1—2° bei den Funkfeuern.

Decca: gebraucht sehr lange Wellen, 2—3000 m, Reichweite beträgt 300 sm bei einer sehr hohen Genauigkeit von 0,02 bis 0,05°.

Loran: arbeitet auf kleinerer Welle als die Funkfeuer, nämlich 160 m. Die Reichweite ist rd. 600 sm.

Die Genauigkeit dieses Verfahrens beträgt 0,2—0,6 vH der Reichweite *[7]*.

Abb. 4. Consol-Funkfeuer im Nordseeraum 1949.
Zu beachten sind die unsicheren Sektoren von Stavanger und von Bushmills, in denen die Feuer nur beschränkt brauchbar sind.

Eine Entscheidung über die verschiedenen Verfahren ist noch nicht getroffen. Sie hat aber aus den oben angeführten Gründen nur Sinn, wenn sie international erfolgt.

Für die andere Aufgabe, der Navigation in der Nähe des Fahrzeugs, hat sich nur eine Lösung gefunden: das Meßfunkverfahren, heute bekannt unter der amerikanischen Abkürzung RADAR (**RA**dio **D**irection **A**nd **R**ange).

Es ist bekannt, daß dieses Verfahren nach dem Echoprinzip arbeitet und daß die Umgebung maßstabgerecht auf einem Bildschirm erscheint. Es werden heute noch 3-cm- und 10-cm-Wellen verwendet. Es scheint jedoch, als wenn sich die 3-cm-Welle für Navigationszwecke durchsetzt. Die Reichweite ist bei dieser kurzen Welle dem Licht ähnlich, also bei genügender Sendestärke nicht wesentlich größer als die optische Sicht [7, 8, 9].

Wenn auch eine endgültige internationale Regelung der neuen Funkdienste noch nicht erfolgt ist, kann man für die Entwicklungsrichtung der Funktechnik im Seezeichenwesen doch folgendes sagen:

1. Das bisher bestehende Funkfeuernetz wird auf den Bereich bis etwa 70 sm, d. h. den weiteren Küstenbereich beschränkt.

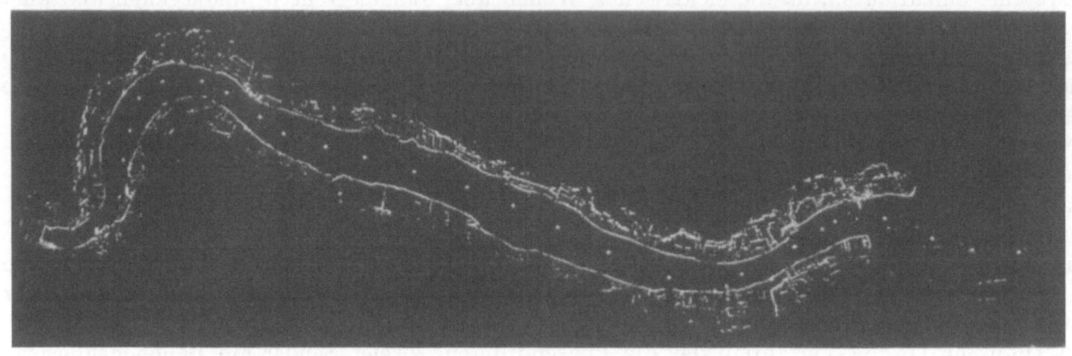

Abb. 5. Bild des Limfjords (Dänemark) in einem Radar-Gerät.
Aus Aufnahmen von 28 Standorten (dicker weißer Punkt) zusammengesetzt.
— Mit Erlaubnis der Decca-Radar-Ltd. London. —

2. Darüber hinaus wird ein Langstreckennavigationsverfahren den Dienst wahrnehmen. Es ist nicht unwahrscheinlich, daß das Consol-Verfahren wegen seiner großen Einfachheit für die Schiffahrt, und da es sich sehr an das bestehende Funkfeuersystem anlehnt, allgemein eingeführt wird.

Europa hat in Stavanger, Bushmills, Lugo und Sevilla Stationen. In Frankreich soll in Quimper eine Station gebaut werden (die Station ist in Ploneïs im Sommer 1950 in Betrieb genommen). Es wäre erwünscht, wenn zur Abrundung der europäischen Dienste, um das Seegebiet der Nordsee sicher befahren zu können, zur Ergänzung von Stavanger und Bushmills eine Station etwa an der Friesischen Küste aufgestellt werden könnte (Abb. 4).

3. Im küstennahen Gebiet wird den Meßfunkgeräten zunehmende Bedeutung zukommen.

Es laufen daher Versuche der verschiedenen Seezeichenverwaltungen, das Meßfunkverfahren dem Seezeichendienst nutzbar zu machen.

Es kommt hier vor allem darauf an, den Schiffen für die Meßfunkgeräte die Ziele zu geben, die eine schnelle Standortermittlung und sichere

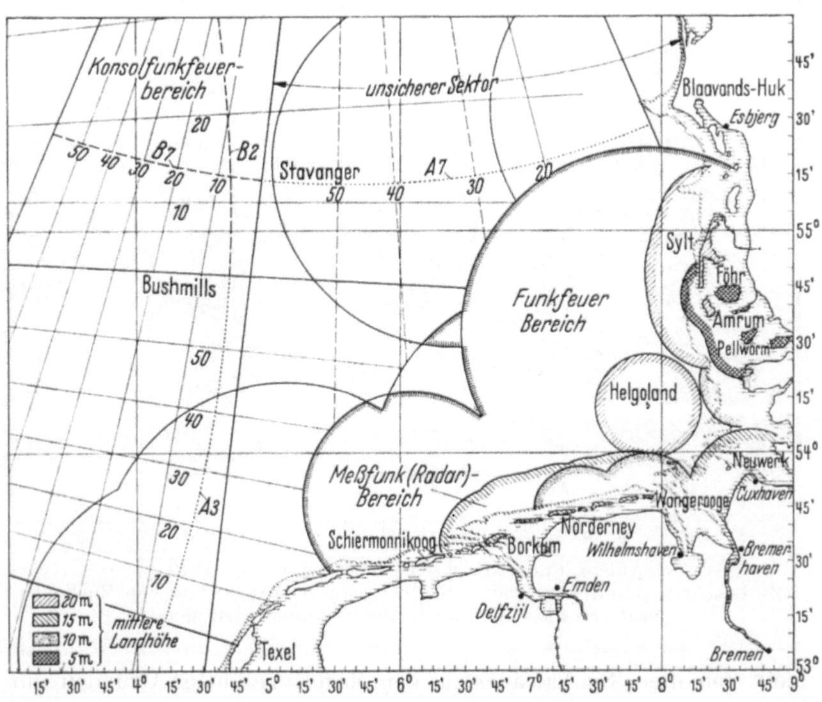

Abb. 6.
Wirksame Bereiche der funktechnischen Seezeichen in der Deutschen Bucht 1949.
\\\\\\\\\\ 10 m Tiefenlinie.

Warnung vor Gefahren ermöglichen. Eine ähnliche Aufgabe, wie sie schon früher für Beobachtung von Seezeichen mit dem Auge von den Seezeichenverwaltungen gelöst wurde.

Aus der Photographie von Radar-Bildern (Abb. 5) erkennt man, daß es nicht ohne weiteres möglich ist, die Ziele eindeutig zu unterscheiden, da Farbe und Form des Gegenstandes nicht dargestellt werden.

Es kommt hinzu, daß die Abbildung durch ungewollte Echos, z. B. bei Seegang, der ja gerade im Seegebiet nicht selten ist, unklar werden kann. Da sich die Bildfläche hierdurch „aufhellt", können z. B. kleine Ziele in diesem „Nebel" verschwinden.

Außerdem liegt eine Schwierigkeit darin, daß eng beieinander liegende Ziele, wie z. B. zwei Tonnen, u. U. schlecht unterschieden werden können.

Die Lösungsversuche liegen daher in folgenden Richtungen:

1. Erhöhung der Sichtbarkeit der Ziele.

Durch Auswahl besonders gut reflektierender Formen und Baustoffe einerseits und andererseits durch Reflektoren an den bestehenden Anlagen kann die Sichtbarkeit erhöht werden.

2. Verbesserung der Erkennbarkeit der Ziele.

Aus dem Bild am Sichtgerät (Abb. 5) ist nicht möglich, zu erkennen, ob ein Punkt, z. B. die Tonne A oder B ist. Man hat deswegen vorgeschlagen, Tonnen in bestimmten geometrischen Anordnungen auszulegen, z. B. drei Tonnen in einer Reihe oder mehrere Tonnen in Kreuzform usw. Es besteht ferner die Möglichkeit, durch Reflektoren, die beweglich angebracht werden, die Bildstärke auf dem Schirm rhythmisch zu verändern, und es ist weiter versucht, durch Sender, die auf der Welle des Radar-Geräts arbeiten, bestimmte Zeichen auf dem Bildschirm erscheinen zu lassen, die durch ihre Kennung das Ziel auszeichnen.

Gerade in einem dicht befahrenen Seegebiet, wie z. B. der westlichen Ostsee und der Nordsee, sind diese Ziele als Hilfsmittel für die Navigation besonders erwünscht. Für Deutschland war aber auf Grund der Kontrollratsgesetze praktische Arbeit auf diesem Gebiet bisher noch nicht möglich. Die grundsätzliche Genehmigung ist jetzt jedoch zu erwarten (die Genehmigung ist inzwischen durch Gesetz Nr. 24 der Hohen Alliierten Kommission vom 30. 3. 1950 erteilt) und es wird Aufgabe der Seezeichenverwaltung sein, hier den Anschluß an die internationalen Bemühungen für die Sicherheit der Schiffahrt möglichst schnell wiederherzustellen.

Zusammenfassend kann an einem Bild der Deutschen Bucht gezeigt werden, wie sich die Funktechnik bei ihrem heutigen Stand für die Schiffahrt auswirkt (Abb. 6).

Das küstennahe Gebiet kann, durch Meßfunk (RADAR) gesichert werden. In dem weiteren Küstengebiet sind die Funkfeuer eingesetzt. Der übrige Seeraum ist durch Consol-Funkfeuer bezeichnet.

Wenn man dieses Bild mit den zuerst gezeigten Reichweiten der Leuchtfeuer (Abb. 1) vergleicht, wird man erkennen, daß durch die Funktechnik der Schiffahrt jetzt von der Hafenmole bis zur weiten See unabhängig vom Nebel Seezeichen zur Verfügung stehen. Damit ist der Seezeichendienst, der sich noch zu Anfang dieses Jahrhunderts auf Sichtweite beschränken mußte, zum Wohle der Schiffahrt wesentlich erweitert und verbessert. Eine nicht unbeachtliche Leistungssteigerung der Wasserwege ist damit möglich. Diese hohe Bedeutung der Funktechnik im Seezeichenwesen besagt aber nicht, daß die alten Dienste in ihrem Wirkungsbereich sobald überflüssig werden, denn wir stehen erst im Anfang einer Entwicklung der funktechnischen Seezeichen, und das Auge hat immer noch sehr viele Vorteile dem elektrischen Gerät gegenüber.

Schrifttum.

[1] Illing, B., und A. Feyerabend: Sichtweite, Tragweite und Sichtbarkeit von Leuchtfeuern. Zentralblatt der Bauverwaltung 1937, Heft 34/35, S. 7ff.

[2] Körte, W.: Elektrische Wellen im Nebelsignaldienst. Zentralblatt der Bauverwaltung 1909, Nr. 87.

[3] Körte, W.: Richtungsbestimmung durch drahtlose Telegraphie. Die Antenne 1913, Nr. 4, S. 68ff.

[4] Oberkommando der Kriegsmarine: Nautischer Funkdienst 1939.

[5] Internationales Funkfeuerabkommen Paris Juni 1933 und Stockholm Oktober 1933, gültig u. a. für die Gebiete der Nord- und Ostsee. — Nicht veröffentlicht.

[6] Tagungsbericht International Meeting on Radio Aids to Marine Navigation May 1946, London, Band 1 und 2. London His Majesty's stationery Office 1946.

[7] Kuntze, W.: Grundlagen der modernen Funknavigation. Hansa 1949, Nr. 9, 10 und 11.

[8] Schulz, W. R.: Neuzeitliche Funknavigation. Funktechnik 1949, S. 190, 216 und 242ff.

[9] Krause, W. A.: Elektrische Sichtgeräte als Hilfsmittel der Schiffsführung. Schiff und Hafen 1949, Nr. 3 und 4.

Beiträge.

Berechnung und konstruktive Gestaltung von Trockendocken und Seeschleusen.

Von Professor Dr.-Ing. **A. Agatz,** Bremen[1].

I. Vorbemerkung.

Großbauwerke, wie Schleusen und Trockendocke werden im Seehafenbau immer nur selten und in größeren Zeitabständen gebaut. Da in Deutschland wohl ein größerer Zeitabschnitt vorübergehen wird, bis die jüngere Generation derartige Aufgaben zu lösen hat, ist es die Pflicht derjenigen, die derartige Großbauwerke geplant, berechnet und ausgeführt haben, ihre Erfahrungen und Auffassungen niederzulegen, um so der jüngeren Generation den sicheren Absprung für ihre eigenen Überlegungen zu geben.

In den Jahren 1936—1944 gaben die Großbauten des Marinehafenbaues den Ingenieuren der Marine, der Industrie und der technischen Wissenschaften die Gelegenheit, ihr Können unter Beweis zu stellen.

Da die Fertigstellung meiner Buchveröffentlichung über Spundwände, Pfahlrostmauern, Schleusen und Trockendocke wegen der Verluste an Vergleichsrechnungen und Manuskripten durch den Krieg sich noch mehrere Jahre hinziehen wird, habe ich mich entschlossen, einen kurzen Abriß über die Berechnung und konstruktive Gestaltung von Trockendocken und Seeschleusen bereits jetzt im Jahrbuch der Hafenbautechnischen Gesellschaft zu veröffentlichen. Diese Aufgabe war für mich um so reizvoller, als ich das große Glück hatte, bei zwei Seeschleusen und einer Dockverlängerung an der Bauausführung maßgebend teilzunehmen und die statische Berechnung und konstruktive Gestaltung von zwei großen Seeschleusen und fünf großen Trockendocken zusammen mit meinen Mitarbeitern durchzuführen.

Das Ziel der Ingenieure ist es nicht, ein Bauwerk zu erstellen, das mit größter erdenklicher Sicherheit den angreifenden Kräften widersteht, sondern das Kräftespiel möglichst naturgetreu zu erfassen und damit Abmessungen der Bauwerkskonstruktionen zu erzielen, die es erlauben, die zu fordernden Sicherheiten möglichst gering zu halten, um damit an Baustoffen und Bauzeit zu sparen und der gesamten Anlage die wirtschaftlich und betrieblich günstigsten Grundlagen zu geben.

Die wirtschaftlichste Bauwerksform ist maßgebend abhängig von:

a) Dem Umfang und der Genauigkeit der Erkundung und Auswertung des Untergrundes einschl. der Wasserdruckverhältnisse, insbesondere des Auftriebs.

b) Der Art der Schleusen- und Dockverschlüsse einschl. deren Betriebseinrichtungen.

c) Der Art und Genauigkeit der Berechnungsdurchführung.

d) Der Größe der Schiffslasten und Kranbelastungen.

Während die ersten drei Aufgaben in die Hand des entwerfenden Ingenieurs gelegt sind, hat er auf den letzten Umstand keinen Einfluß. Bei den immer wachsenden Schiffsgrößen kommt man bei einer BRT-Größe von 50000 — 100000 auf Kielstapeldrücke, die, als Linienlasten angreifend, die Kräfte von der Boden- und Wasserseite her örtlich weit übersteigen und damit für die Abmessungen von Dock-Querschnitten bestimmend werden müssen. Gleichzeitig wachsen mit den steigenden Schiffsgrößen die für das Dockgelände geforderten nutzbaren Belastungen.

---

[1] Bei der Neuanfertigung der Zeichnungen unterstützte mich Herr Baurat Jung, bei der Durchsicht der Arbeit Herr Dr.-Ing. Kranz. Beiden langjährigen Mitarbeitern sei an dieser Stelle nochmals herzlich gedankt.

Obgleich mir sämtliche Abbildungsunterlagen mit dem Manuskript durch den Krieg verlorengegangen sind und dieselben wegen der gleichfalls verlorengegangenen Bibliothek nicht wieder neu hergestellt werden konnten, habe ich die Abbildungsnummern im Text beibehalten und im Anhang darauf verwiesen, wo sie in der Literatur zu finden sind. Ich hoffe, auf diese Weise denjenigen Kollegen, die sich mit Schleusen- und Dockkonstruktionen einmal wieder befassen müssen, die Nachschlagearbeit erleichtern zu können.

II. Planung und Gestaltung.

Grundsätzlich ist die Planung und Gestaltung abhängig von

der Schiffsgröße, und zwar der Länge, Breite und dem Tiefgang der Schiffe,

den Untergrundverhältnissen (Fels, bindige Böden, rollige Böden),

den Wasserstandsverhältnissen (Wasserüberdruck und Auftrieb, gegebenenfalls unter Ansatz von Grundwasserentlastungen),

der Lage des Bauwerks im Gelände (Bau in den Boden oder ins freie Wasser hinein),

der Art der Bauausführung (Trockenbau in offener Baugrube, Druckluft-. Schwimmkasten- oder Brunnengründung, Unterwasserschütt- oder Pumpbeton).

A. Trockendocke.

1. Beispiele bestehender Anlagen. (Zahlentafel 1 und Abb. 1.)

Zahlentafel 1. Trockendocke.

Nr.	Bauort	L	B	T unter M. Thw.	L : B
1	Brest 10 und 11	250	36,0	14,0	6,9
2	St. Nazaire, 3. Einfahrt	350	50,0	12,64	7,0
3	St. Nazaire, Baudock	340	45,0	12,64	7,5
4	Liverpool „Gladstone-Dock"	317	37,0	11,75	8,6
5	Genua 4	270	40,0	13,0	6,8
6	Bremerhaven, Seebeckwerft	170	24,5	4,8	6,9
7	Amsterdam II	165	23,0	7,5	7,2
8	Southampton „Georg V"	366	41,8	15,66	8,8
9	Kiel V und VI	176	22,5	9,72	7,8
9a	do. Verlängerung	201	22,5	9,72	8,9
10	Bremerhaven, Kaiserdock II	268	35,2	11,0	7,6
10a	do. Verlängerung	335	35,2	11,0	9,5
11	Amsterdam I	220	28,5	10,5	7,7
12	Toulon, Zwillingsdock	418	36,0	12,0	11,6
13	Le Havre VII	313	38,0	14,95	8,2
14	Tilbury	228	33,5	11,4	6,8
15	Neapel	321	40,0	13,0	8,0
16	Cadiz	245	38,0	10,5	6,4
17	Philadelphia 3 und 4	335	45,7	11,7	7,3
18	Wilhelmshaven VII (gesprengt)	350	60,0	7,6	5,8
19	Wilhelmshaven VIII (unvollendet gesprengt)	350	60,0	15,9	5,8
20	Bremen, „Kap Horn" (unvollendet teilgesprengt)	361,5	60,0 $2 \times 25{,}25$	9,0	6,0 14,5
21	Hamburg, „Elbe 17" (teilgesprengt)	351	60,0	10,35	5,8
22	Kiel (nicht zur Ausführung gekommen)	360	60,0	15,0	6,0

Bei den Docken müssen allgemein drei Typen unterschieden werden:

Die „Instandsetzungsdocke", deren Größe den Regelfrachtschiffen und den größten den Hafen anlaufenden Frachtdampfern angepaßt ist, haben die Abmessungen:

Länge: $L = 165$ m bis 270 m, Breite: $B = 23$ m bis 40 m, Drempeltiefe: D.T. = 7,5 m bis 13 m bei MThw. Das Verhältnis L/B schwankt von 6,4 bis 8,3.

In Sonderfällen wachsen die Abmessungen der Docke für Großschiffe auf $L = 313$ bis 418 m, $B = 35{,}2$ bis 60 m, D.T. = 11 m bis 15,9 m bei MTh. Das Verhältnis L/B schwankt von 5,8 bis 11,6.

„Dockschleusen" dienen zur Dockung und zum Schleusen von Großschiffen und haben bisher die folgenden Abmessungen gehabt: $L = 340$ m, $B = 45$ m, D.T. = 12,64 m bei MTh und L/B = 7,5.

„Baudocke", die ausschließlich für den Schiffsbau, nicht für die Instandsetzung benutzt werden, kommen mit einer geringeren Drempeltiefe aus. Die Abmessungen betragen $L = 170$ m bis 360 m, $B = 24{,}5$ bis 60 m, D.T. = 4,8 bis 10,35 m bei MThw. Das Verhalten L/B schwankt von 6,9 bis 5,8. Die Drempeltiefe ist in erster Linie vom Tidenhub, von der Verwendung als Bau- oder Reparaturdock und von den Zuschlägen, die für beschädigte Schiffe gemacht werden müssen, abhängig.

Beim Baugrund (Abb. 2, 3 und 4) trifft man entweder wasserundurchlässige (Fels und bindiger Boden) oder wasserdurchlässige Böden (Fels, bindiger oder rolliger Boden) an. Dabei fällt der Auftrieb für den Dockquerschnitt entweder außer Betracht oder es ist mit vollem Auftrieb zu rechnen, der durch eine Grundwasserentlastung völlig beseitigt oder vermindert werden kann.

In der Bauausführung der Docke hat man die Wahl zwischen dem Trockenbauverfahren, der Druckluftgründung, der Schwimmkastengründung, der Brunnengründung und dem Unterwasserschüttbeton.

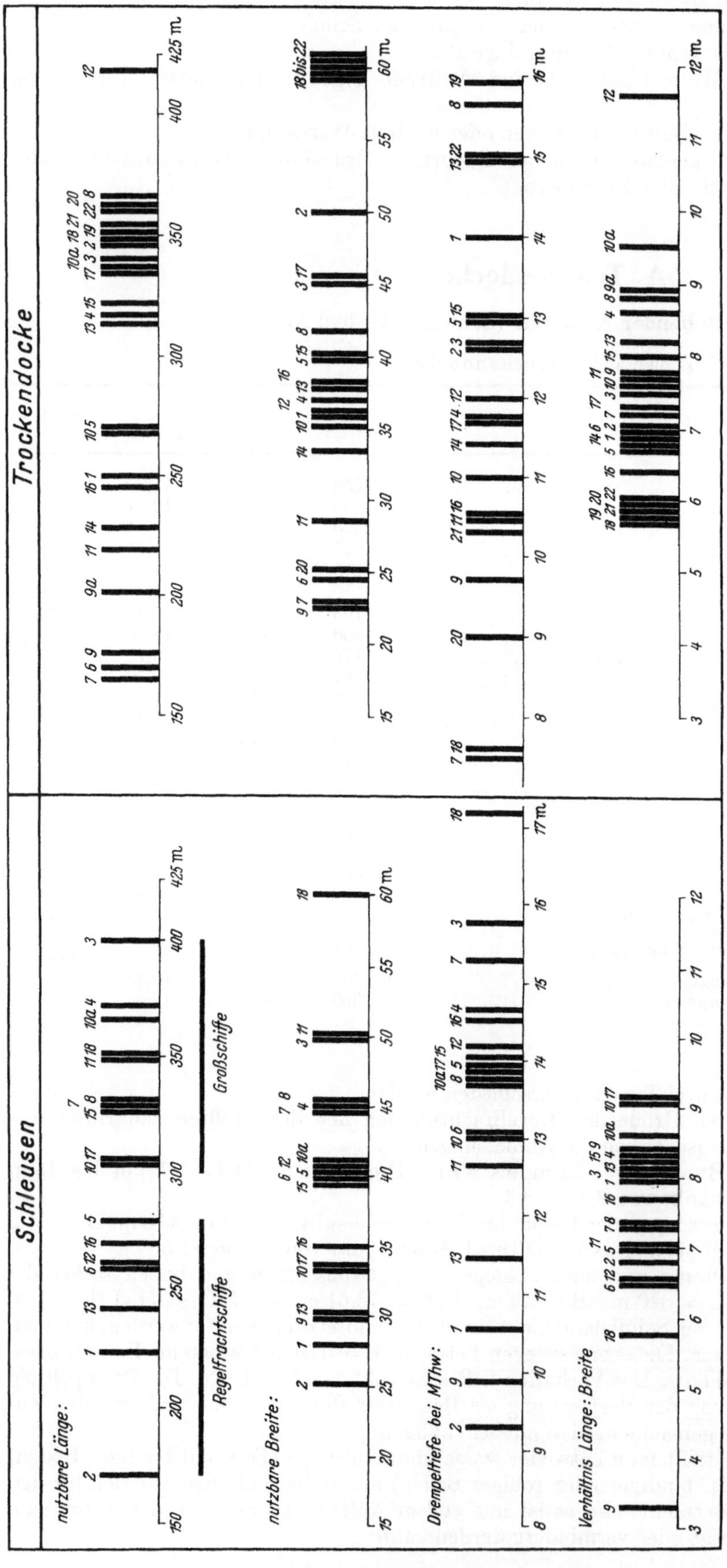

An Dockverschlüssen findet man bei alten Docken Stemmtore, in den meisten Fällen Schwimmtore, Schiebetore wegen der hohen Kosten nur in Sonderfällen. Die Docke können eine Einzelentwässerung oder eine Gruppenentwässerung erhalten. Als Aggregate dienen dabei Kreiselpumpen mit waagerechter oder senkrechter Welle, wobei Dampf- und elektrischer Antrieb verwendet wird, oder Schraubenschaufler mit elektrischem Antrieb. Letztere sind bei den in Betrieb befindlichen Docken noch nicht verwendet, waren aber bei den letzten in Deutschland gebauten, jedoch nicht mehr in Betrieb genommenen Docken vorgesehen.

Für die Bewässerung der Docke sieht man Flutkanäle um bzw. unter dem Dockhaupt oder Durchlaßschützen im Torkörper selbst vor.

Die konstruktive Gestaltung des Dockquerschnittes kann die folgenden Formen annehmen:

Bei den reinen Schwergewichtsbauwerken, die meist ohne Stahlbewehrung ausgeführt werden, sind alle Teile schwerer als der Auftrieb. Die Sohle ist mit den Seitenmauern verbunden oder davon getrennt.

Dagegen kann bei Gewölben wohl die Sohle leichter, das Gesamtbauwerk muß aber schwerer als der Auftrieb sein. Das gleiche gilt von den Rahmen mit eingespannter und mit eingehängter Sohle. Bei der verankerten Sohle sind Sohle und Gesamtbauwerk leichter als der Auftrieb. Die Sohle kann auch hier mit den Seitenmauern verbunden oder von ihnen getrennt sein. Die Bauwerksfugen bleiben bei nicht vorhandenem oder geringem Wasserandrang ohne jede besondere Dichtung. Sonst liegt die Dichtung in der Mitte der Wand oder außen (erdseitig) oder innen (dockseitig). Manchmal wendete man auch zwei von ihnen oder sogar alle drei gleichzeitig an.

Abb. 1. Übersicht über die Schleusen- und Dockabmessungen bei größeren Bauwerken.

2. Die Erfahrungen mit den bestehenden Anlagen. (Abb. 2, 3, 4.)

a) Baugrund. Die Art des Baugrundes ist für die Querschnittsgestaltung, die Bauzeit und die Kosten. meist aber nicht für die Ausführbarkeit von Trockendocken entscheidend, sofern die Belastung des Docks einschl. Schiffslast oder Wasserfüllung vom anstehenden Boden aufgenommen werden kann. Immer jedoch ist die einwandfreie Nachprüfung der Wasserdurchlässigkeit des Untergrundes mit Rücksicht auf die mögliche Grundwasserentlastung und somit Ansatz des vollen oder teilweisen Auftriebes oder völligen Verzichts auf Auftriebsansatz notwendig. Wesentlich ist hierbei die Frage. ob der Untergrund bei Entlastung des Auftriebs die zusätzliche Belastung tragen kann.

Eingehende Bodenuntersuchungen und -prüfungen sind daher für den Verlauf des Bodengegendruckes unbedingt notwendig.

b) Aufnahme des Auftriebs und konstruktive Gestaltung. Bei wachsenden Fahrwassertiefen über dem Drempel und vollem Auftrieb wächst die Stärke der reinen Schwergewichtssohle. Z. B. liegt bei MHW $\pm$ 0 und 16 m Drempeltiefe die Docksohlenunterkante auf — 27,00, wenn die Seitenmauern nicht zur Gewichtsaufnahme herangezogen werden. Derartig tiefer Bodenaushub ist aber mit normalen Schwimmgeräten im Wasser nicht mehr zu bewältigen.

Die zukünftige Entwicklung drängt also zur Beseitigung des Auftriebes oder zu seiner Entlastung oder zu Konstruktionen, die die Schwerkraft des Bauwerkes einschl. der Seitenmauern und gegebenenfalls der Wandreibung des Erddrucks erfassen bzw. den Boden unter der Sohle zur Auftriebaufnahme mit heranziehen.

Die vorhandenen Docke zeigen eindeutig, daß dünne Betonauskleidungen auf Fels (Abb. 5), soweit kein Auftrieb wirksam ist, in jeder Weise den Anforderungen an Sohle und Seitenwände genügen. wobei die Seitenwände, besonders bei großen Docktiefen und den heute meist angewendeten lotrechten Dockwänden, entsprechend gestützt und oben im Fels rückverankert werden sollten. soweit nicht bei tieferliegenderem Felsen der obere Mauerteil ohnehin als Stützmauer auszubilden ist.

Die auftriebssichere reine Schwergewichtssohle (Abb. 6) hat bei schmalen und nicht zu tiefen Docken Vorteile, da hier auf jede Bewehrung verzichtet werden kann. Sie wird jedoch infolge der wachsenden Docktiefe und Dockbreite durch die in den Seitenmauern eingespannte oder die Rahmen- oder die Gewölbesohle (Abb. 7 und 8) in Stahlbeton in Zukunft abgelöst werden.

Die auftriebssichere Schwergewichtssohle ist, wenn die schweren Seitenmauern zur Auftriebaufnahme nicht herangezogen werden, bei großen Docken meist unwirtschaftlich. Die Gewölbesohle verlangt in der Mitte oft Tiefen, die denen der Schwergewichtssohle fast nahekommen. Ersparnisse treten jedoch an den Seiten auf.

Bei der Heranziehung der Seitenmauern zur Aufnahme des Auftriebes (Abb. 9) wird durch Sporne oder aufgelöste Bauweisen die Erdauflast über der Mauergründung miteinbezogen. Von einem Ansatz der senkrechten Bodenreibungskräfte gegen Herausdrücken der Seitenmauern ist bisher noch nichts verlautet. Diese Kraft wurde meist als zusätzliche Sicherheit betrachtet und das Dockgewicht gegenüber dem Auftrieb nur wenig größer gehalten. Gegen eine weitergehende Ausnutzung der Reibungskraft ist, besonders bei Gewölbedocken, nichts einzuwenden.

Überwiegt das Seitenmauergewicht das zur Auftriebsnahme erforderliche Gewicht, so kann hieraus eine zusätzliche Biegebeanspruchung der Sohle resultieren, falls nicht durch einen geeigneten Bauvorgang die Lasten der Wandblöcke ohne Biegebeanspruchung der Sohle auf den Baugrund übertragen werden. Hier spielt bei bindigen Böden die Zeitsetzungsabhängigkeit eine wesentlich zu beachtende Rolle.

Dünne Sohlen mit Zugpfahl- oder Brunnenverankerung (Abb. 10) sind an verschiedenen Stellen ausgeführt und werden auch in Zukunft bei besonders tiefen Docken öfters verwendet werden. Diese Gründungsform gewinnt mit dem ständig steigenden Kiellasten an Bedeutung. da die Verankerungsbauteile gleichzeitig zur Aufnahme der Kiellasten herangezogen werden können.

Daß bei dem Trockendock in Pearl Harbour (Hawai) (Abb. 11) bei der Bauausführung sich der unter Wasser eingebrachte untere Sohlenteil von den Pfählen gelöst hat, lag an der zu dünnen Sohle und der mangelnden Güte des Unterwasserbetons ohne Stahleinlagen.

Dünne Sohlen mit voller Auftriebsentlastung (Abb. 12 und 13) haben gehalten, wie ein ausgeführtes Baudock in Bremerhaven beweist, jedoch zeigt gleichzeitig die Weser-Schleuse in Bremen daß derartige Entwässerungen. wenn sie der Gefahr der Verstopfung unterliegen. zum Bruch der Sohle führen können. Man wird also bei tiefen und breiten Docken diesen Mangel in Zukunft durch neue Bauweisen der Entlastungsanlagen zu verhindern suchen. Das Beispiel des Seebeck-Docks in Bremerhaven zeigt die Wirkung einfacher Entlastungsanlagen, obwohl hier eine zusätzliche Entlastung infolge örtlicher Zerstörungen der Sohle eingetreten ist. Ein ausgeführtes Trockendock in Amsterdam hat besondere pfahlgegründete Kielstapelbankette (Abb. 14).

Teilweise Auftriebsentlastung durch sogenannte Entlastungsbrunnen hat in Southampton (Abb. 15 und 16) bislang den gewünschten Erfolg gehabt. Lassen die vorhandenen Brunnen in ihrer Wirkung nach, so kann durch neue Brunnen der Entlastungszustand im gewünschten Umfang immer wieder hergestellt werden.

3. Arten der Bauausführung. (Abb. 2, 3, 4.)

Die Nachteile des alten Unterwasserschüttverfahrens sind nach den Erfahrungen freigelegter bzw. abgebrochener Docksohlen und Schleusenmauern genügend aufgedeckt (Abb. 17). Hier sei auf die Erfahrungen bei der Freilegung der Docksohle für die Dockverlängerung des Kaiserdocks II in Bremerhaven und bei dem Umbau der III. Einfahrt in Wilhelmshaven besonders hingewiesen.

Das neuzeitliche Contraktor-Verfahren ist zum Verfüllen von begrenzten Zellen sehr geeignet. Für die großflächigen Docksohlen müssen deshalb umfangreiche Unterwasserschalungen zur Aufteilung in Einzelblöcke geschaffen werden. Hier verweise ich auf die demnächst erscheinende Veröffentlichung des Hafenbauamtes Bremen über den neuen Pierbau für die Getreideanlage in Bremen.

Das Trockenbauverfahren mit Grundwasserabsenkung (Abb. 18, 19) hat seine Eignung vielfach unter Beweis gestellt und bei der Möglichkeit einwandfreier ständiger Kontrolle während der Bauausführung hochwertigen Stahlbeton ergeben. Das Verfahren hat seine Grenzen bei Docken für Groß-Schiffe in der tiefen Absenkung des Grundwassers.

Das Betonieren unter Taucherglocke oder hinter Vorsatzkästen (Abb. 20) kann nach den Erfahrungen bei den Kieler und Wilhelmshavener Docken für große Massen nicht mehr empfohlen werden. Zur Reparatur von Torkammersohlen und Torschienen und zur Abdichtung und Trockenlegung der Torkammern oder Dockhaupt-Seitenmauern wird es seine Bedeutung behalten.

Das Druckluftverfahren mit verlorenem Senkkasten hat seine Bedeutung heute noch vermehrt. Um die Druckluftarbeiten einzuschränken, wurden in einem ausgeführten Trockendock in Genua (Abb. 21, 22, 23, 24) nur die Stirnwand und die Längswand als Stahlbetonsenkkästen unter Druckluft auf den tragfähigen und wasserundurchlässigen Fels abgesenkt. Nach dem Einsetzen des Schwimmtors konnte dann das Dockinnere ausgepumpt und die Docksohle sowie das Verkleidungsmauerwerk im Trockenen ausgeführt werden. Die Senkkästen wurden zur Aufnahme des von außen wirkenden Wasserdrucks abwechselnd quer und längs gestellt und durch Druckaussteifungen gegenseitig abgestützt. Die als Streben wirkenden Kästen wurden später teilweise wieder abgebrochen.

Bei dem Bau der kleinen Ostender Schleuse (Abb. 28) ist zum erstenmal von der deutschen Firma Wayss und Freytag das gesamte Haupt in einem einheitlichen Druckluftkasten, der mit Doppelschneiden ausgestattet war, abgesenkt worden.

Mit den größeren Abmessungen und Tiefen der Docke werden auch die Druckluftkästen immer größer werden. Um hier die Absenkgrenzen von 20—25 m besser auszunutzen, wird man in Zukunft auf die Verbindung mit dem Tagebauverfahren unter Grundwasserentziehung für die Abtragung der oberen Bodenschichten zurückgreifen müssen.

Die Schwimmkastengründung ist erstmalig bei zwei Trockendocken in Frankreich angewendet worden. In Le Havre wurde ein großer stählerner Schwimmkasten verwendet, der im Trockenen in seitlich liegender Baugrube montiert, mit einer dünnen, dichtenden Betonschale versehen und dann in die unter Wasser ausgebaggerte eigentliche Dockbaugrube herübergezogen wurde (Abb. 25, 26, 27, 28, 29). Hier wurde der Schwimmkasten verankert, das Stahlbetontragwerk betoniert und dann unter allmählichem Vollbetonieren der Sohle und Hochführen der Seitenmauern abgesenkt. Der gesamte Zwischenraum zwischen Unterkante Schwimmkastenboden und gebaggerter Sohle wurde unter Druckluft ausbetoniert.

Bei dem Dock in Toulon wurden zwei stählerne Schwimmkästen verwendet. Unter Druckluft wurden nur die Auflagerbankette unter den Seitenmauern betoniert, auf denen das ganze Dock ruht (Abb. 30, 31, 32, 33).

Das Verfahren hat sich einwandfrei bewährt. Im Betrieb der Docke haben sich Nachteile nicht ergeben. Auch in Spanien wurde die Schwimmkastengründung angewendet, hier allerdings in reiner Stahlbetonbauweise (Abb. 34, 35, 36).

Die Brunnengründung wurde bei dem neuen Dock in London-Tilbury (Abb. 37) verwendet. Sie hat bei den wachsenden Abmessungen der Docke nur in besonderen Fällen Bedeutung, da sie eine Schwergewichtssohle oder eine verankerte Sohle erfordert und bei großen Absenktiefen viel Zeit in Anspruch nimmt.

4. Meßergebnisse an bestehenden Docken.

Es ist bedauerlicherweise wenig geschehen, um über die tatsächliche Größe des Auftriebes, den Verlauf der Bodenspannungen unter der Sohle und unter den Seitenmauern einwandfreie Erfahrungswerte zu erlangen. Das liegt bei den Bodendruckmessungen daran, daß Störungen in der Umgebung der Einbaustelle, bedingt durch die verschiedene Elastizität der Meßdosen und des Betons, durch örtliche Unterschiede in der Steifigkeit des Bodens, durch Störung der natürlichen Beschaffenheit des Bodens beim Aushub und durch Fehler bei dem Einbau der Meßdosen u. a. m., in den meisten Fällen bislang die Meßergebnisse verfälschten. Auch über Auftriebsmessungen sind mir zuverlässige Ergebnisse bisher nicht bekanntgeworden. Die Ergebnisse zuverlässiger Messungen würden Anhaltspunkte für die Verteilung des Bodengegendrucks bei den verschiedenen Belastungsverhältnissen liefern und wesentlich zur Klärung des Meinungsstreites in dieser Frage beitragen.

Auftriebsmessungen unter Docken sind durch Einbau von Entlastungsbrunnen in der Docksohle und Beobachten des Wasserspiegels in Standrohren leicht zu bewerkstelligen.

Auch über die Bewegungen des Dockkörpers beim Füllen und Leeren liegen nur Ergebnisse aus Kiel, Bremerhaven, Genua und Neapel vor.

In Bremerhaven beobachtete man bei 3 m starker Sandschicht über dem Ton von großer Mächtigkeit folgende Mittelwerte:

$$\text{Dock mit 11 m Wasserhöhe gefüllt} \ldots \ldots \ldots \ldots \pm 0 \text{ mm,}$$
$$\text{Dock wasserleer, Hebung} \ldots \ldots \ldots \ldots \ldots + 5 \text{ mm,}$$
$$\text{Dock wasserleer mit 32 000 BRT-Dampfer, Hebung} + 3 \text{ mm.}$$

Der Grundwasserstand wurde bei einer Leerung des Docks infolge der Undichtigkeiten in der Docksohle innerhalb von fünf Tagen um 3,0 m abgesenkt.

In Venedig wurden bei Sandboden und 5.0 m Wasserfüllung Bewegungen zwischen 7 und 10 mm gemessen.

5. Dockverschlüsse. (Abb. 2, 3, 4.)

Die überwiegende Zahl der neueren Docke ist mit Schwimmtoren versehen (Abb. 38). Die Bauart und Handhabung ist denkbar einfach, zumal man in neuerer Zeit zu dem Rechteckquerschnitt übergegangen ist. Der Zeitfaktor spielt bei der Dockung eines Schiffes, die immer nach Tagen rechnet, keine ausschlaggebende Rolle. Eine Zeitersparnis von ½ Std. bis 1 Std. beim Ein- oder Ausdocken ist also belanglos.

Trotzdem hat man Schiebetore in zwei Docken in Frankreich (Abb. 39), sowie in Liverpool und Southampton verwendet, wobei man in einem Fall dies wegen der gleichzeitigen Benutzung als Schleuse tun mußte.

In Deutschland ist man bei drei Trockendocken den umgekehrten Weg gegangen und hat die Schiebetore in Schwimmtore umgebaut.

Bei den wachsenden Breiten und Tiefen der Docke wird man den Anwendungsbereich der Schiebetore nicht noch unnötig erweitern, da die Tiefbauwerke zur Aufnahme der Schiebetore immer kostspieliger werden.

Die Stemmtore als Dockverschlüsse zählen in ihrer Anwendung immer zu den Ausnahmen und sind beschränkt auf schmale Docke. Sie finden sich nur bei älteren Bauwerken in Holland (Abb. 40) und in England. Eine Sonderform ist bei dem Baudock in St. Nazaire verwendet. Hier wurde das Tor als Zugbogen (vgl. Abb. 53) ausgebildet.

6. Füllen und Leeren.

Grundsätzlich hat man bei den neueren Docken kurze Umläufe um den Dockverschluß herum verwendet, obwohl das große Gladstone-Dock in Liverpool noch durchgehende Seitenkanäle mit Stichleitungen besitzt (Abb. 41). Man wird die kurzen Umläufe auch in Zukunft beibehalten. Die Füllung durch das Docktor, die einmal angewendet ist (Abb. 42), hat nur einen einseitigen Vorteil, da für das Entleeren des Docks die Pumpenförderung und damit der Umlaufkanal sowieso notwendig ist.

Bei den wachsenden Abmessungen der Docke muß auf Energievernichtung des einströmenden Wassers Rücksicht genommen werden, wenn die Füllzeiten nicht erheblich vergrößert werden sollen.

Bei der Ausbildung der Pumpen ist man bislang bei den Kreiselpumpen stehengeblieben und hat sie anstatt wie in Kiel (Abb. 43) mit waagerechter, bei den neueren Docken mit lotrechter Achse (Abb. 44, 45) angeordnet. Vom veralteten Dampfantrieb ist man zur elektrischen Energie übergegangen.

Die Lage der Pumpstationen hat ebenfalls eine Wandlung durchgemacht. Sie seitlich in der Mitte des Docks (Abb. 40) anzuordnen, hat nur dann einen Vorteil, wenn das Wasser auch seitlich direkt in den Hafen abfließen kann (Abb. 46, 47) und nicht erst bis zum Dockhaupt gepumpt werden muß. Sonst liegt das Pumpenhaus am besten dicht vor, wie z. B. in Liverpool (Abb. 48, 49), oder hinter dem Dockhaupt, oder aber es bildet gleichzeitig den einen seitlichen Dockanschlag, wie es bei den neuesten Docken in Deutschland vorgesehen war.

Werden Zwischenhäupter vorgesehen, so beeinflussen diese die Lage des Pumpenhauses ganz wesentlich.

Flut- und Lenzzeiten der Docke:

Dockinhalt	Lenzzeit	Flutzeit
bis rd. 50 000 m³	1½—3 Std.	1—3 Std.
bis rd. 150 000 m³	3—5 ,,	2—4 ,,
bis rd. 300 000 m³	4—6 ,,	3—5 ,,

Hierbei gelten die niedrigeren Zahlenwerte meistens für Trockendocke mit überwiegendem Reparaturbetrieb, während die höheren Werte für Baudocke Anwendung finden.

Die Geschwindigkeit in den Kanälen, die Energievernichtung und der Kostenaufwand für die Pumpen sind für die Lenz- bzw. Flutzeiten maßgeblich.

Übersicht über

Gruppe	Bau-grund	Wasser-druck	Nr.	Dock	Betr. Jahr	Nutzb. Länge in m	Ein-fahrts-breite in m	Tiefe d. Drem-pels unter MThw	Ausbildung der Seitenmauern	Ausbildung der Sohle	Ausbildung des Dockhauptes
1	2	3	4	5	6	7	8	9	10	11	12
A	Fels	ohne Auftrieb	1	Brest 10 und 11	1919	250	36,0	14,0	Massive Mauern i. M. 5 m stark	1,0 m starke Sohle Füllkanäle unter der Sohle	3 m stark
			2	St. Nazaire 3. Einfahrt	1932	350	50	12,64	Massive Mauern unverkleideter Beton Herstellung im Trockenen (Fangedamm)	Unbefest. Fels (dünne Betonaus-gleichsschicht weg. unregelmäß. anstehenden u. leicht durchlässi-gen Fels)	Massive Mauern, dünne Stahl-betonsohle
			3	St. Nazaire Baudock	1938	340	45	12,64	Stahlbeton-aufbau auf Zellen-fangedamm 16 m ⌀ (Stahl-spundbohlen)	Unbefestigter Fels	3,20 m starke Stahlbeton-sohle
		mit Drainage	4	Liverpool Gladstone-Dock	1913	317	37	11,75 (9,25 M Ha. W.)	Massive Mauern etwa 6 m stark	2 Lagen Beton etwa 1 m stark mit Drainage	wie vor
		mit Auftrieb	5	Genua 4	1938	270	40	13,0	Stahlbetonsenk-kästen in Zement-Trass-Beton, unter Druckluft auf Fels abgesenkt	Sohlherstellung im Trockenen, Zement-Trass-Beton 5,5—7,5 m stark	wie vor
B	Sand, Kies, Ton	mit Drainage	6	Bremerhaven Seebeckwerft Zwillingsdock	1913	170	24,5	4.80	Ziegelmauerwerk verblendet, 2—3 m breit	1,0 m dicke Stahlbetonsohle Drainage und Sickerrohre gegen Wasserüberdruck und Quellen	wie vor
			7	Amsterdam II	1923	165	23	7,50	Massivbeton auf Holzpfählen	Herst. im Trock. Massivbeton 0,6 m stark, in der Mitte 1,6 m, auf Holz-pfählen (Klei-boden, darunter Sand). Mit Drainagesystem	Massivbeton auf Holz-pfählen
		mit Grund-wasser-entlastung	8	Southampton Georg V	1933	366	41,80	15,66	Herstellung im Trockenverfahren unter Grundwasserabsenkung. Sohle 7,74 m stark, mit ständiger Grundwasserentlastung (stehen-gebliebene Brunnen der Grund-wasserabsenkung sind durch waagerechte Drainrohre mit der Dockkammer verbunden worden)		Massiver, un-verblendeter Querschnitt

Abb. 2.

größere Trockendocks.

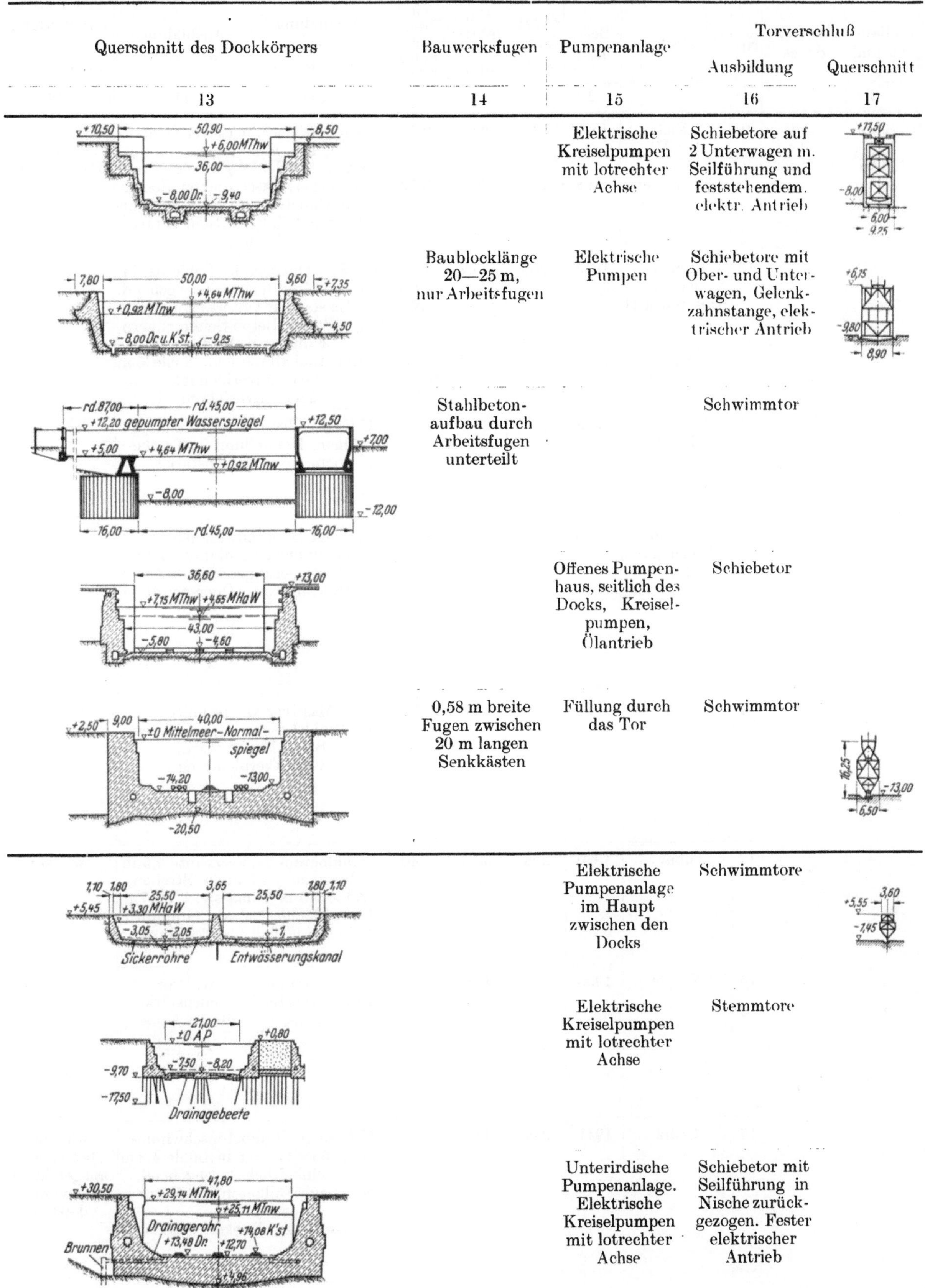

Querschnitt des Dockkörpers	Bauwerksfugen	Pumpenanlage	Torverschluß	
			Ausbildung	Querschnitt
13	14	15	16	17
		Elektrische Kreiselpumpen mit lotrechter Achse	Schiebetore auf 2 Unterwagen m. Seilführung und feststehendem. elektr. Antrieb	
	Baublocklänge 20—25 m, nur Arbeitsfugen	Elektrische Pumpen	Schiebetore mit Ober- und Unterwagen, Gelenkzahnstange, elektrischer Antrieb	
	Stahlbetonaufbau durch Arbeitsfugen unterteilt		Schwimmtor	
		Offenes Pumpenhaus, seitlich des Docks, Kreiselpumpen, Ölantrieb	Schiebetor	
	0,58 m breite Fugen zwischen 20 m langen Senkkästen	Füllung durch das Tor	Schwimmtor	
		Elektrische Pumpenanlage im Haupt zwischen den Docks	Schwimmtore	
		Elektrische Kreiselpumpen mit lotrechter Achse	Stemmtore	
		Unterirdische Pumpenanlage. Elektrische Kreiselpumpen mit lotrechter Achse	Schiebetor mit Seilführung in Nische zurückgezogen. Fester elektrischer Antrieb	

Trockendocks 1.

Übersicht über größere

Gruppe	Bau-grund	Wasser-druck	Nr.	Dock	Betr. Jahr	Nutzb. Länge in m	Ein-fahrts-breite in m	Tiefe d. Drempels unter MTwh	Ausbildung der Seitenmauern	Ausbildung der Sohle	Ausbildung des Dockhauptes
1	2	3	4	5	6	7	8	9	10	11	12
B	Sand, Kies, Ton	mit vollem Auftrieb	9	Kiel V u. VI Ver-längerung	1903 / 1928	176 / 201	22,5 / 22,5	9,72 / 9,72	Einheitlicher, massiver Quer-schnitt mit Klinkerverblendung. Spätere Auskleidung Dock VI mit 1 m starker, wasserdichter Schale aus Stahlbeton, unverkleidet, nur Sohle mit Klinkern. Sohlenstärke 5—6 m.		Einheitlicher massiver Querschnitt
			10	Bremer-haven Kaiserdock II Ver-längerung	1913 / 1931	268 / 335	35,2 / 35,2	11 0 M.Ha. W. / 11,0 M.Ha. W.	Massiver Querschnitt, Sohle als ein-heitliche Grundplatte durchgehend, 7—8 m stark, in Unterwasser-Kalk-Trass-Beton. Beton-Seitenmauern, Klinkerverblendung Stahlbetonhalbrahmen, Sohle 5 m stark, unverblendet Trockenverfahren		wie vor
			11	Amster-dam I	1923	220	28,5	10,5	Unverkleideter Stahlbetonhalb-rahmen, Herstellung im Trocke-nen, 3,5 m Sohlenstärke		wie vor
			12	Toulon Zwillings-dock	1925	418	36,0	12,0	2 große Stahlschwimmkästen, allmähliche Absenkung durch Aufbetonierung. Sohle 7,3 m stark, massiver Querschnitt		wie vor
			13	Le Havre VII	1927	313	38,0	14,95	Massiver Querschnitt auf Stahlskelettschwimmkästen, Sohle 10,6 m stark, Granitverblendung		wie vor
			14	Tilbury	1930	228	33,5	11,40	Stahlbeton-brunnen 7,5 × 7,5 m Grundfläche, 12—14 m hoch	Verzahnte 4,5 m breite Streifen, massiv, i. M. 7 m stark, Granulith-verkleidung	wie vor
			15	Neapel	1938	321	40,0	13,0	Massivbeton auf Druckluftkästen aus Kalk-, Steinschlag- und Puzzolanerde	wie vor Sohlenstärke in der Mitte 7,5—9,5 m, Granit-verkleidung	wie vor
			16	Cadiz	1941	245	38,0	10,5	U-förmige Stahlbetonschwimm-kästen 53 × 17 × 6,5 m, Sohle 4,8 m stark, einheitlich durchgehend, Sohle aus Füllbeton mit Natur-steingehalt, Lenzkanäle zur Dockentwässerung		wie vor besonders ausgebildete Schwimm-kästen

Abb. 3.

Trockendocks (Fortsetzung).

Querschnitt des Dockkörpers (13)	Bauwerksfugen (14)	Pumpenanlage (15)	Torverschluß: Ausbildung (16)	Torverschluß: Querschnitt (17)
+3,45; -0,23 MOW; 47,00; 22,50; -9,95; -11,00; -16,00		Elektrische Kreiselpumpen, gemeinsam für beide Docks	Schwimmtor (inneres Tor Schiebetor)	+3,45; -10,00; 4,25; 6,00
+5,00; 43,00; +3,00 MHaW; 35,20; -8,00; -9,40; -17,40; -19,00	Verlängerung: Blocklänge 10 m Teerstrick, Blei- u. Tonkern	Mit Dampf angetriebene Kreiselpumpen, waagerechte Achse; wie vor	Schwimmtor; wie vor	8,00
+1,00; ±0 AP; 28,50; -10,50; -14,00	Elektrische Kreiselpumpen mit lotrechter Achse	Stemmtore (1 Schwimmtor bei voller Ausnutzung der Docklänge)	4 Dehnfugen, auf ganze Länge Verdickung mit Asphalt ausgezogen	
+2,00; ±0 Mittelmeer-Normalspiegel; 36,00; -12,00; -13,40; -20,70	Verbind. d. Sohle durch Unterwasserbetonierung, Seitenabdichtung durch Platten, die durch Wasserdruck gegen auskragende Leisten gedrückt werden		3 Schwimmtore (Dock teilbar, 2 Einfahrten)	+2,00; -13,00
+9,50; +6,95 MThw; 40,00; -8,00; -9,25; -20,00; 60,00		Elektrische Pumpen, unterirdisch	Schwimmtor, seitlich in Schlitz zurückgezogen	+9,30; -8,75; 8,90
+5,35; +3,50 MThw; 33,53; -7,90; -9,00; -16,25	4,5 m Baublocklänge, nur Arbeitsfugen	Unterirdische Pumpenkammer. Elektrische Kreiselpumpen	Schwimmtor	+4,00; -8,80
+2,00; 9,00; ±0 Mittelmeer-Normalspiegel; 40,00; -13,00; -14,00; -24,00	Fuge zwischen Sohle u. Längswänden wird erst später zugemacht, damit 3 Bauteile sich unabhängig voneinander setzen können		Schwimmtor	
+5,20; +4,20 MThw; 38,00; -6,30; -7,20; -12,00	Je 4 Kästen über Wasser verfugt (Zughaken, Anschlußeisen, Höhenausgleichträger). Restl. Fugen durch Betonsäcke unt. Wasser ausgefüllt, z. T. trocken gedichtet	Pumpenhaus in besonderem Schwimmkasten, Dieselmotore	Schwimmtor	

Trockendocks 2.

Übersicht über größere

Gruppe	Baugrund	Wasserdruck	Nr.	Dock	Betr. Jahr	Nutzb. Länge in m	Einfahrtsbreite in m	Tiefe d. Drempels unter MThw	Ausbildung der Seitenmauern	Ausbildung der Sohle	Ausbildung des Dockhauptes
1	2	3	4	5	6	7	8	9	10	11	12
B	Sand, Kies, Ton	mit vollem Auftrieb	17	Philadelphia 3 und 4	1941	335	45,7	11,7	Massive Mauerblöcke 11 × 4,5 m, 13,4 m hoch. Stahlschalung, Stahlzugpfähle, rückwärtiger Spundwandabschluß Ausbildung als Halbrahmen	Herstellung aus Unterwassergußbeton, 3,7 m breite Streifen, Sohlenstärke 4,25 m, Trockenbetonestrich	wie vor
			18	Wilhelmshaven VII (unvollendet gesprengt)		350	60,0	8,55 (Drempel) 7,60 (Kielstapel)	Stahlbetonstützmauer mit Sporn	Gewölbesohle (Halbrahmen)	massiver Stahlbeton
			19	Wilhelmshaven VIII (unvollendet gesprengt)		350	60,0	15,90 (Drempel) 14,90 (Kielstapel)	Stahlbetonmauern mit Zugpfahlverankerung	Sohle mit schräger Zugpfahlverankerung	massiver Stahlbeton
			20	Bremen „Kap Horn" (nicht fertiggestellt, teilgesprengt)		361,5	60,0 später 2× 25,25	9,00	Stahlbetonstützmauer mit Sporn	An Spundwänden verankerte Sohle mit Grundwasserentlastung durch Sicherheitsventile	massiver Stahlbeton
			21	Hamburg „Elbe 17" (teilgesprengt)		351,06	60,0	10,35	Massive Mauerblöcke mit Hohlräumen	Balkensohle (Halbrahmen)	massiver Stahlbeton
			22	Kiel nicht zur Ausführung gekommen		360	60,0	15,0 (Drempel) 14,0 (Kielstapel)	Druckluftbauweise	Druckluftbauweise mit Überbrückungsplatten	Stahlbetonschwimmkasten

Abb. 4.

Trockendocks (Fortsetzung).

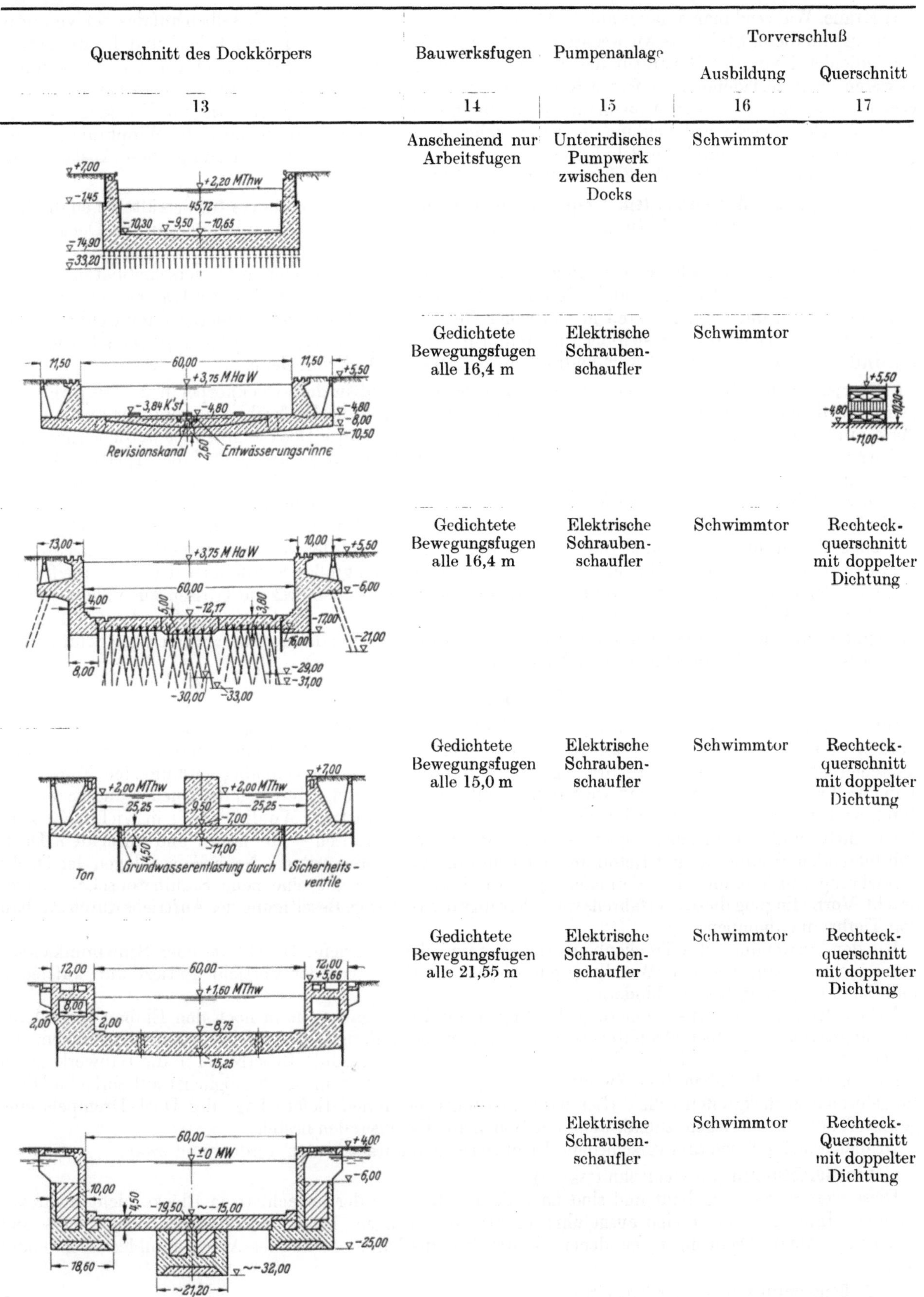

Querschnitt des Dockkörpers	Bauwerksfugen	Pumpenanlage	Torverschluß	
			Ausbildung	Querschnitt
13	14	15	16	17
	Anscheinend nur Arbeitsfugen	Unterirdisches Pumpwerk zwischen den Docks	Schwimmtor	
	Gedichtete Bewegungsfugen alle 16,4 m	Elektrische Schraubenschaufler	Schwimmtor	
	Gedichtete Bewegungsfugen alle 16,4 m	Elektrische Schraubenschaufler	Schwimmtor	Rechteckquerschnitt mit doppelter Dichtung
	Gedichtete Bewegungsfugen alle 15,0 m	Elektrische Schraubenschaufler	Schwimmtor	Rechteckquerschnitt mit doppelter Dichtung
	Gedichtete Bewegungsfugen alle 21,55 m	Elektrische Schraubenschaufler	Schwimmtor	Rechteckquerschnitt mit doppelter Dichtung
		Elektrische Schraubenschaufler	Schwimmtor	RechteckQuerschnitt mit doppelter Dichtung

Trockendocks 3.

7. Ausrüstung der Docke.

a) Krane. Während man anfangs auf die Dockseitenkrane verzichtete und dieselben auf das Schwimmtor setzte, um an dieser Stelle das Auswechseln der Schrauben und Wellen zu ermöglichen, und die Reparatur der Außenhaut von der Reparatur der Maschinen trennte, da diese schwimmend vor dem Dock unter schweren, weit ausladenden ortsfesten Kranen vorgenommen werden konnte, nimmt man heute — auch wegen Zeitersparnis — die Außenhaut- und Maschinenreparaturen gleichzeitig im Trockendock vor (Abb. 50). Der neueren Entwicklung der Krane folgend, verwendet man nur noch die Wippkransysteme, die infolge der immer größeren Schiffsabmessungen auch immer höher wurden und größere Ausladungen bis zu 35 m und höhere Tragfähigkeit von 10 t bis zu 30 t erhielten.

b) Kielstapel und Kimmschlitten. Ursprünglich begnügte man sich, besonders bei den älteren englischen Docken, mit den hölzernen Kielstapeln und steifte durch Rundhölzer die Schiffe gegen die Dockseitenwände ab.

Mit den wachsenden Schiffsabmessungen kamen dann die festen oder auch verschiebbaren Kimmschlitten in Holz, oder der Unterbau in Beton mit hölzerner Auflage, wie z. B. in Le Havre, und zwar für große Schiffe im mittleren Dockteil in vierfacher Reihe hinzu. Aber auch stählerne Kimmschlitten mit beweglichem Auflagerarm, der sich der Spantenform des Schiffes anpaßte, wurden angewendet, wie z. B. in London-Tilbury (Abb. 52) bzw. hydraulische Anlagen im Dock von Genua.

c) Treppen, Poller, Spills. Für das Ausbesserungspersonal sind in dem Dockkörper feste Treppen angeordnet, die entweder in der Mitte nach beiden Richtungen in die Docksohle führen, oder aber nur an Dockhaupt und -spitze oder auch gleichmäßig verteilt über das ganze Dock angeordnet werden. Ihre Lage und Anzahl richtet sich in erster Linie nach der Lage der Werkstätten und Materiallagerplätze. Bei den letzten in Deutschland ausgeführten Großtrockendocken ging man zu den montierbaren Stahltreppen über, die mit Hilfe der Dockkrane leicht ein- und ausgebaut werden können.

Die Poller verteilen sich nach den allgemeinen Regeln für Schiffsliegeplätze über das ganze Dock und sind entweder im hinteren Gelände oder bei Dockseitenkranen auf der vorderen Mauerkrone angeordnet. Teilweise stehen auch schwere Poller im Gelände zum Einrichten großer Schiffe über der Kielstapelflucht. Während der Zeit des Einrichtens werden die Kräne nicht benutzt, so daß die Trossen auch nicht stören.

Elektrische Spille bis zu 20 t Zugkraft sind zu beiden Seiten am Dockhaupt und im letzten Teil der Dockspitze sowie ein Spill vor Kopf der Dockspitze anzuordnen, um das genaue Verholen der Schiffe über den Kielstapeln und Kimmschlitten zu erleichtern.

8. Dichtung der Dockfugen.

Interessant ist, daß eine Anzahl bestehender Dockkörper ohne jede Dichtung der Bauwerksfugen gebaut worden sind. Beim Unterwasserbeton hat man die Sohle durchgehend betoniert und die Risse sich dort einstellen lassen, wo sie sich von selbst ergaben. Durch diese sehr unregelmäßig verlaufenden Fugen ließ man das Wasser heraustreten. Dort, wo Sandausspülungen auftraten, faßte man die Quellen und verwehrte durch nachträglich vorgebaute Filter dem Sand den weiteren Austritt. Wo dieses, wie in Kiel, nicht zum Ziele führte, mußte man nachträglich — allerdings erst nach Jahren — die hinter und unter dem Dock sich bildenden Hohlräume mit Beton ausfüllen und die Fugen ausspritzen. Nach Wegschlagen der Dockverkleidung wurde dann unter Verankerung in die bestehende Sohle eine neue Stahlbetonschale aufgebracht. Vorbedingung dieses Verfahrens war allerdings die vorherige Beseitigung des Auftriebs durch Einbau von Tiefbrunnenpumpen.

Mit der Verwendung des Trockenbauverfahrens und der Brunnen-, Druckluft- oder Schwimmkastengründung trat dann hier eine Wandlung ein, die letzten Endes von der Vorsicht diktiert war, auf jeden Fall Sandausspülungen zu verhindern.

Neben der einfachen Ausbetonierung der Fugen mit Beton gab es dann noch den Einbau besonderer Dichtungsstreifen aus teergetränkten Stricken, Bitumeneinfüllungen und Bleiwollstemmdichtungen. An einigen Stellen wurden auch noch Kupferbleche oder bitumenumhüllte Bleistreifen in die Bauwerksfugen einbetoniert. Sie alle haben ihren Zweck erfüllt, wobei man in Zukunft doch möglichst auf einfache Dichtungsformen zurückgreifen sollte. Hier wird allerdings die immer tiefere Lage des Dock-Drempels eine gewisse Vorsicht auferlegen, zumal, wenn der Boden aus Feinstsanden besteht.

Grundsätzlich müssen drei verschiedene Dichtungstypen unterschieden werden, und zwar:

a) Innendichtungen (im Querschnittskern).

Diese werden fest eingebaut und sind nach dem Betonieren der benachbarten Blöcke nicht mehr zugänglich. Innendichtungen sind ausgeführt als Strickdichtungen, Tonkerndichtungen, Kupferblech- und neuerdings Alcuta-Dichtungen, bei denen ein durch Kunstharze geschütztes Aluminiumblech verwendet wird.

b) Außendichtungen (an der Erdseite).

Diese sind nur durch Freilegen der Wandrückflächen wieder zugänglich zu machen. Sie sind ausgeführt als blechunterstützte mit Bitumen geklebte Pappbahnen, in Bitumen gemauerte Ziegelsteine, usw.

c) Außendichtungen (an der Luftseite).

Diese sind jederzeit bei trockengelegtem Dock erreichbar. Die größte Anwendung hat die mit bituminierter Faser ausgestemmte und mit Bleiwolle bzw. als Ersatz mit einem harten Strick verschlossene Keilfuge gefunden.

In neuerer Zeit wurden auch häufig Blechdichtungen bzw. in einem Sonderfall sogar Gummidichtungen verwendet. Auch in Bitumen vermauerte Steine wurden angewendet. Die Gummidichtung sowie die Blechdichtung mit Bitumenverguß dichten gegen Wasserdruck aus der Fuge. Wenn gegenseitige Verschiebungen der Blöcke, die die Gefahr des Auslaufens des Bitumens mit sich bringen, zu erwarten sind, wird das Blech zweckmäßig so gelegt, daß es den Wasserdruck zum Dock hin erhält. Die Blechdichtung ohne Bitumenverguß dichtet gegen Wasserdruck von außen. Sie wurde eingebaut in eine Trennwand zwischen zwei Docken, und zwar auf beiden Seiten. Das Auswechseln ist hier, da das Blech bei leerem Dock spannungslos ist, besonders einfach.

Bei der unter Flur liegenden Pumpenhäusern und großen Docktiefen werden die Dichtungsarbeiten, immer schwieriger und führen meist zur vollen Dichtungsumhüllung des Maschinenraumes. Um diesen Schwierigkeiten und hohen Kosten zu entgehen, sollten alle wasserempfindlichen Teile hoch gelegt werden.

9. Planungen der Zukunft.

a) Dockarten. Man wird wegen der wachsenden Dockabmessungen grundsätzlich die konstruktive Gestaltung so wählen, daß entweder die Seitenmauern zur Aufnahme des Auftriebs herangezogen werden, oder die Sohle im Baugrund verankert wird. Auf den reinen Massivbetonquerschnitt ohne Stahlbewehrung wird man bei den wachsenden Abmessungen der Docke nur mit Hilfe besonderer Bauverfahren zurückkommen.

Die Auflösung der Seitenmauern, wie sie das Dock in Genua während der Bauausführung zeigt, wird wegen der Verminderung der Massen bei genügenden Stahlvorräten in Zukunft Nachfolger finden.

Von den verschiedenen Bauausführungen wird das Trockenbauverfahren, die Druckluft- und Schwimmkastengründung, aber auch der Unterwasserbeton (Kontraktor-Verfahren) ihre Bedeutung behalten, wobei Schwimmkästen wie Druckluftkästen immer größere Abmessungen erhalten werden.

Der Bau weiterer Trockendocke wird wie bisher als Einzeldock, als Seriendock oder Sammeldock mit Wassertiefen und Abmessungen für das Regelfrachtschiff vonstatten gehen. Die Docke für Großschiffe werden Abmessungen bis zu 400 m Länge und mehr, 60 m Breite und mehr, 15 m Drempeltiefe und mehr bei MThw aufweisen.

Auch Baudocke werden in Zukunft als Einzeldocke und als Serien- oder Sammeldocke gebaut werden.

Mit den wachsenden Schiffsabmessungen und wachsenden Stapellaufgewichten wächst die Schwierigkeit des Stapellaufes. Im In- und Ausland ging man daher seit 1930 mehr und mehr zum Bau von Bau-Trockendocken über.

Die Franzosen bauten ein überdachtes Baudock in Lorient, das gleichzeitig zwei mittlere Frachter aufnehmen konnte, und ein Baudock in St. Nazaire (Abb. 53) nach ganz neuen Gesichtspunkten.

Die Anlage besteht aus drei Teilen: dem Montageplatz, der bis zu 8 m gegenüber dem Werftgelände durch wasserdichte Betonwände und Schottentore überstaut werden kann, dem Materiallagerplatz mit den großen fahrbaren Montagekranen und dem eigentlichen Baudock.

Auf diese Weise glaubte man, das Ziel zu erreichen, gleichzeitig zwei große Dampfer zu bauen. Auf dem Trockenplatz wurde der Schiffskörper bis zu einer gewissen Höhe montiert, dann der Platz überstaut, der Schiffskörper in das eigentliche nasse Baudock herübergezogen, das Wasser abgesenkt und der Schiffskörper auf der Docksohle abgesetzt. Dann konnte hier der Weiterbau, aber auch gleichzeitig die Kiellegung eines neuen Schiffes auf dem Trockenplatz erfolgen.

Im Vollbetrieb war die Anlage bis zum Ausbruch des Krieges noch nicht gewesen, so daß Erfahrungen nicht gesammelt werden konnten. Gewisse Bedenken bestehen für das Zwischenstadium der Überflutung der Gesamtanlage und Herüberziehen des Schiffskörpers in das Naßdock bei gleichzeitiger Freiräumung des mittleren Werkplatzes.

Auf der einen Dockmauer (Abb. 54) wurde dann noch eine Schiffsbauversuchsanstalt errichtet. Die Werkstätten liegen außerhalb des gesamten Baudocks.

Interessant ist dann noch, daß die eine Dockseitenwand auf amerikanischen Stahlspundwandzellen in Kreisform errichtet wurde (Abb. 55). Die Abmessungen der Baudocke werden sich wohl in folgenden Grenzen bewegen: L = 300 m bis 400 m, B = 30 m bis 60 m und D. T. = 9 m bis 14 m bei MThw.

b) Konstruktionsvorschläge für Trockendocke (Abb. 56 u. 57). Bei verschiedenen Anlässen sind in meinem Büro Vorschläge für Trockendocke entwickelt worden, um für den jeweiligen Ausführungsfall zum günstigsten Querschnitt für Entwurf und Ausführung zu kommen.

Diese Vorschläge sind für ein Dock ohne Auftrieb, mit Auftrieb und mit Verminderung des Auftriebs getrennt wiedergegeben (Abb. 56 und 57).

Man sieht an Hand dieser Vorschläge, wie stark die Art der Bauausführung die Formgebung beeinflußt. Man sollte daher in Zukunft, wenn es irgendwie geht, die Bauausführung nicht eher vorschreiben, bis die entsprechenden Vergleichsvorschläge vorliegen.

Unterteilt man zunächst die Vielfältigkeit der möglichen Dockformen nach konstruktiven Gesichtspunkten, so erhält man als Hauptgruppen Schwergewichtsbauwerke, Rahmenbauwerke und Bauwerke mit Gelenksohlen. Die ersteren enthalten wenig, die übrigen mehr Bewehrung. Neben die

I. Schwergewichtsbauwerke.

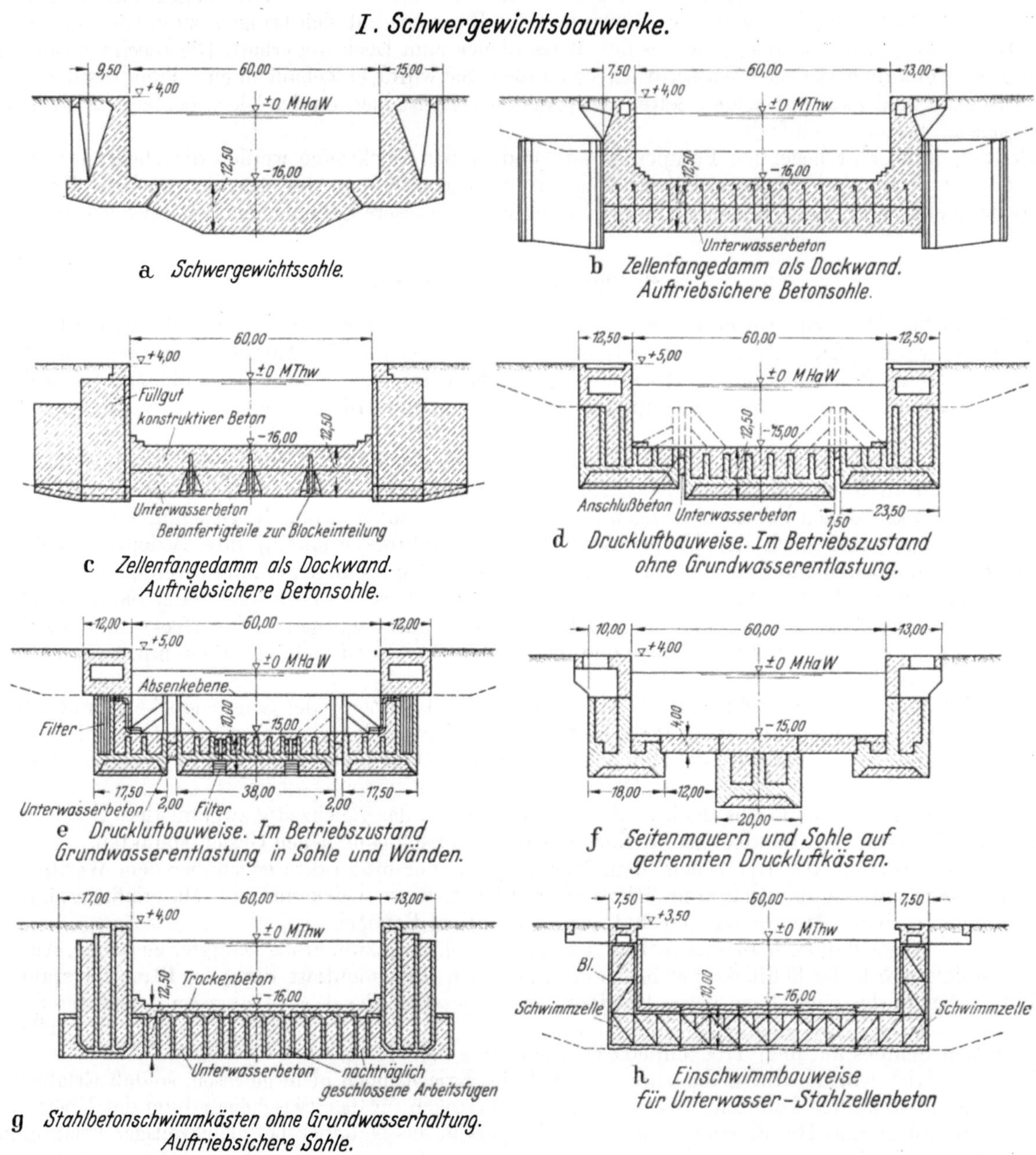

Abb. 56. Trockendock-Entwürfe I.

reine Schwergewichtssohle (Abb. 56 I a) als massiv unter Grundwassersenkung eingebrachten Körper tritt als weitere Ausführungsart der Unterwasserbeton zwischen Zellenfangedämmen, nach dessen Einbringung die Baugrube ausgepumpt und die obere Hälfte der Sohle im Trockenen hergestellt werden kann (Abb. 56 I b). Beide Teile werden durch Stahlanker miteinander verbunden. Statt dessen kann die Verbindung auch durch Betonfertigteile vollzogen werden, die gleichzeitig zur Baublockeinteilung des Unterwasserbetons dienen (Abb. 56 I c). Derartige Unterteilungen empfehlen sich sehr, da die Beschaffenheit des Unterwasserbetons dadurch wesentlich verbessert wird.

Eine dritte Bauausführungsart stellt die Schwimmkastengründung dar (Abb. 56 I g u. h). Die abgesenkten Kästen in Stahl oder Stahlbeton werden in der Sohle durch Unterwasserbeton gefüllt, der oben eine Abdeckung aus Trockenbeton erhält. Der Querschnitt zeigt eine Aufteilung in mehrere Sohlen- und Seitenmauerkästen, deren Fugen ebenfalls durch Unterwasserbeton geschlossen werden. Der Querschnitt 56 I h stellt eine neuartige Einschwimmbauweise von einzelnen Stahlzellen dar.

Auch bei der Druckluftbauweise (Abb. 56 I e) wendet man eine ähnliche Unterteilung an. Die gestrichelten Wände sind Behelfskonstruktionen, die bis zur Schließung der Fugen die Docksohle trocken halten sollen.

Man kann bei der gleichen Bauweise auch im Betriebszustand eine Entlastung des Auftriebs durch eine Sohlen- und Seitenmauerdrainage hinzufügen, die aus Filtern besteht, die das Wasser an ein Rohrleitungs-

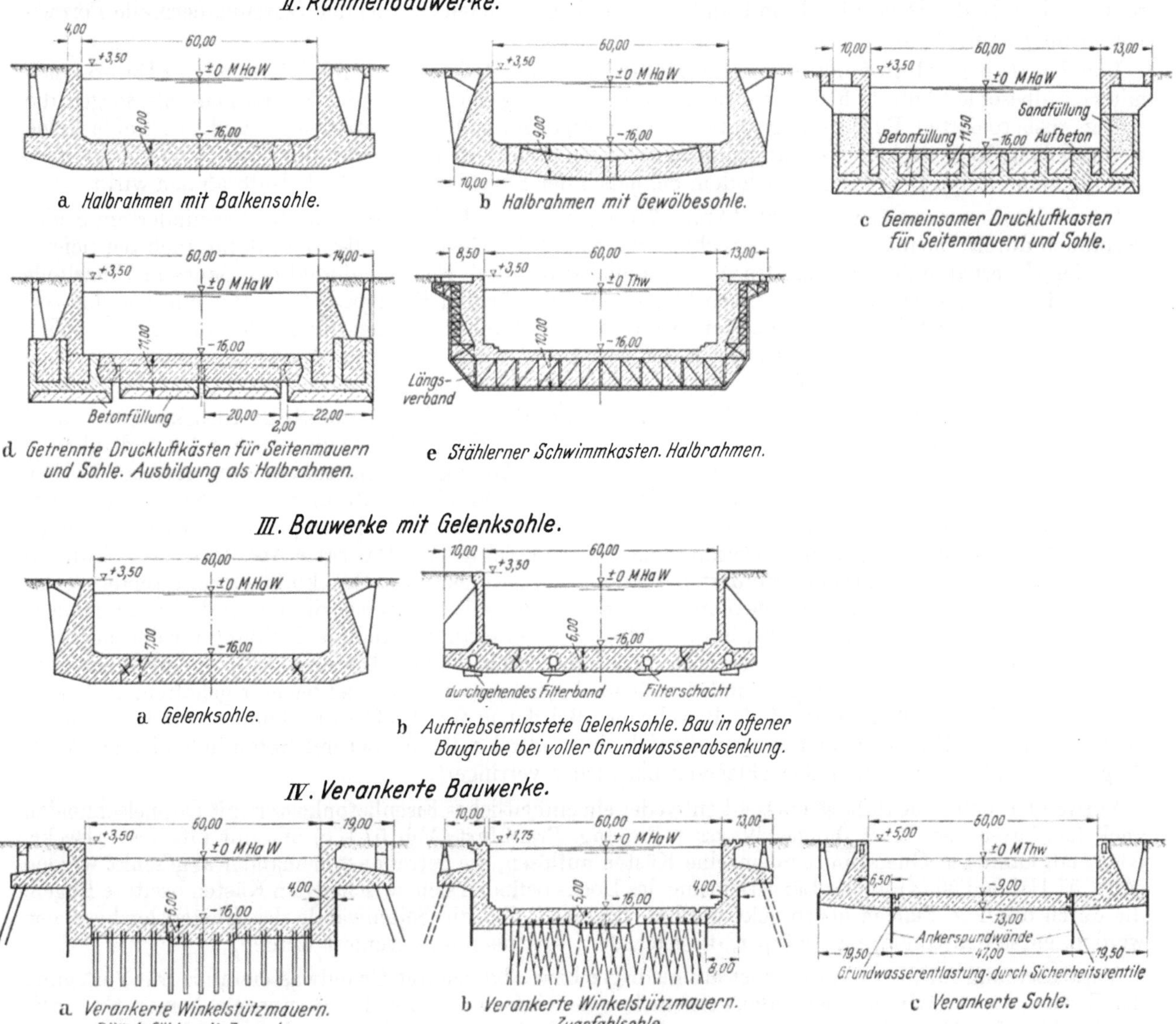

Abb. 57. Trockendock-Entwürfe II-IV.

system im Dockinnern abgeben. Das Wasser kann dann durch eine Lenzpumpe aus dem Dock entfernt werden (Abb. 56 I e).

Man kann die Druckluftgründung auch auflösen (Abb. 56 I f), indem man Seitenmauern und Sohlenmitte als Pfeiler absenkt, deren Zwischenräume durch zugfest angeschlossene Eisenbetonbalken überbrückt werden. Allerdings erfordert diese Ausführung eine zusätzliche Grundwasserabsenkung. Bei dieser Bauweise wird eine weitgehende Baugrubeneinschränkung, besonders bei schlechtem Boden, erreicht. Man kann das gleiche Ziel auch durch Brunnengründung erreichen.

Will man die Sohle leichter ausbilden, so muß sie zur Auftriebaufnahme verankert werden. Das kann entweder dadurch geschehen, daß nach dem Rütteldruckverfahren der Firma Keller, Frankfurt, Stahlanker, die zu viert an einem waagerechten Profileisenrost, der mit eingerüttelt wird, angreifen, in den Boden eingerüttelt werden (Abb. 57 IV a) oder dadurch, daß gewöhnliche Zugpfähle, am besten schräg zur Erhöhung des Zugwiderstandes, in den Boden gerammt werden (Abb. 57 IVb). Beide Verfahren erfordern eine Grundwasserabsenkung. Der Zugwiderstand kann niemals größer sein, als das Gewicht des von den Ankern oder Pfählen erfaßten Bodens. Danach ist die Länge der Verankerung zu bemessen.

Die Verankerung der Sohle kann auch durch entsprechend tief gerammte Umfassungsspundwände erreicht werden (Abb. 57 IVc).

Die Formgebung der Seitenmauern paßt sich der Art der Bauausführung an. Das hintere Kranbahngleis belastet die Mauern günstig und wird deshalb, teilweise durch Kragarme (Abb. 56 Ia, h u. 57 IIa—e. IIIa u. b, IVa—c), auf die Mauern übertragen. Die Zellenfangedämme können entweder wieder entfernt werden oder bleiben Bestandteil des Bauwerkes. Die Seitenmauern enthalten teilweise noch Betriebsräume, wie z. B. das Dock Elbe 17 in Hamburg. Im übrigen finden sich bei den Seitenmauern alle Formen von Kaikonstruktionen.

Von den Rahmenbauwerken wird der Halbrahmen mit Balkensohle (Abb. 57a) und der Halbrahmen mit Gewölbesohle (Abb. 57b) unter Grundwasserabsenkung hergestellt. Bei der Balkensohle sorgen die später ausbetonierten Fugen dafür, daß aus dem Eigengewicht der Seitenmauer und der Sohle keine wesentlichen Momente in den Gesamtrahmen gelangen. Die Bewehrung geht durch die Fuge hindurch, so daß für die weiteren Belastungen nach dem Schließen der Fuge das Bauwerk als Halbrahmen wirkt.

Der Halbrahmen mit Gewölbesohle (Abb. 57b) erreicht eine Rahmenwirkung bei vermindertem Stahlverbrauch durch Ausnützen der waagerechten Stützkraft des Gewölbes, allerdings dafür auch bei tieferer Lage der Unterkante der Sohlenmitte. Der Rahmen wird durch Fugen während des Baues in Einzelteile zerlegt, die sich zunächst getrennt setzen können, ehe sie für den Betriebszustand fest miteinander verbunden werden. Auch hier laufen die Konstruktionseisen durch die Fugen durch. Der auf dem Gewölbeboden liegende Beton dient zum Ausgleich der Docksohle, wirkt aber konstruktiv nicht mit, abgesehen von der lastverteilenden Wirkung.

Außer der Grundwasserabsenkung kommen für die Bauausführung die Schwimmkasten- und Druckluftbauweise in Frage. Erstere wurde bereits in Le Havre und Toulon verwendet und führt zu Stahlkästen mit geschlossener Außenhaut, die während des Absenkens vollbetoniert werden (Abb. 57 IIe). Man muß hierbei den Querschnitt des Docks als einheitliches Stück hinunterbringen, während man in der Längsrichtung Fugen einlegen kann. Die schwimmenden Kästen sind sehr empfindlich. Das Betonieren muß nach strengem, ganz genau vorbestimmtem Plan vor sich gehen. Das satte Aufsitzen des Schwimmkastens auf der Baugrubensohle erfordert besondere — meistens unter Druckluft auszuführende — Arbeiten. Diese Nachteile vermeidet eine in meinem Büro entwickelte Bauweise, die nur in den Seitenmauern geschlossene Schwimmzellen vorsieht, in der Mitte aber den Stahlverband als Schalung für den nach der Absenkung eingebrachten Unterwasserbeton verwendet (Abb. 56 Ih). Dadurch wird die Stahlhaut auf einem großen Teil der Sohle gespart und der eingeschwommene Körper viel leichter gehalten. In beiden Fällen wirkt der Stahlkörper als steife Bewehrung. Bei der neuen Ausführung können durch Bleche im Mittelteil einzelne Zellen gebildet werden, die sich einwandfrei unter Wasser mit Beton füllen lassen. Allerdings wird dadurch die Stahl-Gewichtsersparnis wieder verringert.

Verwendet man Druckluft, so entsteht entweder ein einheitlicher Eisenbetonkasten mit Doppelschneiden nach dem Patent der Neuen Bauges. Wayss u. Freytag, Frankfurt (Abb. 57 IIc) und mit aufgelöster Decke, oder man kann den Querschnitt in einzelne Kästen auflösen, die getrennt voneinander abgesenkt werden (Abb. 57 IId und 56 If). In der Längsrichtung des Docks befinden sich zwischen den Kästen breitere Fugen, die durch dünnere Platten überbrückt werden. Dadurch, daß die Seitenwände der Kästen hochgezogen werden, entstehen trogförmige Körper, die nach dem Absenken ausbetoniert werden.

Voraussetzung für diese Bauweise ist ein niedriger bzw. abgesenkter Grundwasserstand. Die Verlegung der Eiseneinlagen dürfte bei dieser Bauweise nicht ganz einfach sein. Bei den Bauwerken mit Gelenksohle (Abb. 57 IIIa u. b) gehen im Gegensatz zu den Rahmenbauwerken die oberen und unteren Eisen bei der Gelenksohle nicht durch die Fuge hindurch. Durch Einbau einer Isolierungsschicht und Zentrierung der Kräfte in einer Auflagerplatte wird die Gelenkwirkung verstärkt. Der Vorteil dieser Bauweise besteht darin, daß das System weniger statisch unbestimmt gemacht und daher unempfindlicher gegen ungleichmäßige Setzungen ist.

Da der Auftrieb einen wesentlichen Teil der Belastung der Docksohle ausmacht und zudem das Gewicht des Gesamtrahmens festlegt, liegt es nahe, zu versuchen, seine Größe durch künstliche Maßnahmen herabzusetzen. Hierzu dienen verschiedene Drainagesysteme, die vorher in der Übersicht bisher ausgeführter Docke angegeben sind. Die Gefahr bei jeder Auftriebsentlastung liegt darin, daß die im Boden verlegten Rohre sich im Laufe der Zeit mit Schlamm zusetzen können und dadurch ihre Wirksamkeit verlieren. Dann tritt der unverminderte Auftrieb wieder auf und zerstört das für diese Kraft nicht bemessene Bauwerk. Um eine Verstopfung der Rohre zu verhindern, habe ich den Vorschlag gemacht, die Entlastungskanäle im Bauwerk so groß zu bemessen, daß sie begangen und von Zeit zu Zeit überprüft werden können (Abb. 57 IIIb). In der Sohle der Kanäle sind Sickerschächte eingebaut. Diese können vom Kanal aus aufgegraben und neu gefüllt werden, wenn sie verschlammt sind. Um die Kanäle auch bei starkem Wasserandrang begehbar zu machen, werden sie abschnittsweise unter Druckluft gesetzt. Man erhält geschlossene Druckluftkammern, wenn die Kanäle nur über einen Baublock reichen und am Ende abgeschlossen sind. Meist wird es genügen, Entlastungen nur in jedem zweiten Baublock vorzusehen und die gegenüberliegenden Kanäle gegeneinander zu versetzen.

c) Statische Behandlung. Bei der Berechnung von Trockendocken ist besonders darauf zu achten, daß mit den wechselnden Lastfällen auch die statische Wirkungsweise des Gesamtquerschnitts sich ändert. Wir müssen hierbei folgende drei Hauptlastfälle unterscheiden:

1. Fall: Dock leer ohne Schiffsbelastung.
   Maßgebend ist bei diesem Lastfall immer die Auftriebsbelastung.
2. Fall: Dock leer mit Schiffsbelastung.
   Hierbei ist die Frage von Bedeutung, ob die Schiffslast den wirksamen Auftrieb überwiegt, so daß wesentliche Lastanteile durch den Boden aufgenommen werden müssen, oder ob die gesamte Schiffsbelastung durch den Auftrieb unter der Sohle aufgenommen werden kann.
3. Fall: Dock geflutet.
   Dieser Lastfall ist in den meisten Fällen von untergeordneter Bedeutung.

Die bei der statischen Berechnung von Docken auftretenden Probleme können ganz allgemein als Probleme der elastischen Stützung bezeichnet werden. Soweit die Docksohle nicht als auftriebssichere Schwergewichtssohle ausgebildet ist, oder durch Ankerglieder in dem Boden gehalten wird, müssen die Auftriebskräfte zusätzlich durch das Wandgewicht und die Erdhinterfüllung ausgeglichen werden. Hierbei wirkt die Sohle als teilweise oder voll eingespannter Balken oder als Gewölbe. In jedem Fall werden Einspannmomente bzw. gleichgeartete Kräfte auf die Wandblöcke übertragen, die hier von dem hinterfüllenden Erdreich aufgenommen werden müssen. Die dabei auftretenden elastischen Lageveränderungen der Wandblöcke sind für die Bemessung der Sohle von ausschlaggebender Bedeutung. Bei Belastung der Sohle durch Schiffslasten müssen diese Kräfte durch den wirksamen Auftrieb und den Bodengegendruck aufgenommen werden. Soweit der Bodengegendruck wesentliche Anteile der Vertikallasten zu übernehmen hat, wird auch hier die Abhängigkeit im elastischen Verhalten der Sohle und des Bodens die Bemessung wesentlich beeinflussen. Die Frage der Sohlenbemessung wird dadurch besonders verwickelt, daß bei nicht auftriebssicheren Sohlen die zusätzliche Schiffslast von zwei unabhängig voneinander wirksamen Reaktionskräften, dem Auftrieb und dem Bodengegendruck, aufgenommen werden muß. Der Auftrieb allein versucht die Sohle nach oben zu verformen und vom Baugrund abzuheben. Die Schiffslast ihrerseits wirkt dieser Bewegung entgegen und erzeugt an der Stelle der größten Last die größte Einsenkung, die, sobald die Durchbiegung durch die Schiffslast die Durchbiegung durch den Auftrieb überwiegt, zu Bodengegendruckkräften führt. Diese Verhältnisse sollen an einem Beispiel kurz erläutert werden:

Bei einer Docksohle, die in der Vorderkante der Wandflächen gelenkig an die Wandblöcke angeschlossen ist, wirkt die Sohle bei Auftrieb als Balken auf zwei Stützen. Die Schiffslast in der Mitte der Sohle als Einzellast angreifend, kann nun, ohne daß ein Bodengegendruck erzeugt wird, so groß werden, wie dem mittleren Auflager eines durchgehenden Balkens auf drei Stützen für die Auftriebsbelastung entspricht. Wächst die Schiffslast über dieses Maß, so wird der Rest durch Bodengegendruck aufgenommen.

Wir sehen aus diesem kleinen Beispiel, welchen großen Einfluß der Auftrieb auch bei der Schiffsbelastung der Docksohle hat, und es ist deshalb notwendig, von Fall zu Fall sorgsam zu prüfen, in welcher Größe der Auftrieb mit Sicherheit zu erwarten ist.

Sowohl für die Berechnung der elastischen Einspannung der Widerlagerblöcke, als auch für die Kraftaufnahme unterhalb der Docksohle durch den elastischen Boden ist die Kenntnis der Elastizitätsgesetze des Baugrundes erforderlich. Die weiteste Verbreitung hat hier das Rechnungsverfahren mit Hilfe der Bettungsziffer gefunden. Angaben über die Werte der Bettungsziffer finden sich in der Literatur in großer Zahl. Diese Angaben und die bei Berechnungen benutzten Werte schwanken jedoch in derart weiten Grenzen, daß dem entwerfenden Ingenieur irgendwelche klaren Richtlinien nicht gegeben werden können. Meßergebnisse an ausgeführten Bauwerken liegen nur in sehr geringem Maße vor. Die bei durchgeführten Berechnungen in Neapel, Bremen, Wilhelmshaven, Genua verwendeten Werte zeigen bereits Unterschiede in den Annahmen der Bettungsziffern von 0,75 kg/cm³ bis 1,43 kg/cm³.

Das Bettungsziffernverfahren, das ursprünglich nur für lotrechte Belastungen gedacht war, wurde später auch für das elastische Verhalten des Bodens in horizontaler Richtung hinter den Widerlagern angewendet, wobei dann meist die Annahme getroffen wurde, daß die Bettungsziffer von der Sohle des Widerlagers zur Erdoberfläche von dem in der horizontalen Grundfuge angenommenen Wert bis auf 0 geradlinig abfällt. Dieser Ansatz ist zweifellos recht ungünstig.

Gegen das Bettungsziffernverfahren wurde mit Recht immer wieder eingewendet, daß es die Druckverteilung im Baugrund nicht berücksichtigt. Das Verfahren ist nur dann exakt, wenn wir annehmen, daß nur der Erdkörper in der Größe der Grundrißfläche an der Kraftübertragung teilnimmt. Diese Annahme wird wohl in keiner Form heute mehr vertreten werden auf Grund der Untersuchungen von Boussinesq, Kögler und Fröhlich über die Gesetzmäßigkeiten der Druckausbreitung in den tieferen Bodenschichten.

Wenn trotzdem bis in die neueste Zeit an dem Bettungszifferverfahren immer wieder festgehalten wurde, so liegt das wohl ausschließlich daran, daß dieses Verfahren bei gleichbleibendem Trägheitsmoment mit ausgearbeiteten Tabellen- und Kurvenwerten eine außerordentlich einfache Berechnung gestattet. Sobald allerdings der Gründungskörper veränderliches Trägheitsmoment hat, sind auch diese Tabellenwerte nicht mehr anwendbar, und wir müssen hier auf die graphischen Verfahren, wie sie schon von Ritter veröffentlicht wurden, zurückgreifen. Diese graphischen Verfahren sind besonders bei weichen Böden sehr zeitraubend und empfindlich. Die Lösung ist letzten Endes nur durch vielfaches Probieren zu erreichen, wobei für eine angenommene Bodengegendruckverteilung die Durchbiegung des Gründungskörpers bestimmt wird, die dann mit der Setzung des Bodens, die sich aus der Bodengegendruckverteilung und der Bettungsziffer ergibt, übereinstimmen muß. Für kleine Gründungsflächen und starre Gründungskörper kann die Setzungsabhängigkeit von der Bodenspannung über die Druckverteilung im Baugrund und die Elastizität des Bodens abgeleitet werden, so daß dann mit einer feststehenden Gesetzmäßigkeit — der Bettungsziffer — gearbeitet werden kann. Bei veränderlicher Größe der Gründungskörper ergeben sich jedoch für gleiche Bodenspannungen unterschiedliche Bettungsziffern. Bei elastischen Gründungskörpern ergeben sich hierdurch so große Abweichungen, daß man in der Praxis das Bettungszifferverfahren nicht mehr anwenden sollte.

Um den Verlauf der Bodengegendruckkräfte genauer zu bestimmen, habe ich im Jahre 1937 in meinem Büro eine Reihe von Vergleichsrechnungen durchführen lassen, und zwar auf graphischem Wege. Hierbei wurde zunächst, ausgehend von einer geradlinigen Bodengegendruckverteilung, die Durchbiegung des Balkens und die elastische Formänderung des Bodens bestimmt. Durch Angleichung der Ergebnisse konnte dann meist schon nach wenigen Rechnungsgängen eine genügende Übereinstimmung erzielt werden. Die elastische Verformung des Bodens wurde hierbei in der Form festgestellt, daß zunächst die Spannungsverteilung im Baugrund nach Fröhlich errechnet wurde und dann auf Grund des elastischen Verhaltens des Bodens, wie es sich bei Versuchskörpern gezeigt hat, die Setzung der einzelnen Bodenschichten und daraus dann wieder die Gesamtsetzung der Bodenoberfläche unterhalb des elastischen Bauwerkes ermittelt wurde.

In neuerer Zeit hat nun Ohde[1] (Abb. 58) ein analytisches Verfahren entwickelt, das in der allgemeinsten Form der Ableitung für jeden Boden und auch für veränderliche Trägheitsmomente anwendbar ist. Ohde geht von der Setzungslinie der Erdoberfläche unter einer rechteckig verteilten Kurzstreckenlast 1 aus. Diese Setzungslinie wird über die Spannungsverteilung im Baugrund, die nach den Ansätzen von Schleicher, Boussinesq oder Fröhlich bestimmt werden kann, berechnet, oder sie kann auch durch Versuche bestimmt werden. Diese Setzungslinie ist gleichzeitig die Einflußlinie für die Setzungen infolge einer beliebigen Streckenlast. Zur Bestimmung der Setzungslinie muß die versuchsmäßig ermittelbare Bodenelastizität bekannt sein. Ist nun die Belastung des Grundbauwerkes sowie dessen Steifigkeit und die Setzungseinflußlinie bekannt, so wird der Balken, der die Kräfte auf den Boden überträgt, in gleich lange Einzelabschnitte unterteilt, für die näherungsweise der Bodengegendruck als Rechteck angesetzt werden kann. Aus der Bedingung der gleichen Formänderungen für die Geländeoberfläche und das Grundbauwerk kann die Bodengegendruckverteilung einwandfrei bestimmt werden.

Der Nachteil des Verfahrens liegt in der erforderlichen wesentlich höheren Rechenarbeit, da es nicht möglich ist, allgemein gültige Kurven oder Tabellen aufzustellen, weil die elastischen Eigenschaften nicht als Faktor herausgestellt werden können, sondern in einer Summe stehenbleiben. Dieser größere Aufwand an Rechenarbeit lohnt sich jedoch immer durch die wirtschaftlichere Bemessung der Querschnitte und die genauere Erfassung des gesamten Kraftverlaufs.

Als typisch möge hier lediglich das Ergebnis der Untersuchungen für einen gleichmäßig belasteten Balken mit gleichbleibendem Trägheitsmoment erwähnt werden. Während dieser Balken nach dem Bettungszifferverfahren spannungslos ist, ergeben sich nach dem genaueren Verfahren unter Berücksichtigung der Spannungsverteilung im Baugrund ungleichmäßige Bodengegendruckkräfte und damit Verformungen, Momenten- und Querkraftbeanspruchungen des Balkens.

Dieses neuere Rechnungsverfahren ist zunächst nur für lotrechte Belastungen geeignet. Für horizontale Beanspruchungen des Baugrundes, wie sie hinter den Wandblöcken als Widerlager eingespannter Sohlen auftreten, ist das Verfahren nicht anwendbar, da die gesetzmäßigen Abhängigkeiten für die horizontale Nachgiebigkeit des Bodens noch im wesentlichen ungeklärt sind. Man könnte hier, ähnlich wie bei dem Bettungszifferverfahren, einen gradlinigen Ausgleich von der Wandsohle zu der Geländeoberfläche ansetzen, doch dürfte diese sehr grobe Annahme nicht zu Ergebnissen führen, die mit der Wirklichkeit übereinstimmen. Wesentlich ist die Beantwortung der Frage, welche Kräfte hinter den Widerlagern zur Verfügung stehen. Es sind dies in erster Linie der Grundwasserüberdruck und der wirksame Erddruck, wobei m. E. bei allen Momenten, die eine rückdrehende Bewegung der Widerlager zur Folge haben, der natürliche Erddruck in Größe des doppelten aktiven Erddrucks für den Wandreibungswinkel 0 angesetzt werden kann, ohne daß hierbei nennenswerte Widerlagerbewegungen auftreten. Reichen diese Kräfte zur Aufnahme der Einspannmomente und der Horizontalkräfte aus dem Gewölbedruck nicht aus,

---

[1] Ohde: Zur Berechnung der Sohldruckverteilung unter Gründungskörpern. Bauing. Bd. 23, 1942, S. 99—117.

so bleibt allerdings kein anderer Weg übrig, als eine Gesetzmäßigkeit für die Bodenelastizität anzunehmen, wie dies oben bereits erläutert wurde und die Bemessung für die beiden Grenzfälle durchzuführen.

Für die Sohlenbemessung sind die Horizontalkräfte in voller Größe anzusetzen. Bei einer nach dem Dockinnern gerichteten Bewegung der Seitenwände, z. B. bei hohen Schiffslasten, wird man als unteren Grenzwert den aktiven Erddruck und den Wasserüberdruck auf die Wände ansetzen, soweit der Wasserüberdruck mit Sicherheit auftreten kann. Man sollte hierbei immer bedenken, daß schon geringe Undichtigkeiten des Docks zu sehr starker Grundwasserentlastung führen können, so daß es sich immer verlohnt, den Grenzfall ohne Wasserüberdruck mit den höchst zulässigen, gegebenenfalls auch überhöhten Spannungen nachzuweisen.

Bei eingespannten oder gelenkig eingehängten Sohlen ist die Lage der Kräfte im allgemeinen einwandfrei geklärt. Bei reinen Schwergewichtssohlen, gegen die die Wandmauerblöcke in einer lotrechten oder geneigten Fuge ohne eindeutige Kraftzentrierung stumpf gegenstoßen, wird die Lage der angreifenden horizontalen Auflagerkräfte aus den Bewegungen der Bauwerksteile gegeneinander von Fall zu Fall bestimmt werden müssen.

Bei Docken mit auftriebssicherer Schwergewichtssohle wird man die Baublockeinteilung parallel zur Dockachse so wählen, daß die Schiffslasten keine nennenswerten Momentenbeanspruchungen ergeben. Bei derartigen Docken, soweit sie mit unterteilten Sohlen hergestellt werden, beschränkt sich die Rechnung auf den Standsicherheitsnachweis der Seitenwände. Werden derartige Docke so betoniert, daß sie als einheitlicher Querschnitt wirken, so muß der Einfluß der Wandblocklasten und der Kieldrücke nachgewiesen werden.

Rahmen und Gewölbequerschnitte sind grundsätzlich gleich zu behandeln. Die Gewölbedocke führen meist zu den wirtschaftlicheren Querschnitten, erfordern jedoch besonders bei sehr weit gespannten Docken meist in der Dockachse einen größeren Bodenaushub gegenüber den Rahmendocken mit flacher Sohle, um einen genügenden Stich des Gewölbes zu erhalten. Der oberhalb der Gewölbe zum Herstellen einer horizontalen Docksohle erforderliche Füllbeton wirkt sich für die Verteilung der Schiffslasten günstig aus, verfälscht aber, soweit er nicht in sehr kleine Abschnitte unterteilt ist, in gewissen Grenzen die Gewölbewirkung.

Bei verankerten Docksohlen ist zu unterscheiden zwischen Einzelverankerungen, z. B. Pfahlgruppen, Druckluftkästen oder Brunnen und Flächenverankerungen, z. B. über die Grundfläche gleichmäßig verteilte Einzelpfähle, Rüttelanker, usw. Bei der Ausbildung von Einzelverankerungen wird man diese so anordnen, daß sie gleichzeitig zur Aufnahme der Kiellasten herangezogen werden können, ohne daß die Docksohle hierbei wesentliche Beanspruchungen erhält.

Soweit die Belastungen dieser Einzelverankerungen innerhalb der zulässigen Bodenspannungen bleiben, erübrigt sich meist ein Spannungsnachweis für die benachbarten Sohlenteile bei der Belastung durch Schiffslasten. Für die Auftriebsbelastung lassen sich allgemein gültige Regeln nicht aufstellen. Das elastische Verhalten der einzelnen Ankerpunkte muß — soweit möglich — versuchsmäßig geklärt werden, wobei jedoch immer zu beachten bleibt, daß sich Versuche an Einzelpfählen, Einzelbrunnen o. ä. nicht ohne weiteres auf Pfahlgruppen, Brunnenreihen, usw. übertragen lassen. Soweit möglich, wird man hier versuchen, auf eine statisch bestimmte Lagerung der Sohlenteile zwischen den Aufhängepunkten hinzuarbeiten.

Bei Flächenverankerungen kann gleichmäßige elastische Verformung aller Ankerpunkte unter gleichmäßigen Antriebskräften angenommen werden, so daß hier der Bemessung keine Schwierigkeiten im Wege stehen, zumal die Spannweiten zwischen den Einzelpunkten im Verhältnis zur Docksohlenstärke im allgemeinen gering sind. Für die Belastung aus Schiffslasten wirken Flächenverankerungen sich im allgemeinen in einer Verringerung der Bodenelastizität, d. h. in größerer Bodensteifigkeit, aus. Auch hier können die vielfältigen, aus der nicht klar erfaßbaren Bodenelastizität herrührenden Möglichkeiten durch geschickte Baublockeinteilung wesentlich eingeengt werden. Soweit Umfassungsspundwände, insbesondere innerhalb der Dockwände, um die Docksohle herum gerammt sind, können diese als Verankerungen für die Sohle ebenfalls in Ansatz gebracht werden. Über die Schwierigkeiten, das elastische Verhalten derartiger Ankerpunkte zu erfassen, gilt das vorhin allgemein für Einzelverankerungen Gesagte.

Die Fragen der statischen Berechnung konnten in diesem Rahmen nur nach großen Gesichtspunkten behandelt werden. Immerhin wird schon diese kurze Andeutung der Probleme genügen, um die Vielfältigkeit aufzuzeigen, die gerade bei der Berechnung derartig großer Grundbauwerke dem Konstrukteur in Entwurf und Berechnung offen gelassen ist. Bei jedem Dockbauvorhaben wird man deshalb, mehr noch als bei sonstigen Bauvorhaben, Konstruktion und Bauausführungsart engstens ineinandergreifen lassen müssen, wenn als Ergebnis wirtschaftliche, die sehr großen Anforderungen befriedigende Bauwerke entstehen sollen. Es sei noch darauf hingewiesen, daß bei modernen Großdocken, insbesondere im Tidegebiet, Wassertiefen bis zur Docksohle von 15 m keine Seltenheit darstellen, daß Kieldrücke bis zu 400 t/lfdm, bei der intensiven Ausnutzung der Dockgelände Geländeauflasten bis zu 5 t/m² und Kranlasten bis zu 20 t/m Schiene häufig der Berechnung zugrunde zu legen sind.

Welche Verantwortung in wirtschaftlicher und konstruktiver Hinsicht damit dem entwerfenden und bauausführenden Ingenieur übertragen wird, wird nur der ermessen können, der am Entwurf und Bau derartiger Objekte selbst beteiligt war.

d) Dockverschlüsse. Bei der Schwierigkeit der Ausführung derartig tief zu gründender Bauwerke wird man auf das eine besondere Torkammer beanspruchende Schiebetor auch in Zukunft verzichten.

Die Verschlußtore werden nicht mehr auf den Werften gebaut, woher sie ursprünglich Schiffsform erhielten, sondern sie werden in Stahlbauanstalten hergestellt. Die Entwicklung geht dahin, den Schwimmtoren für die werkstattmäßige Anfertigung möglichst einfache Kastenform zu geben (Abb. 42). In dem Kölner Büro des Herrn Oberbaurat Bock wurde eine solche neuartige Torform entwickelt. Der Torkasten mit dichter Beplattung aller vier Außenwände sitzt ohne Drempelanschlag dicht auf der Sohle auf, da sowohl die dockseitige, als auch die wasserseitige Torhaut wahlweise als Stauwand wirken kann. Da das Tor so ausgebildet ist, daß beliebig beide Längsseiten als Anschlagseite verwendet werden können, stellt es in sich eine 100%ige Reserve dar.

Die Anschläge an den Bauwerken werden an Stelle der überholten und für den Eisenbeton unwirtschaftlichen Granitverkleidung durch einzubetonierende stählerne Anschlaggerüste, bei zu hoher Betonbeanspruchung mit Stahlbeplattung auszubilden sein.

e) Ent- und Bewässerung der Docke. Die Bewässerung der Docke durch die Tore selbst bringt keinen Vorteil, da sie nur zum Füllen benutzt werden können. Wollte man sie zum Entleeren mit heranziehen, müßte die ganze Pumpenanlage in das Tor gelegt werden. Dieser Vorschlag bringt konstruktiv und betrieblich keine Vorteile. Man wird also bei dem System der kurzen, einseitigen Umläufe im Dockhaupt verbleiben. Die Füllzeit beträgt im ungünstigsten Fall bei großen Docken etwa drei bis fünf Stunden, die Leerungszeit vier bis acht Stunden. Bei den großen Dockabmessungen wird man erhöhte Durchflußgeschwindigkeit in den Kanälen bis zu etwa 7,0 m/sek. zulassen, um nicht zu allzu großen Umlaufsquerschnitten zu kommen. Bei den auftretenden großen Geschwindigkeiten werden in den Einlaufkanälen Anlagen zur Energievernichtung (Umlenkung des Strahls) und an den besonders gefährdeten Stellen Stahlbeplattung eingebaut werden müssen, um den Beton vor den Angriffen des Wassers zu schützen. Über dem Austrittskanal, der zweckmäßig quer zur Dockachse vor das Tor zu liegen kommt, werden Strahlregler eingebaut werden, die eine gleichmäßige Verteilung des Wassers über den ganzen Dockquerschnitt und damit eine ruhige Lage des Schiffes bewirken. Hier haben durchgeführte Versuche in den Wasserbauversuchsanstalten des Franzius-Institutes der Technischen Hochschule Hannover und der MAN, Werk Mainz-Gustavsburg, gute Ergebnisse gezeigt. Grundsätzlich sind die Umlaufkanäle von der Wasserseite her durch Sperrschützen abzuschließen, um Ausbesserungen vornehmen zu können.

Als Dockpumpen wurden neuerdings die früher üblichen Kreiselpumpen durch die meist einfacher im Bauwerk anzuordnenden Schraubenpumpen verdrängt, die gegen geringfügige Verunreinigung des Wassers unempfindlich sind, und deren Wirkungsgrad bei den zu überwindenden, wechselnden, bzw. ansteigenden Förderhöhen wesentlich gleichmäßiger ist. Die Pumpstationen unter Flur anzuordnen, mag wegen der betrieblich freieren Dockfläche vorteilhaft sein, jedoch erfordert ihre Dichtung, zumal wenn auch die elektrische Einrichtung mit einbezogen wird, erhebliche und schwierige Arbeiten. Man sollte daher, wenn die unterirdische Lage gefordert wird, diese nur auf die Pumpenanlage beschränken, weil hier dann die Betondichtung allein genügt. Sonst erfordern derartige unterirdische Pumpstationen Abmessungen von rd. $20 \times 50 \times 10$ m und mehr, sind also gewaltige Bauwerke.

Bei den Flut- und Lenzzeiten sollte man sich auf die unter 6. genannten Zeiten beschränken, weil sonst die ganzen Querschnittsverhältnisse und Pumpenanlagen zu aufwendig und groß werden. Man sollte immer berücksichtigen, daß das Ein- und Ausdocken der großen Schiffe ja auch etwa je die gleiche Zeit erfordert, und daß an dieser nichts zu kürzen ist.

f) Dichtung der Dockfugen. Man wird sich in Zukunft auf die Außen- oder Innendichtung beschränken können. Nach den Bremerhavener Erfahrungen hat die innere Dichtung aus Bleiwolle, aus Bitumen und Werg zwischen schrägen Flacheisen seit rd. 20 Jahren noch zu keinen Fehlschlägen geführt. Sie dient gleichzeitig als Kantenschutz.

g) Dockausrüstung. Hier wird man in Zukunft zu immer schwereren fahrbaren Dockkranen bei den Großdocken kommen mit 30 t Hubkraft bei größter Ausladung bis zu 30 m. Die schwierigere Kranschienengründung wird sich unter Hinweis auf meine Ausführungen im statischen Teil am zweckmäßigsten mit der Dockseitenmauer mit Spornauskragung oder entsprechender Verbreiterung der Mauersohle verbinden.

Bei den Treppen wird man infolge der schweren Dockkrane entweder auf abnehmbare Stahltreppen abgehen, oder aber man muß notgedrungen die dann noch größere Kranausladung in Kauf nehmen, wenn man nicht die Zugänge unterirdisch unter den Krangleisen durchführt.

Die näher an den Dockkörper herangerückten Eisenbahngleise und Lagerplätze verlangen gegebenenfalls Nutzlasten bis zu 5 t/m² und erhöhen damit die Kosten für die Seitenmauern beträchtlich.

Auch die vielen Versorgungsleitungen für Preßluft, Acetylen, Wasser, Starkstrom und Schwachstrom, sowie die Telefonkabel verlangen besondere verdeckte Kanäle in der Mauerkrone und führen damit zu breiteren Mauerkörpern.

Wegen der großen Kranauslegerweiten kommt man notgedrungen bei Großdocken von den schrägen Dockseitenwänden mit dazwischen angeordneten senkrechten Führungspfeilern, wie z. B. in Southampton, zu den Seitenmauern mit durchgehenden senkrechten Wänden.

Ob man im Grundriß durchweg rechteckige Docke mit dem konstruktiven Vorteil nur eines Dockquerschnittes oder der Schiffsform entsprechenden, bis auf 20 m Breite an der Spitze auf rd. $\frac{1}{4}$ Länge zulaufenden Form kommt, wird immer eine Frage der örtlichen Entscheidung bleiben.

h) Dockverlängerungen und Dockausbesserungen. Bei zwei Trockendocken wurde schon vor zwanzig Jahren erstmalig in Deutschland der Weg beschritten, ältere Trockendocke für größere Schiffslängen nutzbar zu machen, wenn der Querschnitt die genügende Breite aufweist.

In beiden Fällen sind die Verlängerungen unter dem Schutz von Grundwasserabsenkungen hergestellt worden, wobei die gleichmäßige Entlastung des bestehenden Dockkörpers eine wesentliche Rolle spielte, um Risse zu vermeiden.

Während das eine Dock (Abb. 59) einen einheitlichen Stahlbetonrahmenquerschnitt für seine Verlängerung aufweist, ist man bei dem anderen Dock (Abb. 60) zum getrennten Querschnitt gekommen unter Ausnutzung der halbkreisförmig gerammten Spundwand mit Eisenbetonplatte als horizontal wirkender Bogen.

Auch in London hat man das rd. 90 Jahre alte Ost-Indiendock (Abb. 61) und das rd. 70 Jahre alte West-Indiendock (Abb. 62) durch Umbauten verbessert.

Beide Docke erhielten eine neue Stahlbetonsohle und neue Seitenmauern. Das Ost-Indiendock wurde dabei gleichzeitig um 0,5 m vertieft.

Auch hier waren die Umbauten ingenieurmäßig überaus schwierig, weil die vorhandenen Konstruktionen sehr baufällig waren.

In einem neueren Fall hat man auch den Dock-Querschnitt nachträglich verbreitert durch Entfernen der Abtreppungen in den Dockseitenmauern.

Diesen einmal beschrittenen Weg wird man auch in Zukunft weitgehend auszunutzen versuchen, um die erheblichen Kosten neuer Docke zu umgehen.

B. Seeschleusen.

1. Unterschied zwischen Trockendocken und Seeschleusen.

Seeschleusen haben einen geringeren Antrieb, da nur der Druckunterschied zwischen dem Grund- und Schleusenwasser auf die Sohle wirkt. Daher benötigt man geringere Sohlenstärken und verzichtet fast immer auf eine durchgehende Sohle, häufig auch bei entsprechenden Bodenschichten auf eine durchlässige Sohlenbefestigung in der Kammer. Die Auflagerdrücke der Tore auf die Häupterbauwerke fallen ferner bedeutend niedriger aus. Desgleichen erhalten auch die Schleusenseitenwände geringere Kräfte. Eine vollkommene wasserdichte Abschließung der Seitenmauern und Sohlen ist bei Seeschleusen nicht erforderlich.

2. Beispiele bestehender Anlagen.

Zahlentafel 2. Schleusen (vergl. auch Abb. 63, 64, 65 [Tafel I—III]).

Nr.	Bauort	L	B	T unter M. Thw.	L : B
1	Bremerhaven „Kaiserschleuse"	223,2	28,0	10,56	8,0
2	Bremen, Oslebshausen	171,0	25,2	9,30	6,8
3	Ymuiden	400,0	50,0	15,75	8,0
4	Bremerhaven „Nordschleuse"	372,0	45,0	14,64	8,3
5	Dünkirchen	280,0	40,0	13,90	7,0
6	Emden	260,0	40,0	13,06	6,5
7	Brunsbüttelkoog	330,0	45,0	15,29	7,3
8	Holtenau	330,0	45,0	13,77	7,3
9	Wesermünde	100,0	30/12	9,89	3,3/8,3
10	Panama, Gatun; obere Schleuse	304,8	33,5	13,00	9,1
10a	do. Umbau (geplant)	365,7	41,2	13,72	8,6
11	St. Nazaire; 3. Einfahrt	350,0	50,0	12,64	7,0
12	Wilhelmshaven; 3. Einfahrt (gesprengt)	260,0	35/40	14,18	7,4/6,5
12a	do. Ausbesserung (1937 gesprengt)	260,0	40/40	14,18	6,5
13	Le Havre, Quinette de Rochemont	241,8	30,0	11,45	8,1
14	Ostende, Fischereihafen	93,0	16,0	8,61	5,8
15	Liverpool „Gladstone-Schleuse"	326,3	39,6	14,03	8,2
16	Antwerpen „Kruisschans-Schleuse"	270,0	35,0	14,50	7,7
17	Tilbury	305,0	33,5	13,86	9,1
18	Wilhelmshaven; 4. Einfahrt (gesprengt)	350,0	60,0	17,18	5,8

Nach den Schleusenabmessungen bislang hergestellter Bauwerke unterscheidet man vier Arten:

Seeschleusen für Handelshäfen und Seekanäle des Weltfrachtverkehrs mit 171 bis 280 m Länge, 25 bis 40 m Breite und einer Drempeltiefe von 9,3 bis 14,18 m bei MThw.

Seeschleusen für Großschiffe mit 300 bis 400 m Länge, 33 bis 60 m Breite sowie einer Drempeltiefe von 13 bis 15,75 m bei MThw.

Sammelschleusen für das Regelfrachtschiff mit 400 m Länge, 50 m Breite und einer Drempeltiefe von 15,75 m bei MThw.

Bauwerke zur Schleusung und Dockung größter Schiffe mit 350 m Länge, 50 m Breite und einer Drempeltiefe von 12,64 m bei MThw.

Nach dem Baugrund (Abb. 80 und 81) zerfallen die Seeschleusen in Bauwerke auf wasserundurchlässigem Fels oder Ton und auf wasserdurchlässigem Fels, Ton, Sand oder Kies.

Dem Auftrieb gegenüber verhalten sich die Seeschleusen so, daß sowohl in der Kammer als auch in den Häuptern Auftrieb wirken kann oder nicht.

Nach der Bauausführung für die Häupter lassen sich folgende Gruppen bilden:

Herstellung der Schleuse in Unterwasserschüttbeton, im Trockenbauverfahren (überwiegend), mit Druckluft oder als Brunnengründung.

Die Kammermauern können als Spundwand- oder Pfahlrostbauwerke im Trockenbauverfahren oder als massive oder aufgelöste Mauern im Trockenbauverfahren, als Druckluftgründung, als Brunnengründung oder als einfache Felsverkleidung ausgeführt werden.

An Schleusenverschlüssen trifft man Stemmtore und Schiebetore an.

Die Füllung und Leerung der Schleusen geschieht durch Umläufe längs der Kammermauern mit Stichkanälen in der Sohle (selten), durch Umläufe längs der Kammermauern mit kurzen Stichkanälen, mit Kanälen unter dem Drempel, durch kurze Umläufe um die Häupter, die zweiseitig oder einseitig angebracht sein können, und durch Schütze in den Toren.

Bei den Häuptern hat man bisher entweder Massivbeton ohne Stahleinlagen oder eine Stahlbetonkonstruktion mit eingespannter oder Schwergewichtssohle verwendet. Die Bauwerksfugen in den Häuptern können mit oder ohne jede Dichtung ausgeführt werden.

3. Die Erfahrungen mit bestehenden Anlagen. (Abb. 63—65, Tafel I—III.)

a) Schleusenabmessungen. Es hat sich gezeigt, daß die bestehenden Abmessungen der Seeschleusen für das Regelfrachtschiff des Weltverkehrs mit 250 m Länge, 35 m Breite und einer Drempeltiefe von 12 m bei MThw ausgereicht haben und wohl auch für die Zukunft ausreichen werden. Auch bei kleineren Abmessungen bestehender Schleusen bis etwa 171 × 25 × 9,3 m bei MThw haben sich Schwierigkeiten im Betrieb wenig ergeben, da die Längen und Breiten noch immer genügt haben. Die geringere Drempeltiefe mußte allerdings durch Kürzung der Schleusenzeiten auf Wasserstände um MThw für Dampfer entsprechenden Tiefgangs ausgeglichen werden.

Für die Großschiffe genügten die Abmessungen der bestehenden Groß-Schleusen hinsichtlich der Länge. Die Breite sollte jedoch mindestens 45 m betragen, da Normandie und Queen Mary bereits 36 m Schiffsbreite haben und auf eine Fenderung der Schleusenseitenwände nicht verzichtet werden kann. Auch die Drempeltiefe ist mit 13 m bei MThw bereits knapp bemessen bei einem Schiffstiefgang der obigen Dampfer von T = 11,8 m.

b) Grundrißgestaltung. Den Bau von Seeschleusen, die gleichzeitig als Trockendock dienen, wird man nur als Ausnahmefall anzusehen haben, der wie in St. Nazaire aus dem Zwang des Baues der Normandie geboren ist.

Ob man in Zukunft Großschleusen als Sammelschleusen (Abb. 66) für Frachter in dem vorgesehenen Umfang benutzen wird, hängt davon ab, ob noch ältere Schleusen mit großen Abmessungen vorhanden sind oder nicht. Diese Frage ist jeweils zu prüfen. In einem Fall hat man trotz einer vorhandenen weiteren Schleuse mit 225 m Länge, 25 m Breite und einer Drempeltiefe von 10,15 m bei MThw die Sammelschleuse vorgesehen. Sollen auf Grund der Verkehrsstatistik mehrere Schiffe gleichzeitig geschleust werden, so ist zu entscheiden, welche Schiffsgrößen dafür in Frage kommen und ob die verschiedenen Schiffe hinter- oder nebeneinander in der Schleuse liegen sollen. Daraus ergeben sich dann die Länge und Breite der Kammer. Bei solchen Schleusen kann die Breite der Durchfahrt geringer gehalten werden. Sie muß jedoch dem größten einfahrenden Schiff genügen.

Grundsätzlich ziehe ich die normale Kammer der verbreiterten Schleusenkammer vor, da sie das Ein- und Ausfahren der Dampfer vereinfacht und Kollisionen an den nicht vorspringenden Häuptern ausschließt. Auch zeitlich bedeutet sie einen Vorteil, da sie das schwierige Querverholen des ersten Dampfers in der Schleusenkammer vermeidet. Außerdem sind die Wasserverluste geringer, was bei stark schlickhaltigem Wasser wesentlich ist, weil das Wiederauffüllen der Binnenhafenbecken jeweils Schlickablagerungen zur Folge hat.

Additional information of this book

(1941-1949; 978-3-642-45818-7; 978-3-642-45818-7_OSFO1) is provided:

http://Extras.Springer.com

Daß man bei der Nordschleuse in Bremerhaven bei der verbreiterten Kammer geblieben ist, hat seinen besonderen Grund darin, daß man innerhalb der Kammer noch eine zusätzliche Fahrgastabfertigung der großen Dampfer schaffen wollte, ohne daß dadurch die Schleuse für den Verkehr gesperrt wurde. Hier fußte man auf den Erfahrungen bei der älteren Kaiserschleuse, wo eine solche Reserveanlage lange Jahre hindurch in Betrieb war.

Grundsätzlich sind die Längen bzw. Breiten der Kammer so vorzusehen, daß bei Frachtern mindestens ein Schlepper, bei Großschiffen bis zu je drei Schlepper vorne und hinten noch Aufnahme finden können (Abb. 84).

Bei langen Kammern für Frachter, besonders, wenn Schiffe verschiedenster Größe verkehren, ist man bei einzelnen Schleusen, z. B. Liverpool-Birkenhead (Abb. 67), im Panamakanal und in London-Tilbury (Abb. 68), zur Verwendung von Mittelhäuptern übergegangen, die dann so gelegt wurden, daß eine der beiden Abteilungen jeweils für Schlepper- und Hafenfahrzeuge, deren Verkehr nie zu unterschätzen ist, und für kleinere Frachter verwendet werden konnte. Hierdurch wurden eine höhere Ausnutzung der Schleuse und geringere Wasserverluste im Binnenhafen erzielt. Allerdings haben neuere Vergleichsrechnungen von mir gezeigt, daß derartige Mittelhäupter zusätzliche Kosten ergeben, die dann für den Bau einer gesonderten kleinen Schleuse für Schlepper und Hafenfahrzeuge unter Ausnutzung der einen Kammermauer besser angelegt sind. Darüber hinaus sind dann bei vereinzelten Schleusen entweder nur in einem Haupt, wie z. B. Dünkirchen und Wilhelmshaven, IV. Einfahrt (Abb. 69), oder in beiden Häuptern, wie z. B. Antwerpen-Kruisschans (Abb. 70), doppelte Schiebetoreverschlüsse aus betrieblichen Gründen angeordnet worden. Hiervon wurde dann die eine Torkammer gleichzeitig als Trockendock für Torreparaturen ausgebildet. Beide Anordnungen halte ich bei Handelshäfen für übertrieben. Bislang ist mir kein Fall bekannt, daß Schleusen mit nur einem Tor in jedem Haupt dadurch betrieblich Nachteile erlitten haben. Auch die dritte Torkammer als Reparaturdock halte ich betrieblich für keinen Vorteil, da das jeweilige doppelte Aus- und Einschwimmen der Tore aus der Betriebstorkammer in die Docktorkammer den Schleusenbetrieb nur unnötig aufhält und das feuchte enge Dock einen trockenen Anstrich der Tore nur erschwert.

Doppelschleusen sind in der Vergangenheit nur an wenigen Stellen ausgeführt, und zwar immer dort, wo entweder ein großer Verkehr, wie z. B. beim Nordostseekanal oder Panamakanal (Abb. 71), anfällt oder die Sicherheit, wie z. B. bei Kriegshäfen, die zweite Anlage forderte. Eine Sonderstellung nimmt die Schleuse des Fischereihafens von Bremerhaven ein, weil hier die zweite breitere Schleusenkammer ein Durchfahren — nicht ein Schleusen — von Frachtern mit Heringen, Fischmehl u.a.m. in den Fischereihafen ermöglichen sollte.

Auch die Ausbildung der Schleusenvorhäfen ist in der Vergangenheit verschieden gelöst worden. Neben breiten Vorhäfen mit Böschungen und in Flucht der Kammermauern gebauten durchgehenden (Abb. 72) oder aufgelösten ein-, beiderseitigen oder mittleren Leitwerken bzw. Dalben (Abb. 73) bestehen auch Vorhäfen mit senkrechten Ufereinfassungen, die sich entweder trichterförmig auf die Schleusenbreite allmählich verengen (Abb. 74) oder aber nur an einer Seite in Flucht der Kammermauern liegen (Abb. 75), während die gegenüberliegende Mauer zurückspringt. Ich ziehe den letzteren Fall aus dem Grunde vor, weil er dem Schlepper die genügende Manövrierfähigkeit gibt, den Bug des nicht mit eigener Kraft in die Schleuse fahrenden Schiffes in die Mitte des Schleusenhauptes herüberzuziehen bzw. zu -drücken. Grundsätzlich ist bei der Grundrißgestaltung des Vorhafens der erfahrene Nautiker einzuschalten. Liegen die Vorhäfen am Strom mit Geschiebeführung oder mit Schlickgehalt, so ist die Lage und Ausbildung des Vorhafens in einer Wasserbauversuchsanstalt an einem Modell zu überprüfen.

Auf die Fenderung kann bei Schleusen nicht verzichtet werden. Hier haben sich die Schwimmfender (Abb. 76) vor den mit oder ohne festem Fenderwerk versehenen Betonmauern (Abb. 77) bei den neueren Schleusen am meisten durchgesetzt, weil sie dem Wasserstand folgen und genügende Seitenbeweglichkeit besitzen. Die zusätzliche feste Fenderung halte ich jedoch nicht für notwendig. Gegebenenfalls sind die Einfahrtsbauwerke — also die Schleusenhäupter — noch durch Hängefender zu sichern, wenn man nicht die Kanten genügend stark abrunden kann.

c) Baugrund. Von den beiden Bodengruppen spielt allein der bindige Boden eine wichtige Rolle, weil er zu schweren Kammerwänden führt und die Schleusenhäupter entsprechend konstruktiv ausgebildet werden müssen. Bei letzteren ist besonders der spätere lotrechte Anschlag für die Tore sicherzustellen, also der Verlauf der Bodenspannungen unter den Anschlagbauwerken besonders sorgfältig zu berechnen und durch entsprechende konstruktive Gestaltung ein Verkanten dieser Bauwerke beim Bau oder im Betrieb zu verhindern.

d) Aufnahme des Auftriebs. Da sich bei den Schleusen der Auftrieb nur aus dem Wasserstandsunterschied der Außen- und Binnenwasser- bzw. Grundwasserstände ergibt, sind wesentliche Schwierigkeiten nicht zu überwinden. So ist auch der weitaus überwiegende Teil der ausgeführten Seeschleusen in den Kammern entweder unbefestigt (Abb. 78), in Säulenbasalt oder Betonpflaster ausgeführt. Nur wenige Schleusenkammern haben eine massive Sohle (Abb. 79) gegen vollen Auftrieb gesichert.

Dahingegen sind die Häupter wegen der Torbewegungen mit einer durchgehenden Betonsohle (Abb. 80) versehen und gegen Unterspülung mit Spundwänden eingefaßt oder in den Fels genügend tief an den Seiten hinabgeführt (Abb. 81). Auftriebssichere Sohlen sind dann erforderlich, wenn durch besondere Absperrschwimmtore die Häupter trockengelegt werden können (s. Schleuse Wesermünde).

e) Arten der Bauausführung (Abb. 63—65). Auch bei den Seeschleusen ist das Trockenbauverfahren immer dann angewendet worden, wenn die Bodenverhältnisse eine entsprechende Senkung des Grundwassers erlaubten. Es stellt statisch, konstruktiv und ausführungsmäßig die beste Lösung für die Betonbauwerke dar. So wurden bereits vor mehr als einem Menschenalter die seinerzeit wohl gewaltigsten Schleusenanlagen der Welt, des Panamakanals, im Trockenen mit all den neuzeitlichen Baugeräten, die wir heute als eine Selbstverständlichkeit betrachten, hergestellt.

In gleicher Bauweise sind dann auch die letzten großen Seeschleusen in Ymuiden, Bremerhaven, Dünkirchen, St. Nazaire und Wilhelmshaven erbaut worden. Das Unterwasserschüttverfahren (Abb. 84) alter Art (Kalk-Traß-Beton) ist bei einigen Schleusen, z. B. Kaiserschleuse Bremerhaven, angewandt und hat zweifelsohne den betrieblichen Anforderungen seit rd. zwei Menschenaltern genügt, auch wenn der Beton selbst Mängel aufweist.

Das neuere Unterwasserbetonverfahren — in Deutschland Contraktorbeton genannt — hat demgegenüber wesentliche Vorteile, ist aber bislang bei Seeschleusen nicht zur Anwendung gelangt.

Beim Druckluftverfahren ist man bei einer kleinen Seeschleuse (Abb. 85) für den Fischereihafen in Ostende zur Anwendung von Doppelschneiden nach dem Patent der Firma Wayss u. Freytag geschritten. Das hat den großen Vorteil, daß man die Grundflächen der einzelnen Senkkästen bedeutend größer halten und damit jeweils ein Haupt mit einem Senkkasten herstellen kann. Außerdem werden hierbei die senkrechten und waagerechten Anschläge für die Tore in ihrer gegenseitigen Lage von vornherein gesichert. Die weitere Anwendungsmöglichkeit dieses neuen Verfahrens halte ich daher in Zukunft für gegeben. In Kauf nehmen muß man allerdings die größere Konstruktionshöhe der einzelnen Senkkästen aus den Forderungen des Absenkvorganges.

Die Brunnengründung ist in London-Tilbury (Abb. 86 u. 87) angewendet worden. Sie erfordert große Massen.

Die Schwimmkastengründung ist bei der neuen Seeschleuse Liverpool-Birkenhead am Merseyfluß zur Anwendung gelangt (Abb. 88).

Hier hat man die einzelnen Eisenbetonschwimmkästen mit einem hölzernen Boden versehen. Die Kästen wurden dann später nach dem Absetzen durch Füllbeton verstärkt.

Am einfachsten werden die Seitenmauern mit Hilfe der Spundwand- und Pfahlrostbauweise (Abb. 75, 89 u. 90) hergestellt, wobei die Stahlspundwände nach Möglichkeit in darunterliegenden Ton gerammt werden und damit die Schleusenkammer wasserdicht einschließen. Auf irgendwelche Sohlenbefestigung kann alsdann verzichtet werden (s. Nordschleuse Bremerhaven).

f) Schleusenverschlüsse (Abb. 63—65). Solange die Schleusenbreiten das Maß bis zu 40 m nicht überschritten, hat man Stemmtore verwenden können. Da sie allerdings einseitig kehren, mußte man bei wechselnden Wasserständen im Vorhafen außen und innen in beiden Häuptern auf zwei Torpaare (Ebbe- und Fluttore) zurückgreifen (Abb. 91). Der Vorteil der kürzeren und nicht so breiten Häupterbauwerke ging dadurch allerdings wieder verloren.

Eine letzthin von mir für eine neue Schleuse (Seeschiffe bis 30000 BRT) durchgeführte Untersuchung hinsichtlich des Einflusses der Stemmtore und Schiebetore auf die Bauwerksmassen und -kosten hatte das überraschende Ergebnis, daß die Ersparnisse im Verhältnis zu den Gesamtmassen nur gering sind, also hiermit die Wahl von Doppelstemmtoren nicht begründet werden kann. Auch antriebsmäßig sehe ich keine Vorteile, da jeder Torflügel für sich angetrieben werden muß.

Allgemein hat sich der elektrische Antrieb gegenüber dem Druckwasserantrieb durchgesetzt, obwohl sich bei letzterem Beanstandungen im Betrieb nicht ergeben haben. Der Nachteil liegt in der besonders zu erstellenden Druckwassererzeugungsanlage und den Druckwasserleitungen.

Als Baustoff wird — aus den größeren Abmessungen herrührend — nur noch Stahl verwendet. Mit dem zunehmenden Verhältnis der Torbreite zur Torhöhe werden die Tore, den statischen Verhältnissen entsprechend, überwiegend als Riegeltore ausgebildet oder als Trägerrost konstruiert und berechnet.

Für Schleusenbreiten über 25 m ist man seit Ende des vorigen Jahrhunderts in den meisten Fällen auf die Schiebetore mit gleitender und rollender Reibung abgekommen. Sie haben den Vorteil, daß sie beiderseitig kehren und auch noch bei Strömung geschlossen werden können.

Wenn die Torform als Riegeltor selbst kaum Änderungen unterworfen gewesen ist, hat ihre Antriebs- und Bewegungsform manche Verbesserung aufzuweisen.

Von den auf der Sohle angebrachten Rollen (Abb. 92), auf denen das Tor lief, ist man abgekommen, weil ihre Auswechslung sich schwierig gestaltete. Damit sie nicht verschlickten oder versandeten, mußten sie in einer Nische frei liegend angeordnet werden und waren daher Beschädigungen leichter ausgesetzt.

Trotzdem muß man aber darauf hinweisen, daß das so konstruierte Binnentor an der Kaiserschleuse in Bremerhaven auch heute, nach mehr als 55 Jahren, noch einwandfrei in Betrieb ist.

Der nächste Schritt führte zu den Gleittoren auf Kufen in Wilhelmshaven (Abb. 93). Jedoch auch diese Lösung befriedigte weder hinsichtlich der Abnutzungshärte der Kufen noch hinsichtlich des größeren und stoßweisen Stromantriebs.

Man ging dann bei den Seeschleusen in Emden (Abb. 44) zu den an den Toren beweglich angeschlossenen Unterwagen über, auf die vorn und hinten das Tor gelagert war. Aber auch bei dieser Lösung machten der erhöhte Verschleiß der Räder der Unterwagen und der Torschienen noch Schwierigkeiten.

Um möglichst wenig bewegliche Teile unter Wasser zu haben, kam man zu der heute fast allgemein gebräuchlichen Form des Schubkarrensystems (Abb. 95), das aus einem vorderen Unterwagen mit 4 Rädern (Abb. 96) und einem hinteren Oberwagen besteht. Bei dieser Neuerung spielten die schlechten Erfahrungen mit der im Betrieb durchzuführenden Schmierung der Rollenlager und der mangelnden Abdichtung und daher großen Abnutzung der Wälzlager eine maßgebende Rolle.

Auch die Verbindung zwischen Antrieb und Tor hat verschiedene Wandlungen durchgemacht. Der in Brunsbüttelkoog (Abb. 97) eingebaute, fahrbare, am Tor direkt gekuppelte Oberwagen führte im Betrieb durch sein großes Gewicht zu dauerndem Lockerschlagen der Oberwagenschienen.

Auch der dann gewählte fest stehende Antrieb, wie z. B. in Wesermünde, mit starrer Zahnstange erzielte wegen der schwierigen Gründung und der zentrischen Lagerung keine dauernde Befriedigung. Bei der Nordschleuse in Bremerhaven (Abb. 95) ging man dann zu der gebrochenen und in die Torkammer umgelenkten Zahnstange über, die in der nunmehr zwanzigjährigen Betriebsdauer zu keinen Beanstandungen geführt hat. Diese Form ist dann auch bei neueren (Wilhelmshaven, IV. Einfahrt) und beim Umbau alter Schleusen (Wilhelmshaven, III. Einfahrt) beibehalten worden. In Bremen (Abb. 98) wählte man noch die Form einer ausfahrbaren Brücke, über die an zwei Oberwagen hängend das Tor in die Verschlußstellung gefahren wurde.

Vom hydraulischen Antrieb, wie in Bremerhaven, oder dem einfachen Wasserüberdruck, wie in Wilhelmshaven (Abb. 99), ist man aus den gleichen Gründen wie bei den Stemmtoren abgekommen und verwendet nur noch den elektrischen Antrieb.

Die Unterwagenschienen schwerster Form werden in 6—10 m Länge auf Stahlunterbauten in die Sohle einbetoniert (Abb. 100). Sie sind so angeschlossen, daß sie mit Hilfe von Taucherglocken leicht ausgewechselt werden können. Meiner Ansicht nach ist daher auch die grundsätzliche Frage, sind die Häupter auf Trockenlegen zu konstruieren oder nicht — eine Frage, die erhebliche Mehraufwendungen erfordert — einfach aus den Erfahrungen zweier Menschenalter heraus mit Nein zu beantworten, weil sich diese Notwendigkeit noch nicht erwiesen hat. Abgesehen von Wesermünde und Emden — aus Gründen einer mangelhaften Dichtung der Torlager und eines großen Verschleißes der Kufen bzw. Räder — sind Schienenauswechslungen bislang noch nicht nötig gewesen.

g) Schleusenfüllung und -leerung. Das Füllen und Leeren der Schleusen hat eine sehr interessante Entwicklung durchgemacht.

Während man anfangs ängstlich darauf bedacht war, das Einströmen des Wassers in die Kammer möglichst sanft zu gestalten und auf die ganze Schleusensohle zu verteilen, wie z. B. bei den Panamakanal-Schleusen (Abb. 101), ging man bei anderen Schleusen (Abb. 102) auf längs der Schleusenkammerwände eingebaute Kanäle mit kurzen Stichkanälen in die Kammer über. Bei diesem Zustand blieb es, bis 1919 (Abb. 103) und 1914 in Wilhelmshaven kurze Unterläufe unter den Häuptern verwendet wurden. Die langen Umläufe wurden zum letztenmal 1929 bei der Tilbury-Schleuse ausgeführt. Bei den letzten vor dem Kriege fertiggestellten Seeschleusen in Ymuiden und Bremerhaven (Abb. 104 und 105) mit ihren großen Abmessungen ließ man in Bremerhaven erstmalig die Umläufe in die Torkammer münden. Ihre sorgfältigste Ausgestaltung erfolgte auf Grund von Modellversuchen. Bei keiner der beiden Schleusen haben sich irgendwelche betrieblichen Nachteile für die Seeschiffe ergeben. Ein Zerreißen der Trossen, das man früher so sehr befürchtete, ist mir nicht bekanntgeworden.

10 Jahre später ging man dann bei dem Umbau und den Neubauten der Wilhelmshavener Schleusen zur direkten Kammerfüllung und -leerung durch die Schiebetore über (Abb. 106), nachdem man im Jahre 1910 bei der Schleuse Bremen-Oslebshausen den ersten Versuch mit Schützen unmittelbar in den Toren gemacht hatte. Bei den letzten Schleusenbauten in Wilhelmshaven wurden dann nach den Patenten der MAN auf Grund von Modellversuchen in dem Stahl-Wasserbaulaboratorium der MAN. Mainz-Gustavsburg, sowie nach den Patenten der Dortmunder Union Brückenbau-AG. auf Grund von Modellversuchen in dem Wasserbaulaboratorium der Technischen Hochschule Karlsruhe zwei verschiedenartige Tordurchlässe ausgebildet (Abb. 107). Prinzipiell unterscheiden sich die beiden Ausführungsarten dadurch, daß die Energievernichtung des strömenden Wassers nach Vorschlag der MAN außerhalb des Tores und nach Vorschlag DU innerhalb der Tordurchläufe vor sich geht. Bei dem MAN-Durchlaß erhalten der Durchflußkanal und die Verschlußsegmente eine derartige Formgebung, daß einerseits die unbefestigte Hafensohle außerhalb der Schleuse nicht ausgekolkt wird, und daß andererseits die innerhalb der Schleuse

liegenden Schiffe nicht infolge des einströmenden Wassers Verletzungen ausgesetzt sind. Der Tordurchlaß nach Vorschlag der Dortmunder Union Brückenbau-AG. wird gleichzeitig als Torkammer mit eingebauten Energievernichtern ausgebildet. Irgendwelche betrieblich gefährliche Bewegungen der Modellschiffe oder Überbeanspruchung der Trossen haben sich weder bei den Modellversuchen noch bei dem späteren Betrieb ergeben.

h) Die konstruktive Gestaltung. Die konstruktive Gestaltung der Kammermauern war in erster Linie beeinflußt durch den Verlauf der Längskanäle. Hier mußte man notgedrungen auf den teueren, massiv gegründeten Querschnitt abkommen (Abb. 108). Erst die kurzen Umlaufkanäle und dann die Durchlaß-verschlüsse in den Toren selbst ergaben die Möglichkeit der Verwendung von auf Pfählen gegründeten Kammermauern in Eisenbeton oder der hinsichtlich der Kosten und der Schnelligkeit der Bauausführung nicht zu schlagenden Stahlspundwand. Daß der Stahlbeton den reinen Ziegel- und Quaderbau und massiven Beton abgelöst hat, ist selbstverständlich.

Irgendwelche besonderen konstruktiven Schwierigkeiten, wobei es gleich ist, ob Fels-, Sand- oder Tonboden ansteht, ergaben sich für die Schleusenkammerwände gegenüber normalen Kaimauern nicht.

Die konstruktive Gestaltung der Häupter war in erster Linie von der gewählten Torverschlußart abhängig. Während bei den Stemmtoren der älteren Schleusen auch Ziegel-, Quader- und massives Betonmauerwerk (Abb. 109 und 110) verwendet wurde, ging man bei den neueren Schleusen und vor allem für die Schiebetorhäupter auf den reinen Stahlbeton (Abb. 110) über.

In vielen Fällen wurde die auftriebssichere Sohle von den Anschlagbauwerken getrennt. Bei den Anschlagbauwerken war es in erster Linie notwendig, diese vor ungleichen Setzungen zu bewahren. Entsprechend große Fundamentplatten und Umrammung durch Spundwände gaben die genügenden Sicherheiten. 6 kg/cm² Bodenspannungen wurden auch bei gutem Sandboden unbedenklich von mir zugelassen. Die von den Stahlbau- und Maschinenbauanstalten gestellten Forderungen auf Gewährleistung keiner oder nur geringfügiger Bewegungen der lotrechten Toranschläge und der Laufschienenfundamente wurden von mir auf Grund der Erfahrungen mit bestehenden Anlagen abgelehnt, da sich Beanstandungen hierbei nicht ergeben hatten. Die nicht zu vermeidenden ungleichmäßigen Setzungen und Bewegungen der verschiedenen Baublöcke können durch bauliche Maßnahmen auf ein Mindestmaß reduziert werden. Der Einfluß dieser Bewegungen auf die Fundierung der unteren und oberen Torlaufschienen wurde durch besondere Fugen-Überbrückungsschienen ausgeschaltet. Die Torkammerbauwerke wurden als Halb- und Ganzrahmen ausgebildet, wobei die letzteren unzweifelhaft konstruktiv den Vorteil der besseren Gestaltung und der geringeren Bewegung haben (Abb. 111).

i) Dichtung der Bauwerksfugen. Auf besondere Dichtungen in der Schleusenmauer, den Anschlagbauwerken und der Sohle kann verzichtet werden, falls nicht das Trockenlegen einzelner Bauwerksteile beabsichtigt ist.

In den Torkammerbauwerken sind Außen- und Innendichtungen vorzusehen, um den Durchtritt des Wassers oder Nachlaufen von Boden zu verhüten. Besonderheiten gegenüber den Docken haben sich hier nicht ergeben.

k) Ausrüstung der Schleuse. Die Ausrüstung der Seeschleusen bietet keine besonderen Schwierigkeiten. Hinsichtlich Poller, Steigeleitern und Haltekreuzen sind die verschiedensten Ausführungsformen gebräuchlich. Sie sind in erster Linie von den örtlich gebundenen Ansichten und Erfahrungsüberlieferungen abhängig. Irgendwelche besonderen Bevorzugungen aus dem Betrieb heraus sind nicht festzustellen. Nur eines ist in Deutschland erfreulich festzustellen, daß eine Normung für Poller, Steigeleitern und Haltekreuze sich allmählich Bahn bricht und diese Ausrüstungsstücke fabrikmäßig bezogen werden können, anstatt sie immer wieder von Fall zu Fall neu zu entwerfen.

Ob die Poller an Mauerkante oder rückwärts auf dem hinteren Schleusenmauerkörper oder gesondert auf besonderen Fundamenten noch weiter rückwärts im Gelände errichtet werden, ist mehr eine Frage der Schiffsgröße und Bordhöhe über Maueroberkante. Einen gesamten Ausrüstungsplan einer Seeschleuse zeigt die Abb. 112.

4. Planungen der Zukunft.

a) Schleusenabmessungen. Hinsichtlich der Seeschleusen für die Regelfrachtschiffe des Weltverkehrs werden sich in Zukunft kaum Änderungen in bezug auf die Längen- und Breiten-Abmessungen ergeben. Nur die Tiefen wird man genügend groß nehmen müssen, um einmal bei Gezeitenbewegungen einen genügend großen zeitlichen Spielraum für das Schleusen zu erhalten und damit die Leistungsfähigkeit der Seeschleusen zu erhöhen, andererseits für die Zukunft genügend gesichert zu sein wegen des wachsenden Tiefganges der Seeschiffe auf 9 und 10 m und der Tanker auf 10 bis 11 m.

Für Großschiffe wird die bisherige Länge der Schleusen von 350 bis 400 m auch für die weitere Zukunft genügen. Nur hinsichtlich der Breite und Drempeltiefe wird man sich mit den bisherigen Abmessungen nicht begnügen. Ich kann mir sehr gut vorstellen, daß hier der Großschiffbau auf Forderungen von 60 m

Einfahrtsbreite und mehr als 14—16 m Tiefe bei MThw. über dem Drempel kommt. Das sind aber Abmessungen, die immer noch gleich denen der schwierigeren Trockendocke liegen.

b) Konstruktionsvorschläge. Es dürfte vielleicht interessieren, daß ich anläßlich der Entwurfsbearbeitung einer neuen Seeschleuse größter Abmessungen die Frage der Schleusenmauern in Verbindung mit der Sohle einer eingehenden Untersuchung unterzogen hatte, und dabei zu dem Ergebnis kam, daß der Schleusenquerschnitt — Trockenbauverfahren vorausgesetzt — mit Aussteifungsbalken als umgekehrtes Gewölbe billiger war als der Schleusenquerschnitt mit gepflasterter Sohle . (Abb. 113). Die Entlastung der Seitenbauwerke durch den Aussteifungsbalken war erheblich. Allerdings lag die Grenze dieses Vorschlages bei 50 m Kammerbreite.

Des ferneren bin ich bei den Kammermauern auf Pfahlrost hinsichtlich der zugelassenen Pfahlbelastungen gegenüber der Nordschleuse Bremerhaven noch ein erhebliches Stück weitergegangen. Die Stahlpfähle P 30 wurden für den ungünstigsten Lastfall bis zu 90 t Druck und 50 t Zug beansprucht. Allerdings waren sorgfältige Probebelastungen vorgenommen worden. Der Betrieb hat mir bislang wiederum keine Veranlassung gegeben, von diesem einmal beschrittenen Wege abzugehen. Man erhält, wie Abb. 113 zeigt, sehr leichte Querschnitte mit weiten Pfahlabständen, die besonders für die Rammung und Lastaufnahme des Bodens sich nur günstig auswirken. Allerdings ist der Pfahllast eine Grenze gezogen durch die Aufnahme dieser Kräfte in der Stahlbetonrostplatte. Hier müssen besonders bei Stahlpfählen besondere Konstruktionen für die Aufnahme der Zug- und Druckkräfte angewendet werden, die die Abb. 114 zeigt.

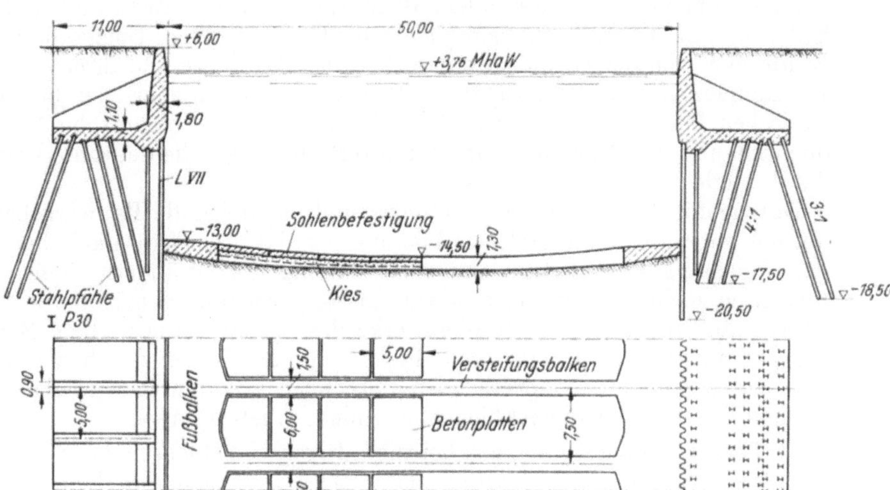

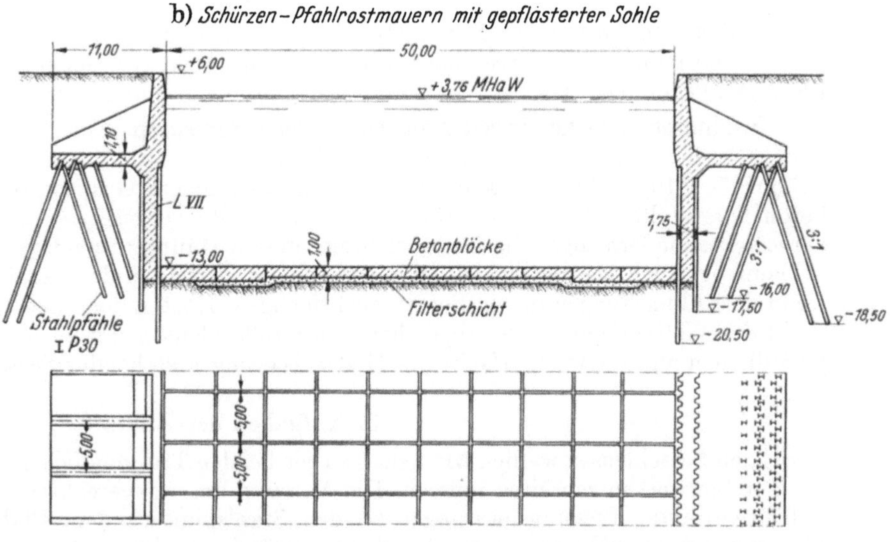

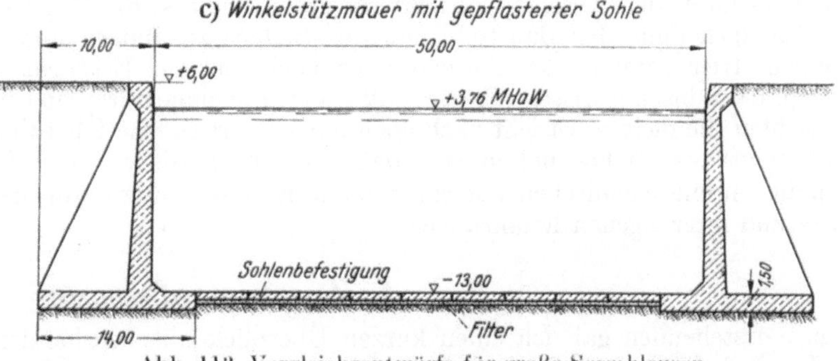

Abb. 113. Vergleichsentwürfe für große Seeschleusen.

Die schweren Spundwandprofile, die heute gewalzt werden, ermöglichen bei gutem Baugrund auch eine Ausbildung der Schleusenwände als Spundwandbauwerke. Die Schwierigkeiten der bisherigen Verankerungen werden größtenteils durch die Verwendung von Stahlkabeln an Stelle von Rundeisenankern beseitigt.

Hinsichtlich der Häupterbauwerke kommt man immer mehr zu dem Vollrahmen für die Torkammern. Auch bei zukünftigen Anlagen wird die Zwillingsschleuse als Abschluß von Seekanälen ihre Bedeutung behalten.

c) Statische Behandlung. Wesentlich neue Gesichtspunkte für die statische Behandlung werden sich vorerst wohl kaum herausschälen. Beim Erddruck und Erdwiderstand feilen wir an kleinen Besonderheiten herum, die aber wertmäßig nicht ins Gewicht fallen. Einzig die Erkenntnisse der Abhängigkeit des Erddruckes von der Formänderungsarbeit der Bauwerke und ihrer Einzelglieder hat eine Entlastung des Feldmomentes und eine zusätzliche Belastung des Auflagers der Seitenwände ergeben. Hier haben die dänischen Normen für die Spundwandbauwerke neue empirische Wege beschritten, die in einer Veröffentlichung von Rimstad[1] näher erläutert sind. Der theoretische Ausbau dieser Ansätze erfolgte dann durch Ohde[2].

Durchgeführte Setzungsberechnungen und nachfolgende Bauwerksbeobachtungen in den letzten zehn Jahren mit ihrer umfangreichen Planungs- und Entwurfstätigkeit haben meine Auffassung hinsichtlich der Ungenauigkeit derartiger Vorausberechnungen nicht ändern können. Die theoretischen Berechnungen mit ihren mehr oder weniger bestimmbaren Konstanten mögen für Landbauwerke ihre Berechtigung haben, aber nicht für die Großbauwerke des Seehafenbaues. Diese Bauwerke sind meist unempfindlich gegen Setzungen (Abb. 115), vor allem, wenn der Boden durch die Grundwasserabsenkung (Abb. 116) Vorbelastungen mit entsprechenden Setzungen erfahren hat, so daß Betriebsstörungen sogar bei den empfindlichen Unterwagenschienen sich nicht ergeben haben.

d) Tore. Ich glaube, daß auch bei zukünftigen Seeschleusen das Schiebetor vorwiegend verwendet wird. Es hat einmal betriebliche Vorteile, dann liegen aber auch vor allem die Kosten für das gesamte Schleusenbauwerk bei Vergleichsrechnungen für eine 32 m Seeschleuse bei Stemm- oder Schiebetor zu dicht aneinander.

e) Füllen und Leeren der Schleusen. Hinsichtlich der direkten Durchflußöffnungen durch die Tore, die man erstmalig bei den Seeschleusen in Wilhelmshaven verwendet hat, ist man dann noch zu weiteren Lösungen gekommen. Diesen Weg wird man auch in Zukunft nicht wieder verlassen.

f) Instandsetzung und Erweiterung bestehender Schleusen. Eine interessante Ingenieurleistung wurde von deutschen Ingenieuren und deutschen Firmen bei dem Umbau der III. Schleuse in Wilhelmshaven (Abb. 117—119) vollbracht. Die von stark angriffsfähigem Grundwasser zerfressenen, aus Unterwasserbeton hergestellten Betonbauwerke wurden mit Hilfe vorgesetzter Stahlspundwände nicht nur wieder hergestellt, sondern sogar die Einfahrtsbreite in den Häuptern zugleich noch erweitert.

Damit ist auch bei den Schleusen der gleiche Weg wie bei den veralteten Trockendocken beschritten, wenn ihre Abmessungen diesen Schritt rechtfertigen. Kosten doch neue Seeschleusen für das Regelfrachtschiff des Weltverkehrs, ganz abgesehen von Großschleusen mit einem Kostenaufwand zwischen 30 und 60 Millionen Mark, das Mehrfache der Modernisierung bestehender Seeschleusen.

5. Aufgaben der Zukunft.

Bei den Seeschleusen werden wir, genau so wie bei den Trockendocken, zu weiteren genaueren Messungen an den Bauwerken schreiten müssen. Die Messung der waagerechten und senkrechten Bewegungen der Schleusenwände, Biegungsmessungen an den Stahlspundwänden, Pfahldruck- und Zugmessungen und Messungen des Sohldruckes unter den Kammerwänden und vor allem unter den Häuptern und hier wieder besonders unter den Anschlagbauwerken werden uns erst die Möglichkeit geben, die bisherigen Grenzen der Beanspruchung der Baustoffe und des Bodens zu ändern und gegebenenfalls noch weiter heraufzusetzen. Hier kann meiner Ansicht nach noch viel zur Ersparnis an Material und Baukosten getan werden, denn bislang wissen wir nur, daß Bauwerke eingestürzt sind bzw. nachgegeben haben, aber leider nichts über die meiner Ansicht nach noch immer vorhandene Überdimensionierung der Bauwerke. Wahre Meister unseres Faches halten sich daher nicht an die auf den Ingenieur-Durchschnitt abgestellten gesetzlichen und technischen Vorschriften und Erlasse, sondern dimensionieren nach der Elastizitätsgrenze auf Grund ihrer eigenen Erfahrungen.

C. Zusammenfassung.

Im Vorstehenden gab ich einen kurzen Überblick über vorhandene Trockendocke und Seeschleusen für Frachtdampfer und Großschiffe in- und außerhalb Europas. Die Erfahrungen bei der Planung, der konstruktiven Gestaltung, der Berechnung und im Betrieb wurden kurz zusammengefaßt.

Neue Dock- und Schleusenentwürfe für Großschiffe an Hand von Plänen leiteten über zu Bedingungen für zukünftige Planungen. Im Rahmen der Jahrbuchveröffentlichung konnte das umfangreiche Thema nur stichwortartig behandelt werden.

Bremen, im März 1950.

---

[1] Rimstad: Zur Bemessung des doppelten Spundwandbauwerks, Doktorarbeit, Berlin 1940.
[2] Ohde: Zur Theorie des Erddrucks, Baut. 1938.

Schrifttum.

1. Trockendocke.

[1] Amsterdam I.
De Ingenieur 1925, Heft 3.
[2] London-Tilbury.
Ausbau der Tilbury-Docke unterhalb London, Bauing. 1930, Heft 10, S. 169.
Eng. 1929 II, S. 395. Tilbury-Dockanlagen, Baut. 1930, S. 156.
[3] Cadiz.
Andersen: Der Bau des Trockendocks in Cadiz, Baut. 32, H. 1, S. 12. Bau eines Trockendocks in Cadiz, „Hansa", 77.Jahrg., Nr.27, 6.7.1940.Verwendung des Betons und Eisenbetons in den Seeschiffahrtsanlagen. Intern Schiff-Kongreß 1931.
[4] Bremerhaven, Kaiserdock II.
XII. Int. Schiff.-Kongreß Philadelphia, Bericht 53.
[5] Bremerhaven, Verlängerung.
Agatz: Der Bau der Nordschleusenanlage in Bremerhaven in den Jahren 1928 bis 1931, Berlin 1931.
[6] Gladstone-Liverpool.
Eng. 1913 II, S. 4. Eng. 1927 II, S. 70. Die Gladstone-Docke in Liverpool, Bauing. 1928, Heft 9, S. 155.
[7] Le Havre.
De Ing. 1920, S. 523. Vallin: Das große neue Trockendock im Hafen von Le Havre, Gén. Civ. 33, Bd. 103, H. 20.
Einrichtungen für die Handhabung der Verschlußeinrichtungen der Docks und Schleusen. Gén. Civ. 1933, S. 466.
Gén. Civ. 1924, S. 393.
E. Vallin: La nouvelle grande forme de radoub du port du Havre, Gén. Civ. 103, 11. 11. 1933, S. 465.
Rapporten en Mededeelingen van den Rijkswaterstaat Nr. 20.
[8] St. Nazaire.
Die neue Dockschleuse von St. Nazaire. Science et Ind. 33, Heft 2.
Die neue Trockendockschleuse in St. Nazaire, Dock and Harbour 33, Okt.-Heft.
de Lisle: Die neue Dockschleuse im Hafen von St. Nazaire, Gén. Civ. 34, Bd. 105, H. 24.
de Lisle: La grande forme entrée du port de St. Nazaire et les travaux complémentaires, Ann. des Ponts et Chausées 1. Jan. 1935, S. 5.
[9] St. Nazaire — Baudock.
Travaux 1937, S. 513.
[10] Southampton.
Die neuen Häfen und Dockanlagen von Southampton. Dock and Harbour 35, August-Heft.
Sichardt: Hafenerweiterung und Bau eines neuen Trockendocks in Southampton. Fördertechn. 34, H. 9/10.
Foerster: Die neuen Kai- und Dockanlagen in Southampton, WRH 36, H. 10.
Das große Trockendock „König Georg V." im Hafen von Southampton, Baut. 38, H. 46, S. 632.
Lex extensions du port de Southampton, Gén. Civ. 107, Sept. 1935.
F. E. Wentworth Sheilds, B. Kreßner und E. Foerster: Die Hafenanlagen in Southampton und ihre Erweiterung, Jahrb. d. HTG Bd. 15, S. 145.
[11] Brest (Kriegshafen).
XI. Int. Schiff.-Kongreß Petersburg 1908.
XII. Int. Schiff.-Kongreß Philadelphia 1913.
XV. Int. Schiff.-Kongreß Venedig 1931, Bericht 108.
[12] Amsterdam II.
De Ingenieur 1925, Heft 3.
Sichardt: Beiträge zur Frage der Grundwasserabsenkung bei der Ausführung von Häfen und Flußbauten, Jahrb. d. HTG. Bd. 11, S. 331.
[13] Genua.
Trockendockerweiterung im Hafen von Genua, Eng. 32, H. 3467.
Krall: Untersuchungen für den Neubau der großen Docke in Genua, Ann. Lav. Publ. 35, H. 11, S. 1016.
Albertazzi: Das neue Dock in Genua, Dock and Harbour 37, Juni-Heft, S. 221.
Albertazzi und Allevi: Bau des vierten Schwimmdocks im Hafen von Genua, Ann. Lav. Publ. 40, H. 7, S. 553.
Dr.-Ing. Haller, Tübingen: Bau eines vierten Trockendocks im Hafen von Genua, Baut. 1941, S. 34.
[14] Neapel.
Ann. Lav. Publ. 1937, H. 8.
[15] Kiel V und VI — Verlängerung VI.
Kiehne: Die Schiffsbauplätze und Kaianlagen der Werft Kiel der Deutschen Werke Kiel AG., Jahrb. d. HTG. 11, S. 41.
Sichardt: Beiträge zur Frage der Grundwasserabsenkung bei der Ausführung von Häfen und Flußbauten, Jahrb. d. HTG. Bd. 11, S. 334.
Kiehne: Die Instandsetzung und Verlängerung des Trockendocks VI der Deutschen Werke Kiel AG., Bauing. 1929, Heft 41, S. 718.
Z. f. Bauw. 1905, S. 113 und 343.
[16] Antwerpen.
Van der Vin: Neue Trockendocke im Hafen von Antwerpen, Science et Ind. 33, H. 10.
F. Bock und B. Kreßner: Aus der Geschichte des Antwerpener Hafens, Jahrb. d. HTG. Bd. 18.
[17] Cristobal.
Der Panama-Kanal, Dock and Harbour 34, Mai-Heft.
[18] Singapur.
Ein neues Dock in Singapur, Eng. 38, H. 3761, S. 158.
The Admiralty Graving Dock at Singapore, Eng. Febr. 1938, Nr. 3761.
[19] Colombo.
Das innere Trockendock im Hafen von Colombo, Eng. 39, 3826, S. 549.
The inner graving dock Colombo harbour Eng. Vol. CXVII Nr. 3826, Mai 12, 1939.
Wundram: Das innere Trockendock im Hafen von Colombo, Bauing. 39, H. 35/36, S. 483.
[20] Bangkok.
Agatz: Der Seehafen von Bangkok, Jahrb. d. HTG. Bd. 18.

[21] Toulon.
Trockendock in Toulon, Ann. des Ponts et Chaussées 1919/3, S. 363.
Rapporten en Mededeelingen van den Rijkswaterstaat, Nr. 20.
[22] Seebeck-Werft Wesermünde.
Z. D. VDI 1913, S. 1656.
[23] East und Westindia Docks London.
Dock and Harbour, Oktober 1949.

2. Seeschleusen.

[1] Kaiserschleuse Bremerhaven.
Schulze: Seehafenbau Bd. III, S. 81.
Zeitschrift f. Arch. und Ingenieurwesen, Hannover 1903.
[2] Emden.
Schulze: Seehafenbau Br. III, S. 83.
Z. f. Bauw. 1914, S. 415, 569, 783, 1915, S. 147.
Seeschleuse Emden, Z. VDI 1921, S. 607.
[3] Wilhelmshaven.
Handb. Ing. Wiss., 3. Teil, 8. Bd., 5. Aufl., S. 299.
H. Gerdes: Die Seeschleusen der III. Hafeneinfahrt in Wilhelmshaven und ihre gründliche Instandsetzung in den Jahren 1924 bis 1937, Jahrb. d. HTG. Bd. 16.
W. Krüger: Die Baugeschichte der Hafenanlagen, Jahrb. d. HTG. Bd. 4.
Intern. Schiffahrtskongreß, Venedig 1931.
Rapporten en Mededeelingen van den Rijkswaterstaat Nr. 20, S. 18.
[4] Brunsbüttel/Holtenau.
Schulze: Seehafenbau Bd. III, S. 86, 87 und 118.
Z. d. B. 1914, S. 373, 390.
Z. f. Bauw. 73 (1923), S. 187, 266.
Rapporten en Mededeelingen van den Rijkswaterstaat Nr. 20, S. 12.
[5] Wesermünde.
B. u. E. 1923, S. 1 (kurz).
Z. d. B. 1924, S. 319, 339, 349 (Gußbeton).
Vogel: Ausbau des Hafens Wesermünde, Jahrb. d. HTG. Bd. 14.
[6] Nordschleuse Bremerhaven.
Schulze: Seehafenbau Bd. III, S. 83.
Agatz: Der Bau der Nordschleusenanlage in Bremerhaven in den Jahren 1928—1931, Berlin 1931.
[7] Ymuiden.
Schulze: Seehafenbau Bd. III, S. 89 und 95.
Z. d. B. 1931, S. 91, 108.
Kittel: Der Bau der neuen Seeschleuse Ymuiden, Baut. 1925, S. 57.
Kittel: Der Bau der neuen Seeschleuse zu Ymuiden, Baut. 1926, S. 309.
Eggink: Der neue Schleusenbau in Ymuiden, De Ing. 40, H. 49, S. 135—40.
Rinsum: Die neue Kammerschleuse in Ymuiden, Baut. 9. 5. 1930.
Möhlmann: Die neue Seeschleuse Ymuiden, 11. 2. 1931 Zentralblatt.
Heyning: De Noorder schutsluis te Ymuiden, Koninkl. Inst. van Ingenieurs 9, 10. 6. 1931.
Jitta: De deuren en de afsluitcaisson voor de deurkassen van de Nieuwe schutsluis te Ymuiden, De Ing. 5. 3. 1927.
Te waterlating en transport van de eerste roldeur voor de nieuwe sluis te Ymuiden, De Ing. 1927.
Die maschinellen Einrichtungen der neuen Schleuse in Ymuiden, 371, 31 Baut.
[8] Ostende — Belgien.
Verschoore: Die neue Schleuse im Fischereihafen Ostende, T. d. Travaux 37, H. 1.
Eine neue Schleuse in Ostende zwischen Fischereihafen und Vorhafen, Baut. 37, H. 51, S. 664.
Doppelschneiden-Senkkasten beim Bau der Seeschleuse Ostende, Z. d. VDI 38, H. 15, S. 441.
Verschoore: Neue Schleuse des Fischereihafens von Ostende, Zeitschr. d. Intern. Ständ. Verbandes f. Schiffahrts-Kongresse, 12. Jahrg., Jan. 1937, Nr. 23.
Dock and Harbour 1936/37, Juliheft, „The Lock of the Ostend Fishing Harbour".
Gossens und Verschoore. Le Nouveau Port de Pêche d'Ostende. Ann. Trav. Publ. Belg. 88 (1935), S. 515.
[9] Große Schleuse, Dünkirchen — Frankreich.
K. W. Mautner und G. Werner-Ehrenfeucht: Vorhafen und Seeschleuse in Dünkirchen (Frankreich), Jahrb. d. HTG. Bd. 13.
Fiederling: Seeschleuse Dünkirchen, Z. d. VDI 35, H. 45.
Roset: Die große Seeschleuse im Hafen von Dünkirchen, T. d. Travaux 39, H. 6, S. 309.
[10] St. Nazaire — Frankreich.
Die neue Dockschleuse von St. Nazaire, Science et Industrie 33, H. 2.
Die 345 m lange Schleuse von St. Nazaire, Eng. 33, H. 3527.
de Lisle: Die neue Dockschleuse im Hafen von St. Nazaire, Gén. Civ. 34 Bd. 105, H. 24.
de Lisle: Die große Dockschleuse von St. Nazaire und ihre Nebenanlagen. Ann. P. Chss. 35, H. 1.
E. Blunk: Der Bau der neuen Seeschleuse in St. Nazaire, Jahrb. d. HTG. Bd. 13.
Die neue Riesenschleuse in St. Nazaire, Werft-Reederei-Hafen vom 15. 11. 1932.
[11] Tilbury-Schleuse — London/England.
Eng. 1929 II, S. 395.
Tilbury-Dockanlagen, Baut. 1930, S. 156.
[12] Alfreddock-Schleuse — Liverpool/England.
Schulze: Seehafenbau Bd. III, S. 73.
Die neuen Seeschleusen des Alfreddocks in Birkenhead, Bauing. 31 (1929).
[13] Gladstone-Schleuse — Liverpool/England.
Eng. 1927 II, S. 70. Eng. 1924, S. 47.

14 Panama-Kanalschleusen.
Z. d. VDI 1915, S. 442, 463, 507.
Schweiz. Bauz. 1916, J. 119, 137.
Ann. P. Chss. 1912, S. 157.
Eng. News Rec. v. 10. 8. 1939 — ATPB 1939, S. 802.
Der Bau neuer Schleusen im Panamakanal, Gén. Civ. 39, Bd. 115, S. 78, 109 und 157.
15 Kruisschanzschleuse — Antwerpen — Belgien.
Nav. Rh. 1926, S. 189. Nav. Rh. 1925, S. 455. Gén. Civ. 1926, S. 125.
F. Bock und B. Kreßner: Aus der Geschichte des Antwerpener Hafens, Jahrb. d. HTG. Bd. 18.
Die Erweiterung des Hafens von Antwerpen und die Kruisschanzschleuse, Baut. 1926, S. 311.
Schulze: Seehafenbau Bd. III, S. 89, 137.
16 Bremen-Oslebenshausen.
Overbeck: Die Schleusentore des Industrie- und Handelshafens in Bremen, Z. d. VDI 1912, S. 1.
G. Heymann: Über elektrische Antriebe von Hafenbauwerken, Jahrb. d. HTG. Bd. 3, S. 291.
P. Hedde und P. Beck: Baugeschichtliche Entwicklung der bremischen Hafenanlagen, Jahrb. d. HTG. Bd. 9, S. 59.
Schulze: Seehafenbau Bd. III, S. 99.
17 Le Havre — Frankreich.
Prudhon: Travaux Maritimes Bd. III, S. 124 und 277.
Quinette de Rochemont, Ann. P. Chss. 1908.
Intern. Schiffahrts-Kongreß, Petersburg 1908.
Schulze: Seehafenbau Bd. III, S. 77.
18 Torverschlüsse.
Agatz-Bohlmann: Einrichtungen für die Handhabung der Verschlußeinrichtungen der Docke und Schleusen. Schwimmtore (Torschiffe), Rolltore, Gleittore und Stemmtore. Elektrische Einrichtungen zum automatischen Betrieb der Tore und ihrer Zubehörteile. XV. Intern. Schiffahrtskongreß Venedig 1931, Bericht 105.
19 Zufahrten von See.
Agatz: Abmessungen der Bauten der Seehäfen, insbesondere der Schleusen, Kais, Ausbesserungsdocks, festen und beweglichen Brücken (Breite der Schiffahrtsöffnungen bzw. freie Durchfahrhöhen), Querschnitt, Tiefe und Linienführung der Zufahrtsstraßen unter Berücksichtigung der künftig zu erwartenden Abmessungen der großen Fahrgastschiffe. XVI. Intern. Schiffahrtskongreß Brüssel 1935, Bericht 85.

Quellenverzeichnis und Unterschriften der Abbildungen.

Zahlentafel 1. Tabelle der ausgeführten Trockendocke.
Zahlentafel 2. Tabelle der ausgeführten Seeschleusen.
Abb. 1. Übersicht über die Schleusen und Dockabmessungen bei größeren Bauwerken.
Abb. 2. Trockendocke auf Fels mit und ohne Auftrieb und mit Drainage. Trockendocke auf Sand — Kies — Ton mit Drainage, mit Grundwasserentlastung.
Abb. 3. Trockendocke auf Sand — Kies — Ton mit vollem Auftrieb.
Abb. 4. Trockendocke auf Sand — Kies — Ton mit vollem Auftrieb.
Abb. 5. Dockquerschnitt als Betonauskleidung auf Fels. Prudhon: Travaux Maritimes III, 1936, Abb. 179b.
Abb. 6. Auftriebssichere Schwergewichtssohle. Atlas z. Zeitschr. f. Bauwesen 1905, S. 17 und 18.
Abb. 7. Docksohle als eingespannter Balken. De Ingenieur 1925, S. 54, H. 3, Teil 1.
Abb. 8. Dockquerschnitte als Gewölbe. Der Hafen von Antwerpen, herausgegeben von van Dieren u. Co., Antwerpen 1930, für Rechnung der Gemeindeverwaltung, S. 57, Abb. 48.
Abb. 9. Heranziehung der Seitenmauern zur Aufnahme des Auftriebes (Trockendock Philadelphia). Bautechnik 1930, S. 433.
Abb. 10. Dünne Sohle mit Brunnenverankerung (Trockendock IV in New York). Prudhon: Travaux Maritimes III, 1936, Abb. 174.
Abb. 11. Trockendock mit Pfahlverankerung (Pearl Harbour, Hawai). Bénézit, Cours de Ports et Travaux Maritimes, 1932, S. 370, Abb. 260.
Abb. 12. Dünne Docksohle mit voller Entlastung des Auftriebes, Grundriß. Zeitschr. d. VDI 57 (1913), S. 1656.
Abb. 13. Dünne Docksohle mit voller Entlastung des Auftriebes, Querschnitte. Zeitschr. d. VDI 57 (1913), S. 1657.
Abb. 14. Pfahlgründung der Kielstapelbankette. De Ingenieur 1925, S. 51.
Abb. 15. Teilweise Auftriebsentlastung beim King-George-V-Trockendock in Southampton. Jahrbuch der HTG. Bd. 15, Tafel 2, S. 144.
Abb. 16. Entlastung des Auftriebes beim Trockendock in Southampton. Bautechnik 1938, S. 633, Abb. 3.
Abb. 17. Abbruch der Stirnmauer eines unter Wasser geschütteten Trockendocks. Agatz: Kampf des Ingenieurs, S. 262, Abb. 150.
Abb. 18. Dockbaugrube des Kaiserdockes II mit Grundwasserabsenkung, Betonierung der Sohle. Bautechnik 1931, S. 492, Abb. 23.
Abb. 19. Bau des Trockendockes in Southampton. Technique des Travaux 1933, S. 182.
Abb. 20. Vorsatzkasten zum Abschluß der Torkammer bei der Reparatur eines Trockendockes. Jahrbuch der HTG. Bd. 16 (1937), S. 116, Abb. 28.
Abb. 21. Gründung eines Trockendockes mit Druckluftkästen. Ann. Lav. Pub. 1940, S. 567.
Abb. 22. Grundriß zu Abb. 21. Ann. Lav. Pub. 1940, S. 555.
Abb. 23. Querschnitt zu Abb. 21. II. Int. Kongreß für Brückenbau und Hochbau, Vorbericht, Berlin 1936, S. 1192, Abb. 1.
Abb. 24. Form der Druckluftkästen. Ann. Lav. Pub. 1940, S. 560.
Abb. 25. Ausführung eines Trockendockes als Stahlschwimmkasten. Prudhon: Travaux Maritimes III, 1936, Abb. 182a.
Abb. 26. Bauvorgang bei der Einbringung des Stahlschwimmkastens. Bénézit: Cours de Ports et Travaux Maritimes, 1932, S. 382, Abb. 265.
Abb. 27. Einschwimmen der Stahlkästen. Rapporten en Mededeelingen van den Rijkswaterstaat Nr. 20, Abb. 69.
Abb. 28. Form der Stahlschwimmkästen der Abb. 25. Bénézit: Cours de Ports et Travaux Maritimes, 1932, S. 383, Abb. 266.

Abb. 29. Querschnitt durch das Trockendock der Abb. 25. Rapporten en Mededeelingen van den Rijkswaterstaat Nr. 20, 1922, Abb. 70.

Abb. 30. Stahlschwimmkasten auf dem Montageplatz. Rapporten en Mededeelingen van den Rijkswaterstaat Nr. 20, 1922, Abb. 43.

Abb. 31. Einschwimmen des Kastens der Abb. 30. Rapporten en Mededeelingen van den Rijkswaterstaat Nr. 20, 1922, Abb. 48.

Abb. 32. Aufsicht auf den schwimmenden Kasten der Abb. 30. Rapporten en Mededeelingen van den Rijkswaterstaat Nr. 20, 1922, Abb. 49 und 50.

Abb. 33. Aufsicht auf das fertiggestellte Dock. Rapporten en Mededeelingen van den Rijkswaterstaat Nr. 20, 1922, Abb. 40.

Abb. 34. Eisenbetonschwimmkasten für ein Trockendock in Spanien. Bautechnik 1932, S. 11.

Abb. 35. Die drei Schwimmkästen des Trockendockes vor ihrer Verbindung. XV. Intern. Schiffahrtskongreß Venedig 1931, Bericht 97, Abb. 10.

Abb. 36. Ansicht des vollständigen Schwimmkastens an seinem endgültigen Platz. Zwischen den beiden Zonen, die das Niedrigwasser bedecken, sieht man die ausgebaggerte Vertiefung. Links liegt im Hafenbecken das Pumpwerk unter Wasser. XV. Intern. Schiffahrtskongreß Venedig 1931, Bericht 97, Abb. 13.

Abb. 37. Tilbury-Schleuse und Trockendock in London. Engineering, Sept. 1929, Tafel 1.

Abb. 38. Trockendock in Philadelphia. Bautechnik 1930, S. 433.

Abb. 39. Schleusen- und Dockverschlüsse in Frankreich. XV. Intern. Schiffahrtskongreß Venedig 1931, Bericht 108.

Abb. 40. Trockendock mit Stemmtoren. De Ingenieur 1925, S. 55.

Abb. 41. Grundriß und Schnitte des Gladstone-Trockendockes in Liverpool. Engineering 1913, Bd. II, S. 7.

Abb. 42. Füllung eines Trockendockes durch die Tore. Ann. Lav. Pub. 1940, S. 576.

Abb. 43. Schnitte durch den Pumpenraum und die Torkammer eines Trockendockes. Atlas z. Zeitschr. f. Bauwesen 1905, S. 178.

Abb. 44. Pumpwerk mit lotrechter Anordnung der Pumpen. Génie Civil 1933, S. 468.

Abb. 45. Quer- und Längsschnitt durch ein Dockpumpwerk. Bénézit: Cours de Ports et Travaux Maritimes Bd. II, 1932, Abb. 258 und 259.

Abb. 46. Seitliche Lage eines Dockpumpwerkes. Ann. Lav. Pub. 1940, S. 634, Tafel XII.

Abb. 47. Querschnitt zur Abb. 48. Ann. Lav. Pub. 1940, S. 634, Tafel XI.

Abb. 48. Torkammer und Pumpenanlage des Gladstone-Trockendockes Engineering 1913, Bd. II, S. 8.

Abb. 49. Dockhaupt in Liverpool. Engineering 1913, Bd. II, S. 9.

Abb. 50. Dockkrane auf den Seitenmauern. Demag-Nachrichten, Juni 1932.

Abb. 51. Kimmschlitten aus Beton mit hölzerner Auflage. Prudhon: Travaux Maritimes III, 1936, Abb. 182b.

Abb. 52. Stahlkimmschlitten mit beweglichem Auflagerarm in London-Tilbury. Engineering 1929 II, S. 398.

Abb. 53. Schematische Darstellung des zweistufigen Baudockes. Travaux, Dezember 1937.

Abb. 54. Versuchsanstalt in der Seitenmauer des Baudockes auf einem Zellenfangedamm. Travaux, Dezember 1937.

Abb. 55. Zellenfangedamm des Baudockes. Travaux, Dez. 1937.

Abb. 56. Trockendockentwürfe. Schwergewichtsbauwerke.

Abb. 57. Trockendockentwürfe. Rahmenbauwerke — Bauwerke mit Gelenksohle — Verankerte Bauwerke.

Abb. 58. Bodenpressung unter einem elastischen Balken nach dem Bettungszifferverfahren und nach der genauen Berechnung. Die verschiedenen Werte α bedeuten verschiedene Steifigkeit des Fundamentes. Bei starren Fundamenten wird α = 0.

Ohde: Sohldruckverteilung unter Gründungskörpern, Bauingenieur 1942, S. 105, Abb. 10.

Abb. 59. Querschnitt einer Dockverlängerung in Eisenbeton. Agatz: Der Bau der Nordschleusenanlage in Bremerhaven in den Jahren 1928—1931, S. 13, Abb. 33.

Abb. 60. Verlängerung eines Trockendockes durch Spundwände. Butzer: Bautechnische Mitteilungen 1928/29, S. 32/33, Abb. 1.

Abb. 61. Umbau des East-India Dock London. „The Dock and Harbour Authority", Oktober 1949.

Abb. 62. Umbau des West-India Dock London. „The Dock and Harbour Authority", Oktober 1949.

Abb. 63. Übersicht über größere Seeschleusen (A. unbefestigte, B. gepflasterte Kammersohle).

Abb. 64. Übersicht über größere Seeschleusen (B. gepflasterte Kammersohle, C. Kammersohle in Auskleidungsbeton, D. durchgehende Betonkammersohle).

Abb. 65. Übersicht über größere Seeschleusen (B. gepflasterte Kammersohle, D. durchgehende Betonkammersohle).

Abb. 66. Belegung einer Sammelschleuse mit Schiffen. De Ingenieur 1924, S. 747.

Abb. 67. Seeschleusen am Alfred-Dock-Hafen in Birkenhead am Mersey. Engineering 1929 I, S. 12.

Abb. 68. Neue Seeschleuse in London-Tilbury. Engineering 1929 I, S. 396.

Abb. 69. Seeschleuse mit doppelten Schiebetoren. Jahrbuch der HTG. 13, S. 125, Abb. 4.

Abb. 70. Doppelte Schiebetore in beiden Schleusenhäuptern. Jahrbuch der HTG. 18, S. 269, Abb. 13.

Abb. 71. Pedro-Miguel-Schleuse im Panamakanal. Zeitschr. d. VDI 1915, S. 443.

Abb. 72. Schleuseneinfahrt mit durchgehenden Leitwerken. Der Hafen von Antwerpen, herausgegeben 1930 von van Dieren u. Co. auf Rechnung der Gemeindeverwaltung, S. 48, Abb. 39.

Abb. 73. Schleuseneinfahrt mit Dalben. De Ingenieur 1931 (Sonderdruck).

Abb. 74. Schleusenvorhäfen mit senkrechten Ufereinfassungen. Jahrbuch der HTG. 13, S. 152.

Abb. 75. Schleusenvorhafen mit unsymmetrischer Ausbildung. Agatz: Der Bau der Nordschleusenanlage, S. 2, W. Ernst u. Sohn, Berlin 1931.

Abb. 76. Schwimmfender. Jahrbuch der HTG. 14, S. 265.

Abb. 77. Feste Fender. Sonderschrift Schleuse Ymuiden.

Abb. 78. Unbefestigte Schleusensohle. Die Bremerhavener Hafen- und Dockanlagen und deren Erweiterung in den Jahren 1892—1899, Hannover 1903, Blatt 3.

Abb. 79. Massive Schleusensohle. Jahrbuch der HTG. 16, S. 140.

Abb. 80. Torkammern mit durchgehender Betonsohle. Jahrbuch der HTG. 13, S. 143, Abb. 33.

Abb. 81. Torkammern auf Felsen. Jahrbuch der HTG. 13, S. 149, Abb. 4.

Abb. 82. Bewehrung und Schalung einer Torkammer. Bautechnik 1931, S. 152, Abb. 20.

Abb. 83. Baustelleneinrichtung für Schleusenhäupter. Jahrbuch der HTG. 13, S. 140, Abb. 29.

Abb. 84. Lageplan zu der Betonschüttungsanlage eines alten Trockendocks. Die Bremerhavener Hafen- und Dockanlagen und deren Erweiterung in den Jahren 1892—1899, Hannover 1903, Fig. 1, Blatt 14.

Berechnung des Wellenstoßes auf Molen und Wellenbrecher.

Von Dr.-Ing. **Erich Bruns**, Berlin.

Schon seit langer Zeit waren Theoretiker und Hafenbauer verschiedener Länder bestrebt, die Aufgabe der Berechnung des Wellenstoßes auf Molen und Wellenbrecher aufs genaueste zu lösen.

Die einen, wie Gerstner, Gebr. Weber, Airy, Scott Rüssel, Basin, Hagen und in neuerer Zeit Lamb *[1931]*, Thorade *[1931]* und Gourret *[1935]* versuchten auf theoretische, mathematische und hydrodynamische Erwägungen und Laboratoriumsversuche sich stützend, allgemeine Theorien der Wellenbewegungen und ihrer Auswirkungen aufzustellen.

Andere, wie Stevenson *[1850]*, Gaillard *[1901—1905]*, Hiroi *[1905—1908]* und in neuerer Zeit Eckhardt *[1911]*, Kusnetzow *[1929]*, Besson *[1931]*, Albertazzi *[1932]*, Levi *[1933]*, Bruns *[1934]*, Pousirewski *[1935]*, Renaud *[1935]* und Rouville *[1938]* suchten die Lösung der Frage in unmittelbaren Wellenstoßmessungen unter verschiedenen Verhältnissen der Natur und in Gebieten, in welchen Seehafenbauwerke errichtet werden, und die der Einwirkung von Stürmen verschiedener Größenordnung ausgesetzt sind.

Eine weitere Gruppe von Forschern, wie Kapzov *[1905]*, Stücky *[1934]*, Bogolepoff *[1935]*, Renaud *[1935]*, Cagli *[1936]*, Larras *[1936]*, Malaward *[1936]* und Petry *[1936]*, auch Bagnold, Mitschin und Ferro, beschränkte sich auf Versuche in Laboratorien und wollte die Aufgabe durch Messungen der Wellen und des Wellenstoßes an kleinen Modellen der Bauwerke u. a. unter Anwendung des Verfahrens der elektrohydrodynamischen Ähnlichkeit zur Lösung bringen.

Die meisten Forscher und Praktiker beschäftigten sich mit Aufstellung von Verfahren, Lösungen und Faustformeln, die auf den vorbezeichneten theoretischen Arbeiten, Messungen in der Natur und in Versuchsanstalten und auf der Baupraxis verschiedener Seehafenbauwerke fußten. Zu solchen gehören die Arbeiten von Engels, Wey *[1920]*, Benezit *[1923]*, Trenjukhinn *[1926]*, Kandiba *[1926]*, Toukholka *[1926]*, Bütawand *[1926]*, Lira *[1927]*, Sainflou *[1928]*, Richter *[1930]*, De Thierry *[1930]*, Levi *[1931]*, Penna *[1932]*, Miche *[1933]*, Antonelli, Lange und Forst *[1935]*, Zuboff, Bogolepoff, Molitor *[1935]*, Gourret *[1935]*, Latham, Betz *[1936]*, Ferro *[1936]*, Jacoby *[1936]*, Larras *[1937]*, D'Arrigo *[1937]* und Hansen *[1940]*.

Bis auf den heutigen Tag ist die gestellte Aufgabe noch nicht so gelöst, daß die Praxis für die Durchführung von Entwurfsaufgaben genügend genaue Verfahren oder Formeln für die Berechnung der Belastung eines Wellenbrechers oder einer Mole durch den Wellenstoß zur Verfügung hat. Man muß leider noch in jedem einzelnen Falle die Wellenstoßkurve nach verschiedenen Verfahren zu berechnen versuchen, die Ergebnisse vergleichen und bei der Wahl vorsichtshalber größere Sicherheitswerte einsetzen. Diese Sachlage führt bei Überschätzung der Wellenstoßkräfte zu übergroßen Ausmaßen der Bauwerke und bedingt unnötig hohe Herstellungskosten. Werden jedoch die Wellenstoßkräfte und besonders die durch die Wellen verursachte Sogwirkung am Fuß der Molen unterschätzt, so entstehen möglicherweise Baukatastrophen, durch die unersätzliche Werte und manchmal auch Menschenleben verlorengehen.

Da die Aufgabe der Berechnung des Wellenstoßes auf Molen und Wellenbrecher die Fachkreise verschiedener Länder interessierte, wurde auf dem XIV. Internationalen Schiffahrtkongreß in Kairo im Jahre 1926 ein Ausschuß für Wellenkräfte gebildet. Dieser beschloß, um die Erforschung der Aufgabe zu fördern, in verschiedenen Ländern Messungen der Wellenstoßkraft nach einem einheitlichen Programm durchzuführen, und auch Geräte zu erbauen, welche einwandfrei die zu messenden Kräfte registrieren könnten. Die obenerwähnten Arbeiten nach 1926 sind zum großen Teil unter Berücksichtigung der von dem Ausschuß aufgeworfenen Probleme ausgeführt worden.

Die vorliegende Arbeit hat das Hauptziel, die zur Zeit vorhandenen Ergebnisse der Wellenstoßforschungen aller Länder, wenn möglich, auf einen Nenner zu bringen und die zum Teil in deutscher Sprache noch nicht veröffentlichten Berechnungsverfahren und -formeln des Wellenstoßes untereinander zu vergleichen. Weiter ergab sich, daß die gestellte Aufgabe überhaupt nur allmählich durch Aufhäufung von genauesten gleichwertigen Messungen aller in Betracht zu ziehenden Elemente und Einflüsse gelöst werden kann. Da solche Messungen jedoch sehr zeitraubend und kostspielig sind mit Rücksicht darauf, daß die interessanten größten Wellen nicht so oft vorkommen, erfordern die Messungen auch eine ungewöhnlich lange Dauer. Anscheinend ist die Lösung der Aufgabe auf rein theoretischer Grundlage nicht möglich, da die Wellen von so vielen Bedingungen abhängig und in ihrer Entwicklung so vielen Einwirkungen ausgesetzt sind, daß deren Einfluß auf rein mathematischen Wege kaum zu erfassen ist und in Form von genauen Gleichungen nicht dargestellt werden kann.

Ich strebe mit dieser vergleichenden Darstellung an, das Verfahren herauszufinden, das von allen vorhandenen geeignet ist, als grundlegend bezeichnet zu werden, oder gegebenenfalls ein neues zu bilden, das dem entwerfenden Hafenbauingenieur eine bessere Grundlage für seine schwere Aufgabe gibt.[1]

Das zweite Ziel dieser Arbeit ist, auf Einflüsse aufmerksam zu machen, denen bisher bei den Wellenstoß messungen in der Natur zu wenig Aufmerksamkeit geschenkt wurde, und die Genauigkeit der Meßergebnisse und deren Auswertung in größerem Maße beeinflussen können.

I. Wellenarten, theoretische Grundlagen und Wellenelemente[2].

Es würde zu weit führen, hier einen Auszug aus der Hydrodynamik zu geben, die sich mit der Wellentheorie, der Unterteilung der Wellen nach Arten und Formen ihrer Entstehung und zeitlichen Veränderung und Abhängigkeit von den erzeugenden Kräften (z. B. Wind, Ebbe und Flut, Erdbeben usw.) befaßt und den Verlauf ihrer Formänderungen durch Einflüsse wie Wassertiefe, Änderung der Bodenformen, der Reibungsverhältnisse u. a. m. zu klären versucht. Ich verweise hier auf die Lehrbücher der Hydrodynamik (Lamb *[47]*, Wien u. a.) und insbesondere auch auf Thorade „Probleme der Wasserwellen" *[96]*.

Mannigfach sind die Versuche, die Wellen schematisch einzuteilen. Die Vielfalt der Naturerscheinungen, so auch die vielen vorkommenden Wellenarten, in ihren Veränderungen und Verwandlungen, z. B. durch das Kreuzen mit anderen Wellensystemen, läßt an sich eine straffe Einteilung nicht zu, besonders, wenn man in Betracht zieht, daß die Eigenarten der zahlreichen Wellenarten noch zu wenig erforscht sind. Deshalb sollen die unten angeführten Welleneinteilungen nur beispielhaft die Versuche solcher Aufteilungen zeigen.

Thorades grundlegende Einteilung der Wellen ist folgende.

Zahlentafel 1. Einteilung der Wellenarten auf hydrodynamischer Grundlage.

Bezeichnungen	Grundlegende Kennzeichnungen
Oberflächenwellen (nach Wey-Tiefseewellen)	1. Schwingungsweite und Wellenlänge sind klein gegenüber der Wassertiefe und die Bewegung der Teilchen reicht nicht bis zum Grund. 2. Die senkrechte Bewegungsweite eines Teilchens ist nicht sehr verschieden von der waagerechten, die beiden Durchmesser der Kreisbahnen sind von gleicher Ordnung. 3. Jede Wellenlänge hat ihre eigene Fortschrittsgeschwindigkeit (c_w). $$c_w = \frac{2L}{2T} = \frac{L}{T} \ldots\ldots (1)$$ dadurch entsteht eine Zerstreuung.
Flutwellen (nach Wey-Seichtwasserwellen)	1. Die Bewegung der Teilchen geht bis zum Grund und das Verhältnis der senkrechten Bewegungsweite zur waagerechten ist wie das Verhältnis der Wassertiefe (H) zur Wellenlänge (2 L). 2. Die Fortschrittsgeschwindigkeit (c_w) ist für alle Wellenlängen ein und dieselbe $$c_w = C\sqrt{gH} \ldots\ldots (2)$$

Nach Thorade können die Flutwellen folgende Grundformen erhalten: fortschreitende, stehende, gekreuzte, interne und Ringwellen.

---

[1] Im Laufe der Ausführung dieser Arbeit und bei Beschaffung der benötigten Unterlagen habe ich wertvolle Ratschläge, Hinweise und Unterstützung von den Herren Professor Agatz, Professor Schultze, Professor Tölke, Ministerialdirektor Eckhardt, Marinebaurat Düker genossen. Es sei ihnen hier mein bester Dank ausgesprochen.

[2] Die in der Arbeit benutzten Abkürzungen sind am Schluß zusammengestellt.

Bogolepoff *[12]* unterscheidet 2 Grundformen: Schwingungswellen und Übertragungswellen, aus denen sich auch gemischte Wellen bilden können. Seine weitere Einteilung der Wellen nach den einzelnen Arten ist aus Abb. 1 zu ersehen.

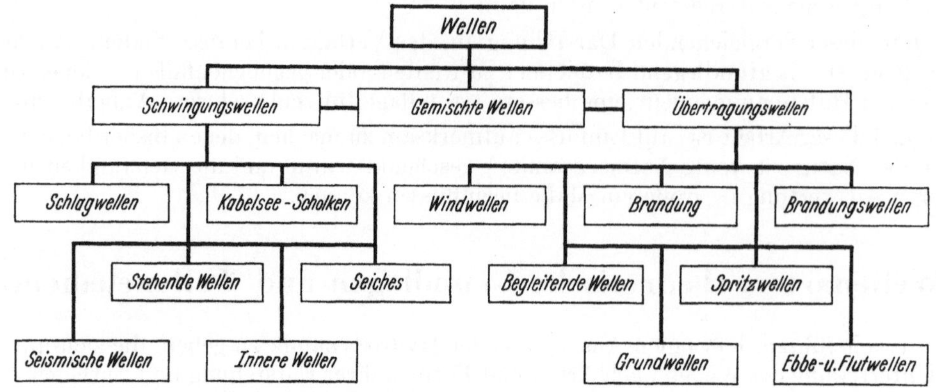

Abb. 1. Einteilung der Wellen (nach Bogolepoff).

Für unsere weiteren Aufgaben ist es wichtig, nur die Wellenarten hervorzuheben, welche in den weiter beschriebenen Verfahren für die Berechnung des Wellenstoßes verwendet werden. Zu solchen gehören:

die Schwingungswellen mit a) Schlagwellen (houle)

und b) Kabelsee-Scholken (clapotis)

und die Übertragungswellen mit den Brandungswellen.

In der Zahlentafel 2 sind diese Wellenarten näher erläutert.

Zahlentafel 2. Erläuterungen der für die Wellenstoßberechnungen wichtigsten Wellenarten.

Bezeichnungen der Wellenarten	Erläuterungen der einzelnen Wellenarten
I. Schwingungswellen	I. Die Schwingungswellen werden durch Vorhandensein eines kreisförmigen Laufes der Bewegung ihrer Wasserteilchen gekennzeichnet. Der kreisförmige Umlauf kann bei voller Aufrechterhaltung der Schwingungsart der Wellenbewegung bei einer entsprechenden Tiefe $\left(\dfrac{H}{2\,L}\right)$ durch Änderungen der Form in einen elliptischen Umlauf übergehen.
Schlagwellen (französisch „houle")	Die Schlagwellen werden durch ein wildes Durcheinander einer Sturmsee gekennzeichnet; diese höchst unregelmäßigen Bewegungen entstehen durch das Durcheinanderlaufen zahlreicher Systeme von Wind- oder Rückprallwellen aus verschiedenen Richtungen oder wenn Wellen auf starke Strömungen treffen.
Kabelsee-Scholken (französisch „clapotis")	Die Kabelsee wird durch regelmäßige Wellen gekennzeichnet, die bei ihrem Rückprall z. B. auf eine senkrechte Wand eine Interferenz und einen Wellenschlag hervorrufen.
II. Übertragungswellen	II. Wenn der kreisförmige oder elliptische Umlauf sich bei einer gewissen kritischen Tiefe $\left(\dfrac{H}{2\,L}\right)$ bricht, so entsteht aus einer Schwingungswelle eine Übertragungswelle.
Brandungswellen	Bei einer Brandungswelle im Küstenbereich, wenn der Grund ansteigt, wird der Wellenfuß stark verzögert, während der Scheitel fortschreitet; die Wellen werden steiler und brechen sich schließlich vornüber, wobei die schwingende Bewegung in eine fortschreitende übergeht und die Wellen heftige Stöße ausüben. In offener See sind die durch Windstoß verursachten „Sturzseen" eine ähnliche Erscheinung, wie die Brandungswellen.

Der Kürze wegen ist in der vorliegenden Arbeit davon abgesehen, die Grundsätze aller allgemeinen Wellentheorien, deren Kritik und Abänderungsvorschläge niederzulegen. Dieses ist in den schon erwähnten Lehrbüchern der Hydrodynamik, bei Thorade *[96]* und zum Teil in der Arbeit von Wey *[102]* zu finden. In den verschiedenen Lehrbüchern des Seehafenbaues sind diese Wellentheorien auch enthalten.

Hier sollen kurz die hydrodynamischen Gleichungen von Lagrange wiedergegeben werden, da letztere in einigen Verfahren für die Berechnung des Wellenstoßes angewendet werden.

Die Bewegungsgleichungen einer Flüssigkeit (s. Lamb [47]) können auf zwei verschiedenen Wegen erhalten werden. Der eine Weg besteht in Feststellung der Geschwindigkeiten, des Druckes und der Dichte in allen Punkten eines von Flüssigkeit erfüllten Raumes, der zweite in der Bestimmung der Bewegungsbahnen eines jeden Teilchens. Der erste Weg wird gewöhnlich als die „Eulerschen". der zweite Weg als die „Lagrangeschen" Formen der hydrodynamischen Gleichungen bezeichnet.

Wenn a, b, c — Koordinaten der Anfangslage eines Flüssigkeitsteilchens und x. y. z — seine Koordinaten zur Zeit t sind. so können x, y, z, als Bezügliche der unabhängigen Veränderlichen a, b, c und t betrachtet werden, wobei dann deren Werte die ganze Bewegungsbahn eines jeden einzelnen Flüssigkeitsteilchens geben.

Die Geschwindigkeitskomponenten des Teilchens (a, b, c) zur Zeit t parallel zu den Koordinatenachsen und die Komponenten der Beschleunigung in dieser Richtung sind entsprechend

$$\frac{\partial x}{\partial t}, \frac{\partial y}{\partial t}, \frac{\partial z}{\partial t} \qquad \text{(A) und} \qquad \frac{\partial^2 x}{\partial t^2}, \frac{\partial^2 y}{\partial t^2}, \frac{\partial^2 z}{\partial t^2} \tag{B}$$

Es seien zur Zeit t in der Nachbarschaft dieses Teilchens p der Druck und ρ — die Dichte. X. Y. Z — die Komponenten der äußeren Kräfte, welche auf die Masseneinheit wirken.

Die Bewegung der flüssigen Masse. welche zur Zeit t das Volumenelement $\partial x \partial y \partial z$ einnimmt. wird durch folgende Gleichungen bestimmt:

$$\left.\begin{array}{l} \dfrac{\partial x^2}{\partial t^2} - X - \dfrac{1}{\delta}\dfrac{\partial p}{\partial x} \\[2mm] \dfrac{\partial y^2}{\partial t^2} - Y - \dfrac{1}{\delta}\dfrac{\partial p}{\partial y} \\[2mm] \dfrac{\partial z^2}{\partial t^2} - Z - \dfrac{1}{\delta}\dfrac{\partial p}{\partial z} \end{array}\right\} \tag{C}$$

Um die Ableitung nach X. Y. Z auf die unabhängigen Veränderlichen a, b, c und t abzustimmen, vervielfältigen wir die Gleichungen (C) mit $\dfrac{\partial x}{\partial a}, \dfrac{\partial y}{\partial a}, \dfrac{\partial z}{\partial a}$ und zählen sie zusammen. Das zweitemal wird mit $\dfrac{\partial x}{\partial b}, \dfrac{\partial y}{\partial b}, \dfrac{\partial z}{\partial b}$ vervielfältigt und zusammengezählt. das dritte entsprechend mit $\dfrac{\partial x}{\partial c}, \dfrac{\partial y}{\partial c}, \dfrac{\partial z}{\partial c}$.

Dabei erhalten wir folgende 3 Gleichungen:

$$\left.\begin{array}{l} \left(\dfrac{\partial^2 x}{\partial^2 t} - X\right)\dfrac{\partial x}{\partial a} + \left(\dfrac{\partial^2 y}{\partial^2 t} - Y\right)\dfrac{\partial y}{\partial a} + \left(\dfrac{\partial^2 z}{\partial^2 t} - Z\right)\dfrac{\partial z}{\partial a} + \dfrac{1}{\delta}\dfrac{\partial p}{\partial a} = 0 \\[3mm] \left(\dfrac{\partial^2 x}{\partial^2 t} - X\right)\dfrac{\partial x}{\partial b} + \left(\dfrac{\partial^2 y}{\partial^2 t} - Y\right)\dfrac{\partial y}{\partial b} + \left(\dfrac{\partial^2 z}{\partial^2 t} - Z\right)\dfrac{\partial z}{\partial b} + \dfrac{1}{\delta}\dfrac{\partial p}{\partial b} = 0 \\[3mm] \left(\dfrac{\partial^2 x}{\partial^2 t} - X\right)\dfrac{\partial x}{\partial c} + \left(\dfrac{\partial^2 y}{\partial^2 t} - Y\right)\dfrac{\partial y}{\partial c} + \left(\dfrac{\partial^2 z}{\partial^2 t} - Z\right)\dfrac{\partial z}{\partial c} + \dfrac{1}{\delta}\dfrac{\partial p}{\partial c} = 0 \end{array}\right\} \tag{D}$$

welche als die „Lagrangesche" Form der hydrodynamischen Gleichungen bezeichnet werden.

Als grundlegenste von allen Wellentheorien muß die trochoidale Wellentheorie auf unendlicher Tiefe von Gerstner [39] angesehen werden, trotz der vielen vorgeschlagenen Berichtigungen und Ergänzungen und trotzdem die physikalische Bedeutung ihrer Ergebnisse dadurch beeinträchtigt wird. daß die Bewegung bei diesen Wellen nicht wirbelfrei ist. Nach dieser Theorie ist die Wellenlinie eine geschweifte Zykloide oder Trochoide.

Als Berichtigung der Gerstnerschen Trochoidentheorie hat Stokes [92] eine Theorie mit Annahme einer wirbelfreien Bewegung der Oberflächenwellen vorgeschlagen. Boussinesq [13] befaßte sich mit derselben Theorie aber für begrenzte Tiefen.

Airy [1] schlug eine Theorie für veränderliche Tiefen vor. wobei die Höhen und Längen der Wellen in Abhängigkeit von den Tiefen gebracht wurden.

Der Vorschlag von Hagen [32] für Wellen über gleichmäßige Tiefen deckt sich nicht mit dem von Airy. Es sind noch andere Wellentheorien (z. B. die von Gourret) vorgeschlagen worden; da sie aber nur eine Grundlage für die Berechnung des Wellenstoßes bilden sollten. werden letztere im Kapitel IV „Verfahren und Formeln für die Berechnung des Wellenstoßes" niedergelegt. In Kapitel V „Theoretische Grundlagen der einzelnen Verfahren und Formeln und deren Kritik" sind sie auch besprochen.

Das Entstehen der Wellen ist in der überwiegendsten Zahl der Fälle der verschiedenartigen Auswirkung des Windes auf die Wasseroberfläche zuzuschreiben. Bei den Schwingungen führen die einzelnen Wasserteilchen kreisende Bewegungen nach gewissen Bahnen aus. ohne dabei fortzuschreiten. Vorwärts bewegt sich nur die Wellenform — der Wechsel zwischen Erhebung und Vertiefung der Oberfläche.

Die Wellen erleiden in ihren Bewegungen Veränderungen durch das Kreuzen mit Wellensystemen aus verschiedenen Richtungen, durch Änderungen der Tiefen und der Rauhigkeit des Bodens und durch viele andere Einflüsse.

Die Wellen haben folgende Wellenelemente (s. Abb. 2), für welche bei den einzelnen Verfassern verschiedene, im folgenden auf einen Nenner gebrachte Bezeichnungen gebraucht werden (s. Abkürzungen).

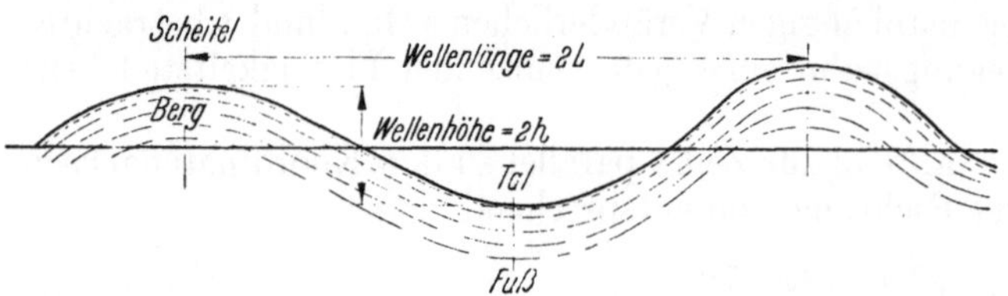

Abb. 2. Bezeichnungen für Wellenlänge und Wellenhöhe.

Die Wellenhöhe (2 h) ist der senkrechte Höhenunterschied zwischen Wellenkamm (Scheitel) und Wellental.

Die Wellenlänge (2 L) ist der Abstand zwischen zwei benachbarten Wellenscheiteln oder Wellenfußpunkten.

Die Schwingungsdauer oder Periode (2 T) einer Welle ist die Zeit, in der ein Teilchen einen vollen Umlaufkreis seiner Bewegung vollbracht hat.

Die Fortschritts- oder Wandergeschwindigkeit (Vw) einer Welle ist die Geschwindigkeit in Metern pro Sekunde, mit der die Welle über die Wasseroberfläche sich fortbewegt, und ist gleich der Wellenlänge geteilt durch die Schwingungsdauer.

Außer dem Wind spielt bei der Wellenentstehung die Streichlänge (F)[1] aus verschiedenen Himmelsrichtungen eine Rolle. Nach der Erfahrungsformel von Stevenson steht die Wellenhöhe von der Streichlänge in Abhängigkeit. Eine Beziehung der Wellenhöhe mit den anderen Wellenelementen wird von der trochoidalen Theorie nicht gegeben.

Nach Stevenson ist bei großer Streichlänge (F) die Wellenhöhe

$$2h = 0{,}45 \sqrt{F} \tag{3},$$

bei kurzen Streichlängen

$$2h = 0{,}45 \sqrt{F} + (0{,}75 - 0{,}3 \sqrt{F}) \tag{4}.$$

Beide Formeln geben im Vergleich zu den Beobachtungen (z. B. bei Proetel [70]) nicht sehr genaue Werte der Wellenhöhen, bei großen Streichlängen zu hohe Werte und müssen daher mit einer gewissen Vorsicht verwendet werden.

Für das deutsche Ostseegebiet schlägt Hansen [33] folgende abgeänderte Formel von Stevenson

$$2h = 0{,}35 \sqrt{F} \tag{3a}$$

vor, die nach Hansen besser als Formel 3 mit den vorhandenen Beobachtungen für das Ostseegebiet in Einklang zu stehen scheint.

Die trochoidale Theorie gibt für unbegrenzte Tiefen folgende Formel für die Wellenelemente:

für die Wellenlänge

$$2\,L = \frac{g\,(2\,T)^2}{2\,\pi} = 6{,}24\,T^2 = \frac{2\,\pi}{g}\,V_w{}^2 = 0{,}64\,V_w{}^2 \tag{5}.$$

für die Schwingungsdauer oder Periode

$$2\,T = \sqrt{\frac{2\,\pi}{g} \cdot 2\,L} = 1{,}13\,\sqrt{L} = 0{,}64\,V_w \tag{6},$$

für die Fortschritts- oder Wandergeschwindigkeit

$$V_w = \sqrt{\frac{g \cdot 2\,L}{2\,\pi}} = 1{,}77\,\sqrt{L} = \frac{2\,L}{2\,T} = \frac{g \cdot 2\,T}{2\,\pi} = \frac{g\,T}{\pi} = 3{,}12\,T \tag{7}.$$

II. Ergebnisse der Wellenstoßmessungen.

Die ersten Wellenstoßmessungen sind ungefähr vor 100 Jahren von Stevenson ausgeführt worden, der zu diesem Zweck den ersten „Wellendynamometer" erfunden hatte.

Zu Beginn des 20. Jahrhunderts sind zu erwähnen die Messungen von Gaillard und Hiroi. Die bedeutsamsten Messungen sind alsdann in den letzten 30 Jahren, besonders nach 1926, auf Anregung des XIV. Internationalen Schiffahrtkongresses in Kairo ausgeführt worden. Da in dieser Zeit verschiedene Länder neue große Hafenanlagen zu bauen beabsichtigten, wurden vielfach neue genauere Geräte für die Wellenstoßmessungen konstruiert und verwendet, die wertvolle Ergebnisse in der Erforschung des Wellenstoßes ergaben.

[1] Die Streichlänge (F) des Windes für einen Punkt ist ein Abstand der Begrenzung der Wasserfläche längs der Himmelsrichtung, aus der der Wind weht und Wellen erzeugt, in Seemeilen.

Zahlentafel 3. Verzeichnis der Punkte mit ausgeführten Wellenstoßmessungen.

Lfd. Nr. der Punkte	Meer, Ort und Land	Ausführender und Jahr der Messungen	Geräte	Lage der Meßgeräte	Ergebnisse s. in Tafel	Nr. des Schr.-tums
1	Atlantischer Ozean Westküste Schottland	Stevenson 1843	Wellendynamometer	senkrechte Wand	4	91
1a	Scerryvore-Rocks, England	Stevenson 1844	von Stevenson	,,		
1b	Scerryvore-Rocks, England	Stevenson 1845	(mit Feder)	,,		
2	Atlantischer Ozean, Westküste Schottlands, Dunbar	Stevenson ∼ 1850	,,	,,	4	91
3	Nordsee, Bell-Rock, England	Stevenson ∼ 1850	,,	,,	4	91
4	Obere See, Duluth-Kanal, USA	Gaillard 1901	Max. Dynamometer von Gaillard mit hydraulischer Übergabe des Druckes	,,	5	65 88
4a	Obere See, Duluth-Kanal, USA	Gaillard 1902		,,	5	65
5	North Beach, St. Augustine, Fla., USA	Gaillard 1890—91		,,	6	65
6	Verschiedene Punkte in USA	Gaillard		,,	7	65
7	Pazifik-Ozean, Otaru, Rumoi und Taito, Japan	Hiroi 1905—1908	Max. Dynamometer	,,	8	37
8	Nordsee, Helgoland, Deutschland	Eckhardt 1911	Max. Dynamometer, Stereophotogrammetrie	,,	9	25
9	Schwarzes Meer, Tuapse, UdSSR	Kusnetzow 1929	Dynamographen, System Kusnetzow, Dynamometer	,,	9	46 14
10	Atlantischer Ozean, Portland (Maine), USA	1930	Dynamometer	unter 45° geneigte Wand	10	4
11	Atlantischer Ozean, Dieppe, Alte Meßstelle, Frankreich	Besson 1931	Selbstschreib. Dynamometer mit hydr. und elektr. Übergabe	Wand geneigt 1 : 6,7	11	9
11a	,,	Rouville 1933	Manographen mit Quarzempfängern	Wand geneigt 1 : 6,7	12	80
11b	,,	Besson 1935 und			12	80
11c	,,	Petry 1937			12	80
12	Mittelmeer, Genua, Wellenbrecher Umberto, Italien	Albertazzi 1929	Dynamometer, Piezometer	senkrechte Wand	13	2
12a	,,	Levy 1933	Dynamometer, Piezometer Typ Levy	,,	14	54
13	Mittelmeer, Algier, Mustapha-Wellenbrecher, Frankreich	Renaud 1933	Dynamometer mit hydraulischer Übergabe	senkrechte Wand	15	73
13a	,,	Renaud 1935		,,	15	73
14	Ostsee, Finnischer Meerbusen, Leningrad, UdSSR	Bruns 1934	Max. Dynamometer System Kusnetzow	,,	16	15 16
14a	Ostsee, Finnischer Meerbusen, Leningrad, UdSSR	Bruns 1935, später Oja	Dynamograph Syst. Kusnetzow, Wellenschreiber Bruns-Kusnetzow	,,	16	15 16
15	Ostsee, Finnischer Meerbusen, Krestowsky-Insel, UdSSR	Woskresensky 1935	Max. Dynamometer System Kusnetzow	,,	16	16
16	Ostsee, Finnischer Meerbusen, UdSSR	Pouzyrewsky 1935	Dynamometer	im offenen Meer auf ein. runden senkrechten Körper	keine Angaben	69
17	Schwarzes Meer, Simeis-Kaziweli in der Krim, UdSSR	Bruns 1936	Dynamograph System Kusnetzow, Wellenschr. Bruns-Kusnetzow, stereophotogrammetrische Aufnahmen	auf einer senkrechten Wand	bish. nicht veröffentlicht	—
18	Weißes Meer, Kandalakschabucht, Umba-Toury Mis, UdSSR	Bruns 1935	wie vor, aber ohne stereophotogram. Aufnahmen	,,	,,	—
19	Barentssee, Kolabucht Wajanga, UdSSR	Bruns 1936/37	,,	,,	,,	
20	Barentssee, Mis Zipp-Navolok, UdSSR	Bruns 1937	Dynamograph Syst. Kusnetzow u. Wellenschreiber System Bruns-Kusnetzow	,,	,,	
20a	,,	später Wlaskin 1938[1]				

[1] Ing. Wlaskin war während seiner Wellenstoßmessungen im Winter 1938 von einer Sturmwelle abgespült und fand in den Wellen den Tod.

Zahlentafel 4. Wellenstoßmessungen durch Wellendynamometer auf eine senkrechte Wand im Atlantischen Ozean bei Skerryvore Rocks, Dunbar und an der Nordsee in Bell Rock (Stevenson 91). Dynamometer I war ungefähr 1 m unter dem Wasserspiegel, Dynamometer II 12 m über dem Wasserspiegel befestigt.

Daten	Wellen-stoß in t/m²	Daten	Wellen-stoß in t/m²	Daten	Wellen-stoß in t/m²	Daten	Wellen-stoß in t/m²	Daten	Wellen-stoß in t/m²	Lage des Gerätes und Wellenform
A. Messungen im Atlantischen Ozean bei Skerryvore Rock.

<table>
<tr><td colspan="11" align="center">A. Messungen im Atlantischen Ozean bei Skerryvore Rock.</td></tr>
<tr><td>1833/34</td><td></td><td>24. Febr.</td><td>6,23</td><td>10. April</td><td>2,22</td><td>25. April</td><td>6,22</td><td>5. Febr.</td><td>4,15</td><td>I frischer Sturm</td></tr>
<tr><td>Mittel für</td><td></td><td>„</td><td>6,62</td><td>„</td><td>2,10</td><td>„</td><td>1,67</td><td></td><td></td><td></td></tr>
<tr><td>Sommer-</td><td></td><td>„</td><td>3,33</td><td>„</td><td>2,33</td><td>„</td><td>1,56</td><td>„</td><td>14,75</td><td>II Sturm</td></tr>
<tr><td>monate</td><td>2,57</td><td>26. Febr.</td><td>9,86</td><td>11. April</td><td>3,88</td><td>27. April</td><td>2,22</td><td>21. Febr.</td><td>8,85</td><td>I Sturm</td></tr>
<tr><td>Mittel für</td><td></td><td>„</td><td>10,10</td><td>12. April</td><td>1,67</td><td>„</td><td>2,33</td><td>„</td><td>16,60</td><td>II Sturm</td></tr>
<tr><td>Winter-</td><td></td><td>„</td><td>1,94</td><td>„</td><td>1,56</td><td>„</td><td>3,88</td><td>„</td><td></td><td></td></tr>
<tr><td>monate</td><td></td><td></td><td></td><td></td><td></td><td>„</td><td>3,12</td><td>24. Febr.</td><td>6,10</td><td>I frische Brise</td></tr>
<tr><td></td><td>10,14</td><td>27. Febr.</td><td>1,56</td><td>14. April</td><td>2,77</td><td>30. April</td><td>1,11</td><td>„</td><td>18,50</td><td>II frische Brise</td></tr>
<tr><td></td><td></td><td>„</td><td>1,56</td><td>„</td><td>2,60</td><td>„</td><td>1,17</td><td></td><td></td><td></td></tr>
<tr><td></td><td></td><td>„</td><td>1,66</td><td></td><td></td><td></td><td></td><td></td><td></td><td></td></tr>
<tr><td>1844</td><td></td><td></td><td></td><td></td><td></td><td>1845</td><td></td><td></td><td></td><td></td></tr>
<tr><td>16. Jan.</td><td>2,10</td><td>4. März</td><td>16,10</td><td>16. April</td><td>2,77</td><td>7. Jan.</td><td>8,33</td><td></td><td></td><td>I schwere See</td></tr>
<tr><td>„</td><td>2,06</td><td>„</td><td>16,35</td><td>„</td><td>3,12</td><td>„</td><td>20,30</td><td></td><td></td><td>II schwere See</td></tr>
<tr><td></td><td></td><td>„</td><td>16,65</td><td>„</td><td>2,33</td><td></td><td></td><td></td><td></td><td></td></tr>
<tr><td>28. Jan.</td><td>16,60</td><td>7. März</td><td>5,20</td><td>17. April</td><td>3,88</td><td>12. Jan.</td><td>13,90</td><td></td><td></td><td>I sehr schwere</td></tr>
<tr><td>„</td><td>11,15</td><td>„</td><td>4,88</td><td>„</td><td>4,15</td><td></td><td></td><td></td><td></td><td>Dünung</td></tr>
<tr><td>„</td><td>16,10</td><td>„</td><td>4,43</td><td>„</td><td>4,66</td><td>12. Jan.</td><td>24,40</td><td></td><td></td><td>II sehr schwere</td></tr>
<tr><td></td><td></td><td></td><td></td><td></td><td></td><td></td><td></td><td></td><td></td><td>Dünung</td></tr>
<tr><td>2. Febr.</td><td>2,10</td><td>10. März</td><td>9,93</td><td>18. April</td><td>2,77</td><td>16. Jan.</td><td>13,90</td><td></td><td></td><td>I schwere</td></tr>
<tr><td>„</td><td>2,22</td><td>„</td><td>9,93</td><td>„</td><td>2,33</td><td>„</td><td>23,10</td><td></td><td></td><td>Dünung</td></tr>
<tr><td></td><td></td><td></td><td>8,30</td><td></td><td></td><td></td><td></td><td></td><td></td><td></td></tr>
<tr><td>3. Febr.</td><td>2,10</td><td>11. März</td><td>2,60</td><td>19. April</td><td>3,88</td><td>„</td><td></td><td></td><td></td><td>II schwere</td></tr>
<tr><td>„</td><td>2,22</td><td>„</td><td>2,33</td><td>„</td><td>2,60</td><td>22. Jan.</td><td>13,90</td><td></td><td></td><td>Dünung</td></tr>
<tr><td></td><td></td><td>„</td><td>2,21</td><td>„</td><td>2,33</td><td>„</td><td>25,80</td><td></td><td></td><td>I gr. Wogen</td></tr>
<tr><td>13. Febr.</td><td>1,04</td><td></td><td></td><td></td><td></td><td></td><td></td><td></td><td></td><td>auf See</td></tr>
<tr><td>„</td><td>1,11</td><td></td><td></td><td></td><td></td><td></td><td></td><td></td><td></td><td>II gr. Wogen</td></tr>
<tr><td></td><td></td><td>12. März</td><td>16,10</td><td>22. April</td><td>4,44</td><td>„</td><td></td><td></td><td></td><td>auf See</td></tr>
<tr><td>15. Febr.</td><td>1,56</td><td>„</td><td>19,45</td><td>„</td><td>2,10</td><td>28. Jan.</td><td>12,75</td><td></td><td></td><td>I sehr schwere</td></tr>
<tr><td>„</td><td>1,36</td><td>„</td><td>14,40</td><td>„</td><td>4,66</td><td>„</td><td>22,20</td><td></td><td></td><td>Dünung</td></tr>
<tr><td>„</td><td>1,56</td><td>13. März</td><td>5,53</td><td>24. April</td><td>9,42</td><td></td><td></td><td></td><td></td><td>II sehr schwere</td></tr>
<tr><td>16. Febr.</td><td>2,10</td><td>„</td><td>6,23</td><td>„</td><td>7,78</td><td></td><td></td><td></td><td></td><td>Dünung</td></tr>
<tr><td>„</td><td>1,95</td><td>„</td><td>6,23</td><td>„</td><td>6,65</td><td></td><td></td><td></td><td></td><td></td></tr>
<tr><td>„</td><td>1,67</td><td></td><td></td><td></td><td></td><td></td><td></td><td></td><td></td><td></td></tr>
</table>

(Fortsetzung von Zahlentafel 4.)

Daten	Wellenstoß in t/m²	Lage des Gerätes und Wellenkennzeichnungen
9. März	6,10	I Dünung
9. März	14,75	II Wellen von mehr als 3 m Höhe
11. März	5,00	I Wellen von beschränkter Höhe
24. März	11,10	I schwere See
„	22,15	II Wellen von mehr als 6 m Höhe
26. März	6,10	I Dünung
„	14,75	II Wellen über 1,80 m Höhe
29. März	13,85	I Starker Sturm mit schwerer See, die höchsten
„	29,50	II Wellen erreichen eine Höhe von 6 m und die Spritzer bis 21 m

B. Messungen im Atlantischen Ozean bei Dunbar.
bis ~ 37,00   die größte gemessene Wellenstoßkraft

C. Messungen in der Nordsee bei Bell Rock.
14,60   in Höhe des ruhigen Meeresspiegels

Bei den Messungen der letzten Zeit wurden insbesondere selbstschreibende Geräte, die in einzelnen Ländern zu diesem Zweck für verschiedenartige Meßverfahren erbaut wurden, verwendet.

In der Zahlentafel 3 sind in zeitlicher Folge die Punkte der verschiedenen Meeresküsten, Ozeane und Länder angegeben, in denen Wellenstoßmessungen ausgeführt worden sind. Die Ergebnisse dieser Messungen mit Angaben der verwendeten Geräte, der Daten und anderen Merkmalen der Messungen sind in den Zahlentafeln 4 bis 16 zusammengefaßt.

Zahlentafel 5. Wellenstoßmessungen mit max. Dynamometern auf eine senkrechte Wand im Duluth-Kanal am Oberen See in USA. (Gaillard *[63, 88]*) bei einer Tiefe von 7,6 m unter dem Wasserspiegel.

| Daten | Erhöhung des Wasserspiegels in m | Wellenelemente | | Wellenstoß in t/m² | | | Bemerkungen |
| | | Höhe in m | Länge in m | bei Lage der Dynamometer über 0,0 | | | |
				+ 0,02 m	+ 1,14 m	+ 2,14 m	
1901							
24. 7.	+ 0,52	3,7	46,0	1,20	5,50	5,00	Die Wellen
9. 8.	+ 0,58	3,7	40,0	1,80	5,20	3,80	brachen bei den
24. 9.	+ 0,58	4,8	76,0	8,00	9,40	10,00	Instrumenten,
9. 10.	+ 0,52	3,0	46,0	0	0	2,40	der Rückprall
6. 11.	+ 0,58	4,0	46,0	0	6,2	6,10	wirkte jedoch
22. 11.	+ 0,43	4,3	46,0	0	4,9	7,80	nicht auf sie.
1902				+ 2,14 m	+ 3,82 m	+ 4,92 m	
25. 10.	+ 0,52	4,8	61,0	8,52	6,48	0,00	
12. 11.	+ 0,52	5,5	76,0	11,60	10,65	6,65	
20. 12.	+ 0,52	4,8	64,0	8,25	6,95	2,50	

Zahlentafel 6. Wellenstoßmessungen mit max. Dynamometern bei North Beach St. Augustine Fla in USA. (Gaillard *[65]*) im Jahre 1890–1891.

Wellenhöhe in m	Wellenlänge in m	gr. Wellenstoß in t/m²	Wellenhöhe in m	Wellenlänge in m	gr. Wellenstoß in t/m²
0,61	14,0	0,72	1,22	24,90	1,97
0,76	18,25	1,12	1,37	27,30	2,19
0,89	21,30	1,31	1,52	36,50	2,26
0,91	22,80	1,56	1,67	39,50	2,67
1,06	23,85	1,52	1,83	45,60	3,22

Zahlentafel 7. Wellenstoßmessungen an verschiedenen Punkten in USA. mit max. Dynamometern (Gaillard *[65]*).

Lfd. Nr.	Meßpunkt	Wellenhöhe in m	Wellenlänge in m	Wellenstoß in t/m²
1	North Beach, Florida	—	—	3,06
2	North Beach, Florida	—	—	2,58
3	North Beach, Florida	—	—	2,06
4	Milwaucee, Wis.	3,95	61,0	2,62
5	Marquette, Misch...................	—	—	10,00
6	Marquette, Misch...................	—	—	10,00
7	Duluth, Minn.	—	—	7,90

Zahlentafel 8. Wellenstoßmessungen mit max. Dynamometern auf eine senkrechte Wand im Pazifik Ozean (Hiroi *[31]*).

| Nr. des Dynamometers | Lage des Gerätes zum (0,0) Wasserspiegel in m | Größter Wellenstoß in t/m² | | | die allergrößten Werte für die Jahre 1905—1908 |
		im Dez. 1905	im Nov. 1907	im März 1908	
A					

A. Messungen am nördl. Wellenbrecher bei Otaru.

Nr. des Dynamometers	Lage des Gerätes zum (0,0) Wasserspiegel in m	im Dez. 1905	im Nov. 1907	im März 1908	die allergrößten Werte für die Jahre 1905—1908
I	+ 0,73	35,00	11,90	25,20	35,00
II	— 1,46	3,22	9,60	12,30	12,30
III	— 2,37	4,40	6,50	10,00	10,00
IV	— 3,28	2,80	7,00	5,60	7,00

B. Messungen am Hafen Rumoi.

42,18 t/m² am mittleren Wasserspiegel.

C. Messungen bei Cape Taito.

Bis 21,53 t/m² an einem einsam im Abstand von 60 m vom Ufer stehenden Felsen bei Mittelwasser, Tiefe bei N. W. = 1,07 m.

Zahlentafel 9. Wellenstoßmessungen in der Nordsee bei Helgoland auf eine senkrechte Wand der Hafenmole und im Schwarzen Meer auf die senkrechte Wand der Hafenmole von Tuapse.

Daten	Wellenelemente			Wind	Tiefe in m	Wellenstoß in t/m² und Bemerkungen
	Höhe in m	Höhe in Brandung m	Länge in m			
A. Messungen mit Dynamometern bei Helgoland-Nordsee (Eckhardt–25).						
1911	5,5 bis 6,0	bis 8,00	bis 150,00	W 18–20 m/sec	18,00	Dynamometer mit 3,6 t/m² Anfangskraft haben noch nicht gearbeitet.
B. Messungen mit Dynamograph Syst. Kusnetzow der Brandungswelle bei Tuapse-Schwarzes Meer (Kusnetzow [46, 14]).						
1929	—	—	—	starker Sturm	—	5,7 t/m²

Zahlentafel 10. Wellenstoßmessungen von Brandungswellen mit Dynamometern auf eine unter 45⁰ geneigte Wand im Atlantischen Ozean in „Portland Head Licht" (Maine) USA. (4) am 8.—9. März und 14. Juli 1930 — Tiefe schwankt von 6—9 m.

Lfd. Nr. der Messung	Wellenhöhe in m	Wellenstoß in t/m² über dem Wasserspiegel			
		in der Höhe von 1,83 m (Dynam. Nr. 2)	in der Höhe von 2,33 m	in der Höhe von 4,27 m (Dynam. Nr. 3)	in der Höhe von 5,79 m (Dynam. Nr. 4)
1	—	3,88	—	2,33	—
2	—	4,27	—	3,11	0,83
3	—	4,46	—	3,40	0,97
4	—	5,15	—	4,27	1,60
5	—	5,30	—	4,86	1,09
6	—	6,16	—	4,27	1,31
7	—	6,61	—	5,78	1,99
8	6,00	—	7,00	—	—

Zahlentafel 11. Wellenstoßmessungen auf eine 1 : 6,7 geneigte Wand im Atlantischen Ozean beim West-Léuchtfeuer des Hafens Dieppe — alte Meßstelle (Besson [9]).

Daten	Wellenhöhe in m	Wellenstoß in t/m²		Daten	Wellenhöhe in m	Wellenstoß in t/m²	
		größter	kleinster			größter	kleinster
A. Messungen des Gerätes beim West-Leuchtfeuer am ruhigen Wasserspiegel.							
15. 7. 1931							
8⁰⁰	3,0–3,5	1,65	0,35	8⁴⁰	3,0	1,25	0,10
				14¹⁵	2,0	0,75	0,15
8⁰⁵	3,0–3,5	1,20	0,80	14¹⁵	2,0	0,55	0,10
				14³⁰	2,0	0,75	0,08
8¹⁵	3,0	2,00	0,55	14³⁰	2,0	1,00	0,25
8¹⁶	3,0	0,85	0,20	14⁴⁵	2,0	1,10	0,25
8²⁰	3,0	0,95	0,40	14⁴⁵	2,0	1,10	0,60
8²⁶	3,0	1,25	0,25				
8²⁷	3,0	1,40	0,50				
8³⁸	3,0	1,30	0,40				
B. Messungen des Gerätes Nr. 2 an der alten Meßstelle am ruhigen Wasserspiegel.							
15. 7. 1931							
8³⁰	2,5	5,85	0,20	15⁰³	2,5	0,55	0,15
14⁵¹	2,5	5,60	—	15⁰⁴	2,5	3,30	0,15
14⁵⁵	2,5	4,50	1,50	15⁰⁵	2,5	5,10	0,05
14⁵⁹	2,5	1,15	0,35	15⁰⁶	2,5	2,15	0,10

Zahlentafel 12. Wellenstoßmessungen der Brandung durch Manographen mit Quarzempfänger auf eine 1 : 6,7 schwach geneigte Wand des Wellenbrechers West des Hafens Dieppe (alte Meßstelle) im Atlantischen Ozean (Rouville, Besson und Petry [80]).

| Daten | Wellenelemente | | | | | | | Wind | Wellenstoß in t/m² | | | Bemerkungen |
| | ungehindert | | | in der Brandung | | | | | in +0,35 m | in +1,35 m | in +2,35 m | |
	Höhe in m	Länge in m	Periode m/sec	Geschw. m/sec	Höhe in m	waagerechte Geschw. in m/sec	Steig.-Geschw. z. Beginn in m/sec		über dem Fuß des Wellenbrechers			
1933 3.11. 13⁵²	1,5	40,0	—	6,0	2,0	12,0	77,0	—	—	—	—	
1935 2.12. 12⁰⁸	4,5	70,0 (12 Uhr)	8,6	8,2	—	—	—	NW	18,0	7,0	—	
2.12. 12¹²	—	—	—	—	—	—	—	NW	20,0	19,0	—	
2.12. 12¹⁵	—	—	—	—	—	—	—	NW	52,0	25,0	—	
16.12. 12¹⁰	4,0	40,0	—	7,0	—	—	—	NW	—	—	—	
16.12. 12³⁵	—	—	—	—	—	—	—	NW	23,0	31,0	22,0	
16.12. 12⁴⁵	—	—	—	—	—	—	—	NW	18,0	27,0	12,0	
1937 9.2. 12²⁷	2,5	45,0	—	6,0	3,5	6,5	31,0	—	16,0	8,0	0	Fall IX
9.2. 12³⁰	2,5	45,0	—	6,0	3,5	6,5	37,0	—	40,0	10,0	2,0	Fall X
23.2. 12²¹	1,8	40,0	—	6,0	2,5	8,5	23,0	—	69,0	7,0	0	Fall XI
23.2. 12³⁷	1,8	40,0	—	6,0	2,5	6,8	25,0	—	62,0	3,0	0	Fall XII
1.3. 15⁵⁶	2,5	40,0	—	5,5	3,5	11,5	32,0	—	37,0	4,0	0	Fall XIII

Zahlentafel 13. Wellenstoßmessungen mit Dynamometern-Piesometern auf die senkrechte Wand der Hafenmole des Prinzen Umberto in Genua am Mittelmeer (Albertazzi [2]).

| Daten | Wellenhöhe in m | Wellenstoß in t/m² | | Bemerkungen |
		am Wasserspiegel	1,25 m unter dem Wasserspiegel	
1929 20. Okt. ...	1,00	0,90	nicht gemessen	Alle Werte sind aus zeichnerischen Darstellungen von Beziehungskurven ermittelt worden
20. Okt. ...	2,00	1,50	,, ,,	
20. Okt. ...	3,00	1,95	,, ,,	
20. Okt. ...	4,00	2,30	,, ,,	
13. Nov. ...	1,00	1,00	0,30	
13. Nov. ...	2,00	1,70	0,65	
13. Nov. ...	3,00	2,15	1,00	
13. Nov. ...	4,00	2,95	1,20	
13. Nov. ...	5,00	3,50	nicht gemessen	
13. Nov. ...	6,00	3,80	,, ,,	
14. Nov. ...	1,00	1,10	0,65	
14. Nov. ...	2,00	1,85	1,35	
14. Nov. ...	3,00	2,40	nicht gemessen	

Zahlentafel 14. Wellenstoßmessungen mit Dynamometern-Piesometern Typ Levi auf die senkrechte Wand der Hafenmole des Prinzen Umberto in Genua am Mittelmeer (Levi — 1933 [54], Coen-Cagli — 1934 [21])[1].

Daten	Wellenelemente			Wellenstoßmessungen in t/m² in Wandhöhe auf									Bemerkungen
	Höhe 2 h in m	Länge 2 L in m	Schwingungsdauer in sec	+7,50 m	+3,00 m	+1,00 m	+0,00 m	—1,00 m	—3,00 m	—5,00 m	—7,00 m	—10,00 m	
1933													
18. März	3,00	100,0	10,0	0,0	1,4	2,7	(3,6)	3,0	2,1	2,1	2,0	1,8	Fall VII
18. März	5,50	—	—	—	1,3	2,3	(3,4)	2,8	2,1	2,0	1,9	1,6	
18. März	4,50	—	—	—	—	—	(3,0)	2,4	2,0	2,0	1,8	1,3	
1934				bei 5,00 m									
12. März	4,50	110,0	—	(0,8)	1,7	—	(4,3)	4,4	—	4,1	—	(3,9)	Fall V

[1] Werte in Klammern sind maßstablich von den entsprechenden Wellenstoßkurven abgegriffen.

Zahlentafel 15. Wellenstoßmessungen durch Piesometer mit hydraulischer Übergabe des Stoßes auf die senkrechte Wand des Wellenbrechers Mustapha in Algier im Mittelmeer (Renaud [73]).

Daten	Wellenhöhe (2 h) in m	Wellenlänge (2 L) in m	Tiefe am Fuß der Wand in m	Gesamttiefe in m	Wellenstoß in t/m² — Höhe des Punktes zu 0,00 m in m									In der vorl. Arbeit ausg. als
1933														
17. Jan.	1,05	75,0	13,0	20,0	0,00	0,13	1,07	0,50	0,35	0,20	0,12	0,08	0,00	Fall I
					+1,10	+0,85	—0,90	—4,50	—5,50	—6,40	— 7,50	— 8,50	—11,30	
3. Nov.	2,55	80,0	13,0	20,0	0,00	0,95	1,60	(2,05)	1,60	1,15	0,85	0,60	0,35	Fall II
					+2,50	+0,50	—0,60	—2,00	—4,00	—5,00	— 6,00	— 8,00	—10,70	
6. Nov.	1,20	140,0	13,0	20,0	0,00	1,40	1,50	1,25	0,45	0,20				Fall III
					+1,70	—2,20	—2,40	—3,70	—8,20	—11,00	—	—	—	
14. Nov.	1,15	140,0	13,0	20,0	0,00	0,12	0,30	0,60	1,10	0,78	0,60	0,15		Fall IV
					+0,90	—0,50	—1,50	—2,50	—3,50	—5,50	— 6,50	—10,50	—	
1935														
3. Jan.	3,30	120,0	13,0	20,0	0,00	0,72	2,58	3,14	2,60	(2,30)	2,06			Fall VIII
					+3,97	+2,65	0,00	—2,22	—3,67	—6,50	—11,20	—	—	

Aus diesen Zahlentafeln ist zu ersehen, daß anfangs gleichzeitig mit den Wellenstoßmessungen keine Messungen der Wellenelemente, des Windes u. a. m. ausgeführt wurden. Dies ist erst in der letzten Zeit geschehen. Es hatte sich nämlich herausgestellt, daß die weitere Bearbeitung der Ergebnisse von Wellenstoßmessungen ohne diese Beobachtungen nicht möglich ist.

Allerdings ist die praktische Ausführung der Wellenstoßmessungen unter gleichzeitigen Messungen von Elementen der den Wellenstoß erzeugenden Welle sehr schwer, denn die Beobachter müssen während des Sturmes eine lebensgefährliche Arbeit leisten, da sie sich unmittelbar im oder auf dem den Anprall der Wellen aufnehmenden Hafenbauwerk befinden müssen, um die nötigen Beobachtungen aus nächster Nähe machen zu können.

Die Schwierigkeit erhöht sich noch dadurch, daß größte Stürme nicht oft, plötzlich und manchmal dazu noch in der Nacht vorkommen. Der Versuch, die nötigen Messungen durch selbstschreibende Geräte aufzeichnen zu lassen, ist nur zum Teil gelungen, da häufig manche Geräte nach gewisser Zeit versagten und dadurch keine vollwertigen Meßergebnisse erreicht wurden.

Darum ist es nur in wenigen Fällen gelungen, die Messungen so auszuführen, daß zu gleicher Zeit die Abmessungen einer Welle und die von ihr ausgeübten Wellenstöße auf verschiedenen Höhen der Wand gemessen werden konnten.

In der vorliegenden Arbeit konnten nur 8 Fälle von Wellenstoßmessungen auf eine senkrechte Wand bei Schwingungswellen und 5 Fälle bei Brandungswellen für die Berechnung der Wellenstoßbelastungsflächen ausgewertet werden, weil die theoretischen Verfahren zur Berechnung dieser Stoßbelastungsflächen die Kenntnis der Wellenabmessungen voraussetzen.

Zahlentafel 16. Wellenstoßmessungen[1] auf eine senkrechte Wand in der Newabucht des Finnischen Meerbusens der Ostsee [15, 16].

Daten	Wellenelemente			Wind	Wellenstoß in t/m²				In der vorlieg. Arbeit ausgen. als
	Höhe in m	Länge in m	Schwingungsdauer in sec						
A. Messungen der Wellenstation des Staatl. Hydrologischen Institutes an der Mole des Leningrader Hafens (Bruns)									
28. 11. 1934	1,30	—	—	W 8—9 nach Baufort	2,2 t/m² am Meeresspiegel (größter Stoßwert)				
16. 10 1935					am Meeresspiegel	bei — 1,00 m	bei — 2,13 m	bei — 3,26 m	
					Wellenstoß in t/m²				
ab 13 Uhr	0,23	—	4,0	NW 12 m/sec	0,13	0,54	0,32	0,18	
43 Min. 13,6 sec	0,36	—	4,0	„	0,15	0,93	0,48	0,24	
	0,50	—	3,6	„	0,20	1,07	0,44	0,32	
	0,56	—	3,6	„	0,23	1,17	0,48	0,38	
	0,58	—	4,0	„	0,20	1,20	0,72	0,50	
	0,53	—	4,0	„	0,20	1,07	0,72	0,44	
	0,41	—	4,5	„	0,13	1,00	0,56	0,38	
	0,25	—	4,5	„	0,10	0,69	0,48	0,32	
	0,20	—	5,0	„	0,10	0,30	0,36	0,28	
	0,25	—	5,0	„	0,25	0,40	0,32	0,20	
	0,50	—	3,3	„	0,15	1,03	0,44	0,38	
	0,64	—	3,3	„	0,15	1,07	0,56	0,44	
bis 13 Uhr	0,65	9,50	3,9	„	0,25	1,17	0,64	0,50	Fall VI
	0,53	—	3,9	„	0,25	1,03	0,56	0,32	
43 Min.	0,50	—	4,5	„	0,20	0.85	0.48	0,32	
55,5 sec	0,32	—	4,5	„	0,20	0,65	0,48	0,40	
	0,27	—	5,2	„	0,07	0,27	0,20	0,10	
	0,22	—	5,2	„	0,07	0,20	0,32	0,20	
B. Messungen des Institutes für Kommunalforschungen an der Spitze der Krestowsky-Insel (S. Woskresensky).									
1935 8. 10.	—	—	—	SW 12 m/sec	1,5 t/m² — 0,5 über dem Meeresspiegel				
11. 10.	—	—	—	SW 8—11 m/sec	1,1 t/m² — 0,5 über dem Meeresspiegel				

[1] Die Wellenstoßmessungen des Staatlichen Hydrologischen Institutes wurden mit Dynamographen System Kusnetzow, die Wellenelemente mit dem Wellenschreiber System Bruns-Kusnetzow, die Wellenstoßmessungen des Institutes für Kommunalforschungen mit Hilfe eines maximalen Dynamometers System Kusnetzow ausgeführt.

III. Wellenstoßmessungen in Versuchsanstalten.

Die Messungen von Wellen waren schon seit langem von verschiedenen Forschern in Rinnen verschiedener Größen in Versuchsanstalten ausgeführt worden. Die meisten Theorien der Wellenbewegung beruhen vorwiegend auf solchen Messungen, die eine wertvolle Hilfe bei manchen Fragen der Hydrodynamik geleistet haben.

Die Erforschung des Wellenstoßes in Versuchsanstalten an Modellen ist erst vor kurzem vorgeschlagen worden. Der größte Teil der Forschungen wurde in Rinnen mit Wasser ausgeführt und nur einige befaßten sich mit Forschungen in elektrischen Becken mit Hilfe des sogenannten „Verfahrens der hydroelektrodynamischen Ähnlichkeit".

In einigen Versuchsanstalten wurden die Wellenstöße an kleinen Molenmodellen mit senkrechten Außenwänden (z. B. für die Verhältnisse von Genua, Algier u. a.) durch in die Modelle eingebaute kleine Dynamometer gemessen (93, 12, 21 und 73), indem man die in der Natur beobachteten Wellen in den Versuchsrinnen durch entsprechende Geräte in verkleinertem Maßstab erzeugte, um auf diese Weise zu sehen, ob eine Ähnlichkeit mit den Wellenstoßmessungen in der Natur vorhanden wäre.

Besonders eingehende Versuche in verschiedensten Maßstäben der Modelle wurden von Stucky für die Wellenverhältnisse des Wellenbrechers Prinz Umberto in Genua in der Versuchsanstalt in Lausanne [93], und auch durch französische Forscher in der Versuchsanstalt in Algier für die Wellenverhältnisse des Wellenbrechers Mustapha in Algier in einer Reihe von Jahren ausgeführt. Aus diesen Versuchen kann man ersehen, daß eine gewisse Übereinstimmung der Meßergebnisse in der Rinne und in der Natur vorhanden ist, obwohl es sehr schwer ist, in einem Modell in verkleinertem Maßstabe die wirklichen, zum Teil noch nicht ganz bekannten Verhältnisse der Wellenbewegung, besonders in der Tiefe, maßstäblich zu erzeugen.

Sehr interessant sind die Versuche der Wellenmessungen mit Hilfe des Verfahrens der elektrohydrodynamischen Ähnlichkeit von Larras [50] und Malaward [62]. Sie sind aber noch nicht so weit fortgeschritten, daß man direkte Schlußfolgerungen aus ihnen ziehen könnte und bedürften noch weiterer wissenschaftlicher Vertiefung.

Die in den letzten Jahren ausgeführten Versuche von Bagnold, Mitschin und Ferro in den Versuchsanstalten in London, Kalifornien und Padua zwecks Klärung der Art der Wellenstöße von Brandungswellen gaben wohl ein allgemeines, aber in den Einzelheiten nicht zutreffendes Bild. Das liegt insbesondere an der Unmöglichkeit, die Form des Meeresbodens, die Beschaffenheit des Meereswassers mit dem durch den Wind verursachten Luftgehalt in den Versuchsrinnen nachzubilden, was zur Folge hat, daß sich die kleinen Wellen in der Rinne anders verhalten als die Naturwellen [90].

Trotzdem kann man aber doch feststellen, daß Wellenstoßmessungen in Rinnen eine nützliche Beihilfe zur Klärung der Gesamtfrage und der Natur des Wellenstoßes geben können. Es ist also nützlich, sie in den Fällen zu beachten, wo neue Bauten zu errichten sind und eine schnelle Durchführbarkeit der Wellenstoßmessungen in der Natur für die entsprechenden Punkte und örtlichen Verhältnisse nicht gegeben ist.

IV. Verfahren und Formeln für die Berechnung des Wellenstoßes.

Im Prinzip bestehen die Wellenstoßberechnungen in der Ausrechnung des gesamten Wellendruckes, den die Wellen bei schwersten Stürmen auf ein Bauwerk ausüben.

Dies geschieht durch Feststellung des größten Gesamtwellendruckes, den die größten Wellen verursachen. Dieser Gesamtwellendruck wird am einfachsten durch eine Einzelkraft, deren Angriffspunkt in Höhe des ruhigen Meeresspiegels angenommen wird, ausgedrückt. Diese Kraft gibt aber nur die Möglichkeit, z. B. das allgemeine Kippmoment vom Wellenstoß auszurechnen.

Für genauere Berechnungen der Standsicherheit von Wellenbrechern, z. B. für solche aus großen Blöcken ist die Kenntnis der Verteilung der Größe des Wellenstoßes von der Oberkante bis zur Sohle einer Wand, der sogenannten „Wellenstoßbelastungsfläche", sehr wichtig. Aus ihr kann man beispielsweise die Wellenstoßkräfte erhalten, nach denen die Standsicherheit der einzelnen Blöcke berechnet werden muß.

Deswegen strebt man in den Verfahren und Formeln, welche zur Errechnung der Größe des Wellenstoßes vorgeschlagen sind, die rechnerische Ermittlung der Wellenstoßbelastungsfläche an.

Die im Schrifttum verschiedener Länder vorhandenen Verfahren und Formeln für die Berechnung des Wellenstoßes unterteilen sich nach Art der seeseitigen Außenwand der Molen und Wellenbrecher in drei Hauptgruppen:

1. Bauwerke mit senkrechter Seewand,
2. Bauwerke mit seeseitiger Böschung und
3. Bauwerke mit kurvenartiger Form der Seeseite.

Außerdem unterteilen sie sich noch nach den zwei grundlegenden Wellenarten:

1. Schwingungswellen und
2. Brandungswellen.

Diese beiden Einteilungen zwingen, besserer Übersicht halber, die vorhandenen Verfahren und Formeln für die Berechnung des Wellenstoßes nach diesen beiden Unterteilungen in zeitlicher Reihenfolge zu beschreiben, wobei unter „Formel" ein Verfahren verstanden wird, welches Einzelkräfte anstatt Belastungsflächen bringt.

Aus nachfolgender Aufstellung ist die Anzahl der vorhandenen Verfahren zu ersehen.

A. Verfahren und Formeln
für die Berechnung des Wellenstoßes auf Bauwerke mit senkrechter Seewand.

a) Bei Schwingungswellen:

1. Formel der trochoidalen Theorie (Deutschland),
2. Verfahren des Büro „Weritas" (England),
3. Verfahren von Hiroi (Japan),
4. Verfahren von Gaillard (England),
5. Formel von Engels (Deutschland),
6. Verfahren von Wey (Deutschland),
7. Verfahren von Benezit (Frankreich),
8. Verfahren von Trenjukhinn (UdSSR),
9. Formel von Kandiba-Toukholka (UdSSR),
10. Formel von Butawand (Frankreich),
11. Verfahren von Lica (Chile),
12. Verfahren von Sainflou (Frankreich),
13. Verfahren von Richter (UdSSR),
14. Verfahren von Levi (Italien),
15. Verfahren von Antonelli (Italien),
16. Verfahren von Benezit-Bogolepoff (UdSSR),

17. Verfahren von Zubow (UdSSR),
18. Formel von Lange und Forst (Schweden),
19. Verfahren von Molitor (USA.),
20. Verfahren von Gourret (Frankreich),
21. Verfahren von Latham (England),
22. Verfahren nach dem Beschluß des XVI. Internationalen Schiffahrtskongresses 1935 in Brüssel,
23. Formel von Betz (Deutschland),
24. Verfahren von Jacoby (Deutschland),
25. Formel von Hansen (Deutschland),
26. Verfahren von Miche (Frankreich).

b) Bei Brandungswellen:

1. Vorschlag von Wey (Deutschland),
2. Formel von Hansen (Deutschland).

B. Verfahren und Formeln

für die Berechnung des Wellenstoßes auf Bauwerke mit einer seeseitigen Böschung oder geneigten Wand.

a) Bei Schwingungswellen:
   1. Verfahren von Miche (Frankreich),
   2. Verfahren von Gourret (für unendliche Tiefen) (Frankreich).

b) Bei Brandungswellen:
   1. Verfahren von Hiroi (Japan).

C. Verfahren und Formeln

für die Berechnung des Wellenstoßes auf Bauwerke mit einer kurvenartigen Form der Seeseite.

a) Bei Schwingungswellen:
   1. Verfahren von Gourret (für unendliche und endliche Tiefen) (Frankreich).

b) Bei Brandungswellen:
   keine.

Aus dieser Aufstellung ist deutlich zu ersehen, daß die meisten Verfasser sich mit der Berechnung des Wellenstoßes von Schwingungswellen auf Molen und Wellenbrecher mit senkrechter Wand befaßt haben. Dieses war bedingt durch folgende Gründe:

1. daß in den letzten Jahrzehnten die neuesten Molen und Wellenbrecher meist mit senkrechter Seewand gebaut wurden, weil sie meistenteils schneller und einfacher als Bauwerke anderer Art zu bauen sind,

2. daß die Kosten der Bauwerke mit senkrechter Wand meistenteils geringer als die der anderen Bauwerke sind,

3. daß im Bereich von Brandungswellen selten eine Mole oder ein Wellenbrecher mit senkrechter Seewand gebaut wird.

Bei der weiter folgenden Beschreibung sind die Hauptgrundsätze, die nötigen Formeln und Hilfstafeln möglichst kurz gefaßt worden, alles Unentbehrliche aber erörtert. Die vorher erwähnten Formeln und Verfahren sind im weiteren auch noch deswegen beschrieben worden, da nur ein Teil von ihnen im deutschen Schrifttum bisher zu finden war; sie sind nach Vereinheitlichung der Bezeichnungen so wiedergegeben, wie sie von den einzelnen Verfassern vorgeschlagen waren.

Die Besprechung und Kritik eines jeden von den Verfahren und Formeln ist aus den Kapiteln V. VI und VII zu ersehen.

A. Verfahren und Formeln für die Berechnung des Wellenstoßes auf Bauwerke mit senkrechter Seewand.

a) Bei Schwingungswellen.

1. Formel der trochoidalen Theorie (Deutschland) *[33, 39]*. Aus der trochoidalen Theorie von Gerstner ist von Hansen folgende Formel für die Gesamtenergie in einem Wellenstreifen von 1 m Breite abgeleitet:

$$E = \frac{\gamma \cdot g}{8} \cdot 2L \cdot (2h)^2 \left[1 - \frac{\pi^2 (2h)^2}{2 \cdot (2L)^2}\right] = \gamma \cdot g \cdot Lh^2 \left[1 - \frac{\pi^2 h^2}{2 L^2}\right] \quad . \tag{8}$$

Da der Klammerwert sich sehr wenig von 1 unterscheidet, kann er $= 1$ angenommen werden; dann hat die Formel 8 bei

$$\gamma = 1028 \text{ kg/m}^3 \text{ und } g = 9{,}81 \text{ m/sec}^2$$

folgenden Ausdruck:

$$E = 1000 \, Lh^2 \text{ in mkg/sec}^2 \tag{8a}$$

Formel 8a hat keinen praktischen Wert, da aus der Energie noch nicht der Druck berechnet werden kann.

2. Verfahren des Büro „Weritas" *[61]*. Anfang des XX. Jahrhunderts wurde vom Internationalen Komitee für Schiffbau unabhängig von der Größe der Wellenelemente eine Stoßkraft der Wellen $= 6{,}0$ t/m² auf die Bordwand eines Schiffes (Stoßkraft der Wellen auf eine senkrechte Wand, und zwar in Höhe des ruhigen Wasserspiegels) angenommen. In Höhe des Wellenkammes, sowie auch in der Tiefe $= 2$ Wellenhöhen unter dem ruhigen Wasserspiegel ist nach diesem Verfahren der Wellenstoß gleich 0. Die Wellenstoßbelastungsfläche ist aus der Abb. 3 zu ersehen, der Gesamtwellenstoß P_Ω je lfdm des Bauwerkes kann aus nachstehender Formel (s. Abb. 3) errechnet werden.

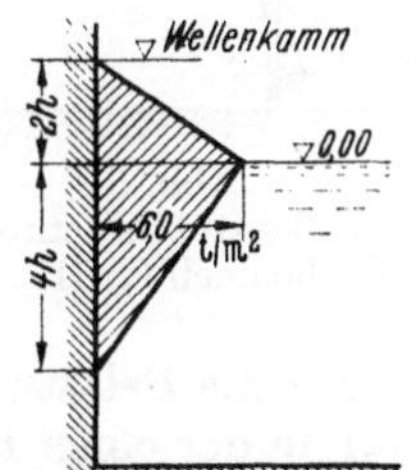

Abb. 3. Wellenstoßbelastungsfläche nach Büro „Weritas".

$$P_\Omega = \frac{6 (2h + 4h)}{2} = 18h \text{ in t pro m} \tag{9}$$

3. Verfahren von Hiroi (Japan 37), *[61, 16].* Für den größten Wellenstoß gibt Hiroi die Formel

$$P_{max} = 6{,}4\,h \tag{10}$$

an.

Hiroi nimmt an, daß die Wellenstoßbelastungsfläche (s. Abb. 4) eine gleichmäßige Stoßkraft P längs der senkrechten Wand von der Sohle bis auf die Höhe 0 über dem Wasserspiegel aufweist und gibt für sie die Formel

$$P = 3{,}02\,h \quad \text{in t} \tag{11}$$

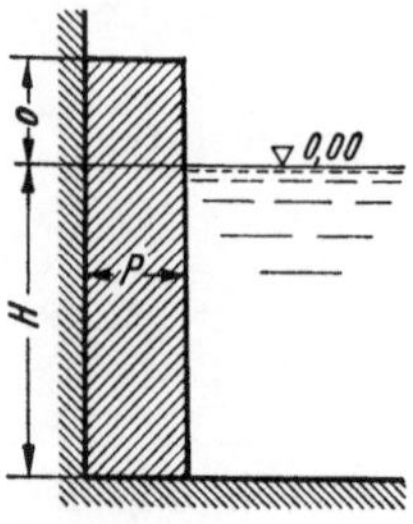

Die Höhe 0 des Wellenstoßes über dem ruhigen Wasserspiegel wird aus der Formel

$$0 = 2h\left(1{,}5 + \frac{\pi h}{4L}\right) \quad \text{in m} \tag{12}$$

errechnet.

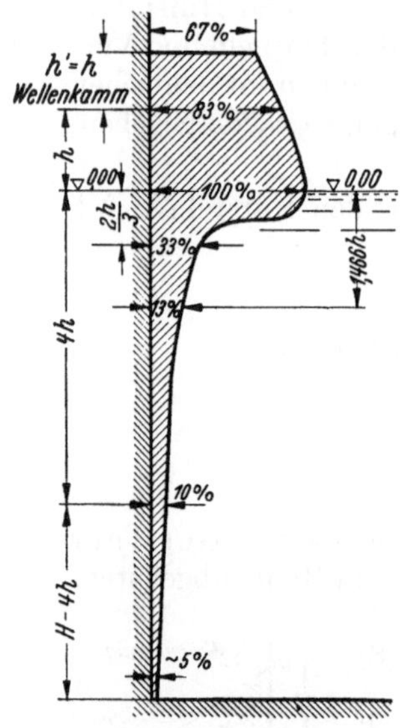

Abb. 4. Wellenstoß-
belastungsfläche
nach Hiroi.

4. Verfahren von Gaillard (USA) *[29, 61].* Die Formel von Gaillard für den größten Wellenstoß lautet für Metermaße folgendermaßen:

$$P_{max} \cong 0{,}068\,v_w^2 \quad \text{in t/m}^2 \tag{13}$$

wobei v_w aus der Formel

$$v_w = \sqrt{\frac{gL}{\pi}} = 1{,}77\,\sqrt{L} \tag{14}$$

bestimmt wird.

Die Verteilung des Wellenstoßes längs der senkrechten Wand ist aus Abb. 5 zu ersehen.

5. Formel von Engels (Deutschland) *[26, 5].* Engels gibt nur eine allgemeine Formel für den Ausdruck der ganzen Stoßkraft auf 1 m Wandlänge, ohne die Form ihrer Verteilung längs der senkrechten Wand festzulegen.

$$P = \frac{\gamma h}{g} \cdot v_e^2 \tag{15}$$

wo

$$v_e = 1{,}77\,\sqrt{tg\,\frac{\pi H}{L}} \cdot \sqrt{L} \tag{16}$$

ist.

Abb. 5.
Wellenstoßbelastungs-
fläche nach Gaillard.

6. Verfahren von Wey (Deutschland) *[106].* Bei Oberflächenwellen (nach Wey-Tiefseewellen) ist die Bewegungsenergie (EK) für ein begrenztes Stück der Wellenlänge $l_2 - l_1$ aus Formel

$$E_k = -\frac{\gamma g r_0^2}{4}\,(l_2 - l_1)\left\{e^{2w_1 H''} - e^{2w_1 H'}\right\} \tag{17}$$

zu berechnen.

Bei der Wellenlänge 2 L hat (17) den Ausdruck

$$E_k = -\frac{\gamma g r_0^2}{4}\left\{e^{2w_1 H''} - e^{2w_1 H'}\right\}2L = -\frac{\gamma g h^2 L}{2}\left\{e^{2w_1 H''} - e^{2w_1 H'}\right\} \quad \dots \tag{18}$$

da $r_0 = h$ (halbe Wellenhöhe) und $w_1 = -\dfrac{2\pi}{2L}$ sind.

Zur Berechnung der Energie von der Oberfläche bis in die Tiefe H'' muß in dem Klammerausdruck $H' = 0$ eingesetzt werden, dann verwandelt sich Gleichung (18) in

$$E_k = \frac{\gamma g h^2 L}{2}\left\{1 - \frac{1}{e^{\frac{2\pi}{L}H''}}\right\} \tag{19}$$

Für die Belastung der Mauer kommt nur die Hälfte der gesamten Bewegungsenergie zur Wirkung, weil nur in der einen Hälfte der Welle die Bewegungsrichtung der Wassermassen sich mit der Fortschrittsgeschwindigkeit deckt. Außerdem gelangt nur die waagerechte Komponente (u_1) der Winkelgeschwindigkeit am Umfang $(q_1) = 0{,}706\,q_1$ auf die Mauer zur Geltung. Somit wird die auf die Mauer wirkende wirksame Bewegungsenergie $(E_{k_{eff}})$

$$E_{k_{eff}} = E_k \cdot 0{,}5 \cdot 0{,}7 = 0{,}35\,E_k \quad \dots \dots (20) \text{ sein,}$$

oder unter Berücksichtigung der Gleichung (19) wird

$$E_{k_{eff}} = 0{,}35\,\frac{\gamma g h^2 L}{2}\left\{1 - \frac{1}{e^{\frac{2\pi}{L}H''}}\right\} \tag{21}$$

Der Ausdruck $\dfrac{g\gamma}{2} \cdot 0{,}35$ ist für die Meereswellen konstant, wird mit w_3 bezeichnet und ist in Kilogramm und Metern als Einheit $= 1717$. Bei Annahme des Klammerwertes aus Gleichung (21) $= \mathfrak{H}$ verwandelt sich Gleichung (21) für die wirksame Energie von der Oberfläche bis in die Tiefe H'' in

$$E_{k\,eff} \overset{H''}{\underset{0}{=}} w_3\, h^2\, L\, \mathfrak{H} \tag{22}$$

Die unbekannte $\mathfrak{H}$ ist aus Zahlentafel 17 in Abhängigkeit von $\dfrac{H''}{2\,L}$ (der Tiefe einer Schicht bis zur Oberfläche geteilt durch die Wellenlänge) zu errechnen.

Zahlentafel 17. $\mathfrak{H}$ und $\mathfrak{H}_1$ in Abhängigkeit von $\dfrac{H''}{2\,L}$ (nach Wey).

$H''/2L$ als einfacher Bruch	als Dezimalbruch	$\dfrac{1}{e^{2w_1 H''}}$	$\mathfrak{H}$	Schichtenunterschied $\mathfrak{H}_1$
1/64	0,0156	0,82199	0,17801	0,17801
2/64	0,0312	0,67567	0,32433	0,14632
3/64	0,0468	0,55540	0,44460	0,12027
4/64	0,0624	0,45653	0,54347	0,09887
5/64	0,0781	0,37479	0,62521	0,08174
6/64	0,0937	0,30807	0,69193	0,06672
7/64	0,1093	0,25323	0,74677	0,05484
8/64	0,1250	0,20789	0,79211	0,04534
9/64	0,1406	0,17080	0,82912	0,03701
10/64	0,1562	0,14046	0,85354	0,03042
11/64	0,1718	0,11546	0,88454	0,02500
12/64	0,1874	0,09491	0,90509	0,02055
13/64	0,2030	0,07788	0,92212	0,01703
14/64	0,2186	0,06413	0,93587	0,01375
15/64	0,2343	0,05264	0,94735	0,01148
16/64	0,2499	0,04327	0,95673	0,00937
22/64	0,3436	0,01333	0,98667	
32/64	0,5000	0,001867	0,99813	
48/64	0,7500	0,0000807	0,999919	
64/64	1,0000	1,00000349	0,99999	
∞	$\sim$	0,00000	1,00000	

Für die praktischen Berechnungen muß man die Energiebelastungskurve berechnen, die aus der Energiekurve durch Teilung eines jeden Wertes durch die Größe der Schicht $\dfrac{2\,L}{64}$ zu errechnen ist. Alle Berechnungen sind in Zahlentafel 18 enthalten.

Zahlentafel 18. Berechnungsbeispiel bei einer Welle von $2\,h = 4{,}0$ m Höhe und $2\,L = 80$ m Länge.

$H''/2\,L$	$H''/2\,L$ in Dezimalbrüchen	H''-Schicht, wenn $2\,L = 80$ m ist	$\mathfrak{H}^1$ aus Zahlentafel 17	Energiekurve $E_{k\,eff} = {} = w_3 h^2 L \mathfrak{H}_1 = {} = 160\, w_3 \mathfrak{H}_1$	Energiebelastungskurve $E_{k\,eff}$ pro m $=$ $E_{k\,eff}$ (aus Sp. 5) / Schichthöhe $= 1{,}24$ m	bei $\dfrac{w^3}{2} = 858$ in m ist $E_{k\,eff} =$
1	2	3	4	5	6	7
1/64	0,0156	1,24	0,17801	$28{,}4\,w_3$	$22{,}9\,w_3$	19,4 t/m²
2/64	0,0312	2,49	0,14632	$23{,}4\,w_3$	$18{,}9\,w_3$	16,1 t/m²
3/64	0,0468	3,74	0,12027	$19{,}2\,w_3$	$15{,}5\,w_3$	13,1 t/m²
usw.	$\ldots\ldots$	(Tiefe des Punktes unter dem Wasserspiegel)	$\ldots\ldots$	$\ldots\ldots$	$\ldots\ldots$	$\ldots\ldots$

Die endgültige Formel für die wirksame Belastungsfläche pro lfdm der Wand (s. Sp. 6—7) ist:

$$E_{k\,eff} \overset{H''}{\underset{0}{\text{pro m}}} = \frac{w_3}{2} \cdot \frac{h^2 L \mathfrak{H}_1}{\text{Schichthöhe}} = \frac{858\, h^2 L \mathfrak{H}_1}{\text{Schichthöhe}} \text{ in kg/m}$$

$$\text{oder} = \frac{0{,}86\, h^2 L \mathfrak{H}_1}{\text{Schichthöhe}} \text{ in t/m} \tag{23}$$

Bei einer Breite von 1 m sind die Werte der Formel (23) in t/m² einzusetzen.

Nach den Schichtenwerten der Spalten 3 und 7 der Zahlentafel 18 wird die Belastungskurve zeichnerisch in Abb. 6 dargestellt, wobei es sich ergibt, daß über dem Wasserspiegel keine Stoßwerte vorhanden sind.

Wenn die Welle nicht normal zur Wand aufläuft, sondern einen Einfallwinkel α_1 hat, so sind die Werte nach Formel (23) und Zahlentafel 18 mit dem sinus [2] des Einfallwinkels α_1 zu vervielfachen. Die zeichnerische Darstellung der Wellenstoßbelastungskurve ist dieselbe wie vor.

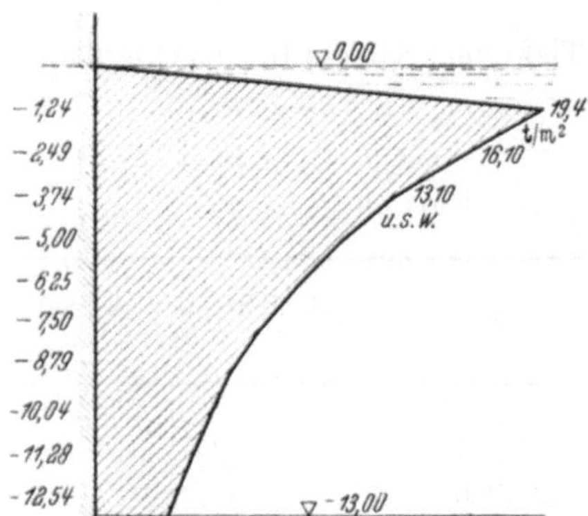

Abb. 6.
Wellenstoßbelastungfläche nach Wey.

7. Verfahren von Benezit (Frankreich) [7].

Der mittlere Wasserspiegel der Welle befindet sich in der Mitte zwischen dem Wellenkamm und Wellental und ist um $\dfrac{\pi h^2}{2 L}$ höher als der ruhige Meeresspiegel.

Der Kamm der zurückgeworfenen Welle erreicht eine Höhe über dem ruhigen Meeresspiegel (s. Abb. 7)

$$A\,B = 2\,h + \frac{\pi h^2}{2\,L} \tag{24}$$

Das Wellental ist entsprechend

$$A\,B' = 2\,h - \frac{\pi h^2}{2\,L} \tag{25}$$

unter dem ruhigen Wasserspiegel.

Der volle Druck der Welle wird nach Formel (26) berechnet

$$P = H' + \frac{\pi h^2}{L}\left(e^{-\frac{2\pi}{L}\,H'} - \frac{1}{2}\right) \tag{26}$$

Dieser Druck verteilt sich auf die Wand in einer wechselnden Höhe über und unter der Höhe der Mittelpunkte der erzeugenden Kreise. Diese wechselnde Höhe wird durch die Formel

$$r = 2\,h\,e^{-\frac{\pi}{L}\,H'} \tag{27}$$

ausgedrückt.

Abb. 7. Wellenstoßbelastungsfläche nach Benezit.

In Abb. 7 in der Tiefe $= L$ (der halben Wellenlänge) ist der Druck $= 0$.

Aus dieser Abbildung sind die benötigten zeichnerischen Ermittlungen zu ersehen, welche zur Feststellung der Wellenstoßbelastungsfläche Bcb führen.

Benezit gibt auch eine annähernde praktische Formel für den Fall, wenn die Welle die senkrechte Wand gradwinklig trifft. Danach ist

$$P_{max} = \frac{2}{3}\,hL \quad \text{oder } 8\,h^2 \tag{28}$$

wobei P_{max} der größte Wellenstoß beim mittleren Meeresspiegel ist. Wenn die Richtung der Welle mit der Wand einen Winkel α_1 bildet, so wird Formel (26) folgenden Ausdruck nach Benezit erhalten:

$$P = H' + \frac{\pi h^2}{L}\left(e^{-\frac{2\pi}{L}\cdot H'}\cdot\frac{1 + cos^2\,\alpha_1}{2} - \frac{1}{3}\right) \tag{29}$$

8. Verfahren von Trenjukhinn (UdSSR) [98, 61].

Das Verfahren von Trenjukhinn besteht darin, daß zur statistischen Wellenstoßbelastungsfläche (s. Abb. 8 $= P_H$) noch zusätzlich die fortschreitende Bewegung des Wassers im Bereich der Oberflächenwelle hinzugefügt wird. Diese fortschreitende Bewegung der Welle (v_w) wird mit der Kreisbahngeschwindigkeit (v_0) der Bewegung der Wasserteilchen addiert. Demnach ist

$$\Sigma = v_w + v_o \tag{30}$$

Nach der trochoidalen Theorie ist $v_w = \dfrac{2\,L}{2\,T}$ oder auch

$$v_w = 1{,}77\,\sqrt{\frac{L}{k}} \tag{31}$$

und

$$v_o = \frac{2\,\pi}{2\,T}\cdot k\,h \ \text{in m/sec} \tag{32}$$

wobei k in Abhängigkeit von $\dfrac{H}{2\,L} = \dfrac{\text{Tiefe}}{\text{Länge der Welle}}$ (s. Zahlentafel 19) bestimmt wird.

Die Stoßkraft ist $P = 200\,(v_w + v_0)^2$ (33), wo v_w und v_0 aus den Formeln 30, 31 und 32 bestimmt werden. P ist nur im Bereich der Wellenhöhe $(2h)$ vorhanden, und zwar über dem ruhigen Meeresspiegel in Höhe $K = h + \dfrac{\pi}{4}\,k^2\,\dfrac{2h^2}{L}$ ...(34) und unter dem ruhigen Meeresspiegel in Höhe $2h - K$ ... (35).

Tiefer als der Horizont $2h - K$ wird nur die Kreisbahngeschwindigkeit die Größe des Wellenstoßes bestimmen. Bei der Tiefe

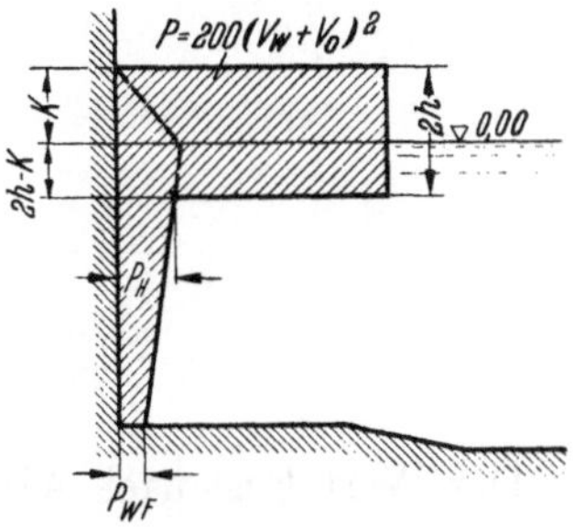

$$H' = \frac{\pi\,k^2}{4}\cdot\frac{2h^2}{L} + 2h - K = \frac{\pi\,k^2}{4}\cdot\frac{2h^2}{L} + 2h - h - \frac{\pi k^2}{4}\,\frac{2h^2}{L} = h \tag{36}$$

ist die waagerechte Halbachse $(a_{H'})$ der Kreisbahn

$$a_{H'} = \frac{h\,e^n + e^{-n}}{e^{q_2} - e^{-q_2}} = h\,\frac{\mathfrak{Cof}\,n}{\mathfrak{Sin}\,q_2} \tag{37}$$

Die größte Kreisbahngeschwindigkeit $(v_{H'})$ ergibt sich aus der Formel

$$v_{H'} = \frac{2\,\pi}{2\,T}\cdot a_{H'} \tag{38}$$

Die Stoßkraft der Welle auf der Tiefe H' ist gleich

$$P_{H'} = 200\,v_{H'}^2 \text{ in k/m}^2 \tag{39}$$

Abb. 8.
Wellenstoßbelastungsfläche
nach Trenjukhinn.

Am Fuß der Wand ist die waagerechte Halbachse der Kreisbahn gleich der Hälfte der fokalen Entfernung aller Orbiten auf der Senkrechten. Dieses gibt

$$a_f = h\,\sqrt{k^2 - 1} \tag{40}$$

Die größte Kreisbahngeschwindigkeit (v_f) ist aus der Formel

$$v_f = \frac{2\,\pi}{2\,T}\,a_f \tag{41}$$

zu bestimmen. Die Stoßkraft am Fuß der Wand ist demnach

$$P_{wF} = 200\,v_f^2 \text{ in k/m}^2 \tag{42}$$

Die Abb. 8 ergänzt das eben Gesagte, die Wellenstoßbelastungsfläche bekommt eine eigenartige Form eines Hammers.

9. Formel von Kandiba-Toukholka (UdSSR) *[42[*. Der Wellendruck wird nach der Formel

$$P = \frac{c_1\,\gamma}{2\,g}\,v_w^2 = 0{,}08273\,v_w^2 \tag{43}$$

berechnet, wo P beim ruhigen Meeresspiegel angesetzt ist und

$$C_1 = 1{,}6$$
$$\gamma = 1{,}015 \text{ t/m}^3 \text{ und}$$
$$v_w = \sqrt{2\,g\,(H_1 + 1{,}5\,h)} \text{ in m/sec} \tag{44}$$

bedeutet.

10. Formel von Butawand (Monaco) *[18]*. Auf einen 1 m breiten Wandstreifen ist der Wellendruck

$$P = \pi h^2\,v_w^2 \ \dots\ \text{in t} \tag{45}$$

Die Erhöhung des Mittelpunktes J des Kreises über einer Tiefe (H') ist

$$J = H' + \frac{\pi h^2}{L}\left(e^{-\frac{2\,\pi}{L}H'} - \frac{1}{2}\right) \tag{46}$$

Die Kraft P wirkt vom Mittelpunkt J über und unter ihm auf der Höhe

$$r = 2\,h\,e^{-\frac{\pi}{L}H'} \tag{47}$$

Demnach verwandelt sich Formel (45) in

$$P_r = P \cdot 2\,r \ \dots\ \text{in t pro m} \tag{48}$$

11. Verfahren von Lira (Chile) *[57]*. Lira betrachtet die Wellenstoßkraft als eine aus statischen und dynamischen Kräften bestehende Wirkung. Kurz gefaßt sind nach dem Verfahren von Lira folgende Berechnungen durchzuführen, um die Wellenstoßkurve längs einer senkrechten Wand zu ermitteln. Bei sich verkleinernder und begrenzter Tiefe ist die Erhöhung des Wellenkammes (K) über dem ruhigen Wasserspiegel

$$K = h + \pi k^2\,\frac{h^2}{2\,L} \tag{49}$$

wobei der Wert k aus der Zahlentafel 19 in Abhängigkeit von $\dfrac{H_1}{2\,L}$ bestimmt wird.

Zahlentafel 19. Werte für k usw. $= f\left(\dfrac{H_1}{2\,L}\right)$ (nach Lira.[1]

$\dfrac{H_1}{2\,L}$	k	$\pi\,k^2$	$\sqrt{k^2-1}$	$\sqrt{k}$
0,05	3,29	12,50	3,13	1,81
0,10	1,80	3,15	1,49	1,34
0,15	1,36	1,41	0,92	1,16
0,20	1,18	1,09	0,62	1,09
0,25	1,09	0,95	0,44	1,04
0,30	1,05	0,86	0,22	1,04
0,40	1,02	0,81	0,20	1,04
0,50	1,00	0,78	0,20	1,04

Der Wert k ist nach Airy gleich

$$k = \frac{e^{n_1}+1}{e^{n_1}-1} = \frac{e^{4\pi\frac{H_1}{2L}}+1}{e^{4\pi\frac{H_1}{2L}}-1} = \frac{e^{2\pi\frac{H_1}{L}}+1}{e^{2\pi\frac{H_1}{L}}-1} \tag{50}$$

wo e — die Basis der Neperschen Logarithmen und n_1 eine Funktion der bezüglichen $\dfrac{H_1}{2\,L}$ ist und aus dem Ausdruck

$$n_1 = 4\,\pi\,\frac{H_1}{2\,L} = 2\,\pi\,\frac{H_1}{L} \tag{51}$$

errechnet wird.

Der hydrostatische Druck wird bestimmt, wie gewöhnlich

$$OM = OC = K \tag{52}$$

für die Tiefe H_1 und Erhöhung K des Wellenkammes ist er durch das Dreieck MBC dargestellt (s. Abb. 9). Der dynamische Druck wird aus der Formel

$$P_{dyn} = f\cdot\gamma\cdot\frac{v_0^2}{2\,g} = 200\,v_0^2 \text{ in k/m}^2 \tag{53}$$

errechnet, wo $f = 4$ ein Beiwert ist, der von der Richtung des Wassers nach dem Stoß abhängt. Es ergeben sich folgende Formeln für die größten Kreisbahngeschwindigkeiten am Meeresspiegel (v_0) und in der Tiefe (v_f),

$$v_0 = \frac{2\,\pi}{2\,T}\,a_s = \frac{2\,\pi}{2\,T}\cdot k\cdot h = \frac{\pi\,k\,h}{T} \tag{54}$$

und

$$v_f = \frac{2\,\pi}{2\,T}\cdot c_2 = \frac{\pi\,h}{T}\,\sqrt{k^2-1} \tag{55}$$

wobei

$$2\,T = 1{,}13\,\sqrt{k}\cdot\sqrt{L} \tag{56}$$

die theoretische Schwingungsdauer der Welle ist,

$$c_2 = h\,\sqrt{k^2-1} \tag{57}$$

und

$$a_s = k\cdot h \tag{58}$$

sind. Somit ist nach (53), (54) und (55)

$$P_{oberfl\ Dyn} = 200\,v_0^2 \text{ in k/m}^2 \qquad (59) = MP,$$
$$P_{f\ dyn} = 200\,v_f^2 \text{ in k/m}^2 \qquad (60) = BQ \text{ in Abb. 9}$$

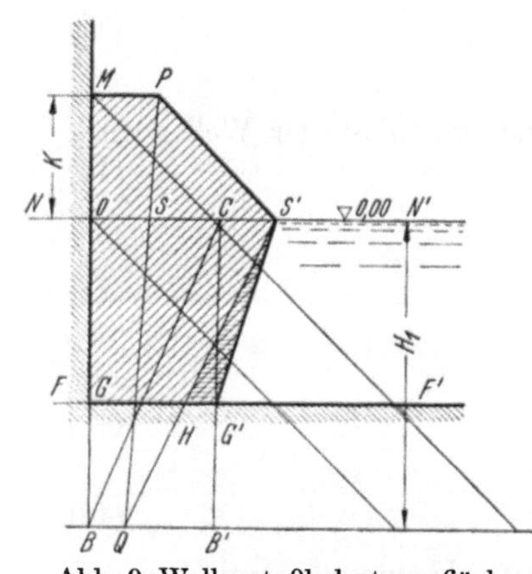
Abb. 9. Wellenstoßbelastungsflächen nach Lira.

Das Summieren der statischen und dynamischen Kräfte ist zeichnerisch vollzogen.

12. Verfahren von Sainflou (Frankreich) *[83]*. Die Theorie von Sainflou ist auf dem Prinzip der Wirkung des statischen Druckes einer Kabelsee (clapotis) aufgebaut. In Abb. 10 ist $AB =$ ruhiger Wasserspiegel, $CD =$ Sohle.

[1] Die letzten 2 Zeilen sind zusätzlich nach dem Verlauf der Kurve $k = f\left(\dfrac{H_1}{2\,L}\right)$ interpoliert und errechnet.

$CE = AC = H$ — ist der hydrostatische Druck des ruhigen Wasserspiegels, M_1 ist ein Wasserteilchen in Ruhe auf der Tiefe H'. Die Ellipse der Welle in dieser Tiefe wäre in der Halbachse

$$r_1 = \frac{h \operatorname{Cof} \pi \dfrac{H - H'}{L}}{\operatorname{Sin} \dfrac{\pi H}{L}} \quad \text{und} \quad r_2 = \frac{h \operatorname{Sin} \pi \dfrac{H - H'}{L}}{\operatorname{Sin} \dfrac{\pi H}{L}} \tag{61}$$

Der vom Wasserteilchen beschriebene senkrechte Weg ist $QP = 4\mathbf{r}$, seine Mitte ist N in Höhe $= \dfrac{4\pi r_1 r_2}{2L}$ über M_1 (s. Abb. 10). Der Druck in P und Q, wenn sich das Wasserteilchen in diesen Punkten befinden würde, wird durch die Gleichung

$$\frac{I}{\varrho g}(p - p_0) = P = H' \pm 2h \left(\frac{\operatorname{Cof} \pi \dfrac{H - H'}{L}}{\operatorname{Cof} \pi \dfrac{H}{L}} - \frac{\operatorname{Sin} \pi \dfrac{H - H'}{L}}{\operatorname{Sin} \dfrac{\pi H}{L}} \right) \tag{62}$$

gegeben, so daß

$$P'' P' = Q' Q'' = 2h \left(\frac{\operatorname{Cof} \pi \dfrac{H - H'}{L}}{\operatorname{Cof} \pi \dfrac{H}{L}} - \frac{\operatorname{Sin} \pi \dfrac{H - H'}{L}}{\operatorname{Sin} \dfrac{\pi H}{L}} \right) \tag{62a}$$

sind.

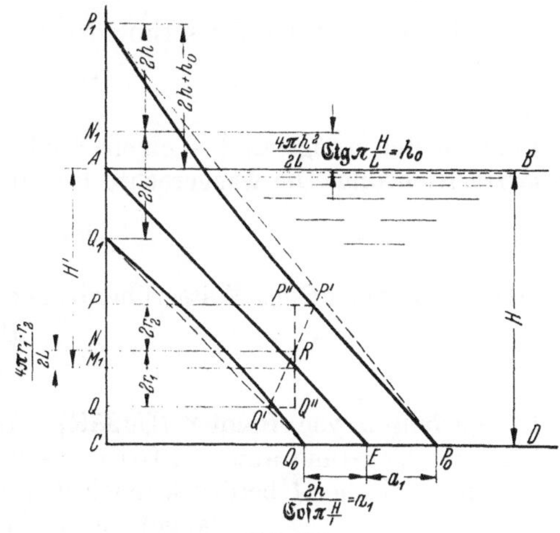

Abb. 10.
Druckflächen nach dem Verfahren von Sainflou.

Das oberflächliche Teilchen beschreibt den Weg $P_1 Q_1$, dessen Mitte N_1 auf einer Höhe

$$h_0 = \frac{4\pi h^2}{2L} \cdot \operatorname{Cotg} \frac{\pi H}{L} \tag{63}$$

über A ist. Die entsprechenden Punkte des Druckes sind in P_1 und Q_1, an der Sohle P_0 und Q_0 (s. Abb. 10). so daß

$$a_1 = EP_0 = EQ_0 = \frac{2h}{\operatorname{Cof} \pi \dfrac{H}{L}} \quad \text{oder annähernd} \quad = \frac{2h}{1 + \dfrac{\pi^2 H^2}{2 L^2}} \tag{64}$$

ist.

Für das praktische Berechnen der Wellenstoßfläche müssen die Werte $\operatorname{Cof} \dfrac{\pi H}{L}$ und $\operatorname{Cotg} \dfrac{\pi H}{L}$ mit Hilfe der Zahlentafel 20 errechnet werden.

Zahlentafel 20. Werte der $\operatorname{Cof} \dfrac{\pi H}{L}$ und $\operatorname{Cotg} \dfrac{\pi H}{L}$ in Beziehung von $\dfrac{H}{L}$ nach Sainflou.

$\dfrac{H}{L}$	$\operatorname{Cof} \dfrac{\pi H}{L}$	$\operatorname{Cotg} \dfrac{\pi H}{L}$
0,0	1,000	4,050 $\left(\text{bei } 0,075\ \dfrac{H}{L}\right)$
0,1	1,049	3,287
0,2	1,205	1,7905
0,3	1,477	1,350
0,4	1,899	1,176
0,5	2,559	1,112
0,6	3,368	1,0685 (interpol.)
0,7	4,563	1,025
0,8	6,214	1,017 ⎫ (interpol.)
0,9	8,478	1,010 ⎭
1,0	11,591	1,003

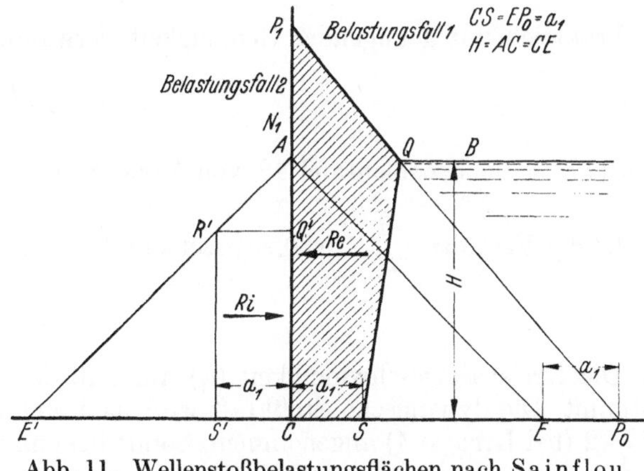

Abb. 11. Wellenstoßbelastungsflächen nach Sainflou.

In der Abb. 11 ist die Wellenstoßbelastungsfläche so gezeichnet, daß, wenn die Kabelsee den höchsten Wasserspiegel (Wellenkamm) P_1 erreicht hat, das Gesetz der Veränderung des Wellenstoßes auf den verschiedenen Höhen durch die gebrochene Linie $P_1 QS =$ dargestellt ist, wobei $CS = EP_0 = a_1$ ist. Der hydrostatische Druck beim ruhigen Wasserspiegel ist $H = AC = CE$.

Man bekommt (s. Abb. 11) folgende Gruppe von Formeln für den Belastungsfall 1 — Wellenberg an der Mauer:

Die waagerechte Resultierende des Wasserüberdruckes ist

$$R e = \frac{(H + h_0 + 2h)(H + a_1)}{2} - \frac{H^2}{3} \tag{65}$$

Das Kippmoment des Wasserüberdruckes Re um die Mauersohle ist

$$M e = \frac{(H + h_0 + 2h)^2 (H + a_1)}{6} - \frac{H^3}{6} \tag{65a}$$

Bei dem Belastungsfall 2 — einem Wellental vor der Mauer — hat der Wasserüberdruck eine entgegengesetzte Richtung. Die waagerechte Resultierende des Wasserüberdruckes ist

$$R i = \frac{H^2}{2} - \frac{(H + h_0 - 2h)(H - a_1)}{2} \tag{66}$$

Das Kippmoment des Wasserüberdruckes Ri um die Mauersohle ist

$$M i = \frac{H^3}{6} - \frac{(H + h_0 - 2h)^2(H - a_1)}{6} \tag{66a}$$

13. Verfahren von Richter (UdSSR) *[61, 77]*. Der Verfasser betrachtet sein Verfahren als eine Ergänzung der Grundsätze von Lira. Die Wellenstoßbelastungsfläche besteht aus 2 Teilen, wovon der eine den hydrostatischen Überdruck (nach Benezit) ergibt, bei welchem in der Tiefe = L (der halben Wellenlänge) der Wellenstoß = O und am ruhigen Wasserspiegel der Überhöhung des Wellenkammes über dem ruhigen Meeresspiegel gleich ist (s. Abb. 12 OM = OA'').

Diese Überhöhung (OM) wird nach der Formel

$$O M = 2h + \frac{\pi h^2}{2 L} \tag{67}$$

errechnet. Der andere Teil der Wellenstoßbelastungsfläche ist der dynamische, welcher durch die Größe der Kreisbahngeschwindigkeit bestimmt wird.

Wenn $\frac{H}{2 L} > 0{,}30$ ist, so wird die Kreisbahngeschwindigkeit am Wellenkamm bei der Bewegung nach Kreisen

$$v_0 = \frac{2 \pi}{2 T} r_0 = \frac{2 \pi}{2 T} h \tag{68}$$

sein.

Am Fuß der Mauer wird theoretisch die Kreisbahngeschwindigkeit

$$v_f = \frac{2 \pi}{2 T} a_f \tag{69}$$

und die Halbachse

$$a_f = h \cdot e^{-\frac{2 \pi d}{2 L}} \tag{70}$$

sein.

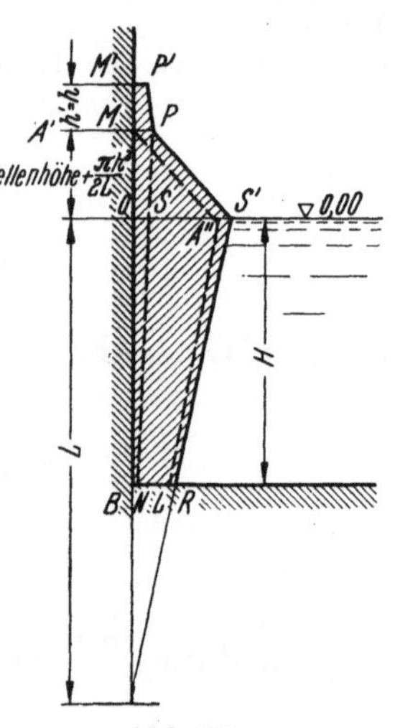

Abb. 12.
Wellenstoßbelastungsfläche
nach Richter.

Praktisch mit genügender Genauigkeit verwandelt sich Formel (69) in

$$v_f = \frac{2 \pi}{2 T} h \sqrt{k^2 - 1} \tag{71}$$

wo $\sqrt{k^2 - 1}$ nach Zahlentafel 19 von Lira in Abhängigkeit vom Wert $\frac{H}{2 L} = \frac{\text{Tiefe}}{\text{Wellenlänge}}$ berechnet wird.

Ist das Verhältnis $\frac{H}{2 L} < 0{,}30$, so geschieht die Bewegung nach Ellipsen und die Formel 68 verwandelt sich in

$$v_0 = \frac{2 \pi}{2 T} k \cdot h \tag{72}$$

Die Kreisbahngeschwindigkeit (v_f) am Fuß der Wand wird in diesem Fall auch nach Formel 71 bestimmt. Die dynamische Stoßkraft wird nach der Formel 53 von Lira berechnet, nur wird der Beiwert f = 2 (bei Lira = 4) angenommen. Somit bekommt die Formel 53 folgenden Endwert:

$$P_{dyn} \cong 100\, v_0{}^2 \text{ in } k/m^2 \tag{73}$$

Nach Gaillard kann in der Höhe der Gischtflocken ($h' = h$ s. Abb. 12) die Stoßkraft 80% der am Wellenkamm auftretenden Kraft betragen. Danach wäre die Stoßkraft in dieser Höhe ($O M + h'$)

$$P'_{dyn} = 0{,}80 \cdot 0{,}83\, P_{dyn} = 0{,}664\, P_{dyn} \tag{74}$$

In der Abbildung 12 sind entsprechend dem eben geschilderten M' P' = 0,8 MP.

MP ist die Stoßkraft P_{dyn} nach den Formeln 73 und 68 oder 72; OS = A'' S; OS' = OA'' + OS und BR = BL + BN, wobei BN nach den Formeln 73 und 71 errechnet wird.

14. Verfahren von Levi (Italien) *[25]*. Das Verfahren von Levi ist eine Faustformel, die vom Verfasser auf Grund seiner Wellenstoßmessungen am Wellenbrecher Umberto in Genua als Erfahrungsformel aufgestellt ist. Die Höhe K des von der senkrechten Wand zurückgeworfenen Wellenkammes, wird vom ruhigen Meeresspiegel gerechnet.

Falls die Größe „K" nicht gemessen sein sollte, nimmt man einen Wert für „K" an.[1]

Die größte Stoßkraft der Wellen nimmt Levi beim ruhigen Wasserspiegel wirkend an und berechnet sie nach der Formel

$$P_{max} = \frac{4}{5} K = 0,8\,K \text{ in t/m}^2 \tag{75}$$

An der Wandsohle und in der Höhe des zurückgeworfenen Wellenkammes ist der Wellenstoß = O, was eine Wellenstoßbelastungsfläche nach Abb. 13 ergibt.

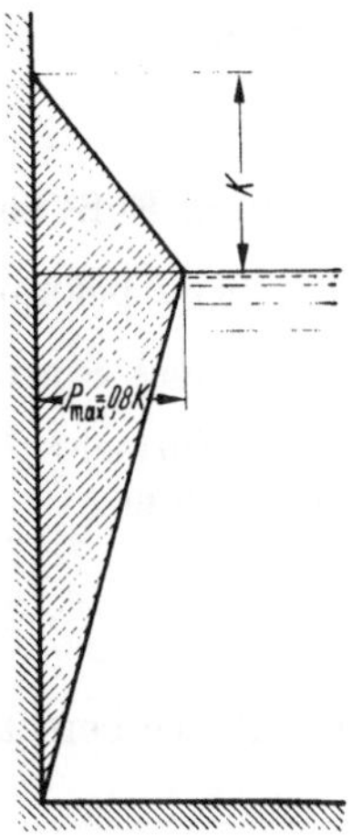

15. Verfahren von Antonelli (Italien) *[60]*. Leider ist das Verfahren im Schrifttum nicht zu finden gewesen; in dem Bericht Nr. 77 von Lira an den XVI. Internationalen Schiffahrtkongreß *[60]* ist auf Seite 22 ein Hinweis enthalten, aus dem man ersehen kann, daß das Verfahren von Antonelli für eine senkrechte Wand folgendermaßen lautet. Bei ihrem Anprall auf die Mauer erheben sich die Wellen bis auf eine Höhe von 2h (Höhe der freien Welle) über dem ruhigen Wasserspiegel und der Wellenstoß in diesem Punkt ist gleich O. In diesem Moment ist in Anwendung des hydrostatischen Gesetzes in Höhe des ruhigen Wasserspiegels der Höchststoß der Wellen = 2h, welcher in dieser Größe bis zur Sohle wirkend angenommen wird, was aus der Abb. 14 zu ersehen ist.

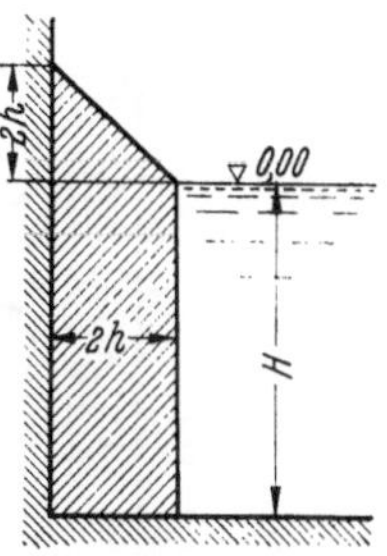
Abb. 13. Wellenstoßbelastungsfläche nach Levi.

16. Verfahren von Benezit-Bogolepoff (UdSSR). In der UdSSR gibt es noch ein Verfahren, welches eine Ergänzung des Verfahrens von Benezit durch Bogolepoff darstellt. Leider ist es in einer russischen Zeitschrift erschienen, die in Deutschland nicht vorhanden ist.

17. Verfahren von Zubow (UdSSR). Leider ist das Verfahren von Zubow in einer russischen Zeitschrift enthalten, die in Deutschland nicht aufzufinden war.

18. Formel von Lange und Forst (Schweden) *[48]*. Der größte Wellenstoß wird nach Formel

$$P_{max} = \frac{H_2^2}{3} \tag{76}$$

geschätzt, wobei er in einer Höhe $\frac{H_2}{6}$ m über und unter dem Wasserspiegel wirkt.

Die Verteilung des Wellenstoßes ist aus Abb. 15 zu ersehen.

Abb. 14. Wellenstoßbelastungsfläche nach Antonelli.

19. Verfahren von Molitor (USA) *[65]*. Die Formeln von Molitor sind ins Metermaß nicht umgerechnet, da er viele Erfahrungsbeiwerte und eine Zahlentafel gibt, die ohne weiteres ins Metermaß nicht umzurechnen sind. Man kann immer zuletzt die berechneten Endwerte ins Metermaß umrechnen. Der Kamm der freien, nicht zurückgeworfenen Welle (K) ist nach Gaillard über dem ruhigen Meeresspiegel bei einer Tiefe H > 3,68 h (tiefes Wasser)

$$K = h + \frac{4\,h^2}{2\,L} = h + \frac{2\,h^2}{L} \tag{77}$$

für Seichtwasser bei einer Tiefe H kleiner als < 3,68 h.

$$K = h + \frac{2 \cdot 4\,h^2}{2\,L} = h + \frac{4\,h^2}{L} \tag{78}$$

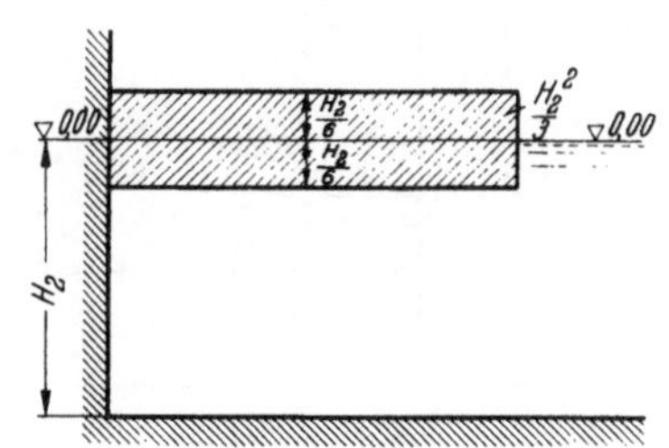
Abb. 15. Wellenstoßbelastungsfläche nach Lange u. Forst.

Der Unterschied 2h — K bezeichnet die Lage des Wellentales unter dem ruhigen Wasserspiegel, wo der Wellenstoß = O angenommen wird.

$$O\,A = 2\,K \tag{79}$$

ist der Höchstpunkt der Stoßkurve, wo der Stoß gleich O beim Kamm der vollständig zurückgeworfenen Welle angenommen wird (Abb. 16). Die Formel 80 gibt die Höhe des Kamms über dem ruhigen Meeresspiegel

$$O\,A' = \frac{1}{2}\,(H_3 + 2\,K) \tag{80}$$

---

[1] Dieser Wert kann bei Wellen unter 3,00 m Wellenhöhe gleich 2 h, bei Wellen über 3,00 m Höhe mindestens gleich 3 h angenommen werden.

der nur teilweise zurückgeworfenen Welle, wenn solches aus den Beobachtungen zu ersehen oder anzunehmen ist. Der größte Stoß ist in der Höhe (h_1) über dem ruhigen Meeresspiegel

$$h_1 = 0.24\,h \tag{81}$$

(s. Punkt C in Abb. 16). Die größte Stoßkraft wird (abgeleitet nach den Messungen von Gaillard) aus der Formel

$$P_{max} = \frac{c_1 \cdot \gamma}{2\,g}\,(v_w + v_0)^2 = 1{,}8\,(v_w + v_0)^2 \tag{82}$$

in Pfund/Fuß² berechnet, wo $C_1 = 1{,}80$ — ein Erfahrungswert für Ozeansturmwellen (nach Molitor) ist. Gaillard bekam für den großen See $C_1 = 1{,}3$ bis $1{,}71$. Für Süßwasser ist der Ausdruck $\frac{c_1 \cdot \gamma}{2\,g} = 1{,}71$, für salziges Sturmwasser $= 1{,}80$.

Die Fortschrittsgeschwindigkeit (v_w) der Welle und die größte Kreisbahngeschwindigkeit (v_0) werden aus Formel

$$v_w + v_0 = 2{,}26\,c_3\,\sqrt{2\,L} + 7{,}11\,c_5\,\frac{2\,h}{\sqrt{2\,L}} \tag{83}$$

in Fuß/sec berechnet. Zur Hilfe dient Zahlentafel 21, wobei $\dfrac{do}{2\,L}$ nach der Formel

$$\frac{do}{2\,L} = \frac{H}{2\,L} + 2\left(\frac{2\,h}{2\,L}\right)^2 = \frac{H}{2\,L} + \frac{2\,h^2}{L^2} \tag{84}$$

in Fuß bestimmt wird. Formel (84) ist auch für Metermaß gültig.

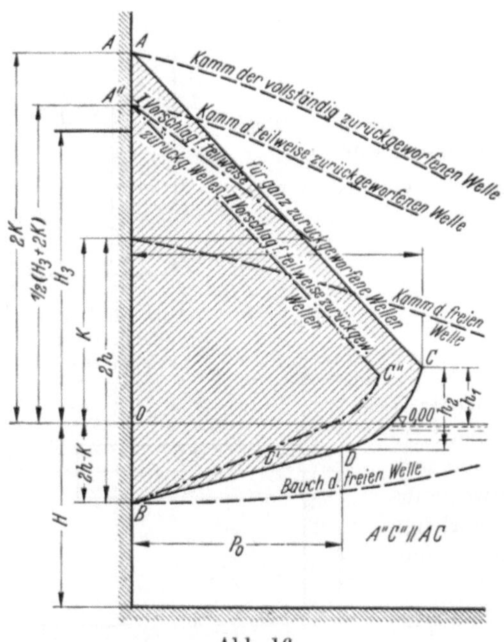

Abb. 16.
Wellenstoßbelastungsfläche nach Molitor.

Zahlentafel 21.
Werte für C_3, C_4 und $C_5 = C_3 \cdot C_4$.

$\dfrac{do}{2\,L}$	C_3	C_4	C_5
0,05	0,552	3,286	1,814
0,10	0,746	1,796	1,340
0,15	0,858	1,358	1,165
0,20	0,922	1,177	1,085
0,25	0,958	1,090	1,044
0,30	0,977	1,047	1,023
0,35	0,988	1,025	1,013
0,40	0,994	1,013	1,007
0,45	0,997	1,007	1,004
0,50	0,998	1,004	1,002

Im Punkt D der Abb. 16 im Höhenabstand

$$h_2 = \frac{1}{2}\,[h_1 + 2\,h - K] \tag{85}$$

vom Punkt C hat der Wellenstoß die Größe

$$P_0 = 0{,}72\,P_{max} \tag{86}$$

Um die Wellenstoßbelastungsfläche zu zeichnen, müssen die Punkte A und C, B und D mit Geraden verbunden und zwischen C und D eine Kurve gezogen werden.

Wenn die Welle nur teilweise zurückgeworfen sein sollte (nach Annahme von Molitor), bildet man die Gerade A″ C′, wobei die Lage des Punktes A″ aus der Formel

$$O\,A'' = \frac{1}{2}\,(H_3 + 2\,K) \tag{87}$$

bestimmt wird und die Lage des Punktes C der Höhe des Kammes der freien Welle entspricht.

Wenn alles nach den Formeln 77 bis 87 von Molitor berechnet ist, dann können die Endergebnisse ins Metermaß umgerechnet werden, wobei 1 engl. pound square feet = 1 engl. Pfund/Fuß² = 4,8824 kg/m², 1 Fuß = 0,305 m und 1 Meter = 3,280843 Fuß nach Hütte, Tafel 10, Seite 1096 gesetzt wird. Auf Kritik und Anregung von Condron und Post hat Molitor in seinen Nachträgen zur Arbeit noch eine reduzierte Stoßfläche für teilweise zurückgeworfene Wellen gegeben. Auf Abb. 16 ist für diesen Fall A″ C″ parallel der AC-Linie geführt und dann der untere Teil der Kurve C″ D′ B entsprechend der Kurve CDB gebildet.

20. Verfahren von Gourret (Frankreich) *[30]*. Das Verfahren von Gourret ist auf den theoretischen Arbeiten von Boussinesq und den Versuchen und Forschungen von Terquam, Marcy und Nau aufgebaut. Danach ist die Funktion

$$\varphi = -\frac{2h}{T} \cdot \frac{L}{\mathfrak{Sin}\,\dfrac{\pi H}{L}} \cdot \cos\frac{\pi x}{L} \cdot \mathfrak{Cof}\,\frac{\pi z}{L} \cdot \sin\frac{\pi t}{T} \tag{88}$$

gegeben, wo x und z Koordinaten eines Punktes, für den die Kraft bestimmt wird, bedeuten.

Die Grundsätze des Verfahrens lauten:

a) Die Schwingungsweite der Wellenschwingungen (der Wellenhöhe) längs der Wand ist = 4h = der zweifachen Höhe der ankommenden Welle, was bereits von Benezit und Sainflou erwähnt war.

b) Die Erhöhung des Wellenkammes über dem ruhigen Wasserspiegel ist = 2h der Welle, die des Mittelpunktes der Welle ist durch die Gleichung 93 gegeben.

Der Wellendruck ist einem linearen Gesetze in Beziehung von der Tiefe untergeben und bleibt gleich einem atmosphärischen Druck an der Oberfläche des Meeres.

Der größte Druck in der Tiefe ist durch die Gleichung 92 ausgedrückt. Der Wellendruck längs einer senkrechten Wand in einem Punkt mit Koordinaten x und z ist

$$\frac{P-P_0}{\varrho} = g(H-z) - \frac{\partial\varphi}{\partial t} - \frac{1}{2}\left[\left(\frac{\partial\varphi_1}{\partial x}\right)^2 + \left(\frac{\partial\varphi_2}{\partial z}\right)^2\right] \tag{89}$$

Da $\dfrac{\partial\varphi_1}{\partial x} = \dfrac{\partial\varphi_2}{\partial z} = 0$ ist, so verwandelt sich die Gleichung in

$$\frac{P-P_0}{\varrho} = g(H-z) - \frac{\partial\varphi}{\partial t} \tag{90}$$

Der Ausdruck φ ist in Gleichung 90 aus Gleichung 88 einzusetzen.

Der größte Wellendruck am Boden wird demnach aus folgender Gleichung ermittelt:

$$\frac{P-P_0}{\varrho g} = H + \frac{2h}{\mathfrak{Cof}\,\dfrac{\pi H}{L}} - \frac{2\pi h^2}{L}\,\mathrm{tg}\,\frac{\pi H}{L} \tag{91}$$

Der minimale Wellendruck am Boden ist entsprechend

$$\frac{P-P_0}{\varrho g} = H - \frac{2h}{\mathfrak{Cof}\,\dfrac{\pi H}{L}} - \frac{2\pi h^2}{L}\,\mathrm{tg}\,\frac{\pi H}{L} \tag{91a}$$

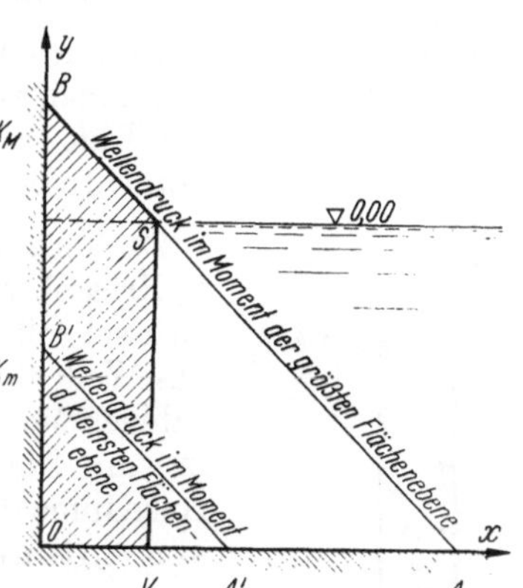

Abb. 17.
Wellenstoßbelastungsfläche
nach Gourret.

und in einem Punkt Z der Achse OX (s. Abb. 17) ist der größte Wellendruck

$$OA = H + \frac{2h}{\mathfrak{Cof}\,\dfrac{\pi H}{L}} - \frac{2\pi h^2}{L}\,\mathrm{tg}\,\frac{\pi H}{L} \tag{92}$$

und der kleinste Wellendruck

$$OA' = H - \frac{2h}{\mathfrak{Cof}\,\dfrac{\pi H}{L}} - \frac{2\pi h^2}{L}\,\mathrm{tg}\,\frac{\pi H}{L} \tag{92a}$$

Entsprechend ist die Wellenkammhöhe aus folgenden Formeln zu ermitteln — für den größten Wellendruck

$$K_M = H + 2h + \frac{2\pi h^2}{L}\left(\mathrm{tg}\,\frac{\pi H}{L} - \mathfrak{Cotg}\,\frac{2\pi H}{L}\right) + \frac{\pi h^2}{L}\,\mathfrak{Cotg}\,\frac{2\pi H}{L} \tag{93}$$

und für den kleinsten Wellendruck

$$K_m = H - 2h + \frac{2\pi h^2}{L}\left(\mathrm{tg}\,\frac{\pi H}{L} - \mathfrak{Cotg}\,\frac{2\pi H}{L}\right) + \frac{\pi h^2}{L}\,\mathfrak{Cotg}\,\frac{2\pi H}{L} \tag{93a}$$

Die Erhöhung des Mittelpunktes über dem ruhigen Meeresspiegel ist

$$J_1 = \frac{2\pi h^2}{L}\left[\mathrm{tg}\,\frac{\pi H}{L} - \mathfrak{Cotg}\,\frac{2\pi H}{L}\right] + \frac{\pi h^2}{L}\cdot\frac{\mathfrak{Cotg}\,\dfrac{2\pi H}{L}}{\mathfrak{Sin}\,\dfrac{2\pi H}{L}} \tag{94}$$

Um jetzt die Wellenstoßbelastungsfläche (BSVO) aus Abb. 17 zu ermitteln, muß aus der Druckfigur OBA der hydrostatische Wellendruck (Δ SVA) zeichnerisch abgezogen werden.

21. Verfahren von Latham (England) *[93]*. Nach der Formel von Latham ist die größte Wellenstoßkraft in Höhe „h_0" über dem ruhigen Meeresspiegel

$$P_{max} = 0,125\, v_0^2 \qquad \text{in t/m}^2 \tag{95}$$

wo nach der Formel von Effter Cuningham

$$v_0 = \sqrt{2g\left(\frac{2T}{2} + \frac{3}{4}\cdot 2h\right)} = \sqrt{2g\,(T + 1,5\,h)} \tag{96}$$

berechnet wird. v_0 kann auch nach der Formel $v_0 = \sqrt{2g\,T}\ \dots$ (96′) (s. Formel bei Thorade) oder bei Ausfall der Schwingungsdauer $2T$ auch nach der Formel

$$v_0 = \sqrt{\frac{gL}{\pi}} \tag{97}$$

errechnet werden. Die Erhöhung des Schwerpunktes der Welle über dem ruhigen Wasserspiegel ist

$$h_0 = \frac{\pi}{4}\cdot\frac{2h}{4L^2} = \frac{\pi}{8}\cdot\frac{h}{L^2} \tag{98}$$

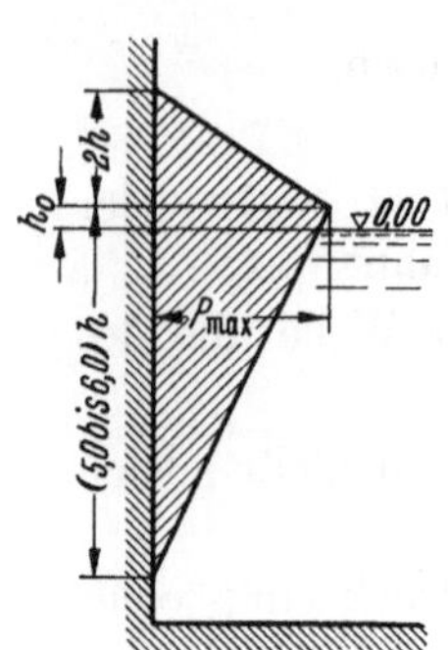

Abb. 18. Wellenstoßbelastungsfläche nach Latham.

Die Verteilung des Wellenstoßes ist aus Abb. 18 zu ersehen.

In welchem Falle der Stoß $= 0$ ist, in der Tiefe 5h oder 6h gibt Latham nicht an; wenn man zwischen 5h und 6h wählen muß, scheint es richtiger, den Wellenstoß $= 0$ in der Tiefe $= 6$h anzunehmen. Aus den 3 genannten Formeln für v_0 gibt die Formel 96 von Cuningham den größten Wert.

22. Verfahren nach dem Beschluß des XVI. Internationalen Schiffahrtskongresses 1935 in Brüssel. Nach dem Beschluß des XVI. Internationalen Schiffahrtkongresses 1935 in Brüssel soll die Wellenstoßbelastungsfläche folgendermaßen gebildet werden. In Höhe des Wellenkamms $= 2$h über 0,00 (selten $= 3$h) ist der Wellenstoß $= 0$. In Höhe des ruhigen Meeresspiegels und weiter bis zum Boden ist der Wellenstoß (s. Abb. 19) $= 2$h in t/m². Die Punkte A und B, ebenfalls A und C, werden mit Geraden verbunden. Mit Ausnahme der Höhe des Wellenkammes ist das Verfahren identisch mit dem Verfahren von Antonelli.

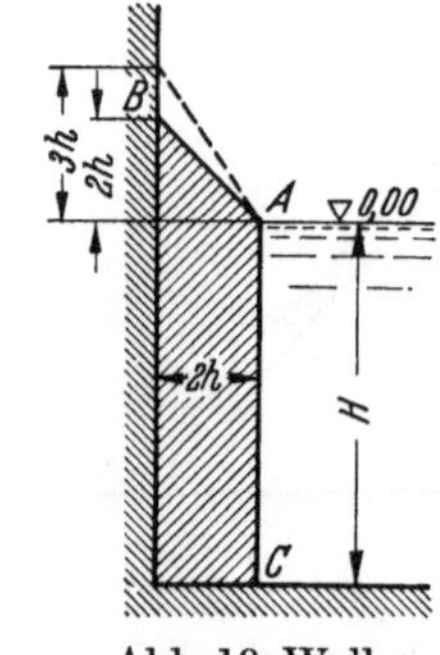

Abb. 19. Wellenstoßbelastungsfläche nach dem Beschluß des XVI. Int. Schifffahrtskongresses 1935 in Brüssel.

23. Formel von Betz (Deutschland) *[10, 33]*. Der auftretende Druck ist bei der Schallgeschwindigkeit im Wasser $b_1 = 1495$ m/sec, der Schallgeschwindigkeit im Beton $b_2 = 2530—3000$ m/sec und der Dichte des Wassers $\varrho_w = \dfrac{101,8\,k\cdot s^2}{m^4}$

$$P \cong \varrho_w\, \frac{b_1\cdot b_2}{b_1 + b_3}\cdot v_r \tag{99}$$

Beim Einsetzen der Werte verwandelt sich Formel (99) in

$$P = 0,95663\, v_r \ \text{t/pro m Wandbreite} \tag{99a}$$

wobei v_r nach der Formel 96 berechnet werden kann. P ist am ruhigen Meeresspiegel anzusetzen.

24. Verfahren von Jacoby (Deutschland) *[41]*. Das Verfahren von Jacoby beruht auf der Gerstnerschen Trochoidenlehre, wobei die Grundformel der Energie der Welle in verschiedenen Schichten folgenden Ausdruck hat:

$$E_k = -\frac{\gamma h^2}{4}\,(l_2 - l_1)\left(e^{2sH''} - e^{2sH'}\right) \tag{100}$$

Dieses ist die Energie der Lage, welche nach Wey auf Bauwerke nicht zur Wirkung kommt. Es wirkt für die Standsicherheitsberechnungen nur die Stoßkraft des Wellenberges BD (s. Abb. 20), weil das Wellental nur evtl. Sogkräfte erzeugen kann.

In Gleichung (100) und in den darauffolgenden Ausführungen sind angenommen:

$$s = -\frac{2\pi}{2L}\ ;\quad l_2 - l_1 = \frac{2L}{4} - \frac{2h}{2} = \frac{L}{2} - h$$

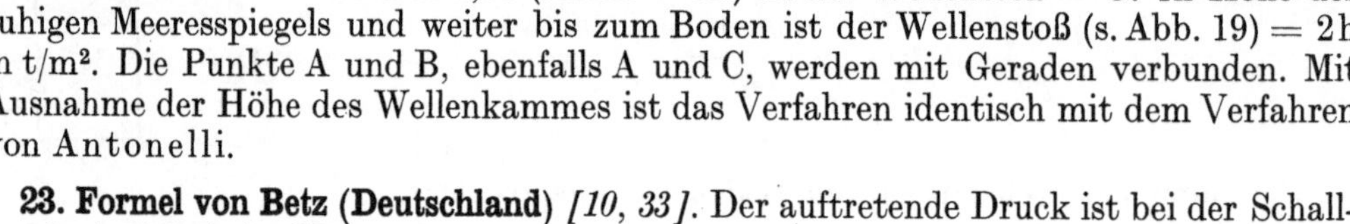

Abb. 20. Wellenberg BCD, der die Stoßkraft ausübt (s. Verfahren von Jacoby).

die Wellenlänge $2L = 2\pi R$, die Höhe der Schicht $H'' - H' = \dfrac{2h}{8} = \dfrac{h}{4}$. Als Koordinatenanfang ist der Scheitel des Wellenberges C gewählt. Positive Richtung von x ist die Bewegung von rechts nach links, bei H', H'' von oben nach unten. Die ganze Berechnung wird in Form von 2 Zahlentafeln (Zahlentafel 22 und 23) ausgeführt. In Spalte 1 der Zahlentafel 22 — H_m sind die Tiefen unter der Wasseroberfläche angegeben,

Zahlentafel 22.

Spalte 1	2	3	4	5	6	7	8
H_m	$e^{2sH'}$	$1-e^{2sH'}$	$\delta=-\left(e^{2sH''}-e^{2sH'}\right)$	$\dfrac{L_1\cdot\delta}{H''-H'}$	$\dfrac{L_2\cdot\delta}{H''-H'}$	$\dfrac{L_3\cdot\delta}{H''-H'}$	$\dfrac{L_4\cdot\delta}{H''-H'}$
$H''-H'=\dfrac{h}{4}$ usw.				e_1 e_2 e_3 e_4	f_1 f_2 f_3 f_4	g_1 g_2 g_3 g_4	i_1 i_2 i_3 i_4

in Spalte 2 $e^{2sH'}=e^{-2\cdot\frac{2\pi}{2L}H'}=e^{-\frac{4\pi}{2L}H'}=e^{-\frac{12{,}56}{2L}H'}$,

in Spalte 3 $-\left(e^{2sH_n}-e^{2sH_0}\right)$, wobei $H_0=0$ und der obige Wert $=-\left(e^{2sH_n}-e^{0}\right)=-$
$-\left(e^{2sH_n}-1\right)=1-e^{2sH'}$ ist, und in Spalte 4 ist $\delta=-\left(e^{2sH''}-e^{2sH'}\right)$

Die in den Spalten 5 bis 8 der Zahlentafel 22 angegebenen Werte $e_1\ldots\ldots,f_1\ldots\ldots g_1\ldots\ldots i_1\ldots$ entstehen aus der Multiplikation von δ mit folgenden Werten:

$$\frac{L_1}{H''-H'}=\frac{2\cdot(0{,}0404\,L-0{,}016\,h)}{\text{Höhe der Schicht}},\quad \frac{L_2}{H''-H'}=\frac{2\,(0{,}0430\,L-0{,}051\,h)}{\text{Höhe der Schicht}},$$

$$\frac{L_3}{H''-H'}=\frac{2\,(0{,}052\,L-0{,}109\,h)}{\text{Höhe der Schicht}}\quad\text{und}\quad \frac{L_4}{H''-H'}=\frac{2\,(0{,}1145\,L-0{,}323\,h)}{\text{Höhe der Schicht}}$$

wobei angenommen ist, daß der Wellenberg der Höhe nach sich in 4 gleiche Teile zerlegt und $L_1\ldots$ bis L_4 die entsprechenden Längenabschnitte bedeuten.

Zahlentafel 23.

Wandschicht in m		Werte aus der Zahlentafel 22 aus				Spalte 9 = Summe Spalte 8 bis 5	Spalte 9 $\varkappa\cdot(H''-H')\dfrac{\gamma\cdot h^2}{4}$
von	bis	Spalte 8	Spalte 7	Spalte 6	Spalte 5		
$+h$	$h-\dfrac{h}{4}$	i_1	—	—	—		
usw.		i_2	g_1	—	—		
		i_3	g_2	f_1	—		
		i_4	g_3	f_2	e_1		

Zahlentafel 23 wird folgendermaßen ausgefüllt. In Spalte 1 und 2 kommen die Wandschichten, angefangen von der Höhe $+h$ und dann in die Tiefe schichtenweise alle $\dfrac{h}{4}$. In die weiteren Spalten kommen die in Zahlentafel 22 enthaltenen Werte der Spalten 8 bis 5 von oben nach unten, immer jede neue Spalte eine Schicht tiefer, wie es durch die Striche und Buchstaben aus Zahlentafel 23 zu ersehen ist. Die in Spalte 9 enthaltenen Werte sind mit $(H''-H')\cdot\dfrac{\gamma\cdot h^2}{4}$ zu multiplizieren und ergeben dann die in den Schichten der Wand wirkenden Wellendrucke, während der Wellenberg vom Punkt D bis Punkt C (s. Abb. 20) die Mauer anläuft; als O ist dabei nicht der ruhige Wasserspiegel, sondern die theoretische Null-Linie, die die Welle in Wellental und Wellenberg scheidet, angenommen. In Abb. 21 ist die Verteilung der Höhe nach der auf 1 m^2 der Wand bezogenen Stoßkraft des Wellenberges dargestellt. Der Schwerpunkt dieser Wellenstoßbelastungsfläche kann als Angriffspunkt des Wellenstoßes angenommen werden.

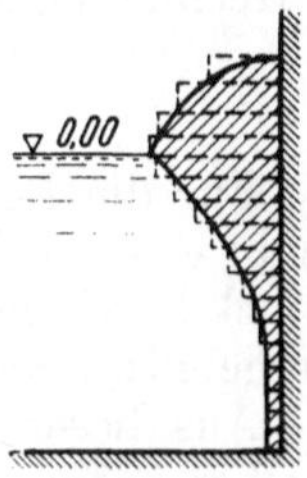

25. Formel von Hansen (Deutschland) *[33]*. Die Formel ist aus einer dynamischen Grundgleichung beim Branden abgeleitet, und zwar

$$P=m\cdot v_w \tag{101}$$

$$\text{worin } m=\frac{v_w\cdot\gamma}{g}\text{ ist und } P=\frac{\gamma\cdot v_w^2}{g} \tag{101a}$$

in t/m^2 bedeutet.

Abb. 21. Wellenstoßbelastungsfläche nach Jacoby.

v_w bedeutet die Fortschrittsgeschwindigkeit, die nach Formel $v_w=\sqrt{2g\,(T+1{,}5\,h)}$ zu errechnen ist. Wenn $\gamma=1{,}028\;t/m^3$ bedeutet, so verwandelt sich Formel 101a in Formel

$$P=0{,}106\,v_w^2\text{ in } t/m^2 \tag{101b}$$

Da eine vollständige Umwandlung der Schwingenden in eine fortschreitende Bewegung nicht erfolgt, ist die Formel 101 b mit einem Beiwert $n_2 = 0{,}95$ versehen, der der Formel einen Annäherungswert

$$P = n_2 \cdot 0{,}106\,v_w^2 \cong 0{,}100\,v_w^2$$

in t/m^2 (101 c) gibt.

Diese Formel dürfte strenggenommen bei Schwingungswellen nicht verwendet werden, weil sie zum größten Teil eine fortschreitende Geschwindigkeit v_w in sich verkörpert; aber die Formel 73 von Richter hat ja denselben Ausdruck für den Wellenstoß von Schwingungswellen! Die Wellenstoßkraft P nach Formel 101 c wird beim ruhigen Meeresspiegel angesetzt.

26. Verfahren von Miche (Frankreich) *[64]*. Nach Abschluß der vorliegenden Arbeit des Verfassers ist im Januar-Februar-Heft 1944 der Annales des Ponts et Chaussées der erste Teil einer grundlegenden Arbeit von M. Miche (64) in bezug auf Wellenbewegungen in der See bei beständiger oder abnehmender Tiefe erschienen; der abschließende Teil dieser Arbeit ist noch nicht veröffentlicht.

Nach ausführlicher Beschreibung der Natur der Wellenbewegungen und deren verschiedenartigen vorkommenden Fälle, sowie auch der hydrodynamischen Gleichungen verschiedener Form für begrenzte Tiefen, beschäftigt sich Miche mit der Berechnung der Stoßwirkung einer Kabelsee auf eine senkrechte Wand für eine begrenzte, unveränderliche Tiefe.

Für den Wellendruck gibt Miche folgende Formel:

$$\frac{P}{\varrho g} = Z_0 + \frac{2h\,\operatorname{Sin} a_1 Z_0 \sin a_1 \varkappa_0 \sin b_3\, t}{\operatorname{Sin} a_1 H\,\operatorname{Cof} a_1 H} + \frac{h^2 a_1 \operatorname{Sin} a_1 Z_0}{2\,\operatorname{Sin}^2 a_1 H}\left\{ \operatorname{Cof} a_1 (2H - Z_0)\left[\frac{\cos 2 a_1 \varkappa_0}{\operatorname{Cof}^2 a_1 H} - 4\sin^2 b\,t\right] + \right.$$

$$\left. + 4\,T h a_1 H \operatorname{Sin} a_1 (2H - Z_0)[1 - 3\sin^2 b_3 t] + 3\cos 2 a_1 x_0 \cos 2 b_3\, t\left[\frac{\operatorname{Cof} a_1 Z_0}{\operatorname{Sin}^2 a_1 H} - \frac{2\operatorname{Cof} a_1 (H - Z_0)}{\operatorname{Cof} a_1 H}\right]\right\} \qquad (101\text{ A})$$

wobei $a_1 = \dfrac{\pi}{L}$ .... (101 B) und $b_3 = \dfrac{\pi}{T}$ .... (101 C) bedeuten.

Für die Wand bei $\varkappa_0 = \dfrac{L}{2}$ verwandelt sich Formel (101 A) in

$$\frac{P}{\varrho g} = Z_0 \pm \frac{2h \operatorname{Sin} a_1 Z_0}{\operatorname{Sin} a_1 H\,\operatorname{Cof} a_1 H} + \frac{h^2 a_1 \operatorname{Sin} a_1 Z_0}{2\,\operatorname{Sin}^2 a_1 H}\left\{ \operatorname{Cof} a_1 (2H - Z_0)\left(4 - \frac{1}{\operatorname{Cof}^2 a_1 H}\right) - \right.$$

$$\left. - 8\,T h a_1 H \operatorname{Sin} a_1 (2H - Z_0) + 3\left[\frac{\operatorname{Cof} a_1 Z_0}{\operatorname{Sin}^2 a_1 H} - \frac{2\operatorname{Cof} a_1 (H - Z_0)}{\operatorname{Cof} a_1 H}\right]\right\} \qquad (101\text{ A}')$$

Am Fuß der Wand erhält man einen Wellenstoß, der aus Formel

$$\frac{2h}{\operatorname{Cof} a_1 H}\left[\pm 1 - a_1 h\left(\operatorname{Sin} a_1 H - \frac{3}{4\operatorname{Sin}^3 a_1 H}\right)\right] \qquad (101\text{ D})$$

zu errechnen ist.

Das obere Zeichen gilt für den Fall eines Wellenberges, das untere für den Fall eines Wellentales an der Wand.

Die Erhöhung des Wellenberges über den ruhigen Meeresspiegel wird wie beim Verfahren von Sainflou, und zwar aus dem Ausdruck

$$2h + h_0 = 2h + \frac{4\pi h^2}{2L}\,\operatorname{Cotg} \frac{\pi H}{L} \qquad (101\text{E})$$

errechnet (s. Abb. 10 und Formel 63). Der größte Wellenstoß wird am ruhigen Meeresspiegel angesetzt.

b) Bei Brandungswellen.

Für die Berechnung der Wellenstoßkraft der Brandungswellen auf Bauwerke mit senkrechter Wand gibt es eigentlich keine Theorie, aus der man ein vollwertiges Verfahren oder eine Formel ableiten kann; auch liegen gegenüber der Anzahl von Messungen der Schwingungswellen wenige Beobachtungs- und Meßergebnisse über die Brandungswellen und ihre Kraft vor, auf welche man Formeln gründen könnte.

Aus dieser Sachlage geht hervor, daß nur wenige Verfasser für diesen Fall Formeln und Vorschläge gegeben haben.

1. Vorschlag von Wey (Deutschland) *[102]*. Nach Wey (s. bei ihm Seite 233 in 102) muß zuerst festgestellt werden, ob die als Brandungswelle angenommene Welle auch eine solche ist. Branden der Welle tritt ein, wenn die Wassertiefe unterhalb des Wellentals gleich 1,6 der Wellenhöhe ist. Der Wert 1,6 ist ein Durchschnittswert aus einer größeren Reihe von Beobachtungen. Die Grenzwerte schwanken nach Stevensen, Gaillard und Bazin zwischen 1 und 2 (s. Wey — 102). Aus diesem Verhältnis kann für die bei der Berechnung in Frage kommende Stelle die zu erwartende größte Wellenhöhe bei einer bestimmten Tiefe berechnet werden und aus ihr die größte Stoßkraft. Eine reine mathematische Erfassung der Stoßkraft im Augenblick des Brandens ist nicht möglich. Dadurch, daß beim Branden die Wellenhöhe einen großen Zuwachs bekommt und die Wellenlänge abnimmt, werden die Brandungswellen beim Übergang aus Schwingungswellen steiler. Dadurch ist nach Wey die Energiesammlung der Brandungswellen der Lage nach auch höher als bei Schwingungswellen. Wey meint, man könne bei den Brandungswellen für die Errechnung der Wellenstoßbelastungsflächen sein Verfahren und die Formeln für Schwingungswellen (s. Seite 107 und Formel 23) anwenden, nur müsse man bei der Berechnung eine steilere Welle annehmen, deren Höhe aus dem Verhältnis zur Tiefe bestimmt werden kann. Die Teilzahl aus Höhe und Länge, welche nach Wey bei Tiefseewellen (bei großen Tiefen) 1 : 10 nicht überschreitet, wird bei Seichtwasserwellen immer größer 1 : 8, 1 : 7 und in einzelnen Fällen sogar 1 : 5, wobei der Wellenberg nach ausgeführten Beobachtungen eine Höhe über dem ruhigen Wasserspiegel bis 73% der Gesamtwellenhöhe bekommen kann.

2. Formel von Hansen (Deutschland). Die Formel von Hansen ist aus der dynamischen Grundgleichung beim Branden abgeleitet (Näheres siehe in 25 auf Seite 117) und hat als Endausdruck (101c) eine einfache Beziehung zur Fortschrittsgeschwindigkeit (v_w)

$$P = 0{,}100\, v_w^2 \text{ in } t/m^2 \tag{101c}$$

wo P — die Wellenstoßkraft der Brandungswellen bedeutet.

B. Verfahren und Formeln für die Berechnung des Wellenstoßes auf Bauwerke mit einer seeseitigen Böschung oder geneigten Wand.

a) Bei Schwingungswellen.

1. Verfahren von Miche (Frankreich) *[63]*, Miche stellt fest, daß bei großen Tiefen von 40—60 m, bei denen die Ausmaße des Unterbaues aus Steinschüttung sehr groß sein können und die senkrechte Wand evtl. nur eine Krönung des Unterbaues im Bereich des größten Wellenstoßes darstellt, der Neigungswinkel α des Unterbaues zum Gesichtskreis die wesentlichste Rolle spielt; in Abhängigkeit vom Neigungswinkel α verursacht er das Branden oder Nichtbranden der Wellen. Das ganze Bauwerk wäre in diesem Falle eigentlich als ein Bauwerk mit einer geneigten Wand anzusehen.

Deshalb betrachtet Miche die Berechnung des Wellenstoßes auf eine unter einem beliebigen Winkel α und insbesondere unter $\alpha = 45°$ zum Gesichtskreis geneigte Wand (s. Abb. 22) in der Annahme, daß im Bereich des $\triangle BCD$ keine Wellenbewegungen der Wasserteilchen vorhanden sind, sich dort, so zu sagen, ein Wasserpolster bildet und folglich in diesem Bereich kein Wellenstoß vorhanden ist und die Wellenbewegungen, beeinflußt durch die geneigte Böschung des Unterbaues, sich längs der unter 1 : 1 geneigten Wand abspielen, wie es mit einem Pfeil auf Abb. 22 angedeutet ist. Es wird auch im weiteren angenommen, daß die Wellenrichtung mit der Wandrichtung einen Einfallwinkel $\alpha_1 = 90°$ bildet.

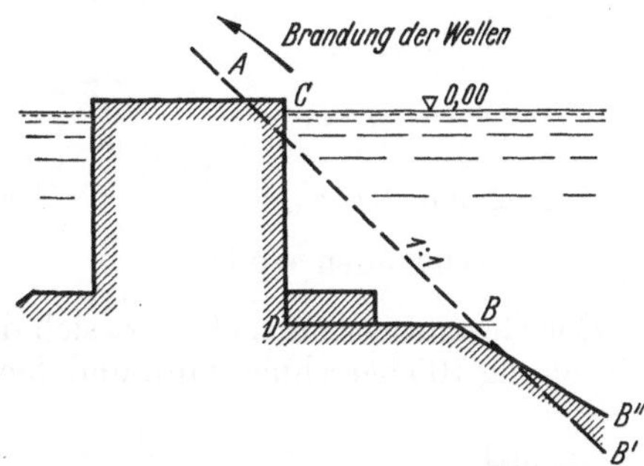

Abb. 22. Querschnitt eines Wellenbrechers für den von Miche untersuchten Fall.

Miche berücksichtigt auch den Fall eines noch im Bau befindlichen Bauwerkes, welches einem Sturm ausgesetzt ist und bei einer noch nicht aufgesetzten Krönung nur etwas über dem ruhigen Wasserspiegel herausragt, wobei es noch nicht sein volles, nach dem Entwurf berechnetes Gewicht der Wucht des Sturmes gegenüberstellen kann.

Hier werden nur auszugsweise die grundlegenden Gleichungen und Formeln von Miche gegeben. Sie beruhen auf den allgemeinen hydrodynamischen Differentialgleichungen von Lagrange, die auch Sainflou anwendet, und zwar auf der Stetigkeitsgleichung

$$\frac{\partial x}{\partial x_0} \cdot \frac{\partial z}{\partial z_0} - \frac{\partial x}{\partial z_0} \cdot \frac{\partial z}{\partial x_0} = 1 \tag{102}$$

und den Gleichungen des hydrodynamischen Gleichgewichtes

$$\left. \begin{aligned} \frac{1}{\gamma} \cdot \frac{\partial p}{\partial x_0} + \frac{\partial^2 x}{\partial t^2} \cdot \frac{\partial x}{\partial x_0} + \left(\frac{\partial^2 z}{\partial t^2} - g\right) \frac{\partial z}{\partial x_0} = 0 \\ \frac{1}{\gamma} \cdot \frac{\partial p}{\partial z_0} + \frac{\partial^2 x}{\partial t^2} \cdot \frac{\partial x}{\partial z_0} + \left(\frac{\partial^2 z}{\partial t^2} - g\right) \frac{\partial z}{\partial z_0} = 0 \end{aligned} \right\} \tag{103}$$

wo x und z das Grundkoordinatensystem (x = waagerechte, z = die senkrechte Achse), die anderen Bezeichnungen verschiedener Veränderlichen und Funktionen bedeuten.

Nach umfangreichen mathematischen Auslegungen kommt Miche für den praktischen Fall einer unter $45° \left(\alpha = \dfrac{\pi}{4}\right)$ geneigten Wand zu folgenden Grundformeln für den Fall der Veränderungen der Wellenelemente längs der Wand ($x_o = z_o$): für die Oberfläche

$$Z = Z_0 + 2\sqrt{2} \cdot r \cdot \sin \frac{\pi t}{T} \cos \frac{\pi Z_0}{L} - \frac{4\sqrt{2}\,\pi\, r^2}{L} \cdot \sin^2 \frac{\pi t}{T} \cos \frac{\pi Z_0}{L} \cdot \cos \left(\frac{\pi Z_0}{L} - \frac{\pi}{4} \right) \tag{104}$$

für den Wellendruck

$$\frac{P}{\varrho\, g} = Z_0 + 2\sqrt{2} \cdot r \sin \cdot \frac{\pi t}{T} \cdot \sin \frac{\pi Z_0}{L} \tag{105}$$

wo $r = h\, e^{-\frac{\pi Z_0}{L}}$ ist (106), wobei die senkrechte (v_s) und waagerechte (u_w) Komponenten der Fortschrittsgeschwindigkeit der Wellen unter sich gleich und

$$\frac{\partial z}{\partial t} = \sqrt{\frac{\pi g}{L}} \left[2\sqrt{2} \cdot r \cdot \cos \frac{\pi t}{T} \cdot \cos \frac{\pi Z_0}{L} - 8 \frac{\sqrt{2}\,\pi\, r^2}{L} \sin \frac{\pi t}{T} \cos \frac{\pi t}{T} \cos \frac{\pi Z_0}{L} \cos \left(\frac{\pi Z_0}{L} - \frac{\pi}{4} \right) \right] \tag{107}$$

sind.

An der Oberfläche ($Z_0 = 0$) bekommen diese Formeln folgenden Ausdruck

$$Z = 2\sqrt{2}\, h \, \sin \frac{\pi t}{T} - \frac{4\,\pi\, h^2}{L} \sin^2 \frac{\pi t}{T} \tag{104'}$$

$$v_w = v_s = \sqrt{\frac{\pi g}{L}} \left[2\sqrt{2}\, h \cos \frac{\pi t}{T} - \frac{8\,\pi\, h^2}{L} \sin \frac{\pi t}{T} \cos \frac{\pi t}{T} \right] \tag{107}$$

$$P = 0 \tag{105'}$$

Die Grenzwerte der Spiegelschwankungen (Kamm und Tal) sind bei

$$\sin \frac{\pi t}{T} = \pm 1$$

aus Gleichung

$$Z = - \frac{4\,\pi\, h^2}{L} \mp 2\sqrt{2} \cdot h = - h'_0 \mp 2\sqrt{2} \cdot h \tag{104''}$$

zu berechnen, wo $h'_0 = \dfrac{4\,\pi\, h^2}{L}$ ist (108). Wir sehen, daß diese Schwankungen um $2\sqrt{2}$ größer sind als die der erzeugenden Welle.

Der Gesamtwellendruck setzt sich demnach nach Miche aus dem statischen Druck (P_{stat}), der aus der Gleichung 105 berechnet wird, und dem dynamischen Druck (Stoß) $= P_{dyn}$, welcher aus der Formel

$$P_{dyn} = \gamma \cdot 2\, v_w \cdot u_w = 2\,\gamma\, u_w^2 \text{ oder } \frac{P_{dyn}}{\gamma \cdot g} = \frac{4\, u_w^2}{2\, g} \tag{109}$$

errechnet werden kann, zusammen.

In Höhe des ruhigen Meeresspiegels bei $\sin \dfrac{\pi t}{T} = 0$ ist die waagerechte Komponente der Fortschrittsgeschwindigkeit der Wellen

$$u_w = \sqrt{\frac{\pi g}{L}} \cdot 2\sqrt{2} \cdot h \tag{107''}$$

so daß Formel 109 sich in Formel

$$\frac{P_{dyn}}{\gamma \cdot g} = \frac{4\, v_w^2}{2\, g} = \frac{16\,\pi\, h^2}{L} = \frac{Po}{\gamma \cdot g} \tag{109'}$$

verwandelt.

Für ein praktisches Beispiel bei $2\, h = 7{,}0$ m, $2\, L = 100$ m und $H = 12{,}50$ m gibt Miche die in Abb. 23 dargestellten Kurven des Wellendruckes und -stoßes. Zwecks besserer Veranschaulichung der Ergebnisse und des Vergleiches mit einer nach Sainflou für dieselben Verhältnisse einer senkrechten Wand berechneten Wellenstoßbelastungsfläche verbleibt Miche in der Darstellung der Kurven längs einer Lotrechten.

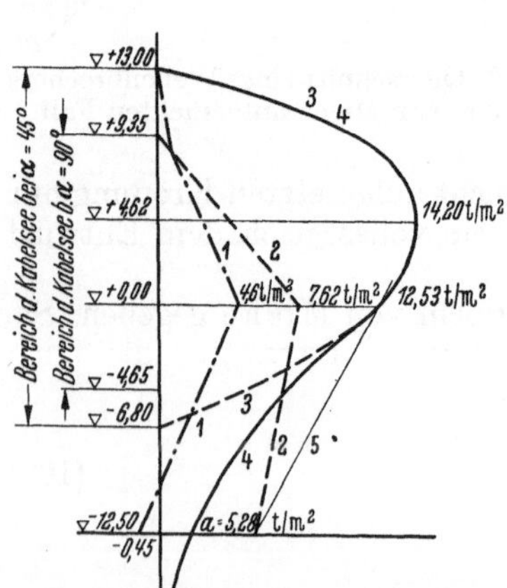

Abb. 23. Kurven des Wellendruckes nach den Berechnungen von Miche.

Die Höhenlagen des Wellenkammes und -tales sind für die Kabelsee bei Wandneigung $\alpha = 45°$ nach der Formel (104'') berechnet. Mit ① ist die Kurve des statischen Wellendruckes, berechnet nach Formel (105) bei Wandneigung $\alpha = 45°$ und mit ② die Kurve des statischen Wellendruckes für eine senkrechte Wand bei $\alpha = 90°$ für dieselben Wellenelemente nach Sainflou dargestellt; man sieht, daß die Werte der Kurve ② die Werte der Kurve ① bei weitem überschreiten. In der Tiefe 12,50 m gibt die Kurve ① sogar einen kleinen Sog (—0,45 t/m²) an (vgl. auch dieselben Ergebnisse bei dem Verfahren von Gourret für eine unter $\alpha = 45°$ geneigte Wand — s. Seite 122 und Abb. 26). Die Kurve ③ stellt die Verteilung der dynamischen Kräfte der Oberflächenteilchen bei Wandneigung $\alpha = 45°$, die nach Formeln (107′) und (109) berechnet sind, dar. Die Höhenlage der Nullpunkte ist aus den Formeln (104″) und (108) ermittelt. Die Kurve ④ ist die Umfassende der Drucke und kann nach Miche als „dynamische Kurve" bezeichnet werden, da unterhalb des ruhigen Meeresspiegels der vorhandene landseitige Druck abgezogen werden muß. Der Druckwert der Kurve 4 in Höhe des ruhigen Meeresspiegels wird aus Gleichung (109′) berechnet. Die Bestimmung der größten Geschwindigkeiten (sowie entsprechend der Drucke —14,20 t/m²) hat durch Einsetzung der Werte t bei $\dfrac{\partial u}{\partial t} = 0$ in Gleichung (107′) zu erfolgen; der ihm entsprechende Z-Wert der Höhenlage des Maximum's ist im vorliegenden Fall = 4,62 m über dem ruhigen Meeresspiegel. Der Wellendruck unter dem ruhigen Meeresspiegel bei $z_0 > 0$ und $\dfrac{\sin \pi t}{T} = 0$, bei welchem $Z = Z_0$ ist, kennzeichnen auf Abb. 23 die schwarzen Punkte; die Umfassende ergibt den Verlauf des Druckes.

Miche bemerkt, daß seine Kurve des „dynamischen Druckes" (Kurve ④ auf Abb. 23) eine große Ähnlichkeit mit der Erfahrungskurve von Gaillard aufweist, welche Lira in seiner Arbeit (57) erwähnt. Die absoluten Werte sind aber bei Miche etwas größer.

Durch die Linie ⑤ gibt Miche den Verlauf des dynamo-statischen Druckes auf ein Bauwerk mit senkrechter Wand ohne Krönung (im Bauzustand). Sie zeigt weit größere Werte des Druckes als die statische Kurve von Sainflou (Kurve ②). Die Gerade ⑤ kann über dem ruhigen Wasserspiegel bis zur jeweiligen Bauhöhe verlängert werden.

2. Verfahren von Gourret (Frankreich) [31]. Das Verfahren ist für den Fall einer unendlichen Tiefe bei einer Neigung unter 45° zum Horizont der seeseitigen Wand eines Bauwerkes aufgestellt. Wie Gourret beweist, ist bei einer unter 45° geneigten Wand der Mole die genauere Feststellung der Geschwindigkeiten vor der Wand, der Höhe des Aufprallens der Welle, der Lage ihrer Oberfläche u. a. m. viel wichtiger, als

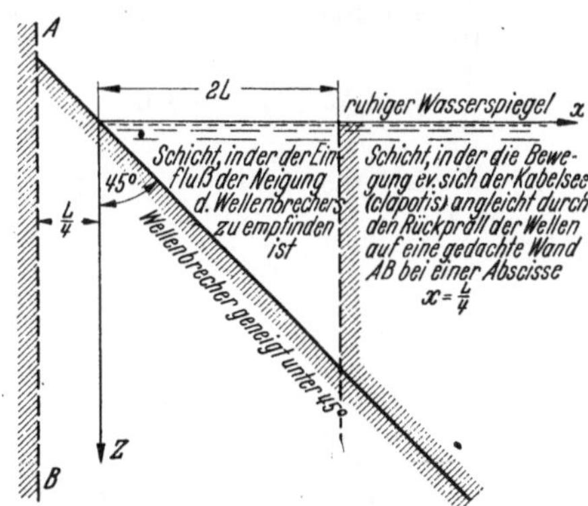

Abb. 24. Schichten ohne und mit Einfluß des Wellenbrechers (nach Gourret).

im Fall einer Mole mit senkrechter Wand, weil im ersten Fall diese Größen viel größere Werte erhalten, als im zweiten. In Abb. 24 (nach Gourret) sind die Schichten dargestellt, in welchen der Einfluß der geneigten Wand sich ausübt und wo er nicht mehr als bei einer senkrechten Wand zu spüren ist. Das größte Auflaufen — Z_M (der zurückgeworfene Wellenkamm bei Schwingungswellen vor einer senkrechten Wand) der Welle (affleurement maximale nach den Bezeichnungen von Gourret) wird durch die Formel

$$Z_M = -2h \left[e^{-\frac{\pi Z}{L}} \cdot \cos \frac{\pi}{4} + \cos \frac{\pi}{4} \left(Z + \frac{L}{4} \right) \right] \qquad (110)$$

das größte Ablaufen — Z_m der Welle durch die Formel

$$Z_m = 2h \left[e^{-\frac{\pi Z}{L}} \cdot \cos \frac{\pi}{4} + \cos \frac{\pi}{L} \left(Z + \frac{L}{4} \right) \right] \qquad (111)$$

ausgedrückt. Die Richtung des Koordinatensystems (x, z) ist aus der Abb. 25 zu ersehen. Die beiden Gleichungen sind transzendental und unmöglich anders als zeichnerisch zu lösen. In Zahlentafel 24 sind für verschiedene Beziehungen zwischen der Wellenhöhe $(2h)$ und der halben Wellenlänge (L) die Werte

$$\frac{Z_M}{L} \text{ und } \frac{Z_m}{L}$$

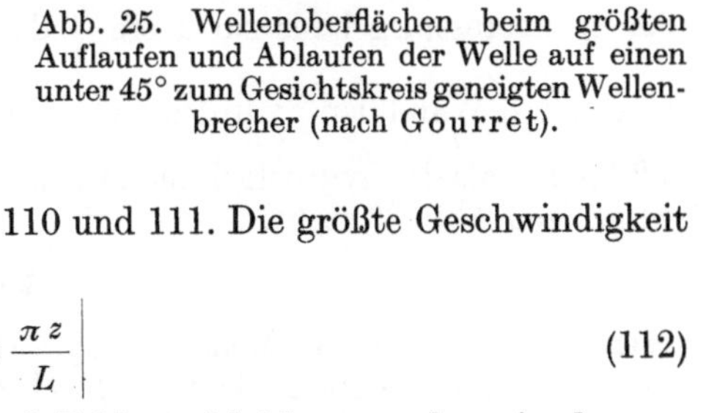

Abb. 25. Wellenoberflächen beim größten Auflaufen und Ablaufen der Welle auf einen unter 45° zum Gesichtskreis geneigten Wellenbrecher (nach Gourret).

angegeben und erleichtern die Berechnungen nach den Formeln 110 und 111. Die größte Geschwindigkeit der Teilchen beim Wellenbrecher ist

$$\left| v_M \right| = 4h \sqrt{\frac{g\pi}{L}} \cdot e^{-\frac{\pi z}{L}} \left| \cos \frac{\pi z}{L} \right| \qquad (112)$$

Ihre Verteilung in verschiedenen Tiefen ist aus der Abb. 26 und Zahlentafel 25 zu ersehen, in der zur Gegenüberstellung auch die Geschwindigkeiten in denselben Tiefen für eine senkrechte Mole bei einer unendlichen Tiefe gegeben sind.

Die allgemeine Formel für die Wellenstoßkraft für einen Punkt in der Tiefe mit Koordinaten x, z lautet:

$$\frac{P - P_o}{\gamma} = g\,z - \frac{\partial \varphi}{\partial t} - \frac{1}{2}\left[\left(\frac{\partial \varphi}{\partial \varkappa}\right)^2 + \left(\frac{\partial \varphi}{\partial z}\right)^2\right] \tag{113}$$

Beim größten Auflaufen der Welle (Z_M) auf die geneigte Mole wird der Ausdruck für die Wellenstoßkraft

$$P = z + 4\,h\,e^{-\frac{\pi z}{L}} \cdot \cos\frac{\pi}{L}\left(z + \frac{L}{4}\right) \tag{114}$$

sein.

Zahlentafel 24. Werte $\dfrac{ZM}{L}$ u. $\dfrac{Zm}{L} = f\left(\dfrac{2\,h}{L}\right)$

Werte von $\dfrac{2\,h}{L}$	$\dfrac{ZM}{L}$	$\dfrac{Zm}{L}$
$\dfrac{1}{12} = 0{,}090$	$-0{,}16$	$+0{,}087$
$\dfrac{1}{10} = 0{,}100$	$-0{,}23$	$+0{,}100$
$\dfrac{1}{8} = 0{,}125$	$-0{,}34$	$+0{,}110$
$\dfrac{1}{6{,}5} = 0{,}155$	$-0{,}50$	$+0{,}130$

Zahlentafel 25.

Tiefe unter $0 =$	größte Geschwindigkeiten V_M	
	für eine unter 45° geneigte Wand	für eine senkrechte Wand
über 0	$\dfrac{22\,h}{\sqrt{L}}$	$\dfrac{11\,h}{\sqrt{L}}$
$\dfrac{L}{4}$	$\dfrac{14\,h}{\sqrt{L}}$	
$\dfrac{L}{2}$	0	$\dfrac{2\,h}{\sqrt{L}}$
$\dfrac{3}{4}\,L$	$\dfrac{0{,}2\,h}{\sqrt{L}}$	
L	$\dfrac{0{,}7\,h}{\sqrt{L}}$	$\dfrac{0{,}25\,h}{\sqrt{L}}$
$\dfrac{3}{2}\,L$	0	0

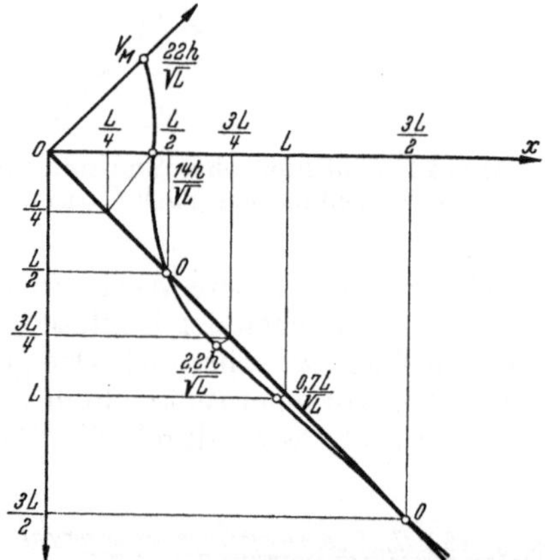

Abb. 26. Verteilung der größten Geschwindigkeiten der Wasserteilchen bei einer unter 45° zum Gesichtskreis geneigten Wand (nach Gourret).

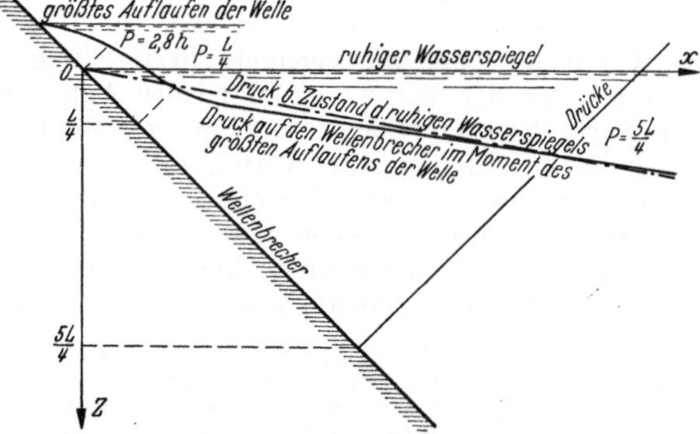

Abb. 27. Wellenstoßbelastungsfläche auf eine unter 45° zum Gesichtskreis geneigte Wand eines Wellenbrechers (nach Gourret).

Die Darstellung der Verteilung des Wellenstoßes längs der geneigten Wand der Mole beim größten Auflaufen der Welle ist aus der Abb. 27 zu ersehen. Das zweite Glied der Formel 114 kann wegen seiner geringen Größe vernachlässigt werden. Aus der Kurve ist weiter zu ersehen, daß im Bereich über dem ruhigen Meeresspiegel bis zur Tiefe $\dfrac{L}{4}$ der Wellenstoß im Moment des größten Auslaufens der Welle auf eine geneigte Wand den hydrostatischen Druck übersteigt; zwischen den Tiefen $\dfrac{L}{4}$ und $\dfrac{5}{4}\,L$ ist der Wellenstoß kleiner als der hydrostatische Druck, was im Ganzen in Einklang mit der Verteilung der Geschwindigkeiten nach Abb. 26 steht.

b) Bei Brandungswellen.

Verfahren von Hiroi (Japan) *[61]*. Hiroi geht davon aus, daß die Wasserteilchen Fortschrittsgeschwindigkeiten haben, die noch durch die Fallhöhe (o) vom Wellenkamm der Brandungswelle bis zum ruhigen Wasserspiegel vergrößert sind

$$o = h\left(1{,}5 + \frac{\pi}{4} \cdot \frac{h}{L}\right) \tag{115}$$

Dabei wird angenommen, daß die größte Erhöhung des Wellenkammes der Brandungswelle $= 4\,h$, also der doppelten Höhe der Schwingungswelle $2\,h$ gleich ist. Das Quadrat der Fortschrittsgeschwindigkeit einschließlich Fallhöhe würde

$$max\,V_w{}^2 = 2\,g\,h\left(\frac{\pi\,h}{L} + 3\right) \tag{116}$$

sein.

Die größte Stoßkraft in Höhe des ruhigen Wasserspiegels wäre P_{max} gleich

$$P_{max} \cong 200\,max\,v_w{}^2 \tag{117}$$

in kg/m^2.

Da diese Stoßkraft nicht auf die ganze Höhe des Bauwerkes wirkt, nimmt Hiroi an, daß man die Hälfte von P_{max} in Rechnung setzen kann. Wenn die Wassertiefe beim Bauwerk $H_2 <$ als $2\,h$ ist, wird in Formel 116 anstatt $2\,h$ die tatsächliche Tiefe (H_2) eingesetzt, weil an das Bauwerk nur eine Welle herankommen kann, deren Höhe $2\,h$ nicht größer ist als die Tiefe H_2.

C. Verfahren und Formeln für die Berechnung des Wellenstoßes auf Bauwerke mit einer kurvenartigen Form der Seeseite.

a) Bei Schwingungswellen.

Die kurvenartige Form der Seeseite des Bauwerkes (s. Abb. 28) hat gewisse Vorzüge gegen andere Arten von Bauweisen, denn das Auffangen der Wellen mit einer nachfolgenden Energieauslösung geschieht am zweckmäßigsten durch eine schräge und ausgerundete Auflauffläche; dies ist durch Erfahrungen an Uferschutzwerken bestätigt. Molen und Wellenbrecher solcher Form sind wegen ihrer erschwerten Bauweise selten ausgeführt worden. In letzter Zeit sind sie von verschiedenen Verfassern (Gourret, Hansen, d'Arrigo) neu vorgeschlagen, weil sie angeblich besser als Bauwerke mit senkrechter oder geneigter Wand die Energieauslösung bewerkstelligen sollen. Deswegen wird hier im Anschluß an die Verfahren und Formeln für die Berechnung des Wellenstoßes auf Bauwerke mit senkrechter und geneigter Wand das einzige vorhandene, im Jahre 1937 im französischen technischen Schrifttum erschienene Verfahren von Gourret für die Berechnung des Wellenstoßes auf eine Mole von kurvenartiger Form wiedergegeben.

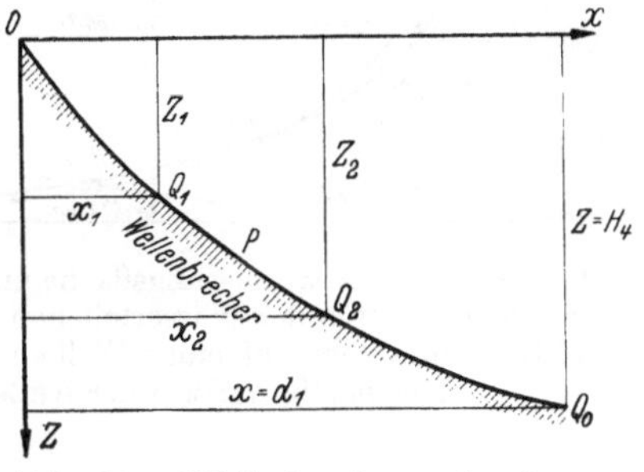

Abb. 28. Wellenbrecher mit einer kurvenartigen Form der Außenwand.

Verfahren von Gourret (Frankreich) [31]. Das Verfahren von Gourret untersucht für die kurvenartige Form der Seeseite des Bauwerkes 2 Fälle; bei einer unendlichen und bei einer endlichen Tiefe.

Da der Fall der unendlichen Tiefe keine große praktische Bedeutung hat, gibt Gourret für ihn nur die Grundlagen nebst einer allgemeinen Gleichung für die Form der Kurve des Wellenbrechers und beschäftigt sich weiter mit dem Fall einer endlichen Tiefe. Hier werden nur die allernötigsten Formeln und Grundlagen der sehr umfangreichen und geistreichen Ausführungen von Gourret, und zwar nur für den Fall der endlichen Tiefe wiedergegeben.

Die Form der Kurve eines kurvenartigen Wellenbrechers muß in jedem Fall gebildet werden; sie hängt zum Teil von den örtlichen Verhältnissen, in denen das Bauwerk erbaut werden soll, ab, muß aber dabei eine Stromlinie haben, zu der die Geschwindigkeiten des Wassers in jedem Punkt dieser Linie tangential sind. Außerdem wird die Form dieser Kurve auch durch das Verhältnis der Wellenbrecherhöhe H_4 (s. Abb. 28) zu der Grundlinie d_1 bestimmt. x_1, z_1 und x_2, z_2 sind Koordinaten zweier Punkte Q_1 und Q_2 der kurvenartigen Form des Wellenbrechers, $\mu = \dfrac{\pi}{L} = \dfrac{\omega^2}{g}\operatorname{Cotg}\mu H_4$, A_1, A_2, A_3, A_4 — Beiwerte, auch w_2

$$= \frac{\pi}{T} = \sqrt{\frac{\pi\,g}{L}}\ \text{und}\ \lambda = -\frac{\pi}{2\,L} = -\frac{\mu}{2}, \quad \frac{\omega^2}{g} = \frac{\pi}{L}\,\text{tg}\,\frac{\pi\,H_4}{L}\ ;\ \text{in 0 ist der Nullpunkt des Koordinatensystems}$$

und $x = 0,\ z = 0$; der Punkt Q_0 am Fuß des Wellenbrechers hat die Koordinaten $x = d_1$ und $z = H_4$. Die Gleichung des Wellenbrechers ist durch folgende Formel ausgedrückt:

$$e^{\lambda x}\left(\sin\lambda z + \frac{\omega^2}{g\lambda}\cos\lambda z\right) + \operatorname{Sin}\mu(H_4 - z)\left(\frac{A_3}{A_1}\sin\mu x - \frac{A_4}{A_1}\cos\mu x\right) = \frac{C}{A_1} \tag{118}$$

die Geschwindigkeit durch Gleichung

$$\varphi = A_1\left[e^{\lambda x}\cos\lambda z - \frac{\omega^2}{g\lambda}e^{\lambda x}\sin\lambda z + \frac{A_3}{A_1}\operatorname{Cof}\mu(H_4 - z)\cos\mu x_1 + \frac{A_4}{A_1}\operatorname{Cof}\mu(H_4 - z)\sin\mu - H_4\right]\sin w\,t \tag{119}$$

wo die einzelnen Beiwerte folgende Bedeutung haben:

$$\frac{C}{A_1} = e^{\lambda d_1}\left(\sin \lambda\, H_4 + \frac{\omega^2}{g\,\lambda}\cos \lambda\, H_4\right) \tag{120}$$

$$\frac{A_4}{A_1} = \frac{1}{\mathfrak{Sin}\,\mu\,H_4}\left[\frac{\omega^2}{g\,\lambda} - e^{\lambda l_1}\left(\sin \lambda\, H_4 + \frac{\omega^2}{g\,\lambda}\cos \lambda\, H_4\right)\right] \tag{121}$$

$$\frac{A_3}{A_1} = \frac{e^{\lambda d_1}\left(\sin \lambda\, H_4 + \dfrac{\omega^2}{g\,\lambda}\cos \lambda\, H_4\right) + \dfrac{\mathfrak{Sin}\,\mu\,(H_4 - z_1)\cos \mu\, x_1}{\mathfrak{Sin}\,\mu\,H_4}\left[\dfrac{\omega^2}{g\,\lambda} - e^{\lambda d_1}\left(\sin \lambda\, H_4 + \dfrac{\omega^2}{g\,\lambda}\cos \lambda\, H_4\right)\right] - \dfrac{\omega^2}{g\,\lambda}\,e^{\lambda x_1}\cos \lambda\, z_1 - e^{\lambda x_1}\cos \lambda\, z_1.}{\mathfrak{Sin}\,\mu\,(H_4 - z_1)\sin \mu\, x_1} \tag{122}$$

$$\frac{A_3}{A_1} = \frac{e^{\lambda d_1}\left(\sin \lambda\, H_4 + \dfrac{\omega^2}{g\,\lambda}\cos \lambda\, H_4\right) + \dfrac{\mathfrak{Sin}\,\mu\,(H_4 - z_2)\cos \mu\, x_2}{\mathfrak{Sin}\,\mu\,H_4}\left[\dfrac{\omega^2}{g\,\lambda} - e^{\lambda d_1}\left(\sin \lambda\, H_4 + \dfrac{\omega^2}{g\,\lambda}\cos \lambda\, H_4\right)\right] - \dfrac{\omega^2}{g\,\lambda}\,e^{\lambda x_2}\cos \lambda\, z_2 - e^{\lambda x_2}\cos \lambda\, z_2}{\mathfrak{Sin}\,\mu\,(H_4 - z_2)\sin \mu\, x_2} \tag{122a}$$

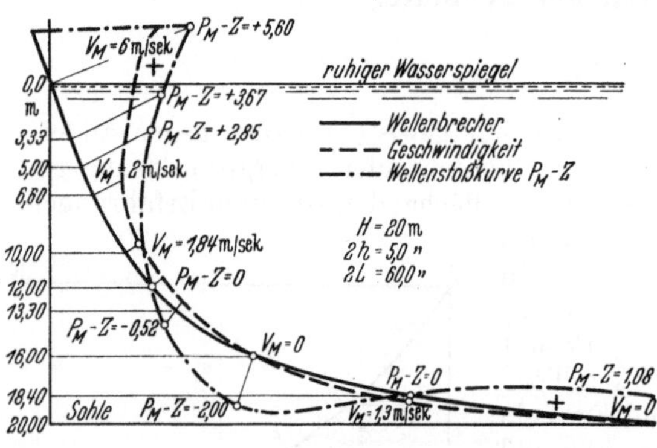

Abb. 29. Wellenstoßbelastungsfläche mit Verteilung der Geschwindigkeiten der Wasserteilchen für den Fall des größten Auflaufens auf einen Wellenbrecher mit einer kurvenartigen Form der Außenwand.

$$\frac{A_3}{A_1} = \cos \mu\, x + \frac{A_4}{A_1}\sin \mu\, x = D\cos \mu\,(x + l) \tag{123}$$

$$A_1 D = \frac{2\,h}{\mathfrak{Cof}\,\dfrac{\pi\,H_4}{L}}\cdot\frac{g}{w} \tag{124}$$

und

$$A_1\left(\cos \lambda\, z - \frac{\omega}{g\,\lambda}\sin \lambda\, z\right) = 2\,h\,E\sin \lambda\,(z + l) \tag{125}$$

Das größte Auflaufen der Welle (Z_M) auf den Wellenbrecher (höchste Lage des Wellenkammes) ist

$$Z_M = -2\,h\left[\frac{\omega}{g}\,E\sin \lambda\, l' + \cos \mu\, l\right] \tag{126}$$

Das größte Ablaufen der Welle (Z_m) längs dem Wellenbrecher (niedrigste Lage des Wellenkammes) ist

$$Z_m = +2\,h\left[\frac{\omega}{g}\,E\sin \lambda\, l' + \cos \mu\, l\right] \tag{127}$$

Der Wellenstoß in einem Punkt mit Koordinaten x, z im Moment des größten Auflaufens ist

$$P_M = z + 2\,h\left[E\,\frac{w}{g}\,e^{\lambda x}\sin \lambda\,(z + l') + \frac{1}{\mathfrak{Cof}\,\dfrac{\pi\,H_4}{L}}\,\mathfrak{Cof}\,\mu\,(H_4 - z)\cos \mu\,(x + l)\right] \tag{128}$$

und im Moment des größten Ablaufens

$$P_m = z - 2\,h\left[E\,\frac{w}{g}\,e^{\lambda x}\sin \lambda\,(z + l') + \frac{1}{\mathfrak{Cof}\,\dfrac{\pi\,H_4}{L}}\,\mathfrak{Cof}\,\mu\,(H_4 - z)\cos \mu\,(x + l)\right] \tag{129}$$

wo z den hydrostatischen Druck bedeutet.

Zum Abschluß seiner Abhandlung, in der verschiedene Fälle von kurvenartigen Wellenbrechern nach den Formeln 118 bis 129 rechnerisch untersucht werden, gibt Gourret Wellenstoßbelastungsflächen und Kurven der Geschwindigkeiten für einen kurvenartigen Wellenbrecher der folgenden Abmessungen hat: Tiefe $H_4 = 20$ m vom ruhigen Wasserspiegel, $d_1 = 2\,L = 60$ m, Wellenhöhe $2\,h = 5$ m (s. Abb. 29 nach Gourret).

Um einen Vergleich zu haben, wie große Wellenstöße (P_m—z) bei denselben Bedingungen ein Wellenbrecher mit senkrechter Wand und ein Wellenbrecher mit einer kurvenartigen Form seiner Seeseite aushalten müssen, ist Zahlentafel 26 (nach Gourret) wiedergegeben.

Aus der Zahlentafel 26 ist zu ersehen, daß im Fall des größten Auflaufens der Welle beim Wellenbrecher mit kurvenartiger Seeseite im Bereich von 16,00 m unter 0,00 Sogwirkungen auftreten, die beim Ablaufen der Welle in demselben Bereich in Stoßwirkungen übergehen. Gourret bringt zum Ausdruck, daß seine Theorie des Wellenstoßes nur die ersten allgemeinen Grundlagen für die Berechnung des Wellenstoßes auf Wellenbrecher mit kurvenartiger Seeseite bietet. Sie muß durch Messungen in der Natur und in Versuchsanstalten überprüft werden.

Die Ergebnisse von Gourret sind auch besonders wichtig bei der Feststellung von Beanspruchungen der Uferschutzwerke.

Zahlentafel 26. Wellenstöße $P_M - z$ in m der Wassersäule (der hydrostatische Druck z ist abgezogen).

Punkte des Wellenbrechers unter 0,00	Beim größten Auflaufen der Welle		Beim größten Ablaufen der Welle	
	Wellenbrecher mit senkrechter Wand	Wellenbrecher mit kurvenartiger Seeseite	Wellenbrecher mit senkrechter Wand	Wellenbrecher mit kurvenartiger Seeseite
Am ruhigen Wasserspiegel	+ 3,00	+ 5,60		
In Höhe = 5,00 m unter 0,00	+ 3,30	+ 2,85	— 5,00	— 5,00
In Höhe $Z =$ 6,60 m			— 2,35	— 2,06
In Höhe $Z =$ 12,00 m	+ 1,67	+ 0,00	— 1,67	0,00
In Höhe $Z =$ 16,00 m	+ 1,35	— 2,00	— 1,35	+ 2,00
In Höhe $Z =$ 18,40 m	+ 1,23	0,00	— 1,23	0,00
In Höhe $Z =$ 20,00 m	+ 1,22	+ 1,08	— 1,22	— 1,08

b) Bei Brandungswellen.

Für die Berechnung von Wellenbrechern mit kurvenartiger Seeseite beim Auftreten von Brandungswellen gibt es bisher kein Verfahren.

V. Theoretische Grundlagen der einzelnen Verfahren und Formeln und deren Kritik.

Die in Kapitel IV beschriebenen 26 Verfahren und Formeln für die Berechnungen des Wellenstoßes auf Bauwerke mit senkrechter Wand im Fall von Schwingungswellen unterscheiden sich erheblich in ihrem Aufbau und ihren theoretischen Grundlagen. Für die weiteren Betrachtungen und Vergleiche dieser Verfahren und Formeln in Kapitel VI mit den Ergebnissen der Messungen des Wellenstoßes in der Natur ist es wichtig, vorerst sich Klarheit über die theoretischen Grundlagen der einzelnen Berechnungsarten zu verschaffen. Diese Aufgabe ist durch Zahlentafel 27 gelöst, in welcher für jedes Verfahren oder Formel[1] außer dem mathematischen Ausdruck die theoretischen Grundlagen ihres Aufbaues und die grundlegendsten Abhängigkeiten, die sie kennzeichnen, in kürzester Form zusammengefaßt sind.

Um den Vergleich verschiedener mathematischer Ausdrücke für E, P_Ω und P_{max} der einzelnen Verfahren und Formeln besser zu ermöglichen, sind alle Formeln der Zahlentafel 27 derart umgerechnet, daß in der rechten Seite der Formeln nur die Wellenabmessungen $2h$ und $2L$ und die Wassertiefe erhalten geblieben sind.

Wie bereits erwähnt, ist die Wissenschaft bis jetzt noch nicht im Besitz einer Theorie, welche vollständig und mathematisch genau die sehr vielseitige und verwickelte Naturerscheinung des Wellenganges und dessen Kräfteauswirkungen naturgetreu wiedergibt. An Hand der Zahlentafel 27 sollen nun die erwähnten Verfahren und Formeln untersucht und die Vor- und Nachteile einer jeden kritisch betrachtet werden; auch soll versucht werden, diejenigen auszuwählen, deren Grundlagen sich am ehesten dem Verhalten der Wellen in der Natur und ihrer Wirkungsweise auf Bauwerke mit einer senkrechten Wand anpassen.

Zu diesem Zweck ist auf Grund eines Vorschlages von Prof. Tölke versucht worden, alle Verfahren und Formeln in der Zahlentafel 27 in 2 Gruppen, und zwar in

1. Verfahren und Formeln, die ohne Berücksichtigung des Wuchtsatzes der allgemeinen Mechanik und

2. Verfahren und Formeln, die auf der Grundlage des Wuchtsatzes aufgebaut sind,

aufzugliedern.

Eingehende Ausführungen über die Ergebnisse dieser Aufgliederung sind am Schluß dieses Kapitels enthalten. Vorerst seien in Ergänzung der Angaben der Zahlentafel 27 die Grundlagen der verschiedenen Verfahren und Formeln, wie sie von den einzelnen Verfassern gedacht sind, in der Reihenfolge der Zahlentafel 27 kritisch besprochen.

Aus der throchoidalen Theorie ist eine Formel abgeleitet, die die Gesamtenergie eines Wellenstreifens bei einer unendlichen Tiefe für eine regelmäßige Dünung, die praktisch ziemlich selten in Erscheinung tritt, wiedergibt. Diese Formel hat keinen praktischen Wert, da aus der Energie noch nicht der Wellendruck berechnet werden kann.

Das Verfahren des Büro Weritas ist eine sehr grobe Schätzung des größten Wellenstoßes, denn die Annahme einer beständigen Wellenstoßkraft $= 6,0$ t/m² in Höhe des ruhigen Wasserspiegels für alle Ausmaße der in allen Meeren und Ozeanen vorkommenden Wellen ist nicht gerechtfertigt und widerspricht den Tatsachen. Die Annahme eines Wellenstoßes $= 0$ ist wiederum nur in der Höhe des Wellenkammes als richtig anzuerkennen, aber nicht in der Tiefe einer doppelten Wellenhöhe.

---

[1] In Zahlentafel Nr. 27 sind die Verfahren von Benezit—Bogotepoff und von Zubow sowie auch das Verfahren von Miche nicht enthalten.

Zahlentafel 27. Zusammenstellung von Ausdrücken und theoretischen Grundlagen der Verfahren und Formeln für senkrechte Wand und Schwingungswellen.

Nr. nach Kap. IV	Benennung	Ausdruck für			Auf welcher theoretischen Grundlage ist das Verfahren oder die Formel aufgebaut ?
		E — Energie auf einen Wandstreifen von 1 m Breite	P_Ω — Inhalt der Wellenstoßbelastungsfläche oder die Gesamtkraft des Wellenstoßes in t auf einen Wandstreifen von 1 m Breite	P_{max} — größte Wellenstoßordinate in t/m²	
		A. Verfahren oder Formeln, die ohne Berücksichtigung des Wuchtsatzes aufgebaut sind.			
1	Verfahren nach der trochoidalen Theorie	$E = L\,h^2$			Grundlage ist die trochoidale Theorie der Wellenbewegung in unendlicher Tiefe und einer regelmäßigen Dünung nach Gerstner. Die harmonische Bewegung der Wasserteilchen geschieht ₋ nach kreisförmigen Kreisbahnen.
2	Verfahren von „Büro Weritas"		$18\,h$		Erfahrungsformel
3	Verfahren von Hiroi		$2,37\,h\left(1,27\,H + 3,82\,h + \dfrac{h}{L}\right)$		Erfahrungsformel
7	Verfahren von Benezit			$\dfrac{2}{3}\,l.L$ oder $8\,h^2$	Grundlage bildet ein nur statisches Verfahren beim Auftreten einer Schlagwelle auf unendlicher Tiefe, welche sich in Kabelsee verwandelt
12	Verfahren von Sainflou			$\dfrac{\left(H + \dfrac{2\,h}{\mathfrak{Cof}\,\dfrac{\pi H}{L}}\right)\left(2\,h + \dfrac{4\,\pi\,h^2}{2\,L}\cdot\mathfrak{Cotg}\,\dfrac{\pi H}{L}\right)}{H + 2\,h + \dfrac{4\,\pi\,h^2}{2\,L}\cdot\mathfrak{Cotg}\,\dfrac{\pi H}{L}}$	Grundlage ist der statische Überdruck bei endlicher Tiefe bei einer Schlagwelle, die sich in Kabelsee verwandelt
14	Verfahren von Levi		$1,2\,h\,(H + 3h)$	$2,4\,h$ — bei Wellen über 3 m Höhe	Erfahrungsformel, abgeleitet unter Berücksichtigung der Wellenstoßmessungen in Genua
15	Verfahren von Antonelli		$2\,h\,(H + h)$	$2\,h$	Erfahrungsformel, abgeleitet unter Berücksichtigung des statischen Prinzips und der Wellenstoßmessungen in Genua
18	Formel von Lange und Forst		$\dfrac{H_2{}^3}{9}$	$\dfrac{H_2{}^3}{3}$	Erfahrungsformel mit Berücksichtigung nur des Wellenstoßes im Bereich einer Oberflächenschicht des Wassers

20	Verfahren von Gourret	$\left(H+h+\dfrac{\pi h^2}{L}\cdot\operatorname{tg}\dfrac{\pi H}{L}\right)\left(\dfrac{2h}{\mathfrak{Cof}\dfrac{\pi H}{L}}-\dfrac{2\pi h^2}{L}\cdot\operatorname{tg}\dfrac{\pi H}{L}\right)$		Grundlage sind die theoretischen Arbeiten von Boussinesq und Flammant für den Fall von kleinen Wellen auf endlicher und unendlicher Tiefe und die Versuche und Forschungen von Terquam, Marey u. Nau
22	Verfahren des XVI. Intern. Schiffahrtskongresses 1935	$2\,h\,(H+h)$	$2\,h$	Erfahrungsformel mit statischem Prinzip auf Grund der Erwägungen des Kongresses und der zu der Zeit bekannten Verfahren, Formeln, Messungen und praktischen Erfahrungen
23	Formel von Betz	$3{,}19\,\sqrt[4]{L}+5{,}19\,\sqrt{h}$		Grundlage ist die Formel für den auftretenden Wasserschlag, wenn plötzlich ein Wasserstrahl auf einen festen Körper auftrifft
24	Verfahren von Jacoby	$E_K=-\dfrac{h^2}{4}\left(\dfrac{L}{2}-h\right)\left(e^{-\frac{2\pi}{L}H''}-e^{-\frac{2\pi}{L}H'}\right)$		Grundlagen sind die trochoidale Theorie und die Formänderungsarbeit der vom Wellenstoß getroffenen Wand

B. Verfahren oder Formeln, die auf der Grundlage des Wuchtsatzes —

a) mit Berücksichtigung des Quadrates der Fortschrittgeschwindigkeit der Wellen ($v_w{}^2$) aufgebaut sind:

4	Verfahren von Gaillard	$0{,}551\,hL+0{,}016\,L\,(H-4\,h)$	$0{,}21\,L$	Erfahrungsformel mit Berücksichtigung verschiedener auch eigener Wellenstoßmessungen
5	Verfahren von Engels	$0{,}32\,hL\cdot\operatorname{tg}\dfrac{\pi H}{L}$		Erfahrungsformel mit Berücksichtigung der Wellengeschwindigkeit auf endlicher Tiefe
6	Verfahren von Wey	$E_{K_{eff}}=1{,}717\,h^2L\left(1-\dfrac{1}{e^{\frac{2\pi}{L}H''}}\right)$	$27{,}5\,h^2\,\mathfrak{H}_1$ $\mathfrak{H}_1$ s. aus Zahlentafel 17 als Funktion	Grundlage ist die Bewegungsenergie = Masse mal Quadrat der Geschwindigkeit der Wellen geteilt durch 2 und nur für ein begrenztes Stück der Wellenlänge (2 L)
9	Formel v. Kandiba-Toukholka	$1{,}62\,(H_1+1{,}5\,h)$		Erfahrungsformel mit Berücksichtigung des Vorhandenseins einer Fortschrittsgeschwindigkeit der Wellen
10	Formel von Butawend	$9{,}84\,L\,h^2$		desgleichen, wie Formel von Kandiba-Toukholka
25	Formel von Hansen	$1{,}11\,\sqrt{L}+2{,}94\,h$		Die Formel beruht auf der dynamischen Grundgleichung $p=m\cdot v_w$, worin $m=\dfrac{v_w\cdot\gamma}{g}$ ist

Zahlentafel 27 (Fortsetzung). Zusammenstellung von Ausdrücken und theoretischen Grundlagen der Verfahren und Formeln für senkrechte Wand und Schwingungswellen

Nr. nach Kap. IV	Benennung	Ausdruck für			Auf welcher theorethischen Grundlage ist das Verfahren oder die Formel aufgebaut?
		E — Energie auf einen Wandstreifen von 1 m Breite	P_{Ω} — Inhalt der Wellenstoßbelastungsfläche oder die Gesamtkraft des Wellenstoßes in t auf einen Wandstreifen von 1 m Breite	P_{max} — größte Wellenstoßordinate in t/m²	
		b) mit Berücksichtigung des Quadrates der Kreisbahngeschwindigkeit der Wasserteilchen der Wellen ($v_0{}^2$) aufgebaut sind:			
11	Verfahren von Lira			$h + 6{,}18 \dfrac{h^2}{L}\left(\dfrac{\pi k^2}{12{,}36} + k - \dfrac{1}{k}\right) +$ $+ \dfrac{6{,}18\, H_1 \dfrac{h^2}{L}\left(k^2 - k - \dfrac{1}{k}\right)}{h + \dfrac{\pi k^2 h^2}{2L} + H_1}$ wobei $k = \dfrac{e^{2\pi \frac{H_1}{L}} + 1}{e^{2\pi \frac{H_1}{L}} - 1}$	Das Verfahren ist ein „dynamo-statisches", wurde von Lyra auf Grund der trochoidalen Theorie (Rankine) auf endlicher Tiefe aufgebaut. Die Einführung der dynamischen Stöße ist auf die Beobachtung solcher durch Lyra und Coen-Cagli auf der Mole des Hafens von Valparaiso zurückzuführen
13	Verfahren von Richter			bei $\dfrac{H}{2L} > 0{,}30$ ist $P_{max} = 2h + \dfrac{\pi h^2}{2L} +$ $+ \dfrac{3{,}09\, h^2}{2h + \dfrac{\pi h^2}{2L} + L}$ bei $\dfrac{H}{2L} < 0{,}30$ ist $P_{max} = 2h + \dfrac{\pi h^2}{2L} +$ $+ \dfrac{3{,}09\, h^2}{2h + \dfrac{\pi h^2}{2L} + L}\left(\dfrac{e^{2\pi \frac{H}{L}} + 1}{e^{2\pi \frac{H}{L}} - 1}\right)^2$	Grundlage ist das Prinzip von Lira, daß der Wellenstoß aus statischen und dynamischen Kräften sich summiert. Außerdem wird noch über dem Wellenkamm der zurückgeworfenen Welle der Druck der Gischtflocken nach der Druckkurve von Gaillard berücksichtigt
21	Verfahren von Latham		$8h\,(1{,}39\sqrt{L} + 3{,}69\,h)$	$1{,}39\sqrt{L} + 3{,}69\,h$	Erfahrungsformel mit Berücksichtigung der Kreisbahngeschwindigkeiten der Wasserteilchen

c) mit Berücksichtigung des Quadrates der Fortschritts- und Kreisbahngeschwindigkeiten der Wellen $(v_w - v_0)^2$ aufgebaut sind:

Nr.	Verfahren	Formel	Grundlage
18	Verfahren von Trenjukhinn	$0.63 \dfrac{L}{\left(e^{2\pi \frac{H_1}{L}} + 1\right)^2 \left(e^{2\pi \frac{H_1}{L}} - 1\right)} - 3.93\,h +$	Grundlage ist die dynamische Wirkung des Wellenstoßes (ähnlich wie bei Lira) + der Stoß von der fortschritts- und kreisförmigen Bewegung der Wasserteilchen im Bereich der Höhe der Oberflächenwelle
19	Verfahren von Molitor	$+\, 6.18 \dfrac{h^2}{L} \left(\dfrac{e^{2\pi \frac{H_1}{L}} + 1}{e^{2\pi \frac{H_1}{L}} - 1} \right)$ $0.008788 \left(5.77\, c_3 \,|\, L + 18.25\, c_5 \,|\, L \cdot \dfrac{h}{L} \right)^2$ c_3 und c_5 s. in Zahlentafel 21	Grundlage ist das Verfahren von Gaillard, welches durch Molitor nach seinen Erfahrungen wie in der Größe, so auch in der Verteilung des Wellenstoßes längs der senkrechten Wand abgeändert ist

Das Verfahren von Hiroi ist eine Erfahrungsformel. P_{max} wird nur in Abhängigkeit von der Wellenhöhe berechnet. Ferner widerspricht es allen Erfahrungsgrundsätzen, daß die Belastungsfläche in dem Teil über dem ruhigen Meeresspiegel einen sofortigen Übergang von einem großen Stoß auf den Nullwert aufweist.

Im Verfahren von Benezit (1923) nahm der Verfasser den Fall einer unendlichen Tiefe an und ließ gelten, daß die Schlagwelle (la houle) sich vor dem Bauwerk in eine Kabelsee (le clapotis) verwandelte und als Folge nichts als statische Drucke auf die senkrechte Wand einer Mole ausübe und daß in der Tiefe der halben Wellenlänge der Druck sich nicht ändere und dem hydrostatischen Druck gleich sei. Maßgebend für den Wellendruck seien folglich die Höhe des von der Wand zurückgeworfenen Wellenkammes und die Wellenlänge. Der Nachteil dieses Verfahrens besteht in der Annahme einer unendlichen Tiefe, denn vor den meisten Wellenbrechern kommen Tiefen in einer Größenordnung von 10, 20 bis 40 m vor, also endliche Tiefen, die nur einen Bruchteil von den entsprechenden vorkommenden, größten Wellenlängen darstellen.

Diesen Nachteil verbessert das Verfahren von Sainflou durch die Annahme einer endlichen Tiefe. Sich auf mathematische Abhandlungen von Barre de Saint-Venant und Flamant stützend, entwickelte Sainflou Formeln, welche Gleichungen einer Bewegung geben, die der Stätigkeitsgleichung und der dynamischen Gleichgewichtsgleichung entsprechen, die vereinbar mit den Grenzbedingungen sind und bei Berührung der Zurückprallebene senkrechte Bahnen zulassen. Bei diesem Verfahren liegen keine willkürlichen Annahmen vor außer denen, die im allgemeinen in der Hydrodynamik und Hydraulik der vollkommenen Flüssigkeit angenommen werden. Die Ergebnisse der Messungen stimmen einigermaßen mit den Stoßflächen nach dem Sainflou'schen Verfahren überein. Die Berechnungen nach Sainflou geben größere Wellenstoßwerte als das Verfahren von Lira, aber ohne Übertreibung, wie es bei Butawand, Molitor und anderen der Fall ist.

Das Verfahren von Levi — eine erweiterte Erfahrungsformel — hat gewisse Vorzüge der Einfachheit und ist auch in anderer Hinsicht durchaus positiv zu verwerten. Folgender Nachteil, der gegebenenfalls das ganze Verfahren in Frage stellen kann, ist zu vermerken: Wenn der Wert K (s. Abb. 13 und Formel 75), welcher die Höhe des zurückgeworfenen Wellenkammes darstellt, nicht gemessen ist, muß er geschätzt werden, wodurch die objektive Richtigkeit leidet, insbesondere werden die Abmessungen der Belastungsfläche dadurch beeinflußt. Die Vereinfachung des Verfahrens durch die Annahme der Größe des Wellenstoßes am Fuß der Wand gleich Null ist auch in den meisten Fällen nicht gerechtfertigt, weil es sogar bei Messungen schon Fälle gegeben hat, wo bei großen Wellen der Wellenstoß am Fuß der Wand fast dessen Größe am ruhigen Meeresspiegel erreicht hat.

Das hydrostatische Gesetz ist im Verfahren von Antonelli enthalten. Ohne weitere theoretische Grundlagen zu Hilfe zu nehmen, gibt Antonelli eine ganz einfache Formel für den Wellenstoß und eine Belastungsfläche, die mit den Erfahrungen der Messungen und der Praxis nicht im Gegensatz zu stehen scheint. Im Fall der uns am meisten interessierenden größten Wellen ist die Naturerscheinung des Wellenstoßes gut wiedergegeben.

Nach der Formel von Lange und Forst ist die Wellenstoßkraft nur von der Tiefe am Fuß der Wand abhängig gestaltet worden. Dies, sowie die Annahme, daß die ganze Stoßkraft in dem Bereich einer willkürlich $= \dfrac{H_2}{6}$ angenommenen Wasserschicht am ruhigen Meeresspiegel wirkt, steht keineswegs mit einer von den Wellentheorien oder mit den Ergebnissen der neuzeitigen Stoßmessungen in Einklang.

Das Verfahren von Gourret fußt auf theoretischen Arbeiten von Boussinesq, den Forschungen von Terquam, Marey und Nau und den Differentialgleichungen der Hydrodynamik. Gourret betrachtet die Fälle der unendlichen und der endlichen Tiefen und stellt fest, daß, wie es bereits Benezit und Sainflou gezeigt hatten, die Schwingungsweite der Wellen längs der Wand das Zweifache der freien Welle erreicht und der Wellendruck einem linearen Gesetz in Beziehung zur Tiefe unterworfen und dem atmosphärischen Druck an der Oberfläche des Meeres gleich ist. Die Erhöhung des Mittelpunktes der Welle über dem ruhigen Meeresspiegel ist anders als bei Sainflou und durch eine verwickelte Formel wiedergegeben. Gourret gibt ungefähr dieselben Sicherheitswerte wie Sainflou, aber kleinere Wellenstöße als sie in der Natur gemessen sind.

Der Beschluß des XVI. Internationalen Schiffahrtskongresses bezeichnet das Verfahren von Antonelli als eine theoretisch begründete und als die einfachste Erfahrungsformel.

Die Formel von Betz, die den Wellendruck als einzelne Kraft am ruhigen Meeresspiegel einsetzt, beruht auf der Anwendung der Formel der Hydraulik für den auftretenden Wasserschlag, für den Fall, daß ein Wasserstrahl plötzlich auf einen festen Körper auftritt. Durch die Anwendung dieser Formel soll versucht werden, eine gewisse Ähnlichkeit zwischen den Vorgängen in beiden Bewegungen (Wellen- und Wasserstrahl) zu suchen.

Das Verfahren von Jacoby beruht auf der trochoidalen Theorie und der Formänderungsarbeit der vom Wellenstoß getroffenen Wand, gibt eine ganz gut mit den Erfahrungen der Messungen übereinstimmende Verteilung des Wellenstoßes längs der senkrechten Wand, aber die Größenanordnung seiner Wellenstoßkräfte steht nicht im Einklang mit den Größen der Wellenelemente, welche den Stoß erzeugen.

Gaillard bestimmt die größte Wellenstoßkraft durch eine Formel, in der der Wert für die Fortschrittsgeschwindigkeit der Wellen im Quadrat eingesetzt ist. Er nimmt hierbei an, daß die Fortschrittsgeschwindigkeit der Wellen ausschlaggebend ist, während die Wellenhöhe keine Rolle spielt, weil sie in den Formeln für die Fortschrittsgeschwindigkeit nicht in Erscheinung tritt. Die Verteilung des Wellenstoßes längs der senkrechten Wand wird durch die in Abb. 5 gezeichnete Belastungskurve gezeigt, welche Gaillard auf Grund seiner eigenen Messungen an verschiedenen Küstenpunkten der amerikanischen Seen aufgestellt hat. In dieser Verteilungskurve fällt auf (wie auch bei Hiroi), daß von 67 % des P_{max} beim Wellenkamm der Wellenstoß in derselben Grenzschicht sofort auf Null fällt, was den Tatsachen kaum entsprechen dürfte. Außerdem ist gegenüber den neuzeitlichen Erfahrungen die Belastungskurve von Gaillard in den Tiefenschichten zu klein und in den Höhenschichten über dem ruhigen Meeresspiegel etwas zu groß. Hierdurch wird ein zu großes Kippmoment des Wellenstoßes hervorgerufen. Überhaupt ist die Belastungsfläche von Gaillard nicht auf Einzelmessungen des Wellenstoßes in verschiedenen Höhen für einzelne Wellen aufgebaut, sondern seine Belastungsfläche ist, da er sich bei den Messungen Dynamometer bedient hat, eine Mantelkurve, die auf den größten Schichtenwerten für eine ganze Serie von Stürmen während eines gewissen Zeitabschnittes aufgebaut ist. Folglich kann sie die Naturerscheinung gar nicht richtig wiedergeben.

Die Formel von Engels ist für endliche Tiefen aufgestellt, hat dieselben Grundlagen wie die von Gaillard und gibt die wirkende Stoßkraft am ruhigen Meeresspiegel pro lfdm Wand an, ohne die Verteilung dieser Kraft längs der Wand zu zeigen. Letzteres ist für die Standsicherheitsberechnungen einzelner Bauwerkteile als Nachteil anzusehen.

Das Verfahren von Wey, welches auf der Berechnung der Bewegungsenergie für ein begrenztes Stück der Wellenlänge beruht, gibt Belastungskurven, nach denen keine Wellenenergie über dem ruhigen Meeresspiegel vorhanden sein soll, was den Tatsachen und Messungen in Genua, Algier usw. widerspricht. Abgesehen von den sehr großen Werten, die man aus der Formel von Wey erhält, hat das Verteilungsgesetz dieser Werte unter der Oberfläche des ruhigen Meeresspiegels eine gewisse Ähnlichkeit mit den gemessenen Stoßkurven.

Die Formel von Kandiba-Toukholka ist ebenfalls eine Erfahrungsformel mit theoretischen Grundlagen, denn sie versucht, den Wellenstoß als Quadrat der Wassergeschwindigkeit und in Abhängigkeit von der Wassertiefe vor der Wand des Bauwerkes und von der größten örtlich vorkommenden Wellenhöhe festzustellen. Der Erfahrungswert $C_1 = 1{,}6$ ist ein anderer als bei Molitor. Denselben Nachteil, wie die Formel von Engels, weist die Formel von Kandiba-Toukholka auch auf; sie scheint an die Verhältnisse des östlichen Teiles des Schwarzen Meeres angepaßt zu sein und ergibt übergroße Werte des Wellenstoßes bei großen Wellen, die auch den Messungen von Kusnetzow im östlichen Teil des Schwarzen Meeres bei Tuapse (s. Zahlentafel 9) widersprechen.

Die Formel von Butawand weicht von den bereits besprochenen Formeln ab, denn im Wert für den Wellendruck (45) ist bei ihm nicht nur das Quadrat der Fortschrittsgeschwindigkeit, sondern auch noch das Quadrat der halben Wellenhöhe enthalten. Hierdurch wächst die Größe des Wellenstoßes ins Enorme.

wofür der Verfasser keine Begründungen zu geben vermag. Auch ist eine solche Annahme durch die Erfahrung nicht gerechtfertigt.

Die Formel von Hansen ist aus einer dynamischen Grundgleichung abgeleitet und verkörpert nicht nur schwingende, sondern auch fortschreitende Bewegungen in sich. Die Ergebnisse nach dieser Formel, sowie auch nach der Formel von Betz, liegen für große Wellen nicht in tragbaren Verhältnissen zu den gemessenen Kräften und anderen Formeln.

Das Verfahren von Lira beschäftigt sich mit einer trochoidalen Welle nach Rankine für den Fall einer endlichen Tiefe und zerlegt die Belastungsfläche des Wellendruckes in eine statische und eine dynamische, wobei letztere auf hypothetischen Annahmen beruht. Lira behauptet, an der Mole des Hafens von Valparaiso in Chile nicht sehr starke Stoßwirkungen der Wellen beobachtet zu haben. Er berücksichtigt infolgedessen nicht die Interferenzen infolge des Rückpralles, sondern nimmt an, daß die Kreisbewegung der Wellen das Bestreben hat, sich an der senkrechten Mauer fortzusetzen (Rouville — 79). Den dynamischen Druck berechnet Lira aus den Geschwindigkeiten der Wasserteilchen an der Oberfläche und in der Tiefe, wobei er willkürlich in der Formel 53 den Beiwert $f = 4$ nach Gaillard einsetzt. Das Verfahren von Lira gibt kleinere Wellenstoßkräfte als das von Sainflou und hat zuviele hypothetische Annahmen in sich, welche nicht einwandfrei und außerdem theoretisch nicht beweisbar sind. Demgegenüber ist das Verfahren von Sainflou theoretisch einwandfreier.

Das Verfahren von Richter besteht aus einer Zusammenfassung des statischen Druckes nach Benezit, des dynamischen Stoßes nach Lira (bei Annahme des Beiwertes $f = 2$) und eines Druckes der Gischtflocken über dem Wellenkamm, den Richter nach der Druckkurve von Gaillard annimmt. Diese Zusammensetzung ist theoretisch überhaupt nicht begründet, da die Belastungsfläche von Benezit für den Fall einer unendlichen Tiefe, die dynamische Stoßkurve von Lira dagegen für den Fall einer endlichen Tiefe abgeleitet ist und die Druckkurve von Gaillard, wie bereits erörtert war, eine nicht einwandfreie Belastungskurve nach Messungen in der Natur darstellt.

Das Verfahren von Latham ist als Erfahrungsformel auf derselben Grundlage aufgebaut wie das Verfahren von Gaillard, nur nimmt Latham in der Formel für den Wellenstoß den Beiwert (0.125) doppelt so groß an wie Gaillard (0,068). Außerdem gibt die von Latham empfohlene Formel von Cuningham (96) größere Werte für die Kreisbahngeschwindigkeit als die Formel (14) von Gaillard, welche die Geschwindigkeit nur in Abhängigkeit von der Wellenlänge erscheinen läßt. Hierdurch gibt es Endwerte für den Wellenstoß, die zahlenmäßig ihrer Größe nach eher zu den Brandungswellen gehören können als zu den Schwingungswellen. Die dreieckige Form der Stoßfläche mit ihrem ziemlich hochliegenden Mittelpunkt gibt ein übergroßes Kippmoment.

In dem Verfahren von Trenjukhinn ist die Größe des Gesamtstoßes übertrieben bewertet. Auch ist das Verhältnis zwischen dem statischen Druck und dem dynamischen Stoß wesentlich zu groß gewählt. Aus der Summe der Fortschritts- und Kreisbahngeschwindigkeiten leitet Trenjukhinn einen sehr großen dynamischen Stoß ab und setzt diesen dazu noch im Bereich der Wellenhöhe an. Trenjukhinn nimmt auch einen entsprechend großen Beiwert in der Formel (33) an (entspricht bei Gaillard $f = 4$). Es ist schwer glaubhaft, daß der dynamische Stoß, wenn er vorhanden sein sollte, unter dem Wellenfluß nicht wirkt. Im übrigen zeigt in den Grenzbedingungen am Wellenkamm das Verfahren von Trenjukhinn den gleichen Nachteil auf wie das Verfahren von Gaillard. Dasselbe trifft für den Wellenfluß zu.

Das Verfahren von Molitor hat dieselbe Grundlage wie das Verfahren von Gaillard, nur wird bei Molitor zum Quadrat der Fortschrittsgeschwindigkeit noch das Quadrat der Kreisbahngeschwindigkeit hinzugefügt. Dies hat eine Überschätzung der Geschwindigkeiten und damit auch der Größe der Wellenstoßfläche zur Folge. Das der größte Wellenstoß über dem ruhigen Wasserspiegel in einer Höhe $= 0.12$ der Wellenhöhe sein muß, ist nicht begründet oder irgendwie nachgewiesen. Die Annahme, daß unter dem Bauch der freien Welle kein Wellenstoß vorhanden wäre, ist willkürlich, denn bekannterweise reichen die Bewegungen der Wasserteilchen bei geringen Tiefen bis zum Meeresgrund und können nach Lira auch Stoßwirkungen ausüben. Richtiger als bei Gaillard ist bei Molitor die Verteilung des Wellenstoßes im Bereich des Wellenkammes.

Es ist hier am Platz, noch eine Theorie zu erörtern, nämlich die sogenannte Theorie der Grundströmungen von Cornaglia (94 und 95). Nach ihr haben die Tiefengeschwindigkeiten, welche durch das langsame Ansteigen des Meeresbodens in der Nähe der Küste entstehen sollen, weit größere Werte als es die Erfahrung lehrt und durch die hydrodynamische Theorie erkannt worden ist. Bei einer Welle mit einer Höhe von $2\,h = 7$ m und einer Länge von $2\,L = 200$ m, z. B. erreichen die Höchstgeschwindigkeiten nach der Theorie von Cornaglia (s. Benezit und Renaud — 8) einen enormen Wert von 126 m/sec; nach dem Verfahren von Sainflou dagegen nur 4,65 m/sec. Messungen auf Versuchsmodellen, für den gegebenen Fall in den Versuchsanstalten in Lausanne und der Hafenbauverwaltung von Algier ergaben gleichfalls nur Werte von 3,25 m/sec und 3,90 m/sec. Hieraus kann man ersehen, daß Tiefengeschwindigkeiten vorhanden sind und eine zerstörende Wirkung auf den Unterbau der Hafenbauwerke ausüben; aber die Größenordnung dieser Geschwindigkeiten ist weit geringer als es Cornaglia errechnet. Deswegen wurde in der letzten Zeit diese Theorie von den meisten Bearbeitern bei den Berechnungen außer acht gelassen.

9*

In der Arbeit von Miche (64) ist ein Vergleich seines Verfahrens für den Fall einer senkrechten Wand mit dem Verfahren von Sainflou enthalten, aus dem man ersehen kann, daß die Form seiner Wellenstoßbelastungsfläche ähnlich der von Sainflou ist, wobei im Fall eines Wellenberges an der Wand beim größten Auflaufen der Welle ihre Stoßwerte am und unter dem ruhigen Meeresspiegel kleiner als die Werte nach Sainflou sind (s. Abb. 29a). Der Unterschied am ruhigen Meeresspiegel zwischen den genannten Werten ist gering, vergrößert sich mit der Tiefe und erreicht ungefähr am Fuß der Wand den größten Wert. Aus Zahlentafel 27a sind diese Unterschiede, errechnet für eine Welle von $2\,h = 3,0$ m, $2\,L = 8,00$ m bei einer Tiefe $H = 19,50$ m, gut zu ersehen. Somit ergibt es sich aus den Angaben der Zahlentafel 27a, daß die Wellenstoßbelastungsfläche im Fall eines Wellenberges an der Wand nach dem Verfahren von Miche kleiner ist als die von Sainflou.

Modellversuche von Stücky (93) zeigen eine gute Übereinstimmung mit den Ergebnissen der Berechnung der Wellenstoßbelastungsfläche nach dem neuen Verfahren von Miche.

Zahlentafel 27a.

Höhenlage, bezogen auf den ruhigen Meeresspiegel	Stoßwerte nach dem Verfahren v. Sainflou	Korrektionswerte zweiter Ordnung nach Miche	Wellenstoßwerte nach Miche	Spalte 4 Spalte 2
Spalte 1	Spalte 2	Spalte 3	Spalte 4	Spalte 5
+ 3,40	0	0	0	0
+ 0,83	2,08	— 0,10	1,98	0,95
0,00	2,60	— 0,12	2,48	0,92
2,36	2,35	— 0,19	2,16	0,92
5,29	2,01	— 0,25	1,76	0,88
11,08	1,49	— 0,30	1,19	0,80
16,59	1,28	— 0,32	0,96	0,75
19,50	1,24	— 0,31	0,93	0,75

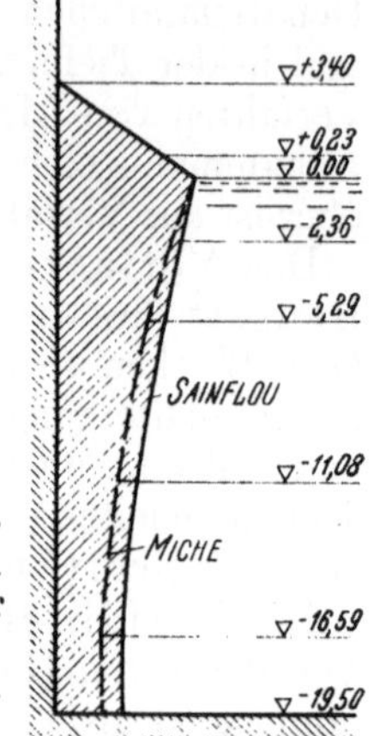

Abb. 29a. Wellenstoßbelastungsflächen nach Sainflou und Miche für eine Welle von $2\,h = 3$ m; $2\,L = 80$ m; $H = 19,5$ m (nach Miche).

In unseren Betrachtungen bei der Auswahl der theoretisch am meisten begründeten Verfahren und Formeln ist es notwendig, nochmals darauf zurückzukommen, inwiefern die einzelnen Verfasser in ihren Formeln den Wuchtsatz der allgemeinen Mechanik berücksichtigen. Dieses ist um so wichtiger, als dadurch ein theoretisches Mittel in die Hand gegeben wird, mit dessen Hilfe einwandfreier, von rein theoretischem Standpunkt aus gesehen, die Richtigkeit der vorgeschlagenen Verfahren und Formeln beurteilt werden könnte.

Die Energie der Bewegung oder die Wucht bei einer gradlinigen Bewegung wird durch die Differenz der Produkte der halben Masse mit dem Quadrat der Geschwindigkeiten am Ende und am Anfang des Weges bestimmt. Ist nun ein Wasserteilchen am Anfang in Ruhe, so ist die Anfangsgeschwindigkeit gleich 0 und die Wucht gleich dem Produkt der halben Masse mit dem Quadrat der Geschwindigkeit der Wasserteilchen am Ende der Bewegung.

Daraus folgt, daß in unserem Fall der Wellenbewegung bei der Beurteilung der Formeln in erster Linie die Anwesenheit des Quadrats der Bahngeschwindigkeit der Wasserteilchen maßgebend ist. Wenn, wie es in Zahlentafel 27 ausgeführt ist, von diesem Standpunkt aus jede Formel beurteilt wird, so scheidet mindestens die Hälfte aller vorhandenen Verfahren und Formeln von vornherein, als dieser allgemeinen Forderung nicht entsprechende, aus der weiteren Betrachtung. Zu dieser Gruppe von Formeln (s. Gruppe A der Zahlentafel 27) gehören auch die Verfahren von Sainflou, Benezit, Gourret, Antonelli und Levi.

Bei eingehenderem Studium der Formeln der Gruppe B können sie noch in mehrere Untergruppen aufgeteilt werden, und zwar nach dem Vorhandensein des Quadrates der Fortschrittsgeschwindigkeit der Wellen, oder des Quadrates der Kreisbahngeschwindigkeit der Wasserteilchen der Wellen oder des Quadrates der Summe beider Geschwindigkeiten auf endlicher oder unendlicher Tiefe.

Zu der ersten Untergruppe gehören die Verfahren nach Gaillard, Engels, Wey und die Formeln von Kandiba-Toukholka, Butawand und Hansen; die zweite Untergruppe enthält die Verfahren von Lira, Richter und Latham und die dritte umfaßt die Verfahren von Trenjukhin und Molitor.

Bevor aber diese Verfahren und Formeln im Vergleich mit den allgemeinen Wuchtsatz einer kritischen Betrachtung unterzogen werden, muß erst die Wucht in Anwendung auf Wellen eingehender festgestellt sein.

Bei der Wirkung einer Schwingungswelle auf eine Wand (s. Abb. 29b) überträgt sie auf diese eine Bewegungsenergie; dieses gilt aber nur für den Wellenberg abc, wo die Wasserteilchen sich in derselben Richtung bewegen, wie die Welle selbst. Im Punkt a entsteht die Bewegung der Wasserteilchen in Richtung auf die Wand, welche links gedacht ist, im Scheitelpunkt b erlangt sie den größten Wert und im Punkt c hört die Bewegung dieser Richtung auf. Die Bewegungen im Wellental sind entgegengesetzt und wirken folglich nicht umkippend oder verschiebend auf die Wand. Die größte Stoßkraft entsteht in dem Augenblick, in dem der Scheitelpunkt b der Welle die Wand trifft.

Zur Wirkung auf die Wand kommt die $\tfrac{1}{2}$ Masse des Wellenberges a b c; die Masse m ist gleich

$$\frown \frac{abc}{g} \cdot \gamma = \frac{\pi\,h\,L\,\gamma}{2\cdot 2\,g} = \frac{\pi\,h\,L\,\gamma}{4\,g} \quad \text{oder} \left(\text{bei } \gamma = 1\right) = \frac{\pi\,h\,L}{4\,g}\ \text{in}\ t\ \frac{sec^2}{m} \dots (E)$$

Nach den bereits niedergelegten Ausführungen wird die Wucht durch folgenden Ausdruck dargestellt:

$$\frac{m}{2}\left(v_0'^2 - v_0^2\right) \dots\dots\dots (F),\ \text{oder mit Berücksichtigung von } (E)$$

$$\frac{\pi\,h\,L}{8\,g}\left(v_0'^2 - v_0^2\right)\dots\dots\dots (F_a)$$

In diesem Ausdruck ist die Kreisbahngeschwindigkeit (v_0) der Wasserteilchen in den Punkten a und c gleich 0 (s. Abb. 29b); die Kreisbahngeschwindigkeit v_0' im Punkt b wird in Abhängigkeit vom Verhältnis $\frac{H_1}{2\,L}$ entweder durch die Formel (68)

$$v_0' = \frac{2\,\pi\,h}{2\,T} = \frac{\pi\,h}{0{,}565\,\sqrt{L}}$$

oder durch Formel (72) $v_0' = \frac{2\,\pi}{2\,T}\,k\,h = \frac{\pi\,k\,h}{0{,}565\,\sqrt{L}}$

ausgedrückt.

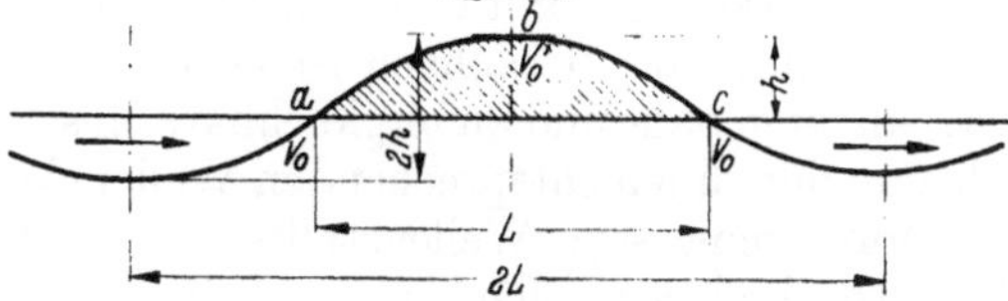

Abb. 29b. Der bei Anwendung des Wuchtsatzes auf eine Wand wirkende Teil der Welle.

Hierbei wird k nach Tafel 19 und Formel (50) berechnet.

Somit verwandelt sich der Ausdruck (F_a) für die Wucht, dargestellt durch die Wellenabmessungen und

bei $\frac{H_1}{2\,L}$ kleiner als 0,30

$$\text{in}\ \frac{\pi\,h\,L}{8\,g}\left(v_0'^2 - v_0^2\right) = \frac{\pi\,h\,L}{8\,g}\left(\frac{\pi^2\,k^2\,h^2}{0{,}565^2\,L} - 0\right) = 1{,}23\,k^2\,h^3 \dots\ \text{in}\ t\ (F_b),$$

bei $\frac{H_1}{2\,L}$ größer als 0,30

$$\text{in}\ \frac{\pi\,h\,L}{8\,g}\left(v_0'^2 - v_0^2\right) = \frac{\pi\,h\,L}{8\,g}\left(\frac{\pi^2\,h^2}{0{,}565^2\,L} - 0\right) = 1{,}23\,h^3 \dots\ \text{in}\ t\ (F_b')$$

auf einen Wandstreifen von 1 m Breite.

Am einfachsten ist es jetzt an Hand eines Beispieles, z. B. für die größte Welle, bei der die Stoßbelastungsfläche gemessen ist (Fall V), mit $2h = 4{,}5\,\text{m}$, $2L = 110\,\text{m}$ und einer Tiefe $H_1 = 15\,\text{m}$ die einzelnen Verfahren im Vergleich mit der Wucht (s. den Ausdruck F_b) abzuschätzen. Die für dieses Beispiel ausgerechneten P_Ω-Werte und die ihnen entsprechenden Verhältniswerte $\frac{P_\Omega}{P_\Omega\,theor.}$ sind in der Zahlentafel 27b zusammengefaßt.

Aus ihr geht hervor, daß im Vergleich mit der Wucht fast alle Verfahren oder Formeln mit ihr nicht im Einklang stehen und vereinzelt sogar sehr abweichende Werte zeigen.

Zahlentafel 27b.

Lfd. Nr. nach Kap. IV	Benennung der Verfahren oder Formeln	P_Ω in t auf einen Wandstreifen von 1 m Breite	$\dfrac{P_\Omega}{P_{Wucht}}$
	Wucht nach (Fb) = $P = 1{,}23\,k^2\,h^3$	30,68	1,00
	Verfahren und Formeln der Gruppe A:		
1	Trochoid. Theorie	278,50	9,07
2	Büro Weritas	40,50	1,32
3	Hiroi	114,50	3,73
7	Benezit	50,20	1,64
12	Sainflou	48,80	1,59
14	Levi	52,50	1,71
15	Antonelli	55,13	1,79
18	Lange und Forst	33,33	1,09
20	Gourret	47,00	1,53
22	Schiffahrtskongreß 1935 Brüssel	55,13	1,79
23	Betz	12,31	0,40
24	Jacoby	12,86	0,42

Lfd. Nr. nach Kap. IV	Benennung der Verfahren oder Formeln	P_Ω in t auf einen Wandstreifen von 1 m Breite	$\dfrac{P_\Omega}{P_{Wucht}}$
	Verfahren und Formeln der Gruppe B: Untergruppe a) mit v_w^2:		
4	Gailiard	72,53	2,36
5	Engels	22,50	0,83
6	Wey	159,10	5,18
9	Kandiba-Toukholka	21,68	0,71
10	Butawand	10 208,00	332,50
25	Hansen	16,58	0,54
	Untergruppe b) mit v_0^2:		
11	Lira	35,51	1,15
13	Richter	62,45	2,03
21	Latham	182,80	5,95
	Untergruppe c) mit $(v_w + v_0)^2$:		
8	Trenjukhinn	154,60	5,04
19	Molitor	48,80	1,59

Für den nachgerechneten Fall V befindet sich der Wert der Wucht zwischen den Werten der Formeln Engels und Lange und Forst. Das nächstliegende ist das Verfahren von Lira, welches auf dem Quadrat der Kreisbahngeschwindigkeit aufgebaut ist und am nächsten der Wucht zu entsprechen scheint.

VI. Vergleich der Wellenstoßmessungen mit theoretischen Berechnungsergebnissen.

Wie bereits erwähnt, ist das Ziel der vorliegenden Arbeit, die nach den in der Natur gemessenen Wellenstoßkräften aufgestellten Wellenstoßbelastungsflächen mit den nach den verschiedenen im Kapitel IV beschriebenen Berechnungsverfahren entsprechend nachgerechneten Werten und Stoßflächen zu vergleichen, um klären zu können, welches Berechnungsverfahren oder welche Formel annähernd richtige Ergebnisse zeigt und für welche Fälle dies zutrifft.

Zu diesem Zweck sind vorerst von allen in Kapitel III enthaltenen Wellenstoßmessungen diejenigen gewählt worden, bei denen:

1. der Wellenstoß in verschiedenen Punkten der Höhe des Bauwerkes gemessen,
2. die wichtigsten Wellenelemente (Höhe und Länge) beobachtet und
3. alle Messungen mit den neuzeitlichen und genaueren Geräten ausgeführt worden sind.

Die Auslese der Messungen ist nötig.

1. um ungenaue und unvergleichbare Messungen oder auch Wellenstoßmessungen ohne gleichzeitige Beobachtung der ihnen entsprechenden Wellenelemente aus der nachstehenden Bearbeitung auszuschalten und
2. um „gemessene Wellenstoßbelastungsflächen" zu haben, weil die meisten theoretischen Verfahren Wellenstoßbelastungsflächen als Ergebnis bieten.

Das Ergebnis der Auslese ist allerdings nicht sehr befriedigend. Für den Fall von Bauwerken mit einer senkrechten Seewand beim Auftreten von Schwingungswellen entsprechen nur 8 Wellenstoßmessungen den vorhin gestellten Bedingungen. Es handelt sich hierbei um Messungen, bei denen die Wellenhöhe von 0,65 m bis 4,50 m und die Wellenlänge von 9,50 m bis 140,00 m schwankte (siehe die Fälle I bis VIII in den Zahlentafeln 14, 15 und 16), also nicht um die allergrößten im Bereich der Küsten der Meere und Ozeane vorkommenden Wellen, die für das Arbeitsgebiet des Hafenbauers maßgebend und wichtig sind.

Die Fälle I bis VIII umfassen die Wellenstoßmessungen an den Küsten des Mittelmeeres in Genua und Algier und an der Küste der Ostsee bei Leningrad.

Für den Fall von Bauwerken mit senkrechter Seewand beim Auftreten von Brandungswellen entsprechen nur 5 Wellenstoßmessungen einigermaßen den gestellten Bedingungen. Die Wellenhöhe schwankt hier zwischen 1,80 m und 2,50 m und die Wellenlänge zwischen 40,00 m und 45,00 m. Es handelt sich um die Fälle IX bis XIII (siehe Zahlentafel 12) der Wellenstoßmessungen an der französischen Küste des Atlantischen Ozeans bei Dieppe.

Es sind also nur 13 Fälle, die für einen weiteren Vergleich in Frage kommen. Es ist zu bedauern, daß zahlreiche, besonders ältere Wellenstoßmessungen, die sicher mit viel Energie, Erfindungsgeist und Kostenaufwand durchgeführt waren, nicht zu gebrauchen sind. In den meisten dieser Fälle waren nur der größte Wellenstoß in einem Punkt längs der Wandhöhe (meist in Höhe des ruhigen Wasserspiegels) gemessen worden, ohne gleichzeitig Wellenelemente beobachtet zu haben. Dabei fehlen auch die Angaben der Tiefe vom ruhigen Meeresspiegel ab vor dem Bauwerk im Zeitpunkt der Messung. Beachtlich ist auch die Ungenauigkeit der Meßgeräte, die die alten Messungen unbrauchbar macht.

Hier ist es am Platze, die Bemühungen führender Hafenbauer einiger Länder (Coen-Cagli, Eckhardt, de Thierry, Levi, Lira, Rouville u. a.) zu erwähnen und zu würdigen, welche in der Schaffung einer Internationalen Wellenkommission beim Ständigen Verband für Internationale Schiffahrtskongresse ihren sichtbaren Ausdruck fanden. Aufgabe dieser Internationalen Wellenkommission war die Ausarbeitung von brauchbaren und genaueren Meß- und Schreibgeräten für die Messung des Wellenstoßes und der Wellenelemente, sowie die Ausführung von vergleichbaren Wellenstoßmessungen mit gleichzeitigen Beobachtungen der Wellenelemente und anderer Werte in den verschiedenen Verhältnissen der Länder (Ergebnisse s. z. T. in *[80]*. Man muß hier auch feststellen, daß die 13 oben erwähnten, ausgewählten Fälle der Messungen sämtlich im Benehmen und nach dem Arbeitsprogramm der Kommission und in der Zeit nach ihrer Entstehung ausgeführt wurden.

Somit haben die Arbeiten der Wellenkommission die ersten brauchbaren Grundlagen für die weitere Erforschungen in der schwierigen Frage des Wellenstoßes geschaffen. Leider sind durch den Ausbruch des Krieges die meisten in den verschiedenen Ländern im Gange gewesenen interessanten weiteren Wellenforschungen und Messungen abgebrochen worden.

Wellenstoßmessungen auf eine geneigte Wand sind nur im Atlantischen Ozean bei Portland-Maine im Jahre 1930 in USA. ausgeführt worden. Leider aber waren die 3 den Wellenstoß empfangenden Membranen sämtlich über dem Meeresspiegel aufgestellt, so daß die Wellenstoßfläche nur bis zum Meeresspiegel reicht und ihr Verlauf bis zur Sohle nicht bekannt ist. Auch ist bei den Messungen die Wellenhöhe sehr ungenau beobachtet worden und die Wassertiefe vor den Membranen bei den Messungen auch nicht festgestellt worden. Dadurch ist es z. Z. unmöglich, festzustellen, ob man in diesem Fall mit Verhältnissen von Schwingungs- oder Brandungswellen zu rechnen hat. Die obenerwähnten Umstände machen diese einzigen Messungen auf eine geneigte Wand, wie so viele andere für die senkrechte Wand, zur weiteren Auswertung leider unbrauchbar.

Darum mußte ich mich auch in der vorliegenden Arbeit darauf beschränken, nur den Fall eines Bauwerkes mit einer senkrechten Seewand beim Auftreten von Schwingungs- und Brandungswellen zu untersuchen.

Bei der Auslese der 8 Schwingungswellen und 5 Brandungswellen wurden für jede von ihnen unter Berücksichtigung der für jeden einzelnen Fall beobachteten Wellenelemente bei bekannter natürlicher Tiefe vor dem Bauwerk, wie auch der Tiefe am Fuß der senkrechten Wand des Bauwerkes, die theoretischen Wellenstoßflächen und andere dazugehörige Werte nach den einzelnen theoretischen Verfahren und Formeln (s. Kapitel IV) berechnet. Dabei wurde bei einigen Verfahren (z. B. Sainflou, Gourret) nicht die ganz genaue Lage der theoretischen Wellendruckkurve, sondern nach den bei den Verfassern gegebenen Verfahren für praktische Berechnungen die Lage der Wellendruckkurven in Form von Geraden bestimmt. Dieses erleichterte die Ausführung der sehr zeitraubenden Berechnungen der Wellenstoßflächen für 8 Fälle der Schwingungswellen nach 23 Verfahren und entsprechend für 5 Fälle der Brandungswellen nach 2 Verfahren, beeinträchtigte aber keineswegs die darauffolgenden Vergleichsergebnisse und Schlußfolgerungen[1].

Es würde zu weit führen, alle Berechnungen in der vorliegenden Arbeit wiederzugeben, darum soll hier nur darauf hingewiesen sein, daß jedes angewandte Berechnungsverfahren mit den zugehörigen Hilfstafeln in Kapitel IV enthalten ist. Alle grundlegenden Berechnungsergebnisse, wie K — die Höhe des Wellenkammes der zurückgeworfenen Welle über dem ruhigen Wasserspiegel, $\dfrac{K}{2h}$ — das Verhältnis der Höhe des Wellenkammes der zurückgeworfenen Welle (K) zur freien Wellenhöhe $(2h)$, P_{max} in t/m² — der größte Wellenstoß längs der Wandhöhe, $P\Omega$ in t pro m — der berechnete Inhalt der Wellenstoßbelastungsfläche, sind für die 8 Fälle (Fall I bis VIII) der Schwingungswellen in Zahlentafel 28 zusammengefaßt. In ihr sind auch die weiter benötigten Werte der Schwerpunktlage des Gesamtstoßes der Welle je lfd. m Wandlänge, die Größe des Hebelarmes (η) und die Werte des vom Gesamtstoß verursachten Kippmoments $M = P\Omega \cdot \eta$ in t/m enthalten. Bei der Berechnung der Kippmomente wurde als Drehpunkt der jeweilige Mauerfuß der senkrechten Wand angenommen. Die zeichnerische Darstellung der entsprechenden gemessenen und aller theoretisch berechneten Wellenstoßbelastungsflächen für die einzelnen Verfahren und die 8 Fälle der Schwingungswellen sind in Abb. 30, S. 144/5 (Tafel IV) wiedergegeben. Außerdem wurden für die Fälle der Schwingungswellen für alle Verfahren und Formeln

$$\text{das Verhältnis} = \frac{M \text{ theoretisches} \quad \text{Kippmoment nach der theoretischen}}{M \text{ gemessenes} \quad \text{Kippmoment nach der gemessenen}}$$

Wellenstoßbelastungsfläche, sowie auch das entsprechende Verhältnis

$$\frac{P\Omega \text{ theoretischer} \quad \text{Gesamtstoß nach der theoretisch berechneten}}{P\Omega \text{ gemessener} \quad \text{Gesamtstoß nach der gemessenen}}$$

Wellenstoßbelastungsfläche bestimmt. Diese Werte sind in den Zahlentafeln 29 und 30 zu finden.

Für die 5 Fälle der Brandungswellen (Fall IX bis XIII) sind die Berechnungsergebnisse in den Zahlentafeln 31 und 32 enthalten. In Abb. 31 sind die gemessenen Wellenstoßbelastungsflächen dieser 5 Fälle dargestellt. Die Werte der Verhältnisse $\dfrac{M \text{ theor.}}{M \text{ gem.}}$ und $\dfrac{P\Omega \text{ theor.}}{P\Omega \text{ gem.}}$ sind in Zahlentafel 33 zusammengefaßt. Die für die Berechnungen der Brandungswellen angewandten 2 Verfahren sind in Kapitel IV Teil A b auf Seite 118 zu suchen.

Die Vergleichsergebnisse sollen für die Fälle der Schwingungswellen und Brandungswellen getrennt besprochen werden.

A. Ergebnisse aus dem Vergleich der Wellenstoßmessungen mit theoretischen Berechnungen des Wellenstoßes auf eine senkrechte Wand bei Schwingungswellen.

Wenn man die in Abb. 30, S. 144/5 (Tafel IV) dargestellten, nach den einzelnen Verfahren und Formeln theoretisch errechneten Wellenstoßbelastungsflächen mit den für die Fälle I bis VIII in der Natur gemessenen Wellenstoßflächen vergleicht, so sieht man schon beim ersten Überblick, daß eine Reihe von Verfahren und Formeln völlig abweichende Werte in der Größe der Wellenstöße und in der Form der Stoßflächen von den in der Natur gemessenen aufweisen. Der Vergleich dieser Stoßflächen wird durch die in den Zahlentafeln 29 und 30 enthaltenen mittleren Werte der Verhältnisse

$$\frac{M \text{ theor.}}{M \text{ gem.}} \quad \text{und} \quad \frac{P\Omega \text{ theor.}}{P\Omega \text{ gem.}} \quad \text{aus den 8 Fällen vorgenommen.}$$

Bei allen weiteren Vergleichen aber sind noch mehr, als diese mittleren Werte, die entsprechenden Werte dieser Verhältnisse für die größten uns am meisten interessierenden Wellen, ausschlaggebend, denn schließlich sind sie es, die die entscheidende Bedeutung für die Standsicherheit einer Mole haben.

---

[1] Das Verfahren von Miche konnte bei den Berechnungen nicht mit berücksichtigt werden, weil es nach Abschluß der vorliegenden Arbeit veröffentlicht ist.

Zahlentafel 28. Ergebnisse der Berechnungen von theoretischen Wellenstoßbelastungsflächen und anderen Faktoren nach den gemessenen Wellenelementen der Fälle I bis VIII bei Schwingungswellen.

Fall	Meßpunkt des Wellenstoßes	Natürl. Tiefe vor der senkrechten Wand in m	Tiefe am Fuß der senkrechten Wand in m	Gemessene Werte Wellenhöhe $2h$ in m	Wellenlänge $2L$ in m	Größter Wellenstoß P_{max} in t/m²	Höhe des zurück gew. Wellenkammes K in m	$\dfrac{2h}{2L}$	$\dfrac{2hH_1}{2L}$	$\dfrac{2hH_2}{2L}$	$\dfrac{K}{2h}$	nach gemessenen Wellenstößen berechnete Wellenstoßfläche $P_\Omega=$ t/m	Schwerpunkt bei ▼ in m	Hebelarm η in m	Kippmoment $M=P_\Omega\eta$ in tm
I	Wellenbrecher Mustapha-Algier (Mittelmeer) Sturm am 17. 1. 1933	20,0	13,0	1,05	75,0	1,07	1,10	1:72 0,0140	0,2800	0,1820	1,05	5,03	—2,85	10,15	51,05
II	Sturm am 3. 11. 1933	20,0	13,0	2,05	80,0	2,05	2,50	1:39 0,0258	0,5125	0,3331	1,22	14,55	—3,90	9,10	132,41
III	Sturm am 6. 11. 1933	20,0	13,0	1,20	140,0	1,50	1,70	1:117 0,0086	0,1714	0,1114	1,42	9,63	—4,21	9,79	94,28
IV	Sturm am 14. 11. 1933	20,0	13,0	1,15	140,0	1,10	0,90	1:120 0,0082	0,1643	0,1068	0,78	5,92	—5,22	7,78	46,06
VIII	Sturm am 3. 1. 1935	20,0	13,0	3,30	120,0	3,14	3,97	1:37 0,0270	0,5500	0,3575	1,21	36,56	—5,00	8,00	292,48
V	Hafendamm des Prinzen Umberto (Genua-Mittelmeer) Sturm am 12. 3. 1934	15,0	10,0	4,50	110,0	4,40	7,50	1:25 0,0409	0,6136	0,4090	1,67	58,76	—2,57	7,43	436,59
VII	Sturm am 18. 3. 1933	15,0	10,0	3,00	100,0	3,60	7,50	1:33 0,0300	0,4500	0,3000	2,50	32,15	—2,43	7,57	243.38
VI	Hafenmole von Leningrad (Ostsee) Sturm am 16. 10. 1935	4,0	4,0	0,65	9,5	1,17	0,43	1:15 0,0680	0,2740	0,2740	0,66	2,75	—1,75	2,25	6,19

Fall	Berechnete Werte n. d. trochoidal. Theorie P t/m	Hebelarm η in m	Kippmoment $M=P\eta$ in tm	Nach „Büro Weritas" K in m	$\dfrac{K}{2h}$	P_{max} in t/m²	P_Ω in t/m	Schwerpunkt bei ▼ in m	Hebelarm η in m	Kippmoment $M=P_\Omega\eta$ in tm	Nach Hiroi K in m	$\dfrac{K}{2h}$	P_Ω in t/m	Schwerpunkt bei ▼ in m	Hebelarm η in m	Kippmoment $M=P_\Omega\eta$ in tm
I	10,80	13,0	140,40	1,05	1,00	6,0	9,15	—0,36	12,64	115,66	1,59	1,52	22,61	—5,70	7,30	165,3
II	42,00	13,0	546,00	2,05	1,00	6,0	18,45	—0,68	12,32	227,30	3,12	1,52	49,60	—4,94	8,06	400,0
III	25,20	13,0	327,60	1,20	1,00	6,0	10,80	—0,40	12,60	136,10	1,81	1,51	26,75	—5,60	7,40	198,0
IV	23,15	13,0	300,95	1,15	1,00	6,0	10,35	—0,38	12,62	130,62	1,73	1,51	25,60	—5,64	7,36	188,5
VIII	163,00	13,0	2119,00	3,30	1,00	6,0	29,70	—0,51	12,49	370,00	5,00	1,52	89,64	—4,00	9,00	806,8
V	278,50	10,0	2785,00	4,50	1,00	6,0	40,50	—1,57	8,43	341,42	6,86	1,53	114,5	—1,57	8,43	965,0
VII	112,5	10,0	1125,00	3,00	1,00	6,0	27,00	—1,00	9,00	243,00	4,55	1,52	66,0	—2,73	7,27	480,0
VI	5,02	4,0	20,08	0,65	1,00	6,0	5,85	—0,22	3,78	22,10	1,00	1,54	4,9	—1,50	2,50	12,25

Fall	Nach Gaillard							Nach Engels			Nach Jost Wey				
	K	$\dfrac{K}{2h}$	P_{max}	P_Ω	Schwerpunkt τ_i	Hebelarm τ_i	Kippmoment $M=P_\Omega\cdot\tau_i$	P	Hebelarm τ_i	Kippmoment $M=P\cdot\tau_i$	P_{max}	P_Ω	Schwerpunkt τ_i	Hebelarm τ_i	Kippmoment $M=P_\Omega\cdot\tau_i$
	in m		in t/m²	in t/m	bei ▼ in m	in m	in t m	t/m	in m	in t m	in t/m²	in t/m	bei ▼ in m	in m	in t m
I	1,05	1,00	7,98	17,97	—2,10	10,90	196,0	11,90	13,0	154,7	1,35	7,82	—4,70	8,30	64,9
II	2,05	1,00	8,50	29,72	—1,55	11,45	340,3	21,20	13,0	275,0	5,15	31,48	—4,65	8,35	261,5
III	1,20	1,00	14,80	36,58	—2,40	10,60	387,5	8,82	13,0	114,5	1,76	14,38	—5,87	7,13	102,5
IV	1,15	1,00	14,80	35,07	—2,17	10,83	379,8	8,43	13,0	109,5	1,61	13,09	—5,94	7,06	92,4
VIII	3,30	1,00	12,80	65,88	—0,75	12,25	797,0	25,70	13,0	334,0	13,35	101,10	—5,65	7,35	743,1
V	4,50	1,00	11,70	72,53	0,00	10,00	725,3	25,20	10,0	252,0	24,60	159,10	—4,78	5,22	830,5
VII	3,00	1,00	10,60	46,75	—0,375	9,625	450,0	17,20	10,0	172,0	11,20	70,70	—4,65	5,35	378,2
VI	0,65	1,00	1,02	1,12	—0,46	3,54	3,96	1,09	4,0	4,36	0,51	0,48	—0,92	3,08	1,48

Fall	Nach Benezit							Nach Trenjukhinn							Nach Kandiba-Toukholka		
	K	$\dfrac{K}{2h}$	P_{max}	P_Ω	Schwerpunkt τ_i	Hebelarm τ_i	Kippmoment $M=P_\Omega\tau_i$	K	$\dfrac{K}{2h}$	P_{max}	P_Ω	Schwerpunkt τ_i	Hebelarm τ_i	Kippmoment $M=P_\Omega\tau_i$	P	Hebelarm τ_i	Kippmoment $M=P\cdot\tau_i$
	in m		in t/m²	in t/m	bei ▼ in m	in m	in t m	in m		in t/m²	in t/m	bei ▼ in m	in m	in t m	t/m	in m	in t m
I	1,06	1,01	1,00	10,76	—5,67	7,33	78,87	0,54	0,53	23,60	25,09	—0,40	12,60	316,1	22,34	13,0	290,4
II	2,09	1,02	2,00	24,19	—5,29	7,71	186,50	1,08	0,54	27,28	56,94	—0,25	12,75	726,8	23,58	13,0	306,5
III	1,21	1,01	1,10	14,32	—5,49	7,51	107,50	0,62	0,54	33,20	40,17	—0,20	12,80	513,0	22,50	13,0	292,5
IV	1,16	1,01	1,10	13,97	—5,55	7,45	104,10	0,59	0,53	33,00	38,28	—0,15	12,85	466,0	22,48	13,0	292,2
VIII	3,37	1,03	3,20	41,80	—5,20	7,80	326,00	1,77	0,54	27,80	93,66	—0,25	12,75	1194,1	25,07	13,0	325,9
V	4,65	1,04	4,40	50,20	—3,43	6,57	329,80	2,60	0,58	33,30	154,60	0,00	10,00	1546,0	21,68	10,0	216,8
VII	3,14	1,05	3,00	30,95	—3,87	6,13	189,70	1,53	0,51	29,60	90,92	—0,15	9,85	892,0	19,76	10,0	197,6
VI	0,69	1,06	0,62	1,89	—1,25	2,75	5,20	0,36	0,55	4,60	2,83	—0,20	3,80	10,72	7,28	4,0	29,1

| Fall | Nach Butawand | | | Nach Lira | | | | | | | Nach Levi | | | | | | |
| | P | Hebelarm η | Kipp-moment $M=P\eta$ | K | $\dfrac{K}{2h}$ | P_{max} | P_Ω | Schwerpunkt bei ▼ | Hebelarm η | Kipp-moment $M=P_\Omega\eta$ | K | $\dfrac{K}{2h}$ | P_{max} | P_Ω | Schwerpunkt bei ▼ | Hebelarm η | Kipp-moment $M=P_\Omega\eta$ |
	t/m	in m	in tm	in m		in t/m²	in t/m	in m	in m	in tm	in m		in t/m²	in t/m	in m	in m	in tm
I	30,35	12,99	394,2	0,54	0,52	0,58	7,45	—6,40	6,60	49,2	1,10	1,05	0,88	6,20	—3,55	9,45	58,5
II	289,0	12,96	3742,0	1,08	0,53	1,24	15,31	—6,25	6,75	103,3	2,50	1,22	2,00	15,50	—3,25	9,75	151,0
III	142,9	12,99	1856,0	0,62	0,52	0,66	8,66	—6,35	6,65	57,5	1,70	1,42	1,36	10,00	—3.60	9,40	94,0
IV	124,1	12,99	1613,0	0,59	0,51	0,62	8,06	—6,37	6,63	50,8	0,90	0,78	0,72	5,00	—4,00	9,00	45,0
VIII	3170,0	12,95	41051,5	1,77	0,54	2,02	26,68	—5,75	7,25	193,0	3,97	1,20	3,18	26,95	—3,00	10,00	269,5
V	10208,0	9,91	101161,3	2,60	0,58	3,40	35,51	—3,86	6,14	218,0	7,50	1,67	6,00	52,50	—0,80	9,20	483,0
VII	2238,0	9,95	22268,1	1,53	0,51	1,88	18.78	—4,10	5,90	110,8	7,50	1,67	6,00	52,50	—0,80	9,20	483,0
VI	1,04	3,96	4,12	0,36	0,55	0,41	1,63	—1,75	2,25	3,67	0,43	0,66	0,35	0,78	—1,25	2,75	2,14

| Fall | Nach Sainflou | | | | | | | Nach Richter | | | | | | | Nach Antonelli | | | | | | |
| | K | $\dfrac{K}{2h}$ | P_{max} | P_Ω | Schwerpunkt bei ▼ | Hebelarm η | Kippmoment $M=P_\Omega\eta$ | K | $\dfrac{K}{2h}$ | P_{max} | P_Ω | Schwerpunkt bei ▼ | Hebelarm η | Kippmoment $M=P_\Omega\eta$ | K | $\dfrac{K}{2h}$ | P_{max} | P_Ω | Schwerpunkt bei ▼ | Hebelarm η | Kippmoment $M=P_\Omega\eta$ |
	in m		in t/m²	in t/m	in m	in m	tm	in m		in t/m²	in t/m	in m	in m	tm	in m		in t/m²	in t/m	in m	in m	tm
I	1,11	1,06	1,10	12,30	—4,90	8,10	99,5	1,58	1,51	1,07	11,89	—5,50	7,50	89,2	1,05	1,00	1,05	14,21	—6,24	6,76	96,1
II	2,27	1,11	2,20	24,93	—5,35	7,60	190,1	3,12	1,52	2,18	25,74	—5,00	8,00	205,9	2,05	1,00	2,05	28,75	—5,99	7,01	201,5
III	1,26	1,05	1,20	15,53	—5,45	7,55	117,0	1,81	1,51	1,22	15,23	—5,00	8,00	121,8	1,20	1,00	1,20	16,30	—6,20	6,80	110,8
IV	1,20	1,05	1,15	15,00	—5,95	7,05	105,5	1,73	1,50	1,16	14,59	—5,50	7,50	109,4	1,15	1,00	1,15	15,61	—6,21	6,79	106,0
VIII	3,79	1,15	3,45	43,02	—5,60	7,40	318,0	5,24	1,59	3,72	49,50	—5,00	8,00	396,0	3,30	1,00	3,30	48,30	—5,68	7,32	353,6
V	5,70	1,27	4,90	48,80	—4,00	6,00	292,8	6,90	1,54	5,28	62,45	—3,00	7,00	437,2	4,50	1,00	4,50	55,13	—3,88	6,12	337,4
VII	3,34	1,11	3,10	31,10	—4,25	5,75	178,5	4,64	1,55	3,24	34,57	—3,70	6,30	217,8	3,00	1,00	3,00	34,50	—4,25	5,75	198,4
VI	0,76	1,17	0,63	2,30	—1,00	3,00	6,9	1,02	1,57	0,75	2,00	—1.32	2,68	5,36	0,65	1,00	0,65	2,81	—1,84	2,16	6,07

Fall	Nach Lange u. Forst			Nach Molitor							Nach Gourret						
	P	Hebelarm τ	Kippmoment $M=P\cdot\tau$	K	$\frac{K}{2h}$	P_{max}	P_Ω	Schwerpunkt bei ▼	Hebelarm τ	Kippmoment $M=P_\Omega\cdot\tau$	K	$\frac{K}{2h}$	P_{max}	P_Ω	Schwerpunkt bei ▼	Hebelarm τ	Kippmoment $M=P_\Omega\cdot\tau$
	in t/m	in m	in t m	in m		in t/m²	in t/m	in m	in m	in t m	in m		in t/m²	in t/m	in m	in m	in t m
I	56,33	13,0	733,3	1,10	1,05	9,70	8,44	+0,14	13,14	110,5	1,07	1,02	1,04	12,06	—5,45	7,55	91,1
II	56,33	13,0	733,3	2,08	1,02	10,90	18,38	+0,25	13,25	243,5	2,13	1,04	2,00	22,53	—5,33	7,67	172,8
III	56,33	13,0	733,3	1,22	1,02	11,65	11,54	+0,15	13,15	152,0	1,21	1,01	1,18	14,67	—5,80	7,20	105,6
IV	56,33	13,0	733,3	1,18	1,02	11,63	11,02	+0,25	13,25	146,0	1,16	1,01	1,14	14,10	—5,95	7,05	99,4
VIII	56,33	13,0	733,3	3,44	1,04	13,60	35,90	+0,65	13,65	490,0	3,37	1,02	3,16	40,32	—5,17	7,83	315,7
V	33,33	10,0	333,3	4,86	1,08	13,00	48,80	+0,78	10,78	505,0	4,60	1,02	4,19	47,00	—3,50	6,50	305,5
VII	33,33	10,0	333,3	3,18	1,06	11,20	27,90	+0,50	10,50	292,5	3,06	1,02	2,82	29,00	—3,87	6,13	177,8
VI	3,00	4,0	12,0	0,84	1,29	2,00	1,20	+0,25	4,25	5,1	0,71	1,09	0,59	1,39	—0,93	3,07	4,27

Fall	Nach Latham							Nach dem XVI. Schiffahrtskongreß						
	K	$\frac{K}{2h}$	P_{max}	P_Ω	Schwerpunkt bei ▼	Hebelarm τ	Kippmoment $M=P_\Omega\cdot\tau$	K	$\frac{K}{2h}$	P_{max}	P_Ω	Schwerpunkt bei ▼	Hebelarm τ	Kippmoment $M=P_\Omega\cdot\tau$
	in m		in t/m²	in t/m	in m	in m	in t m	in m		in t/m²	in t/m	in m	in m	in t m
I	1,05	1,00	13,65	28,60	—0,70	12,30	352,0	1,05	1,00	1,05	14,21	—6,24	6,76	96,1
II	2,05	1,00	15,62	64,04	—1,40	11,60	742,9	2,05	1,00	2,05	28,75	—5,99	7,01	201,5
III	1,20	1,00	27,34	65,62	—0,80	12,20	800,6	1,20	1,00	1,20	16,30	—6,20	6,80	110,8
IV	1,15	1,00	27,34	62,90	—0,75	12,25	770,5	1,15	1,00	1,15	15,61	—6,21	6,79	106,0
VIII	3,30	1,00	23,40	154,00	—2,20	10,80	1665,0	3,30	1,00	3,30	48,30	—5,68	7,32	353,6
V	4,50	1,00	21,40	182,80	—2,50	7,50	1371,0	4,50	1,00	4,50	55,13	—3,88	6,12	337,4
VII	3,00	1,00	19,50	117,00	—2,00	8,00	936,0	3,00	1,00	3,00	34,50	—4,25	5,75	198,4
VI	0,65	1,00	1,86	2,42	—0,92	3,08	7,45	0,65	1,00	0,65	2,81	1,84	2,16	6,07

Fall	Nach Betz			Nach Jacoby							Nach Hansen		
	P	Hebel-arm η	Kipp-moment $M = P\eta$	K	K $2h$	P_{max}	P_Ω	Schwer-punkt bei ▼	Hebel-arm η	Kipp-moment $M = P_\Omega\eta$	P	Hebel-arm η	Kipp-moment $M = P\eta$
	t/m	in m	in t m	in m		in t/m²	in t/m	in m	in m	in t m	t/m	in m	in t m
I	8,89	13,0	115,5	0,53	0,50	0,03	0,094	—1,95	11,05	1,04	8,63	13,0	112,2
II	9,66	13,0	125,5	1,03	0,50	0,19	0,940	—2,95	10,05	9,45	10,25	13,0	133,3
III	10,87	13,0	141,3	0,60	0,50	0,05	0,200	—1,85	11,15	2,23	12,90	13,0	167,7
IV	10,80	13,0	140,4	0,575	0,50	0,05	0,190	—1,85	11,15	2,12	12,77	13,0	166,0
VIII	12,10	13,0	157,3	1,65	0,50	0,78	5,590	—4,00	9,00	50,30	16,00	13,0	208,0
V	12,31	10,0	123,1	2,25	0,50	1,77	12,860	—2,75	7,25	93,20	16,58	10,0	165,8
VII	11,12	10,0	111,2	1,50	0,50	0,56	3,470	—2,80	7,20	25,00	13,52	10,0	135,2
VI	5,47	4,0	21,9	0,33	0,50	0,004	0,005	—0,55	3,45	0,02	3,28	4,0	13,1

Aus unseren 8 Fällen der Schwingungswellen hat der Fall V die größten bekannten Wellenelemente, bei denen der Wellenstoß in den verschiedenen Höhepunkten der senkrechten Wand gemessen und nach ihnen die sogenannten „gemessenen Wellenstoßbelastungsflächen" gebildet wurden; diese Wellenelemente haben eine Wellenhöhe 2h = 4,50 m und eine Wellenlänge 2L = 110 m. Das sind aber, was betont werden muß, noch nicht die größten vorkommenden Wellen.

Um die Auslese der besten Verfahren oder Formeln genauer vollziehen zu können, müßten noch verschiedene andere kennzeichnende Verhältniswerte berechnet werden, und zwar:

$$\frac{K \text{ theor.}}{K \text{ gem.}} = \frac{\text{Höhe des Wellenkammes der zurückgeworfenen Welle nach der theoretischen Wellenstoßbelastungsfläche}}{\text{Höhe des Wellenkammes der zurückgeworfenen Welle nach der gemessenen Wellenstoßbelastungsfläche}}$$

$$\frac{P_{max} \text{ theor.}}{P_{max} \text{ gem.}} = \frac{\text{größter Wellenstoß nach der theoretischen Wellenstoßbelastungsfläche}}{\text{größter Wellenstoß nach der gemessenen Wellenstoßbelastungsfläche}} \quad \text{und}$$

$$\frac{P\,W\,F \text{ theor.}}{P\,W\,F \text{ gem.}} = \frac{\text{Wellenstoß am Fuß der Wand nach der theoretischen Wellenstoßbelastungsfläche}}{\text{Wellenstoß am Fuß der Wand nach der gemessenen Wellenstoßbelastungsfläche.}}$$

Außerdem wurde die Lage des Angriffspunktes der P_{max} theoretischer und P_{max} gemessener, bezogen auf den ruhigen Meeresspiegel, festgestellt und der allgemeine Verlauf der theoretischen Stoßflächen im Vergleich zu den gemessenen Stoßflächen bestimmt.

Alle diese Angaben sind als mittlere Werte für die Fälle *I* bis *VIII*, als mittlere Werte für die 3 größten Wellen (Fälle *VIII*, *V* und *VII*) und für den Fall *V* der größten Welle errechnet und in Zahlentafel 34 zusammengefaßt.

Die Auslese konnte aus 17 Verfahren und 6 Formeln geschehen, denn die Verfahren von Benezit-Bogoloff und Zubow mußten aus der Betrachtung leider fortfallen, da in Deutschland ihre Beschreibung weder in russischer noch in einer anderen Sprache aufzufinden war.

Bevor die Auslese ausgeführt wird, ist es erforderlich, festzustellen, in welchen Grenzen die Abweichungen der theoretisch errechneten Werte (*M* theoretisch, P_{max} theoretisch usw.) von den entsprechend gemessenen oder ihre Verhältnisse schwanken dürfen. Als Mindestgrenze für die Werte der Verhältnisse muß wohl der Wert 1,00 angesehen werden: es wäre schwer zu vertreten, ein Verfahren als das beste zu empfehlen, mit deren Hilfe theoretische Wellenstoßflächen errechnet werden können, die kleiner sind als die entsprechend gemessenen. Ein solches Verfahren gäbe nicht genügend Sicherheit für die Berechnungen. Entsprechend den Sicherheiten bei Wasserbauwerken, welche im allgemeinen zwischen 1,5 und 2,0 angenommen werden, wäre wohl als tragbare Höchstgrenze der Wert der Verhältnisse = 1,5 anzunehmen. Die Annahme des Wertes = 2,0 dürfte zu hoch sein. Im Zusammenhang mit dem arithmetischen Mittelwert können einen noch besseren Aufschluß in dieser Hinsicht die mittleren quadratischen Abweichungen der einzelnen Verhältniswerte von ihrem arithmetischen Mittel geben. Sie werden folgendermaßen berechnet [87]. Zuerst erhält man die Abweichungen eines jeden Verhältniswertes vom arithmetischen Mittel dieser Verhältniswerte. Die Summe der Quadrate dieser Abweichungen geteilt durch die Anzahl der Verhältniswerte ergibt dann die mittlere quadratische Abweichung; letztere sind jeweils in den Zahlentafeln 29, 30, 33, 34, 35 und 37 unter den entsprechenden Mittelwerten angegeben. Das arithmetische Mittel ist beständiger je kleiner die mittleren quadratischen Abweichungen sind: als äußerste Grenze für diese könnten in unserem Fall Abweichungen bis höchstens 20% (0,20) angesehen werden.

Betrachtet man die Ergebnisse der Zahlentafel 34 unter allen diesen Voraussetzungen, so kann der größte Teil der Verfahren und Formeln als nicht verwendbar abgelehnt werden. Auf Fall V der größten Welle ist hierbei das Hauptaugenmerk zu richten, und die Verhältniswerte $\dfrac{M\ \text{theor.}}{M\ \text{gem.}}$ und $\dfrac{P_\Omega\ \text{theor.}}{P_\Omega\ \text{gem.}}$ sowie deren arithmetische Mittelwerte mit ihren mittleren quadratischen Abweichungen sind besonders zu berücksichtigen.

Die Formel der throchoidalen Theorie ist praktisch als wertlos zu bezeichnen. Das Verfahren des Büro Weritas hat mit Ausnahme von P_{max} sämtliche Verhältnisse für den Fall V unter der Mindestgrenze; auch sind die Stoßflächen Dreiecke und stimmen folglich mit den gemessenen Stoßflächen nicht überein. Die Verfahren von Hiroi und Gaillard überschreiten wesentlich die angenommene Höchstgrenze bei allen Verhältnissen, mit Ausnahme der Höhe des zurückgeworfenen Wellenkammes (K), die zu klein ausfällt; auch haben die Stoßflächen beider Verfahren keine Ähnlichkeit mit den gemessenen. Die Formel von Engels gibt für große Wellen Werte unter der Mindestgrenze und folglich keine Berechnungssicherheit, wogegen das Verfahren von Wey zu große Berechnungssicherheit, aber weniger ähnliche Stoßbelastungsflächen ergibt. Auch sind die mittleren quadratischen Abweichungen des Verhältniswertes sehr groß. Die Werte nach dem Verfahren von Benezit bieten außer dem P_{max} zu wenig Sicherheit trotz der Ähnlichkeit in der Form der Stoßbelastungsflächen. Dagegen übersteigen die Verhältniswerte und die mittleren quadratischen Abweichungen nach dem Verfahren von Trenjukhinn bei weitem sämtliche Höchstgrenzen; seine Stoßbelastungsflächen haben dazu auch gar keine Ähnlichkeit mit den gemessenen.

Die Formeln von Kandiba-Toukholka und Butawand müssen ebenfalls abgelehnt werden, die erste, weil sie für die großen Wellen die Mindestgrenze nicht erreicht, die zweite, weil sie übermäßig große, ungeheuere, baulich nicht vertretbare Sicherheiten gibt.

Trotz einer gewissen Ähnlichkeit ihrer theoretischen Stoßbelastungsflächen mit den gemessenen erreicht das Verfahren von Lira nicht die Mindestgrenze der Sicherheit bei großen Wellen. Die Werte für das Verfahren von Sainflou sind dieser Grenze nahe. Die Werte nach dem Verfahren von Richter treffen, außer für K zu, sowie auch die Ähnlichkeit in der Form der Stoßflächen bei großen Wellen genügend ist. Nur das Verhältnis der Kippmomente liegt hier gerade an der Mindestgrenze, die mittleren quadratischen Abweichungen sind zu hoch. Das Verfahren von Levi trifft gut zu, die mittleren quadratischen Abweichungen halten sich innerhalb der angenommenen Grenzen; doch ist bei diesem Verfahren der $P_{WF} = 0$, deshalb weicht in diesem Teil die Stoßfläche von der gemessenen ab. Dadurch könnte die berechnete Sicherheit auf Gleiten des Bauwerkes eventuell nicht ganz ausreichen. Das Verfahren von Levi ist gegenüber dem Verfahren von Richter auch wegen seiner großen Einfachheit im Aufbau und den praktischen Berechnungen zu bevorzugen.

Die Ähnlichkeit mit den gemessenen Stoßflächen ist bei den Ergebnissen des Verfahrens von Antonelli = dem Verfahren des XVI. Internationalen Schiffahrtskongresses bei großen Wellen besser als bei kleinen. Die Mittelwerte für die 8 Fälle stimmen vollkommen mit den gemessenen überein, allerdings nicht der Wert des M für den Fall V der größten Welle, es sind auch die mittleren quadrischen Abweichungen außerhalb der Grenze. Das Verfahren von Lange und Forst kann ausgeschaltet werden, da die wesentlichsten Verhältniswerte M und P_Ω die Mindestgrenze bei weitem nicht erreichen und die Stoßflächen keine Ähnlichkeit mit den gemessenen zeigen. Beim Verfahren von Molitor überschreiten nur die M- und P_{max}-Werte die Mindestgrenze, so daß auch dieses Verfahren abgelehnt werden muß. Im Verfahren von Gourret bestehen die Nachteile darin, daß seine berechneten Werte bei großen Wellen die gemessenen nicht erreichen und demzufolge die Mindestgrenze der Sicherheit nicht eingehalten wird. Anders ist es beim Verfahren von Latham. Bei ihm ist die Berechnungssicherheit zu groß, weil die Höchstgrenze = 2,00 sowohl bei den Mittelwerten als auch im Fall V weit überschritten wird. Außerdem stimmen seine Stoßflächen mit den gemessenen gar nicht überein. Die Anwendung der anderen beiden Formeln (96' und 97) für die Geschwindigkeit verringert die theoretischen Werte unwesentlich und beeinflußt nicht viel herabmindernd die Verhältniswerte.

Zahlentafel 29. Berechnung des Verhältnisses $\dfrac{M\,theor.}{M\,gem.}$ für Schwingungswellen im Fall einer senkrechten Wand.

Fall	M gem. in t/m	$\dfrac{M\,theor.}{M\,gem.}$ bei Berechnung des M theor nach den Verfahren oder Formeln von																						
		Trochoid. Theorie	Büro Weritas	Hiroi	Gaillard	Engels	Wey	Benezit	Trenjukhinn	Kandiba-Toukholka	Butawand	Lira	Sainflou	Richter	Levi	Antonelli	Lange und Forst	Molitor	Gourret	Latham	XVI. Schiff. Kongreß	Betz	Jacoby	Hansen
I	51,05	2,75	2,26	3,24	3,84	3,02	1,27	1,27	6,20	5,67	8,51	0,96	1,95	1,75	1,15	1,88	14,35	2,16	1,79	6,91	1,88	2,27	0,02	2,20
II	132,41	4,14	1,73	3,03	2,58	2,09	2,61	1,41	5,50	2,32	28,30	0,78	1,44	1,56	1,15	1,53	5,55	1,84	1,31	5,92	1,53	0,95	0,07	1,01
III	94,28	3,49	1,45	2,11	4,13	1,22	1,09	1,15	5,47	3,10	19,70	0,61	1,24	1,29	1,00	1,17	7,80	1,62	1,12	8,50	1,17	1,50	0,02	1,78
IV	46,06	6,55	2,82	4,09	8,23	2,38	2,01	2,26	10,01	6,37	35,20	1,10	2,29	2,37	0,98	2,30	16,00	3,17	2,16	16,75	2,30	3,05	0,05	3,61
VIII	292,48	7,24	1,26	2,76	2,72	1,14	2,54	1,11	4,09	1,12	140,00	0,66	1,09	1,35	0,92	1,21	2,50	1,68	1,08	5,69	1,21	0,54	0,17	0,71
V	436,59	6,39	0,78	2,21	1,66	0,58	2,91	0,75	3,55	0,50	232,00	0,50	0,67	1,00	1,10	0,73	0,77	1,16	0,70	3,14	0,73	0,28	0,21	0,38
VII	243,38	4,62	1,00	1,98	1,85	0,71	1,56	0,78	3,67	0,81	91,60	0,46	0,74	0,89	1,98	0,82	1,38	1,20	0,73	3,85	0,82	0,46	0,10	0,56
VI	6,19	3,24	3,57	1,98	0,64	0,71	0,24	0,84	1,74	4,70	0,67	0,59	1,12	0,87	0,35	0,98	1,94	0,83	0,69	1,20	0,98	3,	0,01	2,12
im Mittel		4,80	1,86	2,68	3,21	1,48	1,78	1,23	5,03	3,07	68,25	0,71	1,32	1,39	1,08	1,33	6,29	1,71	1,20	6,46	1,33	1,58	0,08	1,55
mittl. quadr. Abw.		2,54	0,76	0,50	4,74	0,72	0,75	0,21	5,24	4,61	57,01	0,04	0,23	0,23	0,18	0,26	31,19	0,46	0,25	19,60	0,26	1,37	0,004	1,05

Zahlentafel 30. Berechnung des Verhältnisses $\dfrac{P_\Omega\,\text{theor.}}{P_\Omega\,\text{gem.}}$ für Schwingungswellen im Fall einer senkrechten Wand.

Fall	P_Ω gem. in t pro m	$\dfrac{P_\Omega\,\text{theor.}}{P_\Omega\,\text{gem.}}$ bei Berechnung des P_Ω theor nach den Verfahren oder Formeln von																						
		Trochoidale Theorie	Büro Weritas	Hiroi	Gaillard	Engels	Wey	Benezit	Trenjukhinn	Kandiba-Toukholka	Butawand	Lira	Sainflou	Richter	Levi	Antonelli	Lange und Forst	Molitor	Gourret	Latham	XVI. Schiff. Kongreß	Betz	Jacoby	Hansen
I	5,03	2,16	1,83	4,52	3,60	2,38	1,58	2,15	5,00	4,47	6,07	1,49	2,45	2,38	1,24	2,84	11,30	1,94	2,41	5,71	2,84	1,78	0,02	1,73
II	14,55	2,89	1,27	3,42	2,05	1,46	2,16	1,67	3,88	1,63	20,00	1,06	1,71	1,77	1,07	2,97	3,87	1,26	1,55	4,40	2,97	0,34	0,07	0,70
III	9,63	2,61	1,12	2,78	3,79	0,92	1,50	1,49	4,16	2,34	14,70	0,90	1,61	1,58	1,04	1,69	5,85	1,20	1,52	6,78	1,69	1,13	0,02	1,34
IV	5,92	3,91	1,75	4,33	5,95	1,42	2,21	2,36	6,46	3,80	21,90	1,36	2,53	2,47	0,94	2,64	9,53	1,87	2,39	10,62	2,64	1,83	0,04	2,16
VIII	36,56	4,45	0,81	2,45	1,80	0,70	2,76	1,14	2,55	0,69	8,70	0,73	1,17	1,36	0,74	1,32	1,54	0,98	1,11	4,22	1,32	0,33	0,15	0,44
V	58,76	4,75	0,69	1,95	1,23	0,43	2,71	0,85	2,62	0,37	173,00	0,61	0,83	1,06	0,89	0,94	0,57	0,83	0,80	3,09	0,94	0,21	0,22	0,28
VII	32,15	3,50	0,84	2,05	1,46	0,54	2,20	0,96	2,83	0,62	70,00	0,59	0,97	1,08	1,63	1,08	1,04	0,87	0,91	0,37	1,08	0,35	0,11	0,42
VI	2,75	1,82	2,13	1,78	0,41	0,40	0,18	0,69	1,03	2,65	0,38	0,59	0,84	0,73	0,29	1,02	1,09	0,44	0,51	0,88	1,02	1,99	0,01	1,20
im Mittel		3,26	1,31	2,91	2,54	1,03	1,91	1,41	3,57	2,07	39,34	0,92	1,51	1,55	0,98	1,81	4,34	1,17	1,40	4,51	1,81	1,00	0,09	1,03
mittl. quadr. Abw.		1,00	0,25	1,01	2,60	0,41	0,61	0,33	2,49	2,63	29,87	0,11	0,41	0,35	0,13	0,66	15,18	0,23	0,42	4,39	0,66	0,53	0,005	0,58

Zahlentafel 31. Ergebnisse der Messungen bei Dieppe und berechnete P_Ω und M nach gemessenen Wellenstoßwerten.

Fall	Datum	Wasserstand in m über 0,00 N. N. während der Messung	Tiefe am Fuß d. Wand während der Messung H_2 in m	Wellenhöhe $2h$ in m	Wellenlänge $2L$ in m	Periode T in sec	Geschw. in m/sec	Wellenhöhe $4h''$ in m	Horizont. Geschwindigkeit in m/sec	Steiggeschw. zu Beginn in m/sec	Größter Wellenstoß in t/m²	$\frac{2h}{2L}$	$\frac{4h''}{2L}$	$\frac{2h}{2L}H_2$	$\frac{4h''}{2L}H_2$	P_Ω t pro m	Schwerpunkt bei in m	Hebelarm η in m	Kippmoment um $+4,00$ $M=P_\Omega\cdot\eta$ in tm
											ungehinderte Elemente		Elemente in Brandung		nach gemessenen Wellenstößen berechnete Wellenstoßfläche			
	Wellenbrecher West im Hafen von Dieppe (Atlantischer Ozean)																		
IX	Sturm am 9.2.1937, 12ʰ 27′	$+5,75$	1,75	2,5	45,0	—	6,0	3,5	6,5	31,0	16,0	1:18 0,0556	1:13 0,0778	0,0973	0,1362	22,04	$+4,80$	0,80	17,63
X	Sturm am 9.2.1937, 12ʰ 30′	$+5,70$	1,70	2,5	45,0	—	6,0	3,5	7,5	37,0	40,0	1:18 0,0556	1:13 0,0778	0,0945	0,1323	47,18	$+4,67$	0,67	31,61
XI	Sturm am 23.2.1937, 12ʰ 21′	$+5,50$	1,50	1,8	40,0	—	6,0	2,5	8,5	23,0	69,0	1:22 0,0450	1:16 0,0625	0,0675	0,0938	69,50	$+4,57$	0,57	39,62
XII	Sturm am 23.2.1937, 12ʰ 37′	$+5,10$	1,10	1,8	40,0	—	6,0	2,5	6,8	25,0	62,0	1:22 0,0450	1:16 0,0625	0,0495	0,0688	59,73	$+4,55$	0,55	32,85
XIII	Sturm am 1.3.1937, 15ʰ 56′	$+5,50$	1,50	2,5	40,0	—	5,5	3,5	11,5	32,0	37,0	1:16 0,0625	1:11 0,0875	0,0938	0,1313	38,08	$+4,62$	0,62	23,61

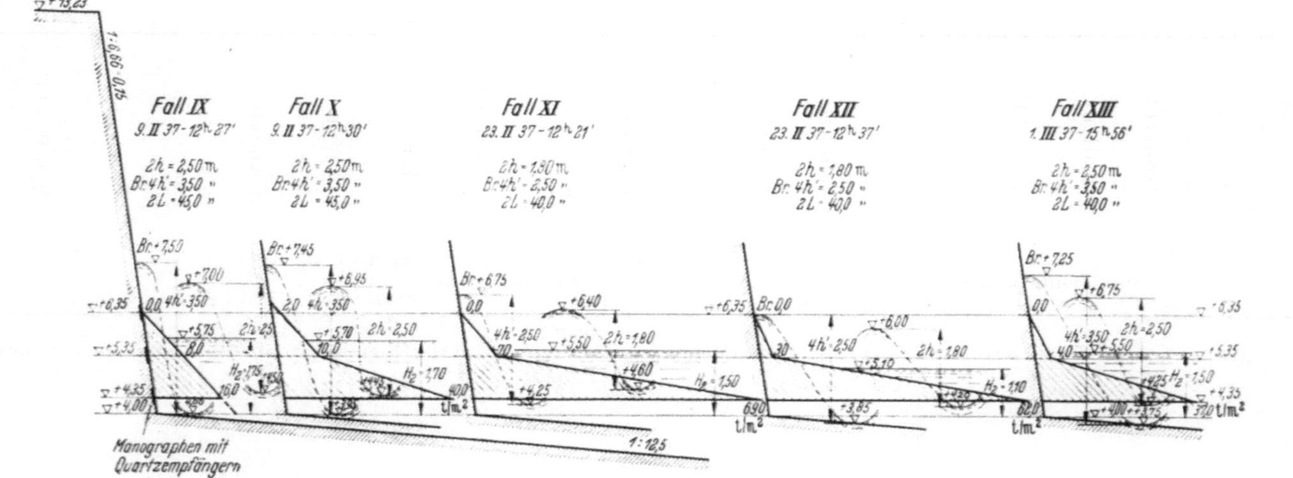

Abb. 31. Wellenstoßbelastungsflächen von Brandungswellen nach Messungen am Wellenbrecher West im Hafen von Dieppe.

Additional information of this book

(1941-1949; 978-3-642-45818-7; 978-3-642-45818-7_OSFO2) is provided:

http://Extras.Springer.com

Die Formeln von Betz und Hansen geben nur bei den Mittelwerten annehmbare Überschlagwerte. allerdings nicht bei großen Wellen, wobei die mittleren quadratischen Abweichungen weit außerhalb der angenommenen Grenzen sind. Dies trifft noch weniger beim Verfahren von Jacoby zu, obgleich seine theoretischen Stoßflächen bei kleinen Wellen noch eine gewisse Ähnlichkeit mit den gemessenen Stoßflächen aufweisen und die mittleren quadratischen Abweichungen sich innerhalb der Grenzen halten.

Abschließend und hier nur die Vergleichsergebnisse mit den gemessenen Stoßflächen berücksichtigend. kann man folgendes feststellen:

1. Von den besprochenen Verfahren oder Formeln gibt keine ganz genau die gemessenen Wellenstoßflächen oder die Größe des Gesamtstoßes bei großen Wellen wieder.

2. Die Verfahren von Richter, Levi und Antonelli kommen den gemessenen Verhältnissen der Stoßwirkung der großen Wellen und den Mittelverhältnissen am nächsten, wobei das Verfahren von Levi in der Annahme des Stoßes am Fuß der senkrechten Wand gleich Null einen Nachteil gegenüber den anderen beiden Verfahren aufweist.

B. Ergebnisse aus dem Vergleich der Wellenstoßmessungen mit theoretischen Berechnungen des Wellenstoßes auf eine senkrechte Wand bei Brandungswellen.

Worin der Vorgang des Brandens der Wellen eigentlich besteht, ist bis jetzt noch nicht geklärt, und es gibt z. Zt. noch keine Theorie, wie es schon Thorade festgestellt hat, welche die Brandung in ihren vielfältigen, bald gewaltigen, bald geringeren Wirkungen erklären könnte. Die gewaltigsten Leistungen an Energieauslösung zeigte sich zum großen Teil beim Auftreten von Klippenbrandungen an felsigen Küsten. was nach Thorade auf die besondere Wirksamkeit unstetiger Tiefenverhältnisse hinweisen soll. Die Messungen bei Dieppe stehen neben den anderen genannten Wellenstoßmessungen einzigartig da, sowohl in bezug auf die Größe der gemessenen Wellenstöße (bis 69,0 t/m²), als auch auf den Verlauf der Wellenstoßflächenformen längs der Wand. Größen bis 30—40 t/m² der Wellenstöße bei Brandungen hatte auch schon s. Zt. Stevenson gemessen. Seine Stoßmessungen waren aber bedauerlicherweise erstens nicht mit Messungen der Wellenelemente verbunden und zweitens gaben seine Geräte nur den maximalen Stoßwert für eine Serie von Stürmen; der Beobachter mußte warten. bis er an das Gerät gelangen konnte, um die Stoßkraft feststellen zu können. Anders ist es bei den Messungen in Dieppe. Wie aus Abb. 31 zu ersehen ist, waren die Membranen mit Quarzempfängern im Abstande von 1 m übereinander aufgestellt. Die Wellenstöße wurden kurvenartig durch ein mit Leitungen verbundenes selbsttätiges Gerät von jeder Membrane getrennt gezeichnet. Der Maßstab der Zeit hatte eine solche Genauigkeit, daß bis zu einem Hundertstel einer Sekunde der Verlauf der Stoßkurve vom Gerät geschrieben werden konnte.

In Abb. 32 sind mehrere Fälle von solchen Stoßkurven in zeitlichem Verlauf nach Rouville, Besson und Petry (80) wiedergegeben. die die Vielfalt der Erscheinung erkennen lassen; leider muß wieder festgestellt werden, daß die mit feinsten Präzisionsgeräten ausgeführten Stoßmessungen nicht durch gleichzeitige Messung der Wellenelemente (Höhe. Länge usw.) begleitet waren. was die weitere Auswertung dieser interessanten Stoßmessungen. wenn auch nicht gänzlich wertlos macht. so doch zum größten Teil beeinträchtigt.

Wir sehen. daß die dargestellten Kurven verschiedene Typen aufweisen. Die unterste Membrane (+ 4,57 m) auf Abb. 32a zeigt einen plötzlichen großen (bis 20 t/m²) Stoß. dann ein sofortiges Absetzen des Stoßes und einen zweiten Stoß mit weiterem, allmählichem Abklingen. In Abb. 32b nach vier Minuten zeigt dieselbe Membrane zuerst einen ebenso großen Stoß, wie in Abb. 32a. aber er hat eine größere Dauer und das Abklingen eine andere Form, ebenso auf der oberen Membrane (+ 5.34 m). Nach weiteren drei Minuten sehen wir bei der unteren Membrane einen ganz kurzen, ungefähr 50 t/m² großen Stoß. der sofort abklingt und sogar einen kleinen, zeitlich kurzen Sog bildet, denselben Verlauf hat auch die Kurve der oberen Membrane. Welche Wellen diese drei Typen von Stoßkurven erzeugt haben, ist nicht bekannt. Um 12 Uhr desselben Tages, also acht Minuten vor der ersten Aufzeichnung des Stoßes (2. 12. 1935 um 12 Uhr) betrug die Wellenhöhe 4,5 m und die Wellenlänge 70 m.

In Abb. 32d sehen wir noch einen Typ einer Stoßkurve; der Stoß ist groß, tritt aber nicht zu schnell auf und klingt auch richtig wellenförmig ab. 10 Minuten später (16. 12. 1935 um 12 Uhr 45 Minuten) haben wir schon eine Wellenstoßkurve. die an die Stoßkurven in Abb. 32c erinnert.

Schließlich haben wir in Abb. 32f (unser Fall *XII*) eine Stoßkurve mit einem größten Stoßwert von 62 t/m² bei der untersten Membrane. die mit gleichzeitiger Messung von Wellenelementen verbunden und dadurch sehr wertvoll ist.

Die verschiedenartige Form der zeitlichen Stoßkurven wird wohl auf die Unregelmäßigkeiten des Wellenganges und auf Rückprallerscheinungen zurückzuführen sein.

Die in den Abb. 31 und 33 dargestellten Wellenstoßflächen sind nach den Angaben von Rouville. Besson und Petry *[80]* von mir aufgezeichnet; leider haben die Stoßflächen der Abb. 33 keine Angaben über Wellenelemente. welche diese Stoßwirkung ausgeübt haben. Deswegen konnten diese 5 gemessenen

Zahlentafel 32. Ergebnisse der Berechnungen der Wellenstoßbelastungsflächen (P_Ω) und Kippmomente (M) für die Messungen bei Dieppe nach dem Verfahren von Wey und Formel von Hansen.

Fall	Nach gemessenen Werten berechnete Werte von P_Ω in t/m	M in t × m	Tiefe am Fuß der Wand während der Messungen H_2 in m	Tiefe, bei welcher nach Wey die Brandung beginnt $H = 1,6 \cdot 2h$ in m	Abstand der Tiefe H von der Wand = Länge der Brandungswelle $2L'_B = (H-H_2):i$ in m	$\dfrac{4h'}{L'}$	$\dfrac{2h}{2L}$	Wey P_Ω t/m	Wey Schwerpunkt bei ▼ in m	Wey Hebelarm η in m	Wey Kippmoment M in t m	Hansen P_Ω t/m	Hansen Schwerpunkt bei ▼ in m	Hansen Hebelarm η in m	Hansen Kippmoment M in t m
IX	22,04	17,63	1,75	4,00	28,20	1 : 8,0	1 : 18	18,66	+4,80	0,80	14,93	14,50	+5,75	1,75	25,35
X	47,18	31,61	1,70	4,00	28,75	1 : 8,2	1 : 18	18,08	+4,78	0,78	14,10	14,50	+5,70	1,70	24,60
XI	69,50	39,62	1,50	2,88	17,25	1 : 6,9	1 : 22	8,25	+4,62	0,62	5,10	13,60	+5,50	1,50	20,35
XII	59,73	32,85	1,10	2,88	22,25	1 : 8,9	1 : 22	5,73	+4,44	0,44	2,52	13,90	+5,10	1,10	15,30
XIII	38,08	23,61	1,50	4,00	31,25	1 : 8,93	1 : 16	16,17	+4,68	0,68	11,00	15,10	+5,50	1,50	21,10

Zahlentafel 33. $\dfrac{M\,\text{theor.}}{M\,\text{gem.}}$ und $\dfrac{P_\Omega\,\text{theor.}}{P_\Omega\,\text{gem.}}$ im Fall einer Brandungswelle und einer senkrechten Wand bei Anwendung des Verfahrens von Wey und der Formel von Hansen.

Fall	M gem. in t m	$\dfrac{M\,\text{theor.}}{M\,\text{gem.}}$ für die Verfahren oder Formeln von — Wey bei M theor. in t m	$\dfrac{M\,\text{theor.}}{M\,\text{gem.}}$	Hansen bei M theor. in t m	$\dfrac{M\,\text{theor.}}{M\,\text{gem.}}$	P_Ω gem. in t pro m	$\dfrac{P_\Omega\,\text{theor.}}{P_\Omega\,\text{gem.}}$ für die Verfahren oder Formeln von — Wey bei P_Ω theor. in t	$\dfrac{P_\Omega\,\text{theor.}}{P_\Omega\,\text{gem.}}$	Hansen bei P_Ω theor. in t	$\dfrac{P_\Omega\,\text{theor.}}{P_\Omega\,\text{gem.}}$
IX	17,63	14,93	0,85	25,35	1,44	22,04	18,66	0,85	14,50	0,66
X	31,61	14,10	0,45	24,60	0,78	47,18	18,08	0,38	14,50	0,31
XI	39,62	5,10	0,13	20,35	0,51	69,50	8,25	0,12	13,60	0,20
XII	32,85	2,52	0,08	15,30	0,46	59,73	5,73	0,10	13,90	0,23
XIII	23,61	11,00	0,47	21,10	0,89	38,08	16,17	0,43	15,10	0,40
im Mittel			0,40		0,82			0,38		0,36
m. qu. Abw.			0,08		0,13			0,07		0,03

Stoßflächen für die weiteren Berechnungen nicht ausgenutzt werden. Es war mir gelungen, die in der Literatur fehlenden Angaben über die Höhe der Wasserstände im Moment der vorgenommenen Messungen aus Frankreich zu erhalten, und dadurch die in jedem Fall vor der Wand tatsächlich vorhandenen Tiefen zu ermitteln; sie waren großen Schwankungen ausgesetzt, da die Tidebewegungen an der atlantischen Küste Frankreichs sehr groß sind. Die Kenntnis der Tiefen war nötig, um klären zu können, ob man in den Fällen der Messungen bei Dieppe mit Schwingungswellen oder Brandungswellen zu rechnen hatte. Ich konnte einwandfrei feststellen, daß man es hier mit Brandungswellen zu tun hatte. Wir sehen aus Abb. 31 und 33, daß bei Tiefen am Fuß der Wand von 1,10—1,80 m alle Stoßflächen eine beständige dreieckförmige Form dieser Fläche aufweisen, wobei das Maximum des Wellenstoßes in der Tiefe liegt. Dies finden wir in den Messungen des Jahres 1935, wie auch des Jahres 1937. Bei einer weiteren Erhöhung (s. Abb. 33) des ruhigen Wasserspiegels, z. B. bis auf + 6,35 m (am 16. 12. 1935 um 12 Uhr 35 Minuten) oder bis + 6,65 m über N.N. in weiteren 10 Minuten (am 16. 12. 1935 um 12 Uhr 45 Minuten) ergeben sich entsprechende Tiefen am Fuß der Wand von 2,35 m und 2,65 m. Es zeigt sich dabei, daß die Wellenstoßbelastungsflächen in diesen Fällen eine ganz andere Form haben wie bei kleineren Tiefen (1.10—1,80 m). Wahrscheinlich stellen die beiden Fälle (man hat leider bei diesen Stoßmessungen, wie schon so oft, die Wellenelemente nicht gemessen) einen Grenzfall des Überganges von Brandungswellen in Schwingungswellen dar. An diesen Beispielen sieht man ganz deutlich, welche ausschlaggebende Rolle

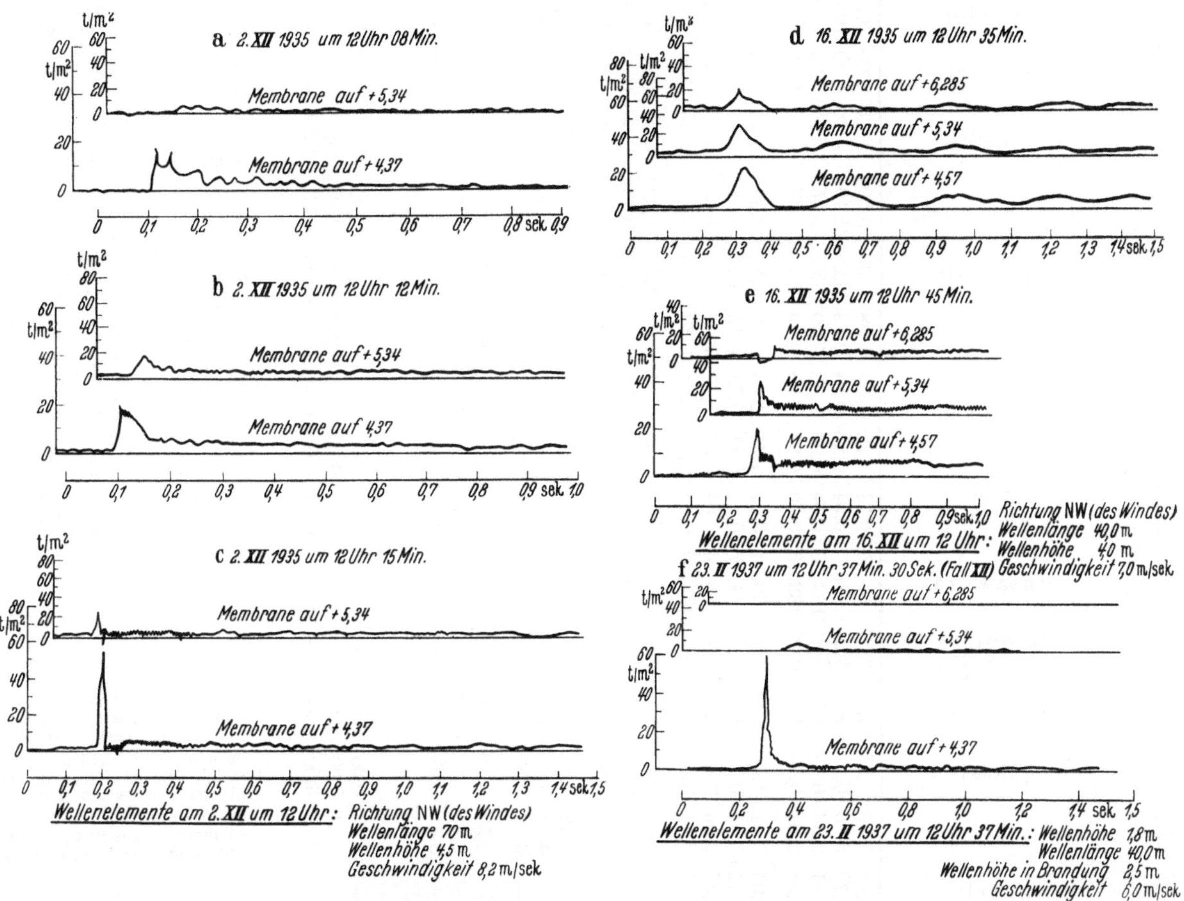

Abb. 32. Wellenstoßkurven von Brandungswellen bei Dieppe nach Rouville, Besson u. Petry.

bei der Größe des Wellenstoßes eine Änderung der Tiefe nur um 0,55 m spielt. Wie ist es nun zu erklären, daß so große Unterschiede in den größten Wellenstößen bei denselben ungehinderten Wellen registriert sind (z. B. bei 1,80 m Wellenhöhe bis 69 t/m² bei Brandungswellen und entsprechend 1,80—2,00 t/m² bei Schwingungswellen), Unterschiede, welche die Glaubwürdigkeit der Messungen bei Dieppe in Frage stellen könnten? In der Arbeit von Rouville, Besson und Petry [80] kann man einen Hinweis finden, der bis zu einem gewissen Grade diese großen Unterschiede erklären könnte. Es wird darauf hingewiesen, daß beim Branden der Wellen durch den Abprall von der Wand nicht nur Gischt, sondern auch ein gewisser Teil der geschlossenen Wassermenge zusammen mit Teilchen von Luft vermischt bis auf 25 m über dem Wasserspiegel mit einer senkrechten Geschwindigkeit von 23,0—37,0 m in der Sekunde in die Höhe geschleudert wurde, und so die Energie der Wellen sich auslöste. Bemerkenswert ist, daß die größten Wellenstöße nur Bruchteile von Sekunden wirkten und, wie es die Kurven zeigen, im Fall XI der Wellenstoß der untersten Membrane bei der Größe von 62 t/m² nur in der Zeitdauer von 0,005 sec. gewirkt hat und fast sofort auf einen Wellenstoß von ungefähr 20,0 t/m² herabsank, um in der weiteren Zeitdauer von 0,1 Sekunden ganz geringe Wellenstöße von einigen t/m² aufzuweisen. In diesem letzten Moment zeigte aber die Membrane auf + 5,34 m einen Stoß von etwa 10 t/m² (s. Abb. 32f).

Man sieht aus dem eben Geschilderten, daß die beschriebenen Messungen bei Dieppe das erste Licht in die verwickelten Vorgänge der Entstehung und Energieauslösung der Brandungswellen bringen.

Aus ihnen ist aber noch kein einwandfreies klares Bild des Vorganges zu gewinnen. Dennoch soll versucht werden, den Wellenstoß nach dem vorhandenen Vorschlag von Wey und der Formel von Hansen

Zahlentafel 34. Zusammenfassung der verschiedenen Verhältniswerte für die einzelnen Verfahren und Formeln zur Berechnung des Wellenstoßes auf eine senkrechte Wand bei Schwingungswellen.

Werte nach den Verfahren oder Formeln von

Verhältnisse (Für welche Mittelwerte)	Hansen	Jacoby	Betz	XVI. Schiff. Kongreß	Latham	Gourret	Molitor	Lange u. Forst	Antonelli	Levi	Richter	Sainflou	Lira	Butawand	Kandiba-Toukholka	Trenjukhinn	Benezit	Wey	Engels	Gaillard	Hiroi	Büro Weritas	Throchoidale Theorie
M theor. — Mittel a. F. I–VIII	1,55	0,08	1,58	1,33	6,46	1,20	1,71	6,29	1,33	1,08	1,39	1,32	0,71	68,25	3,07	5,03	1,23	1,78	1,48	3,21	2,68	1,86	4,80
M theor. — mittl. quadr. Abw.	1,05	0,004	1,37	0,26	19,60	0,25	0,46	31,19	0,26	0,18	0,23	0,23	0,04	5701	4,61	5,24	0,21	0,75	0,72	4,74	0,50	0,76	2,54
M gem. — Mittel a. V, VII, VIII	0,55	0,16	0,43	0,92	4,19	0,84	1,35	1,55	0,92	1,00	1,08	0,80	0,54	154,50	0,81	3,77	0,88	2,34	0,81	2,08	2,32	1,01	6,08
M gem. — Fall V	0,38	0,21	0,28	0,73	3,14	0,70	1,16	0,77	0,73	1,10	1,00	0,67	0,50	232,00	0,50	3,55	0,75	2,91	0,58	1,66	2,21	0,78	6,39
P_Ω theor. — Mittel a. I–VIII	1,03	0,09	1,00	1,81	4,51	1,40	1,17	4,34	1,81	0,98	1,55	1,51	0,92	39,34	2,07	3,57	1,41	1,91	1,03	2,54	2,91	1,31	3,26
P_Ω theor. — mittl. quadr. Abw.	0,58	0,005	0,53	0,66	7,39	0,42	0,23	15,18	0,16	0,13	0,35	0,41	0,11	29,57	2,63	2,41	0,33	0,61	0,41	2,60	1,01	0,25	1,00
P_Ω gem. — Mittel a. V, VII, VIII	0,38	0,16	0,29	1,11	2,56	0,94	0,89	1,05	1,11	1,09	1,17	0,99	0,64	83,90	0,56	2,67	0,98	2,56	0,56	1,49	2,15	0,78	4,23
P_Ω gem. — Fall V	0,28	0,22	0,21	0,94	3,09	0,80	0,83	0,57	0,94	0,89	1,06	0,83	0,61	173,00	0,37	2,62	0,85	2,71	0,43	1,23	1,95	0,69	4,75
K theor. — Mittel a. I–VIII	—	0,45	—	1,59	0,89	0,92	0,97	1,02	1,59	1,00	1,37	0,99	0,48	—	—	0,48	0,92	0,00	—	0,89	1,36	0,89	—
K gem. — Mittel a. V, VII, VIII	—	0,31	—	0,65	0,61	0,62	0,65	0,33	0,68	1,00	0,96	0,72	0,34	—	—	0,34	0,63	0,00	—	0,61	0,93	0,61	—
K gem. — Fall V	—	0,30	—	0,60	0,60	0,61	0,65	0,22	0,60	1,00	0,92	0,76	0,35	—	—	0,35	0,62	0,00	—	0,60	0,92	0,60	—
P_{max} theor. — Mittel a. I–VIII	—	0,13	—	0,91	10,60	0,88	6,12	6,32	0,91	0,96	0,98	0,95	0,55	—	—	13,45	0,88	2,48	—	5,70	1,38	3,51	—
P_{max} gem. — Mittel a. V, VII, VIII	—	0,27	—	0,97	4,44	0,92	3,47	3,08	0,97	1,35	1,09	1,02	0,64	—	—	8,23	0,95	4,32	—	3,23	1,47	1,63	—
P_{max} gem. — Fall V	—	0,40	—	1,02	4,86	0,95	2,95	2,28	1,02	1,36	1,20	1,11	0,77	—	—	7,58	1,00	5,60	—	2,66	1,55	1,36	—
$P_w F$ theor. — Mittel a. I–VIII	—	0,04	—	5,82	0,00	4,07	0,00	0,00	5,82	0,00	4,22	4,07	3,11	—	—	13,02	4,12	2,50	—	2,39	8,56	0,00	—
$P_w F$ gem. — Mittel a. V, VII, VIII	—	0,10	—	1,48	0,00	1,05	0,00	0,00	1,48	0,00	1,28	1,21	0,79	—	—	12,15	1,11	2,15	—	0,30	2,23	0,00	—
$P_w F$ gem. — Fall V	—	0,15	—	1,16	0,00	0,84	0,00	0,00	1,16	0,00	1,04	0,98	0,67	—	—	8,67	0,92	2,41	—	0,30	1,74	0,00	—
Lage des P_{max} — Mittel a. I–VIII	—	−0,12	—	0,00	0,00	0,00	+0,26	0,00	0,00	0,00	0,00	0,00	0,00	—	—	0,00	0,00	−1,51	—	0,00	0,00	0,00	—
Lage des P_{max} — Mittel a. V, VII, VIII	—	−0,33	—	0,00	0,00	0,00	+0,36	0,00	0,00	0,00	0,00	0,00	0,00	—	—	0,00	0,00	−1,76	—	0,00	0,00	0,00	—
Lage des P_{max} — Fall V	—	0,00	—	0,00	0,00	0,00	+0,54	0,00	0,00	0,00	0,00	0,00	0,00	—	—	0,00	0,00	−1,72	—	0,00	0,00	0,00	—

Lage des P_{max} bezogen auf den ruhigen Meeresspiegel (P_{max} gem. V = −1,0).

Allgemeiner Verlauf der theoretischen Stoßflächen im Vergleich zu den gemessenen:

- **Jacoby:** Bei kleinen Wellen ist die Ähnlichkeit mit den gemessenen Stoßfl. noch da, bei großen Wellen nicht
- **XVI. Schiff. Kongreß:** Bei großen Wellen ist die Ähnlichkeit d. theor. Stoßfl. größer zu den gemessenen als bei kleinen Wellen
- **Latham:** Die theor. Stoßfläch. haben keine Ähnlichkeit mit den gemessenen, da sie dreieckförmig sind
- **Gourret:** Die theor. Stoßfl. haben bei großen Wellen eine gewiss. Ähnlichk. m. d. gemess.; bei kleinen Wellen nicht
- **Molitor:** Die theoretisch. Stoßflächen sind wie Dreiecke und haben keine Ähnlichkeit mit den gemessenen
- **Lange u. Forst:** Es ist keine Ähnlichkeit zwischen den gemessenen und theoretischen Stoßflächen vorhanden
- **Antonelli:** Bei großen Wellen ist die Ähnlichkeit der theor. Stoßfl. größer z. den gemessenen als bei kleinen Wellen
- **Levi:** Bei kleinen Wellen ist die Stoßfl. gewöhnl. der gemess., bei großen ist sie zu hoch gegen 0,00
- **Richter:** Im allgem. für große Wellen ist die theor. Stoßfl. sehr ähnl. d. gemess., für kleine Wellen am Fuß zu stark
- **Sainflou:** Die theoretischen Stoßflächen haben eine gewisse Ähnlichkeit mit den gemessenen
- **Lira:** Im allgemeinen haben die theor. Stoßflächen eine gewisse Ähnlichkeit, über 0,00 weniger
- **Trenjukhinn:** Die theoretischen Stoßkurven haben gar keine Ähnlichkeit mit den gemessenen
- **Benezit:** Im allgemeinen haben die theor. Stoßfl. eine gewisse Ähnlichkeit mit den gemessenen (unter 0,00)
- **Wey:** Die theor. Stoßflächen hab. wenig Ähnlichkeit mit den gemessenen und fangen erst unter 0,00 an
- **Gaillard:** Die theor. Stoßflächen haben über dem ruhigen Wasserspiegel keine Ähnlichkeit mit den gemessenen
- **Hiroi:** Die theoretischen Stoßflächen sind mit gleichbleibendem Wert, was den Messungen widerspricht
- **Büro Weritas:** Die theoretischen Stoßflächen sind Dreiecke u. haben wenig Ähnlichkeit mit den gemess. Stoßflächen

für die Berechnung des Wellenstoßes bei Brandungswellen zu errechnen und mit den gemessenen Stoßflächen der Fälle *IX* bis *XIII* zu vergleichen. Man muß dabei folgende Ergänzungen der gemessenen Wellenstoßbelastungskurven und die entsprechende Berechnungsart berücksichtigen: die vorhandenen gemessenen Wellenstoßflächen müssen dem Verlauf der Kurve nach bis auf die Höhe + 4,00 (Wandfuß) verlängert werden (so z. B. die gestrichelte Fläche in Abb. 31, Fall *IX*) und die Größen dieser Flächen

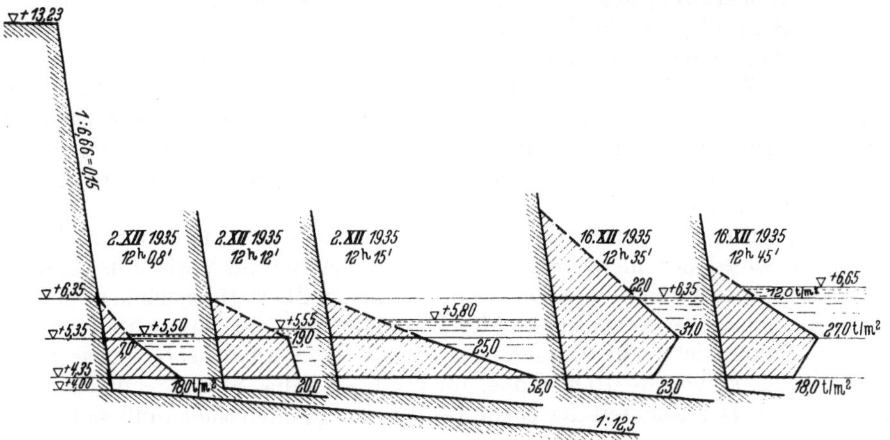

Abb. 33. Wellenstoßbelastungsflächen bei Brandungswellen nach Messungen am Wellenbrecher West im Hafen von Dieppe ohne Angaben über die Wellenelemente.

in den Vergleich einbezogen werden. In den Berechnungen der theoretischen Stoßflächen nach Wey wurden letztere auch bis zu diesem Punkt gezeichnet, um vergleichbare Größen zu bekommen.

Der Vergleich ergibt nach den Tafeln 31 und 32 große Abweichungen der theoretischen Stoßflächen und der Gesamtstoßwerte von den entsprechend gemessenen. Die Berechnungen der Verhältnisse $\dfrac{M \text{ theor.}}{M \text{ gem.}}$ und $\dfrac{P_\Omega \text{ theor.}}{P_\Omega \text{ gem.}}$ zeigen nach Zahlentafel 33 auch gar keine befriedigenden Ergebnisse, da nur im Fall *IX* die Formel von Hansen einen Wert von 1,44 für das Verhältnis der Kippmomente aufweist, bei allen anderen Fällen aber sind alle Verhältniswerte niedriger als 1,0, was unzureichend ist. Die Einsetzung von Elementen steilerer Wellen (Elementen der Brandung) wie Wey vorschlägt, gaben ebenso unzureichende Ergebnisse, da nach dem Verfahren von Wey dadurch die Stoßfläche sich nur etwas höher — näher dem Meeresspiegel — zusammenzieht, an Größe aber nicht wesentlich zunimmt. Wie kommt es dann, daß trotz solch großer Stoßwerte der Wellenbrecher von Dieppe standgehalten hat? Diese Frage kann eventuell damit beantwortet werden, daß die Dauer dieser großen Wellenstöße sehr kurz war (0,005 sec) und die Schwankung des Wellenbrechers infolgedessen ohne Auswirkung blieb, weil die Stoßkraft ebenso schnell nachließ, wie sie plötzlich kam. Außerdem wirkten diese großen Wellenstöße am Fuß oder kurz über dem Fuß des Wellenbrechers und konnten kein großes Kippmoment verursachen (s. Zahlentafel 31), da die Größe des Hebelarmes (η) nicht einmal einen Meter erreichte; dieses bezieht sich selbstverständlich nicht auf die geringere Gleitsicherheit.

VII. Zusammenfassende Überprüfung der Verfahren bei gleichzeitiger Berücksichtigung ihrer theoretischen Grundlagen und der Vergleiche mit den Meßergebnissen.

A. Bauwerke mit senkrechter Wand.

a) Bei Schwingungswellen.

Aus allem Gesagten muß man die Schlußfolgerung ziehen, daß alle vorhandenen Verfahren bestrebt sind, die noch wenig erforschte Naturerscheinung der Wellenwirkung auf eine senkrechte Wand möglichst naturgetreu wiederzugeben. Die einen stellen theoretische, mitunter sehr verwickelte Erwägungen in den Vordergrund ihrer Betrachtungen; die anderen ziehen im Gegenteil hierzu, die praktische Einfachheit der Berechnungen im Auge behaltend, zuerst die Erfahrung zu Rate und versuchen dann die gewonnenen Erkenntnisse durch theoretische Grundlagen zu stützen.

In Kap. V war festgestellt, daß das Verfahren von Lira am nächsten zu den Grundsätzen der Wucht liegt. Aus Kap. VI dagegen, den Vergleichsergebnissen der einzelnen Verfahren mit den gemessenen Wellenstoßbelastungsflächen, ist ersichtlich, daß die Verfahren von Richter, Levi und Antonelli den gemessenen Stoßwirkungen der großen Wellen am nächsten kommen; die Ergebnisse des Verfahrens von Sainflou weichen auch nicht weit von den Meßergebnissen ab. Dagegen zeigt das Verfahren von Lira eine zu kleine Wellenstoßbelastungsfläche gegenüber der gemessenen für den Fall der größten Wellen, die schließlich bei der Beurteilung maßgebend ist.

Wie manchmal auch in anderen verwickelten Gebieten der Wissenschaft und Technik, zu welchen ganz entschieden auch die Wellenerscheinung gehört, stimmt eine im allgemeinen richtige Theorie mit den praktischen Erfahrungen nicht genügend überein, was durch ein zufälliges Mitwirken oder Ausbleiben zusätzlicher Erscheinungen und Einflüsse bedingt ist, die in theoretische Gleichungen entweder überhaupt nicht oder nur annähernd gekleidet werden können, in den Meßergebnissen aber bei genau ausgeführten Messungen enthalten sein müssen.

Das Verfahren von Richter, theoretisch gesehen, hält gar keiner Kritik stand, weil, wie es auf S. 131 geschildert ist, Teile verschiedener, nicht vereinbarer Wellentheorien im Verfahren vereint sind. Dagegen fallen die Vergleichsergebnisse mit den gemessenen Wellenstoßbelastungsflächen befriedigend aus (s. Zahlentafel 34) mit Ausnahme des Verhältnisses der Kippmomente, das gerade an der Grenze der Sicherheit steht. So ein Verfahren ist nicht empfehlenswert, da die Vergleichsergebnisse bei noch größeren vorkommenden Wellen, z. B. von 8—10 m Höhe, für die noch keine Stoßmessungen vorliegen, nicht so günstig ausfallen könnten. Der Nachteil der theoretischen Unbegründetheit muß sich in diesem Fall ungünstig auswirken.

Die beiden Verfahren von Antonelli und Levi sind Erfahrungsformeln und für praktische Berechnungen in der Anwendung äußerst einfach. Das Verfahren von Antonelli hat nach Zahlentafel 34 bessere Vergleichsergebnisse als sie das Verfahren von Sainflou aufweist. Das im Jahre 1944 veröffentlichte Verfahren von Miche (s. S. 64) und [64] bleibt in seinen Ergebnissen innerhalb der Grenzen des Verfahrens von Sainflou.

In Anbetracht dessen, daß die Errechnung der Wellenstoßbelastungsflächen auf eine senkrechte Wand bei Schwingungswellen von vielen wechselnden Faktoren und Schätzungen abhängig ist und theoretisch noch nicht ganz klaren Gesetzmäßigkeiten unterliegt, scheint es z. Zt. für das Bedürfnis der praktischen Berechnungen gegeben zu sein, beide Verfahren von Antonelli und Levi anzuwenden. Dabei müßte man das Verfahren von Antonelli = Verfahren nach dem Beschluß des XVI. Internationalen Schiffahrtkongresses 1935 in Brüssel — bevorzugen, weil es auch richtiger die Größe des Wellenstoßes am Fuß der Wand angibt.

b) Bei Brandungswellen.

Es ist darauf Bedacht zu nehmen, nach Möglichkeit ein Hafenbauwerk in dem Bereich der Wirkung der Brandungswellen nicht zu bauen, da die Wellenstoßkräfte viel größere Werte als bei Schwingungswellen erreichen. Außerdem sind der ganze Vorgang und die Größen der auftretenden Kräfte erst im Anfangsstadium ihrer Erforschung.

Der Vorschlag von Wey und die Formel von Hansen geben, wie bereits erwähnt, Werte, welche mit den gemessenen Wellenstoßkräften der Brandung nicht in Einklang stehen. Eine Theorie der Brandungswellen ist bisher nicht vorhanden, auch kein praktisches Berechnungsverfahren, welches sich wenigstens annähernd auf Meßergebnisse stützen könnte. Versuche, den Brandungsvorgang, bei welchem alle Wasserteilchen eine fortschreitende Bewegung längs der geneigten Steinschüttung der senkrechten Wand oder der Neigung des Meeresbodens erhalten, mit einem Strahldruck zu vergleichen [38], der eine ebene Wand trifft, haben keine befriedigenden Ergebnisse gezeitigt. Die Anwendung des Wuchtsatzes mit Verwendung der Formel für die Fortschrittsgeschwindigkeit einer Brandungswelle nach Scott Rüssel haben desgleichen keine anwendbaren Ergebnisse erbracht.

Daher wäre es zweckmäßig, hier einen unlängst von E. Schultze, geäußerten Gedanken festzulegen, der in einer Anwendung der Ansätze von Rausch [72] besteht und evtl. für die weiteren Erforschungen der Wirkungsweise der Brandungswellen von Bedeutung sein könnte. Er stellt fest, daß die kurze Wirkung des Wellenstoßes von Brandungswellen, wie bei Dieppe, eine dynamische Beanspruchung darstellt, die anders als eine statische Überdruckfläche gewertet werden muß, wobei dann besonders wertvoll die in Abb. 32 abgebildeten Diagramme des zeitlichen Verlaufes des Wellenstoßes sein müßten.

Nach Rausch erhält man im allgemeinen die Schwingungsbeanspruchungen der Baukonstruktionen durch Vervielfachung der dynamischen Kraft mit einem dynamischen Beiwert, welcher vom Verhältnis der Eigenschwingungszahl zur Erregungsschwingungszahl abhängt. Die Schwingungsbeanspruchungen müssen danach noch mit einem Ermüdungsbeiwert vervielfacht werden, um als statisch wirkende Kräfte angenommen zu werden. Die durch Selbsterregung angefachten Schwingungen wären nach Rausch aber sehr schwer berechenbar.

B. Bauwerke mit einer seeseitigen Böschung oder geneigten Wand.

Wie bereits erwähnt wurde, gibt es vorläufig keine Möglichkeit, die vorhandenen Verfahren von Gourret und Miche für die Berechnung des Wellenstoßes auf eine geneigte Wand bei Schwingungswellen und das Verfahren von Hiroi bei Brandungswellen mit entsprechenden Messungen in der Natur zu vergleichen, da letztere fehlen. So muß man von Fall zu Fall sich des entsprechenden Verfahrens bedienen und danach trachten, Wellenstoßmessungen mit gleichzeitigen Messungen der Wellenelemente auf Bauwerke mit geneigter Wand auszuführen.

Es könnte nur noch versucht werden, das theoretische Auflaufen der Welle auf die Böschung bei Schwingungswellen nach den Verfahren von Miche und Gourret mit den von Pischkin *[68]* in einer Versuchsanstalt ausgeführten Forschungen zu überprüfen. In der Zahlentafel 35 sind drei Beispiele durchgerechnet.

Zahlentafel 35.
Vergleich der Höhe des Auflaufens der Wellen auf eine unter 45° geneigte Wand nach dem Verfahren von Miche, Gourret und der Versuchsformel (130) von Pischkin.

$2h$ in m	$2L$ in M	$\dfrac{\beta-2h}{2L}$	$\dfrac{2h}{L}$	$\dfrac{Z_M}{L}$ nach Gourret	h in m	L in m	Höhe des Auflaufens der Wellen Z_M in m		
							nach Miche	nach Gourret	Nach d. Versuchsformel Pischkin
5,0	120	1 : 24	1 : 12	0,16	2,5	60	8,35	9,60	11,0
4,0	80	1 : 20	1 : 10	0,23	2,0	40	6,90	9,20	10,5
3,0	48	1 : 16	1 : 8	0,34	1,5	24	5,40	8,15	9,9

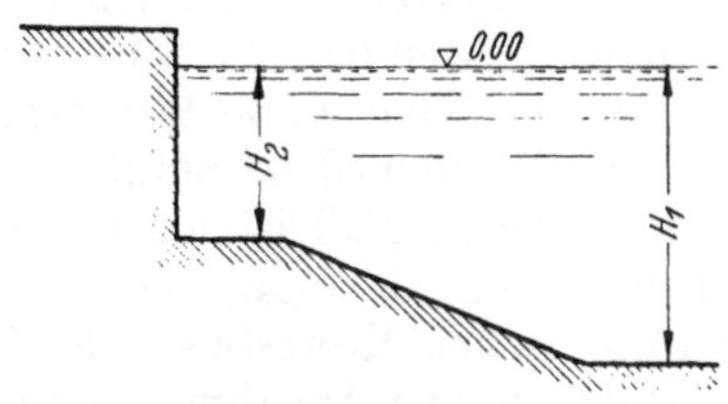

Abb. 34. Bezeichnungen der Tiefen an Bauwerken.

Sie zeigen, daß die Formel von Miche immer die kleinsten Werte, die von Gourret mittlere und die Versuchsformel von Pischkin die größten Werte gibt. Der Unterschied zwischen Miche und Gourret wird größer, je steiler die Wellen werden. Die Formel von Pischkin lautet:

$$Z_M = 16\,\beta \cdot 2h\,(2{,}3 + \operatorname{cotg}\alpha) = 32\,\beta\,h\,(2{,}3 + \operatorname{cotg}\alpha) \qquad \text{in m} \qquad (130)$$

Diese Formel ist nur für steile (nicht flacher als 45°) Neigungen der Wand abgeleitet; für flache Neigungen bei $1 < \operatorname{cotg}\alpha < 6$ gibt Pischkin die Formel

$$Z_M = 0{,}535\,\frac{2h}{\operatorname{cotg}\alpha\,\sqrt{H_3}} \qquad (131)$$

C. Bauwerke mit einer kurvenartigen Form der Seeseite.

In Kapitel IV ist die erste und z. Z. einzige von Gourret gegebene Berechnungsweise der Wellenstoßflächen beim Auftreten von Schwingungswellen auf Bauwerke solcher Art beschrieben. Es wäre sehr erwünscht, sie mit Wellenstoßmessungen in der Natur auf den ersten Bauwerken dieser Art, falls solche gebaut werden sollten, zu überprüfen.

VIII. Einige Sonderfragen bei Berechnungen des Wellenstoßes.

Im Zusammenhang mit den Berechnungen des Wellenstoßes treten verschiedene Fragen grundsätzlicher Art auf, die besonders besprochen werden müssen.

Eine solche Frage wäre: welche Tiefe muß in den Formeln für die Wellenstoßberechnungen eingesetzt werden, die Tiefe H_2 unmittelbar an der Molenwand (auch „freie Höhe" genannt) oder die Tiefe H_1 (s. Abb. 34) in einem gewissen Abstand von der Mole, die einem Bereich angehört, wo der Einfluß des Bauwerkes nicht zu spüren ist?

Diese Frage wurde schon von mehreren Verfassern untersucht, wobei die einen für ihre Formeln und Verfahren die Tiefe H_1 als maßgebend annahmen, der überwiegende andere Teil wieder die Tiefe H_2. Manche Verfasser geben auch H als die Tiefe an, ohne weitere genaue Erklärung. Der XVI. Internationale Schiffahrtkongreß in Brüssel beschäftigte sich gleichfalls mit dieser Frage. Der Generalberichterstatter De Rouville erwähnt in seinem Bericht (S. 18 des Berichtes *[79]*), daß wahrscheinlich die Wirkung der Unterwasserböschung der Steinschüttung auf die Wellenform im allgemeinen gering ist und sagt weiter, „wenn es klug ist, die Ziffer für die Wassertiefe zu nehmen, die die ungünstigsten Ergebnisse zeitigt, so dürfte man sich kaum schwer täuschen, wenn man die andere annimmt. Sobald die Wassertiefe annähernd so groß ist wie die doppelte Wellentiefe in See oder noch größer, ist keine Neigung für ein Brechen der Wellen (Brandung) in Masse vorhanden". Das Verfahren von Levi und viele andere nehmen die Wassertiefe H_2 an, selbstverständlich mit der Vorbedingung, daß bei ihr kein Branden beim Auftreten der größten Wellen entsteht. Somit könnte man in dieser Frage eine Lösung darin finden, daß grundsätzlich die Wassertiefe H_2 in den Berechnungen anzunehmen ist, wenn keine besonderen Angaben hierfür vom Verfasser angegeben sind. Hierbei muß aber geprüft werden, ob bei dieser Tiefe H_2 beim Auftreten der größten Wellen nicht ein Branden entstehen könnte (s. S. 65 — Wey).

Eine zweite Frage ist, für welchen ruhigen Meeresspiegel die Wellenstoßbelastungsflächen berechnet werden sollen?

Praktisch können bei einer Seeküste 2 grundsätzliche Fälle vorkommen:

1. Man hat den Fall eines Meeres mit Tidebewegungen und

2. ein Meer ohne, oder mit sehr schwachen Tidebewegungen und dabei vorwiegendem Seichtwasser an der Küste.

Im ersten Fall ist als ruhiger Meeresspiegel der überhaupt bekannte höchste Stand des Tidehochwassers (HHThw) anzunehmen. Wenn der Schreibpegel, dessen Angaben zu diesem Zweck benutzt werden, sehr weit von der neuen Mole liegt, wird eine gewisse örtlich verschiedene Erhöhung dieses Wasserstandes notwendig sein, falls es beobachtet oder anzunehmen ist, daß durch mehrtägigen Sturm bei anhaltendem Wind große Wassermengen dem Lande zugeführt werden und diese Wassermengen längs der Seeküste verschiedene Stauhöhen erreichen können.

Im zweiten Fall ist als ruhiger Meeresspiegel der überhaupt bekannte höchste Wasserstand (HHw) anzunehmen, der auch die Stauhöhe von Überschwemmungen vom Meer her mitberücksichtigt (z. B. im Finnischen Meeresbusen der Ostsee).

Durch solche Annahmen wird in den beiden Fällen der reinen Seeküste in den Berechnungen der ungünstigste, aber dennoch vorkommende Belastungsfall für den Wellenstoß eingesetzt. Es ist anzunehmen, daß tatsächlich bei großen andauernden Stürmen und Überschwemmungen zu gleicher Zeit nicht nur die größten Wasserstauungen, sondern auch die größten Wellen auftreten können.

Beim Bau von Molen und Wellenbrechern, die an der Grenze von Flußmündungen und der Seeküste errichtet werden sollen, müssen jeweils noch die Einflüsse von Stauungen größerer Mengen von Flußwasser, die durch örtliche Abflußverhältnisse bedingt sind, untersucht und berücksichtigt werden.

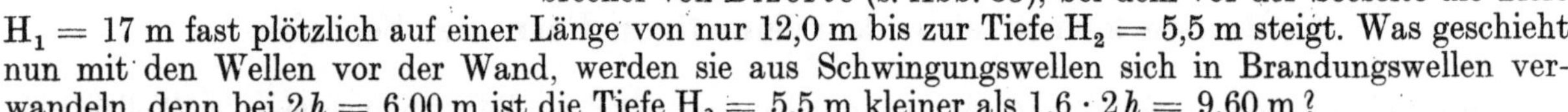

Abb. 35. Querschnitt des Wellenbrechers von Bizerte.

Hier wäre es am Platze, einen in der Praxis vorkommenden Fall eines Bauwerkes zu untersuchen. Nimmt man als Beispiel den Wellenbrecher von Bizerte (s. Abb. 35), bei dem vor der Seeseite die Tiefe $H_1 = 17$ m fast plötzlich auf einer Länge von nur 12,0 m bis zur Tiefe $H_2 = 5,5$ m steigt. Was geschieht nun mit den Wellen vor der Wand, werden sie aus Schwingungswellen sich in Brandungswellen verwandeln, denn bei $2h = 6,00$ m ist die Tiefe $H_2 = 5,5$ m kleiner als $1,6 \cdot 2h = 9,60$ m?

Es dürfte die Befürchtung der Begünstigung des Brandes einer ankommenden Schwingungswelle mehr theoretisch als praktisch vorhanden sein, weil das Hindernis vor der Mole in Form der steilen Böschung mit geringen waagrechten Abmessungen einen verhältnismäßig geringen Einfluß auf die Formveränderung der Welle ausüben würde.

Dies stellt auch Rouville [79] in seinem Bericht fest. Nach den Betrachtungen von Miche [63] würde sogar in dem gegebenen Fall unter der gestrichelten Linie der Abb. 35, die als Verlängerung der Böschung gedacht sein kann, ein Wasserpolster entstehen und kein Branden. Somit ist anzunehmen, daß eine richtige fortschreitende Brandungswelle vor der Wand noch nicht entstehen kann und die Stoßwirkung eher von einer Schwingungswelle herrühren wird, als von einer Brandung, und unter Anwendung des Verfahrens von Miche (s. S. 119) berechnet werden könnte. Allerdings müßten gleichzeitig die durch eine teilweise Formänderung der Wellen verursachten, am Fuß und längs der Böschung der Steinschüttung auftretenden erheblichen Geschwindigkeiten des Wassers berücksichtigt werden, um eine Ausspülung der Schüttung zu verhindern. Das oberflächliche Branden, welches durch den örtlichen Einfluß des Windes verursacht wird, kann unabhängig vorhanden sein.

IX. Einiges über die Ermittlungen von Wellenabmessungen und Hinweise für weitere Wellenstoßmessungen.

Es ist nicht Aufgabe dieser Arbeit, eingehend die Entwicklung und die z. Z. vorhandenen Beobachtungsmöglichkeiten und Geräte für die Ermittlung der Wellenabmessungen auf hoher See und im Küstenbereich zu schildern, wie auch nicht die Ergebnisse der vorhandenen Beobachtungen der Wellenabmessungen anzugeben oder die verschiedenen Zweige der Technik und Wirtschaft aufzuzählen, die die Wellenabmessungen gebrauchen.

Hier wäre es nur notwendig, kurz darauf hinzuweisen, was an Wellenabmessungen der Hafenbauer für seine Wellenstoßberechnungen bei Entwurfsbearbeitungen gebraucht und auf die Möglichkeiten aufmerksam zu machen, die ihm z. Z. für die Erlangung der benötigten Werte gegeben sind.

Am häufigsten wird der Fall auftreten, daß ein Hafenbauwerk an einer Seeküste entworfen und erbaut werden soll, für die keine oder nur einige unzureichende Angaben über die meist auftretenden Wellenhöhen, Wellenlängen und Schwingungsdauer vorhanden sind, jedoch keine Angaben ihrer Höchstwerte, die schließlich ausschlaggebend sind. Zur Erlangung der benötigten Angaben kann man je nach der zur Verfügung stehenden Zeit verschiedene Wege einschreiten.

Das Einfachste, aber auch das Unzuverlässigste, ist, zunächst nach den Formeln (3, 3a und 4) in Abhängigkeit von der Streichlänge des Windes die größte Wellenhöhe zu bestimmen, was aber mit großer Vorsicht, besonders bei großen Streichlängen, anzuwenden ist. Die Wellenlängen und die Schwingungsdauer müßten durch Vergleiche von Beobachtungen über deren Abmessungen in benachbarten Gebieten in Anpassung an örtliche, gegebene Boden- und Tiefenverhältnisse festgelegt werden.

Wenn genügend Zeit für einfache Beobachtungen bereitsteht, oder bereits ausgeführte Beobachtungen oder Schätzungen der Wellenabmessungen an der Küste und von Schiffen aus vorhanden sein sollten,

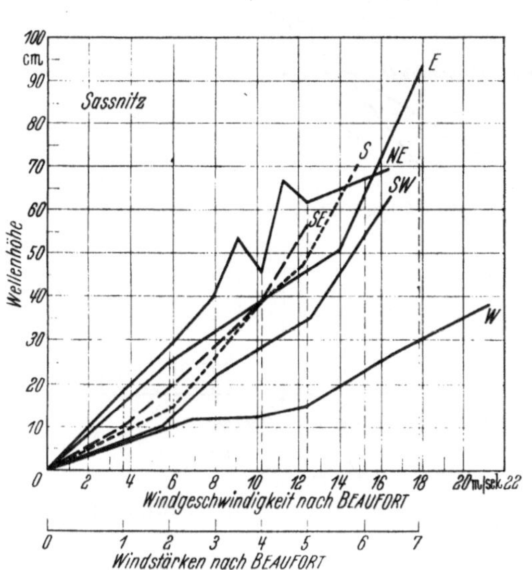

Abb. 36. Beziehungskurven zwischen Wellenhöhe und Windgeschwindigkeit für Saßnitz (nach Proetel).

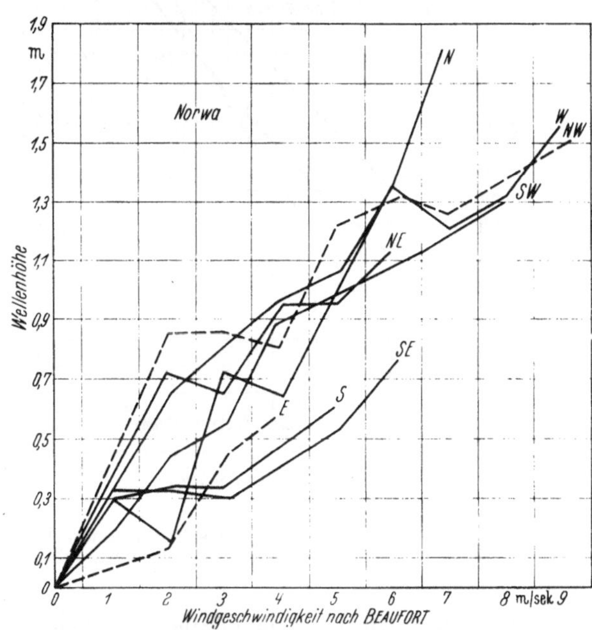

Abb. 37. Beziehungskurven zwischen Wellenhöhe und Windgeschwindigkeit für Narva (nach Bruns).

kann man für jeden Beobachtungspunkt auf Grund dieser Unterlagen auf die Größtwerte der Abmessungen schließen, indem hierzu, wie es bereits mehrere Forscher[1] vorgeschlagen haben, Beziehungskurven zwischen der Windgeschwindigkeit oder der Windstärke und den Beobachtungen einzelner Wellenabmessungen nach den einzelnen Richtungen, sowie auch die Häufigkeitskurven für die einzelnen Wellenabmessungen gebildet werden. Wenn nun aus den Wellenbeobachtungen die bereits vorgekommenen möglichen Höchstgeschwindigkeiten des Windes bekannt sind, kann man evtl. durch Extrapolieren der Kurven den Höchstwert der Wellenabmessungen ermitteln. Aus den Abb. 36, 37, 38 sind als Beispiel einige solche Beziehungskurven zu ersehen, die auf verschiedene Art und Weise aufgestellt sein können. Je mehr Beobachtungen vorliegen, desto genauer können die Kurven gebildet und weiterhin ausgewertet werden.

Werden sehr genaue Messungen der Wellenoberfläche und der Wellenabmessungen für besondere Zwecke benötigt, so können hierfür stereophotogrammetrische Aufnahmen[2] bzw. in letzter Zeit Stereokinoaufnahmen von Schiffen und von der Küste ausgeführt werden. Solche Arbeiten sind aber nur in beschränktem Maße und nur bei Tageslicht möglich. Sehr viele schwere Stürme kommen nachts vor. Um sie zu messen, muß man Schreibgeräte verwenden, deren es einige Konstruktionen gibt. Sie schreiben das Wellenprofil, von dem die Wellenhöhe und die Schwingungsdauer abgelesen werden können; die Wellenlängen müssen, wenn sie nicht besonders beobachtet wurden, dann durch Anwendung, z. B. der Formel (5) annähernd aus der Schwingungsdauer berechnet werden.

---

[1] Siehe hierzu u. a. z. B. die Arbeiten von Proetel [71], Bruns [16] für die Küstengebiete und von Hinterthan [34 u. 35] und Diede [24] für die See.

[2] Siehe hierzu u. a. die letzten Arbeiten von Titoff und Agranow [97] für das Schwarze Meer und von Schumacher [89] für den Atlantik.

Zum Schluß sei noch auf verschiedene Mängel hingewiesen, welche bei den alten und leider auch bei den neuzeitlichen Wellenstoßmessungen auftreten und ihre Auswertung manchmal unmöglich machen. Deswegen müßten in Zukunft diese Mängel bei Neumessungen behoben werden.

Die Wellenstoßmessungen müßten unbedingt mit gleichzeitigen, genauen Messungen der Wellenelemente (Höhe, Länge und Schwingungsdauer) vor sich gehen, da man sonst nicht weiß, was für eine Welle den Stoß ausgeübt hat. Gleichzeitig muß die Ruhestellung des Meeres z. Z. der Messung festgestellt und auch die von der Wand zurückgeworfene Wellenhöhe gemessen werden. Von großer Bedeutung ist außerdem die gleichzeitige Beobachtung der Richtung der Wellen, welche auf das Bauwerk angerollt kommen.

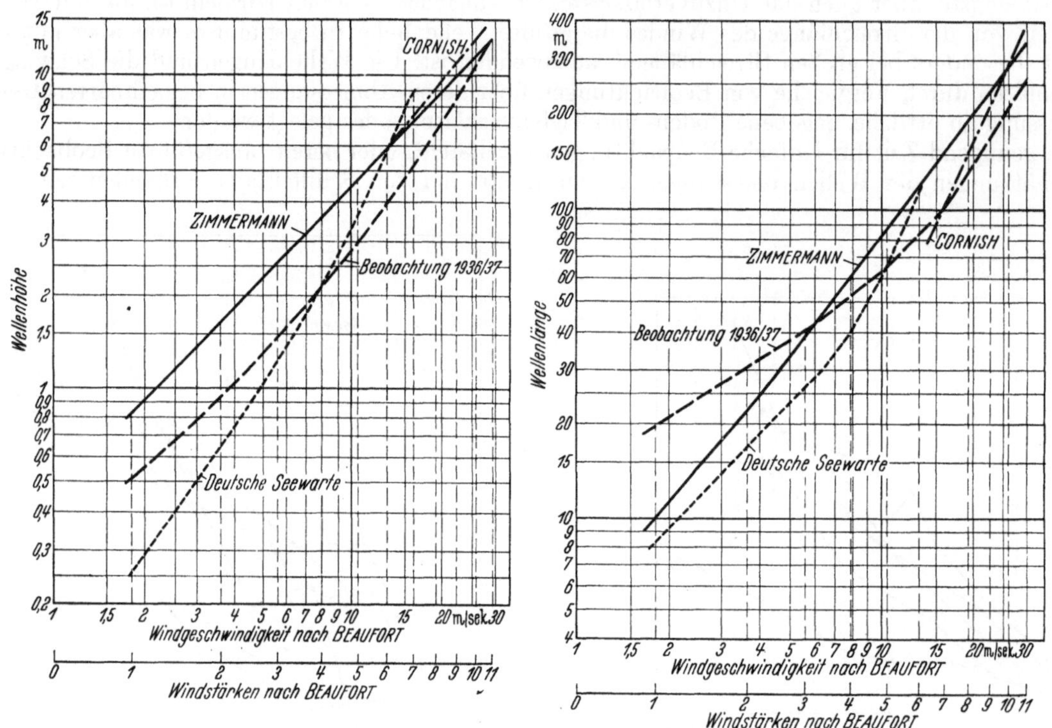

Abb. 38. Beziehungskurven zwischen Windstärke und Wellenhöhe bzw. Wellenlänge für Beobachtungen der Jahre 1936/37 im Nordatlantik (nach Hinterthan).

Man sieht, abgesehen schon davon, daß die Wellenstöße in verschiedenen Höhepunkten der Wand gleichzeitig gemessen werden müssen, daß bei allen diesen Messungen eine volle Selbsttätigkeit der Geräte notwendig ist. Wenn nun für Wellendruckmessungen eine Reihe von selbstschreibenden Geräten gebaut worden sind, und noch weitere entworfen werden, so bleiben die Messungen der Wellenelemente in dieser Hinsicht vielfach im Hintergrund. Man kann sehr wenige Schreibgeräte für die Messungen der Wellenelemente aufzählen, die den Forderungen voll entsprechen. Ein solcher Wellenschreiber für die Arbeit nur im Bereich der Küsten und für nicht große Tiefen wurde s. Z. vom Verfasser zusammen mit Kusnetzow entworfen, und vier Geräte solcher Art hatten mehrere Stürme in der Ostsee, im Schwarzen und Weißen Meer und in der Barentsee mit Erfolg aufgezeichnet. Die Beschreibung des Gerätes ist in (16 und 17) enthalten. Erfolgreiche Messungen hat auch Proetel (71) mit seinem Wellenschreiber in der Ostsee ausgeführt, und auch das Gerät von Pabst (89a) soll neuerdings sich bewährt haben.

Wenn nun alle benötigten Elemente der Wellen und der Wellenstoß in verschiedenen Höhen der Wand, sowie auch andere begleitende Beobachtungen gleichzeitig und durch selbstschreibende Geräte aufgezeichnet werden, wird man in Zukunft die Möglichkeit haben, jede solche alles umfassende Messung voll auszuwerten und genauere Beziehungen zwischen den Wellenelementen, der Tiefe vor dem Bauwerk und der Größe des Wellenstoßes mit dessen Verteilung längs der Wandhöhe ermitteln. In Zukunft kann bei weiterer Vervollkommnung noch die sogenannte „Wellenvorhersage" als wichtiges Mittel für die Bestimmung der größten zu erwartenden Wellen für die einzelnen Punkte der Küsten ihren Dienst für die Hafenbauer erfüllen. Sie ist s. Z. von Louis Gain für die französisch-afrikanische Küste des Mittelmeeres vorgeschlagen und neuzeitlich auf Grund eines anderen Verfahrens für die nördlichen Teile des Kaspischen Meeres durch Schischoff (85) in Abhängigkeit von der Geschwindigkeit und Richtung des Windes gegeben worden.

Auf die Gesamtheit aller dieser Forschungen und Messungen sich stützend, wird man dann bessere Möglichkeiten haben, genauere Berechnungsverfahren für den Wellenstoß aufzustellen und zugleich den vielfältigen, praktischen Erfordernissen des schwierigen Aufgabenkreises des Seehafenbauers eher gewachsen sein.

Schrifttum.

[1] Airy, G.: Tides and Waves in: Encyclopædia Metropolitana, London 1835.

[2] Albertazzi, A.: Recenti esperienze sulle azione dinamiche delle onde contro le opere maritime, Ann. Lav. Pubbl. 1932, S. 134.

[3] d'Arrigo, A.: Richerche sulle caraticristiche del moto ondoso nell Mediterraneo e sulla Teoria del Cornaglia, Ann. Lav. Pubbl. 1937.

[4] d'Arrigo, A.: Recenti recherche sperimentale sul moto ondoso, Ann. Lav. Pubbl. 78, 1940, S. 451/98.

[5] Bahr und Poppe: Neubau der Ostbake auf der Düne von Helgoland, Zbl. Bauverw. 1938, S. 758.

[6] Basin, M.: Recherches esperimentales sur la propagation des ondes, Mem. Sav. Ae. Sc. Inst. Impér. de France XIX, 1865.

[7] Benezit, V.: Essai sur les diques maritimes verticales, Ann. Ponts Chauss. 1923, S. 125/59.

[8] Benezit, V., und Renaud, P.: Bericht Nr. 76 „Bauweise senkrechter Hafendämme... usw." an den XVI. Schiffahrtkongreß 1935, Brüssel.

[9] Besson, M.: Rapport sur les essais effectues pour mesurer les efforts dus aux lames, 29 juillet 1931 (nicht veröffentlicht).

[10] Betz, A.: Hütte, 26. Aufl. Bd. I, Berlin 1936, S. 424.

[11] Bilfinger, W.: Molenbau und Wellenwirkung, München, Dr.-Ing.-Dissertation.

[12] Bogolepoff., J.: Druck der Wellen auf senkrechte Hafendämme, Bericht Nr. 83, Teil I, an den XVI. Schiffahrtkongreß, Brüssel 1935.

[13] Boussinesq, J.: Théorie des ondes Liquides périodiques, Mem. pres. par divers sav. a l'Ac. des Sc. XX, 1872.

[14] Bruns, E.: Untersuchung des Wellenstoßes im östlichen Teil des Finnischen Meerbusens, Bericht Nr. 68 an die IV. Hydrologische Konferenz der Baltischen Staaten, Leningrad 1934.

[15] Bruns, E.: Versuche von Messungen des Wellenstoßes auf eine senkrechte Wand, Explor. des Mers de l'USSR. 24, 1936 (russ.).

[16] Bruns, E.: Oberflächenwellen der Ostsee, Generalbericht (11 a) an die V. Hydrologische Konferenz der Baltischen Staaten, Helsingfors 1936.

[17] Bruns, E., und Kusnetzow, W.: Hydrostatischer Küstenwellenschreiber, Explor. des Mers de l'USSR. 24, 1936 (russ.).

[18] Butawand: Bericht Nr. 38 „Bauweise senkrechter Hafendämme... usw." an den XIV. Schiffahrtkongreß, Cairo 1926.

[19] Caufourier, P.: Le jette de Mustapha au Port d'Algier, Genie civ. 1936, S. 206.

[20] Coen-Cagli, E.: Sulle condizioni di stabilita dei Moli a parete verticale, Ann. Lav. Pubbl. 1934, S. 495/518.

[21] Coen-Cagli, E.: L'action des lames de tempête sur les diques maritimes à paroi verticale, Genie civ. 1936, S. 172/82.

[22] Coen-Cagli, E.: Modellversuche zur Feststellung der Beanspruchung... usw., Bautechn. 1936, S. 739.

[23] Coen-Cagli, E.: Bericht Nr. 80 „Bauweise senkrechter Hafendämme... usw." an den XVI. Intern. Schiffahrtkongreß, Brüssel 1935.

[24] Diede: Die Abmessungen der Meereswellen auf Grund von Seegangsbeobachtungen, Nautik u. Seemannschaft 1944, Nr. 29/30.

[25] Echardt: Erfahrungen über Wellenwirkung beim Bau des Hafens von Helgoland, Jb. hafenbautechn. Ges. 12, 1930/31, S. 92.

[26] Engels: Handbuch des Wasserbaues.

[27] Franzius: Verkehrswasserbau, Berlin 1927.

[28] Ferro, G.: Sull azione dell onde contro le opere maritime di difesa a parete verticale, Ann. Lav. Pubbl. 1936, S. 765/81 und S. 935/45.

[29] Gaillard, D.: Wave action in relation to engineering structures, Engng. News Rec. 1905, S. 188.

[30] Gourret, M.: Sur mouvement approche des clapotis; Application au calcul des diques maritimes verticales, Ann. Ponts Chauss. 1933 I, Nr. 16, S. 337/451.

[31] Gourret, M.: Sur certaines mouvements périodiques de la mer au voisinage d'une paroi oblique ou courbe. Application aux diques maritimes. Ann. Ponts Chauss. 1937 III, S. 319/59 und IV, S. 477/547.

[32] Hagen, G.: Über Wellen auf Gewässern von gleichmäßiger Tiefe, Abh. der K. Akademie des Wissens, Mathem. Abt. 1862, S. 1—79.

[33] Hansen: Molen und Wellenkräfte an Molen im deutschen Ostseegebiet, Zbl. Bauverw. 1940, S. 423/31.

[34] Hinterthan, W.: Auswertung von Seegangsbeobachtungen des Indischen Ozeans, Werft Reederei Hafen 1938, S. 346.

[35] Hinterthan, W.: Auswertung von Seegangsbeobachtungen im Nordatlantik, Werft Reed. Hafen 1938, S. 349.

[36] Hinterthan, W.: Über Stoßkräfte von Wellen, Werft Reed. Hafen 1939, S. 379.

[37] Hiroi, J.: The Force and Power of Waves, Engineer 1920, S. 184.

[38] Hütte: Des Ingenieurs Taschenbuch, 26. Aufl., Berlin 1936, S. 40 und 398.

[39] Gerstner, Fr.: Theorie der Wellen, Prag 1804.

[40] Jacoby, E.: Die Zerstörung des Wellenbrechers von Roja, Werft Reed. Hafen 1936, S. 353.

[41] Jacoby, E.: Die Berechnung der Standsicherheit von Seehafendämmen, Werft Reed. Hafen 1936, S. 56 und S. 119.

[42] Kandiba, B., und Toukholka: Bericht Nr. 41 „Bauweise senkrechter Hafendämme... usw." an den XIV. Intern. Schiffahrtkongreß, Cairo 1926.

[43] Kapzow, W.: Über die Druckkräfte der Wellen, Ann. Phys. 17, 1905.

[44] Köppen, W.: Einfacher Weg zur Ableitung des Korrelationsfaktors, Ann. Hydrogr. 1934, S. 204.

[45] Krümmel, O.: Handbuch der Ozeanographie, Stuttgart 1911.

[46] Kusnetzow, W.: Ein Versuch zur Bestimmung der Stärke des Brandungswellenstoßes auf den Wellenbrecher von Tuapse, Nachr. d. Zentr. Hydrometeor. Bureaus 1929, S. 305 (russ.).

[47] Lamb: Lehrbuch der Hydrodynamik, Deutsche Ausg. 1931, S. 474.

[48] Lange, A., und Forst, R.: Bericht Nr. 82 „Bauweise senkrechter Hafendämme... usw." an den XVI. Intern. Schiffahrtkongreß, Brüssel 1935.

[49] Larras, J.: Recherches sur les Jetées verticales, Sci. et Ind. 1935.

[50] Larras, J.: Essai de solution du problème analytique du clapotis par une méthode d'analogie electrique, Ann. Ponts Chauss. 1936 VIII, S. 207/25.
[51] Larras, J.: Le déferlement des lames sur les jetées verticales, Ann. Ponts Chauss. 1937 V, S. 643/80.
[52] Levi, S.: Sulle reazione an moli a parete verticali alle azioni del moto ondoso, Ann. Lab. pubbl. 1931, S. 200.
[53] Levi, S.: Sui calcestruzzi pozzolanici impiegati nella construzione di opere maritime, Ann. Lab. pubbl. 1932.
[54] Levi, S.: L'impianto realizzato nel porto di Genua per la misura delle pressione esercitate dal mare contro la parete esterna del Molo Principe Umberto, Ann. Lav. pubbl. 1933, S. 339.
[55] Levi, S.: Pressioni exertitate del mare contro de dique a parete verticale, Ingegnere 1934, S. 754.
[56] Linke: Meteorologisches Taschenbuch, 2. Ausgabe, Bd. II, Berlin 1933.
[57] Lira, J.: Die Berechnungen von Wellenbrechern mit senkrechter Wand, Genie civ. 1927, S. 140.
[58] Lira, J.: La resistance aux tempêtes des brise-lames à paraments verticaux; accident survenu au brise-lames d'Antofagasta (Chile), Genie civ. 1928, S. 504.
[59] Lira, J.: Les brise-lames à paraments verticaux, Genie civ. 1933, S. 320/25.
[60] Lira, J.: Bericht Nr. 77 „Bauweise senkrechter Hafendämme . . . usw." an den XVI. Intern. Schiffahrtkongreß, Brüssel 1935.
[61] Ljaknitzky, V.: Seehafenbauwerke Leningrad-Moskau 1932 (russ.).
[62] Malaward, M.: Réalisation expérimentale de l'analogie electrique de M. Larras, concernant le problème analytique du clapotis, Ann. Ponts Chauss. 1936 VIII, S. 227.
[63] Miche, M.: Les diques maritimes de Type verticale, Sci. et Ind. Constr. et Travaux 1933, Jan./März.
[64] Miche, M.: Mouvements ondulatoires de la mer en profondeur constante ou décroissante, Ann. Ponts Chauss. 1944, S. 25.
[65] Molitor, D.: Wave pressures on Sea-Walls and Breakwaters, Paper Nr. 1913 in Trans. Amer. Sol. civ. Engrs. 1935, S. 884—1002.
[66] Penna, G., und d'Arrigo, A.: Sulle posiebili evoluzioni constructive immediate Nell'infrastruttura dei moli a pareti verticale, Ann. Lav. Pubbl. 1932, S. 867.
[67] Petry, P.: Project de construction de trois brise-lames à l'est du canal de Dieppe (experiences sur modèle), Ann. Ponts Chauss. 1935 XII, S. 733.
[68] Pischkin, P.: Die Höhe des Auflaufens der Wellen, Meteor. und Hydrologie 1939 (russ.).
[69] Pouzyrewsky, N.: Wirkung der Wellen auf einen zylindrischen Körper, Bericht Nr. 83, T. II, an den XVI. Intern. Schiffahrtkongreß, Brüssel 1935.
[70] Proetel, H.: See- und Seehafenbau, Handbibl. für Bauingenieure, T. III, Wasserbau B. 2, Berlin 1921.
[71] Proetel, H.: Beobachtungen über Meereswellen, Z. Bauverw. 1912.
[72] Rausch, E.: Dynamische Aufgaben im Bauwesen, Der Bauingenieur 1942, S. 364.
[73] Renaud, P.: La jetée de Mustapha au port d'Alger, Ann. Ponts Chauss. 1935 IV, S. 553/86 und V, S. 753/831.
[74] Renaud, P.: Port of Algiers, The Mustapha Jettee I, Dock Harb. Author. 1935/36, S. 90/96.
[75] Renaud, P.: Port of Algiers, The Mustapha Jettee II, Dock Harb. Author. 1936, S. 115/18 und S. 137/40.
[76] Renaud, P.: Port of Algiers, The Mustapha Jettee III, Dock Harb. Author. 1936, Mai, S. 195/201.
[77] Richter, A.: Neue Methoden der Standsicherheitsberechnung von Außenhafenwerken, einschließlich der Wirkung der Meereswellen, Berichte des II. Hydrolog. Kongresses der USSR., T. III, Leningrad, S. 508/13.
[78] Rietz-Baur: Handbuch der mathematischen Statistik, Leipzig und Berlin 1930.
[79] de Rouville, E.: Generalbericht Nr. 75 „Bauweise senkrechter Hafendämme . . . usw." an den XVI. Intern. Schiffahrtkongreß, Brüssel 1935.
[80] de Rouville, A., Besson, P., und Petry, P.: Etat actuel des études internationales sur les efforts dus aux lames, Ann. Ponts Chauss. 1938, Juli, S. 5/113.
[81] Rüssel, Scott.: Report of the Committee on Waves, appointed by the British Association of Bristol 1836.
[82] Rüssel, Scott.: Report on Waves made on the Meetings in 1842 and 1843, Report of the British Association XIV 1834/45, S. 311/90.
[83] Sainflou, G.: Essai sur le diques maritimes verticales, Ann. Ponts Chauss. 1928 IV, S. 5/49.
[84] Sainflou, G.: Note sur le calcul des diques maritimes verticales, Ann. Ponts Chauss. 1935/2, S. 736/54.
[85] Schischof, N.: Wellenvorhersage für den nördlichen Teil des Kaspischen Meeres, Meteor. und Hydrologie 1939 (russisch).
[86] Schönweller, G.: Hoanebygning Grundlag vor Foreleaespinger den polytekniske Laeranstalt, Kopenhagen 1937, S. 59.
[87] Schultze, E.: Die Anwendung statistischer Untersuchungsverfahren bei bautechnischen Fragen, Bautechnik 1936, S. 4.
[88] Schulze, F. W. Otto: Seehafenbau, Bd. I, S. 137/58, Bd. II/8, Bd. III/20.
[89] Schumacher, A.: Wissenschaftliche Ergebnisse der Deutschen Atlantischen Expedition auf dem Forschungs- und Vermessungsschiff „Meteor" 1925—1927, Bd. VII, Atlas zu „Oceanographische Untersuchungen", Zweiter Teil „Stereophotogrammetrische Wellenaufnahmen", Berlin 1939.
[89a] Schumacher, A.: „Methodik der Beobachtungen der Oberflächenwellen", Hauptbericht 9 an die VI. Baltische Hydrologische Konferenz, Berlin 1938.
[90] St.: Neue Versuche über Wellenbewegungen, Wasserwirtschaft 1942, S. 42.
[91] Stevensen, Th.: The design and Construction of Harbours, 2. Ausgabe 1874, Edinburgh.
[92] Stokes, G.: Theory of Waves, including tides, Brit. Ass. Rep. 1896, H. 1.
[93] Stucky: Contribution à l'étude de l'action des vagues sur une paroi verticale, Bull. techn. Suisse rom. 1934, S. 229.
[94] de Thierry, G.: Über Grundseen und ihre Beziehungen zur Bauweise von Hafendämmen, Jb. hafenbautechn. Ges. 12, 1930/31, S. 103/14.
[95] de Thierry, G.: Die neutrale Linie Cornaglias, Bautechnik 1937.
[96] Thorade, H.: Probleme der Wasserwellen, Hamburg 1931.
[97] Titoff, L., und Agranoff, G.: Versuch stereophotogrammetrischer Wellenaufnahmen im Schwarzen Meer, Explor. des Mers de l'USSR. 18, 1933 (russ.).
[98] Trenjoukhinn: Über die Methode der Berechnung von Wellenbrechern mit senkrechter Wand, Bauindustrie 1926, S. 905/07 (russ.).
[99] Tschuprow, A.: Grundbegriffe und Grundprobleme der Korrelationstheorie, Leipzig und Berlin 1925.
[100] Weber, Ernst und Wilhelm: Wellenlehre auf Experimente gegründet oder: Über die Wellen tropfbarer Flüssigkeiten mit Anwendung auf Schall- und Lichtwellen, Leipzig 1825.

[101] Weinblum, G.: Wellenwiderstand auf beschränktem Wasser, aus den Berichten der Preußischen Versuchsanstalt für Wasser-, Erd- und Schiffbau, Berlin 1937.

[102] Wey, J.: Die Energie der Meereswellen als Grundlage zur Berechnung von Molen. Jb. hafenbautechn. Ges. Bd. III, 1920, S. 201/36.

[103] Bulletin de l'association de Congrès International (Zeitschrift des Ständigen Verbandes für Schiffahrtkongresse) 1928, S. 31, 1932, S. 49 und 1936, S. 72. Tagungen des gegründeten Ausschusses für Wellenkräfte.

Abkürzungen.

$a, b,$	Koordinaten der Anfangslage eines Flüssigkeitsteilchens
$a_1 = \dfrac{\pi}{L}$	(nach Miche)
a_f	waagerechte Halbachse der Kreisbahn am Fuß der Wand
a_{II}	waagerechte Halbachse der Kreisbahn in der Tiefe
a_s	große Halbachse der Kreisbahn
b_1	Schallgeschwindigkeit im Wasser $= 1495$ m/sec
b_2	Schallgeschwindigkeit im Beton $\left(\text{nach Newton} = \sqrt{\dfrac{E - \text{Beton}}{\varrho - \text{Beton}}} = 2530 - 3000\ \text{m/sec}\right)$
$b_3 = \dfrac{\pi}{T}$	(nach Miche)
c_1	const. Beiwert (nach Kandiba-Toukholka oder Molitor)
c_2	nach (Lira) $= h\sqrt{k^2 - 1}$
$\left.\begin{array}{c}c_3\\c_4\\c_5\end{array}\right\}$	Beiwerte nach Molitor
d	Tiefe vom Mittelpunkt der Schwingungen in m
d_1	Grundlinie eines kurvenartigen Wellenbrechers in m
e	Basis der Neperschen Logarithmen
$e_1 \dots e_4$	Werte aus den Tafeln von Jacoby
f	praktischer Beiwert
$f_1 \dots f_4$	Werte aus den Tafeln von Jacoby
g	Erdbeschleunigung — $9{,}81$ m/sec²
$g_1 \dots g_4$	Werte aus den Tafeln von Jacoby
$2h$	Wellenhöhe der freien, unbehinderten Welle in m
h_0	die größte Erhöhung des mittleren Wasserspiegels der Welle über dem ruhigen Meeresspiegel in m
h_0'	$-\dfrac{4\pi h^2}{L}$ (nach Miche)
h'	Höhe der Gischtflocken über dem Wellenkamm in m
h_1	Höhe in m des größten Wellenstoßes über dem ruhigen Meeresspiegel nach Molitor
h_2	$-\dfrac{1}{2}[h_1 + 2h - K]$ (nach Molitor s. Abb. 16)
$i_1 \dots i_4$	Werte aus den Tafeln von Jacoby
k	Beiwert in Abhängigkeit von $\dfrac{H_1}{2L}$ (nach Lira s. Zahlentafel 19)
$l_2 - l_1$	begrenztes Stück der Wellenlänge (nach Wey oder Jacoby)
m	Masse eines Körpers $\dfrac{kg \cdot sk^2}{cm}$
n	$\dfrac{2\pi(H - z)}{2L}$ (nach Trenjoukinn)
n_1	$\dfrac{4\pi H_1}{2L}$ (nach Lira)
n_2	$0{,}95$ (Beiwert nach Hansen)
n_3	Reibungswert nach Ganguliet-Kutter
o	Fallhöhe eines Wasserteilchens vom Wellenkamm bis zum ruhigen Meeresspiegel in m (nach Hiroi)
q_1	Winkelgeschwindigkeit am Umfang
q_2	$\dfrac{2\pi H}{2L}$ (nach Trenjoukhinn)
r	wechselnde Höhe über und unter dem Mittelpunkt des erzeugenden Kreises in m
r_0	Halbmesser der Kreisbahn an der Oberfläche (bei Wey $r_0 = h$) in m
$\left.\begin{array}{c}r_1\\r_2\end{array}\right\}$	Halbachsen der Ellipse der Welle in der Tiefe H' (nach Sainflou)
s	$\dfrac{2\pi}{2L} - \dfrac{l}{R}$ (nach Jacoby)
t	die Zeit
u, v, w	Komponenten der Fortschrittsgeschwindigkeit der Wellen parallel zu den Achsen
u_1	waagerechte Komponente der Winkelgeschwindigkeit am Umfang
u_w	waagerechte Komponente der Fortschrittsgeschwindigkeit der Wellen in m/sec
v_s	senkrechte Komponente der Fortschrittsgeschwindigkeit der Wellen in m/sec
v_e	Fortschrittsgeschwindigkeit der Wellen auf endlicher Tiefe in m/sec
v_f	größte Kreisbahngeschwindigkeit am Fuß der Wand
v_{II}	größte Kreisbahngeschwindigkeit bei der waagerechten Halbachse in der Tiefe H
v_0	Kreisbahngeschwindigkeit der Bewegung der Wasserteilchen
v_w	Fortschritts- oder Wandergeschwindigkeit der Wellen in m/sec
$\max v_w$	Fortschritts- oder Wandergeschwindigkeit (einschließl. Fallhöhe) einer Brandungswelle in m/sec
v_{Br}	Fortschrittsgeschwindigkeit einer Brandungswelle in m/sec
v_M	größte Fortschrittsgeschwindigkeit der Teilchen beim Wellenbrecher mit einer unter 45 geneigten Wand oder kurvenartigen Wand in m/sec.
v_r	Wassergeschwindigkeit beim Aufprall in m/sec
w_1	$\dfrac{2\pi}{2L}$ (nach Wey)
w_2	Beiwert nach Gourret
w_3	Beiwert nach Wey
x, y, z	Koordinaten eines Flüssigkeitsteilchens z. Z. t
x_0 und z_0	Koordinaten eines Flüssigkeitsteilchens in Ruhe

x_1, z_1 und x_2, z_2 — Koordinaten der Punkte Q_1 und Q_2 eines kurvenartigen Wellenbrechers

A — Abweichungen einer Größe vom Mittelwert

$A_1, A_2, A_3, A_4, C, D, E$ — Beiwerte nach Gourret

E — Gesamtenergie in einem Wellenstreifen von 1 m Breite

E_k — Bewegungsenergie einer Welle

$E_{k\,eff}$ — wirksame Bewegungsenergie einer Welle

F — Streichlänge des Windes in Seemeilen (1 Seemeile = 1852 m)

H — Gesamte Wassertiefe in m bezogen auf den ruhigen Meeresspiegel

$H', H'' \ldots$ — Tiefen einzelner Punkte in m unter dem ruhigen Meeresspiegel

H_1 — natürliche Tiefe vor dem Bauwerk in m

H_2 — „Freie Höhe" einer senkrechten Wand in m

H_3 — Höhe der Oberkante eines Wellenbrechers über dem ruhigen Meeresspiegel in m

H_4 — Gesamthöhe eines kurvenartigen Wellenbrechers in m

H_m — Schichtentiefen unter der Wasseroberfläche in m

J — Erhöhung des Mittelpunktes eines Kreises über einer Tiefe H' in m

J_1 — Erhöhung des Mittelpunktes eines Kreises über dem ruhigen Meeresspiegel in m

K — Höhe des Kammes einer zurückgeworfenen Schwingungswelle über dem ruhigen Meeresspiegel in m

K_{Br} — Höhe des Kammes einer zurückgeworfenen Brandungswelle über dem ruhigen Meeresspiegel in m

K_M — Höhe in m des Wellenkammes beim größten Wellendruck nach Gourret

K_m — Höhe in m des Wellenkammes beim kleinsten Wellendruck nach Gourret

$2L$ — Wellenlänge in m einer freien unbehinderten Welle

M — Kippmoment

Me — Kippmoment des Wasserüberdruckes um die Mauersohle beim Wellenberg an der Mauer (Sainflou)

Mi — Kippmoment des Wasserüberdruckes um die Mauersohle beim Wellental an der Mauer (Sainflou)

P — der Wellenstoß, als einzelne Kraft, ausgedrückt in t auf 1 m Wandbreite

P_Ω — Inhalt der Wellenstoßbelastungsfläche in t pro m Wandbreite

P_0 — $= 0{,}72\,P_{max}$ (nach Molitor)

P_{dyn} — dynamische Wellenstoßkraft in t/m²

P'_{dyn} — dynamische Wellenstoßkraft in Höhe der Gischtflocken in t/m²

$P_{ob\,dyn}$ — dynamische Wellenstoßkraft an der Oberfläche in t/m²

$P_{f\,dyn}$ — dynamische Wellenstoßkraft am Fuß der Wand in t/m²

P_H — Stoßkraft der Welle in der Tiefe H in t/m²

P_m — Wellenstoß im Moment des größten Ablaufens der Welle an einem kurvenartigen Wellenbrecher in m der Wassersäule

P_{Br} — Wellenstoß einer Brandungswelle auf eine unter α zum Gesichtskreis geneigte Wand in t pro m Wandbreite

P_M — Wellenstoß im Moment des größten Auflaufens der Welle an einem kurvenartigen Wellenbrecher in m der Wassersäule

P_{max} — größte Wellenstoßordinate in t/m²

P_{stat} — statische Wellenstoßkraft in t/m²

P_{wF} — Wellenstoß am Fuß der Wand in t/m²

Q_0, Q_1, Q_2 — Punkte eines kurvenartigen Wellenbrechers

R — Halbmesser des Rollkreises einer Welle

Re — Waagerechte Resultierende des Wasserüberdruckes beim Wellenberg an der Mauer

Ri — Waagerechte Resultierende des Wasserüberdruckes beim Wellental an der Mauer

$2T$ — Schwingungsdauer einer freien, unbehinderten Welle in Sekunden

X, Y, Z — Komponenten der äußeren Kräfte

Z_M — das größte Auflaufen der Welle auf eine geneigte oder kurvenartige Wand in m

Z_m — das größte Ablaufen der Welle von einer geneigten oder kurvenartigen Wand in m

α — Neigungswinkel der Wand zum Gesichtskreis

α_1 — Einfallwinkel der Welle zur Wand

$\beta = \dfrac{2h}{2L}$ — Steilheit einer Welle

δ — $-(e^{2sH''} - e^{2sH'})$ nach Jacoby

γ — Raumgewicht des Wassers in t/m³

$\mathfrak{H}$ — Energiebeiwert (nach Wey)

$\mathfrak{H}_1$ — Schichtenunterschied des Energiebeiwertes $\mathfrak{H}$ (nach Wey)

ϱw — Dichte des Wassers bei $\dfrac{1000\ \text{kg sec}^2}{\text{m}^3\,9{,}81\ \text{m}} = \dfrac{101{,}8\ \text{kg sec}^2}{\text{m}^4}$

λ, μ — Verhältniswerte nach Gourret

ϱ — Dichte des Wassers

η — Hebelarm von der Kraft bis zum Drehpunkt in m

$\varphi, \varphi_1, \varphi_2$ — Funktionen nach Gourret

π — $-3{,}14$

ω — Verhältniswert nach Gourret

Zentralisation und Dezentralisation von Hafenanlagen an Binnenwasserstraßen am Beispiel des Neckarkanals.

Von Reichsbahnrat Dr.-Ing. **Karl-Robert Fritzen**, Neuß (Rhein).

Vorbemerkung.

Ein Land, in dem ein besonders starkes Bedürfnis nach Fernverkehrsverbindungen besteht, ist das Land Württemberg. Es bezieht Rohstoffe und versendet hochwertige Industrieerzeugnisse auf verhältnismäßig große Raumweiten, so daß die Verkehrsmittel, die diesem Verkehrszweck dienen, für Württemberg eine besondere Bedeutung haben.

In der vorliegenden Abhandlung wird am Beispiel der Frachtlage von Württemberg zu dem übrigen Deutschland grundsätzlich Stellung genommen zu dem vielumstrittenen Problem der Zweckmäßigkeit einer Dezentralisation und Zentralisation von Hafenanlagen, einer Frage, die durch die Forderung der neuen Raumordnung nach Dezentralisation der Siedlungen, Industrie- und Verkehrsanlagen für größere Wirtschaftsräume besondere Bedeutung gewinnt.

Der Untersuchung sind Verkehrs- und Frachtzahlen aus wirtschaftlich und verkehrspolitisch normalen Jahren vor dem zweiten Weltkrieg zugrunde gelegt. Die Verwendung dieser Zahlen läßt der Untersuchung entsprechend der zunehmenden Konsolidierung der Wirtschaft eine besondere Bedeutung zukommen, die für die grundsätzliche Beurteilung der aufgeworfenen Frage von bleibendem Wert ist. Die Ergebnisse sind auf Grund von vergleichenden Betrachtungen von Verkehrs- und Frachtwerten erzielt, so daß hierdurch ein von der jeweiligen Frachtlage unabhängiges Resultat erzielt wird.

Die Auswahl der Rhein-Neckar-Donau-Wasserstraße als Beispiel dürfte im Rahmen der Erörterungen über die Vollendung der Rhein-Main-Donau-Kanalisierung auch für die mit diesem Problem beschäftigten Stellen von Interesse sein. Im Zusammenhang mit dem Wiederaufbau der zerstörten deutschen Großstädte und der Neugestaltung der Verkehrsanlagen ist die Untersuchung für alle Städte, die Anschluß an schiffbare Wasserstraßen haben, eine wichtige Grundlage für eine organische Verkehrsplanung.

Stuttgart, den 7. 12. 1949.

Professor Dr.-Ing. Dr. h. c. Pirath.

I. Ziel und Zweck der Untersuchung.

Das Land Württemberg hat wegen seiner zentralen Lage und seiner Eigenart als Land, welches Rohstoffe bezieht und hochwertige Industrieerzeugnisse ausführt, ein besonders starkes Bedürfnis nach Verkehrswegen.

Die landschaftlichen und topographischen Verhältnisse des Landes lassen einen Ausbau von Verkehrswegen in Württemberg jedoch nicht in dem Maße zu, wie es der zentralen Lage des Landes und der Wichtigkeit der in seinem Raum verteilten Industrie entspräche.

Durch seine hügelige Bodenform und die tief eingeschnittenen Flußtäler haben sich die Verkehrswege und mit ihnen die Träger der Wirtschaft besonders eng an die topographischen Verhältnisse des Landes angepaßt. Die auf Verkehr und Industrie anziehend wirkende verhältnismäßig große Breite des Neckartales hatte zur Folge, daß sich Verkehr und Industrie gegenseitig in ihrer Entwicklung unterstützten und in diesem von Nordwesten nach Südosten verlaufenden Tale zu einem beachtlichen Umfang heranwuchsen. Die Schwerlinie der Industrie liegt daher längs des Neckartales und seiner Seitentäler.

Die Industrie in ihrer Eigenart als Erzeugerin von hochwertigen Halbfertig- und Fertigfabrikaten bezieht Rohstoffe, hauptsächlich Kohle, und andere Massengüter, die nicht im Lande zu finden sind und daher herangebracht werden müssen. Die besondere Eignung des Wasserweges für die Beförderung von Massengut bringt es mit sich, daß das Verlangen nach einer Wasserstraße zur Versorgung dieser Industrien ständig wächst.

Einer solchen Wasserstraße käme weiterhin die Bedeutung als Verbindung des Rheins mit der Donau zu. Zur Zeit stellt diese Verbindung allein der Ludwigskanal her, der jedoch nur wenig leistungsfähig ist. Sein Ausbau für Schiffe von 1200 t Tragfähigkeit nach dem Plan des Rhein-Main-Donau-Kanals sollte bis zum Jahr 1945 abgeschlossen werden. Dieser Kanal verläuft abseits des württembergischen Wirtschaftsgebiets im Norden und Osten und hat daher fast keine Bedeutung als Versorger und Zubringer für das Land Württemberg. Eine Wasserstraßenverbindung vom Rhein quer durch Württemberg zur Donau würde wesentlich kürzer sein als die genannte Verbindung über den Main und hätte außerdem den Vorteil, daß durch sie der Schwerpunkt der württembergischen Industrie an die Wasserstraßen Rhein und Donau angeschlossen würde.

Diese Rhein-Neckar-Donau-Wasserstraße ist bis Heilbronn fertiggestellt und bis Plochingen im Bau. Von dort ab ist für später eine weitere Fortsetzung entlang dem Tal der Fils vorgesehen. Die weitere Planung sieht daran anschließend die Überquerung der Alb etwa mittels eines Schiffshebewerkes oder eines Tunnels vor und die Einmündung in die Donau wenige km nordöstlich von Ulm.

An größeren Hafenanlagen sind an dieser Wasserstraße vorhanden der Hafen in Mannheim als Abzweighafen vom Rhein und der vorläufige Endpunkt Heilbronn.

Der Fortsetzung des Kanals muß die Anlage weiterer Häfen folgen. Vor allem ist für das Zentrum des württembergischen Wirtschaftsgebiets bei Stuttgart zu untersuchen, ob sich eine Zentralisation oder Dezentralisation der Hafenanlagen empfiehlt. Der besondere Anlaß hierzu liegt in der Tatsache, daß das verhältnismäßig enge Neckartal bei Stuttgart bereits sehr stark mit Siedlungen und Industrieanlagen belegt ist und nur noch wenig Raum für große Verkehrsanlagen bleibt. Bei dieser Raumenge ist eine Dezentralisation der Hafenanlagen naheliegend. Ihr Maß wird jedoch in erster Linie von den betriebs- und verkehrswirtschaftlichen Vorzügen der Zusammenfassung oder Streuung der Hafenanlagen in diesem Raum, der sogenannten Dichte, abhängig zu machen sein. Sie bilden auch die wichtigste Grundlage für wirtschaftsorganisatorische Überlegungen für Zusammenschluß oder Aufgliederung der Hafenbetriebsanlagen.

Als Ausgangspunkt für die Untersuchung ist daher der Tatbestand über Hafendichte bei vorhandenen Wasserstraßen zunächst festzustellen. Soll eine Wasserstraße in größerem Rahmen Transporte übernehmen, so erweist sich ein Vergleich der Lage und Häufigkeit der Stationen zur Be- und Entladung der Transportgefäße als notwendig, um die Raumerschließung durch die Wasserstraße im Vergleich zu anderen Massenverkehrsmitteln, z. B. der Eisenbahn, festzustellen. In Zahlentafel 1 sind die Abstände von Hafenanlagen mit Jahresleistungen von über 10000 t/Jahr für die wichtigsten deutschen Wasserstraßen zusammengestellt.

Zahlentafel 1. Zusammenstellung der Hafendichten größerer deutscher Wasserstraßen.

Wasserstraße	Länge	Anzahl der Häfen	Durchschnittlicher Abstand		Häfen mit kleinerem Abstand als 30 km	Sp. 6 in vH von Sp. 3
			alle Häfen	gegenüberliegende Häfen zusammengefaßt		
	km	Stück	km	km	Stück	vH
1	2	3	4	5	6	7
1. Rhein	532	34	15,6	19,6	27	80
2. Fulda-Weser....	387	8	48,4	55,3	3	30
3. Elbe	543	11	49,3	—	3	27
4. Oder	621	7	88,7	—	1	14
5. Mittellandkanal .	246	8	30,7	—	4	50
Summe.........	2329	68	34		38	56

Die in der Zahlentafel 1 angeführten Wasserstraßen können als Repräsentanten des deutschen Wasserstraßennetzes angesehen werden. Bei einer Gesamtlänge dieser Wasserstraßen von 2329 km und einer Gesamtzahl von 68 Häfen ergibt sich ein durchschnittlicher Hafenabstand von 34 km.

Der durchschnittliche Stationsabstand auf den Strecken der Deutschen Reichsbahn ist im Vergleich zu den Hafenabständen der Wasserstraßen sehr gering. Er beträgt 4—5 km. Eine Dezentralisation von Hafenanlagen wäre schon aus diesem Grund anzustreben, wenn die Wasserstraße von der Bahn in größerem Maß Transporte übernehmen soll.

Am nächsten an die Stationsdichte der Eisenbahn kommt die Rhein-Wasserstraße heran, die für den Abschnitt von Kehl bis Emmerich in die Betrachtung einbezogen wurde. 80 vH der Rheinhäfen haben einen kleineren Abstand voneinander als 30 km. Den größten durchschnittlichen Hafenabstand weist mit 88,7 km die Oder auf, nur 14 vH ihrer Häfen haben einen geringeren Abstand als 30 km. Die Donauhäfen konnten nicht erfaßt werden, da die hierzu erforderliche Statistik des Deutschen Reiches als letzte Ausgabe aus dem Jahr 1937 stammt, in die also Österreich noch nicht einbezogen ist.

Aus den Zahlen der Zahlentafel 1 ist ersichtlich, daß von den 68 insgesamt betrachteten Häfen nur etwa 56 vH einen Abstand von weniger als 30 km voneinander haben. Von diesen 56 vH = 38 Häfen entfällt wiederum der größte Teil mit 64 vH auf den Rhein, so daß sich die Durchschnittsdichte für die übrigen Wasserstraßen noch erheblich verschlechtert.

Im späteren Verlauf der Untersuchungen über die Zentralisation oder Dezentralisation am Beispiel des Neckarkanals ergeben sich Hafenabstände von 34 bzw. 45 km. Im Fall der Dezentralisation haben die als Beispiele gewählten Häfen Marbach und Plochingen von Stuttgart Abstände von 29 und 16 km. Da dieser Fall des Neckarkanals auf die Vorteile von Zentralisation oder Dezentralisation genau untersucht wurde, kann diese Zahl von 30 km einen Anhalt geben für die Beurteilung zentraler oder dezentraler Hafenanlagen.

Es geht aus diesen Betrachtungen hervor, welcher Wert in volkswirtschaftlicher, wirtschaftsorganisatorischer Hinsicht und bezüglich der Raumerschließung auf die richtige Größen-, Lagen- und Abstandsbemessung der Häfen zu legen ist, wenn die beiden Hauptträger der Massenverkehrsbelastung Eisenbahn und Wasserstraße sich gegenseitig mit Erfolg ergänzen sollen.

Für die eigentliche Untersuchung der zweckmäßigen Hafenplanung am Neckarkanal im zentralen Wirtschaftsgebiet von Württemberg kommen als Hafenorte Marbach, Stuttgart und Plochingen, letzteres unter der Annahme, daß der Neckar-Donau-Kanal später bis Ulm fortgesetzt wird, in Frage. Diese drei Häfen können nach Lage und Größe ihres Verkehrsbedarfs als Repräsentanten für einen kleinen, mittleren und größeren Hafen angesehen werden. Unter diesen Gesichtspunkten bietet die Untersuchung Gelegenheit, zu dem viel umstrittenen Problem einer Zweckmäßigkeit der Dezentralisation oder Zentralisation von Hafenanlagen grundsätzlich Stellung zu nehmen, einem Problem, das durch die Forderung der neuen Raumordnung nach Dezentralisation der Siedlungen, Industrie- und Verkehrsanlagen für größere Wirtschaftsräume besonders wichtig geworden ist.

Welcher Art und wie groß der Unterschied in der Wirtschaftlichkeit und in den Kosten für die verkehrliche Versorgung der verschiedenen Einflußgebiete bei Zentralisation oder Dezentralisation der Hafenanlagen im Raum Marbach, Stuttgart und Plochingen ist, umschließt die spezielle Frage, zu deren Beantwortung in vorliegender Untersuchung ein Beitrag geleistet werden soll.

Die Untersuchung wird durchgeführt für den besonderen Fall der vorliegenden Verhältnisse. Sie ist jedoch so gehalten, daß sie von allgemeiner Bedeutung ist für die betriebs- und verkehrswirtschaftliche Bewertung einer Zentralisation oder Dezentralisation von Hafenanlagen von größeren Wirtschaftsräumen.

II. Weg der Untersuchung.

Um das Ziel und den Zweck der Untersuchung zu erreichen, wird folgender Weg eingeschlagen:

Auf Grund der topographischen Verhältnisse des Landes, sowie auf Grund der Transportkosten auf der Wasserstraße und der Kosten der daran anschließenden Weiterbeförderung auf dem Landwege oder in entgegengesetzter Richtung werden die Grenzen der Einflußgebiete für jeden Hafen festgelegt.

Die Größe des innerhalb dieser Einflußgebiete aufkommenden Verkehrs wird aus Statistiken ermittelt. Der Umschlagverkehr, der für jeden Hafen voraussichtlich anfällt, wird auf Grund von Vergleichen mit Gebieten ähnlicher Landschafts-, Industrie- und Verkehrsstruktur festgestellt. Um die für den An- und Abtransport nötigen Straßen und Eisenbahnanlagen zu bemessen, ist zu untersuchen, ob sich der Zu- und Ablauf mit Rücksicht auf Art und Menge des Gutes von und zum Hafen wirtschaftlicher auf der Straße oder auf dem Schienenwege vollzieht. Für diese Entscheidung sind die Beförderungsbedingungen der Reichsbahn und des Güternahverkehrs maßgebend. Ferner sind die Umschlagkosten der verschiedenen Beförderungsarten mit in die Betrachtung einzubeziehen und sodann ihre Vor- und Nachteile gegeneinander abzuwägen.

Nach Menge und Art des Gutes können dann die Anlagen und der Umschlag der Häfen in Größe und Kosten bestimmt werden.

Schließlich führt eine Zusammenfassung der Kosten des Wassertransportes, der Anlage- und Umschlagkosten in Abhängigkeit von der Größe der Häfen und der Ab- und Zulaufkosten zur Schlußfolgerung und zur Beantwortung der Frage: Zentralisation oder Dezentralisation.

III. Einflußgebiete der Häfen Marbach, Stuttgart, Plochingen.

Um zur Bestimmung der Größenverhältnisse der Häfen zu gelangen, die der vergleichenden Beurteilung unterzogen werden sollen, werden zunächst die Einflußgebiete zur Ermittlung der Umschlagsmengen der drei Häfen Marbach, Stuttgart und Plochingen bestimmt. Für die Festlegung der Einflußgrenzen sind in erster Linie die geographischen Verhältnisse des Landes maßgebend. Ferner werden die Scheidepunkte der Kosten benutzt, die sich aus der Transportfracht auf der Wasserstraße und den Eisenbahntarifen ergeben, die für das betreffende Gut als Ab- und Zulauftarif von und zu dem betrachteten Hafen in Frage kommen.

Um den Punkt des Überganges einer Begrenzungslinie über den Neckar bzw. eine parallel verlaufende Eisenbahnlinie oder Landstraße festzulegen, wird, wie folgt, verfahren:

Liegt die Einflußgrenze zwischen den Umschlaghäfen A und B, so liegt der Punkt X ihres Überganges da, wo die Wasserfracht von Z. dem Ausgangspunkt des Gutes, nach A, vermehrt um die Umschlaggebühr in A und die Landtransportfracht von A nach X, gleich ist der Wasserfracht von Z nach B, vermehrt um die Umschlaggebühr in B und die Landtransportfracht von B nach X. In gleicher Weise ist bei Eisenbahnen und Landstraßen verfahren.

Die Abb. 2 stellt diese Ermittlungsart angewandt auf die Grenzlinien zwischen Heilbronn, Marbach, Stuttgart, Plochingen und Göppingen dar. Göppingen zählt deshalb zu diesen Orten, weil zunächst angenommen ist, daß der Neckarkanal bis Ulm weitergeführt wird.

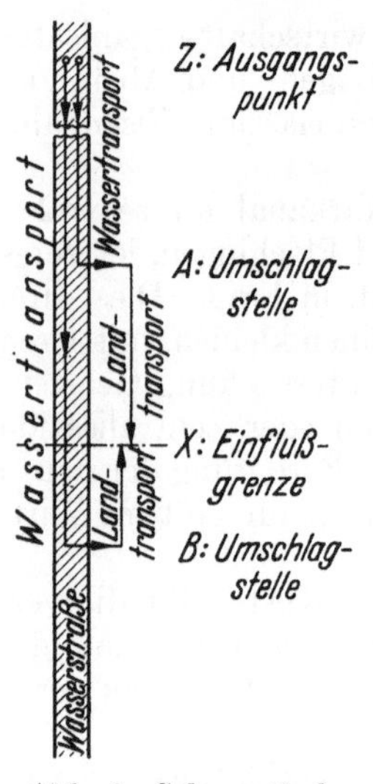

Abb. 1. Schematische Skizze zur Bestimmung der Einflußgrenzen.

Die östliche Begrenzung des Stuttgarter Einflußgebietes wird, wie folgt, festgelegt: Der Wasserweg von Mainz nach Stuttgart beträgt über den Rhein und den Neckarkanal etwa 200 km, über den Main und den geplanten Main-Donau-Kanal, der etwa in der Trasse des heutigen — wenig leistungsfähigen — Ludwigskanals verläuft, bis zu seiner Einmündung in die Donau, die etwa auf gleicher Höhe wie Stuttgart liegt, 440 km. Die Einflußgrenze würde also weit über die Mitte zwischen Stuttgart und diesem Punkt hinaus nach Osten rücken, sie wird jedoch an der höchsten Stelle des zwischen Aalen und Nördlingen liegenden Höhenrückens angenommen. So bleibt sie westlich der bayerischen Landesgrenze, und Nördlingen würde dann in das Einzugsgebiet des Hafens Nürnberg fallen.

Unter Zugrundelegung der Eisenbahntarife zeigt sich, daß der größte Teil der westlichen Abgrenzung des untersuchten Gebietes durch die Westgrenze des Einflußgebietes Stuttgart gebildet wird. Sie verläuft hier etwa längs des Kammes des Schwarzwaldes. Das westliche Schwarzwaldgebiet wird durch die Rheinhäfen Karlsruhe und Kehl bedient. Der weitere Verlauf der Grenzen wird vorwiegend bestimmt durch die Übergänge über die wichtigeren Eisenbahnlinien (s. Abb. 3). Die südöstliche Grenze des Einflußgebietes von Plochingen folgt unter Einbeziehung der Stichbahnen der Linie Plochingen-Reutlingen-Tuttlingen dem Nordwestabhang der Schwäbischen Alb und überschneidet die Bahnlinien Tuttlingen-Sigmaringen-Ulm wieder nach Maßgabe des Tarifvergleiches bei Tuttlingen. Als westliche Begrenzung des Marbacher Gebietes kann die württembergische Landesgrenze angenommen werden, die hier über den nördlichen Ausläufer des

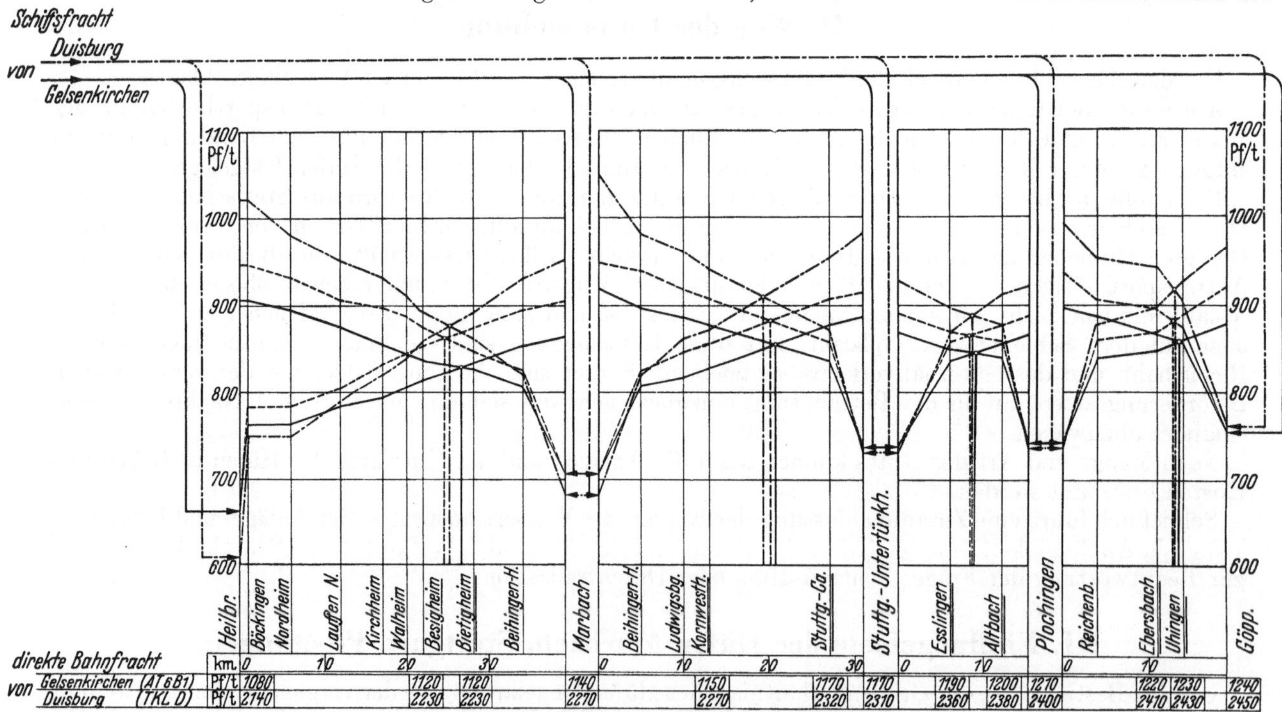

Abb. 2. Bestimmung der Einflußgrenzen zwischen den Häfen Marbach, Stuttgart, Plochingen.

————— Kohle von Gelsenkirchen nach Tarif AT 6U1
········· Kohle von Gelsenkirchen nach Tarif F (Kohle)
—·—·— Stab- und Formeisen von Duisburg nach Tarif Kl. D

Schwarzwaldes verläuft. Das weiter westlich liegende Gebiet sollte von Mannheim aus bedient werden (s. Abb. 3).

Als Grundlage für die tarifliche Grenzfestlegung wurde das Massengut „Kohle" gewählt. An dem gesamten Wagenladungsgut, das für den Transport auf dem Neckarkanal in Frage kommt, hat sie mit 56,2 vH der Gesamtumschlagmenge (Empfang) den überwiegenden Anteil.

Die benutzten Tarife sind der Ausnahme-Umschlagtarif für Kohle AT 6U1 und zum Vergleich der für Kohle besonders ermäßigte Tarif F. Letzterer wurde in die Untersuchung mit einbezogen, weil es noch nicht zu übersehen ist, ob für neu entstehende Häfen seitens der Deutschen Reichsbahn[1] immer der billige

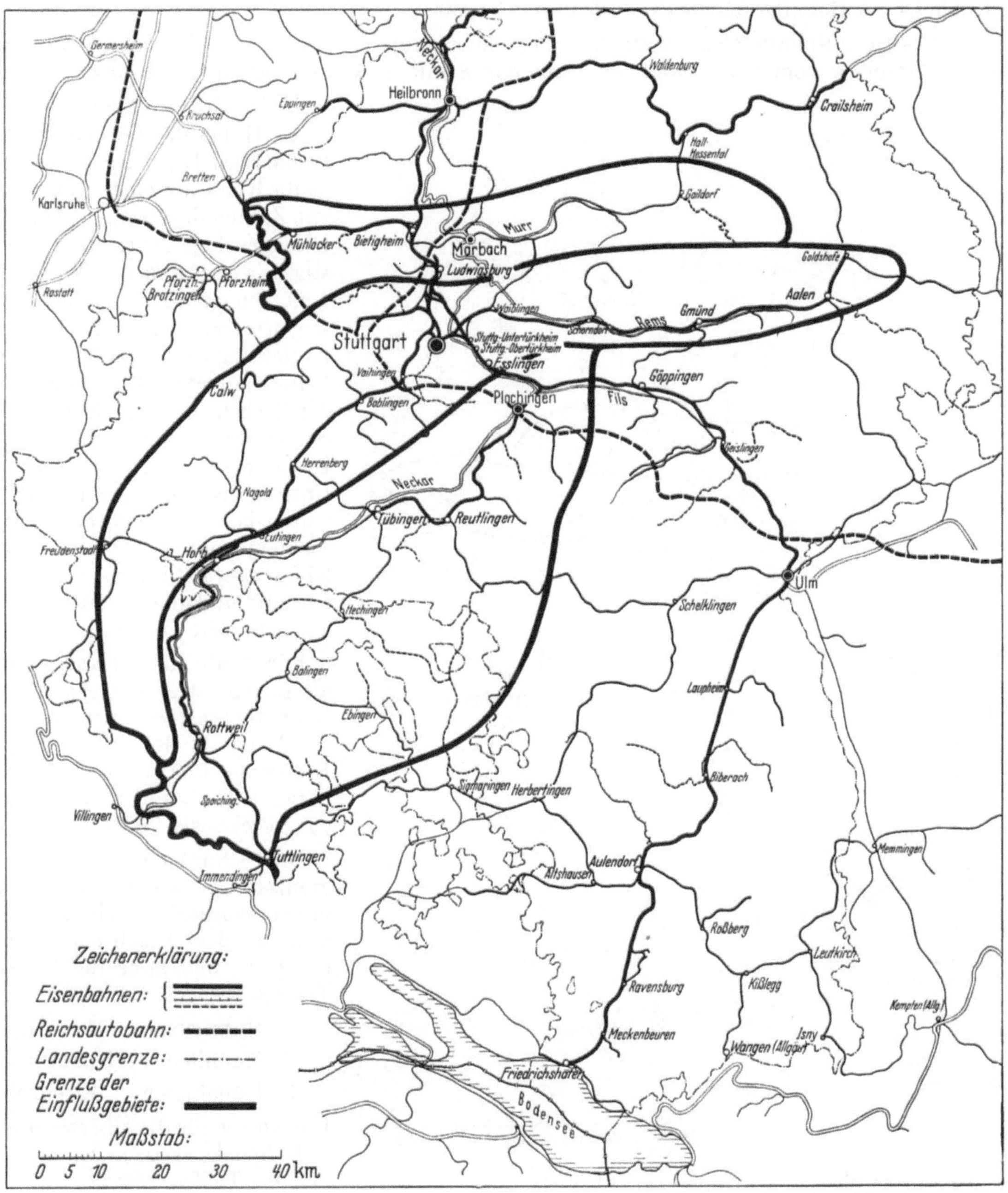

Abb. 3. Einflußgebiete der Häfen Marbach, Stuttgart, Plochingen im Eisenbahnnetz der RBD Stuttgart.

Ausnahmetarif gewährt wird. Das Beispiel von Heilbronn hat seinerzeit gezeigt, daß dies nicht unbedingt zu erwarten ist.

[1] Anmerkung: Der Untersuchung sind die Statistiken und Verhältnisse der letzten, wirtschaftlich normalen Jahre vor dem 2. Weltkrieg zu Grunde gelegt. Die Resultate sind aus Vergleichen von Werten aus dieser Zeit gewonnen worden, so daß die absoluten Zahlenwerte, die sich vielleicht heute gegen die Jahre 1937—38 verändert haben, für das Resultat ohne Einfluß sind. Außerdem sind Änderungen in der Tariflage der Eisenbahn eingetreten, die jedoch das Verhältnis der Tarife nicht beeinflussen. Die z. Z. wohl noch labile Lage der Tarife, insbesondere im Verhältnis zu den Schiffahrtstarifen, macht ihre Verwendung zu einer derartigen Untersuchung unmöglich, bzw. würde ihren Wert nur sehr zeitbedingt erscheinen lassen. Es wurden daher die Bezeichnungen RM, Rpf und z. B. Reichsbahn, sofern nicht bei allgemeinen Angaben der Begriff „Eisenbahn" verwendet ist, beibehalten. Hierzu wird auch auf den 3. Absatz der Vorbemerkung von Prof. Dr. Dr. h. c. Pirath am Anfang der Untersuchung verwiesen.

11*

Der weiterhin aufgeführte Ausnahme-Binnentarif für Kohle AT 6B1 soll einen Vergleich bilden zwischen gebrochener und durchgehender Eisenbahnbeförderung. Der Tarif für Stab- und Formeisen, Tarifklasse D, wurde noch herangezogen, da wegen der umfangreichen weiterverarbeitenden Industrie in Württemberg auch Güter dieser Tarifklasse einen erheblichen Anteil des Massengutverkehrs nach Württemberg bilden.

Für Kohle ist der Beförderungsweg wie folgt angenommen:

Tariflicher Ausgangspunkt Gelsenkirchen — Transport auf der Schiene zu den Häfen des Fördergebietes — Umschlag vom Schienenfahrzeug auf das Schiff — Wasserweg über Mannheim zu den in Betracht kommenden Kanalhäfen.

Als Hafen des Fördergebietes der Kohle wird Duisburg angenommen, da die Kohle aus einer großen Anzahl von Zechen dort umgeschlagen wird. Diese Zechen liegen teilweise günstiger zu einer anderen Wasserstraße, benutzen jedoch den Hafen Duisburg wegen seiner guten Anlagen selbst bei Entfernungen bis zu 50—60 km als Umschlagplatz. Der Schwerpunkt der Zechen, die ihre Kohle auf dem Schienenweg zum Umschlag nach Duisburg bringen, liegt etwa in 25 km Entfernung von diesem Hafen. Es wurde daher Gelsenkirchen mit einer Tarifentfernung von Duisburg von 25 km als tariflicher Ausgangspunkt gewählt und die Zulauffracht nach Tarif AT 6B1 ermittelt.

Für Stab- und Formeisen wird als tariflicher Ausgangspunkt Duisburg-Rheinhäfen angenommen, da die Mehrzahl der eisenerzeugenden Industrien über werkseigene Rheinhäfen verfügt. Sonst gilt sinngemäß das gleiche wie für Kohle.

Die Schnittpunkte der Einflußgrenzen mit wichtigen Eisenbahnlinien wurden durch Zusammenziehung der Frachten in Rpf/t* ermittelt, und zwar für 3 Teile des Transportweges:

1. Ruhrgebiet — Mannheim
2. Mannheim — Kanalhafen
3. Kanalhafen — Eisenbahnhof.

Die Kosten für die Überwindung des 1. Teilstückes setzen sich zusammen aus den Teilfrachten:

Zechenanschlußfracht — Eisenbahnfracht Gelsenkirchen-Duisburg — Hafenanschlußfracht — Kipp- bzw. Verladegebühr — Werftgeld — Schiffsfracht bis Mannheim, für das 2. Teilstück aus den Teilfrachten:

Schiffsfracht ab Mannheim — Kanalgebühr — Umschlaggebühr — Werftgeld — Hafenbahnfracht — Hafenanschlußfracht.

Das Ergebnis dieser Ermittlungen für die beiden Güterarten a) Kohle, b) Stab- und Formeisen, in Einklang gebracht mit den topographischen Gesichtspunkten, die eine Einflußgrenze wesentlich mitbestimmen können, zeigt die Abb. 3.

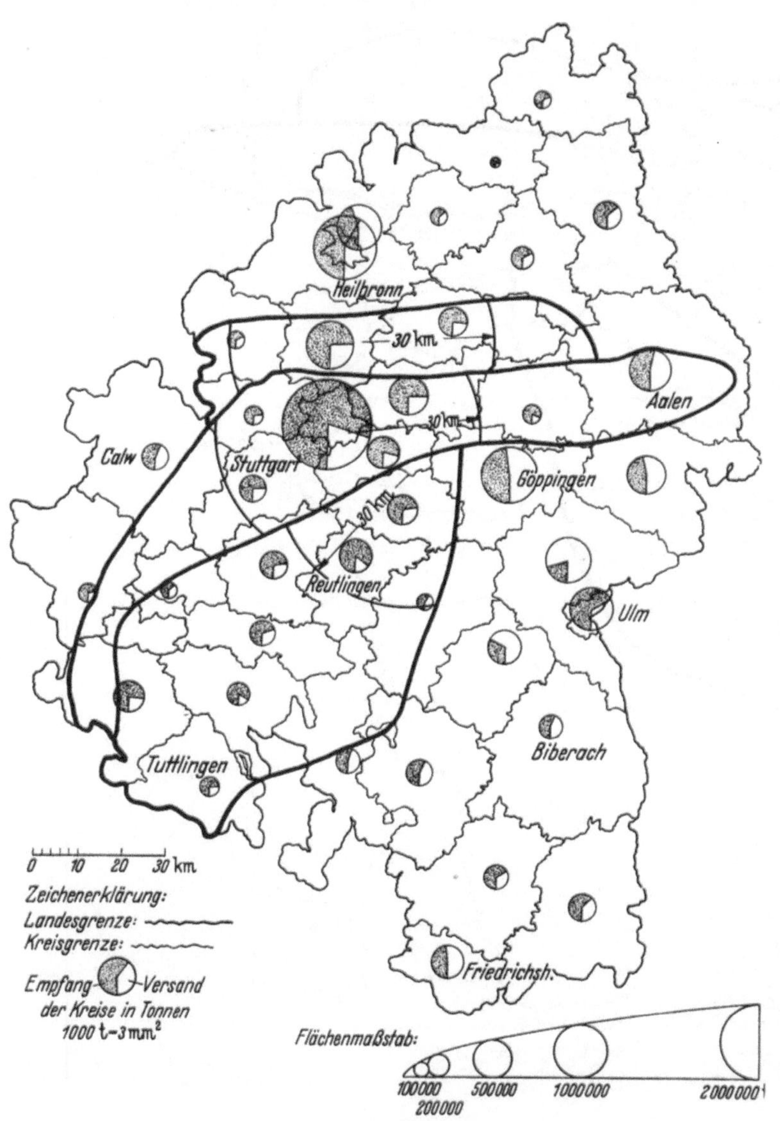

Abb. 4. Versand und Empfang von Wagenladungen in Württemberg-Hohenzollern 1938.

*) s. Anmerkung: Seite 163, Fußnote 1.

IV. Der voraussichtliche Umschlagverkehr der drei Häfen.

Die in den einzelnen Einflußgebieten anfallenden Gütermengen, die für einen Umschlag in Frage kommen und damit für die Größenbestimmung der Häfen maßgebend sind, werden auf Grund der Bahnhofsstatistik und der Güterbewegungsstatistik bestimmt.

Die Güterbewegungsstatistik eignet sich deshalb gut zur Bestimmung der Umschlagmengen, da sie den innerwürttembergischen Verkehr, der ja für einen Kanaltransport nicht in Frage kommt, getrennt von dem übrigen Verkehr nachweist.

Die Bahnhofsstatistik ermöglicht eine Zusammenfassung nach einzelnen Kreisen und damit das Erfassen der auf jedes Einflußgebiet entfallenden Verkehrsmengen.

Da beide Statistiken den Gesamtgüteranfall des untersuchten Gebiets ausweisen, wird der Teil der Güter, der tatsächlich auf den neuen Beförderungsweg — die Wasserstraße — übergeht, aus einem Vergleich mit Gebieten gewonnen, die eine ähnliche Struktur aufweisen, wie das hier in Frage stehende nach dem Ausbau der Wasserstraße.

1. Verkehrsmengen in Wagenladungen des Eisenbahn-Güterverkehrs.

Um die Verkehrsmengen, die auf die Umschlagplätze entfallen, erfassen zu können, soll als obere Grenze die Summe der Wagenladungen in Versand und Empfang aller Bahnhöfe der Reichsbahndirektion Stuttgart ermittelt werden, die sich räumlich ungefähr mit dem Land Württemberg deckt. Zugrunde gelegt werden die Zahlen der Bahnhofsstatistik des Jahres 1938, da es als letztes volles Friedensjahr den tatsächlichen und normalen Verhältnissen am nächsten kommen dürfte. Um die Verkehrsmengen übersichtlicher erfassen zu können, sind sie, getrennt nach Städten und Landkreisen, jeweils bildlich dargestellt (s. Abb. 4).

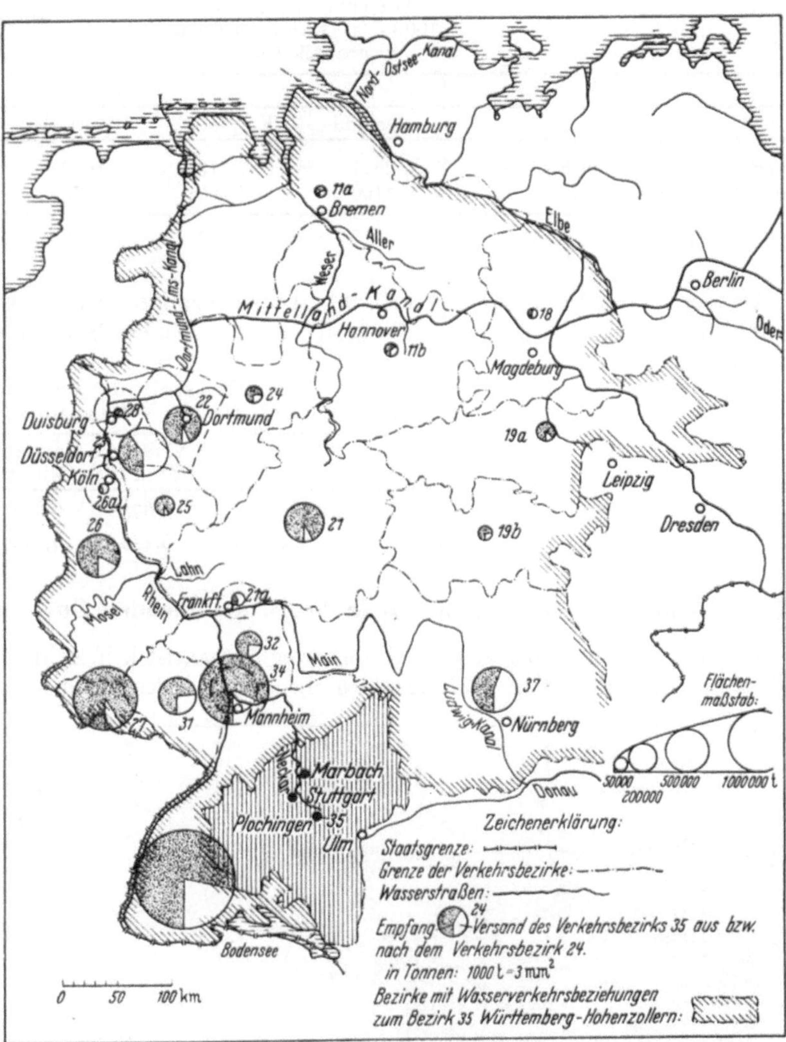

Abb. 5. Versand und Empfang von Umschlaggut des Verkehrsbezirkes 35 (Württemberg-Hohenzollern).

2. Voraussichtlich zu erwartende Umschlagmenge unter Berücksichtigung des Binnenverkehrs für Württemberg und des für den Neckarkanal in Frage kommenden Außenverkehrs.

In der Abb. 5 sind diejenigen Verkehrsbezirke flächen- und mengenmäßig gekennzeichnet, die nach der Statistik „Die Güterbewegung auf deutschen Eisenbahnen im Jahre 1938" mit dem Verkehrsbezirk Württemberg in größerem Umfang Wagenladungs- und Umschlaggut austauschen. Von den insgesamt 117 in dieser Statistik aufgeführten Güterarten sind 69 als Umschlaggüter ausgewählt und nach Versand und Empfang zusammengestellt worden für die Gebiete, welche an den Neckarkanal durch gute Wasserstraßenverbindungen angeschlossen sind und daher für seine Verkehrsbelastung in Frage kommen.

Die Zahlen für Versand und Empfang, die aus der Güterbewegungsstatistik als für den Kanal in Frage kommend einerseits und aus der Bahnhofsstatistik andererseits gewonnen wurden, weichen etwas von einander ab. In den ersteren ist nur das ausgewählte Umschlaggut, d. h. 78 vH des gesamten Wagenladungsgutes, enthalten, ferner ist nur der Verkehr mit den 20 von 43 Verkehrsbezirken erfaßt, die günstig durch einen Wasserweg an die zukünftigen württembergischen Wasserstraßen angeschlossen sind. Die Zahlen der Bahnhofsstatistik enthalten zwar den gesamten Versand und Empfang, jedoch nur Gut, welches wirklich als Wagenladung bewegt worden ist. Die Güterbewegungsstatistik enthält in ihren Zahlen die Gesamttonnenzahl aller Sendungen mit einem Mindestgewicht von 500 kg, auch wenn die Güter als Frachtstückgut oder Eilstückgut befördert wurden. Der Anteil des Fracht- und Eilstückgutes ist jedoch verhältnismäßig gering.

Zahlentafel 2.

Zusammenstellung des Wagenladungs- und Umschlaggutes aus der Güterbewegungsstatistik.

	Gesamtmenge des Wagenladungsgutes in 1000 t (s. Güterbewegungsstatistik 1938)		Ausgewähltes Umschlaggut in 1000 t			
	1	2	3	4	5	6
	Versand	Empfang	Versand	vH d. Sp. 1	Empfang	vH d. Sp. 2
Verkehr mit fremden Bezirken .	2577	7 513	1976	77,0	6802	90,8
Innenverkehr Bezirk 35	4100	4 100	3172	77,3	3172	77,3
Summe	6677	11 613	5148	77,2	9974	77,6

Da der Verkehrsbezirk 35 (Württemberg-Hohenzollern) sich etwa mit dem Gebiet der Reichsbahndirektion Stuttgart deckt, lassen sich die aus den beiden Statistiken gewonnenen Verkehrszahlen vergleichen:

Zahlentafel 3. Gegenüberstellung der Ergebnisse Güterbewegungsstatistik — Bahnhofsstatistik.

	Versand (Mill. t)	Empfang (Mill. t)	Gesamt (Mill. t)
1. Bahnhofsstatistik	5,673	9,371	15,062
2. Güterbewegungsstatistik	5,148 ·	9,974	15,122

3. Der Anteil des für den Kanal in Frage kommenden Gutes an dem Gesamt-Wagenladungsgut.

Die Zusammenstellung aus der Güterbewegungsstatistik in Zahlentafel 2 zeigt, daß für etwa 78 vH der Gesamtmenge des Wagenladungsgutes die Möglichkeit eines Kanaltransportes besteht. Die angegebenen 78 vH enthalten dasjenige Gut, welches insgesamt überhaupt zum Umschlag und Kanaltransport geeignet ist, während der Reichsdurchschnitt — etwa 25 vH — ein Maßstab für diejenige Menge ist, die tatsächlich auf der Wasserstraße transportiert wird. Um hier die Grundlage für eine richtige Mengenbemessung zu finden, werden zum Vergleich zwei Gebiete herangezogen, die mit Land- und Wasserverkehrswegen gut durchsetzt und daher dem Land Württemberg nach Ausbau der Neckar-Donau-Wasserstraße vergleichbar sind. Sie können einen Anhalt bieten, wie hoch die Menge des Umschlaggutes im Vergleich

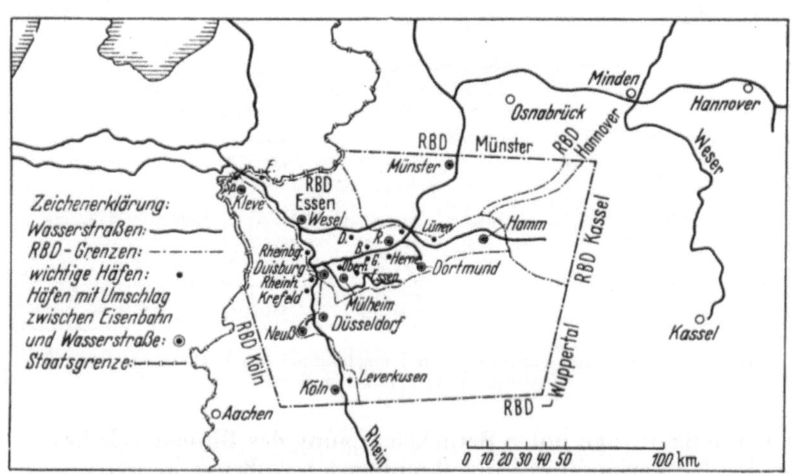

Abb. 6. Gebiet der rheinisch-westfälischen Wasserstraßen.

zur Gesamtmenge des Wagenladungsgutes etwa anzusetzen ist. Als solche Gebiete kommen in Betracht:
    1. das Gebiet der rheinisch-westfälischen Wasserstraßen,
    2. das Gebiet der märkischen Wasserstraßen.
Die Gebiete wurden zur Erzielung eines vergleichbaren Ergebnisses etwa flächengleich mit dem Land Württemberg abgegrenzt, für das die Verkehrszahlen ermittelt wurden. Die Grenzen wurden so gelegt, daß die Einflußgebiete der auf ihnen verzeichneten und zu erfassenden Häfen nach roher Schätzung in das Gebiet hineinfallen und die Zusammengehörigkeit der wirtschaftlichen Kräfte innerhalb dieser Gebiete gewahrt bleibt (s. Abb. 6 und 7).

Aus den Bahnhofsstatistiken des Jahres 1930 der jeweils in diese Gebiete fallenden Reichsbahndirektionen und der Binnenschiffahrtsstatistik des Deutschen Reiches von 1930 wurden die Verkehrszahlen zusammengestellt.

Zusammenstellung der Verkehrszahlen für die Vergleichsgebiete in Mill. t.

Zahlentafel 4. Gebiet der rheinisch-westfälischen Wasserstraßen.

	Eisenbahn	Wasser-straßen	Sp. 1 + Sp. 2	Sp. 2 in vH von Sp. 3
	1	2	3	4
1. Versand	107,398	35,849	142,247	25,2
2. Empfang	73,436	24,724	98,160	25,3
3. Umschlag Bahn—Wasser	17,650	17,650	- -	—
4. Umschlag Wasser—Bahn	3,419	3,419	- -	—
5. Versand abzüglich Umschlag ..	89,748	32,430	122,178	26,5
6. Empfang abzüglich Umschlag .	70,017	7,074	77,091	9,2

Zahlentafel 5. Gebiet der märkischen Wasserstraßen.

	Eisenbahn	Wasser-straßen	Sp. 1 + Sp. 2	Sp. 2 in vH von Sp. 3
	1	2	3	4
1. Versand	7,664	3,437	11,101	31,2
2. Empfang	18,274	8,672	26,946	32,0
3. Umschlag Bahn—Wasser	0,297	0,297	—	—
4. Umschlag Wasser—Bahn	0,334	0,334	—	—
5. Versand abzüglich Umschlag ..	7,367	3,103	10,470	29,8
6. Empfang abzüglich Umschlag .	17,940	8,375	26,315	31,6

Bei dem Gebiet der rhein.-westf. Wasserstraßen rührt der geringe Anteil der Wasserstraße am Empfang (9,2 vH) aus der hohen — hier abzusetzenden — Umschlagsmenge Bahn—Wasser von 17,650 Mill. t her. Hiervon werden allein in Duisburg-Hamborn 13,929 Mill. t, d. h. 78.7 vH von der Bahn zum Wasser umgeschlagen. Das rhein.-westf. Wasserstraßengebiet gibt in dieser Beziehung die untere Grenze für einen Vergleich zwischen dem Verkehrsaufkommen für Wasserstraße und Eisenbahn.

Das Gebiet der märkischen Wasserstraßen gibt für einen Vergleich mit Württemberg einen besseren Anhalt, da die wirtschaftliche Struktur — mit Ausnahmen selbstverständlich — die gleiche ist wie in Württemberg, soweit sie für die Betrachtung Wasserstraße—Eisenbahn in Frage kommt. In beiden Gebieten werden in gleicher Weise Rohstoffe als Massengüter zugeführt und Industrieerzeugnisse hohen Wertes abgeführt. Wird

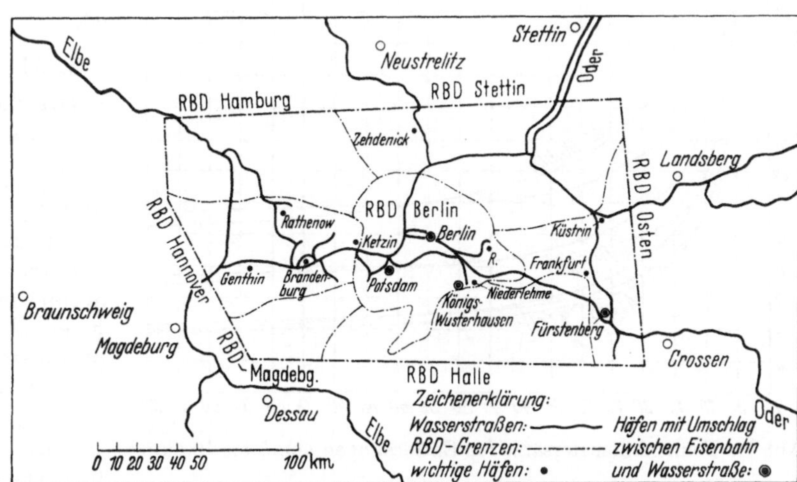

Abb. 7. Gebiet der märkischen Wasserstraßen.

berücksichtigt, daß das württembergische Gebiet nicht so ausgiebig wie das märkische durch Wasserstraßen erschlossen ist, d. h. daß ihm zu der Nord-Süd-Wasserstraße des Neckarkanals ein oder zwei Querwasserstraßen fehlen, so wären die Verkehrsmengen zu einem um wenig geringeren vH-Satz als bei dem märkischen Gebiet auszusetzen.

Um jedoch einem gewissen Anwachsen des Verkehrs Rechnung zu tragen, möge für die Verhältnisse in Württemberg mit einem Anteil von 30 vH Massengut gerechnet werden. das je in den einzelnen Einflußgebieten auf den Wasserweg übergeht.

4. Die Umschlagmengen im Einflußgebiet eines jeden Hafens.

Nach Übertragung der verkehrsgeographischen Einflußgrenzen in die Kreiskarte (s. Abb. 4) können aus dieser unmittelbar die zu jedem Einflußgebiet gehörigen Zahlen der Verkehrsmengen entnommen und von diesem die entsprechenden vH-Sätze zusammengestellt werden. Das Ergebnis dieser Untersuchung ist in Zahlentafel 6 aufgeführt. Aus der Zusammenstellung Zahlentafel 6 ist zu erkennen, daß das Einflußgebiet von Marbach neben seiner räumlich geringen Ausdehnung (s. Abb. 4) auch hinsichtlich der aufkommenden Verkehrsmengen gegenüber den Gebieten für Stuttgart und Plochingen weit zurücktritt.

Zahlentafel 6.

Hafen	Gesamtverkehr		Für Kanaltransport		
	Versand in 1000 t	Empfang in 1000 t	Versand 30 vH von Sp. 1	Empfang 30 vH von Sp. 2	Summe Sp. 3 + Sp. 4
	1	2	3	4	5
I. Marbach	242	697	73	209	282
II. Stuttgart	1201	3648	360	1050	1410
III. Plochingen ...	521	1283	157	385	542
Summe			590	1614	2234

V. Verkehrsteilung des Zu- und Ablaufs des Kanalgutes auf die Landverkehrsmittel.

Das Gut, welches im Hafen umgeschlagen wird, verläßt ihn oder läuft ihm zu auf dem Wasser- und auf dem Landweg. Der Ab- oder Antransport auf dem Wasser geschieht mittels der üblichen Transportgefäße, der Schleppkähne, auf dem Land jedoch kann der Ab- und Zulauf entweder auf der Schiene oder auf der Straße sich vollziehen. Welchem Landverkehrsmittel jeweils der Vorzug zu geben ist, soll durch die Bestimmung der Wirtschaftlichkeitsgrenze zwischen beiden Verkehrsmitteln erkannt werden. Die Teilung nach Eisenbahn und Straßenweg ist wichtig, weil nach diesem Verhältnis die technischen Anlagen der Häfen zu gestalten sind und der verkehrswirtschaftliche Vergleich zu bemessen ist.

1. Abgrenzung der Wirtschaftlichkeit zwischen Kraftwagen und Eisenbahn nach Selbstkosten und Tarifen.

Um zunächst einen Überblick über die Zu- und Ablaufkosten zu gewinnen, wird untersucht, wo die Grenze nach Wirtschaftlichkeit und Art der Güter zwischen einer reinen Beförderung mit Lastkraftwagen und der mit der Eisenbahn liegt. Den Verlauf der reinen Transportkosten für Eisenbahn und Kraftwagen entsprechend den gültigen Tarifen zeigt Abb. 8.

Da die Tarife der Deutschen Reichsbahn in sehr weitgehendem Maße von volkswirtschaftlichen Gesichtspunkten beeinflußt sind und es

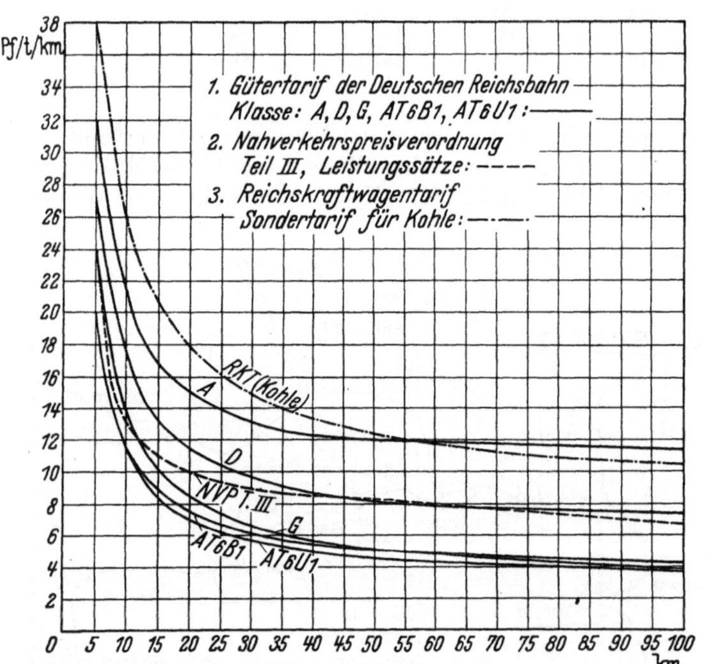

Abb. 8. Tonnenkilometersätze für Entfernungen von 5 bis 100 km.

daher nicht möglich ist, mit Sicherheit einen allgemein richtigen Wert für die Kosten je km und t transportierten Gutes zu bestimmen, muß von einem reinen Selbstkostenvergleich abgesehen werden.

Es sollen daher die tarifmäßigen Kosten in Dpf. je t und km in Stufen zu je 10 km für Transportweiten von 10 bis 100 km nach den Tarifklassen der Deutschen Reichsbahn: A bis G, AT 6 B I und AT 6 U I aufgetragen und mit ihnen die Kosten der Lastzugbeförderung zum Schnitt gebracht werden. Es wird dann erkennbar, bis zu welchen Grenzen der Beförderung auf Schiene, Straße oder auf beiden Verkehrswegen nacheinander der Vorzug zu geben ist (Abb. 9).

Aus einer später folgenden Übersicht geht hervor, daß der Kraftwagen in Hinsicht auf die hier in Frage stehende Beförderung von Massengütern bei Entfernungen von 100 km an aufwärts der Schiene bestimm nicht mehr gewachsen ist. Die Einflußgebiete, innerhalb derer der Kraftwagen als Zubringer bzw. Verteiler zum bzw. vom Hafen hier untersucht werden soll, überschreiten in ihrer größten Ausdehnung die Entfernung von 100 km von dem zugehörigen Hafen nicht wesentlich.

Aus diesen beiden Gründen kommt daher hier nur der Güternahverkehr in Frage, dessen Tarif für Entfernungen bis zu 100 km aufgestellt ist. Die für den Güternahverkehr gültigen Beförderungsbedingungen sind in der „Nahverkehrspreisverordnung" und dem „Tarif für den Güternahverkehr der Deutschen Reichsbahn" enthalten, die als Grundlage für die Übersicht in Abb. 8 verwandt werden sollen.

Die Kosten des Lastzugtransportes sind den Leistungssätzen der NVP (Nahverkehrspreisverordnung). und zwar für einen Lastzug mit einem 5-t-Lastkraftwagen und einem 10-t-Anhänger, entnommen. Diese Transportgefäße wurden gewählt, um für spätere Untersuchungen einen Vergleich mit einem Eisenbahngüterwagen von 15 t Nutzlast zu haben. Zu den reinen Sätzen der NVP müssen für die Gestellung von Personal bei Anhängerbetrieb noch Personalkosten zugeschlagen werden.

Bestimmung der zusätzlichen Personalkosten bei Anhängerbetrieb.

Unter Zugrundelegung eines Drehkrans mit 30 Spielen/Stunde und einem 2 t-Greifer. und dem 15 t-Lastzug wurden die zusätzlichen Personalkosten für 2 Entfernungszonen ermittelt: Für 2 Fahrten und Rückfahrten je Tag eine Zone bis 50 km und für 1 Fahrt und Rückfahrt je Tag eine Zone bis 130 km.

Die Personalkosten ergaben sich bei Einbeziehung von:

Fahrtagegeldern,
Fahrstundengeldern, jeweils für Fahrer und Begleiter,
Lohn für Begleiter bei Anhängerbetrieb,
Soziale Lasten und Gemeinkosten,
Zuschlag für Krankheit und Urlaub: 7,96 bzw. 6,23 RM/15 t/100 km oder 0,0053 bzw. 0,0042 = 0,5 Rpf/t/km.

Wenn durch eine starke staatliche Förderung des Kraftwagens wie z. B. durch Normung, Bau von guten Straßen und sonstige steuerliche oder wirtschaftliche Maßnahmen die augenblicklich entstehenden Kosten noch gesenkt werden, so dürfte auch mit der Kostensenkung für den Kraftwagengüterverkehr zu rechnen sein. Ein Land, in dem der Kraftwagen durch Masseneinsatz, gute Wege und geringe Anschaffungs- und Betriebskosten auch für den Gütertransport stark begünstigt ist, ist Amerika.

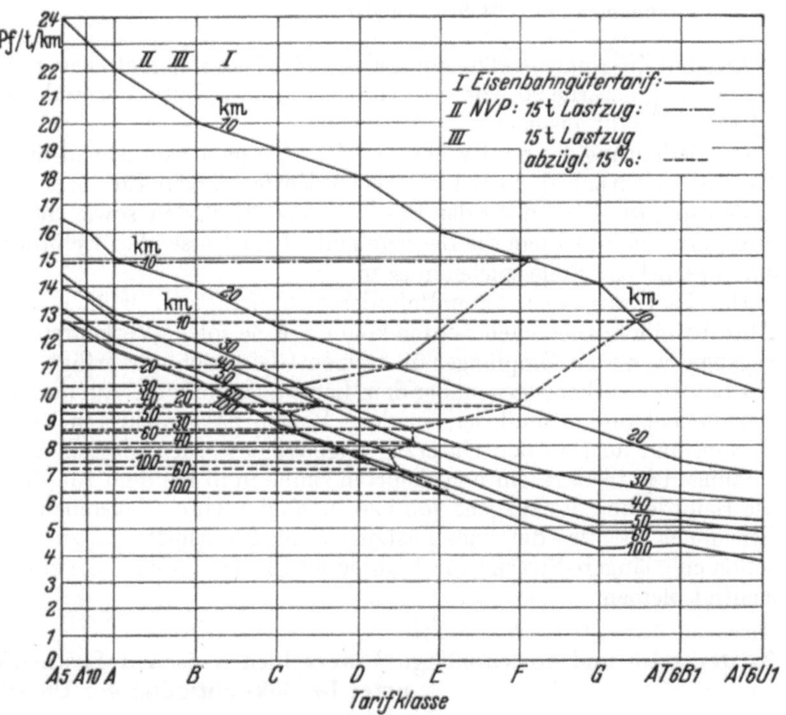

Abb. 9. Vergleich der Tarife zwischen den Güterklassen A—G, AT 6 B 1, 6 U 1 der Reichsbahn und den Leistungssätzen der NVP für 10—100 km.

Nach dort angestellten Untersuchungen könnten wegen der größeren Schnelligkeit und Bequemlichkeit des Lastwagens seine Transportkosten um etwa 15 vH höher liegen als die der Eisenbahn, ohne daß die Eisenbahn das Gut an sich ziehen würde.

Durch den in Deutschland herrschenden Wettbewerb zwischen Schiene und Straße — wenn auch vorläufig nur für einen beschränkten Kreis von hoch- und mittelwertigen Gütern — bildet sich eine Grenze heraus, an der ein gewisses Gleichgewicht in der Abwanderung zwischen Schiene und Straße zustande kommt.

Um aufzuzeigen, wie sich ein Vergleich an dieser Grenze etwa gestalten würde, wurde in die Abb. 8 die gestrichelte Abgrenzung mit aufgenommen.

Ohne daß die erwähnten 15 vH berücksichtigt sind, zeigt sich die Abgrenzung zwischen Schiene und Straße in der Abb. 8 wie folgt:
Der Lastkraftwagentransport ist wirtschaftlich
bis zu einer Entfernung von 10 km für die Gütertarifklassen A—F
bis zu einer Entfernung von 20 km für die Gütertarifklassen A—E
bis zu einer Entfernung über 30 km für die Gütertarifklassen A—D.

2. Analyse des Umschlaggutes.

Da die zu einem Vergleich zwischen Lastkraftwagen und Eisenbahn erforderlichen tariflichen Grundlagen nicht bei jeder Güterart die gleichen sind, soll nun das Umschlaggut daraufhin untersucht werden, welche Güterart bei der vergleichenden Betrachtung hauptsächlich berücksichtigt werden muß.

Inwieweit die ausgangs des vorigen Abschnitts genannten Tarifklassen gehörigen Güter für den hier betrachteten Raum in Frage kommen, ist aus den Zahlentafeln 7 und 8 erkennbar, in denen die Güter mit größerem Verkehrsaufkommen, geordnet nach Mengen für Empfang und Versand, zusammengezogen sind.

<table>
<tr><td colspan="3">Zahlentafel 7. Empfang von Massengut
für Württemberg.</td></tr>
<tr><td>Güterklasse</td><td>1000 t/Jahr</td><td>vH</td></tr>
<tr><td>6U1/F$_K$</td><td>3616</td><td>56,2</td></tr>
<tr><td>G</td><td>36</td><td>0,6</td></tr>
<tr><td>F</td><td>2146</td><td>33,3</td></tr>
<tr><td>E</td><td>76</td><td>1,2</td></tr>
<tr><td>D</td><td>423</td><td>6,5</td></tr>
<tr><td>C</td><td>27</td><td>0,4</td></tr>
<tr><td>A</td><td>115</td><td>1,8</td></tr>
<tr><td>Summe:</td><td>6438</td><td>100,0</td></tr>
</table>

(Empfang: 56,2 / 0,6 / 33,3 zusammen 90,1 vH)

<table>
<tr><td colspan="3">Zahlentafel 8. Versand von Massengut
für Württemberg.</td></tr>
<tr><td>Güterklasse</td><td>1000 t/Jahr</td><td>vH</td></tr>
<tr><td>G</td><td>899</td><td>49,4</td></tr>
<tr><td>F</td><td>627</td><td>34,6</td></tr>
<tr><td>E</td><td>160</td><td>8,8</td></tr>
<tr><td>D</td><td>130</td><td>7,2</td></tr>
<tr><td>Summe:</td><td>1816</td><td>100,0</td></tr>
</table>

(Versand: 49,4 / 34,6 zusammen 84,0 vH)

Aus den Zusammenstellungen (Zahlentafel 7 und 8) geht hervor, daß die Güter der Klassen F, G und die der Ausnahmetarife 90 bzw. 84 vH bei Empfang bzw. Versand aller Güter mit einer Verkehrszahl über 10 000 t im Jahr ausmachen.

Die Bedeutung des Kraftwagens entfällt hiernach weitgehend für die tariflich geringer bewerteten Güter. Es wird ersichtlich, daß bei den geringen Entfernungen, für die der Kraftwagen hauptsächlich Verwendung finden soll, die Kosten für das Be-, Ent- und Umladen sowie die Zeit zwischen Umschlag- und Verwendungsort und außerdem die Bequemlichkeit für Versender, Beförderungsunternehmungen und Empfänger eine wesentliche Rolle spielen müssen.

Der Lastkraftwagen kann Beförderungsaufträge so erfüllen, daß Umschlagsort und Verbraucher als Güterbahnhöfe angesehen werden können. Eine solche Verkehrsbedienung ist bei der Eisenbahn nur dann gegeben, wenn der Empfänger über einen Gleisanschluß verfügt. Auch dann noch ergibt sich ein Nachteil des Schienenverkehrs gegenüber dem Lastwagenverkehr. Auf dem der Umschlagstelle zunächst gelegenen Verschiebebahnhof muß der beladene Wagen nach mehreren Verschubbewegungen zunächst aufgestellt werden und dort an den Güterzug angehängt werden, dessen Abfahrtszeit zahlreichen anderen Voraussetzungen unterliegt. Im umgekehrten Sinne muß bei dem Empfänger verfahren werden. Die Kosten für die Beförderung des Wagens von bzw. nach den Umschlagstellen bzw. den Anschlußgleisen sind beträchtlich höher als etwa die eines Lastzuges von Stadtmitte bis zu dem betreffenden Verbraucher, sofern er schon eine längere Strecke durchfahren hat. In letzterem Falle könnten diese Kosten überhaupt unberücksichtigt bleiben.

3. Der zeit- und kostenmäßige Unterschied zwischen Lastkraftwagen- und Eisenbahnbeförderung unter Berücksichtigung des Umschlags.

Nicht nur der reine Kostenvergleich auf Grund der vorhandenen Tarife beider Beförderungsarten auf dem Lande ist maßgebend für eine Abgrenzung der Wirtschaftlichkeit. Die Verschiedenheit der Art und Weise des Be- und Entladens, die Verschiedenheit der Antriebsart, der Bereitstellung und der Eigenart beider Landverkehrsmittel auch in Hinsicht auf die Zahl der mit einem Antriebselement beförderten Transportgefäße ist sehr erheblich.

Es erweist sich daher als notwendig, diese Verschiedenheiten in den Vergleich einzubeziehen.

Die erwähnten Unterschiede wirken sich außerdem hinsichtlich des Zeitaufwandes so stark aus, daß hierfür ein gesonderter Vergleich angestellt werden muß.

Um den zeit- und kostenmäßigen Unterschied der verschiedenen Beförderungsarten festzustellen, werden folgende drei Fälle untersucht:

a) Reiner Eisenbahntransport vom Hafen bis in den Gleisanschluß des Empfängers.

b) Eisenbahntransport vom Hafen bis zum Empfangsbahnhof und von dort mit Lastzug bis zum Empfänger.

c) Reiner Lastzugtransport vom Hafen bis zum Empfänger.

Als Vergleichsmittel sollen ein 15-t-Lastzug (5-t-Lkw + 10-t-Anhänger) und ein 15-t-O-Wagen dienen.

Um zu brauchbaren Zahlenwerten zu gelangen, wurden Transporte von Heilbronn-Hafen nach:

1. Eppingen, 2. Öhringen, 3. Bietigheim, 4. Möckmühl, 5. Osterburken, 6. Lauda hinsichtlich ihres Aufwandes beobachtet, und zwar: A. zeitlich, B. kostenmäßig.

A. Zeit. a) Reiner Eisenbahntransport vom Hafen bis in den Gleisanschluß des Empfängers. Die Zeitwerte wurden unter Berücksichtigung der Einzelvorgänge ermittelt, und zwar:

Bedienungszeit des Hafens,
Beladefristen,
Transport: Hafen bis Aufstellgruppe,
Aufenthalt in der Aufstellgruppe,
Aufstellgruppe bis Verschiebebahnhof,

Aufenthalt auf dem Verschiebebahnhof,
Fahrzeit,
Bereitstellen im Anschluß,
Entladen.

Es ergeben sich dann Werte von 24,7 bzw. 26,2 Stunden.

b) Eisenbahntransport bis zum Empfangsbahnhof und von dort mit Lastzug zum Empfänger.

Hier werden bis einschließlich „Fahrzeit" die gleichen Werte wie unter a) verwendet, anschließend daran Zeitwerte für:

Bereitstellen in der Freiladestraße,
Umladen,
3—4 km Fahrt des Lastzuges,
Entladen des Lastzuges.

Das Ergebnis ist 25,7 Stunden bzw. 27,2 Stunden.

c) Reiner Lastzugtransport vom Hafen bis zum Empfänger, der nicht über einen Gleisanschluß verfügt. Hier entstehen nach dem Beladen nur Zeitwerte für Fahrzeit und Entladen.

Ergebnis: 1—3 Stunden.

B. Kosten. a) Reiner Eisenbahntransport vom Hafen bis in den Gleisanschluß des Empfängers.

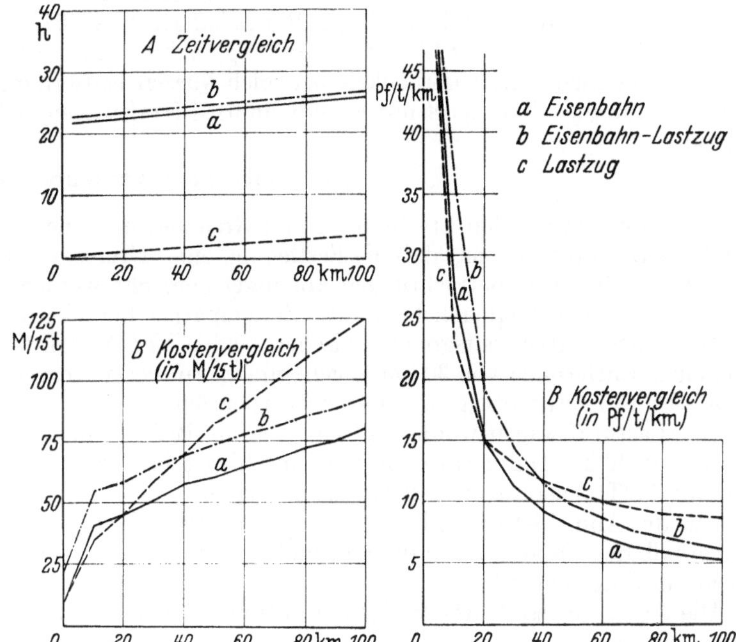

Abb. 10. Transport von Massengut (Kohle) vom Hafen zum Verbraucher.

Die Kosten setzen sich zusammen aus Umschlaggebühr, Anschlußgebühr, Anschlußbedienung beim Empfänger, Entladen, Fracht.

Das Ergebnis für die sechs benannten Tarifstationen sind gestaffelte Werte zwischen 48,00 und 73,50 RM/15 t.

b) Eisenbahntransport bis zum Empfangsbahnhof und von dort mit Lastzug zum Empfänger.

Das Umladen am Empfangsort vom Eisenbahnwagen auf den Lastzug kann ebenso eingesetzt werden wie das Entladen des Eisenbahnwagens. Die Anschlußgebühr am Empfangsort fällt fort. Hinzu kommt die Fracht für den Lastkraftwagentransport nach der NVP auf eine Entfernung von 3—4 km.

Unter diesen Voraussetzungen liegen die Werte hier wiederum gestaffelt für die angeführten Tarifstationen zwischen 61,50 und 87,00 RM/15 t.

c) Reiner Lastzugtransport vom Hafen bis zum Empfänger, der nicht über einen Gleisanschluß verfügt.

Der Wert für den Umschlag auf den Lastwagen muß wegen der niedrigen Bordwände und wegen des erforderlichen genaueren Einbringens des Gutes durch den Kran, ferner wegen etwa notwendigen Zwischenlagerns ein wenig höher angesetzt werden als beim Umschlag auf den Eisenbahnwagen. Berücksichtigt man dies und schlägt zu den Landstraßenkilometern zwischen den Ortsmittelpunkten noch jeweils 3—4 km als Entfernung des Empfängerbetriebes hinzu, so ergeben sich auch hier sechs gestaffelte Werte von 56,30 bis 110,10 RM/15 t.

Diese Beispiele werden als Grundlage zur Bildung von Mittelwerten für gestaffelte Transportweiten bis zu 100 km benutzt. Es ergibt sich daraus der in

Zahlentafel 9.
Gegenüberstellung der Beförderungskosten.

Von Heilbronn nach	Reiner Eisenbahn-Transport RM/15 t	Gebrochener Transport RM/15 t	Reiner Lastwagen-Transport RM/15 t
Eppingen ...	48,00	61,50	56,30
Öhringen ...	49,50	63,00	56,30
Bietigheim ..	49,50	63,00	56,30
Möckmühl ..	52,50	66,00	59,80
Osterburken .	59,50	73,00	81,90
Lauda	73,50	87,00	110,10

Abb. 10 dargestellte zeit- und kostenmäßige Vorsprung des Lastwagentransportes in seinen verschiedenen Grenzen.

Sowohl die zeit- als auch die kostenmäßige Untersuchung zeigen eine verschiedengeartete Überlegenheit des Lastkraftwagens.

Zeitlich ist er solange überlegen, als er nicht als Beförderungsmittel für große Massen benutzt wird, und zwar in den betrachteten Entfernungsgrenzen gegenüber den Beförderungsarten a) (reiner Eisenbahntransport) und b) (gebrochener Transport) sogar um ein 10- bis 30faches.

Kostenmäßig ist er nur als reiner Lastzugtransport der Beförderungsart b) überlegen, und zwar nur bei kleineren Entfernungen als etwa 30—35 km.

Den Tarifen des reinen Eisenbahntransportes bleibt er stets unterlegen, wenn man nicht die ganz geringen Entfernungen bis zu 15 km in Betracht zieht. Bei diesen kurzen Entfernungen sind die Werte für 1 t/km annähernd gleich dem billigen Reichsbahntarif AT 6 U 1, jedoch spielt hier der Zeitfaktor eine so wesentliche Rolle, daß der Lkw sich durchweg auch hier als vorteilhaft erweist.

Daß von einer Wirtschaftlichkeit bei solch kurzen Entfernungen für einen reinen Eisenbahntransport oder gar für einen Transport mit Eisenbahn und Kraftwagen nicht mehr die Rede sein kann, liegt auf der Hand.

4. Analyse der Verkehrsteilung.

Es ergibt sich aus den Erwägungen und Grenzbestimmungen für die Wirtschaftlichkeit der Eisenbahn und des Lastkraftwagens, daß die Festlegung einer Grenze zwischen beiden Verkehrsmitteln nicht allein von kostenmäßigen Betrachtungen abhängig gemacht werden darf, sondern daß auch der Faktor der Schnelligkeit und Bequemlichkeit, also Zeitersparnis, berücksichtigt werden muß.

Die Wirtschaftlichkeitsgrenze zwischen beiden Verkehrsmitteln wird — bei vorsichtiger Rechnung — bei einer Entfernung von 30 km angenommen. In dieser Abgrenzung erscheint der Wert des zeitmäßigen Vorteils des Lastkraftwagens genügend berücksichtigt.

Der Lastkraftwagen würde also nun alle die Beförderungsleistungen übernehmen, die innerhalb einer Zone mit 30 km Halbmesser um die Umschlagstelle herum erforderlich werden. Der Schienenweg übernimmt die Transporte auf weitere Entfernungen.

Aus der Abb. 4 ist ersichtlich, daß in jedem Einflußgebiet ein recht erheblicher Teil des Umschlaggutes innerhalb der 30-km-Zone aufkommt und für ihn daher im Hafen ein Umschlag zwischen Kraftwagen und Schiff in Frage kommt.

Die Anteile dieses Gutes an der Gesamtumschlagmenge der Einflußgebiete sind, wie aus der Abb. 4 zu erkennen ist:

    für Marbach   etwa 80 vH
    für Stuttgart   etwa 70 vH
    für Plochingen etwa 35 vH

Da es für die allgemeine Bedeutung der Untersuchung unzweckmäßig ist, auf dieser Verschiedenartigkeit des Umschlags der drei Häfen die betriebs- und verkehrswirtschaftlichen Vergleiche aufzubauen, empfiehlt es sich, hierzu von zwei Grenzfällen auszugehen.

A. Grenzfall 1: Die gesamte Hafenumschlagmenge wird zwischen Schiff und Eisenbahn umgeschlagen.

B. Grenzfall 2: Die gesamte Hafenumschlagmenge wird zwischen Schiff und Lastkraftwagen umgeschlagen.

Der Vergleich der verschiedenen Hafenalagen wird in allen Einzelheiten unter der Annahme des Grenzfalles 1 angestellt, der auch die wichtigste Grundlage bildet für die Untersuchung des Grenzfalles 2, so daß dieser in einfacherer Art durchgeführt werden kann.

VI. Der betriebswirtschaftliche Vergleich für die Umschlagkosten der verschiedenen Hafengrößen.

Die zu erwartenden Umschlagmengen in ihrer Art, Menge und ihrer Verteilung auf die Einflußgebiete der verschiedenen Häfen wurden festgestellt. Um die Frage: Zentralisation oder Dezentralisation klären zu können, ist es nötig, den Unterschied der Wirtschaftlichkeit des Betriebes verschiedener Hafengrößen einander gegenüberzustellen.

Die Umschlagmengen werden nach verschiedenen Gesichtspunkten auf die in Frage stehenden Hafenanlagen verteilt, wodurch sich solche mit verschieden großen Umschlagkapazitäten ergeben. Entsprechend dieser Verteilung werden die Hafenanlagen größenmäßig bemessen und die jeweiligen Anlage- und Umschlagkosten festgestellt.

A. Grenzfall 1.
Die gesamte Hafenumschlagmenge wird auf Eisenbahn umgeschlagen.

1. Größenbemessung.

Die ermittelten Verkehrsmessungen werden auf die in Württemberg in Frage kommenden Hafenanlagen verteilt, ihre örtlich günstigste Lage festgestellt und dann die Häfen in der Größe ihrer Anlagen bemessen.

a) Zusammenstellung der Verkehrszahlen.

Für die Anlage von Häfen am Neckarkanal und ihre Auswahl nach Zahl und Art sind drei Gesichtspunkte maßgebend:

I. Zentralisation, II. Dezentralisation, III. Organisatorische Gesichtspunkte.

I. Zentralisation. Die Gesamtumschlagmengen der drei ermittelten Einflußgebiete werden in einem Hafen vereinigt gedacht. Es wird also ein Hafen (Stuttgart) angenommen, von dem aus das gesamte übrige Gebiet bis an die nördliche Grenze des Einflußgebietes von Marbach und bis an die südliche Grenze desjenigen von Plochingen bedient werden soll.

Die Verkehrsmengen der in die drei Einflußgebiete fallenden Kreise werden zusammengezogen und die vH-Sätze der hervorragend anfallenden Umschlaggüter (Zahlentafel 7 und 8) eingesetzt.

Der Gesamtverkehr für Württemberg nach der Güterbewegungsstatistik 1938 ohne den Innenverkehr des Verkehrsbezirks 35 (Württemberg-Hohenzollern), der für den Wasserstraßenverkehr nicht in Frage kommt, beträgt:

Empfang: 6 802 000 t/Jahr

Versand: 1 976 000 t/Jahr.

Die Summe der voraussichtlich umzuschlagenden Gütermengen für die drei Häfen aus Zahlentafel 13, aufgeteilt nach Anteilen aus Zahlentafel 9, Spalte 5, ergibt in 1000 t:

Empfang: Gesamt 1614
Kohle 53,2 vH 875
Baustoffe 24,0 vH 384

Zahlentafel 10. Aufteilung in die laut Zahlentafel 7 und 8 am häufigsten vorkommenden Güterarten und Feststellung ihrer prozentualen Verteilung.

Empfang				
Güterart	Güternr.	1000 t/Jahr	Summe	vH v. Ges.
1	2	3	4	5
Kohle ...	80	1999		
	84	706		
	82	480		
	81	430	3615	53,2
Baustoffe	100	768		
	101	517		
	103	168		
	181	156		
	180	24	1633	24,0
Versand				
Erz	570	536	536	27,2
Holz	161	169		
	165	160		
	162	42		
	160	46	417	21,0
Baustoffe	101	185		
	103	165		
	100	127		
	181	32	509	25,8

Versand: Gesamt 590
Erz 27,2 vH 161
Holz 21,0 vH 124
Baustoffe 25,8 vH 152

II. Dezentralisation. Es werden drei Häfen Marbach, Stuttgart, Plochingen angenommen, die je ihr Einflußgebiet bedienen.

Die Umschlagsmengen der zugehörigen Einflußgebiete werden je einzeln dargestellt und die überragend anfallenden Güter in gleicher Weise, wie unter I angegeben, eingesetzt.

Zahlentafel 11. Empfang und Versand der Anteile der hauptsächlich vorkommenden Arten von Umschlaggut für die Häfen Marbach, Stuttgart, Plochingen in 1000 t.

Häfen	Empfang			Versand			
	Gesamt	53,2% Kohle	24,0% Baustoffe	Gesamt	27,2% Erz	21,0% Holz	25,8% Baustoffe
Marbach.........	209	111	50	73	20	15	19
Stuttgart	1050	558	252	360	17	76	94
Plochingen.......	385	205	205	157	43	33	42

III. Verteilung der Umschlagmengen nach organisatorischen Gesichtspunkten. Es werden nur Stuttgart und Plochingen als Häfen angenommen, jedoch so, daß der Stuttgarter Hafen lediglich den Umschlagbedarf von Groß-Stuttgart und den von Marbach deckt und der gesamte übrige Umschlag Plochingen zufällt. Der Umschlag von Marbach wird aus dem Grund Stuttgart zugeschlagen, weil er verhältnismäßig gering ist und eine Bedienung des Stuttgarter Einflußgebietes wegen der großen Entfernung von Plochingen unwirtschaftlich ist.

Diese Art der Aufteilung wurde mit „organisatorisch" bezeichnet, da diese Annahme den Bestrebungen nach Dezentralisation in besonderer Weise Rechnung trägt. Es soll dann in Stuttgart nur der unbedingt erforderliche Umschlagverkehr abgewickelt werden.

Eigener Bedarf von Groß-Stuttgart an Umschlagsgut.

Der Satz von 30 vH, der für das auf die Wasserstraße übergehende Gut angenommen wurde, erscheint hier zu niedrig, und zwar aus folgenden Gründen:

1. liegt Stuttgart als Großstadt unmittelbar an der Wasserstraße,

2. ist Stuttgart Empfangsort für Massengut (Kohle) — und zwar zu 65 vH —, die auch innerhalb von Groß-Stuttgart verbraucht wird.

Der Wert von 50 vH aber ist ein Durchschnittswert, der allen Orten Rechnung trägt von:

1. verschiedener Größe und verschiedener Lage zur Wasserstraße,

2. verschiedenem Massengutempfang und verschiedenem eigenem Verbrauch.

Die mengenmäßige Überlegenheit des Empfangs und Versands zu den übrigen in das Einflußgebiet des Stuttgarter Hafens fallenden Kreisen wird ersichtlich, wenn man die Zahlen für Groß-Stuttgart mit denen der Zahlentafel vergleicht.

$$\text{Empfang:}\quad \text{Einflußgebiet Stuttgart: 3,648 Mill. t}$$
$$\text{Groß-Stuttgart:}\qquad\quad \text{2,217 Mill. t} = 61 \text{ vH}$$
$$\text{Versand:}\quad \text{Einflußgebiet Stuttgart: 1,201 Mill. t}$$
$$\text{Groß-Stuttgart:}\qquad\quad \text{0,576 Mill. t} = 47 \text{ vH}$$

Um zu den richtigen Werten für die Empfangsmengen zu gelangen, wird der Umschlaganteil von 30 vH am gesamten Umschlaggut auf 50 vH für Stuttgart hinaufgesetzt. Dann ergibt sich:

$$\frac{2,217 \cdot 50}{100} = 1,108 \text{ Mill. t.}$$

Beim Versand kann der Umschlaganteil von 30 vH beibehalten werden, da es sich beim Versand von Groß-Stuttgart nicht in solch starkem Maße um überwiegendes Massengut handelt wie beim Empfang. Es ergibt sich:

$$\frac{0,576 \cdot 30}{100} = 0,173 \text{ Mill. t.}$$

Zu dieser Umschlagmenge kommt die von Marbach hinzu mit

$$\text{Empfang: 0,209 Mill. t.}$$
$$\text{Versand: 0,073 Mill. t.}$$

Es ergibt sich dann für Stuttgart:

$$\text{Empfang: 1,317 Mill. t}$$
$$\underline{\text{Versand: 0,246 Mill. t}}$$
$$\text{Gesamt: 1,563 Mill. t.}$$

Die Umschlagmenge für Plochingen ergibt sich durch Abziehen der Umschlagmenge für Stuttgart bei der Aufteilung III von der Umschlagmenge für Stuttgart bei Aufteilung I.

$$\text{Empfang: 0,327 Mill. t}$$
$$\underline{\text{Versand: 0,344 Mill. t}}$$
$$\text{Gesamt: 0,671 Mill. t.}$$

Eine kleine Berichtigung dürften diese Werte noch bei einer genauen Festlegung der Einflußgebietsgrenzen für diesen Fall zwischen Heilbronn und Stuttgart erfahren. Diese Veränderung der angegebenen Werte ist jedoch unwesentlich, da die Lage der Grenze schätzungsweise ungefähr die gleiche ist, wie die zwischen Heilbronn und Marbach bereits festgelegte. Auch bei einer Verschiebung der Grenze gegen Stuttgart dürften sich die Werte nur unwesentlich verändern, da sie dann in das Einflußgebiet von Marbach hineinfällt und dieses Gebiet ohnehin keine großen Verkehrsmengen aufweist.

Bei der Ermittlung der Verkehrsmengen, die innerhalb des Gebietes der märkischen Wasserstraßen auf den Wasserstraßentransport entfallen, wurde von den Zahlen der Bahnhofsstatistiken derjenigen Reichsbahndirektionsbezirke ausgegangen, die in dieses — auf die ungefähre Flächengröße Württembergs abgestimmte — Gebiet hineinfallen. Der ermittelte Satz betrug etwa 30 vH.

Wendet man diesen Satz nun entsprechend obigen Annahmen auf das württembergische Gebiet an, und zwar ebenso auf die Zahlen der Bahnhofsstatistik des Reichsbahndirektionsbezirks Stuttgart, der sich ja ungefähr mit dem Land Württemberg deckt, so ergibt sich:

$$\text{Empfang: 9,371 Mill.} \cdot 0,3 = 2,810 \text{ Mill. t}$$
$$\text{Versand: 5,673 Mill.} \cdot 0,3 = 1,700 \text{ Mill. t.}$$

	30 vH der Summe aus der Bahnhofsstatistik	Summe Außenverkehr Verkehrs-Bezirk 35
Empfang	2,810	6,801
Versand	1,700	1,976
Summe	4,510	8,777

Es ist ein Vergleich zwischen den Zahlen der beiden angewandten Statistiken erforderlich, um darzulegen, daß sie richtig angewandt wurden; denn der Güterbewegungsstatistik wurden die Zahlen entnommen, die als Verkehrsmengen für den Kanal in Frage kommen, stellen aber den gesamten Außenverkehr dar. Werden die mit 30/100 vervielfachten Zahlen der Bahnhofsstatistik diesen Werten gegenübergestellt, so darf dies nur einen Teil des Außenverkehrs ausmachen. Es wäre dies dann ein weiterer Beweis für die Richtigkeit der Annahme, die Verhältnisse des Gebietes der märkischen Wasserstraßen, aus denen der Satz von 30 vH stammt, auf das württembergische Verkehrsgebiet anzuwenden.

Zahlentafel 12. Zusammenstellung der drei Arten der Verteilung der Verkehrsmengen in 1000 t.

Hafen	I. Zentralisation			II. Dezentralisation			III. Organ.-Gesichtspunkte		
	Empfang	Versand	Summe	Empfang	Versand	Summe	Empfang	Versand	Summe
Marbach	—	—	—	209	73	282	—	—	—
Stuttgart	1644	590	2234	1050	360	1410	1317	246	1563
Plochingen	—	—	—	385	157	542	327	344	671

Aus Zahlentafel 12 ist ersichtlich, daß sich unter I und II vier verschiedene Verkehrsmengen unterscheiden, die je einen ihrer Größe entsprechenden Hafen verlangen. Die Zahlen unter III sind denen unter II so ähnlich, daß für die Festlegung von Hafengrößen nur die unter II genannten Verkehrszahlen benutzt werden können.

Da von allen Häfen zum Zwecke des Vergleichs der verschiedenen Größen angenommen wird, daß sie in ihrer Betriebsart untereinander völlig gleich sind, handelt es sich nun nur noch um ihre Größe in direkter Abhängigkeit von dem zu erwartenden Umschlagverkehr.

Zur Größenbemessung der Häfen und ihrer Anlagen werden die ermittelten Zahlen je um 30 vH erhöht. um einer zu erwartenden Verkehrssteigerung Rechnung zu tragen. Es ergeben sich dann die folgenden Verkehrszahlen:

Zahlentafel 13. Verteilung der Umschlagmengen auf württembergische Binnenhäfen.

I. Stuttgart.

a) Empfang: Gesamt .... 2,136 Mill. t/Jahr

   davon Kohle .... 1,137 Mill. t/Jahr
    Baustoffe .... 0,499 Mill. t/Jahr
    übriges und Kaufmannsgut .... 0,500 Mill. t/Jahr

b) Versand: Gesamt .... 0,766 Mill. t/Jahr

   davon Erz .... 0,209 Mill. t/Jahr
    Holz .... 0,161 Mill. t/Jahr
    Baustoffe .... 0,197 Mill. t/Jahr
    übriges und Kaufmannsgut .... 0,199 Mill. t/Jahr

II. Marbach, Stuttgart, Plochingen.

1. Marbach:
a) Empfang: Gesamt .... 0,271 Mill. t/Jahr

   davon Kohle .... 0,144 Mill. t/Jahr
    Baustoffe .... 0,065 Mill. t/Jahr
    übriges und Kaufmannsgut .... 0,062 Mill. t/Jahr

b) Versand: Gesamt .... 0,096 Mill. t/Jahr

   davon Erz .... 0,026 Mill. t/Jahr
    Holz .... 0,020 Mill. t/Jahr
    Baustoffe .... 0,025 Mill. t/Jahr
    übriges und Kaufmannsgut .... 0,025 Mill. t/Jahr

2. Stuttgart:
a) Empfang: Gesamt .... 1,365 Mill. t/Jahr

   davon Kohle .... 0,726 Mill. t/Jahr
    Baustoffe .... 0,327 Mill. t/Jahr
    übriges und Kaufmannsgut .... 0,312 Mill. t/Jahr

b) Versand: Gesamt .... 0,468 Mill. t/Jahr

   davon Erz .... 0,022 Mill. t/Jahr
    Holz .... 0,099 Mill. t/Jahr
    Baustoffe .... 0,122 Mill. t/Jahr
    übriges und Kaufmannsgut .... 0,225 Mill. t/Jahr

3. Plochingen:
a) Empfang: Gesamt .... 0,502 Mill. t/Jahr

   davon Kohle .... 0,268 Mill. t/Jahr
    Baustoffe .... 0,120 Mill. t/Jahr
    übriges und Kaufmannsgut .... 0,114 Mill. t/Jahr

b) Versand: Gesamt .... 0,206 Mill. t/Jahr

   davon Erz .... 0,056 Mill. t/Jahr
    Holz .... 0,043 Mill. t/Jahr
    Baustoffe .... 0,055 Mill. t/Jahr
    übriges und Kaufmannsgut .... 0,052 Mill. t/Jahr

III. Stuttgart, Plochingen.

Für die spätere Zusammenstellung der verschiedenen Hafengrößen werden hier die Umschlagzahlen für Stuttgart und Plochingen angegeben für den Fall, daß der Hafen Stuttgart die Gebiete Groß-Stuttgart und Marbach bedient und Plochingen das restliche Einflußgebiet von Stuttgart und sein eigenes Einflußgebiet.

Stuttgart (Groß-Stuttgart + Marbach)
= 1,670 + 0,370 .... 2,040 Mill. t/Jahr

Plochingen (Rest Stuttgart + Plochingen)
= 0,160 + 0,700 .... 0,860 Mill. t/Jahr

Da diese Werte große Ähnlichkeit mit den für Stuttgart (I) ermittelten zeigen, wird für sie keine besondere Größenbemessung eines Hafens vorgenommen. Es erübrigt sich daher, sie in einzelne Güterarten aufzuteilen.

Um eine Kontrolle der für die Kanalhäfen ermittelten Verkehrszahlen zu erhalten, werden sie verglichen mit Werten, die nach Angabe von städtischen und staatlichen Betrieben den tatsächlichen Verhältnissen in Württemberg entsprechen.

Vergleich der ermittelten Verkehrszahlen mit Angaben aus Betrieben.

Es sollen zum Vergleich angeführt werden:
1. Angaben der Deutschen Reichsbahn, 2. Angaben der Technischen Werke der Stadt Stuttgart, 3. Angaben des südwestdeutschen Kanalvereins.

1. Die Deutsche Reichsbahn führt eine Aufschreibung über den jährlichen Kohlenzulauf in Reichsbahngüterwagen für Industrie und Hausbrand, ausgenommen die Versorgung des Städtischen Gaswerks. Die Menge der für diese Zwecke zulaufenden Kohlen beträgt jährlich: 540 000 t.

2. Die Technischen Werke der Stadt Stuttgart verbrauchen jährlich

für die Gaskokerei Gaisburg .... : 310 000 t
für das Dampfkraftwerk Münster ...... 125 000 t
insgesamt .... 435 000 t

Die Angaben zu 1. und 2. zusammen 975 000 t müßten also verglichen werden für den errechneten Kohlenempfang von Stuttgart, und zwar in dem Fall, daß Stuttgart nur seinen eigenen Bedarf aus seinem Hafen deckt und für den übrigen Umschlag Plochingen in Frage kommt.

In Zahlentafel 12 sind die Werte für den Eigenverbrauch von Groß-Stuttgart aufgeführt. An der Gesamtempfangsmenge ist der Anteil der Kohle 65 vH, so daß sich ein Wert von rund 900 000 t ergeben würde. Obschon die Werte für den Eigenverbrauch von Groß-Stuttgart nicht weiter benutzt werden zur Größenbemessung eines Hafens, bieten sie dennoch hier einen Anhaltspunkt für die Richtigkeit der Art der Ermittlung.

Es wird die errechnete — niedrigere — Zahl als Grundlage für die Bemessung gewählt, da mit Ausbau des Neckarkanals und den damit entstehenden Staustufen neue Kraftquellen für elektrische Energie gewonnen werden. Diese Wasserkraftquellen werden einer weitgehenden Elektrifizierung vieler Industriezweige günstig sein und so den Kohlenverbrauch weiterhin vermindern.

3. Die Angaben des südwestdeutschen Kanalvereins beziehen sich:
a) auf den Gesamtempfang des von ihm ermittelten Einflußgebiets des Hafens Stuttgart, der als alleiniger Hafen für die gesamte württembergische Versorgung angenommen ist.
Die von ihm ermittelte Empfangsmenge beträgt 2 300 000 t. Die Zahl ist vergleichbar mit der errechneten Zahl von 2 136 000 t, welch letztere erhalten wurde unter der Annahme, daß Stuttgart als alleiniger Hafen den Verkehr sämtlicher drei Einflußgebiete befriedigt.
b) auf die Gesamtempfangsmenge für den Eigenverbrauch von Groß-Stuttgart.
Hier steht einem Wert von: 1 300 000 t
ein errechneter von: 1 340 000 t gegenüber.
Der Unterschied, besonders in den Gesamtempfangszahlen für Stuttgart als einzigen Hafen, beruht auf folgendem:
In den Verkehrszahlen sind außer den Massengütern auch die Stück- und Kaufmannsgüter enthalten. Die Werte wurden durch den südwestdeutschen Kanalverein in der Weise ermittelt, daß man Umfragen stellte an alle Firmen und Interessenten, denen in dem neuen Hafen ein Platz eingeräumt werden sollte. Die Massengutumschlagmenge (d. h. hauptsächlich Kohlen) steht verhältnismäßig fest und ist leicht kontrollierbar. Für Stück- und Kaufmannsgüter können die Angaben der einzelnen Firmen aus verständlicher Sorge um ihren notwendigen Platzbedarf leicht etwas zu hoch gegriffen sein. Dies trifft besonders deshalb für Stück- und Kaufmannsgüter zu, weil sie besondere Anlagen, wie Schuppen, Sortierräume usw. erfordern.

Diese Art der Größenermittlung wurde zur Festlegung der Kailängen und Hafenbecken angewandt, so daß hierbei die Abmessungen ganz erheblich über denen liegen, welche sich nach den ermittelten Verkehrsmengen rechnerisch ergeben würden.

b) Örtliche Lage der Hafenanlagen in Marbach, Stuttgart und Plochingen.

1. Hafenanlage in Marbach. Wegen des zu geringen Verkehrsaufkommens kommt für Marbach ein besonderes Hafenbecken nicht in Betracht. Das günstigste, schon beim Bau des Kraftwerks der Energieversorgung Schwaben (EVS) in Marbach für eine Umschlagstelle vorgesehene Gelände, liegt südöstlich des Ortes Marbach auf dem rechten Neckarufer. Die vorhandene Uferlänge entspricht der Kailänge. Die Eisenbahnbedienung der Umschlagstelle erfolgt vom Bahnhof Marbach aus, und zwar über ein Ausziehgleis und eine Übergabegruppe, die von der EVS für die Bedürfnisse des Kraftwerks als Privatgleis schon vorgesehen sind. Es bedarf hier nur einer Verlängerung des Ausziehgleises und einer Vermehrung der Gleise der Übergabegruppe, um die Ansprüche der Umschlaganlage zu befriedigen. Das von der Umschlaganlage zu dem Kraftwerk führende Anschlußgleis kann von den Hafenbedienungszügen mitbenutzt werden.

2. Hafenanlage in Stuttgart. Ihre Lage ist bestimmt durch den Wegfall des Neckarbogens infolge der Kanalisierung zwischen Wangen und Hedelfingen und durch die Anschlußmöglichkeit der Eisenbahnanlagen an den Verschiebebahnhof Untertürkheim. Parallel zum regulierten Neckarlauf werden ein bzw. zwei Hafenbecken angelegt. Parallel dazu verlaufen die Hafenbahnanlagen in Richtung von NW nach SO

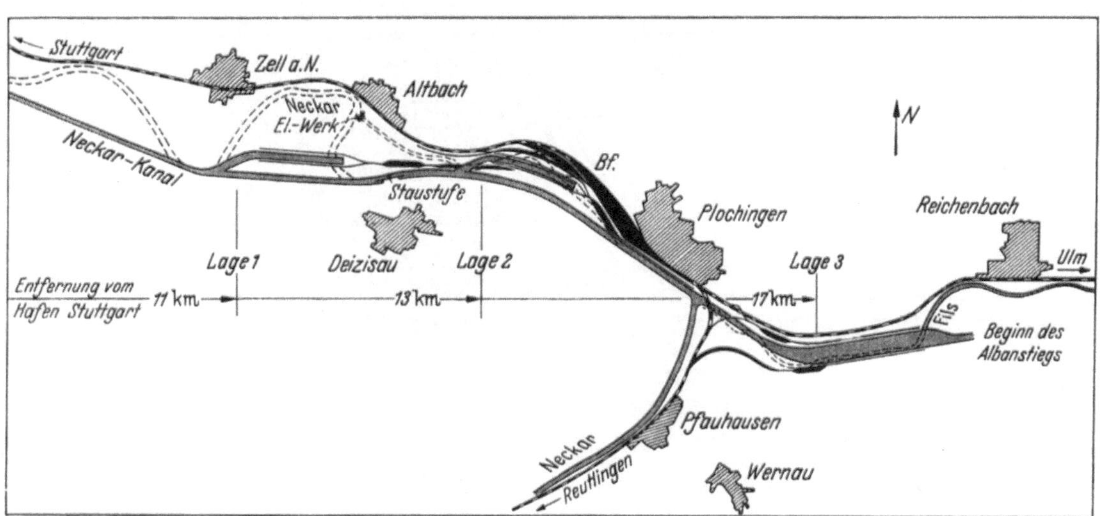

Abb. 11. Örtliche Lage des Hafens Plochingen.

mit Ein- und Ausfahrgruppe und Ordnungsgleisen. Über Ausziehgleise von Zuglänge, die parallel zum Neckar verlaufen, können die Hafenbecken bedient werden. Das südwestliche Kanalufer kann mit einer kleinen Gleisgruppe an die vorhandene Linie Wangen—Bad Cannstatt bei Wangen angeschlossen werden.

3. Hafenanlage in Plochingen. Für eine Hafenanlage in Plochingen sind verschiedene Möglichkeiten gegeneinander abzuwägen. Sie sind insbesondere bestimmt durch die bessere oder schlechtere Anschlußmöglichkeit der Hafenanlagen an die verhandenen Eisenbahnanlagen (siehe Abb. 11).

Es kommen für einen Hafen folgende drei Lagen in Frage: 1. Südlich der Orte Altbach und Zell a. Neckar. — 2. Unmittelbar westlich von Plochingen. — 3. Östlich von Plochingen im Filstal vor der Einmündung der Fils in den Neckar.

1. Hafenanlage südlich der Orte Altbach und Zell / Neckar. Nach Beseitigung des Neckarbogens durch die Kanalisierung wäre an der vorgeschlagenen Stelle genügend Raum zur Anlage eines Hafens mit einem Zweigbecken. Der Hafenbahnhof könnte an den Bahnhof Plochingen angeschlossen werden, wozu letzterer erweitert werden müßte. Die Ablaufanlage des Bahnhofs Plochingen reicht mit ihren 6 Gleisen von insgesamt 1750 m Länge nicht mehr für eine zusätzliche Belastung aus. Der Raum für die Erweiterung wird gewonnen durch die geplante Korrektur des Neckarbogens unmittelbar westlich Plochingen.

Vorteil: Es ist genügend Raum für die Entwicklung der für den Hafen erforderlichen Eisenbahnanlagen vorhanden. Der Kopf des Hafenbeckens würde etwa 2 km von der Stelle des Bahnhofs Plochingen entfernt liegen, an der die Gleise der Hafenbahnanlagen anschließen müßten. Bei dieser Entfernung ist ein Hintereinanderschalten von Ein- und Ausfahrgruppe, Ablaufberg, Ordnungsgruppen möglich und damit eine sehr günstige Entwicklungsmöglichkeit der Hafengleisanlage erreicht.

Südlich von Altbach ist eine Staustufe geplant, welche zur Elektrizitätsgewinnung ausgenutzt wird und so den Wegfall des Elektrizitätswerks Altbach und des dazugehörigen Kanals bedingt. Der Wegfall dieses Kanals würde der Raumbedarfsfrage weiterhin günstig sein.

Nachteil: Die Lage des Hafens an dieser Stelle, d. h. etwa 3—4 km westlich von Plochingen, also auf Stuttgart zu, ist der durch die Anlage des Hafens Plochingen überhaupt angestrebten Dezentralisation abträglich. Der Stuttgarter Hafen liegt südöstlich von Stuttgart (Hedelfingen), d. h. auf Plochingen zu. Es bleibt so zwischen den Häfen nur noch ein Abstand — gemessen längs des kanalisierten Neckars — von 10—11 km.

Bei einer Weiterführung des Neckar-Donau-Kanals durch das Filstal würde etwa bei Reichenbach (Fils) vor Überwindung des Albanstiegs im Schiffstransport mit Bestimmtheit eine Verkehrsstauung eintreten. Hier müßte auf jeden Fall noch ein kleineres Hafenbecken vorgesehen werden (siehe auch zu 3.).

Die Richtung der Rangierbewegungen in den Hafengleisanlagen verläuft von Osten nach Westen, also entgegen der vorherrschenden Windrichtung.

2. Hafenlage unmittelbar westlich der Umladeanlage des Bahnhofs Plochingen. Nach

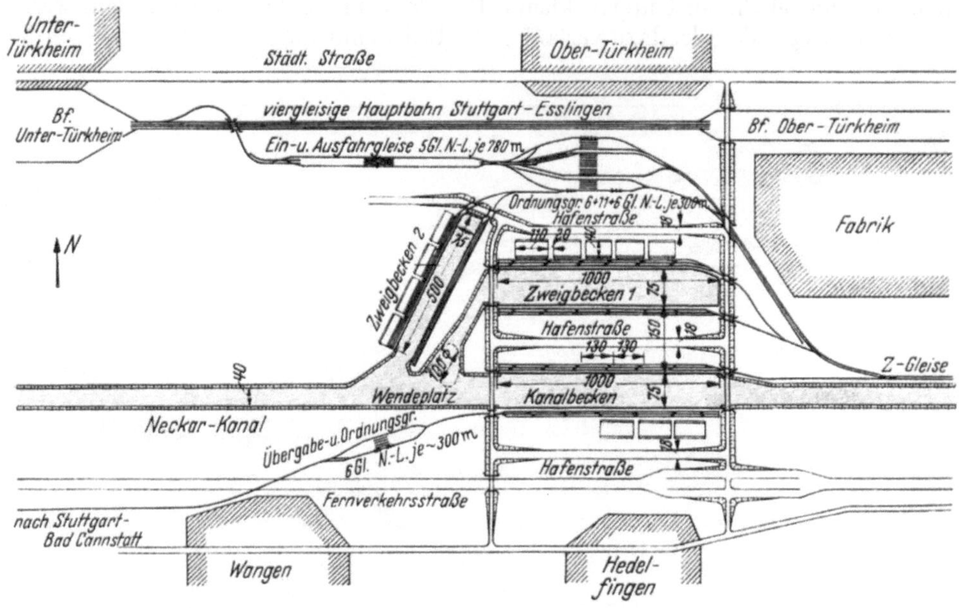

Abb. 12. Umschlaghafen 2 900 000 t/Jahr Beispiel Stuttgart.

der Beseitigung des Neckarbogens an der vorgeschlagenen Stelle ist genügend Raum für ein Zweigbecken gewonnen. Die Gleisanlage müßte dann parallel zum Hafenbecken angeordnet werden.

Vorteil: Die Entfernung vom Stuttgarter Hafen ist um 2 km größer und der Ablaufbetrieb vollzieht sich in westlich-östlicher Richtung.

Nachteil: Zweimaliges Kopfmachen der Züge und zwar: vor der Einfahrt in die Hafenein- und -ausfahrgleise, nach der Ordnung der Hafenbedienungszüge in den Ordnungsgruppen.

3. Hafenlage östlich von Plochingen im Filstal vor der Einmündung der Fils in den Neckar. Es würde wegen der Geländeverhältnisse nur ein Hafenbecken ohne Zweigbecken in Frage kommen können. Die Eisenbahnbedienung müßte von Wernau/N. bzw. Pfauhausen aus geschehen.

Vorteil: Die Entfernung vom Stuttgarter Hafen mit 17 km ist die größtmögliche.

Bei Fortführung des Kanals durch das Filstal würde, wie erwähnt, bei Reichenbach (Fils) ein Hafen sehr zweckmäßig sein auch als Auffang zur Aufnahme der Verkehrsschwankungen, die beim Übergang von der einen zur anderen Betriebsart immer entstehen.

Der Bahnhof Plochingen bleibt bis auf durchlaufende Züge unberührt von einem Betriebszuwachs durch den Hafen.

Bei der Annahme, Plochingen sei vorläufiger Endpunkt des Kanals, könnten die von Geislingen ankommenden Erzzüge, die hier auf Schiff umgeschlagen werden, am nördlichen Kai verladen werden und brauchten im Bahnhof Plochingen nicht die gesamte Gleisanlage zu kreuzen.

Wie aus Abb. 3 zu ersehen ist, erstreckt sich das Einflußgebiet von Plochingen hauptsächlich nach Südwesten. Damit würde die Eisenbahnstrecke Plochingen—Reutlingen—Tübingen—Horb—Rottweil der Hauptverteiler für die ankommenden Güter. Wernau als zugehöriger Bahnhof wäre dann günstig. Die Lage des Einflußgebietes entspricht jedoch der Annahme, daß der Kanal weitergeführt wird.

Nachteil: In Wernau bzw. Pfauhausen muß eine erhebliche Bahnhoferweiterung vorgenommen werden, was wegen des steilen Abfalls des Geländes gegen den Neckar auf Schwierigkeiten stoßen dürfte.

Die gesamten Eisenbahnanlagen des Hafens müßten in den Zwickel zwischen Fils und Neckar, und zwar in eine Kurve von höchstens 300 m Halbmesser gelegt werden. Die Länge zwischen Bahnhof Wernau und dem Beginn des Hafenbeckens ist nicht ausreichend für eine Hintereinanderschaltung der Gleisgruppen, außerdem würde das stark zu Rutschungen neigende Gelände erhebliche Schwierigkeiten beim Bau verursachen. Die betrieblichen Nachteile einer Ablaufanlage in der Krümmung und der teilweisen Parallellage der Ordnungsgruppen mit der Kaikante liegen klar auf der Hand.

Es müßte zum Anschluß des nördlichen Umschlagufers eine Überbrückung des Kanals vorgesehen werden mit einer Kurve verhältnismäßig kleinen Halbmessers.

Wird der Kanal zeitweise oder einstweilig nur bis Plochingen geführt, so wird sich das Einflußgebiet des Hafens erheblich nach Südosten, fast bis zur Donau, erweitern, so daß dann die Eisenbahnanlagen an der Stelle zwischen Wernau und dem Hafen nicht geeignet liegen. Die Entlastung durch die am nördlichen

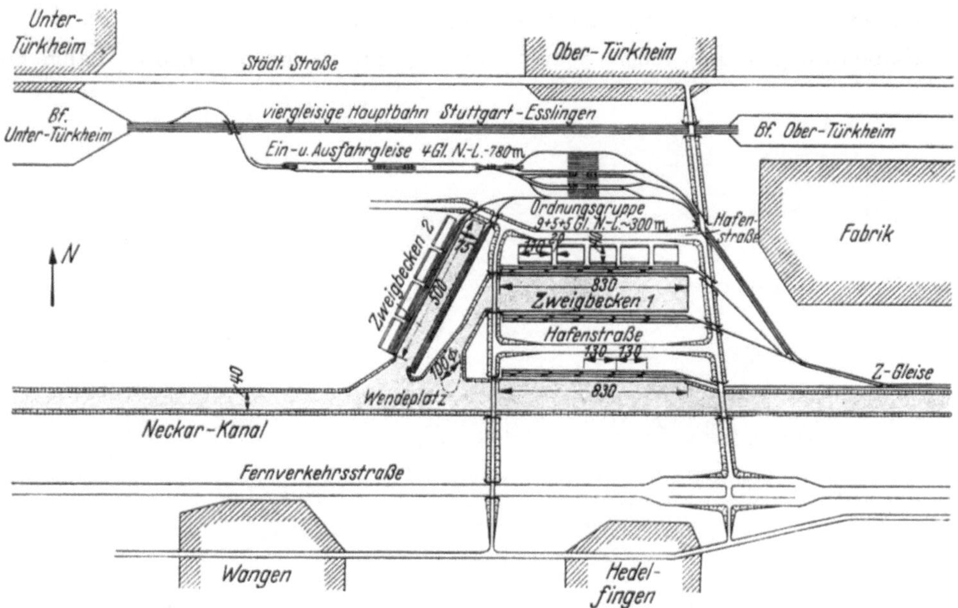

Abb. 13. Umschlaghafen 1 830 000 t/Jahr Beispiel Stuttgart.

Umschlagufer gelegenen Eisenbahnanlagen ist für die dann erheblich anfallenden Verkehrsmengen nicht mehr ausreichend.

Von den drei erwähnten, verglichenen Anlagen wird die am weitesten westlich liegende Lage (Nr. 1) gewählt. Bei dieser Lage ergibt sich der meiste Raum für eine günstige Entwicklung der für den Hafen erforderlichen Gleisanlagen. Der Bahnhof Plochingen müßte eine Erweiterung erfahren, oder die Bedienung der Hafenbahnanlagen müßte von Untertürkheim aus geschehen. In beiden Fällen wären in Richtung von Osten nach Westen Ein- und Ausfahrgleise mit anschließenden Ordnungsgruppen vorzusehen. Die Bedienungsmöglichkeit von Untertürkheim aus hängt von der weiteren Belastbarkeit der zweigleisigen Strecke Untertürkheim—Plochingen ab. Eine Erweiterung der Strecke auf vier Gleise wäre bei der hohen derzeitigen Belastung ohnehin anzustreben. Dies wäre ein weiterer Grund für den Anschluß an Bahnhof Untertürkheim. Die unter Nr. 3 angegebene Schwierigkeit einer Bahnhofserweiterung des Bahnhofs Wernau und der anschließenden in der Krümmung liegenden Zufahrgleise könnten auch bei Annahme der 3. Lösung eine Bedienung von Plochingen aus angezeigt erscheinen lassen. Dies ist jedoch wegen der beengten Geländeverhältnisse am östlichen Ende des Bahnhofs Plochingen und wegen der Höhenlage des Neckarwasserspiegels nicht möglich.

Der Hafen Plochingen in dieser Lage könnte unbeschadet seiner Entfernung von 5—6 km vom Beginn des Albanstiegs als Verkehrsauffangbecken benutzt werden. Ob dann noch unmittelbar am Fuß des Albanstiegs ein kleines Becken notwendig wird, müßte eine nähere Untersuchung zu gegebener Zeit zeigen.

In den Abb. 12—15 sind die Hafenanlagen an den oben aufgeführten Stellen schematisch dargestellt.

c) Bemessung der erforderlichen Anlagen.

Um die vorhandenen, verschieden großen Hafenanlagen, die den ermittelten Verkehrsmengen entsprechen, nach Anlage- und Betriebskosten miteinander vergleichen zu können, ist es notwendig, für die Größenbemessung allgemeine Grundsätze festzulegen, die in der Vergleichsrechnung für alle Häfen die gleichen bleiben. Es soll durch diese Voraussetzung nicht übersehen sein, daß Anlage und Betriebskosten stark in Abhängigkeit stehen von den jeweiligen örtlichen Verhältnissen. So wäre für den Bau vor allem die Frage nach dem Untergrund und den Platzverhältnissen wichtig, für den Betrieb die Nähe und Größenverhältnisse von Verkehrswegen, Industrie usw. Der Baugrund darf in den für die Anlage der Häfen in Frage kommenden Gegenden als verhältnismäßig gleichwertig angesehen werden, die Durchsetzung mit Verkehrswegen ist annähernd gleichartig, und die Nähe von anderen den Verkehr und Umschlagsbetrieb eines Hafens beeinflussenden Faktoren drückt sich in den Verkehrszahlen aus, die für jeden Hafen aus seinem Einflußgebiet ermittelt wurden.

Allgemeine Annahmen: Die Faktoren, die die jährliche Umschlagsmenge je m Kailänge hauptsächlich bestimmen, sind:

1. Die Art des Gutes: Kohle, Holz, Erz, Baustoffe, kleinere Mengen Kaufmannsgüter.

2. Die Umschlagmittel: Verladebrücken, Portaldrehkrane von 8 und 2—3 t.

3. Die Richtung des Umschlags: Vorherrschend vom Wasser zum Land.

4. Die Arbeitszeit: 1,5 Schicht je Tag als Jahresdurchschnitt.

5. Die Schiffsabmessungen: Das 1000-t-Schiff: Tiefgang: 2,00 m, Breite 10,25 m, Länge 80 m.

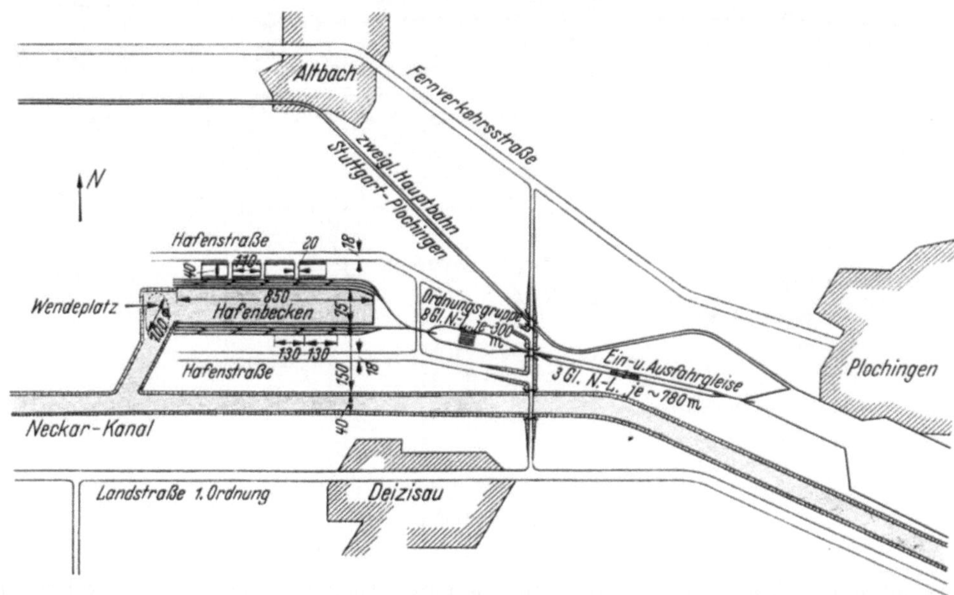

Abb. 14. Umschlaghafen 700000 t/Jahr Beispiel Plochingen.

Als Arbeitszeit je Tag wird eine Schicht angenommen, die jedoch in 50% der jährlichen Umschlagszeit durch eine zweite Schicht verstärkt werden soll. Als Durchschnittswert darf daher 1,5 Schicht/Tag gewählt werden. Für kleinere Umschlagstellen genügt als angenommene Arbeitszeit eine Schicht, deren Verstärkung durch eine zweite so selten ist, daß sie in einem allgemeinen Vergleich nicht berücksichtigt zu werden braucht.

Die Arbeitszeit von 1,5 Schicht wird für die beiden Häfen Stuttgart (I und II,2) angenommen.

Es wird das sog. „Neckarkanalschiff" gewählt mit einer Tragfähigkeit von 1000 t, einem Tiefgang von 2,00 m, einer Breite von 10,25 m und einer Länge von 80 m, zu der für die Bemessung der Kaianlage ein Zuschlag von 20 m als Abstand zur Sicherheit und für ungenaues Anlegen hinzugerechnet wird. Es ergibt sich dann pro Schiff eine Länge von 100 m.

Bemessung: Siehe hierzu Abb. 12—15.

Es werden nur die Teile eines jeden Hafens bemessen, die ihrem Wert entsprechend die Anlagekosten des Hafens am stärksten beeinflussen.

Folgende Teile werden unterschieden: A. Krane — B. Kailänge — C. Becken — D. Eisenbahnanlagen — E. Kaischuppen — F. Hafenstraßen — G. Brücken — H. Lokomotiven — I. Reparaturwerkstatt — K. Schleppboote.

A. Krane. Stuttgart. Massengut: 2200000 t.

Es werden 1000-t-Kähne angenommen. Da nicht ausschließlich 1000-t-Kähne im Hafen bearbeitet werden, und auch z. T. kleinere Kähne im Hafen vorgelegt werden, sollen hierfür 10 vH und für die Auslastung 20 vH in Abzug gebracht werden. Es wird daher mit einer Auslastung von 70 vH gerechnet.

Bei der Umschlagsmenge von 2200000 t ergeben sich im Jahr

$$\frac{2200000}{0{,}7 \cdot 1000} = 3150 \text{ Kähne.}$$

Für die Ent- und Beladung von Kähnen bestehen gesetzliche Lösch- und Ladezeiten, und zwar kommen für einen Kahn mit 700—800 t Ladung 4 Tage in Betracht. Das ergibt für den Tag eine Soll-Leistung von 200 t je Kahn.

Die Zahl der Arbeitstage im Jahr ergibt sich durch Abzug von 65 Tagen für Sonn- und Feiertage und weiteren 40 Tagen für Stilliegen des Hafens durch Vereisung von den 365 Tagen/Jahr zu 260.

Werden in 260 Tagen 3150 Kähne vorgelegt, so ergibt das:

$$\frac{3150}{260} = 12 \text{ Kähne je Tag.}$$

Für den Spitzenverkehr wird ein Zuschlag von 50 vH gegeben, so daß sich die Zahl der Kähne auf 18 je Tag erhöht.

Jeder Kahn nimmt nun 4 Tage seinen Liegeplatz in Anspruch, so daß insgesamt Liegeplatz erforderlich ist für $4 \cdot 18 = 72$ Kähne.

Diese in zwei Reihen mit dem notwendigen Spielraum und Sicherheitsabstand zu je 100 m Länge gerechnet, ergibt:

$$\frac{72 \cdot 100}{2} = 3600 \text{ m Kailänge.}$$

Die Uferbelastung ist dann:

$$\frac{2200000}{3600} = 614 \text{ t/m Kailänge/Jahr.}$$

Ein Kran leistet im Betrieb von seiner Spitzenleistung, die meist durch die Herstellungsfirmen ohnehin zu hoch angegeben ist, nur etwa 30 vH, so daß sich für Verladebrücken und schwere Massengutkrane (Tragkraft 8 t) etwa 50 t/Std. oder 400 t in 8 Std. ergibt. Der Kran leistet also das Soll für 2 Schiffe.

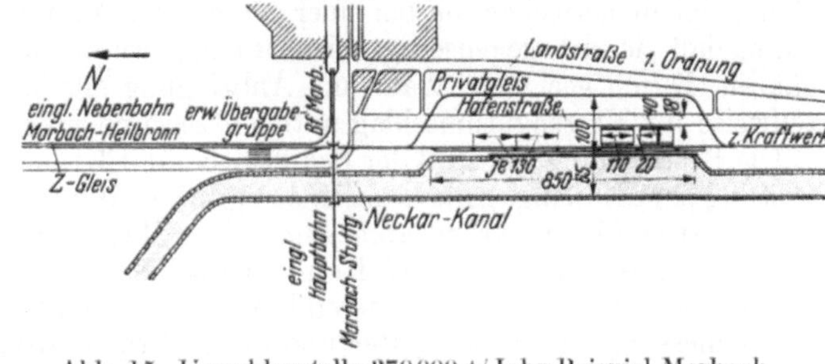

Abb. 15. Umschlagstelle 370000 t/Jahr Beispiel Marbach.

Es werden benötigt bei einschichtigem Betrieb:

$$\frac{2200000}{400} = 5500 \text{ Kranschichten.}$$

also:

$$\frac{5500}{260} = 21 \text{ Krane in einer Schicht.}$$

Das ergibt bei 1,5 Schichten 14 Krane.

Es kommt hinzu für Spitzenleistungen und Reserve bei Ausfällen durch Reparatur 50 vH, so daß sich die Zahl der Krane bei 1,5 Schicht auf 21 beläuft.

Gemischtes Gut: 700000 t.

Die Auslastung eines 1000-t-Kahns für gemischtes Gut beträgt nur 70 vH, außerdem werden wie unter „Massengut" weitere 10 vH in Abzug gebracht, so daß sich eine Gesamtauslastung von 60 vH ergibt.

Es ergeben sich also hier:

$$\frac{700000}{0{,}6 \cdot 1000} = 1170 \text{ Kähne im Jahr.}$$

Es kann hier bei einer Ladung von 700 t je Kahn mit der gleichen gesetzlichen Lösch- und Ladefrist gerechnet werden wie unter „Massengut", so daß sich die Soll-Leistung ergibt zu:

$$\frac{700}{4} = 175 \text{ t je Kahn.}$$

Ferner ergeben sich:

$$\frac{1170}{260} = 4{,}5 \text{ Kähne je Tag.}$$

Zuschlag für Spitzenverkehr 50 vH: 7 Kähne je Tag.

Liegezeit: 4 Tage: Platzbedarf für 28 Kähne.

$$\frac{28 \cdot 100}{2} = 1400 \text{ m Uferlänge.}$$

Die Uferbelastung ist dann:

$$\frac{700000}{1400} = 500 \text{ t/m Kailänge/Jahr.}$$

Die Spitzenleistung der Stückgutkrane (Tragfähigkeit 2—3 t) beläuft sich auf 75 t/Std., davon 30 vH als normale Stundenleistung ergibt:

$$25 \text{ t/Std. oder } 200 \text{ t in } 8 \text{ Std.}$$

Es werden also benötigt:

$$\frac{700\,000}{200} = 3500 \text{ Kranschichten,}$$

$$\frac{3500}{260} = 14 \text{ Krane je Schicht, bei } 1,5 \text{ Schichten } 10 \text{ Krane. } 50 \text{ vH}$$

Zuschlag für Spitzenleistungen und Reparaturreserve ergibt: 15 Krane bei 1,5 Schicht.

Insgesamt also 36 Krane.

Nach der gleichen Methode errechnen sich die Kranzahlen für die übrigen Hafenanlagen.

I.   Stuttgart 36
II, 1. Marbach................. 8
II, 2. Stuttgart 26
II, 3. Plochingen.............. 15

In der Verteilung der Krane für den Umschlag von Massengut und gemischtem Gut kann weitgehende Freizügigkeit herrschen, da bei einer geschickten Verteilung der Krane auf die Kailänge erreicht werden kann, daß sie sich gegenseitig bei notwendig werdenden Spitzenleistungen oder Reparaturausfällen ergänzen. Durch geeignete Wahl und Anbringung der lastfassenden Mittel lassen sich die Stückgutkräne teilweise für Massengutumschlag mitbenutzen und umgekehrt.

Die Bestimmung der Zahl der Schiffslagen und Krane, aus denen sich die Kailänge und die Umschlagsleistung je m Kailänge im wesentlichen ergibt, ist der bedeutendste Faktor in der Bemessung eines Hafens. Ferner ist es für die Größenabmessung eines Hafens maßgebend, ob er nach privatwirtschaftlichen oder nach gemeinwirtschaftlichen Gesichtspunkten bemessen wurde.

Privatwirtschaftliche Gesichtspunkte bei der Größenbemessung eines Hafens liegen dann vor, wenn zur Bemessung seiner wichtigsten und für die Gesamtgröße ausschlaggebendsten Teile von den Ansprüchen der Hafeninteressenten ausgegangen wird. Beispielsweise im äußersten Falle in der Art, daß im Rahmen der räumlich möglichen Länge der Hafenbecken die einzelnen Benutzer des Hafens etwa Größe und Zahl ihrer Umschlagseinrichtungen und Lagerplätze anmelden und diese dann (etwa in m Kailänge) weitgehend berücksichtigt werden.

Wird die Bemessung von gemeinwirtschaftlichen Gesichtspunkten geleitet, so wird die Rücksicht auf Zahl und Ansprüche der Hafenanlieger zurückgestellt zugunsten der Gesamtwirtschaftlichkeit und Gesamtleistungsfähigkeit des Hafens. Diese wird dann am höchsten, wenn bei der Bemessung wichtigerer Teile wie Kailänge, Kranzahl usw. allein von den Bedürfnissen des Umschlags ausgegangen wird und Sonderinteressen hiergegen zurücktreten müssen.

Durch mehr oder weniger weitgehende Zuschläge kann die Bemessung auf ein mittleres Maß gebracht werden.

Vergleiche mit Anlagen, die ganz rein nach diesen Grundsätzen bemessen sind, zeigen, wie großen Schwankungen die Abmessungen eines Hafens infolge dieser Verschiedenheit unterworfen sein können. So würde z. B. für die Kailänge des Stuttgarter Hafens, rein nach gemeinwirtschaftlichen Gesichtspunkten errechnet, schon 3700 m genügen, während bei weitgehender Berücksichtigung von Einzelwünschen der Verkehrstreibenden, also bei privatwirtschaftlicher Grundlage, die Kailänge bis auf 8000 m hinaufgehen würde.

Die hier ermittelten Werte, die der weiteren Größenbemessung sowie der Ermittlung der Anlage- und Umschlagskosten zu Grunde gelegt werden, liegen zwischen den genannten Werten, wie das Beispiel Stuttgart mit 5000 m Kailänge zeigt. Sinnentsprechend dasselbe gilt für die Leistung der Umschlagsufer.

Wie hier für den Hauptfaktor der Größenbemessung eines Hafens die Kailänge, so ist auch in der übrigen Größen- und Kostenermittlung nach gemeinwirtschaftlichen Gesichtspunkten vorgegangen mit einem gewissen Zuschlag für die nicht zu umgehende Berücksichtigung der privaten Interessen.

B. Kailänge. Die erforderliche Kailänge ergibt sich unmittelbar aus der Uferbelastung. Es werden Werte zugrunde gelegt, die bei Empfangshäfen für Massengut gebräuchlich sind.

Umschlag von Massengut: Wasser-Land 600 t je m Kailänge und Jahr
   Gem. Gut: 200 t je m Kailänge und Jahr

Bei Annahme von 1,5 Schicht erhöhen sich diese Zahlen auf:
   Massengut: 800 t je m Kailänge und Jahr
   Gem. Gut: 300 t je m Kailänge und Jahr.

Die Werte sind teilweise ein wenig höher, als die sich rechnerisch ergebenden. Dieser Unterschied geht als Sicherheit und Reserve in die Bemessung der Kailänge ein.

Mit den schon erwähnten Erfahrungswerten ergeben sich folgende Kailängen:

$$
\begin{aligned}
\text{I.} \quad & \text{Stuttgart} \quad \ldots\ldots\ldots\ldots & 5000 \text{ m} \\
\text{II, 1.} \quad & \text{Marbach} \ldots\ldots\ldots\ldots & 850 \text{ m} \\
\text{II, 2.} \quad & \text{Stuttgart} \quad \ldots\ldots\ldots\ldots & 3500 \text{ m} \\
\text{II, 3.} \quad & \text{Plochingen} \ldots\ldots\ldots\ldots & 1700 \text{ m}
\end{aligned}
$$

C. Hafenbecken. 1. Stuttgart. Da für den An- und Abtransport der Güter im Grenzfall 1 der Schienenweg in Frage kommt, werden für die Hafenanlagen allgemein Eisenbahnanschlüsse vorgesehen. Daher hängt die Länge der Hafenbecken von der betrieblich günstigen Länge der Kaigleise ab. Es werden 3 Gleise entlang jeder Kaikante angeordnet, von denen das mittlere durch geeignete Weichenverbindungen mit dem land- und dem wasserseitigen verbunden und als Verkehrsgleis benutzt wird.

Nach Cauer ist für die Kaigleise eine Länge bis zu 1000 m vertretbar.

Der Kanal wird an der Stelle des Hafens über eine Länge von 1000 m auf eine Breite von 75 m gebracht, und parallel zu diesem Kanalbecken das Haupthafenbecken mit einer Länge von ebenfalls 1000 m angelegt. Wegen der räumlichen Verhältnisse ist es nicht möglich, mehrere parallel verlaufende Hafenbecken nebeneinander anzuordnen, um dadurch jeweils Kailänge und Kaigleise zu verkürzen. Wird noch ein kleineres Hafenbecken und Zweigbecken angelegt, so ergibt sich die vorhandene Gesamtkailänge zu:

$$2 \cdot 500 + 4 \cdot 1000 = 5000 \text{ m.}$$

Der Raum für Schuppen und Lagerplätze zwischen den beiden Becken wird mit 150 m Breite ausreichend bemessen sein.

An der Stelle, an der die Hafenbecken ineinander münden, muß ein Wendeplatz mit einem Durchmesser von 100 m vorhanden sein.

II, 1. Marbach. Für den geringeren Umschlagverkehr in Marbach genügt es, wenn dort eine Verbreiterung des Kanals mit einer senkrechten Uferbefestigung auf eine Länge von 650 m vorgesehen wird, so daß zwei Kähne zum Umschlag nebeneinander bereitliegen können und außerdem noch zwei durchfahrende mit Abstand passieren können.

II, 2. Stuttgart. Der Kanal wird auf eine Länge von 830 m zu einem Hafenbecken mit einem Umschlagufer erweitert und ein Parallelbecken in gleicher Länge angelegt. Das zweite Becken erhält eine Länge von 500 m in gleicher Lage wie unter 1, so daß sich eine Gesamtkailänge ergibt von

$$3 \cdot 830 + 2 \cdot 500 = 3500 \text{ m.}$$

Im übrigen gilt das unter 1 Gesagte.

II, 3. Plochingen. Es wird ein Zweigbecken angelegt von

$$2 \cdot 850 = 1700 \text{ m Kailänge.}$$

Zahlentafel 14. Zusammenstellung: Krane, Kailänge, Hafenbecken.

Nr.	Bez.	Hafen	Jahresumschlag			Anzahl der Krane			Kailänge	Hafenbecken
			Gesamt Mill. t	Masse Mill. t	Gem. G Mill. t	Gesamt Stück	8 t Stück	2—3 t Stück	m	
	1	2	3	4	5	6	7	8	9	10
1	I	Stuttgart	2,90	2,20	0,70	36	21	15	5000	1 zweiufr. Kr. + 2 Zweigb.
2	II, 2	Marbach	0,37	0,30	0,07	8	5	3	850	1 Kanalufer
3	II, 2	Stuttgart	1,83	1,30	0,53	26	14	12	3500	1 einufr. Kr. + 2 Zweigb.
4	II, 3	Plochingen	0,70	0,54	0,16	15	9	6	1700	1 Zweigbeck.

D. Eisenbahnanlagen. Die Eisenbahnanlagen zur Bedienung eines Hafens bestehen aus folgenden Einzelteilen:

Ein- und Ausfahrgruppe — Ablaufberg - Ordnungsgruppen - Kaigleise.

Ihre Länge und Zahl ist abhängig von der Zahl der täglich im Hafen zu behandelnden Wagen. Diese ergibt sich aus der Gesamtumschlagmenge des Hafens und der Durchschnittsbelastung für einen O-Wagen. Letztere soll mit 12 t angenommen werden.

Die Zahl der Arbeitstage ist, wie bereits begründet, 260.

Aus Umschlagsleistung, Zahl der Arbeitstage und Durchschnittsbelastung ergibt sich die Zahl der Wagen: Zahlentafel 15, Zeile 5.

Die Weichen, die die land- und wasserseitigen Kaigleise mit dem in der Mitte zwischen ihnen liegenden Verkehrsgleis verbinden, haben einen Abstand von 130 m. Der Abstand der Weichen ermöglicht das Anlegen je eines Kahns zwischen ihnen und die Entladung — wenn nötig — in den zugeordneten Kaischuppen. Dieser Raum von 130 m genügt für etwa 10 Wagen, wenn man bei lose oder nicht gekuppelten Wagen verschiedener Größe mit einer Durchschnittslänge je Wagen von 12 m rechnet. Für das Gesamtfassungsvermögen der Kaigleise muß von der Gesamtlänge die Länge der Weichen mit je 40 m abgezogen werden.

Bei der Ermittlung der Anzahl der täglichen Bedienungen wird mit einer dichten Besetzung der wasserseitigen Kaigleise gerechnet, und zwar wird angenommen, daß die Kaigleise mit Wagen von 10 m Länge besetzt werden. Diese Annahme bringt eine Reserve an Gleislänge zur Aufstellung von Wagen mit besonderen Abmessungen und für Spitzenverkehr.

Die durchschnittliche Besetzung der land- und wasserseitigen Kaigleise der während einer Bedienung zu stellenden Wagen ist aus Zahlentafel 15, Zeile 14 ersichtlich.

Zahlentafel 15. Zusammenstellung zur Bemessung der Eisenbahnanlagen.

			I	II, 1	II, 2	II, 3
1. Bezeichnung						
2. Hafen			Stuttgart	Marbach	Stuttgart	Ploching.
3. Jahresumschlag		Mill. t	2,90	0,37	1,83	0,70
4. Tagesumschlag	$\dfrac{Z.\ 3}{260}$	t	11 150	1410	7050	2680
5. Wagen je Tag	$\dfrac{Z.\ 4}{12}$	Stück	930	118	590	223
6. Züge je Tag	$\dfrac{Z.\ 5}{60}$	Stück	16	2	10	4
7. Kailänge		m	5 000	850	3500	1700
8. Anzahl der Weichenverbindungen	$\dfrac{Z.\ 7}{130}$	Stück	38	6	27	13
9. Gesamtlänge der Weichen	Z. 8 · 40	m	1 520	240	1080	520
10. Gesamt-Aufstellänge	Z. 7—Z. 9	m	3 480	610	2420	1180
11. Anzahl der aufstellbaren Wagen	$\dfrac{Z.\ 10}{10}$	Stück	348	61	242	118
12. Besetzung der landseitigen Kaigleise mit Wagen		Stück	117	—	53	—
13. Bedienungen je Tag		Stück	2	2	2	2
14. Durchschnittliche Besetzung der land- und wasserseitigen Kaigleisabschnitte (130 m) mit Wagen	$\dfrac{130}{2 \cdot Z.\ 7 - 2 \cdot Z.\ 9}$ $\dfrac{Z.\ 5}{Z.\ 13}$	Stück	9	12	8	9

Bemerkung: Für Marbach wird die in Zeile 14 angegebene Formel entsprechend verändert, da ein drittes, landseitiges Kaigleis nicht angenommen ist.

Ein- und Ausfahrgleise.

a) Länge: Die Länge der Ein- und Ausfahrgleise entspricht der größten Zuglänge: 150 Achsen + Lok = 780 m.

b) Anzahl: Aus Zahlentafel 15, Zeile 13 ist ersichtlich, daß sich für jeden Hafen eine zweimalige Bedienung ergibt. Die Hälfte der in Zahlentafel 15, Zeile 5 aufgeführten aufzustellenden Wagen ist also der jeweilige Zulauf je Bedienungsfahrt des Hafens. Die in Zahlentafel 15, Zeile 5 angegebenen Zahlen für die Ein- und Ausfahrgleise dürften reichlich bemessen sein. Die Gleiszahl wird um je 1 Durchfahrgleis erweitert.

Ordnungsgruppen.

a) Anzahl der Gruppen: Für jedes Hafenbecken wird eine Gruppe vorgesehen.

b) Länge der Gleise: Die Länge der Gleise muß so bemessen sein, daß die ganze Zahl der in einer Bedienungsfahrt zuzustellenden Wagen aufgenommen werden kann.

Rechnet man mit einer Durchschnittsbesetzung der land- und wasserseitigen Kaigleise von 9 Wagen für die je 130 m lange Wagenstandlänge, so ergibt sich die Zahl der Wagen, die jede Ordnungsgruppe aufzunehmen hat (s. Zahlentafel 16, Zeile 8).

c) Anzahl der Gleise. Die Anzahl der Gleise ergibt sich aus der Gesamtlänge unter der Bedingung, daß das einzelne Gleis eine Länge von 300 m nicht überschreiten soll. Die Größe der Ordnungsgruppe wird so bemessen, daß sie nur zu $^2/_3$ besetzt ist. Die sich ergebenden Gesamtlängen wären also noch mit $^3/_2$ zu erweitern. In der Zeile 10 sind dann die Einzellängen der Gleise errechnet.

Auch diese Gruppen werden um je 1 Umfahrgleis erweitert.

Zahlentafel 16. Zusammenstellung: Bemessung der Eisenbahnanlagen.

		I	II, 1	II, 2	II, 3
1. Bezeichnung					
2. Hafen		Stuttgart	Marbach	Stuttgart	Plochingen
3. Länge der Ein- und Ausfahrgleise	m	780	*	780	780
4. Züge je Bedienung	Stück	8	1	5	2
5. Zahl der Ein- und Ausfahrgleise	Stück	4 + 1	*	3 + 1	2 + 1
6. Anzahl der Ordnungsgruppen	Stück	3		3	1
7. Kailänge für eine Ordnungsgruppe	m	2000 2000 1000		1670 830 1000	1700
8. Wagen für eine Ordnungsgruppe	Stück	186 186 93		155 77 93	158
9. Gesamtgleislänge der Ordnungsgruppe	m	3350 3350 1670		2790 1380 1670	2840
10. Länge der Ordnungsgleise	m	11 · 300 6 · 300 6 · 300 6 · 300		9 · 300 5 · 300 5 · 300	9 · 300

* Bemerkung: Für Marbach kommt eine Erweiterung der vorhandenen Übergabegruppe in der Verbindung zwischen Bahnhof Marbach und dem Dampfkraftwerk der Technischen Werke der Stadt Stuttgart um ein bis zwei Gleise in Frage.

E. Kaischuppen. Wie unter D bereits ausgeführt, erhalten die Weichenverbindungen in den Kaigleisen Abstände von 130 m, um damit die Anlegemöglichkeit für je einen Kahn von 100 m Länge (einschl. Sicherheitsabstand usw.) zu geben. Wird der Abstand zwischen zwei Schuppen mit 20 m bemessen, so ergibt sich die Schuppenlänge zu 110 m. Letzterer Wert ist auch in bestehenden Binnenhäfen vielfach angewandt. Wird die Breite der Schuppen zu 40 m angenommen, so ergibt sich eine Schuppengrundfläche $40 \cdot 110 = 4400 \text{ m}^2$.

Der Raum, der durch Karrwege, Dachstützen u. a. eingenommen wird, kann mit 25 vH eingesetzt werden, nach deren Abzug sich als reine Lagerfläche 3300 m² ergeben. Die mittlere Belastung der Lagerfläche wird mit 0,9 t/m² angesetzt, so daß im Schuppen etwa 3000 t des in Frage kommenden Gutes gelagert werden können.

Nimmt man an, daß die Schuppen Eigentum einzelner Firmen sind, so kann eine verhältnismäßig lange Lagerzeit angenommen werden. Nach Erfahrungen in ähnlicher Struktur, wie die hier in Frage stehende, kann hierfür etwa 4 Wochen eingesetzt werden. Unter der weiteren Annahme, daß (ebenfalls erfahrungsgemäß) etwa die Hälfte des umzuschlagenden Gutes gelagert werden soll, ergibt sich eine Gesamtmenge des zu lagernden Gutes wie folgt:

$$\frac{(E + V \text{ in t}) \cdot 0,5}{12} = 30000 \text{ t}.$$

Da die Besetzung der Schuppen von besonders vielen äußeren Umständen abhängig ist, wie z. B. Vorhandensein von Kraftwagen, Wagengestellung seitens der Reichsbahn, plötzliche Anlieferung von großen Mengen Gut für eine Firma, beim Versand Eisfreiheit der Wasserstraße, u. a. m., soll hier ein Spitzenzuschlag von etwa 25 vH gegeben werden.

Mit einer Aufnahmefähigkeit der Schuppen von je 3000 t ergibt sich die Zahl der Schuppen wie folgt:

$$\frac{t (V + E \text{ jährlich}) \cdot 0,5 \cdot 1,25.}{12 \cdot 3000}$$

Für die verschiedenen Häfen ergeben sich bei dieser Rechnungsart folgende Anzahlen der Kaischuppen:

I.　　　Stuttgart 12
II, 1. Marbach 2
II, 2. Stuttgart 9
II, 3. Plochingen 4

Für V + E wurde jeweils die in der Aufstellung Zahlentafel 13 angegebene Menge für „Übriges und Kfm.-Gut" eingesetzt. Dadurch, daß in dieser Menge außer Stückgut auch noch ein Rest Massengut enthalten ist, der nicht unter die Mengen der vorwiegend anfallenden Güter Kohle, Erz, Holz und Baustoffe fällt, soll ein Ausgleich für solches Massengut gegeben sein, welches in Hinsicht auf seine Verladung und umschlagmäßige Behandlung ähnlich wie Stückgut (z. B. Sackgut) gehandhabt wird.

F. Hafenstraßen. Siehe Abb. 12 bis 15.

G. Brücken. Siehe Abb. 12 bis 15.

H. Lokomotiven.

I.	Stuttgart	4 Stück
II, 1.	Marbach	1 Stück
II, 2.	Stuttgart	3 Stück
II, 3.	Plochingen	2 Stück

J. Reparaturwerkstatt. Je eine, verschiedener Größe.

K. Schleppboote.

I.	Stuttgart	2 Stück
II, 1.	Marbach	0 Stück
II, 2.	Stuttgart	1 Stück
II, 3.	Plochingen	0 Stück

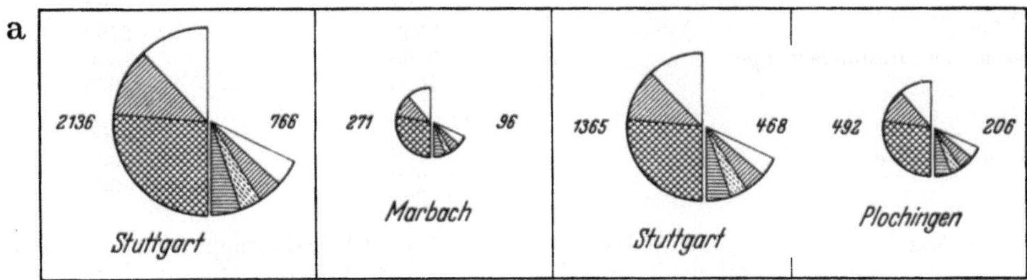

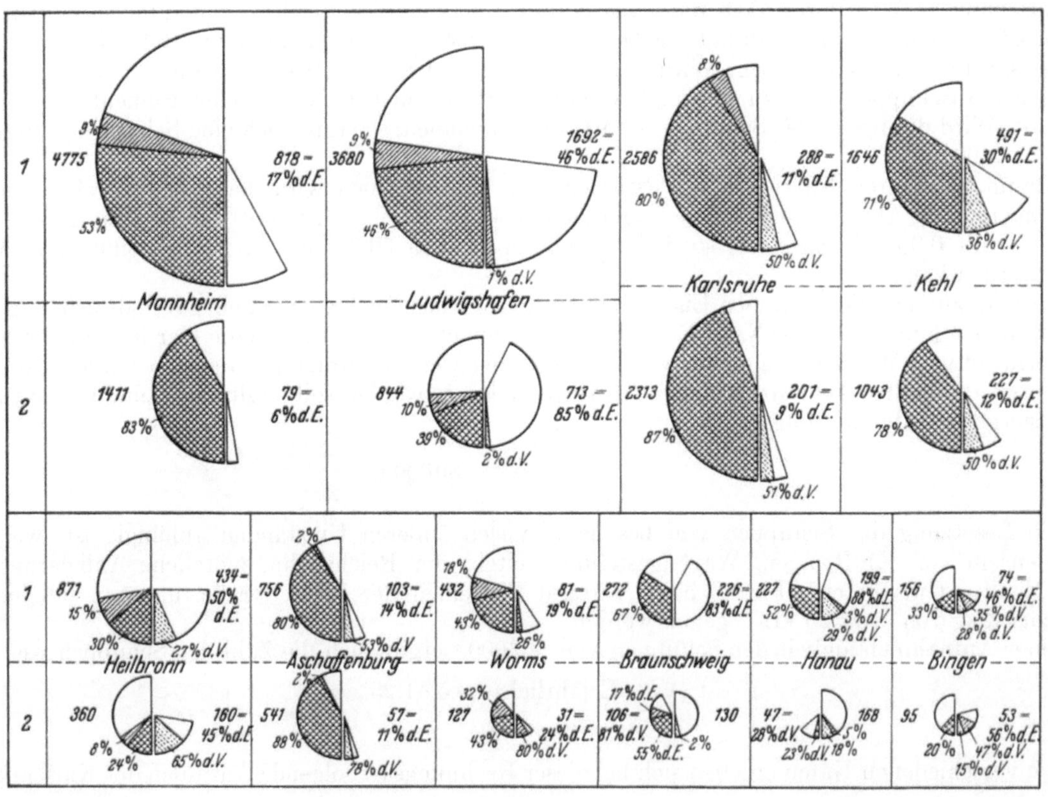

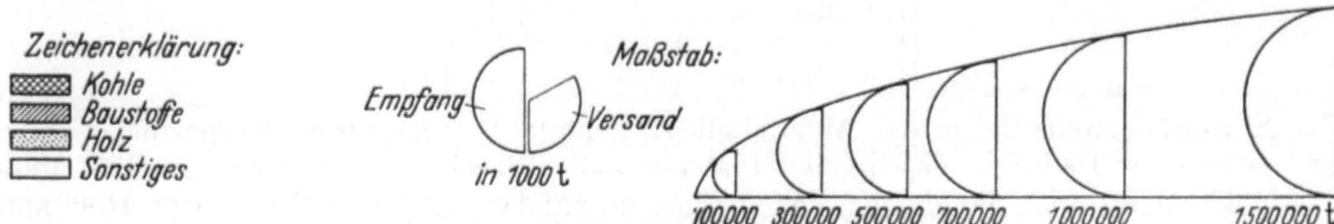

Abb. 16. a) Umschlag in den Kanalhäfen,
b) Umschlag in deutschen Binnenhäfen 1937.
1. Gesamtumschlag,
2. Umschlag auf und von Eisenbahnen.

Vergleich der ermittelten Größenabmessungen der Häfen mit denen anderer deutscher Binnenhäfen.

Um die Richtigkeit der ermittelten Größenabmessungen nachprüfen zu können, werden ihnen die vorhandenen Abmessungen anderer deutscher Binnenhäfen, die sich bereits im Betrieb befinden, zum Vergleich gegenübergestellt. In Abb. 16 sind einige Binnenhäfen ausgewählt, die in ihren Verkehrs- und Umschlagszahlen etwa den Häfen an einer württembergischen Wasserstraße entsprechen. Sie sind nach Menge und Art des Umschlags schematisch dargestellt.

Damit die Möglichkeit eines Vergleichs mit den in Württemberg vorliegenden Verhältnissen besteht, wurden in der Abb. 16 die anteilmäßigen Mengen derjenigen Güter dargestellt, die nach den bisherigen Feststellungen für die württembergischen Häfen kennzeichnend sind.

Es sind dies: Empfang: Kohle: (Steinkohlen, Braunkohlen-Briketts, Steinkohlenkoks, Steinkohlenbriketts). Baustoffe: (Natursteine, Erde, Kies, Sand, Zement, Mörtel, Kunststeine, Betonwaren).

Versand: Erz: (Eisen- und Manganerz). Holz: (Papierholz, Schnittholz, Grubenholz, Stammholz). Baustoffe: (wie oben).

Die Bezeichnung und Numerierung der Güterarten sind der Güterbewegungsstatistik entnommen.

Der Vergleich der bildlichen Darstellungen in Abb. 16 führt zu dem Ergebnis, daß der Hafen Stuttgart mit dem Hafen Kehl bzw. Heilbronn, Marbach mit Bingen und Plochingen mit Worms verglichen werden kann.

Die Verkehrszahlen für die einzelnen Häfen entstammen der Binnenschiffahrtsstatistik des Deutschen Reiches vom Jahre 1937 (letzte Ausgabe vor dem Krieg).

Es sind dargestellt:

1. Der Gesamtempfang und Versand eines jeden Hafens,

2. Der Umschlagverkehr zwischen Wasser und Schiene.

Die genauen Zahlenangaben siehe Zahlentafel 17.

Bemerkung zu Zahlentafel 17 und Abb. 16: Die Verkehrszahlen für Heilbronn sind etwas zu gering. Vor allem der Anteil für Kohle dürfte etwas höher anzusetzen sein. Dies rührt daher, daß der Hafen Heilbronn erst gegen Mitte des Jahres 1936 voll in Betrieb genommen wurde und sich zu dem Zeitpunkt der Aufstellung der Binnenschiffahrtsstatistik 1937 der volle Verkehr noch nicht auf ihn verlagert hatte. In Zahlentafel 18 sind die wichtigsten Anlagen eines jeden dieser Häfen gegenübergestellt.

Zahlentafel 17. Verkehrszahlen von deutschen Binnenhäfen nach der Statistik der Binnenschiffahrt des Deutschen Reichs (1937) in 1000 t.

1. Gesamtempfang und -versand, 2. Umschlag zwischen Schiene und Wasser.

1. Gesamtverkehr.

		Empfang						Versand						
Nr.	Hafen	Ges.	vH Sp. 7	Kohle	vH Sp. 1	Baustelle	vH Sp. 1	Ges.	vH Sp. 1	Erz	vH Sp. 7	Holz	vH Sp. 7	Baustelle	vH Sp. 7
		1	2	3	4	5	6	7	8	9	10	11	12	13	14
1	Mannheim	4775	—	2544	53	438	9	818	17	0	0	9	1	7	0,9
2	Ludwigshafen	3680	—	1678	46	314	9	1692	46	0	0	20	1	22	1
3	Karlsruhe	2586	—	2076	80	21	8	288	11	0	0	144	50	1	0,3
4	Kehl	1646	—	1169	71	3	0,2	491	30	0	0	179	36	0	0
5	Heilbronn	871	—	267	30	133	15	434	50	0	0	119	27	0	0
6	Aschaffenburg	756	—	611	80	11	1	103	14	0	0	53	51	3	3
7	Worms	432	—	188	43	77	18	81	19	0	0	0	0	21	26
8	Braunschweig	272	—	153	67	0,5	0,2	226	83	0	0	2	0,9	0,8	o0,4
9	Hanau	227	—	119	52	1	0,4	199	88	0	0	57	29	6	3
10	Bingen	156	—	52	33	0,7	0,4	74	46	0	0	21	28	26	35

2. Umschlagverkehr.

Nr.	Hafen	Ges.	vH Sp. 7	Kohle	vH Sp. 1	Baustelle	vH Sp. 1	Ges.	vH Sp. 1	Erz	vH Sp. 7	Holz	vH Sp. 7	Baustelle	vH Sp. 7
1	Mannheim	1411	—	1173	83	5	0,2	79	6	0	0	2	3	3	4
2	Ludwigshafen	844	—	331	39	91	10	713	85	0	0	15	2	7	1
3	Karlsruhe	2313	—	2016	87	16	0,6	201	9	0	0	102	51	0,8	0,4
4	Kehl	1043	—	809	78	3	0,3	227	22	0	0	114	50	0	0
5	Heilbronn	360	—	89	24	30	8	160	45	0	0	104	65	2	1
6	Aschaffenburg	541	—	477	88	12	2	57	11	0	0	45	78	2	4
7	Worms	127	—	56	43	47	32	31	24	0	0	0	0	25	80
8	Braunschweig	106	81	55	51	18	17	130	—	0	0	1	0,8	0,6	0,5
9	Hanau	47	28	12	23	0	0	168	—	0	0	30	18	9	5
10	Bingen	95	—	20	21	0	0	53	56	0	0	8	15	25	47

Bemerkung: Zur Vereinfachung wurde in vorstehender Zahlentafel unter „Umschlagverkehr" der Umschlag Wasser—Bahn als Empfang und Bahn—Wasser als Versand bezeichnet.

Zahlentafel 18.
Gegenüberstellung der wichtigsten Abmessungen der Kanalhäfen mit denen deutscher Binnenhäfen.

Kanalhafen	Krane Stück	Kai-länge m	Bahn-anlagen km	Vergl.-Hafen	Krane Stück	Kai-länge m	Bahn-anlagen km
1	2	3	4	5	6	7	8
I. Stuttgart	36	5000	31	Kehl	30	8000	40
II, 1. Marbach	8	850	3	Bingen	7	640	5
II, 2. Stuttgart	26	3500	22	Heilbronn	23	2200	12
II, 3. Plochingen	15	1700	10	Worms	13	1400	15

Die Unterschiede zwischen den ermittelten und den der Wirklichkeit entsprechenden Zahlen rühren aus den starken Verschiedenheiten her, die einem jeden Hafen aus seiner örtlichen Lage und seiner vorwiegenden Zweckbestimmung eigentümlich sind. Zieht man diesen Umstand in Betracht, so sind die ersichtlichen Unterschiede verhältnismäßig gering.

Die ermittelten Werte dürfen daher als richtig angesehen werden.

Um auch für die Größe und das Fassungsvermögen der Kaischuppen eine Vergleichsmöglichkeit zu gewinnen, werden auch hierfür Vergleichshäfen aus Abb. 16 ausgewählt. Wie aus der Bemessungsformel für die Kaischuppen hervorgeht, sind diese in Zahl und Größe abhängig von dem Umschlag eines jeden Hafens an gemischtem Gut. Es wurden daher diejenigen Häfen ausgewählt, deren Umschlagmengen an diesem Gut denen der Neckarhäfen am nächsten kommen.

Sie sind in Zahlentafel 19 gegenübergestellt.

Zahlentafel 19. Gegenüberstellung mit Zahlen aus deutschen Binnenhäfen zur Bemessung der Kaischuppen

Kanalhafen	Übriges und Kaufm.-Gut Empfang u. Versand 1000 t	Einstockiger Kaischuppen (errechnet)		Vergleichs-Hafen	Sonstiges (s. Abb. 16) 1000 t	Vorheriger Kai-schuppen		Bemerkung zu Sp. 7 u. 8
		Stück	Lager-fläche m²			Stück	Lager-fläche m²	
1	2	3	4	5	6	7	8	9
I. Stuttgart ...	700	12	40 000	Kehl	794	8	45 000	teilweise zweigeschossig
II, 1. Marbach	87	2	6 600	Bingen	125	10	7 500	sehr klein
II, 2. Stuttgart ...	540	9	30 000	Karlsruhe	460	5	23 000	teilweise zweigeschossig
II, 3. Plochingen...	166	4	13 000	Aschaffenbg.	184	5	20 000	

2. Anlagekosten.

Zu den ermittelten verschiedenen Hafengrößen werden die Anlagekosten aufgestellt, und zwar sollen nur diejenigen Teile der Häfen Berücksichtigung finden, die an den Gesamtkosten einen erheblichen Anteil haben. Daß darin nicht die gesamten Anlagekosten des Hafens enthalten sind, ist deshalb hier weniger wichtig, weil diese Kostenaufstellung lediglich zum Zwecke des Vergleichs der in Frage stehenden Häfen vorgenommen wird. Es soll durch diese Zahlen in keiner Weise ein Kostenanschlag für den Bau eines Hafens gegeben werden, der Anspruch auf Richtigkeit erhebt.

A. Krane. Wie bereits im vorigen Abschnitt erwähnt, werden Verladebrücken und Vollportaldrehkrane für Massengut- und leichte Portaldrehkräne für Stückgutumschlag gewählt. Da der größte Teil des überwiegenden Empfangsgutes Kohle wohl auf Lager genommen wird, und sich hierzu die Verladebrücken besonders eignen, werden von den errechneten Massengutkranen $2/_3$ als Verladebrücken und $1/_3$ als Drehkrane angenommen.

Die Lieferpreise betragen für:

       Verladebrücken   (8 t)   .... 260000,— RM
       Vollportaldrehkran (8 t)   .... 130000,— RM
       Stückgutdrehkran   (2—3 t) .... 70000,— RM.

B. Kaieinfassung. Da die geologische Struktur des Neckartales annähernd gleich ist und in verhältnismäßig geringer Tiefe — 0,5 bis 1 m unter der Kanalsohle — guter Baugrund in Form von Schilfsandstein ansteht, wird als Kaieinfassung einheitlich eine Betonschwergewichtsmauer mit senkrechter, wasserseitiger Kante gewählt. Die über dem Sandstein lagernde Kiesschicht kommt der Herstellung des Materials der Betonmauer zugute.

Für Holzverladung kommen noch kürzere Strecken geböschter Uferflächen in Frage, deren Ausführung jedoch nicht besonders berücksichtigt werden soll.

Die Kosten für eine Schwergewichtsmauer als Kaieinfassung, die etwa 2,5 m über den Wasserspiegel ragt, betragen für den lfd. m etwa 800,— RM. Für den Einbau der Wasserleitung, Entwässerung und Stromversorgung der Lagerplätze kommen für den lfd. m etwa 700,— RM hinzu, so daß sich unter Einschluß der letztgenannten Posten 1500,— RM/lfd. m ergibt.

C. Becken. Bei einem Tiefgang der Schiffe von 2,00 m wird die Tiefe der Hafenbecken auf 2,50 m festgesetzt. Unter der Annahme, daß sich das Gelände durchschnittlich 2,5 m über dem Wasserspiegel befindet, beträgt die Aushubtiefe 5 m. Ein Preis von 1,40 RM für den m³ für das Ausbaggern der Becken dürfte angemessen sein.

D. Eisenbahnanlagen. Für die Bahnanlagen in den Häfen soll altbrauchbares Oberbaumaterial der Deutschen Reichsbahn Verwendung finden. Es ist zweckmäßig, die Kosten für das Gleis nach lfd. m. für die Weichen nach der Stückzahl auszurichten. Bei der Zusammensetzung des Einheitspreises für die Weichen werden die Kosten der Sicherungsanlagen durch einen Zuschlag erfaßt, in welchem auch die sicherungstechnischen Anschlüsse der Weichen an das Stellwerk und auch die anteiligen Kosten des Stellwerks selbst enthalten sind.

Die angegebenen Zahlen sind bei der Deutschen Reichsbahn gebräuchliche Werte.

Sie setzen sich, wie folgt, zusammen:

1. Gleis:
Beschaffungskosten für
altbrauchbares Material . . . .   25,— RM/lfd. m
Bettung: 2 m³/lfd. m . . . .   16,— RM/lfd. m
Verlegen und erste Unterhaltung . .   9,— RM/lfd. m
Summe: 50,— RM/lfd. m

2. Weichen:
Beschaffungskosten . . . .   2500,— RM
Bettung . . . .   1200,— RM
Verlegen und erste Unterhaltung . .   500,— RM
Sicherungsanlagen . . . .   3000,— RM
Summe: 7200,— RM je Weiche.

Die Länge der Gleise und die Anzahl der Weichen werden aus den Abb. 12 bis 15 entnommen.

Bei der Feststellung der Anzahl der Weichen wurden die Doppelweichen in den mittleren Kaigleisen jeweils als eine Weiche gezählt, weil nicht alle Weichen sicherungstechnisch an ein Stellwerk angeschlossen werden und der doppelte eingesetzte Einheitspreis für diese Weichen zu hoch erscheint.

E. Kaischuppen. Die Anzahl und das Aufnahmevermögen ist im vorigen Abschnitt für die vorgesehenen einstockigen Schuppen berechnet worden. Bei einstockigen Schuppen in Stahlskelettbauweise kann ein durchschnittlicher Preis von 18,— RM für den m³ umbauten Raumes angesetzt werden. Bei einer ungefähren Höhe eines Schuppens von 5 m ergibt sich der umbaute Raum zu:
$$5 \cdot 110 \cdot 40 = 22000 \text{ m}^3$$
und der Grundpreis für den Schuppen zu:
$$18 \cdot 22000 = 400000,— \text{ RM.}$$
Hinzu kommt noch je Schuppen:

für Fundierung . . . .   8 000,— RM
„ Umgebungsarbeiten . . . .   5 000,— RM
„ Wasserzu- und -ableitung . . . .   3 000,— RM
„ El-Zuleitung. . . . .   2 000,— RM
„ kleine Schwenkkrane und sonstigen Zubehör. .   5 000,— RM
Summe: 23 000,— RM

Für den Kaischuppen ergibt sich also ein Preis von etwa 425000,— RM.

F. Hafenstraße. Da die Hafenstraßen für den verschiedenartigen und vielfach schweren Verkehr gepflastert sein müssen, setzt sich der Preis, wie folgt, zusammen:

Vorlage . . . .   1,50 RM/m²
Pflaster . . . . 12,— RM/m²

Die Hafenstraßen werden in einer Breite von 18 m angenommen, so daß sich für den lfd. m Hafenstraße ergibt:
$$18 (1,50 + 12,00) = 250,— \text{ RM.}$$

Die Kosten für die vielfach erforderlichen Böschungen sind durch die reichliche Annahme der Breite von 18 m an allen Stellen der Straße erfaßt, auch da wo sie nicht unmittelbar als Ladestraße dient.

Die Länge der Straßen wird aus den Abb. 12 bis 15 entnommen.

G. Brücken. Rechnet man zür lichten Weite einer Brücke 2 m hinzu und vervielfacht diesen Wert mit ihrer Breite, so erhält man einen Wert in m², der erfahrungsgemäß kennzeichnend für die Preisbildung von Brückenbauwerken ist.

Bei kleineren Überführungsbauwerken (über 1 bis 3 Eisenbahngleise) wird die Verbundkonstruktion angewandt (Walzträger in Beton). Für größere Spannweiten (Überquerung des Neckarkanals oder eines Hafenbeckens) wird der gewölbten Brücke der Vorzug gegeben.

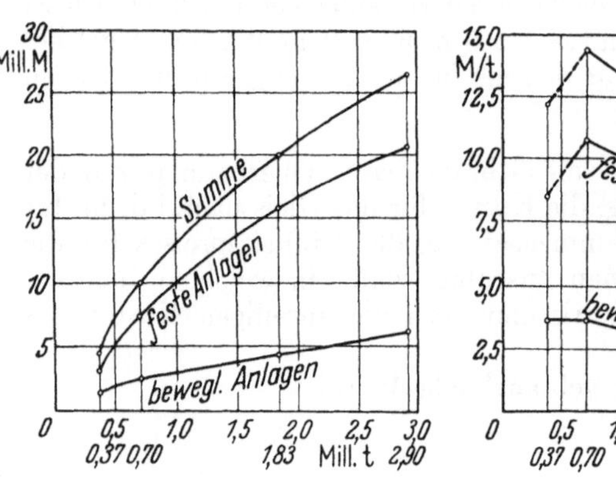

Abb. 17.
Die Anlagekosten in Abhängigkeit von der jährlichen Umschlagmenge.

Bezogen auf die oben angeführte m²-Zahl kostet:
Verbundkonstruktion .... 400,— RM/m²
Gewölbte Brücke .... 320,— RM/m²

Wie aus den schematischen Skizzen Abb. 12 bis 15 ersichtlich, werden nur Eisenbahngleise oder Wasserläufe von den neuangelegten und daher in die Anlagekosten einzurechnenden Hafenstraßen überquert.

Es sollen für die verschiedenen Fälle die Kosten überschlagen werden:

Es wird überquert:
1. 1 Gleis
   $(4,50 + 2,00) \cdot 18 \cdot 400 =$ 47 000,— RM
2. 2 Gleise
   $(9,00 + 2,00) \cdot 18 \cdot 400 =$ 80 000,— RM
3. Kanal
   $(45 + 2) \cdot 18 \cdot 320$ = 270 000,— RM
4. Hafenbecken
   $(90 + 2) \cdot 18 \cdot 320$ = 530 000,— RM

Die Anzahl und Spannweite der Überführungsbauwerke wird den Abb. 12 bis 15 entnommen.

H. Lokomotiven. Eine Rangierlokomotive für den Hafenbetrieb mit Normalspur hat einen Anschaffungswert von etwa 75 000,— RM.

I. Reparaturwerkstätte. Die beiden Häfen Stuttgart benötigen eine verhältnismäßig große Reparaturwerkstätte für etwa 40 Mann. Ihr Anlagewert samt Einrichtung ist nach Erfahrungen etwa 700 000,— RM. Für Plochingen dürfte ein Wert von 400 000,— RM und für Marbach ein solcher von 300 000,— RM den Erfordernissen nahekommen.

K. Schleppboot. Der Preis eines Schleppbootes beträgt etwa 100 000,— RM. Mit diesen Annahmen errechnen sich die Anlagekosten für:

> I.   Stuttgart .... zu 26 685 000 RM
> II, 1. Marbach .... zu 4 030 000 RM
> II, 2. Stuttgart .... zu 20 045 000 RM
> II, 3. Plochingen ...... zu 10 010 000 RM

Die Gesamtsumme der Anlagekosten ist in Abb. 17 in Abhängigkeit von der jährlichen Umschlagmenge dargestellt.

3. Umschlagkosten.

Die Umschlagkosten eines Hafens sind die jährlichen Selbstkosten, die ihm entstehen durch die Aufrechterhaltung des Umschlagbetriebs. Sie setzen sich, wie folgt, zusammen.

A. Gehälter und Löhne — B. Stoffkosten — C. Kapitaldienst.

Es soll auch hier, wie bei den Anlagekosten, keine Rentabilitätsrechnung für den einzelnen Hafen aufgestellt. sein, sondern lediglich wieder ein Vergleich zwischen den vier betrachteten Hafengrößen hergestellt werden, weshalb auch hier unter die erwähnten Einzelposten nur die wichtigsten Selbstkosten — diese aber einheitlich zum Zwecke des Vergleichs — gezählt werden.

A. Gehälter und Löhne. Die Gehälter und Löhne sind auf 1 Jahr und einschichtigen Betrieb bezogen und werden je nach Notwendigkeit (Beispiel Stuttgart) auf 1,5 Schicht erhöht.

Für Krankheit und Urlaub wird ein Zuschlag von 15 vH gegeben.

Gehälter und Löhne sind Mittelwerte, die aus der Praxis stammen. Auch die Anzahl der jeweils erforderlichen Personen entspricht den praktischen Erfahrungen verschiedener Binnenhafenanlagen in Deutschland.

Da angenommen wird, daß die Eisenbahnanlagen des Hafens auch unter seiner Verwaltung stehen, müssen die Kosten für das Hafen-Eisenbahnpersonal mit eingerechnet werden.

Die Zahl des Lokomotivpersonals wurde hoch angenommen, damit eine Ausgleichsmöglichkeit vorhanden ist mit verwandten Arbeitsgebieten, etwa Lokomotivreparaturen in der Werkstatt.

Ersatz für etwa bei Verkehrsspitzen fehlendes Personal (Kranführer usw.) kann aus der Unterhaltungsrotte oder der Werkstatt gestellt werden, deren Personalzahlen entsprechend hoch bemessen sind.

Die Werkstatt arbeitet nur in einer Schicht.

Es werden folgende Personalzahlen zugrunde gelegt:

Unter diesen Annahmen entstehen Werte folgender Größe:

I. Stuttgart ..... 1 306 000 RM
II, 1. Marbach....... 217 650 RM
II, 2. Stuttgart ..... 1 905 300 RM
II, 3. Plochingen..... 405 050 RM

B. Stoffkosten. Die Stoffkosten unterteilen sich nach solchen für:

1. elektrischen Strom zum Betrieb der Krane,
2. Stoffe zur Kranunterhaltung,
3. Stoffe zum Lokbetrieb,
4. Stoffe zur Unterhaltung der Bahnanlagen einschließlich der Kranschienen.

Die übrigen etwa noch anfallenden Stoffkosten sind im Vergleich zu den aufgeführten so gering, daß sie für den Vergleich außer Betracht bleiben können.

Bei Annahme von üblichen Verbrauchszahlen und Preisen ergeben sich folgende Werte:

I. Stuttgart ... 297 600 RM/Jahr
II, 1. Marbach.... 46 230 RM/Jahr
II, 2. Stuttgart ... 201 900 RM/Jahr
II, 3. Plochingen.. 93 950 RM/Jahr

C. Kapitaldienst. Zum Kapitaldienst zählen folgende Einzelposten:

1. Kapitalzinsen,
2. Abschreibung,
3. Unterhaltung.

1. Die Zinsen betragen allgemein 5 vH des Anlagewertes.

2. Für die Abschreibung werden verschiedene Werte angenommen, die sich je nach der Lebensdauer des einzelnen Bestandteiles des Hafens in ihrer Höhe richten. Benutzt sind Erfahrungswerte.

3. Für Unterhaltung der gesamten Anlagen wird 1,5 vH von dem Gesamtanlagewert hinzugerechnet.

Die Anlagekosten werden unterteilt nach Kosten für feste und bewegliche Anlagen.

Zahlentafel 20. Zusammenstellung der Kopfzahlen.

	I. Stuttgart	II, 1. Marburg	II, 2. Stuttgart	II, 3. Plochingen
1. Kranführer	36	8	26	15
2. Kranbeihilfe				
Stückgut	120	24	96	48
Massengut	63	15	52	27
3. Lademeister	8	1	6	3
4. Hafendirektor	1		1	
5. Hafenvorsteher	1	1	1	1
6. Verwaltungsbeamte inkl. Eisenb.-Abf.-Pers.	20	4	15	10
7. Werkst.-Leiter	1	1	1	1
8. Elektriker	5	1	3	2
9. Handwerker	10	3	8	5
10. Hilfsarbeiter	4	2	3	2
11. Eisenbahnbetriebspersonal:				
Bahnhofsvorsteher..	1		1	1
Vertreter	1		1	
Aufsichtsbeamte ...	1		1	1
12. Rangierpersonal:				
Lokführer	6	2	4	2
Heizer	6	2	4	2
Rangierführer	6	2	4	2
Rangierer..........	12	3	8	4
13. Stellwerkswärter	2	1	2	2
14. Rotte für Unterhaltung, Bewachung und Bedienung:				
Rottenführer	1	1	1	1
Rottenmänner	10	3	10	6

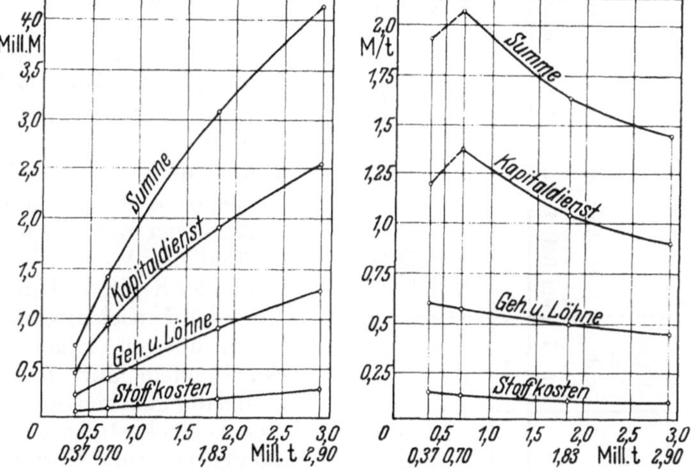

Abb. 18. Die Umschlagkosten in Abhängigkeit von der jährlichen Umschlagmenge.

Unter feste Anlagen werden gerechnet: Kaieinfassung — Becken — Eisenbahnanlagen — Kaischuppen — Hafenstraßen — Brücken — Reparaturwerkstätten.

Unter bewegliche Anlagen zählen: Krane — Lokomotiven — Schleppboote.

In Zahlentafel 21 werden die Anlage- und Umschlagkosten dargestellt.

Die Abb. 17 und 18 zeigen Anlage- und Umschlagkosten in Abhängigkeit von der jährlichen Umschlagmenge.

Aus der Darstellung der Anlage- und Umschlagkosten ist zunächst ersichtlich, daß für eine allgemeine Beurteilung des Verhältnisses von Kosten zur Größe des Hafens eine Einschränkung gemacht werden muß.

Die Summe der Anlage- sowie der Umschlagkosten für die kleinste der betrachteten Umschlaganlagen Marbach mit 370 000 t Jahresumschlag sind entgegen den sonst mit sinkender Umschlagmenge steigenden Kosten sehr niedrig.

Zahlentafel 21. Zusammenstellung der Anlage- und Umschlagkosten für Grenzfall 1: Die gesamte Hafenumschlagmenge wird auf Eisenbahn umgeschlagen.

Nr.	Hafen	Jährl. Umschlag	Anlagekosten						Umschlagkosten							
			feste Anlagen		bewegl. Anlag.		Summe		Gehälter u. Löhne		Stoffkosten		Kapitaldienst		Summe	
		Mi./t	Mill./RM	RM/t	Mill./RM	RM/t	Mill./RM	RM/t	Mill./RM	RM/t	Mill./RM	RM/t	Mill./RM	RM/t	Mill./RM 10+12+14	Mill./RM 11+13+15
1	2	3	4	5	6	7	8	9	10	11	12	13	14	15	16	17
I	Stuttgart ...	2,90	20,59	7,10	6,10	2,10	26,69	9,20	1,30	0,45	0,30	0,10	2,55	0,88	4,15	1,43
II, 2	Stuttgart ...	1,83	15,76	8,50	4,29	2,30	20,05	10,90	0,92	0,50	0,20	0,11	1,92	1,04	3,04	1,65
II, 3	Plochingen ..	0,70	7,49	10,70	2,52	3,60	10,01	14,30	0,40	0,57	0,09	0,13	0,96	1,37	1,45	2,07
II, 1	Marbach	0,37	3,15	8,50	1,33	3,60	4,48	12,10	0,22	0,60	0,05	0,14	0,44	1,19	0.71	1,93

Aus der zweiten Darstellung auf Abb. 17 ist zu ersehen, daß die Kosten für die festen Anlagen die für die beweglichen erheblich übersteigen. Infolge des Umstandes, daß in Marbach wegen der geringen jährlichen Umschlagmenge die Anlage eines besonderen Hafenbeckens nicht für wirtschaftlich erachtet wurde, fallen hier die Kosten für die festen Anlagen erheblich niedriger aus als bei Anlagen mit Hafenbecken. Es zeigt sich hierin das Fehlen der teuren Überführungsbauwerke, Hafenstraßen und Aushubmassen. In den beweglichen Anlagen tritt diese bauliche Verschiedenheit nicht in Erscheinung, da ja die Anzahl der Betriebsmittel, der Krane und Lokomotiven, nicht so stark von der Anlage eines Beckens oder der Zahl der Kaikanten abhängt.

Da die Kosten für feste Anlagen den mit $4/_5$ überwiegenden Teil der Anlagekosten ausmachen, tritt diese Kostenverringerung für die kleine Umschlaganlage in der Gesamtsumme der Anlagekosten in Erscheinung und überträgt sich auch auf denjenigen Teil der Umschlagkosten, der in direkter Abhängigkeit von den Anlagekosten steht, den Kapitaldienst.

Es ist nicht das Ziel der Untersuchung, festzustellen, bei welcher jährlichen Umschlagmenge die Grenze zwischen den Vorteilen der Umschlagmenge mit und ohne Zweigbecken liegt. Es soll daher hier nicht näher darauf eingegangen werden.

Vergleicht man die Anlagekosten der Umschlagstellen Marbach (0,37 Mill./t/Jahr) und Stuttgart (1,83 Mill./t/Jahr), so zeigt sich, daß selbst bei den infolge der einfacheren Anlage niedrigeren Anlagekosten diese, bezogen auf die t umgeschlagenen Gutes, um etwa 1,20 RM höher liegen als bei Stuttgart.

Im übrigen ergibt sich folgendes: Steigt die jährliche Umschlagmenge etwa um das vierfache, so fallen die Anlagekosten, bezogen auf die umgeschlagene t, um etwa 35 vH.

Wie bei den Anlagekosten zeigt sich diese Tendenz auch bei den Umschlagkosten.

Den größten Anteil an den Umschlagkosten bildet mit ungefähr $2/_3$ der Kapitaldienst, Gehälter und Löhne machen den größten Teil des dritten Drittels aus. Der Anteil Kapitaldienst verändert sich am stärksten von den drei Bestandteilen der Umschlagkosten mit zunehmendem jährlichen Umschlag und gibt infolge seines hohen Anteils an den Gesamtumschlagkosten diesen in ihrem Verlauf das Gepräge.

Auch hier macht sich die vereinfachte Anlage von Marbach wieder in ähnlicher Weise wie bei den Anlagekosten bemerkbar. Jedoch auch hier liegen die Umschlagkosten für Marbach (0,37 Mill./t/Jahr) über den Umschlagkosten für Stuttgart (1,83 Mill./t/Jahr).

Im übrigen fallen auch die Umschlagkosten erheblich mit wachsendem jährlichen Umschlag, und zwar in folgender Weise: Bei der gleichen Steigerung der jährlichen Umschlagmenge wie bei den Anlagekosten auf das vierfache fallen die Umschlagkosten um 30 vH. Die reine Kostenbetrachtung führt daher zu dem Ergebnis, daß der größeren Hafenanlage unbedingt der Vorzug zu geben ist.

Das Projekt Marbach, Stuttgart, Plochingen erfordert gegenüber dem Projekt Stuttgart einen Mehraufwand in den Anlagekosten von 30 vH und in den Umschlagkosten von 25 vH. Der Unterschied in den vH-Werten gegen die vorhergemachten Feststellungen beruht darauf, daß bei dem Vergleich beider Projekte die ermittelten Werte für Anlage- und Umschlagkosten von Marbach mit hinzugerechnet werden müssen, während sie vorher bei der allgemeinen Betrachtung der Kosten und ihrer Abhängigkeit von der jährlichen Umschlagmenge als besonders geartet und daher hier nicht vergleichsfähig beiseite gelassen wurden.

Daß selbst bei Einbeziehung der kostenmäßig günstigen Marbacher Anlage sich eine Kostenerhöhung von etwa 30 vH ergibt, ist als Bestätigung des Ergebnisses der allgemeinen Betrachtung zu werten, daß nämlich rein von den Anlagekosten aus gesehen dem größeren Hafen der Vorzug auch vor mehreren kleinen zu geben ist.

Vergleicht man kostenmäßig die Hafenanlage Stuttgart mit der Summe für die Anlagen Marbach. Stuttgart. Plochingen. so ergibt sich folgendes Bild:

Zahlentafel 22. Vergleich zwischen Zentralisation und Dezentralisation.

	Jährl. Umschlag	Anlagekosten			Umschlagkosten		
	Mill. t	Mill. RM	RM/t	mehr als 1.: v H	Mill. RM	RM/t	mehr als 1.: v H
1. Stuttgart′	2,90	26,69	9,20	---	4,15	1,45	
2.⎰ Marbach................... ⎱ Stuttgart .... Plochingen...............	2,90	34,54	11,90	30	5,20	1,80	25

B. Grenzfall 2. Die gesamte Hafenumschlagmenge
wird zwischen Schiff und Lastkraftwagen umgeschlagen.

Für den Umschlag zwischen Schiff und Lastkraftwagen sind statt der für den Eisenbahnumschlag an jeder Kaikante vorgesehenen drei Ufergleise (siehe Abb. 12—15) Hafenstraßen vorgesehen und an Stelle der Einfahr- und Ordnungsgleise weitere Zufahrtstraßen und vielleicht eine Großtankstelle, während alle übrigen Anlagen der Häfen für beide Grenzfälle gleich sind.

Wie eine Sonderuntersuchung gezeigt hat, decken sich etwa die Kosten der Gleisanlagen mit denen der Straßenanlagen. Die Kosten für eine etwa 18 m breite Uferstraße mit der notwendigen sehr widerstandsfähigen Decke und ihrer schwierigen Entwässerung sind höher als die der drei Kaigleise mit handbedienten Weichen.

Die Anlagekosten der Ein- und Ausfahrgleise und der Ordnungsgruppen mit eigenem Stellwerk sind höher als die für einen Lastkraftwagenverkehr notwendigen Zufahrtstraßen und etwaigen Straßenerweiterungen.

Unter diesen Umständen hat die Sonderuntersuchung gezeigt, daß sich Anlagekosten von Straße und Schiene etwa die Waage halten. wenn man die Gesamtdurchsetzung des Hafengebiets mit Verkehrswegen betrachtet.

Ein Unterschied entsteht daher lediglich in den Betriebskosten, und zwar dadurch, daß aus den Gesamthafen- und Umschlagkosten für den Grenzfall 2, den Lastkraftwagenumschlag, alle diejenigen Kostenstellen herausfallen, die aus dem eigentlichen Hafenbahnbetrieb entstehen und daher dem Grenzfall 1 eigentümlich sind.

Durch Abzug der herausfallenden Kostenstellen von den Gesamtumschlagkosten werden die Hafenumschlagkosten für den Grenzfall 2 ermittelt und in Zahlentafel 23 aufgeführt:

Zahlentafel 23. Zusammenstellung der Umschlagkosten für Grenzfall 2: Die gesamte Umschlagmenge wird auf Lastkraftwagen umgeschlagen.

Nr.	Hafen	Gehälter u. Löhne		Stoffkosten		Kapitaldienst		Summe	
		Mill. RM	RM/t	Mill. RM	RM/t	Mill. RM	RM/t	Mill. RM	RM/t
1	2	3	4	5	6	7	8	9	10
I	Stuttgart	1,16	0,40	0,27	0,09	2,56	0,88	3,99	1,37
II, 2	Stuttgart	0,80	0,44	0,18	0,10	1,93	1,04	2,91	1,58
II, 3	Plochingen	0,36	0,51	0,08	0,11	0,96	1,37	1,40	1,99
II, 1	Marbach	0,18	0,50	0,04	0,12	0,44	1,19	0,66	1,81

Vergleicht man die auf die t bezogenen Umschlagkosten der verschiedenen Häfen für die beiden Grenzfälle: Eisenbahnumschlag und Lastkraftwagenumschlag, so zeigt sich ein Unterschied, der mit steigender Umschlagmenge abnimmt. Dieser Unterschied stellt etwa die Mehrkosten für den Eisenbahnbetrieb im Hafen dar und beläuft sich auf 4—6 vH der Gesamtumschlagkosten je t.

Dieser Anteil ist so gering, daß die für den Grenzfall 1 geltenden Ausführungen ohne weiteres auch für den Grenzfall 2, den Lastkraftwagenumschlag, ihre Gültigkeit behalten.

Bemerkung. Eine Durchrechnung der gesamten Zahlenwerte für das sogenannte „Neckarkanalschiff" (1200 t) wurde in einer besonderen Untersuchung durchgeführt. Es ergaben sich für die Zahlen, aus denen die Schlußfolgerungen gezogen wurden, Werte, die nur etwa zwischen 0.5 und 0.9 vH unter den in Zahlentafel 24, Zeile 14—19, gebrachten, liegen.

Da das Verhältnis der Zahlen zueinander hierdurch nicht verändert wird. bleiben die Schlußfolgerungen auch für diese Schiffsgröße maßgebend.

Zahlentafel 24. Der betriebs- und verkehrswirtschaftliche Vergleich (Wertung) der Ergebnisse.

A. Beförderungs- und Umschlagkosten je Jahr.

Nr.	Art der Aufteilung / Hafen / Verkehrsbedarfsgebiet		Dezentralisation			Zentralisation						Organisatorische Gesichtspunkte			
						Stuttgart			Plochingen			Stuttgart		Plochingen	
			Marburg	Stuttg.	Ploch.	Marburg	Stuttg.	Ploch.	Marburg	Stuttg.	Ploch.	Stuttg. Stadtkr.	Marburg	übriges Stuttg.	Ploch.
1	Wasserfracht bis Hafen	RM/t	6,90	7,35	7,40	7,35	7,35	7,35	7,40	7,40	7,40	7,35	7,35	7,40	7,40
2	Hafen- und Umschlagkosten a) Grenzfall 1	RM/t	1,93	1,65	2,07	1,43	1,43	1,43	1,43	1,43	1,43	1,59	1,59	1,99	1,99
3	b) Grenzfall 2	RM/t	1,81	1,58	1,99	1,37	1,37	1,37	1,37	1,37	1,37	1,52	1,52	1,91	1,91
4	Sonderk. für die Unterverteilung	RM/t	—	—	—	2,59	—	1,60	3,56	1,60	—	—	2,59	1,60	—
5	Betriebswirtschaftswertg. Z. 1 u. 2: a) Grenzfall 1	RM/t	8,83	9,00	9,47	8,78	8,78	8,78	8,83	8,83	8,83	8,94	8,94	9,39	9,39
6	Zeile 1 u. 3: b) Grenzfall 2	RM/t	8,71	8,93	9,39	8,72	8,72	8,72	8,77	8,77	8,77	8,87	8,87	9,31	9,31
7	Verk.wirtsch. Wertg. Z. 1, 2 u. 4: a) Grenzfall 1	RM/t	8,83	9,00	9,47	11,37	8,78	10,38	12,39	10,43	8,83	8,94	11,53	10,99	9,39
8	Zeile 1, 3 u. 4: b) Grenzfall 2	RM/t	8,71	8,93	9,39	11,31	8,72	10,32	12,33	10,37	8,77	8,87	11,46	10,91	9,31
9	Jahresumschlag d. Bedarfsgeb.	Mill. t	0,37	1,83	0,70	0,37	1,83	0,70	0,37	1,83	0,70	1,67	0,37	0,16	0,70
10	Zeile (5 · 9)	Mill. RM	3,27	16,50	6,62	3,25	16,10	6,14	3,27	16,20	6,18	14,90	3,31	1,50	6,57
11	Zeile (6 · 9)	Mill. RM	3,22	16,35	6,56	3,23	15,98	6,10	3,24	16,05	6,14	14,80	3,28	1,49	6,52
12	Zeile (7 · 9)	Mill. RM	3,27	16,50	6,62	4,20	16,10	7,26	4,58	19,10	6,18	14,90	4,27	1,76	6,57
13	Zeile (8 · 9)	Mill. RM	3,22	16,35	6,56	4,19	15,98	7,23	4,56	19,00	6,14	14,80	4,24	1,75	6,52
14	Betr.wirtsch. Wertungs-Summe Zeile 10: a) Grenzfall 1	Mill. RM	26,39			25,49			25,55			26,28			
15	Summe Z. 11: b) Grenzfall 2	Mill. RM	26,13			25,31			25,43			26,09			
16	Verk.wirtsch. Wertung-Summe Zeile 12: a) Grenzfall 1	Mill. RM	26,39			27,56			29,86			27,50			
17	Summe Z. 13: b) Grenzfall 2	Mill. RM	26,13			27,40			29,70			27,31			

B. Anlagekosten.

Nr.	Art der Aufteilung / Hafen / Verkehrsbedarfsgebiet		Dezentralisation			Zentralisation						Organisatorische Gesichtspunkte			
18	Einzeln	Mill. RM	4,48	20,05	10,01	26,69			26,69			21,40		11,60	
19	Gesamt	Mill. RM	34,54			26,69			26,69			33,00			

Anmerkung: Grenzfall 1: Die gesamte Hafenumschlagmenge wird auf Eisenbahn umgeschlagen.

Grenzfall 2: Die gesamte Hafenumschlagmenge wird auf Lastkraftwagen umgeschlagen.

VII. Der verkehrswirtschaftliche Vergleich der verschiedenen Häfen.

Um ein zutreffendes verkehrswirtschaftliches Vergleichsbild zu erhalten, müssen zu den Umschlagkosten die Kosten für den Wasserstraßentransport und die Sonderkosten für den Ab- und Zulauf des Gutes zwischen Hafen und Versorgungsgebiet hinzugerechnet werden.

Bei der Annahme von Häfen in Marbach, Stuttgart und Plochingen muß das Gut jeweils vom Hafen in die zugehörigen Verkehrsbedarfsgebiete und umgekehrt befördert werden. Stellt man dieser Annahme von drei Häfen nun die Annahme e i n e s Hafens — beispielsweise in Plochingen — gegenüber, so findet ein Transport nicht nur zwischen dem Hafen Plochingen und dem Verkehrsbedarfsgebiet dieses Hafens statt, sondern auch zwischen Plochingen und den Bedarfsgebieten der beiden anderen Häfen.

Dies würde zur Folge haben, daß die in Plochingen für die Einflußzonen Stuttgart und Marbach umgeschlagenen Güter einen Landweg zurückzulegen hätten, der der Entfernung des Hafens Plochingen von den Häfen Stuttgart und Marbach entspricht. Dieser auf der Straße liegende Mehrweg verursacht Sonderkosten für den Zu- und Ablauf bei der Unterverteilung.

Nimmt man die Lage der Häfen jeweils verkehrlich zentral in ihrem Versorgungsgebiet an nach dem Prinzip der Dezentralisation, so entfallen die bei der Zentralisation notwendigen Sonderkosten für Zu- und Ablauf bei der Unterverteilung des Gutes.

Für den Vergleich werden die Wasserstraßentransportkosten derjenigen Güter benutzt, die den überwiegenden Teil des Umschlags ausmachen.

Die hervorragende Umschlagrichtung ist der Umschlag vom Wasser zum Land, also Empfang. Das hervorragende Gut ist Massengut. Es wird als Transportfracht auf der Wasserstraße ein Mittel zwischen den Werten für Kohle und Stab- und Formeisen gewählt.

Die Sonderkosten für den Ab- und Zulauf (Zahlentafel 24, Zeile 4) richten sich nach den in Abb. 19 angegebenen Entfernungen von Hafen zu Hafen in Straßenkilometern und nach den Leistungssätzen der Nahverkehrspreisordnung, Teil III, zuzüglich der zusätzlichen Personalkosten für Anhängerbetrieb.

In Zeile 14—17 der Zahlentafel 24 sind die jährlichen Beförderungs und Umschlagkosten für vier verschiedene Annahmen der Verteilung

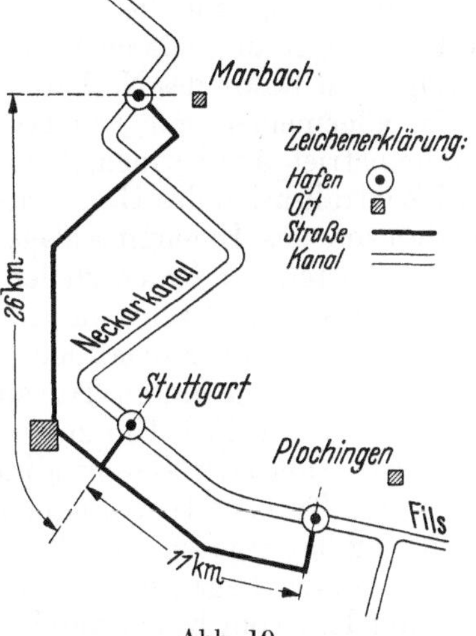

Abb. 19.
Übersichtsskizze mit Entfernungen
der Häfen in Straßenkilometern.

von Häfen auf den in Frage stehenden Abschnitt des Neckarkanals, getrennt für die beiden Grenzfälle: Umschlag auf Eisenbahn oder Lastkraftwagen, ersichtlich.

Die Zeilen 14 und 15 geben die Werte für die Kosten bis zum jeweiligen Kanalhafen einschließlich des Umschlags, die Werte der Zeilen 16 und 17 enthalten dazu noch die Sonderkosten für den Ab- und Zulauf bei der Unterverteilung des Gutes. Es zeigt sich durch diese Trennung die betriebs- und die verkehrswirtschaftliche Wertung. Die Sonderkosten sind berechnet jeweils für die Straßenentfernungen der Häfen (Abb. 19). Die Beförderungskosten vom Hafen bis an die Stelle des Verbrauchs sind nicht einbezogen, da sie für diesen Vergleich belanglos sind.

Der aus einem Vergleich je zwischen Zeile 14 und 15 und zwischen Zeile 16 und 17 feststellbare Unterschied zwischen dem Grenzfall 1 und 2 ist so gering, daß es für die Abwägung zwischen den Vorteilen der Zentralisation und Dezentralisation unbedeutend ist, ob im Hafen Eisenbahn- oder Lastkraftwagenumschlag stattfindet.

Es ergibt sich, daß die Kosten bei Zentralisation ohne Berücksichtigung der Sonderkosten für die Unterverteilung am geringsten sind. Sie enthalten die betriebswirtschaftliche Wertung der Zentralisation oder Dezentralisation der Hafenanlagen. Da aber nun neben diesen betriebswirtschaftlichen Kosten auch die verkehrswirtschaftliche Seite in Gestalt der Sonderkosten für den Zu- und Ablauf berücksichtigt werden muß, so sind für die endgültige Beurteilung der Zentralisation oder Dezentralisation die verkehrswirtschaftlichen Kosten der Zeilen 16 und 17 in Zahlentafel 24 maßgebend.

Hier hat die „Zentralisation in Stuttgart" und „Organisatorische Gesichtspunkte" eine Mittellage, am günstigsten wird Dezentralisation, am ungünstigsten Zentralisation in Plochingen.

Bei einer Abwägung zwischen Zentralisation und Dezentralisation ist auch ihr jeweiliger Einfluß auf die Verkehrswege von Bedeutung.

Dem Schienenweg ist die Zentralisation günstig, da das Verschiebegeschäft für die ankommenden und ablaufenden Wagen an einer Stelle zusammengefaßt sein kann. Von einem Übergabebahnhof kann über den Hafenbahnhof die gesamte Hafenanlage versorgt werden und umgekehrt.

Die Dezentralisation erfordert das teilweise oder völlige Auflösen bzw. Bilden von Zügen an mehreren Stellen und die Zuführung dieser Züge zu den verschiedenen Hafenbahnhöfen. Dadurch tritt ein gewisser Zeitverlust und eine Verschlechterung des Wagenumlaufs ein.

13*

Beide Faktoren sind jedoch von untergeordneter Bedeutung, da sie sich im Rahmen der sonst üblichen Bedienung von Anschlüssen bewegen.

Anders verhält es sich bei den Straßen. Die Straßen können bei Verkehrsspitzen dem Verkehrsbedarf nur dann gerecht werden, wenn sie nach Lage und Beschaffenheit besonders für einen Massenverkehr angelegt und ausgebaut wurden. Da die Häfen meist in der Nähe von Städten liegen, begegnen hier diesem auf Massenverkehr eingestellten großzügigen Straßenbau oft erhebliche Schwierigkeiten. Die Dezentralisation würde für den Straßenverkehr daher eine erhebliche Auflockerung zur Folge haben und so einer gleichmäßigeren Belastung des Straßennetzes dienlich sein.

VIII. Schlußfolgerungen.

Die Untersuchungen haben wertvolle Erkenntnisse gebracht, die von allgemeiner und grundsätzlicher Bedeutung sind für die Beurteilung der Zweckmäßigkeit der Zentralisation oder Dezentralisation von Hafenanlagen in größeren Wirtschaftsräumen sowie von spezieller Bedeutung für die Planung von Hafenanlagen im Raum des Neckarkanals Marbach-Stuttgart-Plochingen.

In allgemeiner und grundsätzlicher Hinsicht ist festzustellen, daß rein betriebswirtschaftlich vom Hafenbetrieb aus betrachtet die Hafen- und Umschlagkosten auf eine Tonne Umschlaggut gerechnet, bei Zentralisation des Hafenumschlags in einem großen Hafen 25—30 vH niedriger liegen als bei Dezentralisation des Hafenumschlags auf mehrere Häfen bei gleicher Umschlagmenge. Auch die gesamten Anlagekosten der Häfen stellen sich für die gleiche Umschlagmenge bei Zentralisation um 20—25 vH niedriger als bei Dezentralisation.

Diese betriebswirtschaftlich günstige Lage der Zentralisation des Hafenumschlags erfaßt jedoch nur einen Teil des gesamten Transportvorgangs und seiner Kosten für die Beförderung des Gutes von der Quelle bis zum Ziel. Um zu einem verkehrswirtschaftlich richtigen Urteil über die Zweckmäßigkeit der Zentralisation oder Dezentralisation von Hafenanlagen zu gelangen, ist daher ihre Einordnung in den gesamten Transportvorgang notwendig. Diese verkehrswirtschaftlich richtige und allgemein maßgebende Wertung hat ergeben, daß die betriebswirtschaftlich günstige Zentralisation eine verkehrswirtschaftliche Grenze in der Lage des Hafens zum Schwerpunkt oder der Schwerfläche des Verkehrsbedarfs des zu ihm gehörenden, vom Kanal durchfahrenen Wirtschaftsraums findet. Hat beispielsweise der Zentralhafen zu diesem Wirtschaftsraum eine Randlage, so daß Sonderkosten für Zu- und Ablauf für die Masse der Güter bei ihrer Unterverteilung auf den Wirtschaftsraum entstehen, so wird die Zentralisation verkehrswirtschaftlich ungünstig und in den gesamten Transportkosten teurer als die Dezentralisation oder Streuung des Hafenumschlags auf mehrere Häfen des Wirtschaftsraums.

Hieraus ergibt sich die grundsätzlich wichtige Schlußfolgerung, daß vom gesamten Transportvorgang aus, also verkehrswirtschaftlich richtig gesehen, die Dezentralisation der Hafenanlagen für das Maß der Transportkosten von der Quelle bis zum Ziel des Gutes günstiger ist als eine zu weitgehende Zentralisation. Wenn vielfach bei den vorhandenen Wasserstraßen eine starke Zentralisation der Hafenanlagen festzustellen ist, so ist die Begründung hierfür durchweg rein betriebswirtschaftlich und einseitig auf Grund der Hafenumschlagkosten gegeben worden ohne genügende Berücksichtigung der Sonderkosten in Zu- und Abfuhr bei der Unterverteilung.

Die Dezentralisation der Hafenanlagen in einem Wirtschaftsraum ist so vorzunehmen, daß der Wirtschaftsraum in mehrere Zonen des Verkehrsbedarfs eingeteilt wird, zu deren Schwerpunkt möglichst nahe herangerückt je ein Hafen verkehrsgeographisch, straßen- und eisenbahnmäßig richtig so zu legen ist, daß möglichst geringe Sonderkosten für die Zu- und Abfuhr bei der Unterverteilung des Gutes entstehen. Auf diese Weise kann auch den Forderungen der neuen Raumordnung nach Dezentralisation der Siedlungs- und Industrieflächen im Verkehrssektor der Wasserstraßen entsprochen werden, ohne daß dabei verkehrswirtschaftliche Nachteile für den Wirtschaftsraum entstehen. Sie bringt für ihn im Gegenteil eine Verbesserung der Frachtlage.

Was den mit den Hafenanlagen zusammenarbeitenden Straßen- und Eisenbahnverkehr anbelangt, so bringt die Dezentralisation der Hafenanlagen eine sehr erwünschte Streuung des Straßenverkehrs und damit eine Entlastung des Straßensystems mit sich. Für den Eisenbahnbetrieb, der von benachbarten Rangierbahnhöfen des Haupteisenbahnsystems die Hafenbahnhöfe zu bedienen hat, bringt die Dezentralisation infolge Streuung der Eisenbahnbetriebsaufgaben eine Mehrbelastung. Sie hält sich jedoch im Rahmen der Bedienung von allgemeinen Anschlußgleisen, so daß sie nicht als Sonderbelastung für den Eisenbahnverkehr in Zusammenarbeit mit Hafenanlagen angesprochen werden kann.

Die spezielle Untersuchung der Zweckmäßigkeit der Zentralisation oder Dezentralisation der Hafenanlagen am Neckarkanal im Wirtschaftsraum Marbach-Stuttgart-Plochingen hat ergeben, daß eine Zentralisation des gesamten Hafenumschlags bei Plochingen verkehrswirtschaftlich wegen der ausgesprochenen Randlage dieses Hafens zum Wirtschaftsraum am ungünstigsten ist. Andererseits empfiehlt sich aber auch bei der Struktur der Einflußzonen der drei Häfen Marbach, Stuttgart und Plochingen keine

Dezentralisation nach diesen drei Häfen, da die Einflußzone des Hafens Marbach leicht vom Hafen Stuttgart aus bedient werden kann und die eisenbahntechnische Bedienung des Hafens Marbach nicht einfach gelagert ist. Als zweckmäßigste Lösung für das Neckartal im Wirtschaftsraum Marbach–Stuttgart–Plochingen ist die Anlage eines Hafens Stuttgart für den Verkehrsbedarf Marbach und Stuttgart mit Hinterland anzusehen, sowie außerdem die Anlage eines Hafens Plochingen für die Bedienung des südlich von Plochingen gelegenen württembergischen Wirtschaftsgebiets im oberen Neckartal.

Sollte der Neckarkanal zeitweise oder dauernd bei Plochingen enden, so bietet der Hafen Plochingen die beste Gelegenheit auch zur Versorgung der südöstlich von ihm liegenden Gebiete des Filstals, der Alb und der oberen Donau, soweit letzteres frachtgünstiger vom Neckarkanal als vom Bodensee-Donau-Kanal oder Rhein–Main–Donau-Kanal versorgt werden kann.

Diese Dezentralisation der Hafenanlagen im wichtigsten württembergischen Wirtschaftsraum bei Stuttgart auf die Häfen Stuttgart und Plochingen vermag auch aus naheliegenden, wirtschaftsorganisatorischen Gesichtspunkten sowie den Forderungen der Raumordnung, dem beengten, mit Siedlungen, Industrie und Verkehrsanlagen bereits stark belegten Neckartal zwischen Stuttgart und Plochingen eine Entlastung zukommen zu lassen, gerecht zu werden.

Schrifttum.

1. Bücher.

Bolle: Hafenanlagen für Stückgutumschlag, Berlin 1941.
Cauer: Eisenbahnausrüstung der Häfen, Berlin 1921.
Franzius: Verkehrswasserbau, Berlin 1927.
Graatz: Der Werkverkehr im Baugewerbe, Berlin 1940.
Graeff: Besprechung der Nahverkehrspreisverordnung, Berlin 1940.
Merkert: Kernpunkte der Preisbildung im Verkehrswesen, Berlin 1937.
Pirath: Die Grundlagen der Verkehrswirtschaft, Berlin 1934.
Pirath: Verkehr und Landesplanung, Stuttgart 1938.
Wundram: Mechanische Hafenausrüstungen, Berlin 1939.
Mehrere Verfasser: Der Güterumschlag, Berlin 1925.

2. Zeitschriften.

Verkehrstechnische Woche, Berlin, 1934, Heft 45.
Zeitschrift für Verkehrswissenschaft, Berlin, 1937, Heft 1; 1939, Heft 3/4.
Jahrbuch der Hafenbautechnischen Gesellschaft, Hamburg, 1932/33, 34/35, 26, 22/23, 28/29.

3. Statistiken.

Statistik des Deutschen Reichs, Bd. 523: Die Binnenschiffahrt im Jahre 1937, Berlin 1938.
Statistik des Deutschen Reichs, Bd. 535, I und II: Die Güterbewegung auf deutschen Eisenbahnen im Jahre 1938, Berlin 1940.
Deutsche Reichsbahn: Statistik der Verkehrsleistungen nach Bahnhöfen (Bahnhofsstatistik) 1938.

Bemerkung: Zu der Urschrift der vorliegenden Untersuchung liegt beim Verfasser noch umfangreiches Tabellenmaterial vor, das in dieser Wiedergabe als unwesentlich für den Gang der Untersuchung wegfallen konnte. Es kann jedoch jederzeit beim Verfasser beschafft werden.

Bau und Betrieb von Kohlenausfuhrhäfen des rhein.-westf. Industriegebietes und ihre wirtschaftlichen Grenzen[1].

Von Dr.-Ing. **Hans F. Oehler**, Hannover.

I. Einführung.

Mit Eröffnung des Rhein-Herne-Kanals im Jahre 1914 wurde gleichzeitig eine Anzahl Kohlenhäfen in Betrieb genommen, die teils von den anliegenden Bergbaubesitzern, teils von privaten oder öffentlich-rechtlichen Hafenbetriebsgesellschaften errichtet worden waren. Während bis zu jenem Zeitpunkt der Wasserversand der Ruhrzechen rheinauf- oder rheinabwärts fast ausnahmslos über die Eisenbahn nach dem zentralen Kohlenumschlagplatz Duisburg-Ruhrort ging, löste er sich nunmehr in viele Einzelpunkte längs der neuen Wasserstraße auf und schaltete teilweise die Reichsbahn als Vorfrachtträger des Rheinweges ab. Die Transportverlagerung, die die neuen Verhältnisse im Ruhrbezirk mit sich gebracht hatten und durch die die Reichsbahn in unmittelbare Mitleidenschaft gezogen wurde, gab letzterer, nicht zuletzt wegen der allgemein gespannten Wirtschaftslage nach dem ersten Weltkrieg, Anlaß zu einer erneuten Kampfansage an die Wasserstraße, die sich in einer verschärften Tarifpolitik gegen die Ruhrkohle auswirken sollte.

Die Zechen mit direktem Wasseranschluß — die sogenannten „nassen" Zechen — hätten aus ihrer tariflich günstigeren Verkehrslage gegenüber den „trocken" Zechen, die weiterhin auf Eisenbahn angewiesen blieben, zweifellos gewisse Vorteile ziehen können, solange die Kohle im freien Handel auf den Markt gelangte. Als aber mit der Zwangsbewirtschaftung der Kohle, die durch das Reichs-Kohlengesetz vom 23. 3. 1919 allgemein wirksam wurde, eine derartige Wettbewerbsmöglichkeit entfallen war, wurde auch das Problem des zecheneigenen Umschlaghafens in ein vollständig neues Licht gerückt. Denn dadurch, daß das Kohlensyndikat durch den Gesetzgeber ausdrücklich zu einer gleichmäßigen Behandlung der ihm zwangsmäßig angeschlossenen Mitglieder verpflichtet wurde, gingen die Zechenhäfen für die Eigentümer zum großen Teil ihres werbenden Charakters verlustig, der in der Rentabilitätsrechnung dieses dem Bergbau betriebsfremden und überdies kostspieligen Verkehrsunternehmens in vielen Fällen hoch zu Buch gestanden hatte. Streng genommen traten von jenem Augenblick die Zechenhäfen in die Reihe derjenigen Verkehrsbetriebe, die ihre Selbstkosten allein aus den Einnahmen ihres Verkehrsaufkommens, in diesem Falle aus ihrem Kohlenumschlag, zu decken hatten. Im Gegensatz zu anderen ähnlichen Unternehmen kam aber hinzu, daß auf der Hafenanschlußbahn nicht eine der Entfernung zwischen Zeche und Hafen entsprechend gestaffelte Tarifgebühr in Rechnung gestellt werden konnte; denn das rhein.-westf. Kohlensyndikat zahlte an seine Mitglieder für jede umgeschlagene Tonne Kohle nur einen festen, von der Beförderungsweite unabhängigen Vorfrachtsatz. Für die Rentabilität des Hafens und seiner Zubringerbahnen fehlt also sowohl die Gewinnspanne zwischen den eigenen Selbstkosten und den Frachtkosten der konkurrierenden Reichsbahn, als auch die Möglichkeit, bei größeren Transportstrecken einen höheren Vorfrachtsatz zugebilligt zu bekommen.

So war im Laufe weniger Jahrzehnte das Problem der Zechenhäfen vollkommen auf den Kopf gestellt worden. Es erhebt sich nun die Frage, inwieweit eine Hafenbaupolitik, wie sie in der Zeit vor dem 1. Weltkrieg am Rhein-Herne-Kanal betrieben worden war, unter ähnlichen verkehrstechnischen Voraussetzungen, aber unter Berücksichtigung des inzwischen eingetretenen Wandels der wirtschaftlichen Grundlagen, heute noch vertreten werden kann. Diesem Zweck will die vorliegende Arbeit dienen, indem Untersuchungen über den Ausbau und Betrieb von Kohlenumschlaghäfen und die sich daraus ergebenden Folgerungen für eine wirtschaftliche Betriebsweise in Abhängigkeit von der Beförderungsweite zwischen der Förderanlage und dem Hafen geführt werden.

Die Arbeit ist auf den besonderen Verhältnissen der Kanalhäfen des rhein.-westf. Industriegebietes aufgebaut, da die betriebswirtschaftliche Struktur dieser Kanalhäfen untereinander wenige Unterschiede zeigt und für eine solche Untersuchung ein ziemlich lückenloses statistisches Material vorlag. Diese Zechenhäfen sind mit geringen Ausnahmen reine Versandhäfen, in denen die Steinkohle aus den durch eigene Werks- oder Privatbahnen angeschlossenen Schachtanlagen umgeschlagen werden. Die Verladung erfolgt

---

[1] Dissertation a. d. Techn. Hochschule Berlin-Charlottenburg, 1943.

fast ausnahmslos in Klappkübeln. Es werden deshalb auch nur die eisenbahn- und umschlagtechnischen Anlagen und Betriebsformen behandelt, die der Kübelumschlag vom Wagen ins Schiff erfordert. Kipper- und Greiferverladung oder Umschlag vom Wasser auf die Eisenbahn sind unberücksichtigt geblieben, da sie für den Zechenhafen gar nicht oder doch nur in ganz beschränktem Ausmaße in Frage kommen.

Der Verfasser war mehrere Jahre als Direktionsassistent und Leiter des Hafenneubauamtes der Hafenbetriebsgesellschaft Wanne-Herne mbH. in Wanne-Eickel tätig. Mir war daher ausreichend Gelegenheit geboten, die bau- und verkehrstechnischen, betrieblichen und wirtschaftlichen Belange der Kohlenhäfen des Rhein-Herne-Kanals zu studieren. Einen Teil dieser Untersuchungen habe ich mit dem Einverständnis vorgenannter Gesellschaft für die Arbeit verwenden können, wofür ich an dieser Stelle der Hafenbetriebsgesellschaft Wanne-Herne mbH. noch meinen besonderen Dank aussprechen möchte.

II. Reichsbahn und Binnenschiffahrt als Träger des Ruhrkohlenversandes.

Durch den Dortmund-Ems-Kanal, Rhein-Herne- und Lippe-Seitenkanal verfügt das rhein.-westf. Industriegebiet neben seinem dichten Eisenbahnnetz über ein außerordentlich leistungsfähiges Wasserstraßensystem, das insbesondere durch seine Verbindung mit dem Rhein und den übrigen westlichen Flüssen von großer wirtschaftlicher Bedeutung für den Absatz der Ruhrkohle nach Süddeutschland und den Nordseehäfen wurde. Bis zur Fertigstellung des Rhein-Herne-Kanals hatte sich der überwiegende Teil des Umschlages der Ruhrkohle in dem Duisburg-Ruhrorter Hafen konzentriert, so daß er sehr schnell bezüglich seiner Verkehrsleistung in die erste Stelle aller Binnenhäfen rücken konnte. Trotzdem konnte die Eisenbahn zunächst ihre führende Stellung infolge ihrer, der Wasserstraße feindlichen Tarifpolitik behaupten. Mit dem neuen Kanal und den an ihm errichteten zahlreichen Zechenhäfen war jedoch die Möglichkeit gegeben, durch Fortfall der im gebrochenen Verkehr über Ruhrort verteuernden Eisenbahn-Vorfracht die Ruhrkohle dem Wasserweg unmittelbar zuzuführen, so daß sich im Laufe der Jahre nicht nur das Verhältnis des Bahnversandes zum Wasserweg mehr und mehr zugunsten des letzteren verschob, sondern auch zwischen dem gebrochenen und ungebrochenen Verkehr erhebliche Veränderungen eintraten. Während im Jahre 1913 über die Eisenbahn noch 68,5%, über Duisburg-Ruhrort und die privaten Rheinhäfen 29,3% und über den damals noch als Rumpfstück bestehenden Dortmund-Ems-Kanal nur 2,2% des gesamten Ruhrkohlenversandes liefen, hatten die Kanalhäfen bereits in der Zeitspanne 1926/30 ihren Kohlenverkehr auf 17,2% erhöht, während der Anteil der Reichsbahn auf 56,0% und der Häfen in Ruhrort und am Rhein auf 26,8% zurückgegangen war. Die letzten statistischen Veröffentlichungen der Jahre 1936/38 wiesen noch ein weiteres Ansteigen des Verkehrs der Kanalhäfen bis 20,8% auf bei gleichzeitigem Absinken des Eisenbahnverkehrs auf 54,6% und der Rheinhäfen auf 24,6% (Zahlentafel 1).

Wenn man dagegen den Kohlenversand über Ruhrort zu dem gebrochenen Verkehr und den Umschlag in den Kanalhäfen und den privaten Rheinhäfen zu dem ungebrochenen rechnet, so hatte der letztere in der Zeitspanne 1926/30 Duisburg-Ruhrort mit 49,2% fast erreicht, ihn sogar in den letzten Jahren mit 59,4% bereits um beinahe 20% überflügelt.

Es soll nicht Aufgabe dieser Abhandlung sein, zu der Frage Stellung zu nehmen, ob auf Grund dieser Verkehrsverschiebung eine volkswirtschaftliche Notwendigkeit für den Bau neuer, künstlicher Wasserstraßen vorliegt, um bestimmten Gütern die Transportmöglichkeit auf dem Wasserwege weiterhin zu erschließen. Der Gedanke allein, durch die Binnenschiffahrt ein Transportmonopol der Eisenbahn zu verhindern, darf jedenfalls für derartige Erwägungen nicht ausschlaggebend sein, sondern es ist in erster Linie darüber zu befinden, ob eine Verbilligung der Transportkosten im ganzen genommen auf dem neuen Beförderungsweg sicher erreicht wird. Daß die Wasserstraßen mit ihren Umschlaghäfen dieser Aufgabe gerecht werden können, dürfte eine nicht mehr bestreitbare Tatsache sein, und daß die Kohle, insbesondere die Ruhrkohle, als wichtigstes Massengut immer mehr nach dem Wasserwege hinstrebt, hat die Entwicklung des Ruhrkohlenversandes auf den Wasserstraßen gegenüber dem Schienenweg eindeutig bestätigt.

Maßgebend für derartige Wandlungen in der Wahl der Transportwege bleiben letzten Endes ihre Leistungsfähigkeit und die Höhe der Frachtkosten. Gerade in der Geschichte der Ruhrkohle haben wir hierfür zwei ganz typische Beispiele. Als im Jahre 1862 die Bergisch-Märkische Bahn von Dortmund nach Duisburg und vierzehn Jahre später die Ruhrtallinie Witten-Steele-Mülheim eröffnet und den an der Ruhr gelegenen Zechen die Möglichkeit des direkten Bahnanschlusses gegeben wurde, kam infolge der mangelhaften Schiffbarkeit der Ruhr die Schiffahrt fast gänzlich zum Erliegen. Von 14 Mill. Zentner Kohle im Jahre 1864 konnten im Jahre 1878 noch nicht einmal mehr 1 Mill. Zentner auf der Ruhrfahrt verfrachtet werden[1].

Andererseits hatte die Abwanderung der Kohle von Ruhrort infolge der hohen Vorfrachtsätze der Reichsbahn gegenüber den billigeren Kanalfrachten der Zechenhäfen in der Nachkriegszeit so bedrohliche Formen angenommen, daß die Forderung nach einem Kohlensondertarif für die Duisburg-Ruhrorter

---

[1] Vgl. Oberlack: Die Ruhrkohlenschiffahrt auf dem Rhein, S. 31.

Zahlentafel 1. Gesamter Brennstoffversand[1] des Ruhrbezirks (in 1000 t) ohne die im Ruhrbezirk verbliebenen Mengen.

| Jahr | Eisen-bahn[2] | Wasserweg | | | | | | | insgesamt | Gesamt-versand |
| | | Rhein-Ruhr-Häfen | | | Kanalhäfen | | | | | |
		Duisburg-Ruhrorter Häfen	Private Rheinhäfen	zus.	Rhein-Herne-Kanal	Dortmund-Ems-Kanal	Lippe-Seitenkanal (Datteln-Hamm)	zus.		
1910	40 627	12 459	2800	15 259	—	1045	—	1 045	16 304	56 931
1913	50 242	18 262	3249	21 511	—	1636	—	1 636	23 147	73 389
1920	32 480	8 210	1225	9 435	5 480	1095	—	6 575	16 010	48 490
1921	38 194	7 875	1509	9 384	6 379	851	—	7 230	16 614	54 808
1922	32 186	8 399	1758	10 157	6 862	842	—	7 704	17 861	50 047
1923	5 046	1 157	1392	2 549	732	20	—	752	3 301	8 347
1924	14 012	14 373	4123	18 496	7 958	1466	—	9 424	27 920	41 932
1925	33 890	17 019	3560	20 579	7 414	1711	—	9 125	29 704	63 594
1926	41 319	22 664	3787	26 451	10 641	2087	336	13 064	39 514	80 833
1927	42 021	17 097	3430	20 527	11 192	1786	347	13 325	33 852	75 873
1928	41 354	13 932	3231	17 163	10 674	2093	285	13 052	30 215	71 569
1929	47 690	16 036	3222	19 258	9 763	1943	152	11 859	31 117	78 807
1930	36 497	12 992	3010	16 002	9 969	1964	473	12 406	28 408	64 905
1931	30 355	11 291	2949	14 241	9 224	1796	588	11 608	25 849	56 204
1932	26 987	8 062	2931	10 994	8 162	1887	654	10 704	21 698	48 685
1933	27 523	8 535	2939	11 474	8 634	1780	928	11 343	22 817	50 340
1934	31 614	9 483	3789	13 272	10 399	2185	962	13 546	26 818	58 432
1935	33 828	10 415	4027	14 442	10 339	2310	909	13 558	28 000	61 828
1936	36 223	12 051	4097	16 148	10 392	2621	1017	14 030	30 178	66 401
1937	43 243	16 810	4985	21 794	11 531	2742	1149	15 422	37 217	80 460
1938	40 000[3]	11 566	4618	16 184	11 459	2883	1530	15 873	32 057	72 057[3]

[1] Kohle, Koks und Preßkohle ohne Umrechnung zusammengefaßt.
[2] Einschl. Eisenbahndienstkohle.
[3] Vorläufige Zahl.

(Quelle: „Güterbewegung auf deutschen Eisenbahnen". — Duisburg-Ruhrorter Häfen-A.G. — Eigene Erhebungen.)

Häfen erhoben wurde[1]. Die Reichsbahn war selbstverständlich nicht in der Lage, ihre Frachten in solchem Maße zu verbilligen, daß der Frachtvorsprung der Kanalhäfen nur annähernd ausgeglichen worden wäre. Denn da die gesamten Abgaben auf dem Kanal i. M. nur etwa 0,25 RM über den Behandlungs- und Umschlaggebühren der Duisburg-Ruhrorter Häfen lagen, hätte die Eisenbahn die Kohle auf kürzere Entfernungen praktisch umsonst fahren müssen. Die später tatsächlich erfolgte Frachtsenkung spielte daher kaum eine Rolle, zumal auch die Kanalabgaben inzwischen ermäßigt worden waren, wie aus der nachstehenden Kostengegenüberstellung für Lieferungen frei Rheinstrom zu ersehen ist:

a) über die Reichsbahn	1932	1938
Zechenanschlußfracht im Durchschnitt	0,05 RM/t	0,05 RM/t
Fracht Wanne-Eickel Hbf. — Ruhrort Hafen neu	2,00 RM/t	1,90 RM/t
Hafenfracht im Dbg.-Ruhrorter Hafen je Wg. 3,35 RM	0,20 RM/t	0,20 RM/t
Kippgeld für Kohlen	0,19 RM/t	0,17 RM/t
Ufergeld	0,06 RM/t	0,06 RM/t
Schleppen auf Strom	0,03 RM/t	0,03 RM/t
zusammen	2,53 RM/t	2,41 RM/t

| b) über den Rhein-Herne-Kanal | Oberrhein | | Niederrhein | |
	1932	1938	1932	1938
Kanalzechen Vorfracht Westen	0,90 RM/t	0,90 RM/t	0,90 RM/t	0,90 RM/t
Kanalabgaben km 34	0,19 RM/t	0,17.5 RM/t	0,38 RM/t	0,34.5 RM/t
Schleppen bis Strom einschl. Leerschlepplohn km 37	0,26 RM/t	0,24.5 RM/t	0,28 RM/t	0,26.2 RM/t
Kahnfracht	0,20 RM/t	0,20 RM/t	0,20 RM/t	0,20 RM/t
zusammen	1,55 RM/t	1,52 RM/t	1,76 RM/t	1,71 RM/t

[1] Vgl. Denkschrift der Duisburg-Ruhrorter Häfen-A.G. vom Juni 1932.

Wie hier im besonderen, so sind überhaupt die Tarifsätze für die Kohle seit Jahrzehnten der Zankapfel zwischen Eisenbahn, Binnenschiffahrt und Verbraucher gewesen. Es ist daher nicht zu verwundern, daß die Tarifpolitik der Reichsbahn Gegenstand eines umfangreichen Schrifttums wurde, aus dem hier nur auf die neueren Schriften von Linden und Wilhelms hingewiesen werden möge, die eine ausführliche Darstellung der Entwicklung der Kohlenausnahmetarife bringen[1].

In dem Kampf Reichsbahn und Binnenschiffahrt kommt es letzten Endes immer auf die Erhaltung oder Gewinnung des Absatzmarktes der Kohlen als ihrer wichtigsten Vertreterin der Massengüter für die Beförderung an. Nach Ahrens[2] ist man sich größtenteils darüber einig, „daß die Eisenbahn aus eigennützigen Gründen der Binnenschiffahrt gegenüber nicht ihre volle Konkurrenzkraft einsetzen soll. Daß aber Wettbewerbsverschiebungen zwischen Eisenbahn und Binnenschiffahrt überhaupt unterbleiben, ist nun leider nicht zu erreichen, es sei denn, daß die Ausnahmetarife überhaupt verschwinden und das gesamte Eisenbahnfrachtenniveau stabilisiert würde ... Das Ausnahmetarifwesen muß das Ziel verfolgen, besonderen Einzelbedürfnissen Genüge zu leisten, und dort, wo berechtigte Belange der Binnenschiffahrt beeinträchtigt werden, muß ein gerechter Ausgleich durch Binnenumschlag-Ausnahmetarife geschaffen werden". Hardt[3] sieht dagegen in den Frachtkosten im allgemeinen, sei es nun Bahnfracht oder Wasserfracht, keinen selbständigen Faktor, „sondern nur eine wenn auch sehr bedeutsame Komponente der gesamten Selbstkosten" und kommt daher zu dem Schluß, daß durch die Tarifpolitik wohl die Beeinflussung des Absatzmarktes möglich ist, „aber ihre praktische Wirksamkeit richtet sich in jedem Falle nach den ursprünglichen Selbstkosten ab Grube".

Unter solchen Gesichtswinkeln gesehen mußte die günstige Linienführung des Rhein-Herne-Kanals mitten durch das Hauptabbaugebiet der Ruhrkohle den Anliegerzechen stärksten Anreiz zum Bau eigener Verladeanlagen bieten, obwohl bereits im Jahre 1913 die Förderung der Syndikatszechen 88,79% der Gesamtförderung des Ruhrbergbaues[4] betrug und damit der freie Wettbewerb der Kohle infolge ihrer Zwangsbewirtschaftung zunächst ausgeschaltet schien. Die Verhältnisse auf dem Kohlenmarkt waren jedoch damals noch recht ungewiß, und tatsächlich hat bei der Kündigung und Neubildung der Syndikatsverträge öfter die Gefahr der Syndikatsauflösung bestanden, die manchmal nur durch Zwangsmaßnahmen von seiten der Regierung verhindert werden konnte. Erst durch das Kohlenwirtschaftsgesetz (Ko.W.G.) vom 23. März 1919 und die dazu ergangenen Ausführungsbestimmungen wurde die Kohlenwirtschaft im Gegensatz zu der Zeit vor dem ersten Weltkrieg, wo sie frei war, öffentlich-rechtlich geordnet. Die Kohlenerzeuger bestimmter Bezirke mußten sich danach zu Verbänden (Syndikaten) zusammenschließen, von denen der Verkauf der absatzfreien Kohlen- und Koksmengen besorgt und die Abwicklung des Kohlengeschäftes geregelt wird. Jedes Syndikatsmitglied hat dabei Anspruch auf den Absatz seiner Brennstofferzeugnisse im Rahmen seiner Beteiligungsziffer, die nach bestimmten Schlüsseln für jede Zeche festgesetzt wird. Nach dieser Regelung kontrolliert heute das rhein.-westf. Kohlensyndikat fast 100% der Förderung des Ruhrbezirkes. Eine Konkurrenz der sogenannten „nassen Zechen", d. h. der Zechen mit direktem Wasseranschluß, gegenüber den „trockenen Zechen" hat sich daher nicht in der Richtung auswirken können, daß sie auf Grund ihrer günstigeren Frachtlage wesentlich neue Absatzgebiete erobern, andere Zechen vom Markt verdrängen oder ihren eigenen Absatz willkürlich erhöhen konnten. Neben dieser spekulativen Möglichkeit sah man jedoch in den Kreisen der Bergwerksbesitzer einen wichtigen Vorteil des Wasseranschlusses einmal in einem gewissen gleichmäßigeren Beschäftigungsgrad der Förderanlagen, da man den Folgeerscheinungen regelmäßiger Konjunkturschwankungen (z. B. Herbstgüterverkehr) oder einer unvorhergesehenen Absatzwelle besser ausweichen zu können glaubte, die sich in Wagenmangel bei der Reichsbahn oder in Verstopfung der Ruhrorter Häfen bemerkbar machen. Andererseits wird die Kohle beim Versand auf dem Wasserwege gegenüber dem Eisenbahntransport gegen Abrieb und Zertrümmerung mehr geschont, so daß insbesondere im Verkehr nach den Seehäfen der Wassertransport bevorzugt wurde[5].

Alle diese Gründe führten zu einer geradezu beispiellosen Anhäufung von Verladeanlagen an dem Rhein-Herne-Kanal. Auf der verhältnismäßig kurzen Kanalstrecke von rd. 38 km entstanden nicht weniger als 18 Häfen, die durch besondere Anschlußbahnen mit den Schachtanlagen der einzelnen Bergwerksgesellschaften verbunden sind (Abb. 1). Die Förderung dieser Kanalzechen war in dem Jahre der Hochkonjunktur 1929 allein 60,8 Mill. t gleich 49,1% der Gesamtförderung des Ruhrbezirks. Hiervon betrug der Versand an fremde 32,5 Mill. t auf der Eisenbahn und 10,6 Mill. t auf dem Kanal. Darüber hinaus wurden noch 6,1 Mill. t teils auf der Bahn, teils auf dem Wasserwege an zecheneigene Betriebe versandt. Trotz dem eigenen Wasseranschluß dieser Zechen ging aber immer noch ein gewisser Teil ihres Bahnversandes nach Duisburg-Ruhrort, da zur Erzielung eines marktfähigen Kohlenproduktes häufig minderwertige Kohle mit hochwertigen Kohlensorten gemischt werden muß.

[1] Linden: Der Einfluß von Frachtgestaltung und Verkehrswegen auf den Absatz der Ruhrkohle. — Wilhelms: Die Übererzeugung im Ruhrkohlenbergbau 1913 bis 1932.
[2] Ahrens: Güterverkehr und Tarifpolitik im rhein.-westf. Wirtschaftsraum, S. 20/21.
[3] Hardt: Betrachtungen über das rhein.-westf. Kohlensyndikat als Absatzorgan der Ruhrzechen, S. 24.
[4] Vgl. Wilhelms: S. 7, Tab. III. Siehe Fußn. 1.
[5] Vgl. Ostendorf: Neue Zechenhäfen am Rhein-Herne-Kanal, Jahrb. d. Hafenbautechn. Ges. 1932/33, Bd. 13, S. 241.

Ob die Entwicklung im Kampf um die Transportwege schon abgeschlossen ist oder noch weiter zugunsten der Wasserstraße verlaufen wird, wird man vorausschauend nicht sagen können. Jedenfalls sind die von den Gegnern der Binnenschiffahrt immer wieder ins Feld geführten Behinderungen durch Witterungseinflüsse, wie Eis- und Nebelbildungen usw., zwar gefürchtete Feinde des Schiffers, sie verlieren aber im Rahmen der gesamten Güterbewegung doch die Bedeutung, die ihnen im allgemeinen und insbesondere in unseren Breiten zugemessen wird. Die Statistik des Rheinstromgebietes weist nur verhältnismäßig wenige Tage im Jahre nach, an denen die Schiffahrt aus diesen Gründen stillgelegt werden mußte.

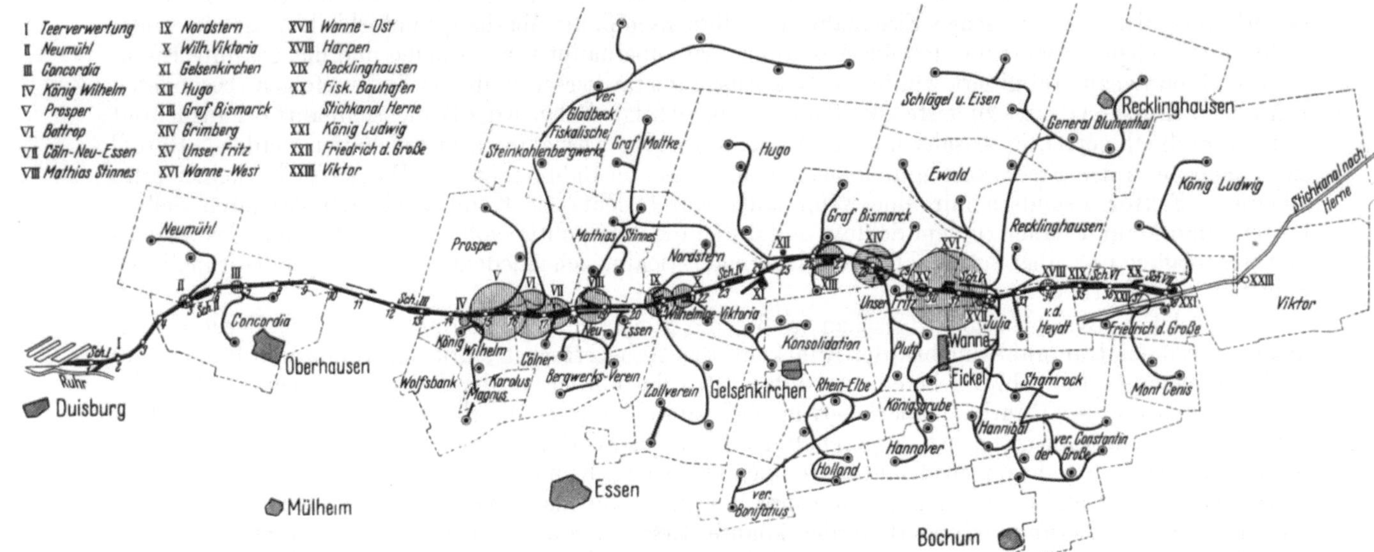

Abb. 1. Das Einzugsgebiet des Rhein-Herne-Kanals.

III. Die Kohle als Umschlaggut.

Die normale Betriebsweise, in der Förderleistung und Absatz einer Schachtanlage möglichst gleiche Größen sein sollen, ist im Verlauf der letzten Jahrzehnte mehrfachen Störungen unterworfen gewesen. Die Ursachen hierfür waren verschiedenster Art. Vor dem ersten Weltkrieg war es üblich, daß zwischen Händler und Produzenten Lieferverträge für ein Jahr im voraus abgeschlossen wurden, wobei dem Kohlenhändler ein nach der Menge gestaffelter Rabatt gewährt wurde. Dadurch war dem Kohlenbergbau die Möglichkeit gegeben, seine Betriebsanlagen auch in den absatzschwachen Jahreszeiten einigermaßen gleichmäßig zu beschäftigen.

Mit der Zwangsbewirtschaftung der Kohle trat jedoch eine grundlegende Änderung ein. Zwar hatte das Kohlensyndikat die Verpflichtung für einen gleichmäßigen Beschäftigungsgrad seiner Mitglieder übernommen. Sie bezog sich aber nur auf das Verhältnis zwischen Beteiligungsquote und Absatz innerhalb eines Geschäftsjahres, gab also keine Gewähr für einen Ausgleich der saisonbedingten Absatzschwankungen, die gerade den Bergbaubetrieb und das Transportwesen so ungünstig beeinflussen. Obwohl das Syndikat zur Hebung des Geschäftes und zum Anreiz für die Eindeckung des Winterbedarfs in den absatzstillen Sommermonaten dem Handel wieder einen Sommerrabatt einräumte, wurde von den Sommerbezügen doch nur ein geringer Gebrauch gemacht, weil die hohen Zinsverluste kaum den Handelsnutzen deckten. Es kam ferner hinzu, daß das Ko.W.G. anfangs jedem Selbstverbraucher das Recht des Germanenwagenbezuges zum Großhandelspreis zugestanden hatte, was nicht nur zu einer empfindlichen Schädigung des organisierten Kohlenhandels beitrug, sondern auch den Bestrebungen weiterer Abbruch tat, durch frühzeitige Abschlüsse und Einlagerung eine Nivellierung der Absatzschwankungen zu schaffen. Noch viel mehr hatte der Bergbau unter der Wirtschaftskrise der Nachkriegszeit zu leiden, in der es dem Syndikat nicht gelang, seine angeschlossenen Zechen voll zu beschäftigen. So konnten selbst in dem Hochkonjunkturjahr 1929 einschließlich Selbstverbrauch der im Rhein.-Westf. Kohlensyndikat vereinigten Zechen nur 121,2 Mill. t Kohle abgesetzt werden, während ihre Verkaufsbeteiligung 137,6 Mill. t betrug. Die Förderung blieb also wegen Absatzmangels um 12,5 % gegen die Beteiligungsziffer der Syndikatszechen zurück.

Andererseits riefen auch wieder besondere Ereignisse auf dem Kohlenmarkt Konjunkturspitzen hervor, die zu übermäßigen Belastungen der Abfuhrwege führten, insbesondere, wenn nur ganz bestimmte Gebiete von derartigen Konjunkturwellen betroffen wurden. Dies war z. B. der Fall während des englischen Bergarbeiterstreiks im Jahre 1926. Obwohl in dieser kritischen Zeit die Wasserverhältnisse auf den westdeutschen Flüssen die denkbar günstigsten waren und der Binnenschiffahrt in erster Linie die Versorgung der betroffenen Absatzgebiete, wie Holland und Belgien, zufiel, zeigte sich bald eine Verstopfung der Häfen, die zu einer vorübergehenden Sperrung einzelner Häfen führte. Ähnliche Erscheinungen zeigten sich bei bevorstehenden Tarifänderungen oder Preisregulierungen. In solchen Fällen trat zumeist eine große Nachfrage nach Kohlen und Transportmitteln wenige Wochen vor derartigen Preisumstellungen ein, die nach Inkrafttreten dieser wirtschaftlichen Maßnahmen meist ebenso plötzlich wieder aufhörten.

Alle diese Schwierigkeiten, insbesondere die Notlage des Kohlenbergbaues in der Nachkriegszeit, drängten schließlich zu weitgehenden Rationalisierungsmaßnahmen. Da es den Syndikatsmitgliedern überlassen blieb, ihre beim Syndikat eingetragene Beteiligungsquote auf ihre einzelnen Schachtanlagen beliebig zu verteilen, kam es in weitem Maße zur Stillegung solcher Zechenbetriebe, bei denen die Lage und Mächtigkeit der Flöze einen wirtschaftlichen Abbau nicht mehr gewährleisteten. Im übrigen faßte man die Förderung eines Grubenfeldes auf einigen wenigen Schachtanlagen zusammen, indem man die Betriebspunkte unter Tage einschränkte und Förder- und Aufbereitungsanlagen über Tage außer Betrieb setzte. Im Jahre 1927 zählte man beispielsweise 16 700 Abbaubetriebspunkte mit einer mittleren fördertäglichen Förderung von 23 t im Jahr, die bis 1933 auf 4045 Betriebspunkte mit einer Förderleistung von 73 t beschränkt wurde[1].

Mit der Konzentration der Förderung ging die Zusammenfassung der Kohlenverladung Hand in Hand. Ihre Auswirkung auf die Abfuhr der Kohle konnte, soweit ausreichende Verkehrsanlagen vorhanden waren oder geschaffen wurden, nur günstig sein, in demselben Maße, wie durch die Zwangsbewirtschaftung, die Preisstoppverordnung wie überhaupt die allgemeine Lage auf dem Absatzmarkt der Kohle der letzten Jahre eine gewisse Stetigkeit auf dem Transportgebiet im ganzen gesehen Platz gegriffen hat. Trotzdem sind die Umschlagbetriebe den Schwankungen im Rahmen der täglichen Förderung und der Anfuhr der Kohle unterworfen geblieben, die sich vor allem auf die Betriebsführung eines Umschlaghafens ungünstig auswirken, weil Eisenbahn, Umschlageinrichtung und vorgelegter Schiffsraum als voneinander abhängige Transportmittel einer möglichst regelmäßigen Zufuhr des Verladegutes bedürfen. Eine vorübergehende Zwischenlagerung der Kohle im Hafengebiet, wie wir sie von anderen Gütern kennen und gewohnt sind, verbietet sich, sofern sie nicht durch Absatzmangel bedingt ist, nicht nur wegen der damit verbundenen doppelten Umschlagskosten als vielmehr wegen der Empfindlichkeit der Kohle gegen mehrmaliges Umladen. Um daher diesen besonderen Anforderungen gerecht werden zu können, muß ein Kohlenhafen eine weitestgehende Elastizität in der Anpassungsfähigkeit seiner Transportmittel und Verladeeinrichtungen an die jeweils aufkommenden Umschlagmengen besitzen, wenn nicht durch Leerlauf oder kostspielige Überschichten die Wirtschaftlichkeit des ganzen Hafenunternehmens in Frage gestellt werden soll.

Für die Verladung und den Transport des „Massengutes Kohle" ist aber noch ein wesentlicher Faktor zu beachten. Wenn im allgemeinen Handelsverkehr für eine bestimmte Gütergruppe die Bezeichnung „Massengut" geprägt wurde, so soll diese Bezeichnung nicht allein auf die Menge hinweisen, die von dem betreffenden Gut im Gegensatz zu anderen Waren jährlich auf den Transportwegen bewegt wird, sondern der Begriff „Massengut" schließt auch eine gewisse Leistungsintensität im Verladegeschäft ein, die erstens durch den Anfall großer und gleichartiger Mengen und zweitens ohne Rücksichtnahme auf eine besonders schonliche Behandlung des Gutes bei der Verladung erreichbar ist[2].

Beide Voraussetzungen treffen für die Kohle nur bedingt zu, wenn man sie als Massengut in dem alltäglichen Sinne ansprechen will. Zwar nimmt die Kohle in dem Gesamtgüterverkehr den bei weitem größten Raum ein, aber die durch die Anforderungen des Handels notwendig gewordene verfeinerte Aufbereitung hat in bezug auf das Verladegeschäft die Kohle immer mehr den Charakter des Massengutes verlieren lassen.

Die Unterscheidung der einzelnen Kohlenarten geschieht nach der Höhe des Gasgehaltes. Die der Tagesoberfläche zunächstliegenden Flöze liefern die von den flüchtigen Bestandteilen am meisten befreite Magerkohle. Ihr folgen die Esskohlen und Fettkohlen und schließlich die gasreichen Gas- und Gasflammkohlen. Je nach ihrem Verwendungszweck werden sie als Hausbrandkohle, Gaskokskohle, Kesselkohle usw. abgesetzt[3].

Während in den übrigen Kohlenbecken Deutschlands die verschiedenen Kohlenarten entweder nur in kleineren Gruppen auftreten oder abbauwürdig sind, können im Ruhrgebiet alle Arten von der Magerkohle bis zur Gasflammkohle gewonnen werden[4]. Vom volkswirtschaftlichen Standpunkt betrachtet ist dieses mannigfaltige Vorkommen von unschätzbarem Wert, da die Ansprüche jedes Verbrauchers aus diesem verhältnismäßig engen Raume befriedigt werden können. Dem stehen jedoch häufig die Belange des Verladers und Verfrachters entgegen, denen aus Gründen der Vereinfachung ihres Transportgeschäftes mehr an einem einheitlichen Massengut gelegen ist.

---

[1] Vgl. Meis: Der Ruhrbergbau im Wechsel der Zeiten, S. 177.
[2] Wundram: Mechanische Hafenausrüstungen insbesondere für den Umschlag, S. 88.
[3] Vgl. Schröder: Der Absatzraum der Ruhrkohle, S. 8.
[4] Vgl. Wöhrle: Entwicklung und Gestaltung des Ruhrkohlenhandels, S. 108.

Die an sich schon erschwerenden Momente für den glatten Ablauf eines Massengüterverkehrs werden noch durch die syndikatsvertragliche Verpflichtung der gleichmäßigen Beschäftigung der Syndikatsmitglieder verschärft. Aus diesem Grunde ist das Syndikat häufig gezwungen, Kohlensorten in Absatzkanäle zu leiten, die im freien Handel für manche Lieferzechen gar nicht in Frage kommen würden. Diese in handelspolitischer Beziehung bedenkliche Bestimmung des Kohlenwirtschaftsgesetzes führt dazu, daß das Syndikat dem Handel von der Kundschaft begehrte Kohlensorten nur dann zuführen kann, wenn gleichzeitig eine bestimmte Menge für den Händler schwer verkäuflicher Sorten abgenommen wird. Letzteres bedeutet naturgemäß eine starke Belastung des Handels, als ihm derartige Kohlensorten auf Lager liegenbleiben, um schließlich mit Verlust abgestoßen zu werden[1]. Andererseits müssen weniger gängige Magerkohlensorten mit erheblichen Vorfrachten, die wiederum von der Allgemeinheit der Mitglieder durch Verrechnung des Syndikats in sich getragen werden, zu Mischungszwecken über die Häfen auf den Wasserweg gebracht werden.

Somit ist für den Absatz der Ruhrkohle das Sortenproblem eine der schwierigsten Fragen geworden[2]. Vor 1914 wurden nach der Verkaufsliste des Rhein.-Westf. Kohlensyndikats 86 Kohlensorten hergestellt. Die Konkurrenz der Erzeugnisse anderer inländischer und ausländischer Bergbaugebiete führte jedoch zwangsläufig zu einer weiteren Vermehrung der Sorten, um der Abnehmerkundschaft den bewährten fremden Marken gleichwertige anbieten zu können. Aus diesem Bestreben entstanden im Ruhrbezirk weitere 30 bis dahin unbekannte Sorten, so daß die Liste des Syndikates heute 106 Kohlensorten umfaßt. Zu diesen verwickelten Absatz- und Transportverhältnissen gesellte sich vielfach die Forderung der durch den englischen und holländischen Markt sehr verwöhnten Inlands- und Auslandskundschaft, von bestimmten Zechen beliefert zu werden. Um den Absatzmarkt nicht zu verlieren, war das Syndikat genötigt, auch solchen Sonderwünschen so weit wie möglich nachzukommen. Die Differenzierung nach Kohlenarten, Sorten und Lieferzechen[3] erschwert also nicht nur den Versand, sondern zwingt auch zu einer äußerst vorsichtigen und schonlichen Behandlung der Kohle auf dem Wege von ihrem Gewinnungsort bis zum Verbraucher. Die vom Handel verlangten vielen unterschiedlichen Kohlensorten müssen durch sorgfältige Aufbereitung in den Separationsanlagen der Zechen gewonnen werden. Je nach dem Härtegrad ist die Förderkohle mit mehr oder weniger großem Gehalt an Feinkohle oder Grus durchsetzt. Es fallen demnach bei der Separation die einzelnen Sorten in ganz verschiedenen Mengen an, so daß größere Lieferungsaufträge einer bestimmten Sorte von dem Absatz der gleichzeitig gewonnenen übrigen Kohlen abhängig sind. Aus dieser Tatsache ergibt sich, daß sich die Abfertigung eines Schiffes manchmal mehrere Tage hinziehen kann, wenn es von einer Kohlensorte größere Mengen laden muß. Dies liegt weder im Interesse des Hafenbesitzers, dessen wertvolle Verladeufer und Liegeplätze durch lange Wartezeiten unnötig lange besetzt sind, noch des Schiffseigners, der seine Aufträge möglichst schnell erledigt sehen will, weil sein Gewinn am Frachtgeschäft bei längeren Ladezeiten durch die in seinen Transportmitteln investierten Kapitalkosten geschmälert wird. Eine schnellere Abfertigung ließe sich zwar erzielen, wenn einzelne Kohlensorten vorübergehend auf Lager genommen werden könnten. Aber die Empfindlichkeit der Kohle gegen mechanische Angriffe verbietet eine Lagerung in größerem Umfange, durch die die Kohle an Verkaufswert verliert. Außerdem entgast sich die Kohle, sie wird minderwertig und unansehnlich. In solchen Fällen bleibt daher meistens nichts anderes übrig, als die Lagerkohle nochmals durch die Separation gehen zu lassen. Die durch die Lagerung und nochmalige Aufbereitung entstandenen Mehrkosten stehen jedoch in keinem Verhältnis zu den damit erreichbaren Vorteilen, so daß man nur in den äußersten Notfällen die Kohle auf Halde stürzt.

Der Kohlenversand nimmt daher im Güterumschlagverkehr eine Sonderstellung ein, die sowohl durch die Eigenart des Umschlaggutes als auch durch die wirtschaftspolitischen Schwierigkeiten auf dem Absatzmarkt bedingt ist. Welche Anforderungen hieraus an den Betrieb und an besondere Einrichtungen in den Kohlenumschlaghäfen gestellt werden müssen, soll in den folgenden Abschnitten näher untersucht werden.

IV. Besonderheiten des Betriebes von Kohlenhäfen gegenüber sonstigen Häfen.

Der Betrieb eines Umschlaghafens wird maßgebend beeinflußt durch die Art des Verladegutes, das ihm vom Wasser oder Lande zugeführt wird. Seinen Belangen sind alle Hafeneinrichtungen, wie Gleisanlagen, Transport- und Verlademittel, Lagerplätze und Uferbefestigungen anzupassen.

Zunächst sei festgestellt, daß die Kohlenhäfen des Industriegebietes fast ausnahmslos Ausfuhrhäfen sind, sofern sie nicht an Hüttenwerke mit großem Erzverbrauch angeschlossen sind. Alle anderen für den Bergbau bestimmten Güter und die abgehenden Produkte aus den Nebengewinnungsanlagen haben nur

---

[1] Vgl. Wöhrle S. 92: Zit. S. 203.
[2] Vgl. Hardt S. 18: Zit. S. 201.
[3] Hiernach wurden allein im Hafen Wanne-West 114 verschiedene Sorten umgeschlagen. Vgl. Wehrspan: Kohlenverladung am Rhein-Herne-Kanal, S. 61.

untergeordnete Bedeutung für den Umschlagbetrieb selbst. Es wurden bereits die Gründe dargelegt, weshalb sich die hochwertige Stückenkohle nicht zur Lagerung eignet. Lediglich die billigeren Sorten könnten eine Zwischenlagerung vertragen, aber auch davon wird möglichst nur in Zeiten des Absatzmangels Gebrauch gemacht. So entfällt für den Kohlenumschlaghafen ein wesentlicher Vorteil gegenüber anderen Häfen. Während in diesen Speicher und Lagerplätze den Puffer zwischen Schiff und Eisenbahn bilden, so daß die Schiffsabfertigung eigentlich nur noch von der Leistungsfähigkeit der Verladeeinrichtungen abhängig ist, ist der Fortgang des Umschlaggeschäftes in Kohlenhäfen unmittelbar und eng mit dem laufenden Zufluß der Kohlenmengen verknüpft. Weniger die absolute Leistungsfähigkeit der Umschlagmittel als vielmehr das ständig aufeinander abgestimmte Zusammenspiel zwischen beladenen Wagen und leerem Kahnraum tritt in den Vordergrund. Deshalb ist in der rechtzeitigen Bereitstellung der beladenen Wagen am Ladeufer bei vorgelegtem Kahnraum die wichtigste Aufgabe des Umschlagbetriebes zu sehen. Andererseits werden die bereitgestellten Wagen verhältnismäßig schnell entladen — bei Kübelumschlag nimmt die Entladung eines 50 t-Wagens nur etwa 15 Minuten in Anspruch — so daß für eine schnelle Zurückführung der Leerwagen Sorge getragen werden muß, um die Ufer für neuankommende Kohlenmengen freizubekommen. Somit fällt dem Rangiergeschäft in den Kohlenhäfen eine besondere Bedeutung zu. Hieraus folgt, daß bei der Eisenbahnausrüstung eines Kohlenhafens der Frage einer schnellen und flüssigen Bedienung der Ufergleise größere Beachtung in der Planung geschenkt werden muß im Gegensatz zu den Häfen, in denen das Verladegut an sich längere Ladezeiten bedingt, oder wo die Zwischenlagerung der Güter auf Speicher oder Lagerplätzen die Wagengestellung von dem jeweils vorgelegten Kahnraum unabhängig macht.

Wie schon gesagt, decken sich die Lieferaufträge in bezug auf Kohlenarten und -sorten mengenmäßig nicht immer mit den bei der Förderung und Aufbereitung anfallenden einzelnen Sorten. Wenn auch viele Kähne mehrere Sorten laden und deshalb in verhältnismäßig kurzer Zeit abgefertigt werden können, wird häufig die Abfertigung eines Kahnes mehrere Tage in Anspruch nehmen, wenn die gewünschten Sorten nicht greifbar sind. Damit nun die angeladenen Kähne nicht ständig verholt zu werden brauchen, sollen die Verladeeinrichtungen möglichst mehrere nebeneinanderliegende Schiffe bestreichen können. Schon geringe Schiffsbewegungen, auch parallel zur Uferlinie, unterbrechen das Verladegeschäft, wie man es stets bei ortsfesten Umschlaganlagen beobachten kann, sofern sie nicht mit besonderen Verteilereinrichtungen versehen sind. Da jedes Schiff entsprechend seiner Bauart in einer bestimmten Folge beladen wird, es aber unmöglich ist, die Wagen vorher genau auf die passenden Laderäume des Kahnes zu verteilen, sollen die Verladeeinrichtungen auch Längsbewegungen zum Ufer ausführen können, um alle Schiffsbewegungen auf ein Mindestmaß zu beschränken.

Man hätte annehmen sollen, daß auch die Bedienung der Zechenhäfen des rheinisch-westfälischen Industriegebietes der Reichsbahn vorbehalten blieb, zumal bereits jahrelange Erfahrungen über den Betrieb von Kohlenhäfen vorlagen. Daß dies nicht geschah, hatte seine Ursache darin, daß man der bis dahin geübten Kohlenverladung gegenüber neue Wege beschritt. Die Anlagen von Duisburg-Ruhrort und Cosel waren auf den Empfang der Kohle auf normalen O-Wagen der Reichsbahn aufgebaut, zu deren Entladung man sich des gewöhnlichen Greifers oder des Kippers bediente. Diese Verladeart hat den Nachteil, daß sie die stückige Kohle entweder beim Aufnehmen durch den Greifer oder beim Abstürzen im Kipper mehr oder weniger stark zerreibt und dadurch ihren Handelswert herabsetzt. Man griff daher nicht auf dieses durch den O-Wagen bedingte System zurück, sondern ging auf die damals neuartige Kübelverladung über, weil man eine größere schonliche Behandlung der Kohle beim Verladen durch das Kübelgefäß erwarten durfte. Im übrigen hätte auch die täglich zu verladende Menge, zumal in den kleineren Häfen, weder betrieblich noch wirtschaftlich eine Kipperanlage rechtfertigen können[1]. Da aber die Reichsbahn ihrerseits die Einstellung von Kübelwagen in ihren Wagenpark ablehnte, blieb den Bergwerksgesellschaften keine andere Möglichkeit, als diese Spezialwagen selbst zu beschaffen und damit ihre Hafenbetriebe durch eigene Werksbahnen zu bedienen.

Andererseits war es gerade die enge Verbundenheit zwischen dem Eisenbahnbetrieb, den Umschlaganlagen und dem vorgelegten Schiffsraum, die eine weitestgehende Elastizität in der Betriebsführung verlangte. Es erschien unmöglich, daß die Reichsbahn mit ihrer an Fahrplan und feste Bedienungszeiten gebundene Betriebsweise den ständig wechselnden Ansprüchen auf rechtzeitige Bedienung der Häfen in dem erforderlichen Maße nachzukommen in der Lage war, insbesondere, da sich der Eisenbahnbetrieb vorwiegend den Belangen des Umschlagbetriebes unterzuordnen hatte. Denn eine wirtschaftliche Betriebsführung mußte auch auf den möglichst schnellen Umlauf ihres Kübelwagenparkes Bedacht nehmen, sollte nicht das in den teuren Spezialwagen investierte Kapital die Umschlagkosten zu stark belasten.

Der Anschluß der Schachtanlagen eines Grubenfeldes an das bestehende Eisenbahnnetz bietet im allgemeinen keine größeren Schwierigkeiten. Sie treten erst dann in Erscheinung, wenn aus Gründen des Güteraustausches im Zwischenverkehr die einzelnen Schachtanlagen unter sich Bahnverbindungen

---

[1] Dieselben Gründe waren auch maßgebend für die Einführung des Kübelwagensystems im oberschlesischen Revier für den Umschlag in dem neuen Hafen Gleiwitz. — Vgl. Stolze: Der Hafen Gleiwitz, S. 17. — Vgl. Wundram, S. 106 u. 109; Zit. S. 203.

erfordern oder das Grubenfeld an einen Hafen angeschlossen werden soll. In diesem Falle würde die Benutzung öffentlicher Schienenwege die Vorteile wieder zunichte machen, die gerade in dem unmittelbaren Hafenanschluß liegen und vorstehend bereits beleuchtet worden sind. Bei größeren Entfernungen des Grubenfeldes von der Wasserstraße wird man die einzelnen Anlagen zu Gruppen zusammenfassen, und von diesen eine gemeinsame Verbindungsbahn zu dem Hafen führen, um nicht nur unnötige und kostspielige Kreuzungsbauten an vorhandenen Verkehrslinien zu vermeiden, sondern auch durch bessere Streckenauslastung eine möglichst wirtschaftliche Betriebsführung zu erreichen suchen, als es bei einer Verkehrsverzettelung auf mehreren Einzelstrecken möglich wäre.

Mit der Zusammenfassung der Zechen zu einer Gruppe, die ihren Knotenpunkt in einem gemeinsamen Sammelbahnhof hat, wird die Verteilung der Leerwagen auf die einzelnen Anlagen und die Zusammenziehung der beladenen Wagen erleichtert, insbesondere wenn dieser Zubringerdienst von dem Verkehr auf der Anschlußbahn betrieblich getrennt bleibt. Dadurch ergeben sich, was bei größeren Entfernungen zum Hafen wichtig ist, nicht nur gut ausgelastete Zugeinheiten für die Anschlußstrecke, sondern es werden auch die nie vorauszusehenden und zu vermeidenden Störungen und Wartezeiten bei der Verladung auf der Zeche nicht unmittelbar auf den Hafenverkehr und -betrieb übertragen; auch kann schon ein gewisser Ausgleich der Versandmengen in den Sammelbahnhöfen bewirkt werden, wenn der Tageswagenbedarf der einzelnen Anlagen größeren Schwankungen unterworfen ist.

Obwohl die Bedienung der Sammelbahnhöfe zu bestimmten Tageszeiten die Regel sein sollte, um die Betriebsleitung auf der Zeche an eine pünktliche Abholung und Zustellung der Wagen zu gewöhnen, wird man doch an Tagen erhöhten Absatzes von einem starren Fahrplan abweichen müssen, wenn der beschränkt vorhandene Wagenpark eine häufigere Abfertigung notwendig macht. Denn da im Kübelumschlag der Zinsendienst für die Spezialwagen einen sehr beachtenswerten Faktor darstellt, wie an anderer Stelle noch gezeigt werden wird, wird man größten Wert auf einen schnellen Wagenumlauf legen müssen, um ein nicht zu hohes Kapital in dem rollenden Material zu investieren. Günstig für einen beschleunigten Wagenumlauf ist die Gleichartigkeit des Verladegutes. Selbst in den Fällen, wo mehrere Bergwerksgesellschaften, die an einen gemeinsamen Hafen angeschlossen sind, über eigene Wagenparks verfügen, sollte die Zuteilung der Leerwagen ohne Rücksicht auf die Eigentumsverhältnisse geschehen. Hierdurch werden erhebliche Rangierarbeiten im Hafenbahnhof erspart, und den einzelnen Zechen können auch bei einer geringen Anzahl eigener Wagen viel schneller Leerwagen zur Verfügung gestellt werden, als wenn sie erst auf die Entladung ihrer eigenen Wagen warten müßten. Die Bedenken, die gegen eine gemeinsame Benutzung der Kübelwagen wegen der laufenden Unterhaltungs- und Reparaturkosten von den Wagenbesitzern erhoben werden könnten, sollten gegenüber den erheblichen Vorteilen einer flüssigeren Wagenbedienung in den Hintergrund treten.

Die Bezeichnung „Sammelbahnhof" deutet darauf hin, daß die für eine Zechengruppe bestimmten Wagen in ihnen gesammelt werden. Sie können gleichzeitig als Übergabebahnhöfe zwischen Zeche und Hafen dienen und, was ihren Ausbau betrifft, in den einfachsten Formen gehalten werden. Im allgemeinen genügen drei Gleise von der Länge der höchsten Achsenzahl einer Zugeinheit, und zwar je ein Gleis für die Zustellung und Abholung mit einem besonderen Umfahrungsgleis, da alle Rangierarbeit grundsätzlich dem Hafenbahnhof vorbehalten bleibt.

Bei den im allgemeinen kurzen Entfernungen der Sammelbahnhöfe von dem Kohlenhafen genügt ein eingleisiger Ausbau der Anschlußstrecke. Ihre Verkehrsleistung kann einschließlich der Aufenthalte der Lok auf dem Sammelbahnhof und im Hafen mit einem Zug in der Stunde angesetzt werden. Bei einer mittleren Zuglänge von 60 Achsen, was für den normalen Kübelwagen einer Nutzlast von 750 t entsprechen würde, können also in zehnstündigem Betrieb täglich 7500 t befördert werden; das sind bei 275 Arbeitstagen rund 2 Mill. t im Jahr. Diese Verkehrsziffer geht aber praktisch über die obere Grenze des Kohlenumschlags der Zechenhäfen hinaus, jedoch ist die Ursache weniger in der unzureichenden Leistung der Eisenbahn- und Hafenanlagen zu suchen, als vielmehr in der zu geringen Kapazität des Wasserversandes der angeschlossenen Zechen.

Die Zusammenfassung des gesamten Betriebes in einer Zentralstelle des Hafens, in der die Fäden von allen Betriebszweigen und Dienststellen zusammenlaufen, erleichtert die Aufgabe, die ständigen Leistungsschwankungen, die im Wechselspiel zwischen Wagenzulauf, Kranleistung und Schiffsleerraum begründet sind, zu beobachten und rechtzeitig so auszugleichen, daß Störungen an einem Betriebspunkt nicht auf andere Betriebsstellen übertragen werden[1]. Dies setzt in erster Linie eine genaue und ständige Kenntnis der Vorgänge im Hafengebiet über vorgelegte und einlaufende Kähne und der Lieferungsaufträge der Zechen voraus. Nur auf diese Weise läßt sich eine zweckmäßige Verteilung des Wagenparks auf die angeschlossenen Zechen und eine gleichmäßige Beschäftigung der Krane erreichen.

---

[1] Vgl. Oehler: Die Hafenanlagen der Hafenbetriebsges. Wanne-Herne m. b. H., S. 112 ff.

Wie schon erwähnt, haben die erhöhten Anforderungen des Absatzmarktes an die Belieferung mit den verschiedenen Kohlensorten den Begriff der Kohle als Massengut weitgehend verändert. Dieser Umstand hat insbesondere den Rangierbetrieb auf den Hafenbahnhöfen nachteilig betroffen. Während früher vorwiegend ganze Wagengruppen den Umschlageinrichtungen unmittelbar zugeführt werden konnten, weil weniger Kohlensorten im Handel waren, ist durch die ständig fortschreitende qualitative Aufbereitung der Brennstoffe eine Erschwerung der Verladung eingetreten, und die Frage der Verteilung der Wagen auf die ladebereiten Schiffe wie auch das Vorlegen ausreichenden Kahnleerraumes hat immer mehr an Bedeutung gewonnen[1]. Heute ist der Versand mehrerer Sorten in einem Schiff fast zur Regel geworden. Jeder einzelne Wagen muß daher entsprechend seiner Ladung und der Lage des für ihn bestimmten Kahnes so ausrangiert werden, daß die Überladung auf dem kürzesten Wege erfolgen kann. Zwar läßt die Bewegungsmöglichkeit der Krane einen Längstransport der Last am Ufer zu. Diese Arbeit geht aber nicht nur auf Kosten des Stromverbrauches, sondern sie drückt auch die Kranleistung wesentlich herab. Andererseits würde ein öfteres Verholen der Schiffe, also ein ständiger Wechsel des Liegeplatzes, zu Störungen des Umschlagbetriebes Veranlassung geben und den Überblick über die ganze Verladung für das Aufsichtspersonal erschweren. Es hat sich daher als praktisch erwiesen, wenn man die gesamte Ladelänge des Ufers so unterteilt, daß immer ein Abschnitt etwa der Länge des auf der Wasserstraße verkehrenden Normalschiffes entspricht. So kann die Ordnung der Wagen, ähnlich wie in den Stationsgruppen eines Verschiebebahnhofs, nach diesen sogenannten „Schiffslängen" erfolgen. Die Wahl eines solchen Rangierverfahrens hat den Vorzug, daß das Rangierpersonal nur über die Lage der Schiffe am Ufer unterrichtet zu sein braucht. Die Reihenfolge und Ordnung der Wagen nach einzelnen Kohlensorten innerhalb einer Schiffslänge im voraus festlegen zu wollen, erübrigt sich schon deshalb, weil der Schiffsführer erst im Zuge der Verladung die Kohlen je nach der Bauart seines Kahnes auf die einzelnen Stauräume verteilt.

In welcher Weise Verkehrsmittel, Rangier- und Verladeanlagen zusammenarbeiten, soll nunmehr an Hand einer Betriebszeitaufnahme in einem Kohlenumschlagshafen gezeigt werden (Abb. 2). Als Beispiel wurde ein Kanalhafen mit einem Verladeufer von rd. 400 m Länge und mit 3 Portaldrehkranen von je 11 t Tragkraft am Seil für Kübelumschlag gewählt. Es wird der Wasserversand von Bergwerksbetrieben umgeschlagen, die teilweise die Kohlen unmittelbar von ihren Schachtanlagen zum Hafenbahnhof bringen, teilweise werden die Kohlen von den Zechen oder deren Sammelbahnhöfen mit Maschinen des Hafenbetriebes herangeholt. Am Tage der Zeitaufnahme wurden 6450 t in 43½ Kranstunden (6300 t Kübelkohle und 150 t Greiferkohle) umgeschlagen. Diese Leistung kann für diesen Betrieb als normal bezeichnet werden.

Der Bahnhof des Hafens besteht aus einer Einfahrgruppe mit 6 Gleisen, aus denen die Kohlenzüge über einen Ablaufberg in einer zweiten Gruppe mit 3 Gleisen, der sogenannten „Längengruppe", vorgeordnet werden. Nach dieser Zerlegung werden die Kübelwagen für die Verladung in die 3 Ufergleise des Hafens gedrückt. Um auch Wagen, für die am Verladeufer im Augenblick kein Schiffsraum vorgelegt ist, vorübergehend abstellen zu können, sind mehrere Stumpfgleise vorgesehen. Die während der Betriebsaufnahme durchgeführten Rangierbewegungen wurden für jede der sechs in Betrieb befindlichen Lok zeitlich getrennt nach folgenden Einzelarbeiten schematisch aufgetragen:

1. Ein- und Ausfahrten in und aus dem Hafenbahnhof,

2. Kuppeln und Entkuppeln der Züge,

3. Ablauf aus den Einfahrgleisen in die Längengleise,

4. Durchdrücken der geordneten Wagen und ladegerechte Aufstellung in den Ufergleisen,

5. Umsetzen von Wagen, Leerfahrten der Lok.

6. Herausziehen der Leerzüge aus den Ufergleisen,

7., 8. und 9. Wartezeiten für die Lok wegen Kohlenmangel, Gleisbesetzung, Fahrbefehlen, Bekohlung usw.

Die Arbeitszeit der Krane verteilt sich einmal auf den eigentlichen Kohlenumschlag, auf Nebenarbeiten und schließlich auf die Zeiten, in denen Arbeitspausen wegen Kohlen- oder Schiffsraummangel eingelegt werden mußten. Unter die Nebenarbeiten fallen Reparaturen und Abschmieren der Krane, Absetzen von Kübeln, Aufnahme von Bunkerkohle für die Betriebslok des Hafens usw. Sie können auch in solchen Fällen als Füllarbeiten angesehen werden, wo infolge nicht rechtzeitiger Bereitstellung von beladenen Kübelwagen oder, weil beladene Schiffe abgesetzt bzw. Leerkähne verholt werden mußten, Arbeitsunterbrechungen im Verladegeschäft eintreten.

Den sechs Betriebsmaschinen fielen in der Hauptsache folgende Aufgaben zu. Lok 1 ist die Rangiermaschine des Hafens, die in erster Linie die Kohlenwagen auf die Ufergleise verteilt. Lok 2 und 3 haben

---

[1] Allein im Hafen Wanne-West wurden bis zu 114 Kohlensorten umgeschlagen. — Vgl. Wehrspan: Kohlenverladung am Rhein-Herne-Kanal, S. 61.

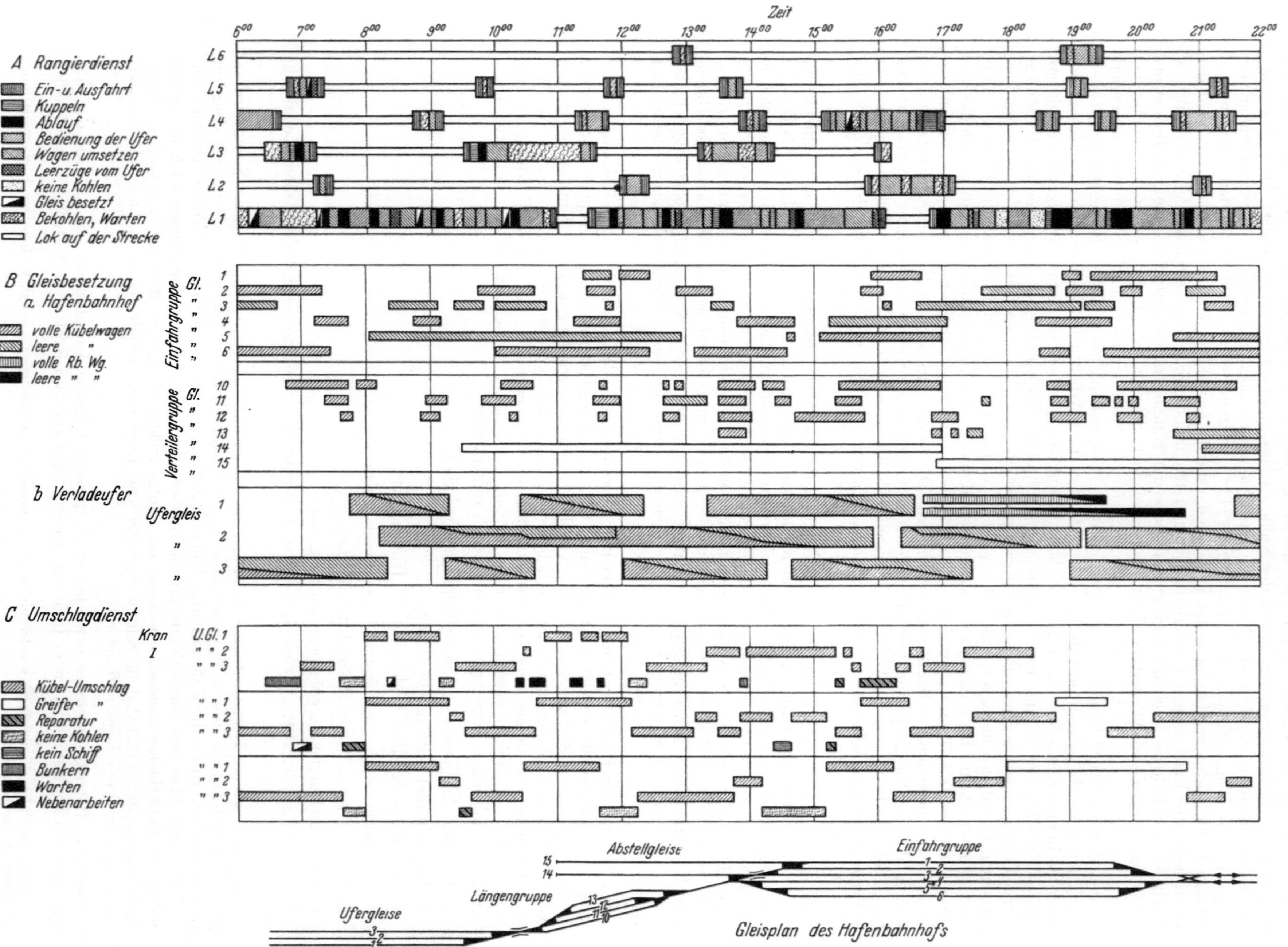

Abb. 2. Betriebszeitaufnahme in einem Kohlenumschlaghafen.

den Verkehr der Hafenanschlußbahn außerhalb des Kohlenumschlages zu bedienen. Sie werden nur aushilfsweise für kleinere Rangierbewegungen im Hafen herangezogen. Lok 4 versieht den Zubringerdienst von den Sammelbahnhöfen der Zechen zum Hafen. Der erste Kohlenzug von diesen Sammelbahnhöfen trifft gewöhnlich nicht vor 9 Uhr im Hafen ein. Die weiteren Bedienungen folgen ziemlich regelmäßig in Abständen von 2 bis 3 Stunden. Lok 5 ist die Betriebslok einer Zeche, deren Schachtanlagen in unmittelbarer Nähe des Hafens liegen. Normalerweise kommt bereits gegen 7 Uhr der erste Kohlenzug im Hafen an. Die Häufigkeit der Zugfahrten ist bei allerdings nur geringer Zugauslastung durch die günstige Lage der Förderschächte zum Hafen erklärt. Aber, obwohl nur zwei Schachtanlagen angeschlossen sind und wegen des geringeren Kohlenanfalls nur kurze und wenig ausgelastete Züge gefahren werden, können dieser Zeche im Laufe des Tages wegen des schnelleren Wagenumlaufes häufiger Leerwagen gestellt werden. Lok 6 ist ebenfalls eine Zechenmaschine. Hier werden am Tage in der Regel nur zwei Bedienungsfahrten mit stark ausgelasteten Zügen gemacht, weil die Entfernung der Förderschächte vom Hafen etwa 10 km beträgt.

Entsprechend der Kohlenzufuhr verläuft die Arbeit der Krane. Bei Schichtanfang standen, wie der Zeitplan zeigt, am Ufer vom vorhergehenden Tage noch beladene Wagen zur Verladung zur Verfügung. Trotzdem trat, obwohl sich im Bahnhof beladene Kübelwagen befanden, bereits um 7.30 Uhr für alle 3 Krane eine halbstündige Arbeitspause ein, da diese Wagen nicht rechtzeitig an den Verladeufern bereitgestellt wurden. Dasselbe wiederholt sich im Laufe der Vormittagsstunden noch einmal für Kran I und III.

Der Gleisbesetzungsplan zeigt im Verlaufe des Tages eine verhältnismäßig geringe Besetzung der Einfahrgleise, während die Längengruppe ständig stärker belastet ist. Dies entspricht auch durchaus den Forderungen des Umschlagbetriebes, da die Längengruppe gleichsam das Reservoir für die Verladeanlagen sein soll, aus dem die Kohlenwagen je nach Bedarf abgezapft werden können. Ferner läßt die Betriebsaufnahme erkennen, daß die für das Umsetzen, Beidrücken und Bereitstellen der Wagen aufgewendeten Zeiten unverhältnismäßig hoch im Vergleich zu den anderen Arbeiten sind. Es muß daraus auf gewisse Unvollkommenheiten der Gleisanlagen, insbesondere der Längengruppe, geschlossen werden, die eine rechtzeitige Zuführung ausreichenden Umschlaggutes nicht immer zuließen, und somit Stockungen im Verladegeschäft trotz vorhandener Kohlenwagen eintreten konnten. Aus der Betriebsaufnahme ersieht man also, daß die Leistung am Verladeufer nicht nur von dem ausreichenden Zufluß beladener Wagen von den Zechen zum Hafenbahnhof abhängig ist, sondern daß es vor allem auf die rechtzeitige Verteilung des Verladegutes ankommt. Je unvollkommener die Rangieranlagen sind, um so häufiger werden Störungen im Verladegeschäft auftreten, die den Leistungsgrad des Hafens erheblich beeinträchtigen können. Hieraus folgt, daß Überlastungserscheinungen in einem Hafen, die sich in erster Linie durch Überstunden im Umschlagbetrieb bemerkbar machen werden, zunächst nach der Richtung zu untersuchen sind, ob die Rangieranlagen des Bahnhofs eine flüssige Bedienung der Ufer gewährleisten. Erst, wenn die Verladeanlagen in pausenlosem Betrieb bis an die Grenze ihrer Leistungsfähigkeit beschäftigt sind, käme eine Erweiterung der Umschlageinrichtungen selbst in Frage. Bei einem einigermaßen regelmäßigen Kohlenzufluß können auch Stockungen im Umschlagbetrieb durch einen zu kleinen Wagenpark verursacht werden. Die hohen Kapitalkosten für die Kübelwagen, die im Abschnitt VI B 1 noch besonders behandelt werden, zwingen aber zu einer sparsamen Verwendung dieser teuren Spezialwagen, da der Zinsendienst die Transportkosten der Kohle erheblich belastet. Man kann also nicht willkürlich den Wagenpark vergrößern, um, wie es vielleicht auf den ersten Blick praktisch erscheint, die Kohle in Kübel zu bunkern, damit im Hafen stets Kohlen zur Beladung bereitstehen. Auch ist die Notwendigkeit für die Beschaffung von Kübelwagen noch nicht durch die Tatsache einer ständigen Nachfrage der angeschlossenen Zechen nach Leerwagen allein gegeben. Erst wenn beide Erscheinungen — häufige Unterbrechungen des Umschlages wegen Kohlenmangels im Hafen und mangelnder Leerraum für die Zechen — durch einen beschleunigten Wagenumlauf nicht mehr behoben werden können, wäre eine Vermehrung des Wagenparks zu erwägen.

Allgemein gültige Regeln für die Größen der verschiedenen Faktoren, wie Umfang der Gleisanlagen, der Verladeeinrichtungen und des Wagenparks einerseits und den täglich umzuschlagenden Kohlenmengen andererseits, lassen sich jedoch nicht aufstellen. Vom betrieblichen Standpunkt aus gesehen, haben wir es nach Förster[1] immer mit den beiden Grenzfällen zwischen dem notwendigen technischen Minimum und dem erwünschten wirtschaftlichen Optimum zu tun. Allein die ständige Beobachtung des Betriebes, die Untersuchung und Prüfung der Störungsquellen auf Mängel der Betriebsmittel und Betriebsanlagen oder der von den einzelnen Dienststellen ergangenen Dispositionen sind die einzigen Mittel, um die durch Konjunkturschwankungen und andere Ereignisse verursachten Wechselfälle den wirtschaftlichen Belangen des Hafenunternehmens anzupassen. Voraussetzung für solche Untersuchungen ist natürlich das Vorhandensein von Betriebseinrichtungen, deren Anlagen überhaupt derartigen Anforderungen gerecht werden können.

---

[1] Vgl. Förster: Beiträge zur wirtschaftlichen Beurteilung der Rangierarbeiten auf Hafengleisen, S. 14.

V. Die Ausgestaltung der Anlagen des Kohlenhafens.

A. Die Eisenbahnanlagen.

Die örtliche Gebundenheit des Hafenbahnhofs an die vorhandene Wasserstraße und die Hafenanlagen selbst legen seiner Ausgestaltung gewisse bauliche Beschränkungen auf. Wie wir bereits gezeigt haben, verlangt die Eigenart des Kohlenumschlages bestimmte Gleisanlagen und Gleisverbindungen innerhalb des Hafengebietes, so daß die Lösung des Umschlagproblems nicht allein mit dem Ausbau des Hafenbeckens und der Wahl der Verladeeinrichtungen erschöpft ist. Vielmehr ist der Förderung einer ständigen und unbehinderten Bereitstellung der Kohlenwagen an den Verladeeinrichtungen eine besondere Bedeutung zuzumessen. Die Erfüllung dieser Teilaufgabe des Umschlagbetriebes ist zu erreichen, wenn die Ausbildung der Gleisanlagen des Hafenbahnhofs eine schnelle Abfertigung der einlaufenden Kohlenzüge gestattet. Da die Kohlenzüge auf den Zechen bzw. den Übergabe- oder Sammelbahnhöfen ohne Rücksicht auf die Belange des Umschlagdienstes zusammengestellt werden, hat die Zerlegung und Ordnung der Wagen im Hafenbahnhof selbst zu erfolgen. Zu diesem Zweck müssen Gleise, Gleisgruppen und Gleisverbindungen geschaffen werden, die den Zerlegungsvorgang unter Vermeidung unnötiger Verschiebebewegungen und Störungen des Rangiergeschäftes ermöglichen. Für diese Aufgaben sind drei Hauptgruppen von Gleisen erforderlich, die wir wie folgt unterscheiden:

1. Die Einfahrgruppe, in der die von den Zechen ankommenden Kohlenzüge aufgestellt und für die Zerlegung bereitgestellt werden,

2. die Längengruppe, in der die Wagen nach Schiffslängen geordnet werden und

3. die Ufergleisgruppe, von deren Gleisen die Verladung stattfindet.

Hierzu kommen noch Abstell-, Umfahrungs- und Ausfahrgleise.

Die Einfahrgruppe hat zunächst alle Kohlenzüge, so wie sie auf den Zechen zusammengestellt worden sind, aufzunehmen. Die Länge ihrer Gleise richtet sich daher nach der Höchstzahl der auf der Strecke gefahrenen Zugachsen. Im Interesse einer guten Auslastung wird man natürlich die größte Zuglänge zu erreichen suchen, die einmal von der Aufsichtsbehörde für die Anschlußstrecke zugelassen worden ist und die sich andererseits nach der Zugleistung der Streckenlokomotiven richtet. Unter diesen Bedingungen kann man maximal mit etwa 100 Zugachsen rechnen, so daß bei einem durchschnittlichen Achsabstand eines Kübelwagens von 3,75 m für jedes Einfahrgleis rund 400 m Nutzlänge vorzusehen wären.

Die Anzahl der Gleise in der Einfahrgruppe hängt sowohl von der Verkehrsleistung der in den Hafenbahnhof einmündenden Anschlußstrecken ab, wie auch von der Schnelligkeit der Zugzerlegung, mit der die Züge auf die nachfolgenden Gleisgruppen verteilt werden können. Unter der Voraussetzung, daß das Ablaufgeschäft infolge unzureichender Gleisanlagen oder Störungen durch Leerfahrten hinter der Einfahrgruppe normalerweise nicht behindert wird, schwankt die Dauer eines Ablaufes zwischen 10 bis 20 Minuten. In dieser Zeit sind alle Arbeitsvorgänge, wie Entkuppeln des Zuges, Vorbereitungen auf dem Ablaufstellwerk und der Ablauf der Wagen selbst berücksichtigt. Rechnet man für die Einfahrt eines Zuges, das Abbremsen im Bahnhof, Absetzen der Lok usw. noch weitere 10 Minuten hinzu, so würde theoretisch ein Einfahrgleis ausreichen, wenn die Zugfolge nicht dichter als ½ Std. ist. Obwohl diese Zugdichte selbst bei stärkstem Verkehr auf einer eingleisigen Hafenbahn kaum erreicht wird, wird man natürlich in der Praxis neben einem Umfahrungsgleis mindestens zwei Einfahrgleise vorsehen, da Behinderungen und Aufenthalte im Ablaufgeschäft sich niemals vermeiden lassen. Münden mehrere Anschlußbahnen von verschiedenen Zechen oder Sammelbahnhöfen in den Hafen ein, so genügt aber für jede einzelne Anschlußstrecke ein Einfahrgleis. Selbst, wenn einmal bei einer dichteren Zugfolge auf einer dieser Strecken das zugehörige Einfahrgleis noch besetzt sein sollte, könnte dann ausnahmsweise in ein fremdes Gleis eingefahren werden. Selbstverständlich müssen die Spitzenweichen derartige Zugfahrten gestatten. Bei dem als Beispiel angegebenen Hafenbahnhof laufen drei eingleisige Anschlußbahnen zusammen. Man erkennt aus der Betriebszeitaufnahme, daß in der Zeit der dichtesten Zugfolge, zwischen 11,00 und 12.00 Uhr und 18.30 bis 19.30 Uhr drei Gleise vollständig ausgereicht hätten, um die Züge ohne Aufenthalt von den Strecken aufzunehmen.

Ist die Anzahl der Einfahrgleise nach der Verkehrsleistung der Strecke bestimmt worden, so ist andererseits dafür Sorge zu tragen, daß die Kohlenzüge auch so schnell zerlegt werden können, damit die Einfahrt in den Bahnhof jederzeit möglich ist. Die schnelle Verteilung der Kohlenwagen auf die nachfolgenden Gleisgruppen kommt auch den Anforderungen des Umschlagbetriebes selbst entgegen. Je näher nämlich die Kohlen an die Ufergleise herangebracht werden können, um so schneller sind sie für die Verladung greifbar. Außerdem kann das Betriebspersonal des Umschlagdienstes die vorhandenen Kohlenmengen leicht überblicken und danach besser und schneller seine Dispositionen treffen, als wenn die Kohlenzüge in den entfernter gelegenen Einfahrgleisen stehen.

Die der Einfahrgruppe nachgeordneten Längengruppen haben neben der Ordnung der Wagen nach Schiffslängen die Aufgabe zu erfüllen, einen Ausgleich zwischen den Verkehrsspitzen der Kohlenzufuhr und den Leistungen der Umschlagmittel zu schaffen. Jedem Verladeufer muß daher eine eigene Längengruppe vorgeschaltet sein, wie es Abb. 3 zeigt[1].

Diese Längengruppen würden ungefähr gleichbedeutend sein mit den von Cauer[2] bezeichneten „Bezirksgruppen" für Umschlaghäfen. Da die Wagen in den Längengruppen nach Schiffslängen geordnet werden, muß auch jede dieser Gruppen mindestens ebenso viele Gleise aufweisen, wie Schiffslängen an dem zugehörigen Verladeufer vorhanden sind. Es empfiehlt sich jedoch, jeder Gruppe neben dem Verkehrsgleis noch ein Reservegleis hinzuzufügen, falls für eine bestimmte Schiffslänge zeitweilig größere Kohlenmengen anrollen oder einzelne Wagen bevorzugt behandelt werden müssen, um den einen oder anderen Kahn fertig zu beladen.

Zur Ermittlung der nutzbaren Gleislänge der Verteilergruppe geht man zweckmäßig von der Leistungsfähigkeit des Verladeufers aus, die ja durch die Durchschnittsleistung der Umschlagmittel bestimmt wird.

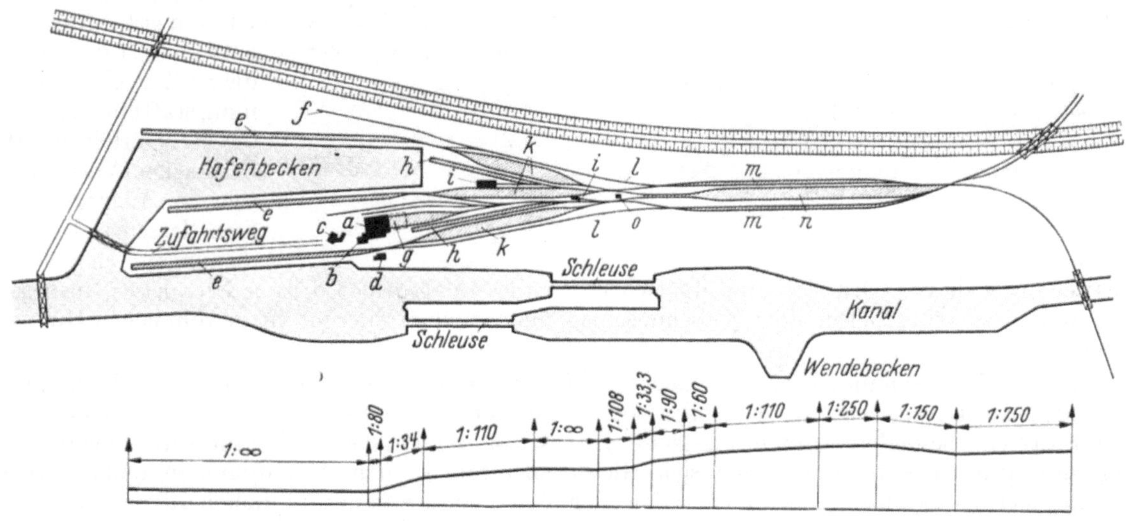

Abb. 3. Längengruppe der Verladeufer.

a) Werkstatt, b) Magazin, c) Verwaltungsgebäude, d) Umformerstelle, e) Ufergleise, f) Ladeplatzgleis, g) Werkstattgleise, h) Abstellgleise, i) Landgleis, k) Längengruppe, l) Umfahrungsgleis, m) Ausfahrgleise, n) Einfahrgruppe, o) Stellwerk.

Man kann dann folgendermaßen verfahren. Es soll als Beispiel angenommen werden, daß an einem 400 m langen Verladeufer von 5 Schiffslängen 2 Krane mit einer durchschnittlichen Stundenleistung von je 200 t im Betrieb sind. Die Krane könnten in 3 Schichten $2 \cdot 200 \cdot 24 = 9600$ t umschlagen, womit die überhaupt größte Umschlagleistung des Ufers am Tage festgelegt wäre. Da sich nun die Anfuhr der Kohlen nicht gleichmäßig auf 24 Stunden verteilt, sondern wegen der kürzeren Beladungszeiten auf den Zechen auf etwa 10 Stunden zusammendrängt, würden am Ende der zehnten Stunde noch 5600 t beladene Kohlenwagen im Hafen stehen, da die beiden Krane in derselben Zeit erst 4000 t umgeschlagen haben. Rechnet man für 1 lfd. m Gleis eine mittlere Nutzbelastung von 3 t und setzt man voraus, daß ein Ufergleis auf seiner ganzen Länge von 400 m mit beladenen Wagen besetzt werden kann, so müßte die Gesamtgleislänge innerhalb der Längengruppe $\frac{5600}{3} - 400 \cdot 3 = 670$ m betragen. Demnach würde die Gruppe bei 5 Schiffslängen aus $5 + 1 = 6$ Gleisen von je 135 m nutzbarer Gleislänge bestehen müssen. Die Längengleise werden unmittelbar an die Ufergleise angebunden, damit man ohne Sägebewegungen die Wagen nach den Ufern durchdrücken kann. Bei sehr beschränkten Platzverhältnissen können die Längengruppen auch stumpf enden. In einem solchen Falle wird es sich jedoch empfehlen, die für die Verladung bestimmten Wagengruppen vorher nochmals in einem besonderen Gleis zusammenzustellen, um sie dann von dort aus geschlossen in das Ufergleis hineindrücken zu können.

Bei der Anlage der Ufergleise wird man von der zweckmäßigsten Arbeitsmethode der Umschlageinrichtungen auszugehen haben. Zweifellos wäre es am günstigsten, könnte man jeden Wagen in gleicher Höhe seines Laderaumes im Schiff aufstellen, um Längsfahrten des Kranes während eines Spieles auf ein Minimum zu beschränken. Aus den schon früher erwähnten Gründen lassen sich jedoch derartige Längsbewegungen der Krane nicht vermeiden. Aber schon durch die Unterteilung des Ufers nach Schiffslängen,

<hr>

[1] Vgl. Wehrspan S. 61; Zit. S. 207.
[2] Vgl. Cauer: Eisenbahnausrüstung der Häfen, S. 9.

auf die die beladenen Wagen aufgestellt worden sind, werden diese Bewegungen in engen Grenzen gehalten. Damit nun die entladenen Wagen möglichst schnell wieder den Zechen zugeführt werden können, läßt man alle Krane grundsätzlich ein volles Gleis gemeinsam bearbeiten (vgl. hierzu die Betriebsaufnahme). So stehen nach gewissen Ladezeiten dem Betrieb immer wieder geschlossene Leerzüge zur Verfügung, ohne daß zur Bildung solcher Zugeinheiten Rangierarbeiten geleistet werden müssen. Damit erübrigen sich auch besondere Gleisverbindungen innerhalb der Ufergleise wie sie bei den langen Ufergleisen anderer Häfen üblich sind. Bei der geschilderten Arbeitsmethode wären zwei Gleise auf der ganzen Länge

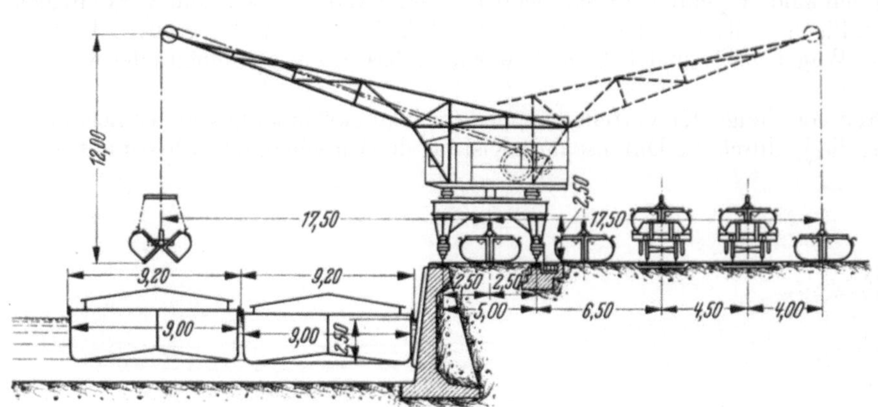

Abb. 4. Querschnitt eines Kohlenverladeufers.

des Verladeufers völlig ausreichend; denn während die Krane die Wagen des einen Gleises entladen, kann das andere Gleis leergezogen und mit beladenen Wagen wieder besetzt werden. Erfahrungsgemäß wird ein Gleis in etwa zwei Stunden entladen, so daß innerhalb dieser Zeit eine Uferbedienung stattfinden müßte. Ist die Rangierlok des Hafens bei starkem Verkehr jedoch sehr in Anspruch genommen, lassen sich diese Bedienungszeiten nicht immer einhalten. Aus diesem Grunde empfiehlt sich daher die Anlage eines dritten Ufergleises, insbesondere dann, wenn zeitweilig neben dem Kübelumschlag auch noch Greifergut in gewöhnlichen Güterwagen verladen wird.

Da in den Ufergleisen im allgemeinen nach der Entladung ganze Leerzüge bereitstehen, die unmittelbar wieder den Zechen zugeführt werden sollen, sind für die unbehinderte Durchfahrt von den Verladeufern bis zur Strecke besondere Umfahrungsgleise vorzusehen. Sind an eine Einfahrgruppe mehr als zwei Längengruppen angeschlossen, lassen sich Gleiskreuzungen an den Ablaufpunkten nicht vermeiden. Derartige Verbindungen sind aber allein schon deshalb notwendig, damit die Lokomotiven von dem einen Ufer nach dem anderen ohne Umfahrung des ganzen Bahnhofs bis in die Einfahrweichenzone gelangen können. Die Gleisverbindungen sollten jedoch in allen Fällen so entwickelt werden, daß auch bei Durchfahrten der Ablauf wenigstens nach der einen oder anderen Gruppe noch möglich ist.

In Zeiten des Absatzmangels werden zuweilen von den Zechen Kübelwagen beladen, für die zwar Lieferaufträge über den Wasserweg vorliegen, das gecharterte Schiff in den Hafen aber noch nicht eingelaufen ist. Für die Unterbringung solcher nicht verladefähiger Wagen müssen besondere Abstellgleise vorgesehen werden, die wie die Längengruppe möglichst unmittelbar hinter den Einfahrgleisen anzuordnen sind, und in denen alle Wagen für die im Augenblick kein Schiff vorgelegt ist, Aufstellung finden. Nach Bedarf können sie von dort den Längengruppen wieder zugeführt werden, doch ist es praktischer, wenn nicht einzelne dieser Wagen dringend am Ufer gebraucht werden, das Einordnen entweder zu Beginn oder am Ende einer Arbeitsschicht vorzunehmen, um den Rangierbetrieb nicht zu stören. Wegen der hohen Kapitalkosten des Kübelwagens sollte man aber nur in den dringendsten Fällen von einer derartigen Bunkerung der Kohle im Kübelwagen Gebrauch machen, um die Wagen nicht zu lange dem Verkehr zu entziehen. Sie hat allerdings den Vorteil, daß die Kohle im Kübel nicht in ihrer Qualität beeinträchtigt wird, was besonders für empfindliche Sorten sehr wertvoll ist. Andererseits wird man mit Rücksicht auf eine flottere Verladung solche Kähne vorübergehend vom Ufer ablegen müssen, für die die Kohlenzufuhr im Laufe des Tages nur gering ist, um Platz für andere Schiffe mit reichlich zufließendem Verladegut zu schaffen.

Neben der Ausbildung der Gleisanlage nach den oben behandelten Gesichtspunkten ist die Ausgestaltung des Höhenprofils wichtig für die Schnelligkeit, mit der die Zerlegung der Kohlenzüge durchgeführt werden kann. Je mehr bei der Bewegung der Wagen zwischen den einzelnen Gleisgruppen die Maschinenkraft durch die Schwerkraft ersetzt werden kann, um so größer ist die Verwendungsmöglichkeit des Maschinenparks für andere Aufgaben. Wird der gesamte Hafenbahnhof in ein durchgehendes Gefälle gelegt, wie es erstmalig im Hafen Wanne-West am Rhein–Herne-Kanal durchgeführt worden ist[1], können die Züge von dem Rangierpersonal nach Bedarf zerlegt und aus den Längengleisen den Kranen zugeführt werden, ohne daß diese Arbeiten von der Bereitschaft einer besonderen Rangierlok abhängig sind. Für kleinere Rangierbewegungen, wie das Aussetzen einzelner Wagen oder Beisetzen von Wagen aus den Abstellgleisen, genügen

---

[1] Vgl. Oehler: Zit. S. 206.

auch die billigen und stets betriebsbereiten kleinen Verschiebeaggregate mit Verbrennungsmotoren (Lokomotor o. ä.). Größere Rangierfahrten, wie z. B. das Herausziehen von ganzen Leerzügen aus den Ufergleisen, werden im allgemeinen von den Streckenlok während ihrer Aufenthalte im Hafenbahnhof mit übernommen werden können.

B. Die Umladeanlagen.

Über Vorladeeinrichtungen für den Kohlenumschlag sind bereits eingehende Studien veröffentlicht worden. Ich verweise hier besonders auf die Arbeit von Weicken[1], in der die Leistungsfähigkeit der verschiedenen ortsfesten und beweglichen Anlagen untersucht worden sind. In den privaten Kohlenhäfen werden fast ausschließlich bewegliche Verladeeinrichtungen verwendet. Die ortsfeste Umschlaganlage, insbesondere der Kohlenkipper, ist für kleinere Kohlenhäfen weniger geeignet, weil er, abgesehen von

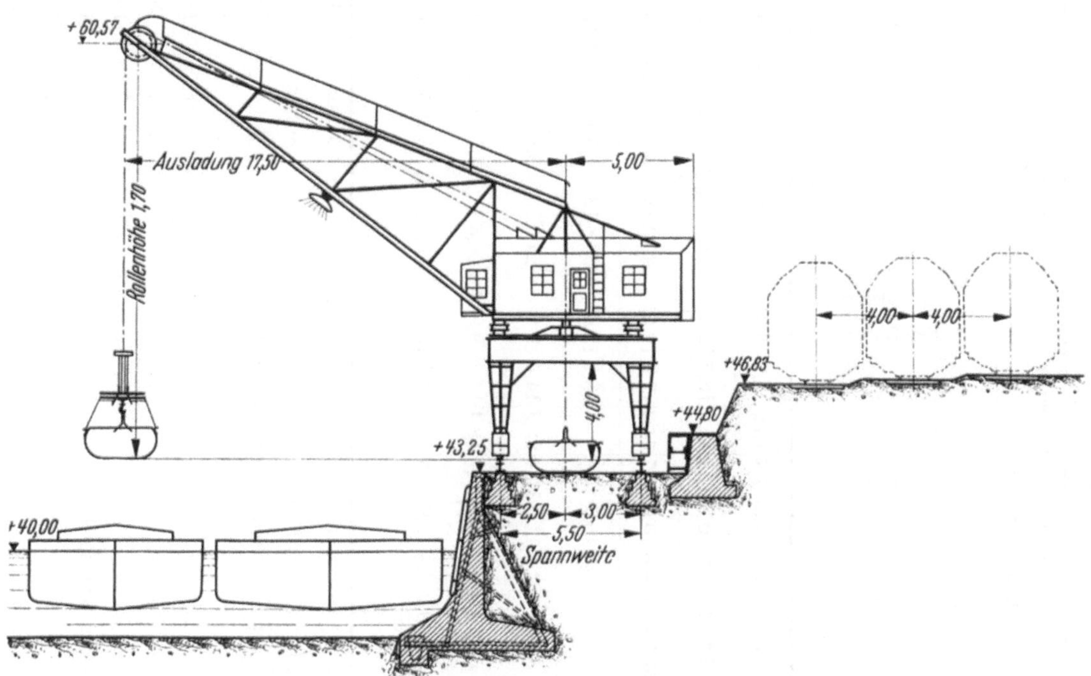

Abb. 5. Schnitt durch das Kanalufer.

seinen hohen Anlagekosten, gleichartiges Verladegut in größeren Mengen voraussetzt, um die einzelnen Kähne möglichst in einem Arbeitsgang abfertigen zu können. Wie wir bereits gesehen hatten, fallen aber in den Privathäfen die einzelnen Kohlensorten im Durchschnitt nur in so geringen Mengen an, daß die Schiffe vor dem Kipper ständig an- und abgelegt werden müßten. Die hierdurch entstehenden Aufenthalte in der Beladungszeit würden die Leistungen des Kippers so herabmindern, daß sein Betrieb nicht mehr wirtschaftlich ist. Außerdem werden in den Privatzechenhäfen neben der Kohle auch andere Güter, wie Grubenholz, Kohlennebenprodukte, Versatzmaterial usw. umgeschlagen, die mit dem Kipper nicht zu verladen sind. Wegen des verhältnismäßig geringen Jahresumschlages würde sich aber eine eigene Verladeeinrichtung für diese Güter wirtschaftlich nicht rechtfertigen lassen. Die Untersuchung wird daher im Folgenden nur auf die Verladeeinrichtungen für den Kübelumschlag beschränkt.

Für die Kübelverladung ist jeder fahrbare normale Kran verwendbar. Mittels einer Traverse werden die Kübel von den in den Ufergleisen aufgestellten Wagen durch den Kran abgehoben, in dem entsprechenden Laderaum des Schiffes entleert und nach der Entleerung an derselben Stelle wieder abgesetzt. Der ständige Standortwechsel und das genaue Einfahren des Kübels, das wegen der geringen Kübelabstände auf dem Wagen eine große Geschicklichkeit des Kranführers voraussetzt, verlangt schnell und leicht bewegliche Krane. Am besten hat sich bisher im Kübelumschlag der Drehkran mit festem oder beweglichem Ausleger auf einem erhöhten Portal bewährt, das dem Kranführer zum Absetzen der Kübel die notwendige Sicht bis zum letzten Ufergleis gibt. Größere Verladebrücken sind für den Kübelumschlag weniger geeignet, da sie wegen ihres hohen Eigengewichtes und der geringen Fahrgeschwindigkeit zu schwerfällig sind und für die kurzen Fahrstrecken verhältnismäßig große Strommengen verbrauchen. Sie können allenfalls in Häfen

[1] Vgl. Weicken: Kohlenumschlag vom Eisenbahnwagen ins Binnenschiff. Z. Binnenschiff 1928. Heft 4.

Zahlentafel 2

Krantype	Kranmaße 1 Halbmesser des Drehkreises in m	2 Rollenhöhe über K.S. in m	3 Stand des Kranführers über S.O.	4 Abheben des Kübels vom Wagen	5 Schwenken des Krans zum Schiff	6 Kranfahren	7 Ein- bzw. Ausziehen des Auslegers	8 Summe der Einzelbewegungen 5+6+7	9 Gemessene Zeit für die Gesamtbew. 5+6+7	10 Senken des Kübels über das Schiff	11 Öffnen des Kübels	12 Schließen des Kübels	13 Heben des Kübels	14 Σ 10+13	15 Σ 11+12	16 Σ 10+11+12+13	17 Schwenken des Krans zum Wagen	18 Kranfahren	19 Ein- bzw. Ausziehen des Auslegers	20 Summe der Einzelbewegungen 17+18+19	21 Gemessene Zeit für die Gesamtbew. 17+18+19	22 Senken des Kübels über den Wagen	23 Absetzen des Kübels auf den Wagen	24 Σ 22+23	25 Umsetzen des Krans zum nächsten Kübel	26 Einhängen des Kübels in die Traverse	27 Σ 24+25+26	28 Σ d. Einzelbewegung. Σ 4+8+16+21+27	29 Σ d. Gesamtbewegung. Σ 4+9+16+21+27	30 Gemessene Dauer eines Kranspiels	31 Anzahl der Kranspiele in der Stunde	32 Kranleistung in der Std. bei 7,39 t Kübelinhalt
I Portalkran	19,0	17,5	7,5	3,3	6,9	7,7	—	14,6	12,4	4,0	4,6	3,1	3,5	7,5	7,7	15,2	5,9	6,6	—	12,5	9,8	—	—	12,8	8,8	8,7	30,3	75,9	71,0	71,0	50,7	374
IIa Portalkran gew. Kohle	19,0	17,5	3,5	5,6	18,5	12,1	—	30,6	19,5	6,2	5,4	2,3	4,6	10,8	7,7	18,5	18,5	12,7	—	31,2	19,3	5,9	12,8	18,7	12,7	7,5	38,9	124,8	101,8	97,0	37,1	274
IIb Portalkran Staubkohle	19,0	17,5	3,5	6,4	15,0	9,2	—	24,2	16,5	5,8	51,6	12,1	4,8	10,6	63,7	74,3	17,9	12,5	—	30,3	18,1	5,1	10,6	15,7	9,8	9,2	34,7	169,9	149,7	147,1	24,4	181
II Portalkran im M. IIa+b	19,0	17,5	3,5	6,0	16,8	10,7	—	27,4	18,0	6,0	—	—	4,7	10,7	—	—	18,2	12,6	—	30,8	18,7	5,5	11,7	17,2	11,3	8,4	36,8	—	—	—	—	—
III Brücke mit Drehkran	19,0	21,5	11,5	5,1	17,8	10,8	—	28,6	19,3	7,3	8,1	2,3	4,6	11,9	10,4	22,3	14,4	9,6	—	24,0	15,6	5,8	14,4	20,2	11,4	10,2	41,8	121,8	104,1	99,7	36,1	267
IV Brücke mit Wippkran	27,0 13,5	15,0	12,75	5,1	14,5	11,2	5,5	31,2	21,0	4,4	5,4	4,3	4,3	8,7	9,7	18,4	13,7	9,9	4,9	28,5	18,2	4,3	13,0	17,3	13,8	11,6	42,8	126,0	105,6	102,4	35,1	259
Mittelwerte				5,1	14,5	10,2	—	25,9	17,7	5,5	5,9	3,0	4,4	9,9	8,9	18,6	14,1	10,3	—	26,3	16,2	5,2	12,7	16,9	11,3	9,4	37,7	112,1	95,6	92,5	39,8	294

		Kran	I	II	III	IV	zus.	i. m.
a	Zeitaufwand für Absenken, Absetzen, Umsetzen, Einhängen und Abheben des Kübels über den Wagen	in Sek.	33,6	42,8	46,9	47,9	171,2	42,8
b	„ „ Kranschwenken u. -fahren, Senken, Öffnen, Schließen und Heben des Kübels ü. d. Schiff	„ „	37,4	54,2	52,8	54,5	198,9	49,7
c	„ „ ein ganzes Kranspiel	„ „	71,0	97,0	99,7	102,4	370,1	92,5
d	„ wie unter a	„ vH	19,6	25,0	27,4	28,0	100	—
e	„ „ „ b	„ „	18,8	27,2	26,5	27,4	100	—
f	„ „ „ c	„ „	19,2	26,2	26,9	27,7	100	—
g	„ für die Bewegungen unter a in vH des durchschnittlichen Kranspieles	„ „	47,4	44,1	47,0	46,8	—	46,3
h	„ „ „ „ „ b „ „ „ „ „	„ „	52,6	55,9	53,0	53,2	—	53,7
i	„ nur für Heben und Senken des Kübels	„ Sek.	23,6	33,9	37,2	31,1	125,8	31,5
k	„ „ „ „ „ „ „ „	„ vH	18,6	27,0	29,5	24,7	100	—

mit ausgedehntem Lagerumschlag Verwendung finden, sollten aber ausschließlich diesem dienen und nur aushilfsweise für den Kübelumschlag herangezogen werden. Kleinere Brücken, die gerade die Ufergleise überspannen, sind dort angebracht, wo gelegentlich nur ein schmaler Geländestreifen neben den Ufergleisen für Lagerzwecke ausgenutzt werden soll.

Zur Feststellung der Arbeitsweise verschiedener Krantypen bei der Kübelverladung wurden Zeitaufnahmen gemacht, deren Ergebnisse in der Zahlentafel 2 zusammengestellt worden sind. Jede Einzelbewegung in einem Spiel wurde für die verschiedenen Krankonstruktionen zeitlich gestoppt, so daß ein Vergleich in der Arbeitsweise und Leistung dieser Krane untereinander möglich ist. Kran I, II und III sind normale Drehkrane von 19 m Ausladung mit Wechselstrommotoren gleicher Stärke. Während Kran I und II auf Portalen montiert sind, läuft Kran III auf einer Brückenkonstruktion von 21 m Spannweite. Die Laufschienen der beiden Portalkrane I und II liegen auf gleichem Niveau, jedoch befinden sich die Schienenoberkanten der Verladegleise bei Kran I in Höhe der Kranschienen (Abb. 4), bei Kran II dagegen 4 m über Kranschienenoberkante (Abb. 5). Kran IV steht auf einer Brücke gleicher Konstruktion wie Kran III.

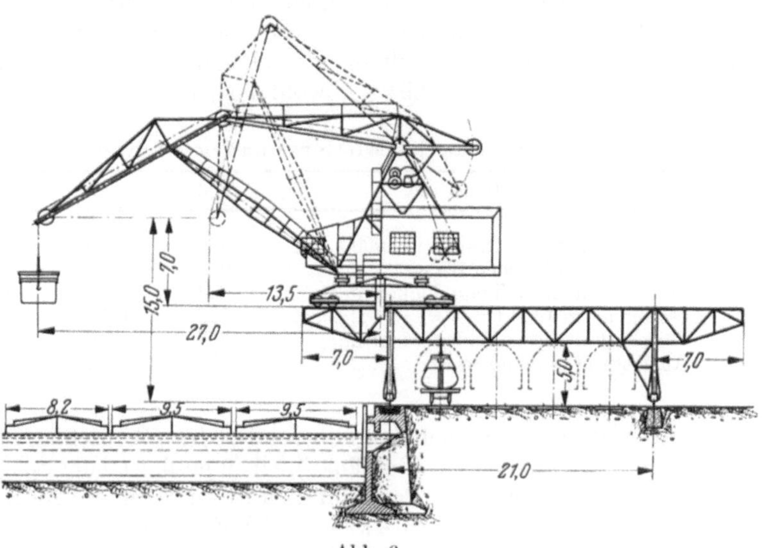

Abb. 6.

ist aber ein sogenannter Wippkran mit beweglichem Ausleger. Der größte Drehkreishalbmesser dieses Kranes beträgt 27 m, der durch Einziehen des Auslegers auf 13,5 m verkürzt werden kann (Abb. 6). Der Antrieb für sein Wind- und Einziehwerk sind Einphasen-Wechselstrommotoren mit Hauptstromcharakter (Deri-Motoren).

Aus der Gegenüberstellung der Leistungen dieser vier verschiedenen Krantypen, die unter vollkommen gleichen Bedingungen gearbeitet haben, lassen sich nunmehr auch Rückschlüsse auf die Eignung der einzelnen Konstruktionen für den Kübelumschlag ziehen. Bei der Aufnahme wurden nur die reinen Arbeitszeiten der Kranspiele gemessen, also alle die Zeitverluste, die durch Kohlen- und Kahnraummangel, Längsfahrten der Krane von einer Schiffslänge zur anderen, Reparaturen usw. während der Verladung entstanden, sind nicht mit einbezogen worden. Sie mußten auch von den Einzelaufnahmen ausgeschlossen werden, da sie mehr oder weniger zufällige Erscheinungen sind, die das Bild für die Bewertung des einzelnen Kranes nur verwischt hätten. Für jeden Kran wurden durchschnittlich 50 Beobachtungen gemacht. Zunächst fällt der erhebliche Unterschied zwischen Kran I und II in den Spalten 9 und 21 für das Schwenken und Fahren des Kranes auf. Wenn auch teilweise diese Zeitdifferenz vielleicht durch eine mehr zufällige Anhäufung einer günstigeren bzw. ungünstigeren Verteilung der Kübelwagen auf die einzelnen Schiffsladeräume erklärt werden kann, so ist im ganzen gesehen der Unterschied zwischen den sonst gleichen Krantypen I und II zweifellos in der Hauptsache auf den günstigeren Standort des Kranführers I zu den Kübelwagen zurückzuführen. Dies läßt sich auch durch die Zahlenreihen a und d der Zahlentafel 2 nachweisen; denn gerade für das Absetzen und Einhängen der Kübel mußte sich die bessere Sicht des Kranführers zeitlich in erster Linie auswirken. Der verhältnismäßig geringe Unterschied in diesen Zeiten für die Krane III und IV ist, obwohl der Kranführer IV sowohl in bezug auf die Höhe seines Standortes über Schienenoberkante wie auch auf die größere Ausladung des Auslegers unter ungünstigeren Bedingungen arbeitete, dagegen in der leichteren Handhabung des Kübels mittels des beweglichen Auslegers zu suchen. Auch bei den Bewegungen für das Schwenken und Kranfahren kommt der Vorteil einer veränderlichen Auslegerweite deutlich zum Ausdruck. Trotz der geringeren Drehgeschwindigkeit, die der Kran IV wegen seines großen Drehkreishalbmessers von maximal 27 m besitzt, weichen die tatsächlich gemessenen Zeiten (Zahlentafel 2 Sp. 9 und 21) gegenüber den errechneten Zeiten der Spalten 8 und 20 wegen der gleichzeitigen Überschneidungen der Einzelbewegungen nur wenig voneinander ab. Ferner zeichnen sich auch die Vorzüge des Hauptstrommotors im Vergleich zu dem gewöhnlichen Wechselstrommotor bei den Hub- und Senkbewegungen deutlich ab. Der mit Deri-Motoren ausgerüstete Kran IV weist hierin bessere Zeiten auf (Sp. 10 und 13) gegen die anderen Krane mit Ausnahme des Kranes I, bei dem der Kranführer infolge der günstigeren Sichtverhältnisse unnötige Hub- und Senkwege leichter vermeiden kann, und außerdem noch im Vergleich zu Kran II, den Kübel um eine 4 m geringere Höhe zu heben und senken braucht.

Im Endergebnis der Spalte 31 finden wir unter Berücksichtigung der Überschneidungen der einzelnen Bewegungen die Leistungen der vier Systeme angegeben, die zwischen 50,7 und 35,1 Kranspielen in der Stunde schwanken[1]. Die geringere Leistung der Reihe II b interessiert nur insofern, als bei dem Umschlag von Staubkohle für das Öffnen und Schließen der Kübel wegen der starken Staubentwicklung fast die zehnfachen Zeiten aufgewendet werden mußten. Wie bereits erwähnt, haben alle diese Zahlen nur einen theoretischen Vergleichswert. Die im Jahres- oder Monatsdurchschnitt festgestellten tatsächlichen Leistungen, in die alle während der Verladung infolge Wagen- oder Schiffsmangel oder notwendiger Nebenarbeiten eintretenden Zeitverluste einbezogen sind, betrugen für den normalen Portalkran je nach dem Fassungsvermögen des Kübels 20 bis 26 Kranspiele in der Arbeitsstunde.

Vergleicht man nämlich die Reihen g und h der Zusammenstellung der Zahlentafel 2, so erkennt man, daß für den Arbeitsgang vom Absetzen des leeren Kübels bis zum Wiedereinhängen und Abheben des nächsten vollen Kübels vom Wagenuntergestell i. M. 46,3% der ganzen Kranspieldauer gebraucht werden. Würde man also die Nutzlast des Kübels erhöhen, müßte man auch die Stundenleistung trotz geringerer Drehgeschwindigkeiten steigern können, da diese Zeiten sich nicht wesentlich ändern würden. Die praktischen Grenzen sind aber nicht nur durch die Konstruktion des Klappkübels selbst gegeben, sondern auch durch die Größe des Schiffes bedingt. In der Partikulierschiffahrt sind heute noch Kähne von 300 t Tragfähigkeit und darunter keine Seltenheit. So betrug beispielsweise die durchschnittliche Tragfähigkeit aller n Wanne verladenen Kähne 694 t, obwohl der Rhein-Herne-Kanal mit Kähnen bis 1350 t befahren wird.

Zahlentafel 3. Mittleres Ladegewicht der Kähne in Wanne-West.

Jahr	1924	1925	1926	1927	1928	i. M.
Tragfähigkeit aller Kähne in 1000 t ...	1945	1759	2555	2534	2747	2308
Anzahl der beladenen Kähne	3072	2451	3749	3555	3803	3326
Durchschnittliche Tragfähigkeit in t ..	634	718	680	713	723	694
Umschlag in 1000 t	1712	1534	2287	2239	2327	2020
Durchschnittliches Ladegewicht in t ..	557	626	609	630	612	607
Auslastung je Schiff in vH	88	87	89	88	85	87

Dieser Umstand führt dazu, daß insbesondere beim Umschlag zahlreicher Kohlensorten der Kübelinhalt nach den oberen Grenzen zu beschränkt bleiben muß, weil der Schiffer seinen Kahn entsprechend der Tragfähigkeit und dem jeweiligen Pegel auf dem freien Strom möglichst ausgelastet sehen will, was aber bei zu großen Kübeln zum Schaden des kleinen Schiffes nicht immer möglich ist und erreicht werden kann. Erfahrungsgemäß hat sich daher der Kübel von 8—15 t Inhalt am besten bewährt. Für diese Ladegewichte können auch noch Geschwindigkeiten der einzelnen Kranbewegungen gewählt werden, bei denen die oben angegebenen Leistungen an Kranspielen sich ohne weiteres erreichen lassen. Mit zunehmendem Kübelinhalt wird man allerdings mit Rücksicht auf die Erhöhung der Schwungmasse entweder kleinere Drehkreishalbmesser oder geringere Drehgeschwindigkeiten am Ausleger wählen müssen. Nimmt man daher für den 8-t-Kübel die obere Grenze von 26 Kranspielen, für den 15-t-Kübel die untere von 20 Kranspielen an, so würden sich bei einer durchschnittlichen Kübelfüllung von 92,5% seines Inhaltes eine praktische Stundenleistung von rund 190 t bzw. 275 t ergeben.

Was die Auslegerlänge des Kranes anbetrifft, wird es im allgemeinen genügen, wenn man zwei nebeneinander liegende Schiffe normaler Breite gleichzeitig bestreichen kann. In Häfen mit lebhaftem Verkehr, in denen auch die Anzahl der umzuschlagenden Kohlensorten entsprechend größer ist, würden sich dagegen aus den bereits früher hervorgehobenen Gründen Krane mit so großen Drehkreisen empfehlen, daß auch noch ein drittes Schiff beladen werden kann[2].

Die Anzahl der Krane an einem Verladeufer ergibt sich aus der Länge des Ufers bzw. aus der jährlichen Umschlagleistung. Im allgemeinen soll das Arbeitsfeld eines Kranes auf 2 bis höchstens 3 Schiffslängen beschränkt bleiben, da einerseits zu enge Arbeitsbereiche den Umschlagbetrieb wegen der Möglichkeit gegenseitiger Behinderung hemmen, größere Verladelängen dagegen zeitraubende Längsfahrten des Kranes am Ufer notwendig machen. Jedoch empfiehlt es sich, auch bei dem kleinsten Hafen mindestens zwei Verladeeinrichtungen vorzusehen. Die Ausrüstung eines Ufers mit nur einem Kran halte ich insofern für bedenklich, als der gesamte Umschlagverkehr stillgelegt ist, wenn die Verladeeinrichtung reparaturbedürftig wird. Wird in einem Hafen nur ein geringer Verkehr zu erwarten sein, so ist es zweckmäßiger, ein kurzes Verladeufer mit zwei Kranen auszurüsten als ein längeres Ufer mit nur einem Kran.

In der Zahlentafel 4 sind die Jahresumschlagleistungen von 14 Kanalhäfen zusammengestellt. Dabei wurde die niedrigste Durchschnittsleistung mit 80 000 t/Jahr, die Höchstleistung mit 758 000 t/Jahr für einen Kran ermittelt. Rechnet man mit einer durchschnittlichen Umschlagleistung von 200 t/Kranstunde und 275 Arbeitstagen im Jahr, so wäre im letzteren Falle jeder Kran arbeitstäglich rund 14 Std. in Betrieb

<hr>

[1] Vgl. Wundram: Die Arbeitsgeschwindigkeit von Hafendrehkränen.
[2] Vgl. Wehrspan S. 61: Zit. S. 207.

gewesen. Einer derartig hohen Beanspruchung können aber die Verladeeinrichtungen bei dem rauhen Betrieb des Kohlenumschlages mit seinen zeitweilig großen Verkehrsspitzen kaum auf die Dauer gewachsen sein. Auch die Umschlagmengen auf 1 m Verladeufer bezogen ergeben ebenfalls Unterschiede bis zum zwölffachen Betrag der niedrigsten Jahresleistung. Allein schon daraus läßt sich der Schluß ziehen, daß in

Zahlentafel 4. Jahresumschlagleistungen einiger Kanalhäfen.

Hafen	Anzahl d. Verladeeinrichtungen	Länge des Verladeufers	Jahresumschlag in 1000 t		Umschlag im Jahr je Kran in 1000 t		Umschlag auf 1 m Verladeufer i. 1000 t	
			i. Mittel	maximal	i. Mittel	maximal	i. Mittel	maximal
I	2	300	160	214	80	107	534	713
II	1	300	132	215	132	215	440	717
III	2	420	262	385	131	193	625	916
IV	2	240	322	375	161	188	1340	1570
V	3	530	766	900	255	300	1450	1700
VI	1	180	306	327	306	327	1700	1810
VII	2	330	615	625	308	313	1870	1890
VIII	2	258	433	546	216	273	1680	2120
IX	2	325	602	766	301	383	1850	2360
X	3	500	1033	1300	344	433	2070	2600
XI	2	360	857	987	429	494	2380	2740
XII	2	225	520	784	260	392	2310	3480
XIII	3	450	1289	1613	430	538	2537	3590
XIV	3	420	1920	2275	640	758	4570	5400

dem einen Falle die vorhandenen Umschlaganlagen wirtschaftlich nicht ausgenutzt sind, in dem anderen Falle jedoch überbeansprucht wurden. Tatsächlich sind auch inzwischen einige dieser Häfen erweitert worden, weil die übersetzte Leistung auf die Dauer nur auf Kosten der Umschlageinrichtungen und erhöhter Betriebsausgaben geht. Die mittleren Umschlagmengen können etwa in den Grenzen zwischen 2000—2500 t/m Verladeufer angenommen werden. Wenn damit die Leistungen anderer Binnenhäfen um ein Beträchtliches überschritten werden, so liegen die Gründe in erster Linie darin, daß der Kübelumschlag bei großer Leistung verhältnismäßig weniger umfangreiche Hafenanlagen erfordert als andere Häfen.

Das Ergebnis der Untersuchung kann nunmehr dahin zusammengefaßt werden, daß der Drehkran auf erhöhtem Portal das für die Kübelverladung geeignetste Kransystem ist. Neben den größeren Geschwindigkeiten des leichten Portalkranes sind die besseren Sichtverhältnisse für den Kranführer gegenüber der schwerfälligeren und hohen Brückenkonstruktion für die Umschlagleistung wichtig. Bei großen Drehkreisen kann der bewegliche Ausleger einen Ausgleich für die geringere Drehgeschwindigkeit schaffen; ebenso wäre dem Wechselstrommotor mit Hauptstromcharakter für das Windwerk der Vorzug vor dem gewöhnlichen Drehstrommotor zu geben, wenn es sich um größere Senk- bzw. Hubwege handelt.

C. Die Hafenanlagen.

Die für den Abtransport der deutschen Kohle über den Wasserweg in Frage kommenden schiffbaren Flußläufe berühren unsere wichtigsten Kohlenbecken nur in ihren Ausläufern. Sollten daher die gesamten Transportkosten nicht durch eine zu hohe Eisenbahnvorfracht belastet werden, mußten die Kohlenreviere durch künstliche Wasserstraßen mit dem Anschluß an das schiffbare Stromnetz erschlossen werden. So entstand der im Jahre 1914 eröffnete Rhein-Herne-Kanal als letztes und wichtigstes Verbindungsglied zwischen dem Rhein- und Wesergebiet und in der Nachkriegszeit der Lippe-Seitenkanal zur Erschließung der nördlichen Randzechen des westfälischen Steinkohlenreviers. Im Osten hatte dagegen der Klodnitz-Kanal infolge seiner unzureichenden Abmessungen für den Umschlagverkehr der oberschlesischen Kohle schon lange an Bedeutung verloren. Erst der neue erweiterte Kanal hat wieder das oberschlesische Kohlenbecken durch einen leistungsfähigen Kanal an das natürliche Wasserstraßennetz angeschlossen[1].

Mit Ausnahme des großen Ausfallhafens Duisburg-Ruhrort und der wenigen Privathäfen am Niederrhein — letztere allerdings gleichzeitig als bedeutende Einfuhrhäfen für Eisenerze — sind die Kohlenhäfen des rheinisch-westfälischen Industriegebietes Kanalhäfen, die sich mitten im Abbaugebiet der Kohle befinden und auch fast ausschließlich dem Versand der Ruhrkohle dienen. Ihre gleichartige Verkehrsstruktur und die beinahe gleichzeitige Entstehung der meisten Umschlaganlagen am Rhein-Herne-Kanal haben daher nur wenig voneinander abweichende Formen der Zechenhäfen entwickelt, die man in der Hauptsache nach zwei Gruppen unterscheiden kann.

1. Häfen, die lediglich durch eine Verbreiterung des Kanalbettes entstanden und daher in der ganzen Ausdehnung vom Kanal aus zugänglich sind und

2. Stichhäfen, die seitlich neben dem Kanalschlauch als Binnenbecken ausgebildet sind.

[1] Vgl. Gaye: Jahrb. d. Hafenbautechn. Ges., Jahrg. 1937, Bd. 16.

Die üblichste Form der unter 1. genannten Häfen ist der Parallelhafen. Bei ihm springt das Ufer, das gleichzeitig als Verladekai dient, um 30 bis 40 m parallel zur Kanalachse zurück. An dem einen Ende befindet sich eine dreieckförmige Einbuchtung, die das Wenden der Kähne gestattet (Abb. 7)[1]. Die Entfernung der Spitze dieses Wendebeckens von der Kanalgrenze richtet sich nach der Länge des größten auf dem Kanal zugelassenen Schiffes und beträgt für den Rhein-Herne-Kanal 80 m*. Eine etwas andere Form stellt der sogenannte Dreieckhafen dar (Abb. 8), bei dem das Verladeufer nicht mehr parallel, sondern in einem spitzen Winkel zur Kanalachse verläuft. Der Endpunkt des Ufers rückt so weit von der Kanalgrenze ab, daß an dieser Stelle die Schiffe wenden können, ohne daß ein besonderes Wendebecken erforderlich ist.

Der Stichhafen kann senkrecht oder parallel oder auch winklig zur Kanalachse angeordnet sein und richtet sich in seiner Lage in erster Linie nach der Einmündung des Verkehrsträgers, also der Hafen- oder Zechenbahn, in das Hafengebiet. Das eigentliche Becken ist mit dem Kanal durch eine besondere Zufahrt verbunden, die nach einer Forderung der Wasserstraßenbehörde überbrückt werden muß, um die Aufnahme des Treidelbetriebes jederzeit sicherzustellen. Ob allerdings die Durchführung des Treidelverkehrs beispielsweise am Rhein-Herne-Kanal, an dem ein offener Hafen neben dem anderen liegt, möglich ist, erscheint fraglich. Auch die Koppelung eines Binnenbeckens mit einem Parallel- oder Schrägufer am Kanal finden wir unter den Zechenhäfen (vgl. Abb. 3). Diese Form ist häufig aus dem offenen Hafen entstanden,

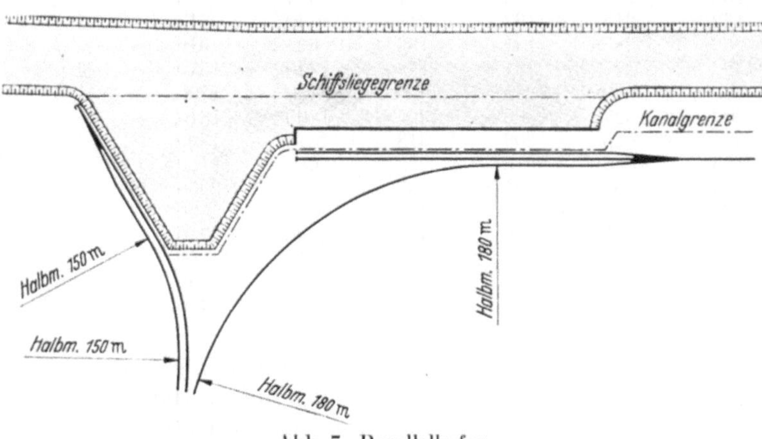

Abb. 7. Parallelhafen.

in dem die Verkehrsentwicklung allmählich zu einer Überlastung des Verladeufers führte, die dann eine Erweiterung der Hafenanlagen notwendig machte.

Die Größe einer neuen Hafenanlage ist bestimmt durch die Kohlenmenge, die in dem Hafen umgeschlagen werden soll. Kann der zukünftige Wasserversand der anzuschließenden Schachtanlagen auf Grund von Erfahrungswerten über die Absatzlage der betreffenden Zechen einigermaßen sicher vorausbestimmt werden, so läßt sich die notwendige Verladeuferlänge daraus errechnen, daß man ihr eine durchschnittliche Jahresumschlagleistung von etwa 2000—2500 t/m Ufermauer zugrunde legt. Je ungewisser allerdings die Schätzung des kommenden Versandes ist, um so vorsichtiger wird man auch die Höhe der Durchschnittsleistung anzusetzen haben. Von vornherein schon einen höheren Wert als 2500 t/m Ufer anzunehmen, wie Wehrspan[2] auf Grund größerer Reichweiten der Verladeeinrichtungen vorschlägt, möchte ich mit Rücksicht auf die Gefahr einer zu schnellen Überlastung des Hafens ablehnen. Nachträgliche Erweiterungsbauten sind nicht nur kostspielig, sondern für den Betrieb auch außerordentlich störend.

Neben der Ladelänge der Ufer tritt weiterhin die Frage über die Größe der verfügbaren Wasserfläche für die in Ladung liegenden und auf Abfertigung wartenden Schiffe auf. Der Platz der in Ladung liegenden Kähne ist durch die Länge des Umschlagufers und durch die Reichweite der Krane bedingt. Darüber hinaus muß aber eine genügend große Fläche für die Unterbringung der Leerkähne vorhanden sein. Außerdem ist ein nicht zu schmaler Wasserstreifen für den Verkehr der an- und ablegenden Schiffe frei zu halten. Der Bedarf an leerer Schiffstonnage, die im Laufe eines Arbeitstages im Hafen zur Beladung bereitliegen muß, soll nach den Angaben von Wehrspan[3] je nach der Anzahl der abgehenden Kohlensorten bis zu dem Dreifachen der Tagesumschlagmenge betragen.

Demnach läßt sich die erforderliche nutzbare Wasserfläche für einen Hafen folgendermaßen berechnen. Wenn wir die Tragfähigkeit der wichtigsten deutschen Kanalkähne zu ihrer verdrängten Wasserfläche in Beziehung setzen, so erhalten wir für die einzelnen, auf den deutschen Flüssen verkehrenden Schiffstypen die nutzbare Belastung für 1 qm Wasserfläche (vgl. Zahlentafel 5).

Die durchschnittliche Tragfähigkeit aller im Hafen Wanne-West abgefertigten Schiffe betrug 694 t bei einer Auslastung von nur 87% (s. Zahlentafel 3, S. 216). Bei 1,38 t/m² verdrängter Wasserfläche für den 700 t-Kahn würden also auf 1 m² Wasserfläche 1,20 t Schiffsladeraum kommen. Wenn man außerdem berücksichtigt, daß im Hafengebiet mindestens 30% der Gesamtwasserfläche für den Schiffsverkehr ständig

---

[1] Die Abb. 7 und 8 wurden dem Aufsatz von Wehrspan: Kohlenverladung am Rhein-Herne-Kanal, S. 58 und 59 (zit. S. 207) entnommen.
  * Über die vorgeschriebenen Maße vgl. Ostendorf: Neue Zechenhäfen am Rhein-Herne-Kanal, S. 241: Zit. S. 201.
[2] Vgl. Wehrspan S. 61: Zit. S. 207.
[3] Vgl. Wehrspan S. 58: Zit. S. 207.

frei gehalten werden muß, so sinkt schließlich die nutzbare Flächenbelastung auf 0 84 t/m² herab, d. h. der Bedarf an Wasserfläche für 1 t Umschlaggut stellt sich auf 1,19 m². Wird nun die mittlere Umschlagleistung in 275 Arbeitstagen auf 1 m Ufer mit 2500 t/Jahr angesetzt, so bedeutet dies, daß täglich auf 1 m Ufermauer 9,1 t umgeschlagen werden müssen. Demnach würden für 1 m Ufer 9,1 · 1,19 = 10,8 m² Wasserfläche benötigt oder unter Berücksichtigung eines drei- bis dreieinhalbfachen Tagesbedarfs an Schiffsleerraum insgesamt rund 35 m².

Zahlentafel 5. Tragfähigkeit der Kanalkähne.

Schiffsbezeichnung	Tragfähigkeit in t	Abmessungen	Wasserfläche in m²	Tragfähigkeit je m² Wasserfläche
Finow-Kahn	210	40,2 · 4,6	185	1,14
Berliner Maßkahn ..	300	46,6 · 6,6	308	1,00
Breslauer Maßkahn.	500	55,8 · 8,0	440	1,14
Plauer Maßkahn ...	700	63,5 · 8,0	508	1,38
Rhein-Herne-Kanal	1350	80,0 · 9,5	760	1,78

Wenn Ostendorf[1] der „Sägeform", wie er den Dreieckhafen bezeichnet, vor dem Parallelhafen den Vorzug gibt, weil sie den im Hafen liegenden Schiffen eine größere Bewegungsfreiheit gestattet, so sprechen auch noch andere Gründe dafür. Im allgemeinen verläuft die Hafenanschlußbahn nicht parallel zur Wasserstraße, sondern sie muß aus dem Hinterland in einem mehr oder weniger geneigten Winkel zur Kanalachse

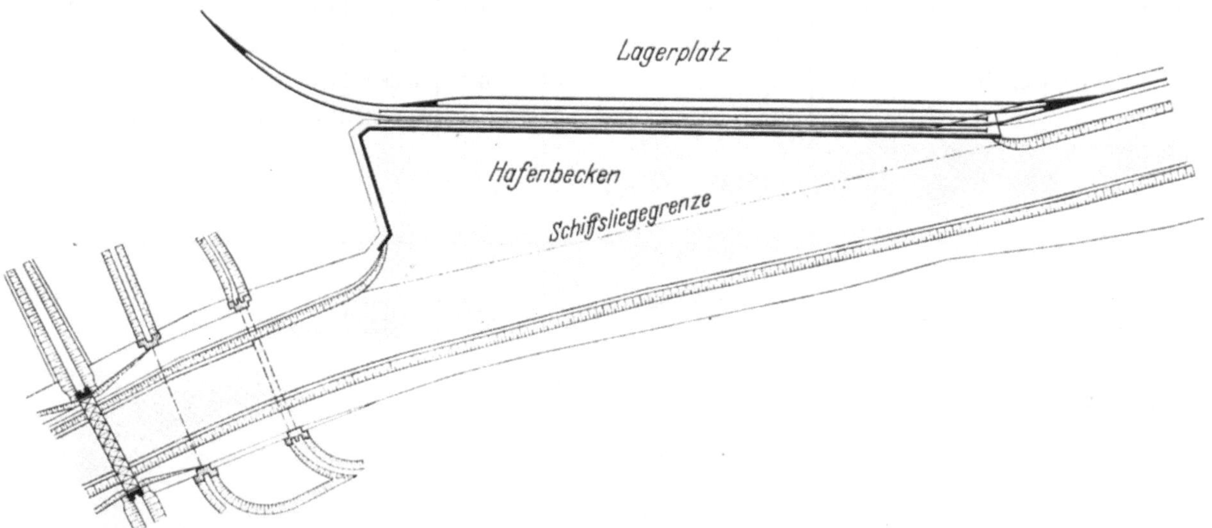

Abb. 8. Dreieckhafen.

in das Hafengebiet eingeführt werden. Die Schrägrichtung des Verladeufers begünstigt daher nicht nur die Gleisentwicklung, sondern auch die Ausdehnungsmöglichkeit des Hafenbahnhofs, da die Bahnanlagen immer weiter von der Kanalgrenze abrücken. Es kommt ferner hinzu, daß der Parallelhafen eine spätere Verlängerung des Ufers über das Wendebecken hinaus selten gestattet. Deshalb kann eine Erweiterung der Anlage im allgemeinen nur in Richtung des Hafenbahnhofes vorgenommen werden. Hat man bei dem ersten Ausbau eine derartige Erweiterung durch Zurückverlegung des Hafenbahnhofes bereits berücksichtigt, so ergeben sich aber bis zum endgültigen Ausbau aus der großen Entfernung der Verteilergleise vom Ufer gewisse betriebliche Schwierigkeiten. Eine Erweiterung durch einfache Verlängerung des Verladeufers ist bei der Dreiecksform dagegen ohne Umbau der Bahnhofsanlagen möglich, sofern die Uferlinie infolge eines zu steilen Anlaufwinkels nicht über die Kanalgrenze hinausläuft. Praktisch sind aber den Verladeufern bezüglich ihrer Ausdehnung insofern Grenzen gesetzt, als die Ufer aus betrieblichen Gründen nicht mehr als 6 Schiffslängen umfassen sollen.

In Abb. 9 ist der allmähliche Ausbau eines Kanalhafens von einer anfänglichen Jahresleistung von etwa 1 Mill. t Umschlag, durch Verlängerung des Kanalufers auf rd. 1,5 Mill. t und schließlich durch den Ausbau eines Binnenbeckens bis zu einer Jahresleistung von etwa 5 Mill. t entwickelt. Gerade der dem Verkehr sich anpassenden Ausbaumöglichkeit sollte bei einem Hafenprojekt besondere Beachtung geschenkt werden; denn manche Hafenbetriebe sind dadurch unwirtschaftlich geworden, daß das investierte Kapital für die Anlagen sich nicht mehr verzinst hat, weil die Verkehrsentwicklung entweder

---

[1] Vgl. Ostendorf S. 242; Zit. S. 201.

Zahlentafel 6.

Hafenform	Anzahl der Schiffslängen	Länge des Verladeufers in m	Wasserfläche des Hafens in m²	Erforderlicher Bodenaushub bei 7 m Baggertiefe in m³	Baukosten in 1000 Mark					Kapitalkosten in Mark					
					Erdarbeiten	Ufermauer	Uferböschungen	Krangleis, Schleifleitung, Be- und Entwässerung, Beleuchtung, Straßen	Baukosten insgesamt	4% Verzinsung der Baukosten	Abschreibungen			Kapitaldienst der Baukosten insgesamt	Kapitaldienst bezogen auf 1 m² Wasserfläche
											Spalte 5 1%	Spalte 6 2%	Spalte 7 und 8 5%		
	1	2	3	4	5	6	7	8	9	10	11	12	13	14	15
Parallelhafen	2	170	11 800	82 600	150	119	6	26	301	12 040	1150	2380	1600	17 170	1,45
	3	255	14 800	103 600	175	179	6	38	388	15 520	1750	3580	2200	23 050	1,55
	4	340	17 700	123 900	200	238	6	51	495	19 800	2000	4760	2850	29 410	1,66
	5	425	20 700	144 900	225	298	6	64	593	23 720	2225	5960	3500	35 405	1,71
	6	510	23 700	165 900	250	357	6	77	690	27 600	2500	7140	4150	41 390	1,74
Dreieckhafen	2	170	12 100	84 700	152	147	2	26	327	13 080	1520	2940	1400	18 940	1,57
	3	255	17 000	119 000	193	207	2	38	440	17 600	1930	4140	2000	25 670	1,51
	4	340	21 900	153 300	234	266	2	51	553	22 120	2340	5320	2650	32 430	1,48
	5	425	26 700	186 900	275	326	2	64	667	26 680	2750	6520	3300	39 250	1,47
	6	510	31 600	221 200	316	385	2	77	780	31 200	3160	7700	3950	46 010	1,46

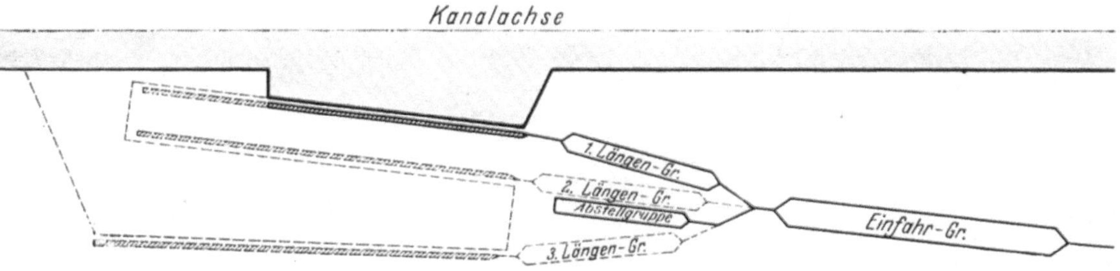

Abb. 9. Ausbau eines Kanalhafens.

zu langsam fortschritt bzw. hinter allen Berechnungen und Erwartungen zurückblieb, oder die späteren Erweiterungen unverhältnismäßig hohe Bausummen verschlungen haben. Endlich stellt sich auch die Sägeform hinsichtlich der Ausbaukosten günstiger. Wie aus der Zahlentafel 6 Spalte 15 zu ersehen ist, wird mit zunehmender Hafengröße der Kapitaldienst für 1 m² Wasserfläche bei dem Dreieckhafen niedriger als beim Parallelhafen, d. h. man erhält bei gleichem Kostenaufwand eine größere Anzahl von Schiffsliegeplätzen.

Das Binnenbecken ist in seinen Anlagekosten bei gleicher Uferlänge infolge der größeren Erdbewegungen, Böschungsbefestigungen usw. teurer als der offene Parallel- oder Dreieckhafen. Das Binnenbecken ist daher nur dort zu empfehlen, wo entweder wegen der örtlichen Verhältnisse ein offener Hafen nicht angelegt werden kann, oder wo von vornherein ein so starker Umschlagverkehr gewährleistet ist, daß mindestens zwei lange Verladeufer erforderlich werden. Die Breite des Beckens sollte nicht unter 80 m liegen, um in der Mitte einen ausreichenden Verkehrsstreifen für die ein- und ausfahrenden Schiffe zu haben. Zweckmäßig wird die Beckenbreite nach der Einfahrt zu erweitert, da hier stets der größere Schiffsverkehr herrscht. Die Erfahrungen haben außerdem gezeigt, daß bei zu engem Hafenmund die durch die zu- oder abfließende Schleusenwelle hervorgerufene Strömung die Manövrierfähigkeit der Schiffe stark behindert.

Obwohl diese Schleusenwelle im Gegensatz zu den wechselnden Wasserständen an den offenen Strömen den Wasserspiegelunterschied in einer Kanalhaltung nur wenig beeinträchtigt und deshalb auch an den schrägen Uferabschlüssen bei abfließender Welle das Schiff infolge Aufsitzens kaum gefährdet, ist doch trotz der höheren Baukosten die senkrechte Wand am Verladeufer vorzuziehen. Je größer nämlich die Entfernungen zwischen Kahn und Wagen sind, um so länger muß auch der Ausleger des Kranes werden und um so weiter sind die Schwenkwege des Kübels. Die Vergrößerung des Drehkreishalbmessers geht aber nur auf Kosten der Umschlagleistung. Bei Verwendung von Portalkranen besteht die Möglichkeit. den Uferstreifen zwischen den Portalstützen abzuböschen, falls die Ufergleise hoch liegen und der Platz unter dem Portal nicht für andere Zwecke ausgenutzt werden soll (Abb. 10).

Diese Anordnung hat neben geringeren Baukosten für die Uferbefestigung den Vorzug. daß der Personenverkehr zwischen Schiff und Land zwangsläufig auf den Wegstreifen längs der Ufermauer beschränkt wird, was aus Gründen der Sicherheit für die ortsfremden Schiffsbesatzungen sehr erwünscht ist. Es besteht aber die Gefahr. daß beim An- oder Ablegen eines Kahnes der Schiffskörper infolge der scharfen Unterschneidungen am Heck in das Kranprofil gelangt. wenn die Mauerkrone nur wenig über dem Wasserspiegel liegt. Und gerade aus diesem Grunde ist diese Anordnung im Bergsenkungsgebiet nicht empfehlenswert. Die Bodensenkungen beim Abbau der Kohle würden schon nach kurzer Zeit zu einer Überflutung der Mauer und der wasserseitigen Kranschiene führen. Man wird daher die Mauerkrone schon von vornherein stets etwas höher legen. als aus betrieblichen oder örtlichen Gründen zunächst erforderlich ist. Allerdings sollte. auch wenn im Laufe der Zeit noch stärkere Bodensenkungen zu erwarten sind. nur in Ausnahmefällen eine Höhe von 3 m über dem Wasserspiegel überschritten werden. da mit zunehmenden Hub- und Senkwegen die Umschlagleistung abnimmt. Bei starken Bodensenkungen wird eine nachträgliche Aufhöhung der Uferwand nicht zu umgehen sein. Infolge der insbesondere auf längeren Strecken meist ungleichmäßig verlaufenden Bergsenkungen wird die Uferwand erheblichen Zerrungen und Pressungen ausgesetzt. Das Mauerwerk muß daher in einzelne Bauglieder aufgelöst werden. um die durch die Bewegungen des Untergrundes auftretenden Spannungen möglichst in geringen Grenzen zu halten. damit sie nicht zu einer vorzeitigen Zerstörung der Konstruktion führen[1]. Nach den Untersuchungen von Ostendorf[2] kann auch im Abbaugebiet der Kohle die Verwendung von stählernen Spundbohlen empfohlen werden. da sie elastisch genug sind. um die Senkungsbewegungen und ihre Folgeerscheinungen mitzumachen.

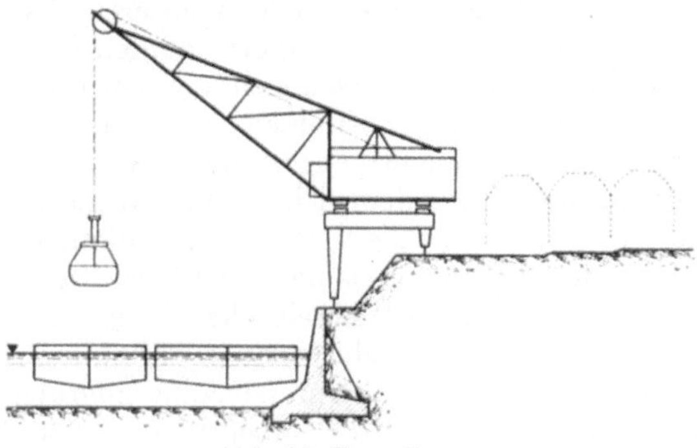

Abb. 10. Portalkran.

Bei dieser Gelegenheit mag auch auf den Nachteil der starren Befestigung der Kranschiene auf der Mauerkrone oder einem besonderen Betonfundament hingewiesen werden. wie sie noch in den meisten Häfen des Rhein-Herne-Kanals anzutreffen ist. Schon geringe Höhenunterschiede in der Kranschiene. wie sie sich sehr bald schon bei den ersten Bergsenkungen zeigen. erschweren die Bedienung des Kranfahrwerkes, da die Auslaufwege in den Neigungen verschieden werden und damit die Abschaltung und Bremsung größere Aufmerksamkeit des Kranführers erfordern. Um die Kranschiene in der Waagerechten zu halten. müssen daher die Höhenunterschiede von Zeit zu Zeit durch Untergießen mit Beton oder ähnliche Vorkehrungen ausgeglichen werden. An den Übergangsstellen. wo also die Zwischenlage nur sehr dünn ist, wird durch die Erschütterung der Zwischenbeton bald zerstört. so daß die Kranschiene schon nach kurzer Zeit wieder ihren Halt verliert. Man verlegt daher im Bergbaugebiet die Kranschienen zweckmäßig auf Schwellen in einem Schotterbett. bei dem die Schienenlage durch Nachstopfen der Schwellen jederzeit und ohne Unterbrechung des Betriebes reguliert werden kann. Wie die Beachtung aller der vorstehend dargelegten und für das Senkungsgebiet wichtigen Gesichtspunkte zu einer besonderen Mauerkonstruktion geführt haben. zeigt die Ausführung einer Kranbahn in dem Kohlenhafen Wanne-West[3].

VI. Betriebswirtschaftliche Untersuchung über die Anlage von Kohlenhäfen im Aufkommensgebiet.

A. Grundlagen der Betriebskostenberechnung.

In den vorhergehenden Abschnitten war allgemein die zweckmäßige Ausgestaltung eines Kohlenhafens im Aufkommensgebiet behandelt worden. Dabei wurden nicht nur die Hauptmerkmale der Konstruktion und Anlage des Zechenhafens aufgezeigt. sondern es wurden insbesondere die technischen Aufgaben beleuchtet. die sich durch das Zusammenspiel zwischen dem Verkehraufkommen einerseits und dem Eisenbahn- und Umschlagbetrieb andererseits ergeben. Gerade die intensive Betriebsleistung. die in der überragenden Größe der Jahresumschlagleistung auf das laufende Meter Ufermauer bezogen gegenüber anderen

<hr>

[1] Über die Ausführung einer Betonmauer im Bergsenkungsgebiet vgl. Ostendorf: Der Hüttenhafen der Friedr. Krupp-AG. am Rhein-Herne-Kanal. S. 70.

[2] Vgl. Ostendorf S. 243: Zit. S. 201.

[3] Vgl. Oehler S. 109: Zit. S. 206.

Häfen deutlich zum Ausdruck kommt, erfordert mehr als sonst schon bei dem Entwurf einer solchen Anlage die engste Zusammenarbeit des Eisenbahn- und Wasserbaufachmannes mit dem Fachmann des Umschlagbetriebes. Auch wurde bereits die Frage geprüft, welche Verkehrsleistungen angenommen werden können, um die Wirtschaftlichkeit des Hafenunternehmens für eine bestimmte Ausbaugröße sicherzustellen. Auch hier wird man sich auf Erfahrungswerte stützen müssen, wie sie uns die Verkehrsstatistik für den Ruhrkohlenabsatz zeigt, und wie wir sie aus den Umschlagleistungen der Zechenhäfen ableiten und gewinnen können.

Maßgebend für die Wirtschaftlichkeit eines Unternehmens ist die Summe seiner Betriebsausgaben im Verhältnis zu seinen Einnahmen. Weniger in der effektiven Höhe dieser Beträge als vielmehr auf die Leistungseinheit bezogen, wird sich das deutliche Bild der Rentabilität abspiegeln. Die Betriebskostenrechnung hat sich daher auch in unserem Falle mit der Untersuchung zu befassen, wie hoch sich die Betriebskosten für den Transport und den Umschlag von 1 t Kohlen von der Zeche bis zum Schiff stellen. Diese Betriebskosten setzen sich aus den festen Kosten, d. i. in erster Linie der Kapitaldienst, und den beweglichen Kosten zusammen. Während der Anteil der festen Kosten für 1 t Kohlen sich mit dem Verkehrsumfang ändert, steigen oder fallen die beweglichen Kosten mit zunehmendem oder abnehmendem Verkehr ungefähr in dem gleichen Verhältnis, so daß sie auf die Leistungseinheit bezogen ziemlich konstant bleiben. Zwar haben die Verkehrsschwankungen, die ja in dem Kohlenumschlagverkehr nichts Ungewöhnliches sind, gewisse Leerläufe oder Überlastungen an Personal und Betriebsmitteln zur Folge, denen nicht immer durch eine Betriebseinschränkung oder -erweiterung begegnet werden kann und auch nicht begegnet zu werden braucht, solange es sich um zeitbedingte und vorübergehende An- und Abschwellungen handelt. In den unserer Untersuchung zugrunde liegenden Betriebskosten ist bereits der Einfluß solcher Konjunkturschwankungen einbegriffen, so daß die Feststellung der Durchschnittskosten für den normalen Umschlagverkehr in kleineren und größeren Kohlenhäfen auf dieser Grundlage möglich ist.

Die nachfolgend behandelten Betriebskosten sollen auf Häfen bis zu einem Jahresumschlag von 2 Mill. t beschränkt bleiben. Diese Umschlagleistung ist noch im normalen Betriebe bei stärkster Auslastung der Verladeeinrichtungen und Betriebsmittel an einem Verladeufer von 6 Schiffslängen zu erzielen. Sie ergibt somit ein Minimum der Selbstkosten für eine umgeschlagene Tonne Kohle. Denn würde der Verkehr einen noch größeren Umfang annehmen, so müßten entweder teuere Überschichten verfahren oder die Hafen- und Umschlaganlagen erweitert werden. Dies würde so lange eine Steigerung der Selbstkosten je Tonne Kohle zur Folge haben, bis die gesamte Hafenanlage wieder an der Grenze ihrer Leistungsfähigkeit angelangt ist. Es fragt sich nun, ob in diesem Falle die Selbstkosten des erweiterten Hafens wesentlich unter die Selbstkostenkurven des ehemaligen Hafens mit der geringeren Kapazität sinken würden. Praktische Erfahrungen liegen nicht vor, es lassen sich jedoch theoretische Rückschlüsse aus folgender Überlegung ziehen.

Betrachten wir die einzelnen Kostenstellen der Selbstkostenberechnung eines Hafenunternehmens, so sehen wir, daß die Aufwendungen für das in den Anlagen und Betriebsmitteln investierte Kapital einschließlich Generalkosten die ausschlaggebenden Faktoren sind. An baulichen und maschinellen Einrichtungen werden jedoch auch bei einer größeren, gleichfalls voll ausgelasteten Hafenanlage keine, oder doch nur unwesentliche Ersparnisse erzielt werden können gegenüber einem Hafen von 2 Mill. t Umschlag, da sie in dem gleichen Maße und Umfang für den Betrieb notwendig sind. Auch die Personal- und Materialkosten müssen sich in dem errechneten Rahmen halten; denn als bewegliche Kosten stehen sie in direktem Zusammenhang mit der Umschlagleistung. Lediglich die Generalkosten könnten eine geringe Senkung erfahren. Dem steht aber gegenüber, daß alle nicht vorauszusehenden Verkehrsschwankungen, die durch wirtschaftspolitische Ereignisse irgendwelcher Art verursacht werden, sich bei einem auf größere Leistungen eingestellten Unternehmen in stärkerem Maße auswirken, als es bei einem durchschnittlich kleinerem Verkehrsumfang der Fall ist. Wenn daher die betriebswirtschaftliche Untersuchung auf diejenigen Häfen beschränkt bleibt, die einen Jahresumschlag von 2 Mill. t und darunter haben — entsprechend den tatsächlichen Verhältnissen in den Häfen des rhein-westf. Industriegebietes —, so werden auch die Schlußfolgerungen für ähnliche Anlagen mit höheren Verkehrsziffern Geltung behalten müssen. Voraussetzung ist natürlich, daß das einzelne Hafenunternehmen seine Aufwendungen für die Durchführung des Betriebes entsprechend seiner Größe und dem Umfange des Verkehrs den wirtschaftlichen Verhältnissen angepaßt hat, daß also die beweglichen Kosten das überhaupt mögliche wirtschaftliche Optimum erreichen. Demnach würde es also genügen, die Betriebskosten eines Hafenunternehmens, bei dem diese Voraussetzungen erfüllt erscheinen, zu ermitteln, um sie auf alle anderen Fälle mit ausreichender Genauigkeit übertragen zu können. Die Unterschiede, die sich aus geringen Abweichungen in der Leistung ergeben würden, können jedenfalls nicht so erheblich sein, daß dadurch das Ergebnis der Untersuchung wesentlich beeinträchtigt wird. Der Untersuchung sollen daher die Betriebskosten eines Hafens am Rhein-Herne-Kanal zugrunde gelegt werden, die sich auf genaue Aufzeichnungen der Verkehrsleistungen und Auskontierung der Kosten auf die verschiedenen Betriebszweige und Kostenstellen aus fünf aufeinanderfolgenden Betriebsjahren stützen. Die ermittelten Durchschnittswerte dieser fünf Jahre können insofern als grundlegend angesehen werden, als sie einer Epoche der Nachkriegszeit entstammen, über die wir ziemlich vollkommene statistische Unterlagen besitzen, und in der das Ruhrgebiet bezüglich seiner Produktions- und Absatzmöglichkeit im großen und ganzen eine gewisse stetige Entwicklung ohne größere Störungen aufzuweisen hatte.

Im Abschnitt V war festgestellt worden, daß bei dem Kübelumschlag die zweckmäßigen Uferlängen zwischen zwei bis sechs Schiffslängen liegen. Die Kostenberechnung muß sich daher einmal auf diese fünf verschieden großen Häfen erstrecken. Andererseits verändern sich die anteiligen Kosten für die Tonne Umschlag je nach der Jahresleistung, die nach Zahlentafel 4 in den Kanalhäfen zwischen 1000 und 4000 t auf ein Meter Ufer angenommen werden darf. Deshalb soll außerdem noch der Einfluß dieser verschieden großen Umschlagleistungen auf die Betriebskosten untersucht werden, und zwar für je 1000, 1500, 2000, 2500, 3000 und 4000 t/m Ufer. Damit erscheinen alle überhaupt möglichen Fälle für die betriebswirtschaftliche Untersuchung eines Kohlenhafens mit Kübelumschlag erfaßt zu sein.

Die Kosten werden bezogen auf die Leistungseinheit, und zwar auf eine Tonne Kohlenumschlag. Soweit sie jedoch in unmittelbarem Zusammenhang mit der Beförderung auf der freien Strecke stehen, werden sie auf Nutztonnenkilometer (NTkm) berechnet. Hierbei sei bemerkt, daß die Kosten für die Kübelwagen und teilweise auch für den Lokpark ebenfalls auf die umgeschlagene Tonne und nicht, wie es in sonstigen Verkehrsbetrieben üblich ist, auf die kilometrische Leistung umgelegt worden sind. Der Grund liegt darin, daß auf den Anschlußbahnen infolge der kurzen Entfernungen der Zechen von den Kanalhäfen verhältnismäßig geringe Streckenleistungen erzielt werden und der Abnutzungsgrad gerade bei den Kübelwagen weniger durch die Fahrt auf der freien Strecke als vielmehr durch die Be- und Entladung und durch die Korrosionseigenschaften der nassen Kohlen an Kübeln und Wagenuntergestellen beeinflußt wird.

B. Die Betriebskosten.

Bei der Ermittlung der Betriebskosten haben wir, wie bereits gesagt, die festen von den beweglichen Kosten zu trennen. Unter die erste Gruppe fallen alle die Ausgaben, die allein schon durch das Vorhandensein der Anlagen und Betriebsmittel bedingt sind, ohne daß ihre effektive Höhe durch die Größe der Verkehrsleistung gar nicht oder doch nur unwesentlich geändert oder beeinflußt wird. Hierzu gehören zunächst alle Aufwendungen für den Kapitaldienst, d. h. für die ordnungsmäßige Verzinsung und Abschreibung derjenigen Kapitalwerte, die zum Bau und zur Beschaffung der Hafen- und Verkehrsanlagen, der Umschlageinrichtungen, Betriebs- und Transportmittel in dem Gesamtunternehmen investiert wurden. Da sie also von der jeweiligen Verkehrsgröße unabhängig sind, wird jede umgeschlagene Tonne Kohle um so weniger durch den Kapitaldienst belastet, je höher der Umschlag im Rechnungsjahr gewesen ist. Mit einer gewissen Berechtigung kann man auch die Generalkosten zu den festen Kosten zählen, in denen alle Aufwendungen für die Verwaltung zusammengefaßt sind, obwohl einzelne ihrer Kostenstellen in unmittelbarem Zusammenhang mit der Verkehrsleistung stehen und deshalb zu den beweglichen Kosten gerechnet werden müßten. Unter den beweglichen Kosten verstehen wir dagegen alle jene Ausgaben, deren Höhe mit dem aufkommenden Verkehr steigt oder fällt. Es sind dies in erster Linie die Aufwendungen für das Betriebspersonal, die Betriebsstoffe und die Unterhaltung der Anlagen und Betriebsmittel.

Unsere Untersuchung wird sich daher auf die Aufwendungen für den Kapitaldienst, die Unterhaltung der Anlagen und Betriebsmittel, den Umschlag- und Verkehrsdienst und für die Generalien erstrecken müssen.

1. Kapitalkosten.

Die Ermittlung der Kapitalkosten sollen die Aufwendungen zugrunde gelegt werden, die nach den in den vorhergehenden Abschnitten entwickelten Gesichtspunkten für die Erstellung der notwendigen Anlagen und Betriebsmittel aufgebracht werden müssen. Die Bau- und Beschaffungskosten wurden nach Durchschnittspreisen errechnet, wobei allerdings in einzelnen Fällen von den üblichen Einheitspreisen mit Rücksicht auf die besonderen Verhältnisse des Ruhrgebietes hinsichtlich der Bauausführungen (eng besiedeltes Baugelände, dichtes Verkehrsnetz, Gefahren der Bergsenkungen) abgewichen worden ist. Die Verzinsung des Anlagekapitals wurde mit 4 % angesetzt. Die Höhe der Abschreibungen schwankt je nach dem Abnutzungswert des betreffenden Anlageobjektes zwischen 1—8 %. Die in dieser Weise ermittelten Kapitalkosten würden dann auf 1 t Kohle des Jahresverkehrs bezogen, soweit es sich nicht um reine Streckenkosten handelt und daher in NTkm umgerechnet werden.

a) Hafenanlagen.

Wie dargelegt wurde, können wir bei den Kohlenbinnenhäfen im allgemeinen 3 Grundformen — Parallelhafen, Dreieckhafen, Hafenbinnenbecken — unterscheiden. Es war ferner kurz darauf hingewiesen worden, daß der Dreieckhafen bezüglich seiner Baukosten im Verhältnis zu der gewonnenen nutzbaren Wasserfläche billiger ist als der Parallelhafen, so daß wir in unserer Betrachtung den Kapitaldienst je

Zahlentafel 7. Kapitalkosten des Umschlag- und Streckendienstes.

Umschlag auf 1 m Ladeufer	1000 t/Jahr					1500 t/Jahr				
Anzahl der Schiffslängen	2	3	4	5	6	2	3	4	5	6
Länge des Ladeufers in m	170	255	340	425	510	170	255	340	425	510
Jahresumschlag in 1000 t	170	255	340	425	510	255	385	510	640	765
Umschlagdienst	Kapitalkosten je t in Pf.									
a) Hafenanlage	11,14	10,07	9,45	9,24	9,02	7,43	6,17	6,36	6,16	6,04
b) Verladeeinrichtung	12,75	8,47	6,35	5,09	4,24	8,47	5,65	4,24	3,39	2,82
c) Gleisanlagen Hafenbhf.	10,59	8,29	7,15	6,46	6,00	7,06	5,53	4,77	4,31	4,00
Gleisanlagen Sammelbhf.	3,53	2,35	1,77	1,41	2,35	2,35	1,57	2,35	1,88	1,57
d) Lokomotiven	12,75	8,47	6,35	4,09	4,24	8,47	5,65	4,24	3,39	2,82
e) Kübelwagen	8,63	8,96	8,96	8,96	9,23	8,96	8,96	9,23	9,23	9,60
zusammen	59,93	46,61	40,12	35,25	35,08	42,74	34,07	31,19	28,36	26,85
Streckendienst	Kapitalkosten je NTkm in Pf.									
	8,24	5,40	4,12	3,29	2,75	5,49	3,66	2,75	2,20	1,83

Umschlag auf 1 m Ladeufer	2000 t/Jahr					2500 t/Jahr				
Anzahl der Schiffslängen	2	3	4	5	6	2	3	4	5	6
Länge des Ladeufers in m	170	255	340	425	510	170	255	340	425	510
Jahresumschlag in 1000 t	340	510	680	850	1020	425	640	850	1065	1275
Umschlagdienst	Kapitalkosten je t in Pf.									
a) Hafenanlage	5,57	5,03	4,77	4,63	4,51	4,46	4,03	3,82	3,69	3,61
b) Verladeeinrichtung	6,35	4,24	3,18	2,54	3,18	5,09	3,39	2,54	3,05	2,54
c) Gleisanlagen Hafenbhf.	5,29	4,15	3,57	3,23	3,00	4,24	3,32	2,86	2,58	2,40
Gleisanlagen Sammelbhf.	1,77	2,35	1,77	1,41	1,77	1,41	1,88	1,41	1,69	1,41
d) Lokomotiven	6,35	4,24	3,18	2,54	3,18	2,33	2,33	1,75	2,03	1,69
e) Kübelwagen	8,96	9,23	9,23	9,60	10,00	8,96	9,23	9,60	10,00	10,35
zusammen	34,29	29,24	25,70	23,95	25,64	26,49	24,18	21,98	23,04	22,00
Streckendienst	Kapitalkosten je NTkm in Pf.									
	4,12	2,75	2,06	1,65	1,37	3,29	2,20	1,65	1,32	1,10

Umschlag auf 1 m Ladeufer	3000 t/Jahr					4000 t/Jahr				
Anzahl der Schiffslängen	2	3	4	5	6	2	3	4	5	6
Länge der Ladeufer in m	170	255	340	425	510	170	255	340	425	510
Jahresumschlag in 1000 t	510	765	1020	1275	1530	680	1020	1360	1700	2040
Umschlagdienst	Kapitalkosten je t in Pf.									
a) Hafenanlage	3,71	3,36	3,18	3,08	3,01	2,79	2,52	2,39	2,31	2,26
b) Verladeeinrichtung	4,24	2,82	3,18	2,54	2,82	3,18	3,18	2,38	2,54	2,12
c) Gleisanlagen Hafenbhf.	3,53	2,77	2,38	2,15	2,00	2,65	2,07	1,79	1,62	1,50
Gleisanlagen Sammelbhf.	2,35	1,57	1,77	1,41	1,57	1,77	1,77	1,32	1,41	1,18
d) Lokomotiven	2,91	1,94	2,12	1,69	1,41	2,18	2,12	1,59	1,27	1,06
e) Kübelwagen	9,23	9,60	10,00	10,35	10,51	9,23	10,00	10,35	10,51	11,77
zusammen	25,97	22,06	22,63	21,22	21,32	21,80	21,66	19,82	19,66	19,89
Streckendienst	Kapitalkosten je NTkm in Pf.									
	2,75	1,83	1,37	1,10	0,92	2,06	1,37	1,03	0,82	0,69

Tonne Kohlenumschlag auf jene Hafenform beschränken wollen. In den Baukosten, die in der Zahlentafel 6 zusammengestellt sind, sind enthalten die Aufwendungen für die Erdarbeiten, Ufermauer und -böschungen, Kranschienen und Schleifleitungskanal, Beleuchtung, Be- und Entwässerung, Zufahrtswege usw. Je nach Hafengröße bzw. nach der Anzahl der Schiffslängen sind demnach an Kapitalkosten 18 940 bis 46 010 Mk. im Jahr aufzubringen. Umgerechnet auf die jeweils mögliche Umschlagleistung würde die Belastung für 1 t Kohle aus den Kapitalkosten zwischen 2.26 und 11,14 Pf/t Umschlag betragen (Zahlentafel 7).

<h3 style="text-align:center">b) Verladeeinrichtungen.</h3>

Die zu den Verladeeinrichtungen gehörenden Kranschienen mit dem Schleifleitungskanal wurden bereits unter den Kapitalkosten zu a) berücksichtigt, da sich ihre Ausbaulänge und damit ihre Baukosten nach der Ausdehnung des Verladeufers richtet. Für den Umschlag sollen normale elektrische Vollportaldrehkrane vorgesehen werden, deren Anschaffungswert mit 120000 Mk. angesetzt wird. Wenn ihre Jahresleistung für die Berechnung mit maximal 500000 t begrenzt wird, so bedeutet dies, daß bei 275 Arbeitstagen von einem Kran täglich rd. 1800 t umzuschlagen sind. Da grundsätzlich an jedem Verladeufer mindestens 2 Krane vorhanden sein sollen, würde ihre Leistung bei 1 Mill. t erschöpft sein, so daß bei größerem Verkehrsanfall ein dritter Kran aufgestellt werden müßte. Dasselbe gilt für einen vierten Kran bei einem Jahresumschlag von mehr als 1,5 Mill. t. In den Grenzfällen könnte man zwar mit einer gewissen Berechtigung auch den Standpunkt vertreten, daß das Mehr durch Verfahren von Überstunden oder Doppelschichten ausgeglichen werden kann. Eine Jahresleistung von $\frac{1}{2}$ Mill. t schließt aber an und für sich schon durch die normalen Verkehrsschwankungen zeitweilige Umschlagspitzen ein, die natürlich auf die Dauer sich unwirtschaftlicher auswirken müssen als die Kapitalkosten für einen weiteren Kran, da die ständige übermäßige Beanspruchung der Verladeeinrichtung zu größeren Unterhaltungskosten, einer höheren Abnutzung und damit auch zu einer kürzeren Lebensdauer, d. h. also zu einem erhöhten Kapitaldienst führt. Nach Zahlentafel 7 würden sich die Kapitalkosten für die Verladeeinrichtungen in den Grenzfällen auf 2,12 bzw. 12,75 Pf/t stellen.

<h3 style="text-align:center">c) Gleisanlage.</h3>

Der Bedarf an Ufer- und Hafenbahnhofsgleisen kann gemäß den Richtlinien, die im Abschnitt V A entwickelt wurden, bestimmt werden. Es ergeben sich für die fünf verschiedenen Hafengrößen von 2 bis 6 Schiffslängen Gleislängen von etwa 3500, 4000, 4500, 5000 bzw. 5500 m. In dem Durchschnittspreis von 65 Mk. lfd. m Gleis sollen alle Aufwendungen für den Unter- und Oberbau, für die Sicherungsanlagen, Beleuchtung, Be- und Entwässerung, Zufahrtswege usw. enthalten sein. Die Verzinsung und Abschreibung wurden mit 9% des Anschaffungswertes eingesetzt (Zahlentafel 7).

Naturgemäß wird mit steigender Verkehrsleistung auch das Einzugsgebiet des Hafens umfangreicher, da jede Schachtanlage nur eine begrenzte Jahresförderung hat und somit der Kohlenabsatz eines Hafens sich auf eine größere Anzahl von Förderschächten verteilen muß. Im allgemeinen wird man, wie bereits erwähnt wurde, mehrere Schachtanlagen in Gruppen mit einem gemeinsamen Sammel- oder Übergabebahnhof zusammenfassen, der durch eine Anschlußbahn mit dem Hafen in Verbindung steht. Die Zubringerkosten von diesen Hafen-Übergabebahnhöfen, die also zwischen Förderschacht und Übergabegleis entstehen, gehen selbstverständlich zu Lasten der Grubenverwaltung und nicht des Hafenbetriebes, ebenso wie ja die auf die Reichsbahn übergehenden Kohlen von dieser auch erst auf reichsbahneigenen Anschlußgleisen übernommen werden. Die Leistung des einzelnen Übergabebahnhofs soll auf $\frac{1}{2}$ Mill. t/ Jahr begrenzt bleiben, so daß also für je 500000 t ein Bahnhof von 1500 m Gleislänge vorzusehen ist. Infolge der verhältnismäßig einfacheren Gleis- und Sicherungsanlagen usw. kann der Durchschnittspreis mit 50 Mk. m Gleis bei einem Kapitaldienst von 8% angenommen werden (Zahlentafel 7).

Bei den Anlagekosten für die Strecke der Anschlußbahnen wird gerade das Moment der engeren Besiedelung eines Industriegebietes stärkste Beachtung finden müssen. Neben erhöhten Grunderwerbskosten sind im Vergleich zu anderen Gebieten eine vermehrte Anzahl von Kreuzungsbauwerken mit Eisenbahnen oder anderen öffentlichen Verkehrswegen zu erstellen, so daß die Baukosten wesentlich über denen einer normalen eingleisigen Bahn liegen. Für unsere Berechnung sei daher für 1 km Streckenlänge ein Durchschnittspreis von 200000 Mk. bei 7% Verzinsung und Abschreibung angesetzt. Die Kapitalkosten werden, da es sich um eine reine Streckenleistung handelt, auf den gefahrenen Nutztonnenkilometer (NTkm) umgelegt (Zahlentafel 7).

<h3 style="text-align:center">d) Maschinenpark.</h3>

Der für die Verkehrsleistung notwendige Lokpark ist abhängig von den Transportweiten, auf denen die Kohle von den Zechen zum Hafen befördert werden muß, und von der Ausgestaltung der Rangieranlagen im Hafengebiet. Ist z. B. der Hafenbahnhof als Gefällsbahnhof ausgebildet, so genügt für die verhältnismäßig geringen Rangierbewegungen eine leichte Maschine, während im Verschubbetrieb schwerere Maschinen notwendig sind. Für den Streckendienst muß die Zugkraft selbstverständlich der Größe des Kohlenverkehrs und den Beförderungsweiten angepaßt werden, d. h. bei mittlerem Verkehr und geringen Entfernungen wird man mit kleineren Maschinen auskommen können als sie bei größerem Verkehrsumfang erforderlich sind. Erfahrungsgemäß kann bei kürzeren Verkehrswegen eine Lok (zuzüglich Reservemaschine) etwa ½ Mill. t Kohlen im Jahr befördern und nebenbei noch den Rangierdienst im Hafen versehen. Natürlich wird eine Reservelok von gleicher Stärke vorgehalten werden müssen. Bis zu 1 Mill. t würde eine weitere Maschine erforderlich sein. Bei noch größeren Verkehrsleistungen sind zwar zwei Streckenmaschinen mit einer Reservelok ausreichend, jedoch werden ihre Dienstgewichte höher anzusetzen sein, da bei zunehmendem Umschlag auch längere Zugeinheiten gefahren werden und gleichzeitig die mittleren Transportentfernungen wachsen. Unter Berücksichtigung dieser Umstände wird das gesamte erforderliche Lokgewicht eines Kohlenhafens folgendermaßen zu bemessen sein:

bis ½ Mill. t: Lok.Gew. 110 t, Anschaffungswert: 110 000,—
bis 1 „ t: „ „ 165 t, „ : 165 000,—
über 1 „ t: „ „ 240 t, „ : 240 000,—

Bei einer Verzinsung und Abschreibung von 9% wären demnach 9900 bzw. 14 850 bzw. 21 600 Mk. Kapitalkosten jährlich aufzuwenden sein (Zahlentafel 7).

e) Kübelwagen.

Die für den Kohlenverkehr erforderlichen Kübelwagen wurden aus der Anzahl der Be- und Entladungen eines Wagens im Jahr, d. h. aus dem Wagenumlauf, berechnet. Bei dem Wagenumlauf spielen die reinen Streckenentfernungen der Zechen von dem Hafen an sich eine weniger wichtige Rolle, da im rhein.-westf. Industriegebiet die Hafenanschlußbahnen meist nur Streckenlängen von wenigen Kilometern aufweisen. Eine Ausnahme bildet nur der Fall, wo die Zeche in unmittelbarer Nähe des Hafens liegt, da abweichend von dem sonst üblichen Zubringerdienst solche Zechen in kürzeren Zeitabständen, dafür aber auch mit kleineren Zugeinheiten, bedient werden. Je größer aber das Einzugsgebiet eines Hafens wird, auf das die Wagen verteilt werden müssen, um so mehr Zeit wird für die Aufenthalte auf den Sammelbahnhöfen, die Zustellung nach den einzelnen Schachtanlagen und ihren Verladebühnen sowie für die Rückführung der Wagen nach den Sammelbahnhöfen gebraucht. Wenn auch keine allgemeingültigen Sätze über die Einflüsse der Beförderungsweiten, der Transportmengen und der Größe des Einzugsgebietes auf den Wagenumlauf abgeleitet werden können, so sind diese Einflüsse doch zweifellos vorhanden und dürfen nicht unberücksichtigt bleiben. Wie in einem Hafenbetrieb festgestellt werden konnte, ergaben sich bei einem Umschlag von 2,25 Mill. t durchschnittlich 210 Umläufe für einen Wagen im Jahr; dagegen wurden bei einer Zeche, die in unmittelbarer Nähe des Hafens liegt, und die im Mittel 500 000 t Kohlenumschlag hatte, 280 Umläufe erzielt. Nimmt man diese beiden Zahlen als Grenzwerte an, zwischen denen sich der Wagenumlauf verhältnisgleich ändert, so würde er sich für je 250 000 t mehr oder weniger beförderte Kohle jedesmal um weitere 10 Umläufe verringern oder vermehren. Infolgedessen sinkt auch die Belastung einer Tonne Kohle durch den Kapitaldienst für den Kübelwagen mit der steigenden Umlaufzahl; denn je häufiger der Wagen zwischen Be- und Entladestellen hin und her pendelt, um so größere Kohlenmengen kann er auch im Laufe eines Jahres befördern. Für die Höhe der Kapitalkosten eines Kübelwagens ist aber außerdem noch seine normale Auslastung wichtig, die sowohl von dem Schüttgewicht der verschiedenen Kohlensorten, wie von der mehr oder weniger vollständigen Füllung des einzelnen Kübels bei der Beladung auf den Zechen abhängig ist. Unter Berücksichtigung dieser beiden Faktoren wird die Tragfähigkeit eines Kübelwagens erfahrungsgemäß i. M. nur zu 92,5% ausgenutzt, so daß der normale Kübelwagen von 50 t tatsächlich nur 46,25 t befördert.

Der Kapitaldienst für einen 50-t-Kübelwagen beläuft sich auf etwa 1200 DM. Aus Umlauf und Kohlenmenge ergeben sich daher nachstehende Kapitalkosten je Tonne beförderte Kohle:

Zahlentafel 8. Umlauf und Kapitalkosten der Kübelwagen.

Jahresverkehr in t	Umlauf im Jahr	Beförd. t pro Jahr u. K.-Wg.	Kapitalkosten in Pf./t
2 500 000	200	9 250,0	12,90
2 250 000	210	9 712,5	12,37
2 000 000	220	10 175,0	11,77
1 750 000	230	10 637,5	11,32
1 500 000	240	11 100,0	10,81
1 250 000	250	11 562,5	10,35
1 000 000	260	12 025,0	10,00
750 000	270	12 487,5	9,60
500 000	280	12 950,0	9,23
250 000	290	13 412,5	8,96
darunter	300	13 875,0	8,63

Diese verhältnismäßig sehr hohe Belastung der Kohle durch den Kübelwagen kann nur dadurch gerechtfertigt werden, daß die hochwertigen Kohlensorten im Klappkübel eine weitgehende Schonung gegenüber der Greiferverladung und der Verladung mittels Kipper erfahren (Zahlentafel 7).

2. Unterhaltungskosten.

Während die Kapitalkosten für die Anlagen und Betriebsmittel aus den normalen Bau- und Beschaffungskosten abgeleitet werden konnten, sollen die Aufwendungen für den laufenden Unterhalt und Instandsetzung auf Grund von Erfahrungswerten festgestellt werden. Die jährlichen Ausgaben sind einmal abhängig von der Intensität des Betriebes und andererseits von der Beschaffenheit, d. h. dem Alter der Anlagen, Einrichtungen, Fahrzeuge usw. Neuanlagen verursachen selbstverständlich weniger Unterhaltungskosten als stark abgenutzte Betriebsmittel. Auch fallen Abnutzungsgrad und hierdurch bedingte Reparaturkosten zeitlich nicht immer zusammen. Dies trifft besonders für die sogenannten Hauptreparaturen zu, bei denen in bestimmten Zeitabständen die Maschinen, Wagen, Krane usw. einer Generalüberholung unterzogen werden. Es wird sich daher in unserer Berechnung nur um Mittelwerte handeln, um die die jährlich auftretenden Aufwendungen in mehr oder weniger weiten Grenzen herumpendeln. Trotzdem behalten sie für unsere Untersuchung insofern ihre Gültigkeit, als die Differenzen im allgemeinen nur Bruchteile von Pfennigen ausmachen und deshalb das Endergebnis nicht maßgebend beeinflussen.

3. Beförderungs- und Umschlagkosten.

Diese Kosten umfassen alle Aufwendungen für das Betriebspersonal im Eisenbahn- und Umschlagdienst, also die Gehälter, Löhne und sozialen Abgaben, sowie die Kosten für die Betriebsstoffe der Transportmittel und Verladeeinrichtungen.

Die Personalkosten unterliegen wie in jedem Verkehrsbetrieb Schwankungen, die in der täglich wechselnden Nachfrage auf dem Absatzmarkt, den Konjunkturwellen und den jahreszeitlichen Witterungsverhältnissen wie Hoch- und Niedrigwasser, Frost usw. begründet sind. Erstrecken sich diese, den normalen Betrieb beeinflussenden Ereignisse auf eine längere Periode und werden sie rechtzeitig als solche erkannt, so lassen sie sich trotzdem nur in einem geringen Rahmen durch Veränderung des Personalstandes ausgleichen. Bei Verkehrsspitzen wird man deshalb stets mit erhöhten Kosten durch Überstunden, Nacht- und Sonntagsschichten zu rechnen haben, während in Zeiten geringeren Absatzes ein gewisser Leerlauf der Arbeitskräfte und der Betriebsmittel nicht zu umgehen sein wird. Je mehr sich die Betriebsführung durch Einsatz geeigneter maschineller Einrichtungen dem ständigen Wechsel anzugleichen in der Lage ist. um so weniger wird die Selbstkostenkurve den normalen Durchschnittssatz überschreiten.

Bei der Ermittlung der Selbstkosten des Umschlag- und Eisenbahnbetriebes haben wir deshalb eine obere und untere Grenze feststellen können. Im Gegensatz zu den Unterhaltungskosten werden die Beförderungs- und Umschlagkosten auf die Leistungseinheit umgerechnet, jedoch im allgemeinen mit steigenden Verkehrszahlen absinken, da die Personalkosten und in gewissem Grade auch die Materialkosten nicht in demselben Maße anwachsen, wie die Verkehrsleistung zunimmt. Der Mindestleistung steht eben das wirtschaftliche Optimum gegenüber. das ist derjenige Beschäftigungsgrad. bei dem der jeweilige Personalstand voll ausgelastet ist.

4. Generalkosten.

Unter die Generalien fallen alle Ausgaben für die Verwaltung des Hafenbetriebes. Sie enthalten die Gehälter und Aufwendungen für die Verwaltungsorgane und deren Angestellte, die Kosten für die Grundstücke, Gebäude und Unterhaltung der Büros, und schließlich die Steuern, sozialen Abgaben, Versicherungen usw. Ferner ist in ihnen eingeschlossen die Vorhaltung der für die Instandhaltung der Betriebsmittel notwendigen Werkstattgebäude und -maschinen. Die Generalkosten stehen demnach im engsten Zusammenhang mit der Größe und dem Umfang des Hafenunternehmens. Man wird sie deshalb auch in Abhängigkeit zu bringen haben mit den Aufwendungen für alle Betriebsvorgänge, die sich in der Verkehrsleistung widerspiegeln. Hierunter fallen in erster Linie die Aufwendungen für die Betriebskosten einschließlich der Unterhaltungskosten. Sie konnten in einem Falle mit 75 % der genannten Betriebsausgaben festgestellt werden. Ob der ermittelte Satz von 75 % für alle hier zu untersuchenden Fälle absolute Gültigkeit hat, oder ob er in dem einen Falle zu günstig, in dem anderen etwas ungünstiger ist, läßt sich weder durch eine theoretische Rechnung nachprüfen, noch aus Erfahrungssätzen aus der Praxis nachweisen; denn die Verhältnisse in den einzelnen Zechenhäfen sind so verschiedenartig gelagert, daß eine allgemeingültige Vergleichsbasis überhaupt nicht gefunden werden kann. Dieser Satz, der bei einem vollständig ausgelasteten Kanalhafen ermittelt wurde, gilt nicht nur für mittlere und größere Hafenanlagen, sondern kann auch auf kleinere Zechenhäfen übertragen werden. Denn wenn die ermittelten Kosten für ein größeres Hafenunternehmen zutreffen, so wird für die kleineren Häfen, die in anderen Kostenstellen mit erheblich höheren Ausgaben rechnen müssen, eine geringere prozentuale Belastung ihrer Generalkosten den tatsächlichen Verhältnissen am nächsten kommen. Im allgemeinen werden die Zechenhäfen mit durchschnittlich niedrigen Verkehrsleistungen als Nebenbetriebe von der Zechenverwaltung geleitet. Abgesehen von der technischen Beaufsichtigung des Umschlagbetriebes wird der kaufmännische Sektor von den Büros und den Expeditionsstellen der Zeche erledigt. so daß auch bei einer sorgfältig geführten und überwachten

Zahlentafel 9. Kostenverteilung im Umschlag- und Streckendienst.

Umschlag auf 1 m Ladeufer	1000 t/Jahr					1500 t/Jahr				
Anzahl der Schiffslängen	2	3	4	5	6	2	3	4	5	6
Länge des Ladeufers in m	170	255	340	425	510	170	255	340	425	510
Jahresumschlag in 1000 t	170	255	340	425	510	255	385	510	640	765
Umschlagdienst	Kostenanteil in % der Gesamtkosten									
a) Kapitaldienst	68,9	63,7	60,0	57,0	57,0	61,6	56,2	54,0	51,6	50,4
b) Unterhaltung	5,1	5,9	6,6	7,0	8,3	6,3	7,1	9,0	9,5	9,7
c) Hafenumschlag	12,7	14,8	16,3	17,5	16,2	15,6	17,9	17,3	18,2	18,7
d) Generalkosten	13,3	15,6	17,1	18,5	18,5	16,5	18,8	19,7	20,7	21,2
Streckendienst	Kostenanteil in % der Gesamtkosten									
e) Kapitaldienst	87,6	82,5	78,0	74,0	71,4	82,5	75,9	71,4	66,6	62,5
f) Unterhaltung	6,6	9,3	11,7	13,8	16,1	9,3	12,8	16,1	18,7	21,0
g) Beförderung	5,8	8,2	10,3	12,2	12,5	8,2	11,3	12,5	14,7	16,5

Umschlag auf 1 m Ladeufer	2000 t/Jahr					2500 t/Jahr				
Anzahl der Schiffslängen	2	3	4	5	6	2	3	4	5	6
Länge des Ladeufers in m	170	255	340	425	510	170	255	340	425	510
Jahresumschlag in 1000 t	340	510	680	850	1020	425	640	850	1065	1275
Umschlagdienst	Kostenanteil in % der Gesamtkosten									
a) Kapitaldienst	56,2	52,6	49,3	47,5	49,3	49,9	47,2	45,4	46,6	45,5
b) Unterhaltung	7,2	9,4	9,9	10,3	11,6	8,2	10,2	10,7	12,2	12,4
c) Hafenumschlag	17,8	17,8	19,1	19,7	17,4	20,4	19,6	20,5	18,3	18,7
d) Generalkosten	18,8	20,3	21,7	22,5	21,7	21,5	22,0	23,4	22,9	23,4
Streckendienst	Kostenanteil in % der Gesamtkosten									
e) Kapitaldienst	78,0	71,4	65,2	60,0	57,3	74,0	66,6	60,0	56,1	51,5
f) Unterhaltung	11,7	16,1	19,5	22,4	25,4	13,8	18,7	22,4	26,2	29,0
g) Beförderung	10,3	12,5	15,3	17,6	17,3	12,2	14,7	17,6	17,7	19,5

Umschlag auf 1 m Ladeufer	3000 t/Jahr					4000 t/Jahr				
Anzahl der Schiffslängen	2	3	4	5	6	2	3	4	5	6
Länge des Ladeufers in m	170	255	340	425	510	170	255	340	425	510
Jahresumschlag in 1000 t	510	765	1020	1275	1530	680	1020	1360	1700	2040
Umschlagdienst	Kostenanteil in % der Gesamtkosten									
a) Kapitaldienst	49,4	45,4	46,2	44,7	44,9	45,1	45,1	42,9	42,8	43,2
b) Unterhaltung	9,9	10,7	12,3	12,6	14,4	10,8	12,5	13,0	14,9	14,8
c) Hafenumschlag	19,0	20,5	18,4	19,0	17,1	20,6	18,9	19,6	17,7	17,6
d) Generalkosten	21,7	23,4	23,1	23,7	23,6	23,5	23,5	24,5	24,6	24,4
Streckendienst	Kostenanteil in % der Gesamtkosten									
e) Kapitaldienst	71,4	62,5	57,3	51,5	48,5	65,2	57,3	49,9	46,0	41,5
f) Unterhaltung	16,1	21,0	25,4	29,0	32,8	19,5	25,4	29,9	34,4	37,3
g) Beförderung	12,5	16,5	17,3	19,5	18,7	15,3	17,3	20,2	19,6	21,2

Kontierung manche Kosten in Fortfall kommen, die bei einer selbständigen Hafenverwaltung notwendigerweise in der Buchführung erscheinen. Auch haben die meisten Kanalhäfen keine eigenen Reparaturwerkstätten, sondern übergeben die erforderlichen Reparaturen ihrer Betriebsmittel der Zechenwerkstatt. Dadurch wird der kleinere Zechenhafen. wenn auch nur scheinbar. in seinen Betriebsausgaben prozentual seiner übrigen Kosten entlastet.

Die Kosten für den Unterhalt der Betriebsanlagen. für Beförderung und Umschlag der Kohle und für die Generalien sind in Prozentsätzen der gesamten Kapitalkosten für die einzelnen Häfen ermittelt und in der Zahlentafel 9 zusammengestellt.

C. Zusammenfassung.

Die Ermittlung der gesamten Selbstkosten der verschiedenen Kohlenumschlaghäfen kann somit als abgeschlossen angesehen werden. Es ist für die weitere Untersuchung notwendig gewesen, die Selbstkosten in zwei Gruppen zu zergliedern, nämlich nach den Kosten, die von der Beförderungsweite unabhängig sind und nach den reinen Streckenkosten. Es war bereits betont worden, daß einige Kostenanteile mit in die erste Gruppe übernommen worden sind, obwohl sie streng genommen auch in einer gewissen Abhängigkeit von der Beförderungsweite stehen. Diese Umrechnung auf den NTkm bezogen, hat aber in Anbetracht der geringen Transportweiten, um die es sich bei den verhältnismäßig kurzen Hafenanschlußbahnen im allgemeinen handelt, gar keine praktische Bedeutung, da sie nur Bruchteile von Pfennigbeträgen ausmacht. Die für die Berechnung ausschlaggebenden Selbstkosten sind die Aufwendungen für den Kapitaldienst der Anlagen und Betriebsmittel und für die Generalkosten. Erstere stehen bis auf das in der Bahnstrecke investierte Kapital mit der Entfernung in gar keinem ursächlichen Zusammenhang. Bei den Kübelwagen waren die Entfernungen durch eine Verminderung des jährlichen Umlaufes berücksichtigt worden. Die Verteilung der Kapitalkosten für den Lokpark auf NTkm hätte für den einen oder anderen Fall immer ein schiefes Bild geben müssen, da entweder die kurzen Entfernungen mit diesen Kosten. oder im anderen Falle die größeren Entfernungen infolge einer mehrfachen Multiplikation übermäßig belastet worden wären.

VII. Die wirtschaftlichen Grenzen für die Beförderungsweite der Kohle von der Zeche zum Umschlaghafen.

Geht man von dem Grundsatz aus, daß die Hafenanlagen dem Verkehr und damit der Wirtschaft dienen sollen, und daß unwirtschaftliche Verkehrssysteme nur die Wirtschaft belasten. muß in unserem Fall die Frage erhoben werden, bis auf welche Entfernungen die Kohle — gesehen unter dem Gesichtswinkel eines privaten Hafenunternehmens — überhaupt an eine Wasserstraße herangeführt werden kann. Wenn wir diese Frage so stellen, so wären für eine derartige Untersuchung allein die Selbstkosten des Hafenbetriebes maßgebend, die zumindest nicht höher sein dürften als die Beförderungskosten auf anderen gleichwertigen Transportwegen.

Ein anderes Bild bekommen wir jedoch, wenn wir der Meinung von Wundram[1] folgen. „daß Häfen mit Ausgabebeträgen, die durch Einnahmen nicht gedeckt werden — und ihrer sind viele —. durchaus nicht immer zu den unwirtschaftlichen gehören, denn die Vorteile, die im weiteren Sinne ein Land. eine Stadt, eine Eisenbahngesellschaft, ein Industrieunternehmen usw. durch vermehrten Handel und Verkehr. durch Erleichterung ihrer Erzeugung oder ihres Absatzes u. a. mit ihren Häfen erzielen, sind meist das Mehrfache der Fehlbeträge des Hafenbetriebes". Danach dürfte also auch der Zechenhafen ein Zuschußbetrieb für eine Bergwerksgesellschaft sein. sofern die erwähnten Ziele bezüglich Produktion und Absatz erreicht werden.

Wie liegen nun die Dinge für den Zechenhafen des Ruhrgebiets ? Es war schon die Frage gestreift worden. welche Gründe s. Z. vielfach die Bergbaubesitzer bestimmt hatten, sich eigene Kohlenverladeanlagen zu schaffen. Die Entwicklung des Kohlenhandels hat jedoch dem Bergbau in seiner Handlungsfreiheit die Hände gebunden, und so stehen wir vor der Tatsache, daß der Zechenhafen gegenüber der Reichsbahn bzw. Duisburg-Ruhrort nicht mit seinem vollen Frachtvorsprung (vgl. S. 200) in den Wettbewerb treten kann. sondern daß er lediglich seinen Umschlagbetrieb aus den festen Vorfrachtsätzen finanzieren muß. die ihm das Rheinisch-Westfälische Kohlensyndikat für den Wasserumschlag gewährt. Da das Syndikat dem Zechenbesitzer die Kohle frei Zeche abnimmt und von sich aus den Transportweg bestimmt, greift es selbst in den Wettstreit Eisenbahn-Wasserweg einerseits und Duisburg-Ruhrort-Kanalhafen andererseits ein. Demnach lautet unter den gegebenen Verhältnissen die Frage: Wo ist die Grenze der Beförderung für die Kohle erreicht, bei der die vom Syndikat gewährte Vorfracht durch die Selbstkosten eines Kanalhafenbetriebes aufgebraucht ist ?

---

[1] Vgl. Wundram: Mechanische Hafenausrüstungen insbesondere für den Umschlag, S. 158.

Die vom Syndikat den Zechen gezahlten Vorfrachten betrugen im Jahre 1938 in Richtung Osten 0,63 M/t, in Richtung Westen 0,90 M/t. Aus diesen Beträgen hatte die Zeche alle ihre bis frei Kanalschiff entstehenden Unkosten zu decken, wobei es gleichgültig ist, ob die Zechen ihre Brennstoffe über einen eigenen oder einen fremden Kanalhafen umschlagen. Nach dem Jahresbericht des Rheinisch-Westfälischen Kohlensyndikats gingen von dem Kohlenversand des Ruhrgebietes auf den westdeutschen Kanälen im Mittel der Jahre 1934—37 in westlicher Richtung 65% und 35% nach dem Osten. Mithin bekamen die Zechen eine durchschnittliche Vorfracht von 80,55 Pf. je Tonne umgeschlagene Kohle von ihrem Syndikat vergütet. Gehen wir also von der Voraussetzung aus, daß nicht der tatsächliche Frachtunterschied zwischen der Beförderung auf dem Schienenwege und den Wasserstraßen die Grundlage für die Wirtschaftsberechnung eines Kanalhafens bildet, sondern daß die Ausgabenseite des Hafenbetriebes lediglich durch die vom Syndikat gezahlte Vorfracht gedeckt werden kann, so ergibt sich aus der Differenz zwischen dem mittleren Vorfrachtsatz von 80,55 Pf. und den jeweiligen Umschlagkosten der Betrag, der für die Beförderung der Kohle auf der Anschlußbahn noch zur Verfügung steht.

Dazu wäre zunächst noch die Frage zu klären, in welchem Verhältnis der Wasserversand der nassen Zechen zu ihrer Förderung steht und welches Ausmaß das Grubenfeld haben wird, das die für einen Sammelbahnhof im Maximum angenommene Kohlenmenge von 500 000 t für den Umschlag liefert. Die nachstehenden Zahlenwerte sind auf Grund der Förder- und Umschlagmengen von acht an einem Kanalhafen angeschlossenen Zechen als Mittel aus fünf Betriebsjahren errechnet worden. Sie ergaben bei einer Gesamtausdehnung der zugehörigen Grubenfelder von 95,8 km² eine mittlere Förderleistung von 10,6 Mill. t/Jahr, von denen 2,2 Mill. t, das sind 20,4%, in dem Kanalhafen umgeschlagen wurden. Es entfielen also auf den Wasserversand 22 500 t Kohle je km² Grubenfeld. Mithin würden für ½ Mill. t Wasserversand jeweils rund 22 km² Grubenfeld notwendig sein. Die Feldgrößen im Ruhrgebiet sind sehr verschieden. Sie schwanken zwischen 3 und 25 km². Das Normalfeld umfaßt etwa einen Flächenraum von 5 km². Wenn wir also unserer Berechnung ein Grubenfeld von 22 km² zugrunde legen, um damit die höchste Verkehrsleistung eines Sammelbahnhofs zu bestimmen, so dürfte ebenfalls in dieser Beziehung ein Grenzwert erreicht sein. Setzen wir nunmehr die errechneten Betriebskosten für die einzelnen Umschlagleistungen bis 500 000 t im Jahr von dem mittleren Vorfrachtsatz von 80,55 Pf. ab, so erhalten wir den Vorfrachtsatz, der durch Division mit den Streckenkosten die größten Entfernungen des Hafens von dem Sammelbahnhof ergibt, den wir theoretisch im Schwerpunkt eines Grubenfeldes annehmen. In den Fällen, wo entsprechend größerer Uferleistungen die Betriebskosten variieren, sind auch die möglichen Transportweiten verschieden (Zahlentafel 10).

Zahlentafel 10. Größte Entfernungen in km für den Kohlentransport.

	Jahresumschlag je m Ladeufer	1000	1500	2000	2500	3000	4000
Schiffs- längen 2	Vorfrachtrest Pf.	5,55	11,10	19,55	27,35	28,04	32,21
	Entfernung in km	—	1,7	3,7	6,1	7,3	8,0
		—	—	—	—	3,7	—
3	Vorfrachtrest Pf.	7,23	19,77	24,77	29,83	31,95	32,52
	Entfernung in km	1,1	4,1	6,4	6,8	8,8	11,5
		—	—	3,2	—	—	8,2
4	Vorfrachtrest Pf.	13,72	22,82	28,31	32,03	31,55	34,36
	Entfernung in km	2,6	5,9	6,8	9,6	11,1	11,9
		—	3,0	—	—	7,7	—
5	Vorfrachtrest Pf.	18,59	25,65	30,06	31,14	33,04	34,68
	Entfernung in km	4,2	5,6	8,9	7,9	10,4	14,4
		—	—	—	—	—	—
6	Vorfrachtrest Pf.	19,03	27,16	28,54	32,13	32,97	34,45
	Entfernung in km	5,0	7,1	9,9	10,1	12,8	16,5
		2,5	—	6,2	—	12,4	—

Für Häfen von zwei Schiffslängen und einer Jahresleistung von nur 1000 t/m sind die Umschlagkosten so hoch, daß aus der Vorfracht keine Beförderungskosten mehr gedeckt werden können. Häfen mit derartig geringen Leistungen sind also nicht mehr wirtschaftlich zu betreiben und müssen daher aus unserer Betrachtung ausgeschaltet bleiben. Andererseits ist bei zwei Schiffslängen und 3000 t/m die obere Grenze der Beförderungsweite für ein Grubenfeld bis 500 000 t mit 7,3 km erreicht, d. h. solche Häfen können noch bis zu dieser Entfernung vom Feldschwerpunkt errichtet werden. Für alle anderen Häfen dieser Gruppe liegen die Entfernungsgrenzen bei entsprechend geringeren Leistungen niedriger.

Überschreitet nun ein Hafenbetrieb den Jahresumschlag von ½ Mill. t, so müßte nach dem früher Gesagten für jede weiteren 500 000 t Verkehrsleistung mindestens ein zweites bzw. drittes oder viertes Grubenfeld angeschlossen sein. Die Felder können nun einzeln, d. h. durch je eine eigene Bahn mit der Verladeanlage verbunden werden. Dann würden für die Längen dieser Anschlußbahnen die für die Häfen bis 500 000 t berechneten Entfernungen maßgebend sein, sofern nicht das eine oder andere Feld günstiger, d. h. näher zum Hafen liegt, so daß aus den geringen Beförderungskosten Überschüsse gewonnen werden, mit denen die höheren Betriebskosten der übrigen, über die wirtschaftliche Betriebslänge hinausgehenden Strecken ausgeglichen werden können. Günstiger ist es jedoch, die weiter entfernt liegenden Grubenfelder zu einer Gruppe zusammenzufassen und von einem gemeinsamen Sammelbahnhof aus nur eine Anschluß-strecke zu betreiben, da mit der besseren Streckenauslastung auch die Kosten für den Ntkm absinken und sich somit insgesamt größere Transportweiten für die Kohle erzielen lassen. Zur Er-mittlung der überhaupt möglichen weitesten Entfernungen würden wir daher für den Anschluß von zwei, drei oder vier Feldern die Idealfälle nach Abb. 11a, b und c haben, wenn wir

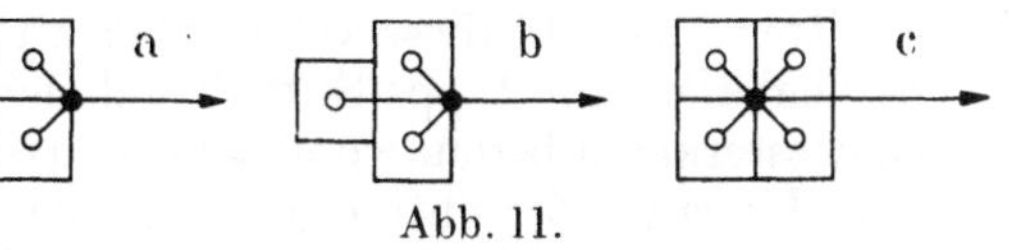

Abb. 11.

annehmen, daß der Gesamtumschlag sich auf die einzelnen Verbindungsstrecken von den im Schwer-punkt jedes Grubenfeldes liegenden Übergabebahnhöfen nach dem gemeinsamen Sammelbahnhof gleich-mäßig verteilt.

In dieser Weise konnten die größten Betriebslängen zwischen Hafen und den Übergabebahnhöfen je nach der Höhe des Jahresverkehrs und der Umschlagsleistung bestimmt werden (Zahlentafel 10). Für die Grenzfälle von 510 000, 1 020 000 und 1 530 000 t lassen sich zwei Entfernungen ermitteln je nach dem, ob man die Kapazität des angenommenen Maximalfeldes von 22 km² mit genau ½ Mill. t begrenzt sieht und deshalb bei der geringen Überschreitung von 10 000 t schon die Einheitssätze der nächsthöheren Betriebsstufe anwenden zu müssen glaubt oder sich noch mit den Sätzen der vorhergehenden Stufe begnügen will.

Die größtmögliche Entfernung ergibt sich nach der vorstehenden Übersicht mit 16,5 km für einen Jahres-umschlag von rund 2 Mill. t. Dies würde also die Transportgrenze darstellen, bis zu der die Kohle von einer Zeche noch zum Kanalhafen befördert werden kann, wenn man in finanzieller Beziehung von dem Vor-frachtsatz des Rhein.-Westf. Kohlensyndikats als Grundlage für die Betriebsführung eines Kohlen-umschlaghafens im Aufkommensgebiet ausgeht. Damit dürfte diese Untersuchung als abgeschlossen an-gesehen werden können.

VIII. Schlußbetrachtung.

Es war der Versuch unternommen worden, unter Berücksichtigung der besonderen Verhältnisse des Ruhrkohlenbergbaues und seines Absatzmarktes Richtlinien für den Bau und Betrieb von Kohlenhäfen aufzustellen und gleichzeitig durch Ermittlung der Umschlagkosten die wirtschaftlichen Grenzen der Beförderungsweiten für den Antransport der Kohle festzulegen. Wenn als Höchstgrenze eine Entfernung von 16,5 km gefunden werden konnte, so bedeutet es, daß alle Zechen innerhalb dieses Einflußgebietes praktisch an einen Hafen angeschlossen werden können, sofern Verkehrsumfang und Umschlagintensität am Verladeufer gewisse Mindestgrößen erreichen. Dort, wo dies nicht der Fall ist, darf man annehmen, daß das Hafenunternehmen ein Zuschußbetrieb ist, das nicht in der Lage ist, seine Unkosten aus den Vor-frachtsätzen voll abzudecken. Wie nahe Einnahmen und Ausgaben beieinanderliegen können, zeigt uns das Beispiel eines Kanalhafens[1], in dem bei normalen Umschlagmengen die Betriebskosten 0,85 M/t Um-schlag betrugen, während aus der Vorfracht i. M. 0,87 M/t eingenommen wurden. Damals zahlte allerdings das Syndikat für die Abfuhr nach dem Osten noch 0,70 M/t, so daß sich gegen heute auch ein höherer Durchschnittssatz ergab. Inzwischen konnten aber auch die Unkosten gesenkt werden, so daß wieder in sich ein gewisser Ausgleich stattgefunden hat.

Übertragen wir nun das Ergebnis auf die Verhältnisse des Rhein-Herne-Kanals, so würde es bedeuten, daß der gesamte Kohlenverkehr auf dieser Wasserstraße von 12 Mill. t im Jahr praktisch in zwei Um-schlaghäfen zusammengefaßt werden könnte, die bei einer Kanallänge von 38 km etwa bei 9,5 bzw. 28,5 km zu liegen kämen. Jeder dieser beiden Häfen hätte dann jährlich 6 Mill. t Kohle umzuschlagen. d. h. es würden für diese Umschlagmenge drei Verladeufer von je sechs Schiffslängen ausreichen, also etwa eine Hafenanlage mit einem Kanalufer und einem Binnenbecken, wie sie in der Abb. 9 dargestellt wurde.

Wie hätte sich nun eine derartige Zusammenfassung des Kohlenverkehrs am Rhein-Herne-Kanal in finanzieller und betrieblicher Hinsicht ausgewirkt? Finanziell in erster Linie zweifellos in der Weise, daß die enormen Kapitalinvestierungen für die vielen Einzelanlagen auf ein weit geringeres Ausmaß hätten beschränkt werden können. Beispielsweise würden den heute bestehenden Verladeufern von etwa 5500 m Gesamtlänge nur etwa 3000 m gegenüberstehen, ganz abgesehen von den übrigen zahlreichen Betriebs-einrichtungen, Verlade- und Gleisanlagen, die notwendig sind, um den Umschlag im einzelnen zu bewäl-tigen. Vom Standpunkt des Betriebswirts aus gesehen würde neben einer größtmöglichen Auslastung der Betriebsmittel ein weitestgehender Ausgleich in der mengenmäßigen Zufuhr gerade der geringer anfallenden

---

[1] Vgl. Ostendorf S. 248/9; Zit. S. 201.

Kohlensorten stattfinden, der sich wiederum in einem gleichmäßigeren Beschäftigungsgrad aller in den Umschlagverkehr einbezogenen Personen und Anlagen bemerkbar macht und daher die Betriebskostenseite in günstigem Sinne nicht unerheblich beeinflußt.

Nachdem nun einmal die Vielzahl der Zechenhäfen am Rhein-Herne-Kanal geschaffen worden ist, wird eine nachträgliche Zusammenlegung kaum gefordert noch durchgeführt werden können, um dieses erstrebenswerte Ziel zu erreichen. Etwas anderes ist es jedoch mit der Planung neuer Verladeanlagen. Der von der Emscher immer weiter nach Norden vordringende Bergbau, der heute bereits die Lippe-Linie überschritten hat, läßt diese volkswirtschaftlich bedeutungsvolle Frage durchaus akut erscheinen, zumal die Zechenhäfen am Lippe-Seitenkanal den Beginn einer ähnlichen Entwicklung wie an dem südlichen Schwesterkanal bereits vorausahnen lassen. Da die vor rund 40 Jahren noch gegebenen Beweggründe für eine derartige Zersplitterung und eigenmächtige Interessenpolitik des Bergbaubesitzers bezüglich der Schaffung neuer Absatzwege für ihre Kohlenförderung heute keine Daseinsberechtigung mehr haben, wäre hier also die Möglichkeit geboten, vorausschauend eine großzügige Hafenpolitik zu betreiben, die sich die gewonnenen Erfahrungen am Rhein-Herne-Kanal zu diesem Zweck wohl zunutze machen könnte.

Schrifttum.

Ahrens, W.: Güterverkehr und Tarifpolitik im rheinisch-westfälischen Wirtschaftsraum, Wirtschafts- u. Sozialwissenschaftlicher Verlag, Münster 1938.

Borchardt, K.: Handbuch der Kohlenwirtschaft, Berlin 1926.

Cauer, W.: Eisenbahnausrüstung der Häfen, Berlin, Springer, 1921.

Förster, Dipl.-Ing. K.: Beiträge zur betriebswirtschaftlichen Beurteilung der Rangierarbeit auf Hafenbahngleisen. Diss. d. Techn. Hochschule, Braunschweig 1936.

Gaye, J.: Jahrb. d. Hafenbautechn. Ges., Jahrg. 1937, Bd. 16.

Hanffstengel, G. v.: Die Förderung von Massengütern, Springer, Berlin 1926.

Hardt, Hans-Joachim: Betrachtungen über das rhein.-westf. Kohlensyndikat als Absatzorgan der Ruhrzechen. Diss. a. d. Handelshochschule, Mannheim 1933.

Linden, A.: Der Einfluß von Frachtgestaltung und Verkehrswegen auf den Absatz der Ruhrkohle, Wirtschafts- u. Sozialwissenschaftlicher Verlag, Münster 1938.

Meis, H.: Der Ruhrkohlenbau im Wechsel der Zeiten. Herausgegeben vom Verein für die bergbaulichen Interessen, Verlag Glückauf GmbH., Essen 1933.

Oehler, H. F.: Die Hafenanlagen der Hafenbetriebs-Gesellschaft Wanne-Herne m. b. H., Jahrb. d. Hafenbautechn. Ges., Jahrg. 19 27, Bd. 10.

Ostendorf: Der Hüttenhafen d. Friedrich Krupp-AG. am Rhein-Herne-Kanal. Jahrb. d. Hafenbautechn. Ges., Jahrg. 1930/31, Bd. 12.

Ostendorf: Neue Zechenhäfen am Rhein-Herne-Kanal. Jahrb. d. Hafenbautechn. Ges., Jahrg. 1932/33, Bd. 13.

Overlack, A. F.: Die Ruhrkohlenschiffahrt auf dem Rhein. Zeitfragen der Binnenschiffahrt, „Rhein“-Verlagsges. m. b. H., Duisburg 1934.

Schröder, Joh.: Der Absatzraum der Ruhrkohle. Diss. d. Univ. Rostock 1929.

Stolze, W.: Jahrb. d. Hafenbautechn. Ges., Jahrg. 1937, Bd. 16.

Wehrspan, K.: Kohlenverladung am Rhein-Herne-Kanal. Jahrb. d. Hafenbautechn. Ges., Jahrg. 1927, Bd. 10.

Wilhelms, C.: Die Übererzeugung im Ruhrkohlenbergbau 1913 bis 1932, Verlag Gustav Fischer, Jena 1938.

Wöhrle, E.: Entwicklung und Gestaltung des Ruhrkohlenhandels. Diss. d. Univ. Heidelberg 1939.

Wundram, O.: Die Arbeitsgeschwindigkeit von Hafendrehkränen. Jahrb. d. Hafenbautechn. Ges., Jahrg. 1932/33, Bd. 13.

Wundram, O.: Mechanische Hafenausrüstungen insbesondere für den Umschlag, Hamburg 1939.

Periodische Schriften.

Berichte des Rheinisch-Westfälischen Kohlen-Syndikats.
Jahrbücher für den Ruhrkohlenbezirk, Essen.
Statistische Hefte des Vereins für die bergbaulichen Interessen, Essen.
Zeitschrift für Binnenschiffahrt.
Verkehrstechnische Woche.
Werft, Reederei, Hafen.

Register[1].

I. Verfasser- und Namenverzeichnis.

II. Orts- und Gewässerverzeichnis.

---

[1] V = Vortrag, B = Beitrag.

III. Sachverzeichnis.